"十一五"上海重点图书
材料科学与工程专业应用型本科系列教材

高分子合成工艺学

主　编　韦　军

副主编　刘　方

华东理工大学出版社

图书在版编目(CIP)数据

高分子合成工艺学/韦军主编. —上海:华东理工大学出版社,2011.2(2024.12重印)
(材料科学与工程专业应用型本科系列教材)
ISBN 978-7-5628-2979-9

Ⅰ.①高…　Ⅱ.①韦…　Ⅲ.①高分子材料:合成材料-生产工艺-高等学校-教材
Ⅳ.①TQ316

中国版本图书馆 CIP 数据核字(2011)第 006766 号

"十一五"上海重点图书
材料科学与工程专业应用型本科系列教材
高分子合成工艺学

主　　　编 /	韦　军
副 主 编 /	刘　方
责任编辑 /	马夫娇
责任校对 /	张　波
出版发行 /	华东理工大学出版社有限公司
	地　　址:上海市梅陇路 130 号,200237
	电　　话:(021)64250306
	网　　址:www.ecustpress.cn
印　　　刷 /	江苏凤凰数码印务有限公司
开　　　本 /	787mm×1092mm　1/16
印　　　张 /	26.75
字　　　数 /	753 千字
版　　　次 /	2011 年 2 月第 1 版
印　　　次 /	2024 年 12 月第 11 次
书　　　号 /	ISBN 978-7-5628-2979-9/TB.39
定　　　价 /	58.00 元

联系我们:电子邮箱 zongbianban@ecustpress.cn
　　　　　官方微博 e.weibo.com/ecustpress
　　　　　天猫旗舰店 http://hdlgdxcbs.tmall.com

前　　言

本书为满足 21 世纪我国对应用型工程技术人才的宽口径、厚基础、强能力的培养要求，吸取国内相关院校教学改革和课程建设的成果，并结合编者多年的教学实践体会和教学经验编写而成。

《高分子合成工艺学》是高分子材料与工程专业学生必不可少的重要知识板块。在学习过《高分子化学》和《高分子物理》两门专业理论基础课程后，《高分子合成工艺学》承担着如何将理论运用到实践中去，并进一步提高学生的实际应用能力及技术创新能力的任务，这不仅是培养高素质应用型人才的关键因素，也是我国能够跻身世界先进制造技术大国的基本条件。本书编写的目标旨在培养学生工程意识，使其掌握高分子合成的基本技能并初步具备从事高分子材料的研究和开发能力。本书力求把基础理论与工程实践有机地结合起来，培养学生正确运用高分子合成理论和方法的能力，使其初步具备分析问题和解决工程技术实际问题的能力，同时注重培养学生的工程素养与创新思维。

本书以高分子合成的机理为主线，在简要回顾基础理论知识后，着重阐述高分子合成的具体实施方法，以丰富的实例强化学生对基础理论的理解，集中介绍工业生产上合成高分子材料的具体方法，重要品种的生产工艺技术；介绍各种聚合方法进行工业化生产的特点，配方原理，流程组织原理和典型工业生产过程、聚合反应的基本化工单元及典型生产设备；还介绍了不同实施方法中关键设备的选用，传热传质和分离提纯的有效措施，最能体现工艺意图的设备组合，获得预定性能和结构的聚合物生产的工艺方法和工艺技术。

本书共分 12 章，其中第 1~6 章和第 8 章由韦军编写，第 7、12 章由刘方编写，第 9 章由张峰编写，第 10 章由陆荣编写，第 11 章由张良编写。全书由韦军统稿及审定。

本书涉及的知识面较广，由于编者水平有限，书中难免有不足之处，敬请读者指正。

目 录

第 1 章　绪论 …………………………………………………………………………… 1
　1.1　高分子合成工业发展概述 …………………………………………………… 1
　1.2　高分子合成工艺的特征 ……………………………………………………… 2
　1.3　高分子合成工艺过程简述 …………………………………………………… 3
　　1.3.1　原料准备与精制 ………………………………………………………… 3
　　1.3.2　催化剂（引发剂）配制 ………………………………………………… 4
　　1.3.3　聚合反应 ………………………………………………………………… 5
　　1.3.4　分离过程 ………………………………………………………………… 6
　　1.3.5　聚合物后处理 …………………………………………………………… 7

第 2 章　自由基聚合工艺基础 ………………………………………………………… 8
　2.1　自由基聚合引发剂 …………………………………………………………… 8
　　2.1.1　引发剂种类 ……………………………………………………………… 8
　　2.1.2　引发剂的选择 …………………………………………………………… 14
　2.2　影响聚合反应的主要因素 …………………………………………………… 17
　2.3　自由基聚合反应的实施方法概述 …………………………………………… 19

第 3 章　本体法自由基聚合工艺 ……………………………………………………… 21
　3.1　概述 …………………………………………………………………………… 21
　3.2　乙烯气相本体聚合 …………………………………………………………… 22
　　3.2.1　乙烯气相本体聚合的特点 ……………………………………………… 22
　　3.2.2　乙烯自由基聚合反应动力学 …………………………………………… 23
　　3.2.3　低密度聚乙烯的生产工艺 ……………………………………………… 23
　　3.2.4　影响聚合反应的主要因素 ……………………………………………… 27
　　3.2.5　乙烯的共聚改性 ………………………………………………………… 30
　　3.2.6　高压聚乙烯的技术进展 ………………………………………………… 31
　　3.2.7　低密度聚乙烯的结构、性能及用途 …………………………………… 32
　3.3　苯乙烯熔融本体聚合 ………………………………………………………… 33
　　3.3.1　苯乙烯熔融本体聚合工艺 ……………………………………………… 34
　　3.3.2　影响熔融本体聚合的主要因素 ………………………………………… 35
　　3.3.3　高抗冲聚苯乙烯的本体聚合工艺 ……………………………………… 37
　　3.3.4　苯乙烯-丙烯腈（SAN）本体聚合工艺 ………………………………… 40
　　3.3.5　聚苯乙烯的性能和用途 ………………………………………………… 41
　3.4　氯乙烯非均相本体聚合 ……………………………………………………… 42
　　3.4.1　氯乙烯本体聚合工艺 …………………………………………………… 42

3.4.2　本体法聚氯乙烯产品的特征 …………………………………………… 45
　　　3.4.3　聚氯乙烯的性能与用途 ………………………………………………… 46
　3.5　甲基丙烯酸甲酯本体浇铸聚合 ……………………………………………………… 46
　　　3.5.1　甲基丙烯酸甲酯本体聚合的特点 ……………………………………… 47
　　　3.5.2　影响聚合反应的主要因素 ……………………………………………… 47
　　　3.5.3　有机玻璃的生产工艺 …………………………………………………… 48
　　　3.5.4　有机玻璃的改性 ………………………………………………………… 51
　　　3.5.5　聚甲基丙烯酸甲酯的性能及用途 ……………………………………… 52

第4章　悬浮法自由基聚合工艺 ……………………………………………………………… 54
　4.1　概述 …………………………………………………………………………………… 54
　4.2　分散剂的作用 ………………………………………………………………………… 55
　　　4.2.1　水溶性高分子化合物的分散稳定作用 ………………………………… 55
　　　4.2.2　无机粉状分散剂的分散稳定作用 ……………………………………… 57
　4.3　分散剂的种类 ………………………………………………………………………… 58
　　　4.3.1　无机固体粉末分散剂 …………………………………………………… 58
　　　4.3.2　水溶性高分子分散剂 …………………………………………………… 59
　　　4.3.3　助分散剂 ………………………………………………………………… 62
　4.4　悬浮聚合的成粒过程 ………………………………………………………………… 62
　　　4.4.1　珠状悬浮聚合的成粒过程 ……………………………………………… 63
　　　4.4.2　粉状悬浮聚合的成粒过程 ……………………………………………… 64
　　　4.4.3　成粒过程的特点 ………………………………………………………… 66
　4.5　聚合体系组成 ………………………………………………………………………… 67
　　　4.5.1　单体相 …………………………………………………………………… 67
　　　4.5.2　水相 ……………………………………………………………………… 68
　4.6　氯乙烯悬浮聚合 ……………………………………………………………………… 69
　　　4.6.1　主要原料及规格 ………………………………………………………… 69
　　　4.6.2　工艺配方及主要工艺参数 ……………………………………………… 71
　　　4.6.3　聚合工艺流程 …………………………………………………………… 71
　　　4.6.4　影响聚合反应的主要因素 ……………………………………………… 72
　　　4.6.5　聚合生产设备 …………………………………………………………… 76
　　　4.6.6　悬浮法聚氯乙烯的性能和用途 ………………………………………… 76
　4.7　悬浮法聚苯乙烯 ……………………………………………………………………… 78
　　　4.7.1　苯乙烯悬浮聚合的特点 ………………………………………………… 78
　　　4.7.2　苯乙烯悬浮聚合生产工艺 ……………………………………………… 79
　　　4.7.3　悬浮法苯乙烯的性能 …………………………………………………… 82
　　　4.7.4　悬浮法苯乙烯的改性产品 ……………………………………………… 82
　4.8　甲基丙烯酸甲酯的悬浮聚合 ………………………………………………………… 85
　　　4.8.1　甲基丙烯酸甲酯的悬浮聚合工艺 ……………………………………… 85
　　　4.8.2　悬浮法甲基丙烯酸甲酯的改性产品 …………………………………… 87
　4.9　与悬浮聚合有关的聚合方法 ………………………………………………………… 88
　　　4.9.1　微悬浮聚合 ……………………………………………………………… 88

4.9.2 非水分散聚合 ………………………………………………………… 88

第5章 溶液法自由基聚合工艺 ……………………………………………… 92
5.1 概述 ……………………………………………………………………… 92
5.2 溶剂的选择与作用 ……………………………………………………… 93
5.3 丙烯腈溶液聚合 ………………………………………………………… 96
5.3.1 均相溶液聚合工艺 ……………………………………………… 96
5.3.2 水相沉淀聚合工艺 ……………………………………………… 102
5.3.3 主要设备 ………………………………………………………… 104
5.3.4 聚丙烯腈的结构、性能及应用 ………………………………… 105
5.4 乙酸乙烯酯溶液聚合 …………………………………………………… 106
5.4.1 乙酸乙烯酯的聚合特征 ………………………………………… 106
5.4.2 乙酸乙烯酯溶液聚合生产工艺 ………………………………… 108
5.4.3 影响聚合的主要因素 …………………………………………… 109
5.5 聚乙烯醇的生产原理及工艺 …………………………………………… 113
5.5.1 聚乙酸乙烯酯的醇解原理 ……………………………………… 113
5.5.2 醇解工艺流程 …………………………………………………… 114
5.5.3 聚乙酸乙烯酯醇解反应速率 …………………………………… 116
5.5.4 聚乙烯醇的结构、性能及应用 ………………………………… 117

第6章 乳液法自由基聚合工艺 ……………………………………………… 119
6.1 概述 ……………………………………………………………………… 119
6.2 乳液聚合反应机理 ……………………………………………………… 121
6.2.1 分散阶段（乳化阶段） ………………………………………… 121
6.2.2 乳胶粒生成阶段（阶段Ⅰ） …………………………………… 123
6.2.3 乳胶粒长大阶段（阶段Ⅱ） …………………………………… 124
6.2.4 聚合反应完成阶段（阶段Ⅲ） ………………………………… 126
6.3 乳液聚合反应动力学 …………………………………………………… 127
6.4 聚合体系组成 …………………………………………………………… 128
6.4.1 单体 ……………………………………………………………… 128
6.4.2 反应介质水 ……………………………………………………… 128
6.4.3 乳化剂 …………………………………………………………… 128
6.4.4 引发剂体系 ……………………………………………………… 134
6.4.5 其他添加剂 ……………………………………………………… 135
6.5 乳液法丁苯橡胶的合成 ………………………………………………… 136
6.5.1 丁苯橡胶及胶乳的生产工艺 …………………………………… 136
6.5.2 其他类型乳液丁苯橡胶 ………………………………………… 140
6.5.3 丁苯橡胶的结构、性能和用途 ………………………………… 141
6.6 氯丁橡胶的生产工艺 …………………………………………………… 142
6.6.1 氯丁橡胶的品种 ………………………………………………… 143
6.6.2 聚合体系组成 …………………………………………………… 143
6.6.3 聚合工艺 ………………………………………………………… 145

	6.6.4 氯丁橡胶的性能和用途	147
6.7	丁腈橡胶的生产工艺	148
	6.7.1 聚合工艺配方	149
	6.7.2 聚合工艺流程	149
	6.7.4 影响聚合反应的主要因素	150
	6.7.5 丁腈橡胶的性能和用途	152
6.8	乳液接枝法生产 ABS 树脂	153
	6.8.1 ABS 树脂的生产方法	154
	6.8.2 ABS 树脂改性	156
	6.8.3 ABS 树脂的性能与用途	158
6.9	聚乙酸乙烯酯乳液的生产	160
6.10	氯乙烯的种子乳液聚合生产工艺	161
6.11	聚丙烯酸酯乳液	163
6.12	乳液聚合研究进展	166
	6.12.1 无皂乳液聚合	166
	6.12.2 微乳液聚合	167
	6.12.3 反相乳液聚合	168
6.13	自由基聚合实施方法总结	169

第7章 缩合聚合工艺 170

7.1	缩聚反应简述	170
	7.1.1 缩聚反应的特征	170
	7.1.2 缩聚反应的单体	171
	7.1.3 缩聚反应的实施方法简述	172
7.2	熔融缩聚	173
	7.2.1 反应体系组成	173
	7.2.2 熔融缩聚生产工艺	174
	7.2.3 聚酯树脂的合成	175
	7.2.4 聚己二酰己二胺的合成	180
	7.2.5 聚乙二醇-聚己二酸酐的合成	182
	7.2.6 聚 L-乳酸的合成	183
	7.2.7 熔融缩聚反应的影响因素	184
7.3	溶液缩聚	188
	7.3.1 溶液缩聚的特点及分类	188
	7.3.2 溶剂的作用	188
	7.3.3 溶液缩聚工艺与后处理	190
	7.3.4 芳香族聚砜酰胺的合成	192
	7.3.5 聚间苯二甲酰间苯二胺的合成	194
	7.3.6 溶液缩聚过程的主要影响因素	195
7.4	界面缩聚	197
	7.4.1 界面缩聚分类	197
	7.4.2 界面缩聚基本原理	198

7.4.3　界面缩聚反应过程的特征 198
　　　7.4.4　界面缩聚的工艺特点 199
　　　7.4.5　苯二甲酰双酚酸酯聚芳酯的合成 200
　　　7.4.6　其他界面缩聚实例 203
　　　7.4.7　界面缩聚主要影响因素 204
　7.5　乳液缩聚 210
　7.6　固相缩聚 213
　　　7.6.1　固相缩聚的常用单体 213
　　　7.6.2　固相缩聚的特点 214
　　　7.6.3　固相缩聚法分类 215
　　　7.6.4　低聚物PET的固相缩聚 216
　　　7.6.5　聚乳酸的固相缩聚 217
　　　7.6.6　影响固相缩聚的主要因素 218
　7.7　缩聚实施方法比较 221

第8章　逐步加成聚合工艺 222
　8.1　概述 222
　8.2　聚氨酯的合成原料 223
　　　8.2.1　异氰酸酯 223
　　　8.2.2　多元醇 230
　　　8.2.3　扩链剂 234
　　　8.2.4　催化剂 235
　　　8.2.5　其他助剂 235
　8.3　聚氨酯的合成原理 236
　　　8.3.1　一步法 236
　　　8.3.2　两步法（预聚体法） 236
　8.4　聚氨酯的结构与性能 239
　　　8.4.1　聚氨酯的结构 239
　　　8.4.2　聚氨酯的结构与性能的关系 240
　8.5　聚氨酯泡沫塑料 243
　　　8.5.1　聚氨酯泡沫塑料的分类及应用 243
　　　8.5.2　聚氨酯泡沫塑料的合成原理 244
　　　8.5.3　聚氨酯泡沫塑料的生产工艺 247
　8.6　聚氨酯橡胶 249
　　　8.6.1　聚氨酯橡胶的合成与生产工艺 249
　　　8.6.2　聚氨酯橡胶的性能与应用 253
　8.7　聚氨酯涂料 254
　　　8.7.1　氧固化聚氨酯改性油 255
　　　8.7.2　羟基固化型聚氨酯涂料 256
　　　8.7.3　湿固化型聚氨酯涂料 258
　　　8.7.4　催化固化型聚氨酯涂料 259
　　　8.7.5　封闭型聚氨酯涂料 259

    8.7.6 聚氨酯弹性涂料 260
    8.7.7 水性聚氨酯涂料 261
    8.7.8 聚氨酯涂料的性能和用途 264
 8.8 聚氨酯黏合剂 264
    8.8.1 多异氰酸酯黏合剂 265
    8.8.2 双组分聚氨酯黏合剂 266
    8.8.3 封闭型聚氨酯黏合剂 267
    8.8.4 泡沫型聚氨酯黏合剂 267
    8.8.5 乳液型聚氨酯黏合剂 268
    8.8.6 聚氨酯厌氧胶 269
    8.8.7 聚氨酯热熔胶 270
    8.8.8 聚氨酯压敏胶 270
 8.9 聚氨酯弹性纤维 271
    8.9.1 原料 271
    8.9.2 聚氨酯弹性纤维的制备 272
    8.9.3 聚氨酯弹性纤维的性能和用途 273

第9章 离子聚合工艺 275
 9.1 阴离子聚合工艺 275
    9.1.1 概述 275
    9.1.2 阴离子聚合体系 275
    9.1.3 阴离子聚合机理 277
    9.1.4 活性阴离子聚合及其反应动力学 280
    9.1.5 活性阴离子聚合的应用 281
    9.1.6 SBS 热塑性弹性体 283
    9.1.7 溶聚丁苯橡胶 292
    9.1.8 锂系聚异戊二烯橡胶 299
    9.1.9 锂系聚丁二烯橡胶 302
 9.2 阳离子聚合工艺 304
    9.2.1 概述 304
    9.2.2 阳离子聚合体系 305
    9.2.3 阳离子聚合反应机理 306
    9.2.4 阳离子聚合动力学 308
    9.2.5 丁基橡胶 309
    9.2.6 聚异丁烯 317

第10章 配位聚合工艺 322
 10.1 配位聚合简介 322
    10.1.1 配位聚合的基本概念 322
    10.1.2 配位聚合的立构规化能力 323
    10.1.3 配位聚合的发展历程 324
 10.2 聚乙烯的配位聚合生产 324

  10.2.1　聚合体系主要组成 …… 324
  10.2.2　聚乙烯的配位聚合生产工艺 …… 327
  10.2.3　聚合反应的主要影响因素 …… 331
 10.3　聚丙烯的配位聚合生产 …… 334
  10.3.1　聚丙烯的聚合体系组成 …… 335
  10.3.2　聚丙烯的配位聚合生产工艺 …… 336
  10.3.3　聚合反应的主要影响因素 …… 340
 10.4　顺丁橡胶的配位聚合生产 …… 342
  10.4.1　顺丁橡胶的聚合体系组成 …… 342
  10.4.2　顺丁橡胶的配位聚合生产工艺 …… 343
  10.4.3　聚合反应的主要影响因素 …… 348
 10.5　异戊橡胶的配位聚合生产 …… 351
  10.5.1　异戊橡胶的聚合体系组成 …… 351
  10.5.2　异戊橡胶的配位聚合生产工艺 …… 353
  10.5.3　聚合反应的主要影响因素 …… 356
 10.6　乙丙橡胶的配位聚合生产 …… 358
  10.6.1　乙丙橡胶的聚合体系组成 …… 359
  10.6.2　乙丙橡胶的配位聚合生产工艺 …… 360
  10.6.3　聚合反应的主要影响因素 …… 364

第11章　特种高分子合成工艺 …… 367
 11.1　自由基悬浮聚合在特种高分子合成中的应用 …… 367
 11.2　自由基乳液聚合在特种高分子合成中的应用 …… 368
  11.2.1　氟橡胶 …… 368
  11.2.2　聚丙烯酸酯橡胶 …… 369
  11.2.3　聚四氟乙烯 …… 372
 11.3　熔融缩聚在特种高分子合成中的应用 …… 372
  11.3.1　聚碳酸酯 …… 372
  11.3.2　尼龙-1010 …… 374
  11.3.3　尼龙-6 …… 375
  11.3.4　硅橡胶 …… 377
 11.4　溶液缩聚在特种高分子合成中的应用 …… 378
  11.4.1　聚砜 …… 378
  11.4.2　聚苯硫醚 …… 380
  11.4.3　聚苯醚 …… 380
  11.4.4　聚甲醛 …… 382
  11.4.5　聚酰亚胺 …… 383
  11.4.6　聚硫橡胶 …… 385
 11.5　界面缩聚在特种高分子合成中的应用 …… 386
  11.5.1　聚碳酸酯 …… 386
  11.5.2　聚芳酯 …… 388
 11.6　开环聚合在特种高分子合成中的应用 …… 389

    11.6.1 氯化聚醚 ……………………………………………………………… 389
    11.6.2 环氧丙烷橡胶 …………………………………………………………… 390
    11.6.3 环氧氯丙烷橡胶 ………………………………………………………… 391

第12章 聚合反应设备 ……………………………………………………………… 392
  12.1 概述 ……………………………………………………………………………… 392
    12.1.1 聚合物合成的特点 ……………………………………………………… 392
    12.1.2 聚合物反应器的特性 …………………………………………………… 392
  12.2 釜式反应器 ……………………………………………………………………… 393
    12.2.1 釜式反应器的结构 ……………………………………………………… 393
    12.2.2 釜式聚合反应器的选型 ………………………………………………… 401
  12.3 管式聚合反应器 ………………………………………………………………… 401
  12.4 塔式聚合反应器 ………………………………………………………………… 403
  12.5 流化床聚合反应器 ……………………………………………………………… 406
  12.6 其他聚合反应器 ………………………………………………………………… 407
  12.7 聚合反应器的选用 ……………………………………………………………… 411

参考文献 …………………………………………………………………………………… 413

第 1 章 绪论

1.1 高分子合成工业发展概述

19 世纪中期,人们开始通过化学反应对天然高分子材料进行改性。1839 年美国人发明了天然橡胶的硫化;1855 年英国人由硝酸处理纤维素制得塑料(赛璐珞),以后又相继制成人造纤维和汽车涂料;1883 年法国人发明了用乙酸酐与纤维素作用制得人造丝(黏胶纤维)。但此时高聚物的大分子长链的概念尚未建立,胶体化学理论仍占主导地位。1919 年苏黎世联邦理工学院有机化学教授 H. Staudinger 于瑞士学术会上提出"高分子化合物,是由以共价键连接的长链分子所组成"这一概念。此后德国化学家 K. H. Meyer 和 H. Mark 的研究证明了纤维素的链状结构,他们提出尽管高分子的碳链很长,各个键角固定,但围绕碳链旋转还是可能的,正是这种旋转使长链可灵活弯曲。他们还提出橡胶分子的硫化使大分子间形成共价的交联,区别了线型高分子和网状高分子。1931 年 W. H. Carothers 提出高聚物溶解与合成的理论,特别是尼龙及氯丁二烯的聚合进一步证实 H. Staudinger 的理论。1932 年 H. Staudinger 发表了第一部关于高分子有机化合物的总结性论著《高分子有机化合物》,这不仅标志着高分子概念的确立,而且也标志着高分子化学的建立。与此同时,具有工业化规模的高分子合成工业也随之发展起来。1939 年,P. J. Flory 提出了缩聚反应中所有官能团都具有相同活性的基本原理,并将缩聚理论扩展到单体平均官能度大于 2 的反应体系,研究了支化和网状结构。此后 P. J. Flory 对高分子溶液理论的系统研究进一步促进了高分子合成工业的发展。1952 年 P. J. Flory 出版了《Principles of Polymer Chemistry》一书,为高分子合成提供了理论指导。

20 世纪 40 年代初,由于第二次世界大战所需橡胶是战略性物资,必须大力发展合成橡胶,并且着眼于石油化工以解决原料问题,从而发展了由石油裂解气体生产丁二烯、乙烯与苯乙烯的工业生产方法,为高分子的合成工业奠定了基础。

50 年代以后,德国的 K. Ziegler 与意大利的 G. Natta 分别发明了用三乙基铝和三氯化钛组成的金属络合催化剂合成低压聚乙烯与聚丙烯。随着 Ziegler-Natta 催化剂的出现,配位离子定向聚合蓬勃发展起来。由于 Ziegler-Natta 催化剂可以容易地使烯烃、二烯烃聚合成为性能优良的高聚物,因此对原料烯烃、二烯烃的需求量激增。原料的需求进一步刺激了石油化学工业的建立与发展。与以煤和粮食为基础的原料路线相比较,石油路线更为经济合理,因此石油化学工业迅速扩大增长,许多以煤和粮食为原料的化工产品纷纷转向石油路线进行生产,例如氯乙烯单体原来用煤产品乙炔为原料,后来逐渐转向石油路线用乙烯为原料。原料路线转向石油以后,高分子合成材料的产量激增,生产技术水平和产品性能都达到了新的高度。

1949 年以前,我国只有少数关于天然橡胶、皮革、硝化纤维素(赛璐珞)、酚醛(电木)、脲醛(电玉)、油漆等高分子加工企业。1952 年,中国科学院上海有机化学研究所王葆仁领导的课题组开展了有机玻璃(聚甲基丙烯酸甲酯)和尼龙-6(聚己内酰胺)的研究工作,这是我国高分子合成化学研究的开始。1953年在我国出现酚醛磺化树脂的合成，并且开始出现有机硅高分子的研究。1955年左右中国科学院上海有机化学研究所、南开大学等单位开始离子交换树脂的研究，这个领域的工作推动了我国工业分离技术的发展并带动了相关工业技术水平的提高。1958年，四川长寿化工厂建成年产2万吨的氯丁橡胶厂，技术资料部分是引进苏联的，部分是中国科学院长春应化所的，这是我国第1个近代高分子产业。同年，中国科学院长春应化所开始研究镍催化聚合合成顺丁橡胶，并于1971年推向产业化，使我国顺丁橡胶的质量、生产技术均达到世界先进水平。1959年，北京建立了北京合成纤维试验厂，引进的是原东德的技术，年产0.1万吨尼龙-6（我国称为锦纶），这是我国第1个化纤产业。1962年，兰化橡胶厂引进苏联技术建成年产0.1万吨的聚苯乙烯生产线，这是我国第1个塑料产业。1970年，兰化公司石化厂引进英国技术建成年产0.5万吨的聚丙烯生产线和年产3.45万吨的低密度聚乙烯生产线，这是我国第1个聚烯烃产业。1971年中国科学院化学研究所（北京）和上海合成纤维研究所以研究芳纶（聚对苯二甲酰对苯二胺）的合成和纺丝为切入点，开始了我国高分子液晶的研究工作。1985年周其凤合成出甲壳型主链高分子液晶化合物。1976年我国开始进行阴离子聚合研究，并于1990年在燕山石化研究院开发出万吨级的SBS工业生产技术，目前SBS已成为我国合成橡胶的重要品种。1987年中国科学院化学研究所开始了磁性高分子研究，1989年四川师范大学在国际上首次合成出室温具有明显磁性的高分子配合物。20世纪90年代以后，随着国家对科研的大力扶持，国内学者对国际高分子的前沿领域如超分子组装、超支化高分子、有机-无机杂化材料、纳米材料和生态材料的研究更加深入，取得了丰硕的成果，大大推动了我国高分子行业的发展。进入21世纪，材料科学的高速发展与高新技术的广泛采用使高分子材料合成工业进入一个崭新的时期，同世界其他各国一样，我国也具有很好的发展前景，尤其是近几十年内有可能成为全球在这个领域发展最好的国家，在规模、品种和技术水平上都进入世界先进行列。

1.2 高分子合成工艺的特征

高分子材料合成的生产过程不同于一般化工产品如酸、碱、盐以及有机化合物的生产过程，具有以下特征。

1. 单体特征

用于合成聚合物的单体通常要求具有双键或多个活性的官能团，通过分子中双键的打开或活性官能团的相互反应生成高聚物。单个双键或双官能团的单体通常会形成线型结构的高分子（在不存在严重链转移的情况下）。两个双键的单体主要生成线型结构的弹性体（也可再进一步转化成交联型的聚合物）。这两种线型的高分子可用来加工成纤维和塑料。单体化合物中若存在三个以上官能团，则可制成热固性的合成树脂，加工成塑料。单体的纯度、当量比及反应条件的控制将影响生成的高分子的结构及性能。

2. 机理特征

聚合反应的热力学和动力学不同于一般有机化学反应，如加成聚合反应为连锁反应，通常包括链引发、链增长、链终止及链转移等反应步骤。每个步骤的动力学是不同的，它直接影响分子量、分子结构和转化率。有的聚合反应速率很快，如自由基聚合反应，在过了引发剂的诱导期后，链增长非常迅速，瞬间可将分子量升得很高；有的聚合反应速率相对较慢，如缩聚反应，单体的转化率可在很短的时间内达到很高，但其分子量的增长存在明显的时间依赖性。有些聚合反应对催化剂的依赖性很强，如乙烯的定向聚合，不同代的Ziegler-Natta催化剂对乙烯的催化活性相差很大。

3. 聚合实施方式的特征

用来实施聚合反应的方式很多,如自由基聚合的实施方法有悬浮聚合、本体聚合、溶液聚合及乳液聚合。同一种聚合物还可采用多种聚合实施方法,如氯乙烯可采用本体聚合、悬浮聚合和乳液聚合。各种实施方法过程不一样,传质和传热的情况不一样,所得产品的特征也不一样。因此,必须深入理解各种实施方式的原理以及它们之间的差异。

4. 聚合设备特征

聚合反应体系中物料有的是均相体系,有的是非均相体系,而且反应过程中也有相态变化。因此,聚合反应对设备存在选择性。

(1) 对传热的要求 随着聚合反应的进行,体系黏度随转化率的提高而增大,由于聚合反应是放热反应,因此对于有些聚合方式(如本体聚合和熔融缩聚)到反应后期因高黏度的影响,传质和传热困难,反应较难控制。

(2) 对设备搅拌能力的要求 乳液聚合和悬浮聚合除依赖于乳化剂和分散剂使聚合体系稳定外,还强烈地依赖于设备的搅拌能力。

(3) 对压力的要求 有些聚合反应对压力的要求很高,如聚乙烯有高压、中压和低压等不同的产品,而缩聚反应通常又要求在高真空的条件下进行,对设备的压力要求当然也不一样。

(4) 对生产规模的要求 有的品种连续聚合生产,规模大,年产达数十万吨,有的品种是小批量的间歇法生产。不同品种的生产工艺流程差别很大,对反应器及辅助设备的要求是不同的。

因此,对设备及工艺要求的多样性和复杂性要有深刻的认识。

5. 产品特征

不同的聚合实施方式,产品的形态通常也不一样。如氯乙烯悬浮聚合所得产品为粉状树脂,而乳液聚合所得为聚氯乙烯糊。又如甲基丙烯酸甲酯在乳液共聚时,产物可以乳液的形式直接使用,而其本体浇铸聚合可用来生产有机玻璃板。

聚合物具有分子量多分散性,分子量的分布不同,产品的性能差别很大,对加工性能也有很大影响。分子量的大小是合成反应中极为重要的问题,影响分子量的工艺因素较多,如单体配比、反应时间、温度、催化剂及各种添加剂等。所以生产中必须控制好工艺配方及聚合操作条件,才能有效地控制分子量。不同的产品、不同的聚合实施方式,控制分子量和分子结构的方法也不一样。

1.3 高分子合成工艺过程简述

聚合物的生产通常包括原料准备与精制、催化剂(引发剂)配制、聚合反应、产品分离及聚合物后处理等过程。

1.3.1 原料准备与精制

1. 单体

聚合反应对单体的纯度要求很高(99%以上),单体中杂质对聚合反应的影响体现在以下几个方面。

(1) 杂质可能对聚合反应产生阻聚作用和链转移反应,从而使目标聚合物的分子量降低。对于烯类单体,为了防止在贮存时发生自聚,通常需加入一定的阻聚剂,在聚合前应通过蒸馏或用碱液洗涤除去阻聚剂。

(2) 杂质可能引起催化剂失活,或延长引发剂的诱导期,使聚合反应速率变慢,甚至不能进行。

(3) 对于逐步聚合反应,杂质的存在会影响单体当量比的准确性,单官能团的杂质还会过早地封闭增长的分子链,导致得不到高分子量产物。

(4) 多官能度(大于3)杂质的存在将会影响目标聚合物的结构。

(5) 杂质可能产生有损于聚合物色泽的副反应。

大多数单体和溶剂为有机化合物,有毒、易燃、易爆炸,因此单体的贮存和输送应当考虑以下问题。

(1) 贮存设备及输送管道的密封性要好,避免单体与空气接触产生易爆炸的混合物,或产生过氧化物。为了防止贮罐内渗入空气,可通入氮气保护。

(2) 尽量低温避光贮存,注意采用隔热和降温措施,或安装冷却装置。

(3) 贮存区不得有烟火或引起火灾的物品。

(4) 低沸点的单体和溶剂的贮存设备要求能耐高压。

2. 反应介质

在聚合反应过程中有时需使用反应介质(水或溶剂),其种类因聚合反应机理和方法的不同而不同。自由基聚合反应中水分子对反应无不良影响,因此可以用水作为反应介质(乳液聚合、悬浮聚合)。但自由基聚合以溶剂为介质时,要充分考虑到溶剂的链转移常数,避免因溶剂的影响而使聚合物的分子量达不到要求。离子聚合反应中,微量的水可能破坏催化剂的活性,使聚合反应无法进行,或由于链转移而使产品分子量严重下降。因此在离子聚合和配位聚合过程,反应体系中水的含量应降低到 10^{-6}(百万分之几~百万分之几十)以下。作为聚合反应介质的有机溶剂多数是易燃液体,其蒸气与空气混合后可产生易爆混合物。因此对于溶剂的纯度、贮存及输送等注意事项与单体基本相同,差别是溶剂不会产生自聚现象。

1.3.2 催化剂(引发剂)配制

对于水溶性引发剂,在使用前一般将其配制成一定浓度的水溶液,然后用于聚合反应。对于油溶性引发剂,使用前一般加入单体中溶解备用。多数引发剂受热后有分解爆炸的危险,因此通常要求在低温下贮藏。固体的过氧化物例如过氧化二苯甲酰,为了防止贮存过程中产生意外,常采用小包装并加有适量水,贮存在低温环境中,并且防火,防撞击。液态的过氧化物可以加入适量溶剂稀释以降低浓度。

催化剂中以烷基金属化合物最为危险,它对于空气中的氧和水极为敏感。例如三乙基铝接触空气则自燃,遇水发生强烈反应而爆炸。烷基铝的活性因烷基的碳原子数目的增大而减弱。低级烷基的铝化合物应当制备为惰性溶剂如加氢石油、苯和甲苯的溶液,便于贮存和输送,其浓度为15%~25%,并且用惰性气体如氮气予以保护。

金属卤化物如 $TiCl_4$、$AlCl_3$、$FeCl_3$ 以及 BF_3 等,接触水分后易水解,释放出腐蚀性气体,因此它们所接触的空气或惰性气体应当十分干燥,要求露点低于 $-37℃$。$TiCl_3$ 和 $TiCl_4$ 还极易与空气中的氧反应,因此使用的容器、贮罐及管道需用惰性气体干燥或无水溶剂冲洗,避免与水或空气接触。在配制络合催化剂时,加料的顺序、陈化时间及温度对催化剂的活性也有明显影响。

缩聚反应使用的催化剂通常是酸、碱及盐类化合物,这一类催化剂多数不是危险品,贮存、运输相对较安全。

1.3.3 聚合反应

不同的聚合实施方式,工艺流程不一样,聚合反应控制因素也不一样。如乳液聚合和本体聚合,前者的生产流程较后者要复杂得多,乳液聚合要着重控制涉及乳液稳定性的一些因素,而本体聚合对聚合体系散热的要求特别高。不同的聚合实施方式其生产配方也不一样,对聚合物的形成机理、聚合物的形态、结构及性能都有影响。为了得到具有特定结构和性能的聚合物,必须从分子设计的角度出发,确定聚合实施方法、聚合体系的组成及实施聚合的工艺条件。

在设计聚合反应时通常应考虑以下几个问题。

1. 聚合体系的组成

聚合体系的组成涉及选择的单体、共聚单体、反应介质、引发(或催化)体系及各种添加剂(如乳化剂、分散剂、分子量调节剂等)的用量及比例。

2. 加料顺序和方式

即使聚合配方一样,产品的最终结构和性能还强烈地依赖于物料的加入顺序及方式。对于共聚反应,一次性加料主要生成无规结构的聚合物,分批加料易于生成接枝嵌段共聚物。乳液共聚时,各种单体加入时间不同可能生成接枝嵌段共聚物或形成核-壳结构的聚合物。共聚反应还可根据单体竞聚率的不同,通过加料速度和顺序来调节大分子组成及链节分布。因此在工业生产中,控制聚合反应的加料方式和速度,对产品的分子结构及性能至关重要。

助剂的加入量及加入方式对聚合物分子结构也有一定的影响,如调节剂可以控制分子量大小和凝胶含量;乳化剂对反应速率、分子量及粒径的大小和分布也有影响,所以也要严格控制其加入量及加入方式。

3. 反应温度及压力的控制

聚合反应本身为放热反应,不同单体聚合热差别很大。对于自由基聚合反应,聚合温度对链引发、链增长及链终止的速率起决定性作用。聚合温度除影响反应速率外,对产物的分子量及其分布也有重要的影响。对于缩聚反应,聚合热虽然较小,温度对平均聚合度的影响不是很大,但提高温度可加速平衡状态的到达,降低聚合体系的黏度,有利于小分子物质的排出。当然温度也不能过高,否则将使解聚速率常数增加。所以对温度的控制是由反应热力学和动力学共同决定的。

为控制产品的平均分子量及其分布,通常要求反应体系的温度波动不能太大。例如氯乙烯悬浮聚合时甚至要求温度波动在±0.2℃。又如丙烯酸酯聚合时极易产生自加速效应。一旦引发后,链增长速率很快,反应体系中释放出大量热量,温度骤升,易产生爆聚和冲料。在用 BF_3 的乙醚络合物催化异丁烯阳离子聚合时,分子量可在很短时间内达数十万。因此,采用不同的引发(或催化)体系时,其热力学和动力学性质不同,必须通过反应温度的控制,才可使高分子的结构和性能合乎要求。

反应压力对反应速率及分子结构也有影响,特别是沸点低、易挥发的单体和溶剂。如低沸点溶剂和单体的液相聚合比高沸点的压力要高;气相聚合的压力比液相聚合的要高一些。不同聚合方法及不同品种,聚合时压力控制应有所区别。除反应温度和压力外,物料在反应器中停留时间、加热和冷却方法都对反应有一定的影响。

4. 反应设备及辅助装置的要求

聚合反应器根据形状可分为管式反应器、塔式反应器和釜式反应器,此外还有特殊形式的反应器如螺旋挤出机式反应器、板框式反应器等。通常要求聚合反应器能有利于加料、出料、传质和传热过程。管式聚合反应器主要依靠在套管内流动的冷却介质排除反应热。釜式聚合反应器的排热方式是多样的,主要的有夹套冷却、夹套附加内冷管冷却、内冷管冷却、反应物料釜外循环冷却、回流冷凝器冷却、反应物料部分闪蒸及反应介质预冷等。为了使釜式聚合反应器中的传质、传热过程正常进行,聚合反应釜中必须安装搅拌器。常见的搅拌器形式有平桨式、旋桨式、涡轮式、锚式及螺带式等。

反应釜的材质大多数为搪瓷、不锈钢及合金钢材料。反应釜的材质应不影响合成反应、不污染聚合物和能有效地防止聚合物粘釜。根据不同的用途,反应釜应能承受规定的压力和温度。

1.3.4 分离过程

经聚合反应后,物料中除聚合物外还含有未反应的单体,反应用的介质水和溶剂,残留的引发剂和催化剂、低聚物及其他未参加反应的助剂,需要进行分离。通过分离,一方面可提高产品的纯度;另一方面可回收未反应的单体及溶剂,降低生产成本,减少环境污染。不同的聚合实施方法和聚合物品种,其分离的方法也不一样。

本体聚合与熔融缩聚反应中转化率很高,单体几乎全部转化为高分子化合物,一般不需要经过分离,可以将高黏度的熔体直接铸带,进行后处理。物料中少量未反应的单体或低聚物,通常在出料前以高温或高真空脱除。

悬浮聚合得到的聚合物呈珠状,分散在水介质中,未反应的单体及分散剂等必须进行分离。通常采用蒸汽蒸馏或液化闪蒸等方法先除去单体,然后利用离心过滤和离心洗涤等方法除去分散剂、悬浮剂,再用净水反复洗涤保证聚合物无其他杂质。对于氯乙烯的悬浮聚合,由于氯乙烯是致癌物质,必须在专门设备中进行单体剥离,或称之为汽提。

乳液聚合的乳液如作直接应用用途(如黏合剂、涂料、防水涂层及涂饰材料等),通常在聚合时尽量提高单体转化率,使残留单体减少,聚合后一般不需处理。若要将聚合产品从乳液中分离出来,通常用破乳的方法使乳胶粒子凝聚析出,然后再洗去乳化剂,最后经干燥脱除水分,得到成品。但单体的回收过程相对比较复杂,特别是二烯类的产品,聚合完后,未反应的单体含量较多,如丁苯共聚的单体转化率约为 70%~80%,而且两种单体沸点相差很大。工业上常采用的方法是在破乳之前利用闪蒸法先回收低沸点的丁二烯,然后再在减压蒸馏塔中用水蒸气蒸馏法脱去高沸点的苯乙烯,与水蒸气共沸的苯乙烯通过回收循环使用。

对于自由基溶液聚合得到的聚合物溶液,主要除去未反应的单体和溶剂。除去的方法随品种而异,决定于单体和溶剂的沸点,沸点高的可用蒸汽蒸馏,沸点低的可用闪蒸法,也可加入沉淀剂将聚合物从溶剂中分离出后,再用蒸馏法分离单体和溶剂,并回收循环使用。

使用有机溶剂最多的是离子聚合与配位聚合的溶液聚合方法。分离出聚合物后的溶剂通常含有其他杂质,大致可以分为以下两种情况。

(1) 合成树脂生产中回收的溶剂通常是经离心机过滤与聚合物分馏得到的,其中可能有少量单体、破坏催化剂用的甲醇或乙醇等,还可能溶解有聚合物(例如聚丙烯生产中得到的无规聚合物)。

(2) 合成橡胶生产中回收的溶剂是在橡胶凝聚釜中和水蒸气一同蒸出来的,因此不含有不挥发物,而含有可挥发的单体和终止剂如甲醇等。经冷凝后,水与溶剂通常形成两层液相,可溶于水的组分如醇类则溶解于水中,溶剂层中则可能含有未反应的单体、防老剂、填充油等。然后用精馏的方法使单体与溶剂分离,防老剂等高沸点物质则作为废料处理。

对于离子聚合与配位聚合,除需将单体和溶剂分离,还要充分洗去残留的催化剂以免影响聚合物的性能。

1.3.5 聚合物后处理

聚合物后处理包括聚合物的输送、干燥、造粒、均匀化、贮存、包装等过程。

经分离过程得到的聚合物中通常含有少量水分或有机溶剂,必须经干燥以脱除水分和有机溶剂,从而得到干燥的合成树脂或合成橡胶。合成树脂主要采用气流干燥机沸腾干燥,合成橡胶主要采用箱式干燥机或挤压膨胀干燥机进行干燥。

经干燥后的合成树脂如粉状聚氯乙烯树脂可直接作为半成品出售,也可在添加增塑剂、稳定剂等组分后进一步加工为粒状树脂出售。如聚乙烯、聚丙烯及聚苯乙烯等,通常是生产树脂的工厂将干燥的粉状树脂添加稳定剂等经混炼、造粒得到直径约 3~4 mm 的粒状塑料,然后将相同规格的产品送到大型料仓中进行均匀化,以得到大批量同一牌号的商品。

合成橡胶的后处理过程相对较简单,潮湿的粒状合成橡胶经干燥后用压块机压制成一定规格,再经包装后成为商品。

第 2 章 自由基聚合工艺基础

自由基聚合是指小分子单体在引发剂的存在下通过连锁聚合反应形成高聚物的过程。聚合过程一般由链引发、链增长、链终止等单元反应组成。此外,还可能伴有链转移反应。自由基聚合反应是当前高分子合成工业中应用最为广泛的化学反应之一,它主要适用于乙烯基单体和二烯烃类单体的均聚或共聚。常用的乙烯基单体常是一取代乙烯和部分1,1-二取代乙烯。

自由基聚合所得的均聚物或共聚物都是碳碳主链的线型高分子量聚合物,它们在纯粹状态下是固体物。自由基聚合所得高聚物,由于分子结构的规整性较差,所以多数是无定形聚合物。它们的物理状态与其玻璃化温度(T_g)有关,玻璃化温度远低于室温的高聚物在常温下为弹性体状态,这类聚合物主要用作橡胶,即合成橡胶;玻璃化温度高于室温的高聚物在常温下为坚硬的塑性体,即合成树脂,它主要用作塑料、合成纤维、涂料等的原料。

2.1 自由基聚合引发剂

除苯乙烯本体聚合是受热引发聚合,悬浮聚合也可以热引发聚合外,其他单体的聚合反应在工业上都是在引发剂的存在下实现的。因此引发剂是自由基聚合反应中的重要试剂,但是其用量很少,一般仅为单体量的千分之几。

2.1.1 引发剂种类

工业上可用作自由基聚合反应引发剂的化合物主要是过氧化物,大多数是有机过氧化物,其次是偶氮化合物、氧化-还原引发体系、光引发体系。根据引发剂的溶解性能又可分为油溶性引发剂与水溶性引发剂,水溶性引发剂可用于乳液聚合和水溶液聚合,油溶性引发剂则用于本体、悬浮与有机溶剂中的溶液聚合。

1. 过氧化物类

通式为 R—O—O—H 或 R—O—O—R,可看做过氧化氢 H—O—O—H 的衍生物。R 可为烷基、芳基、酰基、碳酸酯基、磺酰基等,由于一元取代或二元取代的不同,而得到一系列不同类别的有机过氧化物。常用的有机过氧化物类引发剂参见表2-1。

有机过氧化物的共同特点是分子中均含有—O—O—键,受热后—O—O—键断裂而生成相应的两个自由基。由表2-1可知,过氧化二酰和过氧化碳酸酯等化合物在分解时除产生自由基外,还放出 CO_2 气体。一般苯基自由基的活性大于苯甲酰基自由基。

有机过氧化物通常不稳定,其不稳定程度则因化学结构的不同而有很大差别。有些过氧化物可以进行常压蒸馏,有些则受热、受摩擦或受碰击时可能引起分解而爆炸。

表 2-1 重要的有机过氧化物

引发剂类型	实例	分解反应式
烷基(芳基)过氧化氢 R—O—O—H	叔丁基过氧化氢 CH_3 $H_3C-C-O-O-H$ CH_3 异丙苯过氧化氢 CH_3 Ph-C-O-O-H CH_3	R—O—O—H ⟶ RO· + ·OH
过酸 $\begin{matrix} O \\ \| \\ R-C-O-O-H \end{matrix}$	过乙酸 $\begin{matrix} O \\ \| \\ H_3C-C-O-O-H \end{matrix}$	$\begin{matrix} O \\ \| \\ R-C-O-O-H \end{matrix}$ ↓ $\begin{matrix} O \\ \| \\ R-C-O· + ·OH \end{matrix}$
过氧化二烷基(芳基) R—O—O—R′	过氧化二异丙苯 CH_3 CH_3 Ph-C-O-O-C-Ph CH_3 CH_3	R—O—O—R ⟶ 2 RO·
过氧化二酰 $\begin{matrix} O & & O \\ \| & & \| \\ R-C-O-O-C-R' \end{matrix}$	过氧化二苯甲酰 $\begin{matrix} O & & O \\ \| & & \| \\ Ph-C-O-O-C-Ph \end{matrix}$ 过氧化乙酰异丁酰 $\begin{matrix} CH_3 & O & O \\ \| & \| & \| \\ HC-C-O-O-C-CH_3 \\ \| \\ CH_3 \end{matrix}$	$\begin{matrix} O & & O \\ \| & & \| \\ R-C-O-O-C-R' \end{matrix}$ ⟶ $\begin{matrix} O & & O \\ \| & & \| \\ R-C-O· + ·O-C-R' \end{matrix}$ ↓ 部分 R· + CO_2
过氧化羧酸酯 $\begin{matrix} O \\ \| \\ R-C-O-O-R' \end{matrix}$	过氧化苯甲酸叔丁酯 $\begin{matrix} O \\ \| \\ Ph-C-O-O-C(CH_3)_3 \end{matrix}$	$\begin{matrix} O \\ \| \\ R-C-O-O-R' \end{matrix}$ ↓ $\begin{matrix} O \\ \| \\ R-C-O· + ·OR' \end{matrix}$
过氧化二碳酸酯 $\begin{matrix} O \\ \| \\ R-O-C-O \\ \quad\quad\quad\| \\ R-O-C-O \\ \| \\ O \end{matrix}$	过氧化二碳酸二异丙酯 $[(H_3C)_2HC-O-\overset{O}{\underset{\|}{C}}-O]_2$ 过氧化二碳酸二环己酯 $[\text{Cy}-O-\overset{O}{\underset{\|}{C}}-O]_2$ 过氧化二碳酸二(4-叔丁基环己基)酯 $[(H_3C)_3C-\text{Cy}-O-\overset{O}{\underset{\|}{C}}-O]_2$	R—O—C—O—O—C—O—R ⟶ R—O—C—O· —部分→ RO· + CO_2

过氧化二烷基化合物：烷基为直链结构时，不稳定，低级者，易爆炸；烷基为多支链结构时，例如过氧化二叔丁基，则在常压下可以蒸馏而不分解。

过酸化合物：不怕震击，但受热时易爆炸，常温放置可分解产生 O_2。

过氧化二酰基化合物：纯粹状态下受热或受碰击时，可引起爆炸。因此过氧化二苯甲酰商品中，常含有适量的水分以保持湿润状态或溶于邻苯二甲酸二丁酯等适当溶剂中，避免出现分解爆炸的危险。

过氧化碳酸酯：如过氧化碳酸二异丙酯等对热、摩擦、碰击都很敏感，不能进行蒸馏。甚至在室温条件下，本身会产生诱导分解反应而引起爆炸。所以要求在低温（10℃以下）下贮存，并加入稳定剂如多元酚、多元硝基化合物以降低其分解倾向。胺类化合物和某些金属则可使过氧化碳酸酯催化分解，金属对于其分解速率影响顺序为：$Pt \approx Cu > Hg > Al \approx Fe > Ni \approx Ag$。如将异丙基基团改换为叔丁环己基基团时，其稳定性提高，可常温贮存。

在自由基聚合过程中，由引发剂分解所得的初级自由基，除主要与单体作用产生单体自由基外，还可能发生一些副反应。重要的副反应有夺取溶剂分子或聚合物分子中的氢原子、两个初级自由基偶合、大分子歧化或与未分解的引发剂作用产生诱导分解作用等。初级自由基的偶合反应受周围介质的影响较大，如被溶剂分子所包围，两个初级自由基未能扩散分离而偶合终上，此时称为"笼形效应"，这是降低引发剂的引发效率，特别是降低溶液聚合引发效率的原因之一。另外，初级自由基与未分解的引发剂发生诱导分解也将大大降低引发效率。

2. 偶氮化合物

常用的偶氮化合物有偶氮二异丁腈（AIBN）、偶氮二（2－异丙基）丁腈、偶氮二（2,4－二甲基）戊腈（偶氮二异庚腈，ABVN）。用作引发剂的偶氮化合物一般具有通式：

$$R-\underset{\underset{CN}{|}}{\overset{\overset{R'}{|}}{C}}-N=N-\underset{\underset{CN}{|}}{\overset{\overset{R'}{|}}{C}}-R$$

偶氮引发剂受热后分解生成自由基的反应如下（以 AIBN 为例）：

$$H_3C-\underset{\underset{CN}{|}}{\overset{\overset{CH_3}{|}}{C}}-N=N-\underset{\underset{CN}{|}}{\overset{\overset{CH_3}{|}}{C}}-CH_3 \xrightarrow{\Delta} 2\ H_3C-\underset{\underset{CN}{|}}{\overset{\overset{CH_3}{|}}{C}}\cdot + N_2\uparrow$$

偶氮化合物分解产生初级自由基除引发乙烯基单体外，与有机过氧化合物相似，仍可由两个初级自由基经偶合而形成稳定化合物，其"笼形效应"较过氧化合物严重，所以偶氮类引发剂的引发效率低于过氧化物类引发剂。与过氧化合物类引发剂不同的是偶氮化合物不发生诱导分解，在不同溶剂中，分解速率常数相差不大，均是一级反应，常作动力学研究的引发剂。

另外，偶氮化合物分解产生氮气，所以它还被广泛用作制造泡沫塑料时的发泡剂。

3. 氧化-还原引发体系

氧化-还原引发体系是利用还原剂和氧化剂之间的电子转移所生成的自由基引发聚合反应。由于氧化-还原引发体系的分解活化能很低，常用于引发低温聚合反应。这一体系的优点是活化能较低（约 40～60 kJ/mol），可在较低的温度（0～50℃）下引发聚合，而有较快的聚合速率。氧化-还原引发剂多数是水溶性，所以主要用于乳液聚合或以水为溶剂的溶液聚合中。

常用的氧化-还原体系有以下 5 种。

（1）过氧化氢-亚铁盐体系

H_2O_2 将 Fe^{2+} 氧化为 Fe^{3+}，同时生成氢氧根离子和氢氧自由基，反应式如下：

$$Fe^{2+} + H_2O_2 \longrightarrow Fe^{3+} + OH^- + OH\cdot$$

H_2O_2 还可将 Fe^{3+} 还原为 Fe^{2+}，同时生成 $H-O-O\cdot$ 自由基，反应式如下：

$$H_2O_2 \rightleftharpoons H^+ + HO_2^-$$

$$Fe^{3+} + HO_2^- \longrightarrow Fe^{2+} + H-O-O\cdot$$

(2) 过硫酸盐-亚硫酸盐体系

过硫酸盐-亚硫酸盐氧化还原体系用得非常广泛。常用的还原剂为亚硫酸盐、甲醛化亚硫酸氢盐(雕白粉)、硫代硫酸盐、连二亚硫酸盐、亚硝酸盐和硫醇等。它们与过硫酸盐的氧化还原示例如下：

$$S_2O_8^{2-} + HSO_3^- \longrightarrow SO_4^{2-} + SO_4^-\cdot + HSO_3\cdot$$

$$S_2O_8^{2-} + S_2O_3^- \longrightarrow SO_4^{2-} + SO_4^-\cdot + S_2O_3\cdot$$

$$S_2O_8^{2-} + RSH \longrightarrow HSO_4^- + SO_4^-\cdot + RS\cdot$$

反应中生成了硫酸，所以过硫酸盐－亚硫酸盐引发体系使反应系统的 pH 值显著降低，在聚合中往往加入缓冲剂。

该体系的特点是一个分子的过氧化物生成两个自由基(上述其他氧化还原组合物生成一个自由基)，引发效率较高，但两个初级自由基如果不能迅速扩散，仍有发生偶合终止的可能。生成的初级自由基易受氧的作用而被破坏，所以聚合反应必须在惰性气体的保护下进行，尤其在反应初期。

这种引发体系常用于丁苯乳液聚合、乙酸乙烯酯乳液聚合、丙烯酸酯乳液聚合及丙烯酸酯和苯乙烯的多元共聚乳液聚合。

(3) 过硫酸盐-Fe^{2+} 体系

这种体系由过硫酸盐、水溶性金属盐和辅助还原剂组成。以过硫酸盐、硫酸亚铁组合为例，其反应如下所示。

$$S_2O_8^{2-} + Fe^{2+} \longrightarrow Fe^{3+} + SO_4^{2-} + SO_4^-\cdot$$

由于反应生成了硫酸，同样会使反应体系的 pH 值降低。此体系在丁苯乳液聚合中用得较多。

(4) 四价铈盐和醇、胺、硫醇等组合的氧化还原体系

这种氧化还原体系在淀粉、纤维素、聚乙烯醇等作接枝主链的接枝共聚反应中用得较多。用水溶性过硫酸盐作接枝聚合引发剂时，单体的自聚倾向高，接枝效率一般不超过 50%。用铈盐等的氧化还原引发体系，可使接枝效率达到 90%。以含羟基聚合物的接枝反应为例，其反应如下：

$$RCH_2OH + Ce^{4+} \rightleftharpoons 络合中间产物 \longrightarrow R\dot{C}HOH + H^+ + Ce^{3+}$$
(含羟基高聚物)

$$R\dot{C}HOH + nM \longrightarrow \begin{array}{c} RCHOH \\ | \\ MMM(M)_{n-3} \end{array}$$
接枝单体

利用上述反应，可以对淀粉、纤维素、聚乙烯醇等进行接枝共聚以制取高分子吸水树脂及高分子絮凝剂等，也可对蛋白质材料如真丝纤维等进行接枝增重处理。

(5) 过氧化物-叔胺体系

以过氧化二苯甲酰和 N,N-二甲基苯胺为例，其分解反应如下所示。

$$C_6H_5-N(CH_3)_2 + C_6H_5-\overset{O}{\underset{\|}{C}}-O-\overset{O}{\underset{\|}{C}}-C_6H_5 \longrightarrow [C_6H_5-\overset{CH_3}{\underset{CH_3}{\overset{|}{N^+}}}-O-\overset{O}{\underset{\|}{C}}-C_6H_5][C_6H_5COO^-]$$

$$\longrightarrow C_6H_5-\overset{CH_3}{\underset{CH_3}{\overset{|}{N^{+\cdot}}}} + C_6H_5COO^- + C_6H_5COO\cdot$$

反应首先形成极性络合物,然后再分解产生自由基。这一氧化还原体系的引发效率较差,而且二甲基苯胺的存在容易导致聚合物发生黄变。这种氧化还原引发体系通常不能用来生产线型高聚物,而主要用于分子内含若干双键的线型低聚物的交联和固化。如用于不饱和聚酯树脂的室温固化,可使液态的不饱和聚酯树脂转变为固态的体型结构的高聚物。

4. 光引发剂

紫外光(UV)固化技术是利用光引发剂吸收一定波长的紫外光,激发产生自由基引发低分子预聚体及作为活性稀释剂的单体分子之间的聚合及交联反应,使之固化。由光引发剂引起的光固化具有以下优点:固化速率快,可在几秒钟内完成固化;低能耗,可在室温下完成固化,这对于某些不能耐热的塑料,光学、电子零件来说十分有效,且节省能源;低污染,反应后组分完全固化,即没有溶剂,有利于环境保护;可自动化操作及固化,提高生产中的自动化程度,从而提高生产效率和经济效益。

1) 光引发机理

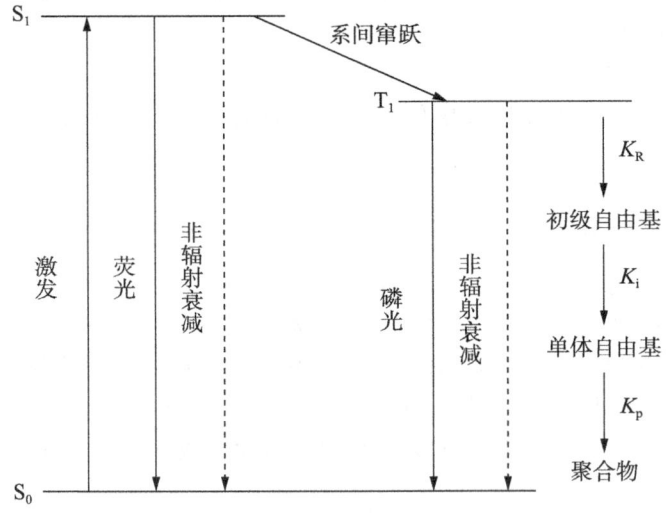

图 2-1 光引发剂的光化学及光物理过程

在紫外光照射下,处于基态(S_0)的光引发剂在吸收光能后,在 $10^{-15} \sim 10^{-13}$ s 内通过 $\pi-\pi^*$ 或 $n-\pi^*$ 跃迁到激发单线态(S_1)。因为有自旋相反的价电子,单线态的寿命很短,很不稳定,它可以通过发射荧光或放热(非辐射衰减)很快回到基态,也可以通过系间窜跃转变为激发三线态(T_1)。由于三线态价电子自旋平行,比较稳定,寿命相对较长。三线态分子也可通过发射磷光或放热衰减到基态,处于激发态的分子除了因衰减回到基态外,由于能量高,还能发生化学反应产生自由基活性种,从而引发单体聚合,如图 2-1 所示。

处于三线态的分子发生化学反应产生活性种,其机理大致可以分为四类:裂解反应机理、分子间(内)的夺氢反应机理、能量转移反应机理和离子反应机理，而用于自由基聚合的光引发剂的引发机理主要是前两类。

(1) 裂解反应机理

光引发剂分子吸收光能后，由基态跃迁至激发态，激发态分子发生 Norrish Ⅰ 型光解反应，如下式所示。

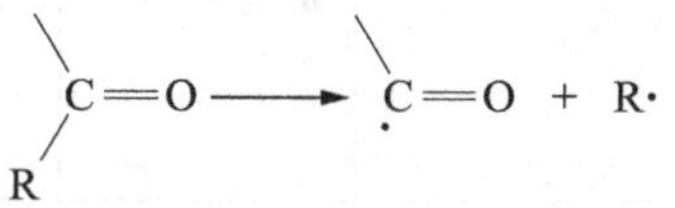

$$\overset{}{\underset{R}{>}}C=O \longrightarrow \overset{\cdot}{>}C=O + R\cdot$$

式中羰基和相邻碳原子间的共价键拉长、弱化、断裂、生成初级自由基。这类光引发剂主要用于引发自由基光固化体系，其品种主要有：苯偶姻醚类、苯偶酰缩酮类、苯乙酮类和酰基氧化磷类等。

(2) 分子间(内)的夺氢反应机理

激发态的光引发剂分子可直接从活性单体、低聚物等氢原子给予体上夺取氢原子，使其成为活性自由基，如下式所示。

$$>C=O + DH \xrightarrow{h\nu} \cdot\overset{}{>}C-OH + D\cdot$$

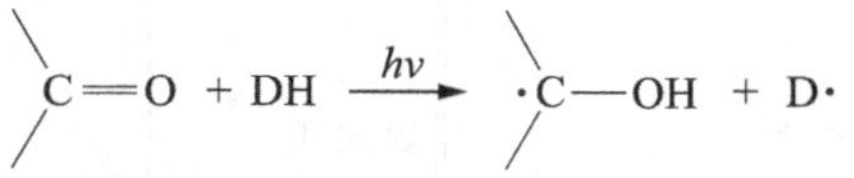

或通过分子间的电荷转移形成电荷转移络合物，再通过质子转移夺取供氢体上的氢，使供氢体变成活性自由基，如下式所示。

$$>C=O + :N< \xrightarrow{h\nu} \left[\cdot\overset{}{>}C-\overset{-}{O} \ \overset{+}{N}< \right]$$

电荷转移复合物（CTC）

$$\longrightarrow \cdot\overset{}{>}C-OH + N<$$

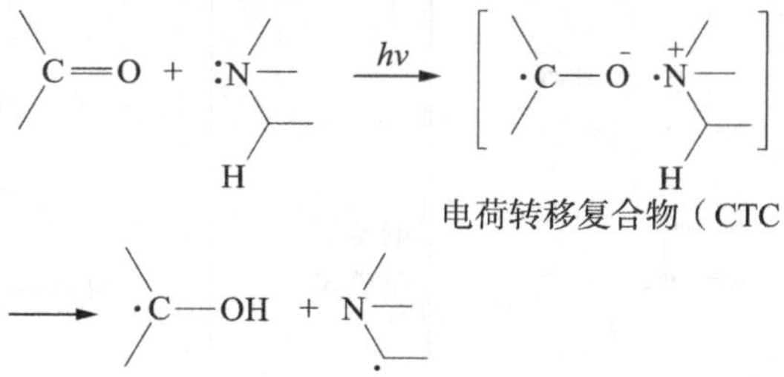

这类光引发剂主要也是用于引发自由基光固化体系，其品种主要有：二苯甲酮类、硫杂蒽酮类、醌类、双咪唑类等。

2) 自由基型光引发剂的分类

自由基型光引发剂按照自由基形成的机理分为夺氢型和裂解型光引发剂。常用的光引发剂详见表 2-2。

表 2-2 自由基聚合常用的光引发剂

夺氢型光引发剂		裂解型光引发剂	
二苯甲酮类	米蚩酮 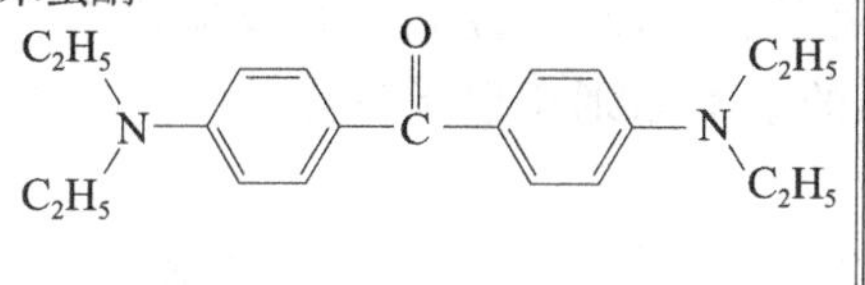 $(C_2H_5)_2N-C_6H_4-CO-C_6H_4-N(C_2H_5)_2$	安息香醚类	安息香乙醚 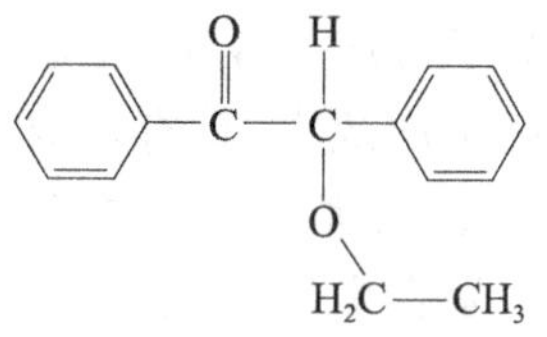 $C_6H_5-CO-CH(OC_2H_5)-C_6H_5$

夺氢型光引发剂		裂解型光引发剂	
硫杂蒽酮类	异丙基硫杂蒽酮 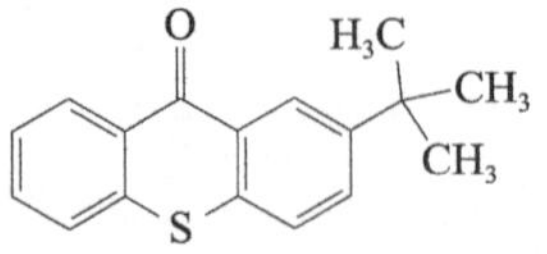	苯偶酰缩酮类	苯基二甲氧基缩酮 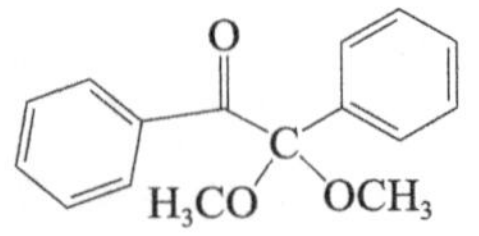
香豆素酮类	香豆素酮 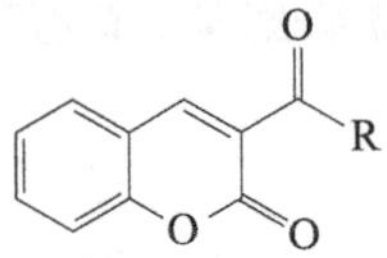	苯乙酮类	羟基环己基苯乙酮 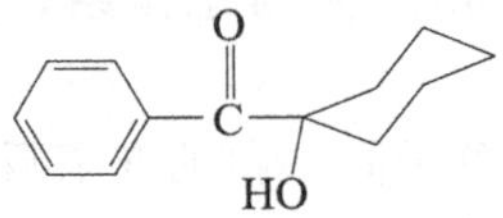
醌类	樟脑醌 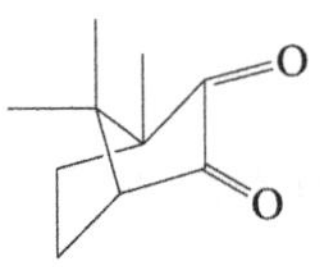	硫醚类	4-[(4-马来酰亚胺基)苯硫基]二苯甲酮 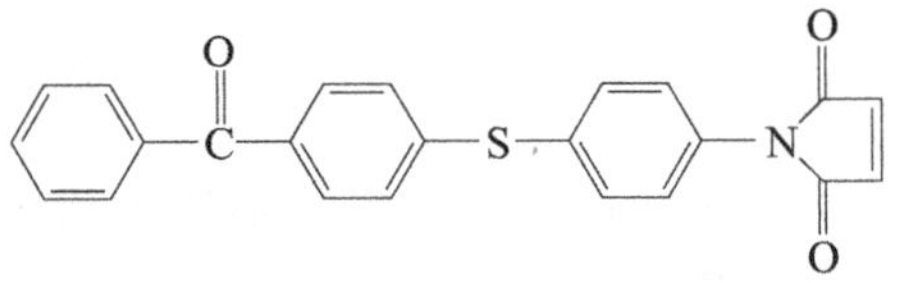
六芳基二咪唑类	2,2'-二(2-氯苯基)-4,4',5,5'-四苯基-1,2'-二咪唑 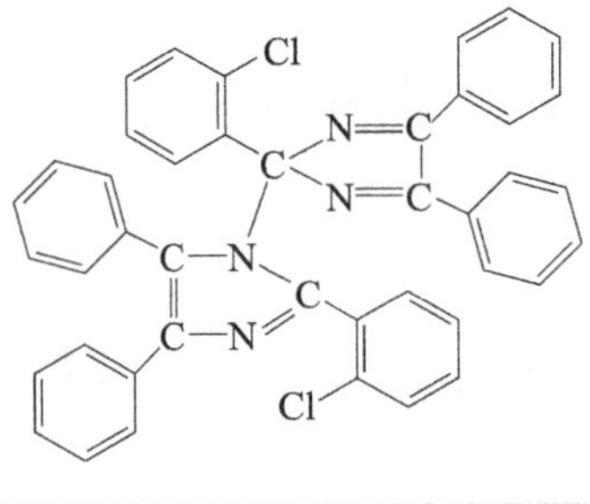	酰基氧化膦类	2,4,6-三甲基苯甲酰氧化二苯基膦 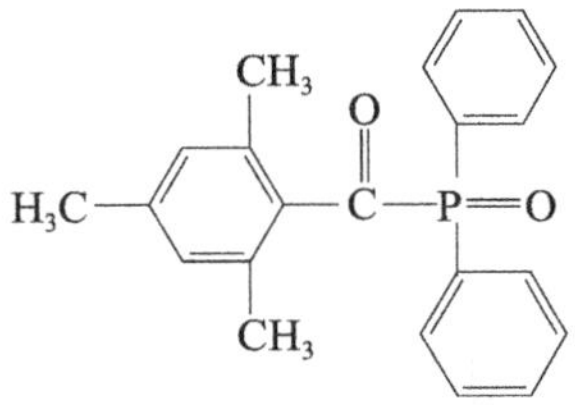

在过去的几十年中,光固化技术在许多工业领域的应用得到了非常快速的发展,光固化在涂料、油墨、微电子等方面有着十分广泛的应用。光固化技术在其他很多方面也有着非常广泛的应用:如制备感光印刷板、高密度光盘、齿科材料、纤维增强复合材料、激光光致聚合、微孔膜等。

2.1.2 引发剂的选择

在高分子合成工业中,正确、合理地选择和使用引发剂,对于提高聚合反应速率、缩短聚合反应时间及提高生产效率,具有重要意义。引发剂选择的基本原则有以下五点。

1. 根据聚合操作方式选择适当的引发剂

不同的聚合操作方式,物料在反应区的停留时间不一样,对于引发剂的选择应有所不同。对于本体聚合、悬浮聚合和溶液聚合,因聚合引发中心是在单体相或有机相中,所以应选择油溶性引发剂,通常选用偶氮类和过氧化物类的油溶性引发剂。对于水溶液聚合或以水为溶剂的乳液聚合,由于聚合引发中心是在水相中,因此应选用水溶性引发剂,通常选用过硫酸盐类的水溶性引发剂。若聚合温度低于室温,如低温丁苯,在5℃聚合,则需选用氧化-还原引发体系。氧化剂可以是水溶性或油溶性引发剂(如异丙苯过氧化氢),但还原剂一般是水溶性的。

2. 根据聚合反应温度选择引发剂

由于引发剂的分解速率随温度的不同而变化,所以要根据反应温度选择合适的引发剂。例如氯乙烯悬浮聚合采用间歇法生产,反应物料在反应区中的停留时间达数小时,反应温度要求50℃左右。而乙烯本体气相聚合采用连续法生产,反应物料在反应器中停留的时间以秒计算,反应温度高达200℃左右。引发剂按使用温度分类及示例参见表2-3。

表2-3 引发剂的使用温度范围

引发剂分类	使用温度/℃	E_d/(kJ/mol)	引发剂举例
高温引发剂	>100	138~188.2	异丙苯过氧化氢,特丁基过氧化氢,过氧化二异丙苯,过氧化二特丁基
中温引发剂	33~100	108.7~138	过氧化二苯甲酰,过氧化十二酰,过硫酸盐,偶氮二异丁腈
低温引发剂	−10~30	62.7~108.7	过氧化氢-亚铁盐,过硫酸盐-酸性亚硫酸钠,异丙苯过氧化氢-亚铁盐,过氧化二苯甲酰-二甲基苯胺
极低温引发剂	<10	<62.7	过氧化物-烷基金属(三乙基铝,三乙基硼,二乙基铅),氧-烷基金属

3. 根据分解速率常数(K_d)选择引发剂

在可比较的条件下,如相同的反应介质和相同的分解温度,分解速率常数大者,其半衰期则短,分解速率快,引发活性高,反之则引发活性低。

4. 根据分解活化能(E_d)选择引发剂

与活化能低的引发剂相比,活化能高的引发剂的分解温度范围通常比较窄,说明具有高活化能的引发剂在一定的温度下产生的自由基数目比低活化能者多。因此,若要求引发剂的分解温度狭窄,可选用高活化能的引发剂;若要求引发剂缓慢分解,则选用低活化能的引发剂。

5. 根据引发剂的半衰期($t_{1/2}$)选择引发剂

在聚合物的合成过程中,通常在能够满足单体转化率的前提下,要求使用尽量少的引发剂。因为微量引发剂的残留极易造成产品性能的不稳定,如聚合物中残存有未分解的过氧化物引发剂可导致聚合物发生氧化作用而颜色变黄;又如在连续聚合过程中反应物料在反应区停留的时间较短,离开反应区后仍继续反应,从而造成非控制性反应,产品性能无法保证。一般在间歇法聚合过程中反应时间应当是引发剂半衰期的两倍以上。其倍数因单体种类不同而不同,例如在间歇法悬浮聚合过程中,氯乙烯聚合反应时间通常为所用引发剂在同一温度下半衰期的3倍;而苯乙烯聚合反应时间则应当是6~8倍。因此,如果一个聚合反应的温度和时间已确定,就可根据引发剂的半衰期来选择适当的引发剂。例如,要求8h内完成氯乙烯的聚合反应时,应当选择在给定聚合温度下半衰期为(8/3)h≈3 h的引发剂。如果要求5h内完成聚合反应,则应选用半衰期为(5/3)h≈1.7 h的引发剂。表2-4列出了常用引发剂的分解速率常数、分解活化能和半衰期。

表2-4　常用引发剂的分解速率常数、分解活化能和半衰期

引发剂种类	溶剂	温度/℃	K_d/s^{-1}	$E_d/(kJ/mol)$	$t_{1/2}/h$
偶氮二异丁腈	苯	50	2.64×10^{-6}	128.4	73
		60.5	1.16×10^{-5}		16.6
		69.5	3.78×10^{-5}		5.1
偶氮二异庚腈	甲苯	59.7	8.05×10^{-5}	121.3	2.4
		69.8	1.98×10^{-4}		0.97
		80.2	7.1×10^{-4}		0.27
过氧化二苯甲酰	苯	60	2.0×10^{-6}	124.3	96
		80	2.5×10^{-5}		7.7
过氧化二异丙苯	苯	115	1.56×10^{-5}	170.3	10
过氧化十二酰	苯	50	2.19×10^{-6}	127.2	88
		60	9.17×10^{-6}		21
		70	2.86×10^{-5}		6.7
过氧化特戊酸特丁酯	苯	50	9.77×10^{-6}	—	20
		70	1.24×10^{-4}		1.6
过氧化二碳酸二异丙酯	甲苯	50	3.03×10^{-5}		6.4
过氧化二碳酸二环己酯	苯	50	5.4×10^{-5}	—	3.6
		60	1.93×10^{-4}		1
异丙苯过氧化氢	甲苯	125	9×10^{-6}	—	21.4
		139	3×10^{-6}		6.4
过硫酸钾	0.1 mol/L KOH	50	9.5×10^{-7}	140.2	212
		60	3.16×10^{-6}		61
		70	2.33×10^{-5}		8.3

若无适当半衰期的引发剂，则可选用复合引发剂，即两种不同半衰期的引发剂混合物，复合引发剂的半衰期可按式(2-1)进行计算：

$$t_{0.5C}[I_C]^{0.5} = t_{0.5A}[I_A]^{0.5} + t_{0.5B}[I_B]^{0.5} \qquad (2-1)$$

式中，$[I_A]$，$[I_B]$，$[I_C]$分别代表引发剂A和B及复合引发剂的浓度；$t_{0.5A}$，$t_{0.5B}$，$t_{0.5C}$分别代表引发剂A和B及其复合引发剂的半衰期。

采用复合引发剂可以使聚合反应的全程在可控的速率下进行。如在50℃下进行氯乙烯悬浮聚合，可采用高效引发剂过氧化碳酸二异丙酯与低效引发剂过氧化十二酰复合，这样既能使前期反应速率可控，又可提高后期的反应速率，缩短聚合反应周期，即达到复合引发剂的"协同"效果。

在连续聚合过程中，引发剂的半衰期意义也非常重要。如果引发剂的半衰期远小于单体物料在反应器中的平均停留时间，则引发剂在反应器内近于完全分解；若引发剂的半衰期接近或等于平均停留时间，则将有相当多的引发剂未分解，随同反应物料流出反应器。这样不仅在反应器外仍有聚合的可能，而且单体的转化率会降低，影响正常生产，应当避免。所以连续聚合过程中应当根据物料在反应器中的平均停留时间选择适宜的引发剂。在搅拌非常均匀的反应器中，未分解的引发

剂量与停留时间的关系可用经验公式(2-2)来计算：

$$V = \frac{\ln 2}{t/t_{1/2} + \ln 2} \tag{2-2}$$

式中，V 为残留的引发剂量，％；t 为物料在反应器中的平均停留时间；$t_{1/2}$ 为引发剂的半衰期。

如果 $t=t_{1/2}$，则有 40％ 未分解的引发剂带出反应器；若 $t_{1/2}=t/6$，则有 10％ 的引发剂带出反应器，这是最经济合理的数值。

此外，在选用引发剂时，对于过氧化物类引发剂尚需考虑其是否具有氧化性。若聚合物容易受氧化而着色，可改用偶氮类引发剂。

2.2 影响聚合反应的主要因素

根据自由基聚合反应的原理可知，影响所得聚合物平均分子量的主要因素有聚合反应温度，引发剂浓度和单体浓度，链转移剂的种类和用量。

1. 聚合反应温度

随着聚合反应温度的升高，链转移速率常数也随之明显提高，而对聚合速率影响很小，因此所得聚合物的平均分子量降低，分子量分布减少。表 2-5 列出了使用三种混合溶剂在不同温度下所得丙烯酸酯共聚物的分子量及其分布。

表 2-5 温度对聚合物分子量及其分布的影响

项目	溶剂		
	乙酸正丁酯	乙酸戊酯	乙酸己酯
反应温度/℃	133	146	150
M_n	2 620	1 660	1 600
M_w	15 789	7 044	5 790
M_w/M_n	6.0	4.2	3.6

注：1. 单体组成——HEMA 20％，MMA 20％，St 10％，BA 47.3％，AA 2.7％；溶剂——aromatic 100∶乙酸酯=3∶7；单体∶溶剂=12∶5；引发剂为过氧化苯甲酸叔丁酯，为单体的 4.7％。

2. 操作时溶剂先加入反应器，通氮气，回流温度下同时加单体和引发剂，2h 滴完，回流温度下保温 1.5 h，补加单体量的 0.33％ 的引发剂，保温 0.5 h，完成反应。

2. 引发剂和单体浓度

用引发剂引发自由基聚合的动力学链长 ν 为

$$\nu = K \frac{[M]}{[I]^{1/2}} \tag{2-3}$$

式中，K 为常数；[M] 为单体浓度；[I] 为引发剂浓度。

由式(2-3)可知，聚合物动力学链长与单体浓度成正比，而与引发剂浓度的平方根成反比。由此可知，引发剂和单体的用量对聚合物平均分子量有着显著的影响。在不考虑其他因素时，理论上平均聚合度与动力学链长的关系为：双基偶合终止时，平均聚合度 $\overline{P}_n = 2\nu$；歧化终止时，$\overline{P}_n = \nu$；兼有两种终止时，则 $\nu < \overline{P}_n < 2\nu$，可按比例计算，

$$\bar{P}_n = \frac{R_p}{\frac{R_{tc}}{2}+R_{td}} = \frac{\nu}{\frac{C}{2}+D} \qquad (2-4)$$

式中，R_p，R_{tc}，R_{td} 分别代表链增长、偶合终止、歧化终止的反应速率；C 和 D 分别代表偶合终止和歧化终止的分率。

3. 链转移剂

链转移反应过程中往往存在易转移的活泼氢或氯等原子。转移的结果，自由基数目并没有减少，只是原来的链自由基终止了，因此使高分子的聚合度降低。在研究平均聚合度时，各种链转移反应和链终止反应一样，都是高分子的生成反应，使平均聚合度降低。若新生成的自由基活性与原自由基相同，则再引发和增长速率不变，若活性减弱，则再引发相应变慢，会出现缓聚现象；若新生成的自由基很稳定，不能再引发增长，就成为阻聚反应，聚合度大幅下降。

虽然链转移反应会导致所得聚合物的分子量显著降低，但是任何事物都是一分为二的，链转移反应对于制备高分子量聚合物是不利因素，但如果能够把不利因素转化为有利因素，就为我们提供了控制产品一定分子量范围的条件。在工业生产中，除可利用链转移反应控制分子量外，甚至还可以利用其来控制聚合物分子的构型，消除支链或交链结构，从而得到易于加工的聚合物。例如利用温度对单体链转移的影响调节聚氯乙烯的分子量，利用丙烷、丙烯或 H_2 控制低密度聚乙烯的平均分子量，利用硫醇作为链转移剂来控制丁苯橡胶的分子量等。

因此，链转移剂实际上起到了控制分子量或调节分子量大小的作用。因而习惯上也称为分子量调节剂、分子量控制剂或改性剂。

链转移反应与所得聚合物平均聚合度的关系可用下式表示：

$$\frac{1}{\bar{P}_n} = \frac{1}{\bar{P}_0} + C_s \frac{[S]}{[M]} \qquad (2-5)$$

式中，$\bar{P}_n$ 为加入分子量调节剂后所得聚合物的平均聚合度；$\bar{P}_0$ 为未加分子量调节剂时所得聚合物平均聚合度；C_s 为链转移常数；$[S]$ 和 $[M]$ 分别为链转移剂和单体的浓度，mol/L。

由式(2-5)可知，分子量调节剂的链转移常数 C_s 值越大，所得聚合物的平均聚合度愈低；当分子量调节剂确定后，若调节剂浓度越大，即 $[S]/[M]$ 增大，则聚合物平均聚合度愈低。因此，分子量调节剂的链转移常数越大，其用量应越低。当 C_s 值一定时，产品的平均聚合度取决于 $[S]/[M]$ 值。需要注意的是在间歇聚合操作中，随聚合反应的深入进行，$[S]/[M]$ 的比值将发生变化。这是因为在聚合反应初期链转移剂的消耗量较大，所以链转移剂的浓度明显降低，因此在聚合过程中如果不继续添加链转移剂，聚合反应初期所得聚合物分子量低于后期所得者，并且聚合物的分子量分布较宽。如果要求生产分子量分布狭窄的聚合物，则间歇法聚合过程中应当不断地添加链转移剂。

作为分子量调节剂的某些硫醇的链转移常数见表 2-6。

表 2-6 硫醇的链转移常数（C_s，60℃）

单 体	硫 醇	C_s	单 体	硫 醇	C_s
苯乙烯	正丁硫醇	22	甲基丙烯酸甲酯	正丁硫醇	0.67
苯乙烯	叔丁硫醇	3.6	丙烯酸甲酯	正丁硫醇	1.7
苯乙烯	正-12硫醇	19	乙酸乙烯酯	正丁硫醇	48

自由基聚合采用溶液聚合的实施方法时，虽然溶剂的链转移常数通常远小于1，但由于其浓度大于单体浓度，因此 $C_s[S]/[M]$ 值对于产物分子量还是有影响的，通常自由基型溶液聚合所得产品的分子量小于其他聚合实施方法所得者。同一种溶剂对于不同单体的链转移常数也不相同，见

表 2-7。

表 2-7 溶剂对不同单体的链转移常数(C_s)

溶剂	$C_s \times 10^4$				
	St(80℃)	MMA(80℃)	MA(80℃)	VAc(60℃)	AN(60℃)
苯	0.059	0.075	0.32	2.9	2.46
环己烷	0.066	0.10	0.027	6.6	2.06
四氯化碳	0.125	0.20	2.7	20.9	5.83
甲苯	130	2.39	1.3	极高	0.85
三乙胺	7.1	8.3	400	370	5 900
三氯甲烷	0.5	1.4	2.1	12.5	5.64
氯苯		0.2	0.98	8.35	0.79

前面讨论了影响自由基聚合产物平均分子量的几个主要因素。在实际生产中，应根据具体的聚合物品种，选择适当的方法来调节和控制聚合物的平均分子量。例如聚氯乙烯生产中主要是向单体进行链转移，而链转移速率与温度有关，所以可依赖控制反应温度的高低来控制产品平均分子量的大小。又如在苯乙烯的溶液聚合中，应根据溶剂对单体的链转移常数选择合适的溶剂及分子量调节剂来控制平均分子量。

2.3 自由基聚合反应的实施方法概述

在高分子合成工业的发展史上，自由基聚合曾经占据领先的地位。时至今日，自由基聚合仍然是合成聚合物的主要方法之一。自由基聚合反应的实施方法有四种，即本体聚合、乳液聚合、悬浮聚合以及溶液聚合。目前聚合物生产中采用的聚合方法、产品形态及用途参见表 2-8。

表 2-8 聚合物生产中采用的聚合方法

聚合方法	聚合物品种	操作方式	产品形态	产品用途
本体聚合	合成树脂			
	高压聚乙烯	连续化	颗粒状	注塑、挤塑、吹塑、成型用
	聚苯乙烯	连续化	颗粒状	注塑成型用
	聚氯乙烯	间歇法	粉状	混炼后用于成型
	聚甲基丙烯酸甲酯	浇铸成型	板，棒，管等	第二次加工
乳液聚合	合成树脂			
	聚氯乙烯	间歇法	粉状	搪塑、浸塑、制人造革
	聚醋酸乙烯或共聚物	间歇法	乳液	黏合剂基涂料等
	聚丙烯酸酯或共聚物	间歇法	乳液	表面处理剂、涂料等
	合成橡胶			
	丁苯橡胶	连续化	胶粒或乳液	胶粒用于制造橡胶制品

续表

聚合方法	聚合物品种	操作方式	产品形态	产品用途
	丁腈橡胶	连续化	胶粒或乳液	乳液用作黏合剂,橡胶等原料
	氯丁橡胶	连续化(间歇法)	胶粒或乳液	电缆绝缘层
悬浮聚合	合成树脂			
	聚氯乙烯	间歇法	粉状	混炼后用于成型
	聚苯乙烯	间歇法	珠粒状	注塑成型用
	聚甲基丙烯酸甲酯	间歇法	珠粒状	假牙、牙托等
溶液聚合	合成树脂			
	聚丙烯腈	连续化	溶液或颗粒	直接纺丝或溶解后纺丝
	聚醋酸乙烯	连续化	溶液或颗粒	用来转化聚乙烯醇

自由基聚合反应通常都是在引发剂的作用下进行的(个别单体受热引发聚合除外),因而从理论上讲,各种乙烯基单体和二烯烃单体都可以用四种聚合方法进行工业生产。但具体聚合方法的选择需充分考虑产品用途的要求和产品自身的性质。相应地,同一种单体采用不同的聚合实施方法所得产品的形态、性能和用途也不一样。现简单举例如下。

1. 产品用途的要求

如甲基丙烯酸甲酯,采用本体聚合浇铸成型可直接制得透明的板材、棒材及管材;若用悬浮聚合法,产品形态为珠粒状,称为甲基丙烯酸甲酯模塑粉,可作注射、挤出、模压成型制得多种制品,也是制牙托、假牙的主要原料。乳液聚合法制备的聚甲基丙烯酸酯共聚乳液主要用于涂料和纸张上光剂等领域。又如氯乙烯经悬浮聚合和乳液聚合、喷雾干燥后的产品形态都是粉状物,悬浮聚合得到产品粒径约 $10~\mu m$;乳液聚合、喷雾干燥后的粒径则在数微米范围,两者相差不多。但是加入增塑剂调合以后,乳液聚合喷雾干燥产品则生成糊状分散体系,静置后不沉降,悬浮聚合产品则不能生成糊状物。原因在于乳液聚合得到的聚氯乙烯微粒粒径多数在 $1~\mu m$ 以下,前述喷雾干燥后所得的颗粒是这种微粒的聚集物,它在增塑剂中可以崩解为原来乳液微粒的状态,而悬浮聚合产品单一颗粒的粒径则在 $10\mu m$ 左右,因此直径约大 100 倍,体积则大 10^6 倍。所以需要用聚氯乙烯糊进行塑料制品成型加工时,必须用乳液聚合法生产的聚氯乙烯树脂,这就是当前聚氯乙烯树脂虽然绝大多数是悬浮法生产,但乳液法并未被淘汰的原因。

2. 产品性质的限制

如合成橡胶的玻璃化转变温度远低于室温,在常温下为弹性体状态,易黏结成块,因此一般不采用本体聚合、悬浮聚合法生产。如果用溶液聚合方法则必须增加溶剂回收工序,这样成本提高了。所以,用自由基反应生产合成橡胶时,乳液聚合方法仍是目前唯一的工业生产方法。而合成树脂玻璃化转变温度高于室温,在常温下呈坚硬的塑性体,因此四种聚合实施方法通常均可使用。

随着科学的发展和技术的进步,各品种的聚合方法主次也会改变的。氯乙烯从最初溶液聚合法生产很快发展到长久以来占绝对优势的悬浮聚合法生产。本体法固有的许多优点,吸引众多公司致力于聚氯乙烯本体法合成的研究。但是由于反应热的排除问题,阻碍了工业化的进程。近年来,由于解决了传热和产品形态控制,使本体法聚氯乙烯实现了工业化。如果产品综合性能和形态均可与悬浮法竞争,本体法仍是有发展前途的。另外,过去认为合成橡胶难以用本体聚合方法进行生产,但是改进其生产工艺后,还是可行的。目前已经出现了用本体聚合法生产合成橡胶(聚丁二烯橡胶)的专利报道。

第 3 章　本体法自由基聚合工艺

3.1　概述

本体聚合是在不加溶剂、分散介质和引发剂(或只加少量引发剂)的情况下依靠热引发(或引发剂引发)而使单体进行聚合的方法。

本体聚合反应根据单体与聚合物的互溶情况可分为均相和非均相两种。均相本体聚合是指聚合物溶于单体,在聚合过程中物料逐渐变稠,但始终保持均一相态,最后变成硬块。苯乙烯、甲基丙烯酸甲酯的本体聚合就属于均相本体聚合。非均相本体聚合是单体聚合后生成的聚合物不溶解在单体中,沉淀出来成为新的一相,就是非均相,氯乙烯的本体聚合就是非均相本体聚合的一种。

本体聚合按照参加反应的单体的相态还可分为气相、液相和固相三种。如乙烯临界温度(9.9℃)低,高压压缩仍为气态,通常进行气相本体聚合;苯乙烯、甲基丙烯酸甲酯常温下为液态,可进行液相本体聚合;氯乙烯临界温度为150.4℃,易于液化,通常也采用液相本体聚合。气相本体聚合与液相本体聚合都已成熟,得到普遍应用,固相本体聚合则正在探索运用力化学方法使之得以实施。

本体聚合方法是四种自由基聚合实施方法中最简单的一种,由于不含溶剂或其他反应介质,产品十分纯净,适合制造透明性好的板材和型材,以及介电性好的电器;在后处理时可以省去复杂的分离回收等操作过程;其生产工艺简单,流程短,所以生产设备也少,投资较少;另外,反应器有效反应容积大,生产能力大,易于连续化生产,因此生产成本低。

但本体聚合也有自身的不足,主要如下所述。

(1) 聚合反应的热效应一般都比较大,烯类单体链式聚合反应速率高,反应过程中释放出来的反应热多,约为 55~95 kJ/mol,常见烯类单体的聚合热如表 3-1 所示。与悬浮聚合、溶液聚合、乳液聚合相比,本体聚合每单位反应器容积的放热量要大得多,并且由于单体和聚合物的比热容小,导热系数也小,加上物料黏稠使得对流给热系数也降低,最终导致聚合反应热排除困难。在聚合反应初期,转化率比较低时,体系黏度不大,散热基本没有困难。但当转化率提高到 20%~30% 时,体系的黏度已比较大,散热变得比较困难。若反应产生"自动加速效应"使得放热速率加快,就很容易引起局部过热,促使低分子物汽化,造成产品有气泡、变色,严重时则温度失控,引起爆聚,甚至造成生产事故。因此,生产中的关键问题是聚合反应热的及时排除。否则,聚合反应就会失去控制。

(2) 由于反应体系黏度大,分子扩散困难,容易使分子量分布变宽。

(3) 本体聚合的产品常含有少量未反应的单体以及低分子物,为了满足产品技术指标的要求,需要脱除这些挥发分。由于反应物系的黏度极高,分子扩散非常困难,又是在高温、高真空条件下操作,使工程技术研究和设备研制的难度增大。为了保证生产过程正常进行,保证最终产品质量达标,必须解决好脱挥发分的工程技术研究和脱挥设备问题。

表 3-1 常用烯类单体的聚合热

单体	聚合热/(kJ/mol)	单体	聚合热/(kJ/mol)
乙烯	95.0	甲基丙烯酸甲酯	54.4~56.9
异丁烯	41.9	苯乙烯	69.9
丙烯	46.3	氯乙烯	95.8
丙烯腈	72.4	偏二氯乙烯	60.3
醋酸乙烯酯	85.8~90	1,3-丁二烯(1,2加成)	72.8
丙烯酸	62.8~77.4	1,3-丁二烯(1,4加成)	78.3
甲基丙烯酸	66.1	乙烯基丁基醚	58.6
丙烯酸甲酯	78.3~84.6		

在本体聚合组成物中,除单体外,通常加入少量引发剂,有时为了改进产品的性能或成型加工的需要而加入其他添加剂,如增塑剂、抗氧剂、紫外线吸收剂及色料等。目前本体聚合仍然主要用于合成树脂生产,如聚乙烯(PE)、聚丙烯(PP)、聚苯乙烯系树脂(PS)、聚氯乙烯(PVC)、聚甲基丙烯酸甲酯(PMMA)等,其总产量达数千万吨之多。

3.2 乙烯气相本体聚合

以乙烯为原料合成的高聚物称为聚乙烯,分子结构简式为$[CH_2CHR]_n$。式中 R 一般为 H,亦有少许的 1~4 个碳原子的烷基。聚乙烯的结构与生产方法有关。目前,乙烯的聚合方法以采用的压力高低分为高压法、中压法和低压法,所得聚合物相应地被称为高压聚乙烯、中压聚乙烯及低压聚乙烯。高压聚乙烯是将乙烯压缩到 150~250 MPa 的高压条件下,用氧或过氧化物为引发剂,于 200℃左右的温度下经自由基聚合反应而制得。其密度较低,一般为 0.910~0.940 g/cm³,故称为低密度聚乙烯,简称 LDPE。分子具有长短支链,分子量一般不超过 500 000。中压聚乙烯是用载于氧化硅-氧化铝上的氧化铬为催化剂,在 106~170℃,2~4 MPa 压力下使乙烯聚合成聚乙烯。低压聚乙烯是用 $AlEt_3/TiCl_4$ 为催化剂,在数个兆帕的低压下使乙烯聚合成聚乙烯。中压法和低压法都属于配位聚合,所生产的聚乙烯密度较高,在 0.940~0.970 g/cm³ 之间,故称为高密度聚乙烯,简称 HDPE。高密度聚乙烯是线型的,并有少量的短支链。由于分子结构的不同,HDPE 比 LDPE 密度大,结晶度高,硬度大,相应软化点也较高。此外近来发展迅速的还有一定数量无规分布支链的线型低密度聚乙烯(LLDPE)及超高分子量的聚乙烯(HMW-PE)。

目前在世界合成树脂工业中,聚乙烯的生产能力约占 1/3,居于首位,而高压法生产的低密度聚乙烯占聚乙烯总生产能力的 50%。

3.2.1 乙烯气相本体聚合的特点

乙烯气相本体聚合具有以下特点。

(1) 聚合热大 乙烯聚合热约为 95.0 kJ/mol,高于一般的乙烯基类单体的聚合热。如果不及时将反应热排除,其热量将使反应体系温度骤升,从而导致聚乙烯、乙烯的分解,而乙烯的分解又是一个强烈的放热反应。

(2) 聚合转化率较低　转化率通常在 20%～30%，因此大量的乙烯必须循环使用。转化率低即链终止反应非常容易发生，因此聚合物的平均分子量小。为了提高分子量，反应器内压力需要十分高，以提高乙烯与自由基的碰撞频率，使链增长反应速率超过链终止反应速率。

(3) 易发生链转移　分子内的链转移导致异构化，分子间的链转移将导致长链支化。短链支化主要取决于聚合的压力和温度，即温度越低，压力越大，则短链支化就越少。长链支化除依赖于温度、压力外，还与生成物的浓度及停留时间有关，即乙烯的转化率越高和聚乙烯的停留时间越长，则长链支化越多。短链支化越多，则聚乙烯的密度越小。而长链支化越多，则聚合物的分子量分布宽度越大，产品的加工性能越差。

(4) 以氧为引发剂时，存在一个压力和氧浓度的临界值关系　在临界值以下乙烯几乎不发生聚合，超过临界值，即使氧含量低于 2 mg/kg 时，也会急剧反应。这是由于氧与乙烯作用生成了有效的自由基。在此情况下，乙烯的聚合速率取决于乙烯中氧的含量。

3.2.2　乙烯自由基聚合反应动力学

在高压和较高温度下，乙烯的聚合反应属于均相聚合，可按自由基均相聚合得出动力学关系式，以乙烯消耗速率表示聚合反应速率，其聚合速率方程为

$$\frac{-d[M]}{dt} = \left(\frac{K_i}{K_t}\right)^{\frac{1}{2}} K_p [I]^{\frac{1}{2}} [M] \qquad (3-1)$$

式中，K_i、K_t、K_p 分别表示链引发速率常数、链终止速率常数、链增长速率常数；[I]、[M] 分别表示引发剂浓度和单体浓度。

聚合速率常数与温度、压力有关，其速率常数可用下式表示：

$$K = A\exp\left[-\frac{E_a}{RT} - \frac{p\Delta V^{\neq}}{RT}\right] \qquad (3-2)$$

式中，A 为频率因子；E_a 为反应活化能，kJ/mol；R 为气体常数，kJ/(mol·℃)；T 为反应温度，K；p 为反应压力；$\Delta V^{\neq}$ 表示活化体积，cm³/mol。

$\Delta V^{\neq}$ 是代表从标准状态的反应物变为络合物时的体积变化。乙烯聚合反应中，有关活化能和活化体积的数据可查有关专著。

从式(3-2)可分析乙烯聚合反应的温度及压力对聚合反应总速率及各基元反应速率常数的影响。

当聚合混合物呈现单体富相和聚合物富相两相时，式(3-1)将不再适用于乙烯非均相聚合。由于在乙烯非均相聚合中，乙烯聚合可能在聚合物富相。在聚合物富相中乙烯的聚合机理和聚合速率不同于乙烯富相，双基终止难以进行，呈现单基终止。由于物态不一，导致 K_p、K_t 也不同于乙烯富相。

在温度与压力足够高时，低密度聚乙烯才能与乙烯形成均相体系。在实际运用乙烯聚合动力学公式时应考察聚合体系相态。

3.2.3　低密度聚乙烯的生产工艺

1. 主要原料

1) 单体

乙烯常压下为气体，临界压力为 5.04 MPa，临界温度为 9.9℃，爆炸极限为 2.75%～28.6%。

纯乙烯在350℃下稳定,更高温度下分解为C、CH_4、H_2。乙烯聚合热为95.0 kJ/mol,远高于一般乙烯基单体的聚合热。乙烯高压聚合中单程转化率为15%~30%,因而大量乙烯需循环使用。乙烯的纯度要求超过99.95%。

2) 引发剂

乙烯高压聚合需加入自由基引发剂,工业上常称为催化剂,所用的引发剂主要是氧和过氧化物。早期工业生产中主要用氧作为引发剂,其优点在于:价格低,可直接加入乙烯进料中;在200℃以下时,氧是乙烯聚合的阻聚剂,不会在压缩机系统或乙烯回收系统中引发聚合。氧作为引发剂的缺点在于其引发温度在230℃以上,低于200℃时反而阻聚,因此反应温度必须高于200℃。由于氧在一次压缩机进口处加入,所以不能迅速地用改变引发剂用量的办法控制反应温度,而且氧的反应活性受温度的影响很大。因此目前除管式反应器中还可以用氧作引发剂之外,釜式反应器已全部改为过氧化物引发剂。工业上常用的过氧化物引发剂有:过氧化二叔丁基、过氧化十二烷酰、过氧化苯甲酸叔丁酯、过氧化3,5,5-三甲基乙酰等。此外尚有过氧化碳酸二丁酯和过氧化辛酰等。

乙烯高压聚合引发剂在油介质(白油)下配制成溶液,并可短时间贮存。通过计量泵注入聚合釜的乙烯进料管或聚合釜中。在釜式聚合反应器操作中可依靠引发剂的注入量控制反应温度。对于管式反应器,可配成不同过氧化物的白油溶液,在沿管长方向的不同反应阶段使用不同的过氧化物。

3) 分子量调节剂

在工业生产中为了控制产品聚乙烯的熔融指数,必须加入适量的分子量调节剂,可用的调节剂包括烷烃(乙烷、丙烷、丁烷、己烷、环己烷)、烯烃(丙烯、异丁烯)、氢、丙酮和丙醛等。其中以丙烯、丙烷、乙烷等最为常用。

在链转移过程中,叔碳原子上的氢最活泼,其次为仲碳原子相结合的氢,伯碳原子相结合的氢原子最不活泼,但是当与伯碳原子相结合的碳原子含双键(例如丙烯的甲基)时活性大为增加。因此链转移活性表现为:丙烯>丙烷>乙烷。分子量调节剂的规格要求:丙烯纯度>99.0%(体积)、丙烷纯度>97%(体积)、乙烷纯度>95.0%(体积)。它们的杂质含量:炔烃$<400 \times 10^{-6}$(体积)、S含量$<30 \times 10^{-6}$(体积)、O_2含量$<20 \times 10^{-6}$(体积)。乙烯聚合常用分子量调节剂的链转移常数参见表3-2。调节剂的种类和用量根据聚乙烯牌号的不同而不同。

表3-2 用于乙烯聚合的分子量调节剂的链转移常数(130℃)

分子量调节剂	链转移常数(C_s)$\times 10^4$	分子量调节剂	链转移常数(C_s)$\times 10^4$
丙烯	150	氢	160
丙烷	27	丙酮	165
乙烷	6	丙醛	3300

4) 添加剂

聚乙烯树脂在隔绝氧的条件下受热时是稳定的,但在空气中受热则易被氧化。聚乙烯塑料在长期使用过程中,由于日光中紫外线照射而易老化,性能逐渐变差。为了防止聚乙烯在成型过程中受热氧化以及使用过程中老化,在聚乙烯树脂中应添加防老剂(抗氧剂)和抗紫外线剂等。此外,为了防止成型过程中黏结模具还需要加入润滑剂。聚乙烯主要用来生产薄膜,为了使吹塑制成的聚乙烯塑料袋易于开口需添加开口剂。为了防止表面积累静电,有时需要添加抗静电剂。

工业上应用的聚乙烯添加剂主要有以下几种。

(1) 抗氧剂:如2,6-二叔丁基-4-甲基苯酚(防老剂264)、硫代二丙酸二月桂酯(抗氧剂DLTP)等;

(2) 润滑剂：如油酸酰胺或硬脂酸胺、油酸胺、亚麻仁油酸胺三者的混合物；

(3) 开口剂：如高分散性硅胶（SiO_2）、铝胶（Al_2O_3）或其混合物；

(4) 抗静电剂：常用含氨基或羟基等极性基团而又可溶于聚乙烯中的不挥发性聚合物为抗静电剂，如环氧乙烷与长链脂肪族胺或脂肪醇的聚合物。

(5) 紫外线吸收剂：如 2-羟基-4-辛氧基二苯甲酮（UV531）、2(2′-羟基-4′-辛氧基)苯并三唑等。

添加剂的种类和用量据生产聚乙烯牌号和用途而定。为便于计量以及与聚乙烯混合均一，常将添加剂配制成浓度约 10% 的白油（脂肪族烷烃）溶液或分散液、用泵计量注入低压分离器或二次造粒时加入。

2. 聚合生产方法

高压聚乙烯生产工艺有釜式法和管式法两种。两种工艺的生产能力相当，20 世纪 70 年代后有偏重管式法倾向。

1) 釜式法

釜式反应器是装有搅拌器的圆筒形高压容器。在釜式反应器内物料接近理想混合状态，温度均匀，可分区控制，从而可获得较宽分子量分布的聚乙烯。釜式法早期的单程转化率为 10%～20%，单线生产能力为 2500～7500 吨/年，近期单程转化率达 24.5%，单线生产能力达到 90 000 吨/年。釜式法工艺大都采用有机过氧化物为引发剂，反应压力较管式法的低，聚合物停留时间稍长，部分反应热是借连续搅拌和夹套冷却带走。大部分反应热是靠连续通入冷乙烯和连续排出热物料的方法加以调节，使反应温度较为恒定。

釜式法生产流程简短，工艺较易控制。主要缺点是高压釜结构较复杂，尤其是搅拌器的设计与安装均较困难，在生产中搅拌器会发生机械损坏，聚合物易于沉积在桨上，因而造成动平衡破坏，甚至有时会出现金属碎屑堵塞釜后减压阀的现象，使釜内温度急剧上升，导致爆聚的危险。

2) 管式法

管式反应器是细长的高压管。管式反应器的物料在管内呈柱塞式流动，反应温度沿管程有变化，因而反应温度有最高峰，合成聚乙烯分子量分布较宽。管式法早期的单程转化率较低，大约 10%，生产能力为 3 000 吨/年，近期单程转化率与釜式法相近，为 24% 左右，单线生产能力已达到 60 000～80 000 吨/年。管式反应器的结构颇为简单，但传热面积相当大。整根细长的高压管都布置有夹套。此细长管分为加热段、反应段和冷却段。因反应热是以管壁外部冷却方式排除，所以管的内壁易黏附聚乙烯而造成堵管现象。

釜式反应器与管式反应器的比较见表 3-3。

表 3-3　釜式反应器与管式反应器的比较

比较项目	釜式反应器	管式反应器
D/L	1/20～1/2	1/250～1/40 000
D 最大/mm	680	50
V 最大/L	750～1 500	1 000
压力/MPa	110～250	200～350
压力降/MPa	无	7～70
温度/℃	130～280，可控制在某一范围	200～350，管内温差较大
反应器冷却带走热量/%	<10%	<30%

续表

比较项目	釜式反应器	管式反应器
物料混合状况	在每一反应区接近理想混合	接近柱塞式流动,中心至管壁呈层流
平均停留时间/s	10～120	与管的尺寸有关,约 60～30
引发剂	有机过氧化物	以氧为主
转化率/%		
早期	10～20	8～16
近期	16～23	20～25
生产能力	可调性大	取决于反应管的参数
反应器清洗方式	不必特别清洗	用压力脉冲法清洗管壁表面
共聚条件	共聚范围广	只可与少量第二单体共聚
能否防止乙烯分解	反应易于控制,可防止乙烯分解	难以防止偶然的分解
产品质量	分子量分布较窄,有较多的链支化,微粒凝胶少,适于作一般产品	分子量分布较宽,薄膜透明性及成型加工性比釜式法好,适于作薄膜、电缆等产品

管式法所使用的引发剂是氧或过氧化物。反应器的压力梯度和温度分布大、反应时间短,所得聚乙烯的支链少,分子量分布较宽,适宜制作薄膜等产品。管式法的主要缺点是聚合物易粘管壁而导致堵塞现象。近年来为提高转化率而采用多点进料的方式。

3. 乙烯高压聚合生产流程

乙烯高压聚合分釜式法和管式法两种。其工艺流程基本相同,主要区别在于聚合反应器的型式、操作条件和引发剂的种类。图 3-1 是乙烯高压聚合生产流程,本图可适用于釜式法和管式法,其虚线部分为管式聚合反应器。

高压聚乙烯流程分五个部分,即乙烯压缩、引发剂配制和注入、聚合、聚合物与未反应的乙烯分离、挤出和后续处理(包括脱气、混合、包装、贮存等)。来自乙烯精制车间的新鲜乙烯,通常压力为 3.0～3.3 MPa,其与经低压分离器的循环乙烯及分子量调节剂合并进入一次压缩机压缩到 25 MPa。然后与来自高压分离器的循环乙烯混合进入二次压缩机压缩。二次压缩机的最高压力因聚合反应器型式不同而异。管式反应器要求最高压力达 300 MPa 或更高,釜式反应器要求最高压力为 250 MPa。经二次压缩的乙烯再经冷却器冷却后进入聚合反应釜。引发剂则用高压泵注入乙烯进料口或直接注入聚合反应釜。乙烯在釜式反应器或管式反应器中经一定的停留时间而达到一定的转化率。反应物经适当冷却后进入高压分离器减压至 25 MPa。未反应的乙烯与聚乙烯分离脱去蜡状低聚物后经废热锅炉回收热量与一次压缩的乙烯等合并进入二次压缩机循环使用。经初步分离乙烯后的聚乙烯进入低压分离器减压到 0.1 MPa 以下,将残存的乙烯进一步分离,乙烯经低压循环压缩机压缩进入一次压缩机循环再用。聚乙烯树脂在低压分离器中与抗氧剂等添加剂混合后挤出切粒,用水流送往脱水振动筛与大部分水分离后进入离心干燥器以脱去表面附着的水分,之后经振动筛分去不合格粒料,半成品用气流输送至计量器计量,混合后为一次成品,然后再进行挤出、切粒、离心干燥,得到二次成品。二次成品经包装出厂为商品聚乙烯。

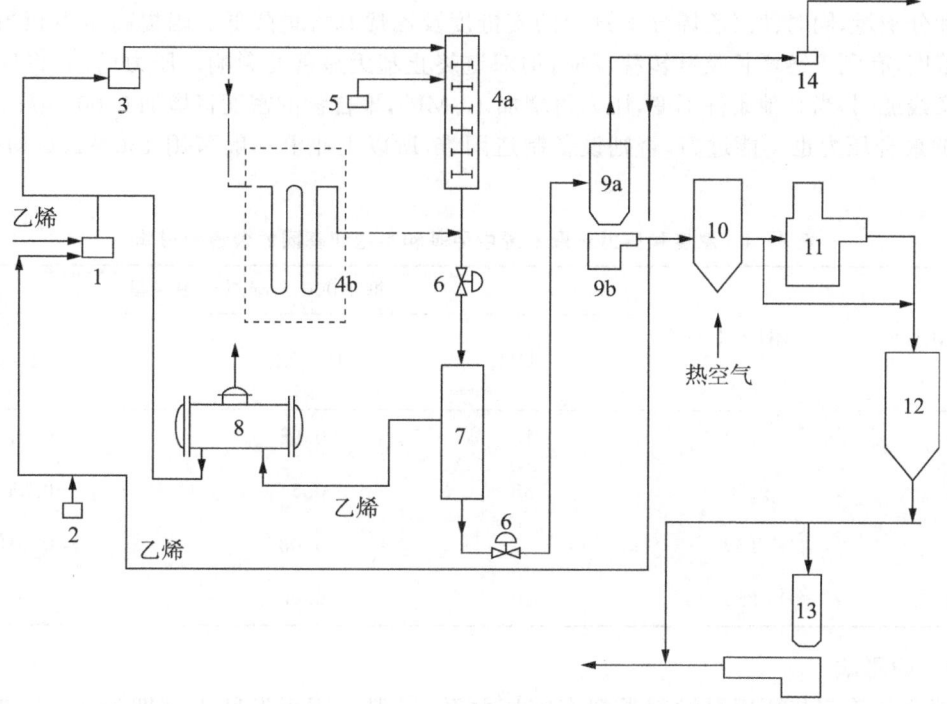

图 3-1　乙烯高压聚合生产流程图

1——一次压缩机；2—分子量调节剂泵；3—二次高压压缩机；4a—釜式聚合反应器；4b—管式聚合反应器；
5—引发剂泵；6—减压阀；7—高压分离器；8—废热锅炉；9a—低压分离器；9b—挤出切粒机；
10—干燥器；11—密炼机；12—混合机；13—混合物造粒机；14—压缩机

3.2.4　影响聚合反应的主要因素

1. 压力的影响

乙烯高压聚合反应时，压力对聚合反应有很大的影响。图 3-2 和图 3-3 分别表示聚合压力对产品支化率及其数均分子量的影响。表 3-4 列出了温度和压力对聚乙烯中甲基和不饱和基团的含量的影响。

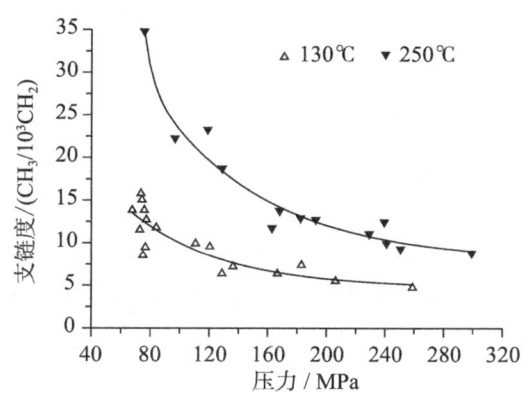

图 3-2　聚合压力对产物支链度的影响

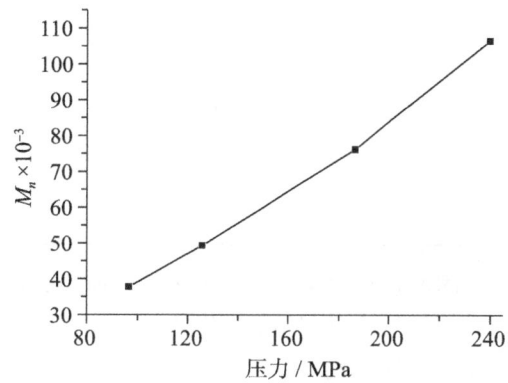

图 3-3　聚合压力与数均分子量的关系

乙烯高压聚合是气相反应,提高反应系统压力,有利于促使分子间碰撞,加速聚合反应,提高聚合物的产率和分子量,同时使聚乙烯分子链中的支链度及乙烯基含量降低。因提高压力相当于提高了反应物的浓度,有利于链增长及链转移反应,但对链终止却无显著的影响。压力增加,将导致产品密度增大。实践证明,当其他条件不变,压力每增加 10 MPa,聚合物的密度将增加 0.007 g/cm³。

乙烯的聚合压力也不能过高,否则设备制造困难,所以工业上一般采用 150~250 MPa 的聚合条件。

表 3-4 温度和压力对聚乙烯中甲基和不饱和基团的含量的影响

压力/MPa	温度/℃	每 1 000 个碳原子中含量		
		—CH_3	$\diagup$C=CH_2	—CH=CH_2
80	130	15	0.08	<0.015
80	250	35	0.5	~0.04
300	130	5	0.03	<0.015
300	250	10	0.05	0.03

2. 温度的影响

反应温度的确定与所用引发剂类型有密切关系,一般采用引发剂半衰期为 1 min 时的温度。因此反应温度只许在一定范围内调节。

在一定温度范围内,聚合反应速率和转化率随温度的升高而升高,当超过一定值后,转化率则降低,参见图 3-4。由于反应温度升高,聚合速率加快,但链转移反应速率增加比链增长反应速率更快,所以聚合物的分子量相应降低,即熔体指数增大,参见表 3-5。

由图 3-4 还可看出,温度越高,最初的反应速率越大。当转化率达到某种程度以后趋于一定值,而不再受停留时间的影响。这说明了在某种反应条件下,即使延长停留时间(如加长管式反应器)转化率也不再改变,用单位时间计算的生产能力也没有提高。

表 3-5 聚合条件与分子量的关系

聚合温度/℃	压力/MPa	停留时间/min	聚合率/%	分子量 M_n
190	122.7	4.03	19.2	27 600
	121.3	0.66	8.9	21 500
220	124.1	3.74	31.7	16 230
	124.1	0.94	19.4	11 250
255	123.4	3.83	29.0	9 410
	124.1	0.38	20.5	7 270

同时反应温度升高,支化反应加快,导致产物的长支链及短支链数目增加,如图 3-5 所示。因此产物密度降低,同时大分子链末端的乙烯基含量也有所增加,产品的抗老化能力降低。表 3-4 也体现了这一趋势。

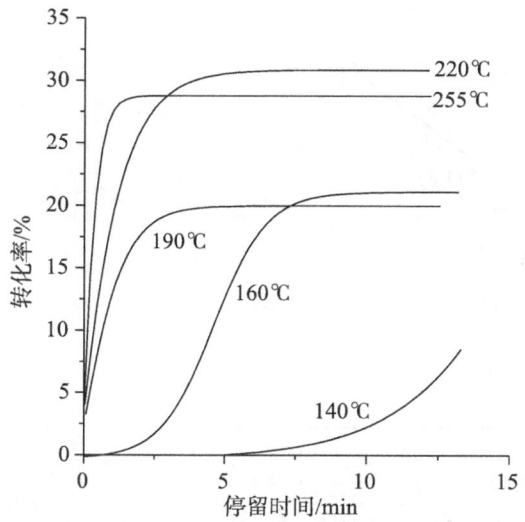

图 3-4 温度和停留时间对转化率的影响
（压力:124.1 MPa,氧量:455 μL/L）

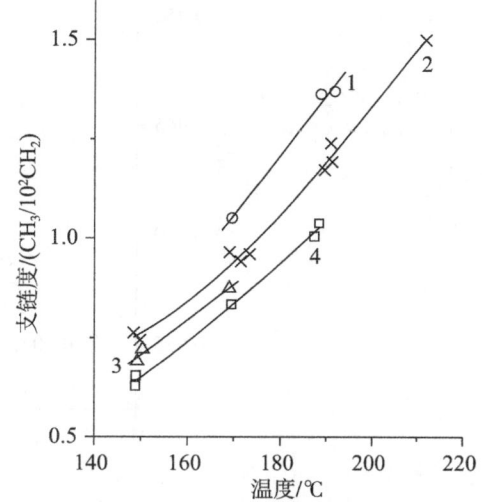

图 3-5 温度对支链度的影响
1—121.6 MPa；2—141.9 MPa；3—152 MPa；4—162.1 MPa

此外温度的高低直接影响聚合体系的相态。当温度较低时,单体和聚合物的相溶程度降低,将出现乙烯相、聚乙烯相两个"流动"相,加剧聚合反应器中聚合物的粘壁现象。

生产中,聚合温度范围的选择应根据目标产物的分子结构、分子量及分子量分布而定,当然也和聚合压力有关。

3. 引发剂的影响

乙烯高压聚合反应中,使用的引发剂有氧、有机过氧化物及偶氮化合物,主要以前两者为主。这些引发剂可单独使用亦可混合使用。氧是常用的一种引发剂,近来也有直接用空气作引发剂,特点是处理容易,反应较平稳,原料来源丰富。管式反应器过去多用氧为引发剂,但它在 200℃ 以上才有足够的活性,并且由于在循环乙烯中配入微量的氧在操作上很难稳定,故近年逐渐采用有机过氧化物。

引发剂的选择视反应区聚合温度而定。单区操作常用的引发剂有:过氧化月桂酰、过氧化二特丁基、过氧化苯甲酸特丁酯等。近年管式反应器有采用混合引发剂的趋势,即将不同比例的低、中、高活性引发剂分两点加入,减少反应中温度变化,易于操作,提高转化率,降低成本。如果是多区操作,低温区以活性较高的引发剂为主,高温区则以活性较低的为主。

在釜式反应法中,引发剂可在压缩段开始加入或直接注入反应釜。当使用固态引发剂时,须先配成与聚合物混溶的溶液,以免发生事故。

引发剂的用量将影响聚合反应速率和分子量。引发剂用量增加,聚合反应速率加快,分子量降低。生产上,引发剂用量通常为聚合物质量的万分之一左右。

4. 链转移剂的影响

分子量调节剂就是链转移剂。丙烷是较好的调节剂,若反应温度>150℃,它能平稳地控制聚合物的分子量。氢的链转移能力较强,但只适用于反应温度低于 170℃ 的聚合反应。若温度高于 170℃,反应则很不稳定。氢对产物的密度及融化质量流量（MFR）的影响可参见图 3-6。丙烯亦可作调节剂,丙烯和乙烯可共聚,因此丙烯起到调节分子量和降低聚合物密度的作用,且会影响聚合物的端基结构。丙烯调节会使某些聚乙烯链端出现 $CH_2=CH-$ 结构。若用丙醛作调节剂,在聚乙烯链端部则会出现羰基。

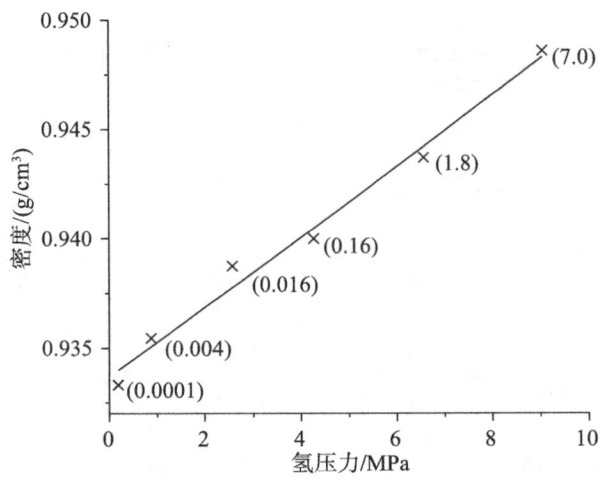

图 3-6 氢对产物密度及 MFR 的影响(90℃,142.9MPa)
(括号内为 MFR 值)

5. 单体纯度的影响

单体乙烯中杂质越多,则聚合物的分子量越低,且会影响产品的性能。有的杂质如乙炔还可能引起爆炸。乙烯的杂质一般有甲烷、乙烷、一氧化碳、二氧化碳、硫化物等。其中,一氧化碳和硫化物的存在会影响产品的电绝缘性能。乙炔和甲基乙炔能参与反应,使聚合物的双键增多,因此影响产品的抗老化性能。工业上,乙烯的纯度要求超过 99.95%。新鲜乙烯的杂质含量应低于表 3-6 中所列的值。

表 3-6 新鲜乙烯中杂质的允许含量

杂质	含量/(μL/L)	杂质	含量/(μL/L)
CH_4,CH_3CH_3	<500	CO_2	<5
C_3 以上馏分	<10	H_2	<5
CH≡CH	<5	S(按 H_2S 计)	<1
O_2	<1	H_2O	<1
CO	<5		

回收的循环乙烯,由于有些杂质在聚合过程中已消耗,所以杂质中主要是不易参加反应的惰性气体,如氮、甲烷、乙烷等。多次循环使用时,惰性杂质的含量可能积累,此时应采取一部分气体放空或送回精制车间精制。

3.2.5 乙烯的共聚改性

1. 乙烯-乙酸乙烯酯共聚物

乙烯-乙酸乙烯酯共聚物简称 EVA。利用乙烯高压聚合装置,增加乙酸乙烯酯加料系统、挤出水中的造粒中和系统、未反应的乙酸乙烯酯回收系统即可兼产 EVA。EVA 是在有机过氧化物或氧等引发剂存在下,压力为 100 MPa 和温度约 200℃的条件下聚合而成。可根据需要制备乙酸乙烯酯含量 10%～40%、熔融指数 7～52 的 EVA 产品。

EVA 与聚乙烯相比,结晶度低,弹性高,同时含有足够的起物理交联作用的聚乙烯制品,因此具有热塑性弹性体的特点。由于 EVA 具有良好的拉伸强度、抗冲击强度及热熔粘接性,所以常用于制作板材、软管、电缆和电线包覆材料、鞋底、热熔胶及嵌缝材料等。

2. 乙烯-丙烯酸乙酯共聚物

乙烯-丙烯酸乙酯共聚物(EEA)的制法和高压聚乙烯相似,但需要增加丙烯酸乙酯的注入系统。EEA 是在压力 98～205.8 MPa、温度 100～350℃下以氧或有机过氧化物引发聚合制得。

EEA 和 EVA 性能相似,但其热稳性较 EVA 好,EEA 的低温柔软性好,它与烯类树脂的粘接性良好。

EEA 可用注射、挤出、吹塑等方法成型。EEA 可作玩具、日用品、软管、胶黏剂等。

3. 乙烯-(甲基)丙烯酸共聚物及其离子聚合物

乙烯-(甲基)丙烯酸共聚物(EMAA 和 EAA)是以乙烯与甲基丙烯酸或丙烯酸为原料,有机过氧化物为引发剂,在压力为 186.1 MPa,反应温度 150～250℃的条件下,采用类似高压聚乙烯釜式法工艺制造,但需增加(甲基)丙烯酸的注入系统和回收装置。

由于 EMAA 和 EAA 具有优良的耐磨性,低温抗冲击性,良好的透明度和着色性,突出的粘接性,适于制造薄膜、涂层材料以及胶黏剂。

离子聚合物是在 EMAA 或 EAA 共聚物中引入钠、锌、钾等金属离子,通过离子键而交联的聚合物。制法是用氧化锌、甲醇钠或金属氢氧化物等通过混炼、共挤出和浸渍等方法将从低压分离器出来的 EMAA 或 EAA 进行离子化处理,可制得离子聚合物。离子聚合物既存在烯烃主链间的共价键,又存在分子间部分或完全的络合离子键。所以离子聚合物呈现热塑性弹性体特性。

离子聚合体具有较高强度、回弹性、耐油性、耐化学药品性及黏合性,且耐磨、容易着色。由于无毒和油脂不渗透,可作食品包装膜、重包装用品及鞋用料、绝缘护套等。

4. 乙烯-顺丁烯二酸酐共聚物

乙烯、顺丁烯二酸酐于高压釜中,在过氧化苯甲酰作用下,于 85～100℃和 87.14～90.69 MPa 的条件下共聚合而得。该产品有酸酐型、酸型和钠盐型三种形式,均为白色粉末,但性能有所不同。共聚物及其衍生物可用于胶黏剂、分散剂、护发喷雾剂、防皱霜等化妆品基料,织物涂层,纸张上光剂、皮革上光剂及润滑剂等。

5. 乙烯-乙酸乙烯酯-一氧化碳共聚物

这是一种性能卓越的聚氯乙烯改性剂,能有效改善 PVC 的抗冲性、耐候性及加工性等。

6. 乙烯-一氧化碳共聚物

这种共聚物是一种可降解的乙烯共聚物,对光异常敏感。在 CO 含量超过 8%时,共聚物薄膜曝晒 40～50 天后可全部降解为碎片。

3.2.6 高压聚乙烯的技术进展

本体聚合由于优点突出,一直受到关注,而其缺点也同样突出,给工业生产过程带来很大困难,特别是高黏度流体的搅拌、输送及传热。为解决此问题,在工艺和设备的设计上采取了多种措施。

(1) 分段聚合,将聚合过程分为几个阶段,控制转化率,自动加速效应,使反应热分成几个阶段均匀放出,如将釜式法反应器由单区演变为双区、三区、四区和多区聚合。在反应区的不同位置上注入引发剂,控制不同压力和温度,一套装置可生产多种牌号的产品。在管式法反应器中可采用多段聚合,使乙烯的转化率由 12%提高到 18.5%。

(2) 采用双釜串联新工艺,日本佳友化学公司引进 ICI 公司技术发展了双釜串联新工艺,两釜间串联一换热器。改进后工艺能提高引发效率,降低引发剂耗量,可获优异透明性薄膜级聚乙烯。转化率比原来提高 2%～4%,取得明显的经济效益。

(3) 采用脉冲泄压去除粘壁物,在管式反应器中难免有部分聚合物沉积于管壁上,降低传热效率,使反应难于控制。现在有些厂采取脉冲操作方法,即每隔一段时间(由 3 s 到 1 min)对反应物料施加一定的脉冲,周期性地改变反应物料的线速度,可有效解决堵管问题。

(4) 改进反应器内的流体输送方法(如脉冲式),完善搅拌器和传热系统以利于聚合设备的传热,研究开发专用特殊设备等。

(5) 为了改进产品性能或成型加工的需要而加入有特定功能的添加剂,像增塑剂、抗氧剂、内润滑剂、紫外线吸收剂及色料等。

(6) 研制高效专用催化剂,大大降低操作压力,并且解决相关的工程设备问题;目前国外广泛采用新型低温活性引发剂、中温活性引发剂、高温活性引发剂,且采用引发剂并用。如中温活性引发剂过氧化苯甲酸叔丁酯与低温活性引发剂过氧化 3,5,5-三甲基己酰并用,既提高产量又提高产品质量。

(7) 采用"冷凝态"进料及"超冷凝态"进料,利用液化了的原料在较低温度下进入反应器,直接同反应器内的热物料换热,极其有效地解决了聚合反应热撤除问题,使得生产能力成倍增长。瑞士专利采用部分压缩的冷乙烯进入管式反应器使转化率提高 2%~5%。荷兰专利采取釜式与管式反应器串联,可取消管式反应的预热段,使全部或大部分乙烯呈低温进釜,转化率达 26.6%。美国专利在釜式反应器内增设中央喷管,使乙烯两路进釜。一路进入釜壁与中央喷管之间,另一路低温乙烯则进入喷管内,再穿过管上的细孔与管外的乙烯混合,控制两部分乙烯的比例,可制得分子量分布范围窄的聚乙烯,转化率为 14.8%。

3.2.7 低密度聚乙烯的结构、性能及用途

1. 低密度聚乙烯的结构

LDPE 的分子由亚甲基构成,不完全是线型结构,而是有长支链、短支链,且含少量羰基、双键等,其分子链近似树枝状结构。聚乙烯每 1 000 个碳原子平均含甲基的总数约为 21 个。聚乙烯的侧基类型和数量将影响聚合物的密度、结晶性、力学性能等。聚合物所含支链数目愈多,则密度愈小,因此高压聚乙烯也称低密度聚乙烯,其密度为 0.91~0.92 g/cm³。

LDPE 组成简单,与碳原子连接的两个氢原子体积小,位阻不大,因此碳碳链易旋转。聚乙烯分子链相互靠近时,易作有规则排列而形成有序结构,所以易形成结晶体,因此聚乙烯是一种结晶聚合物。由于 LDPE 有较多侧链存在,其结晶度在 64%,远低于高密度聚乙烯(93%左右)。聚乙烯分子链上侧链越多、越长,则聚合物的结晶度越低。

LDPE 分子量一般在 50 万以下,分子量分布较宽($M_w/M_n=20\sim50$)。由于分子量分布较宽,有利于改善产品的加工性能,并能提高膜产品的光学性能。

2. 低密度聚乙烯的性能

低密度聚乙烯的力学性能很大程度上取决于聚合物的分子量、支化度和结晶度。从总体比较,其力学性能一般,在强度上低于 HDPE 和 LLDPE。低密度聚乙烯物理机械性能如表 3-7 所示。

表 3-7 LDPE 的物理机械性能

性能	数值	性能	数值
密度/(g/cm³)	0.91~0.925	邵氏硬度(D)	41~46
熔点/℃	105~126	连续耐热温度/℃	82.2~100
结晶度/%	55~65	热变形温度(<0.46MPa)/℃	37.8~49.4

续表

性能	数值	性能	数值
表面张力×10^5/(N/cm)	31	脆化温度/℃	$-80\sim-55$
拉伸强度/MPa	7~10.1	介电常数(1MHz)	2.25~2.35
拉伸弹性模量/MPa	119~245	介电强度/(kV/mm)	18.1~27.6
缺口冲击强度/(J/m)	>853.11	介电损耗角正切(1MHz)	<0.0005
伸长率/%	90~800	体积电阻率(23℃)/(Ω·cm)	10^{16}

LDPE 低温性能优良,抗冲击性优于聚氯乙烯、聚丙烯及聚苯乙烯等。聚乙烯是非极性高分子材料,电绝缘性能优异,其介电常数及介电损耗几乎与温度、频率无关。高频性能优良,适于制造高频电缆和海底电缆的绝缘层。

LDPE 有良好的柔软性和热封性。

LDPE 易燃,且有烧滴现象,燃烧时发出蜡烛气味,火焰无烟无色。LDPE 不易热分解,超过 315℃时才有可能发生热分解,其最高使用温度可达近 100℃,最低使用温度为-100~-70℃。但在受力状况下,热变形温度仅为 38~50℃,限制了其使用范围。

LDPE 的透明性优良,易加工成型。低于软化温度 15~20℃,聚乙烯可进行延伸与造型。高于软化温度后即转变成塑性状态,此时可用挤出、注射等方法进行加工。

LDPE 的表面张力极低,其制品表面涂饰、上胶、印刷时,要预先进行电晕处理、火焰处理、砂磨处理、浓硫酸或等离子处理,使其有良好的附着力。

LDPE 有良好的阻湿性,但阻气性差,易带静电,高速生产装置上需安装静电去除器。

聚乙烯具有较高的化学稳定性。室温下几乎不溶于任何溶剂,但聚乙烯长时间浸泡在汽油、苯、丙酮等溶剂中,能使其溶胀。聚乙烯室温下能耐稀硝酸、稀硫酸、任何浓度的盐酸、磷酸、甲酸、氢氧化钠等。但聚乙烯对强氧化性的酸,如发烟硫酸、浓硝酸等是不稳定的。

3. 低密度聚乙烯的用途

低密度聚乙烯综合性能优异,卫生性好,因此广泛应用于各个工业部门和日常生活用品。低密度聚乙烯薄膜占其总产量的一半,主要用于食品包装、工业品包装、化学药品包装、农用膜和建筑用膜等。

LDPE 利用挤出吹塑成型法,可制成许多中空制品,如瓶、罐、筒、盆和大型工业用储槽等。利用旋转滚塑法,LDPE 可做成大型中空成型制品,如儿童玩具摇马及大型储槽等。利用挤出工艺,低密度聚乙烯可制造高频、海底电缆的被覆料等,目前多采用交联改性的低密度聚乙烯,可提高其耐热比、耐应力开裂性和强度。

3.3 苯乙烯熔融本体聚合

聚苯乙烯(PS)自 1935 年以本体聚合法实现工业化生产以来已有 70 多年的历史。由于它具有较好的刚性、透明性、耐水和耐腐蚀性,尤其是其优异的电绝缘性能和低的吸湿性,且价格低廉,易成型加工及着色等特点,广泛应用于仪器仪表部件、装潢、包装及日常用品等领域。

聚苯乙烯是苯乙烯系树脂的主要品种之一,通常称为通用级聚苯乙烯(PS,GPPS),现已成为世界上仅次于聚乙烯、聚氯乙烯的第三大塑料品种。苯乙烯系其他树脂主要有高抗冲聚苯乙烯

(HIPS)、发泡聚苯乙烯（EPS）、丙烯腈-丁二烯-苯乙烯共聚物（ABS）及苯乙烯-丙烯腈共聚物（SAN）。

除了 EPS、ABS 之外，多数苯乙烯系树脂都采用本体聚合技术进行生产，其生产工艺简单，制品的综合性能优良，用途广泛且成本低廉，因而其需求量持续增长，在我国仍在稳步发展。但是，聚苯乙烯的脆性较大，机械强度不高，冲击强度和耐热性较差，容易燃烧，这些因素限制了它在工业上的应用。国内外学者对其进行了大量改性工作，其中以橡胶改性的高抗冲聚苯乙烯发展最快，其性能较聚苯乙烯得到明显提高，现已成为苯乙烯系树脂的主流产品。另外，在苯乙烯中引入丙烯腈进行共聚，得到苯乙烯-丙烯腈共聚树脂（SAN），其耐油、耐化学品性能得到大幅提高，也使其用途得以扩展到汽车及家电等领域。

3.3.1 苯乙烯熔融本体聚合工艺

1. 熔融本体聚合的方法

苯乙烯熔融本体聚合工艺采用连续法比较普遍，大体分为如下两类。

（1）分段聚合，逐步排除反应热，最终达到聚合反应完全。

（2）聚合反应到一定程度，转化率约达 40%，分离出未反应的单体循环使用。两种工艺相比，分段聚合工艺过程较简单，合成聚合物分子量分布范围较宽。后一工艺较复杂，但聚合物的综合性能较好。目前国内外大都采用分段聚合。

2. 聚合工艺过程

苯乙烯分段聚合的工艺流程有三种，即塔式反应流程、少量溶剂存在下的生产流程和压力釜串联流程，如图 3-7 所示。其中以塔式反应流程历史最久，技术成熟，但生产能力有限。塔式流程主要分为三个阶段，即预聚合、后聚合、聚合物的后处理。

（1）预聚合　原料苯乙烯自苯乙烯车间定时送入苯乙烯贮槽，再用泵输送到高位槽中，然后由高位槽经过滤器与流量计连续流入经氮气置换过的预聚釜中。苯乙烯被夹套中的循环热水加热到 80℃ 进行聚合。反应温度为 80~100℃ 时，聚合物浓度最高达到 35%，如果转化率更高，则黏度过大。为了提高反应速率，缩短停留时间，预聚温度可提高到 115~120℃，此时停留时间约为 4~5 h，反应物料中聚苯乙烯浓度可达 50%。通过定期从预聚釜出料口处取样，用折光计测定混合物中聚合物的百分含量，即可确定聚合反应程度或单体转化率。为了减少苯乙烯单体损失，预聚合反应是在密闭式压力釜中进行。

（2）后聚合　苯乙烯预聚物自两台预聚釜底部经阀门沿加热导管连续地流入聚合塔中，在 135~235℃ 下进行聚合。在聚合塔中，物料呈柱塞式层流状态或在螺旋推进装置作用下向前流动，而不产生返混现象。

塔式反应器通常分为 6~8 节，第一段无物料，自第二段起分段用载热体或工频感应电热装置加热到 150~240℃ 左右。第二、三塔节温度为 150~180℃，反应主要在此进行。汽化苯乙烯经塔顶冷凝器冷凝后进入单体贮槽内，供循环使用。以下若干塔节物料温度逐渐升高到 240℃，使反应完全。若上部塔节中，内壁或蛇管表面附有生成的低温不溶性聚合物或交联聚合物，可短时提高塔节温度使其熔化到反应物料中。

（3）冷却、切粒与包装　后聚合完毕，熔融状态聚合物自聚合塔底部用调节螺杆挤出机送出，经机头上孔板流成细条状，经冷却水槽冷却成固态，再经切粒机切成一定大小的颗粒，落入贮料斗，经计量包装成产品。

如制造高质量产品，可将聚苯乙烯熔融物在真空系统，如螺杆真空脱气机、真空滚筒脱气器或真空脱气塔中充分脱除未聚合单体和低聚物。如制造有色聚苯乙烯，则将一部分无色透明的粒状

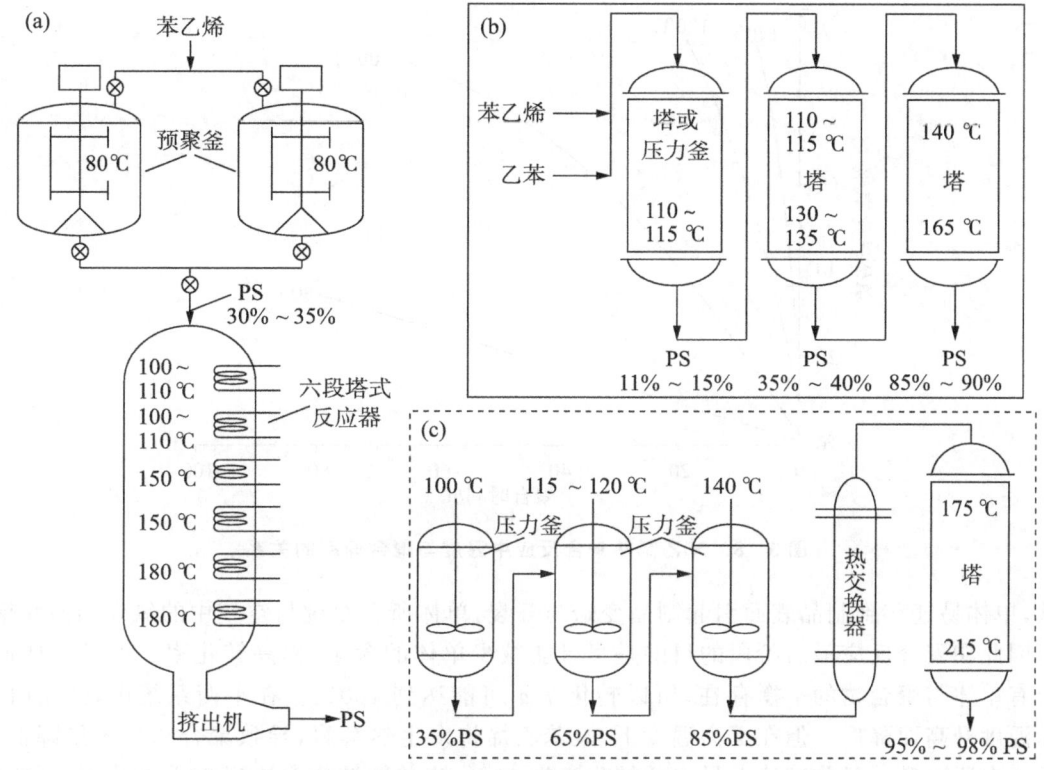

图 3-7 苯乙烯本体聚合流程图
(a) 塔式反应流程;(b) 少量溶剂存在下的生产流程;(c) 压力釜串联流程

聚苯乙烯送至粉碎机中磨成粉状后,加入混合机中与一定比例的粒状聚苯乙烯、色料、填料等一起混合,待色泽均匀,经热捏合、造料、包装可获有色聚苯乙烯。

3.3.2 影响熔融本体聚合的主要因素

1. 单体纯度

苯乙烯的纯度对聚合反应速率有很大影响。单体纯度越高,反应诱导期越短,聚合速率越快。苯乙烯容易自聚,为了增加贮存稳定性,常常在苯乙烯单体中加入含有酚类的阻聚剂。常用的有叔丁基邻苯二酚(阻聚效果优良,用量较低,约 10 mg/kg),其在 120℃ 以上对聚合反应速率和分子量均无明显影响,因而在使用叔丁基邻苯二酚作阻聚剂时,苯乙烯可不经预处理而直接使用。若使用其他酚类阻聚剂,需要在聚合前用 10% 氢氧化钠水溶液洗涤,分离掉溶解有酚类阻聚剂的碱液后,用水洗至中性,再经干燥方可用于聚合。

2. 温度

1) 温度对聚合反应速率和单体转化率的影响

苯乙烯单体加热升温后,经过诱导期即开始聚合。苯乙烯热聚合时反应时间、反应温度和单体转化率之间的关系如图 3-8 所示。从图 3-8 中可看出,随着温度上升,诱导期缩短。在聚合早期阶段,单体转化率随温度增加而急剧上升。相应地,反应速率也随之增大。

在聚合反应后期,反应体系的黏度较高、剩余单体的浓度较低、聚苯乙烯的增长链具有较高的稳定性,这些因素都导致聚合反应速率急剧下降。要进一步提高苯乙烯的转化率变得非常困难。

苯乙烯热聚合反应中,应尽可能使单体转化,否则残余单体由于增塑作用而使聚合物的软化温

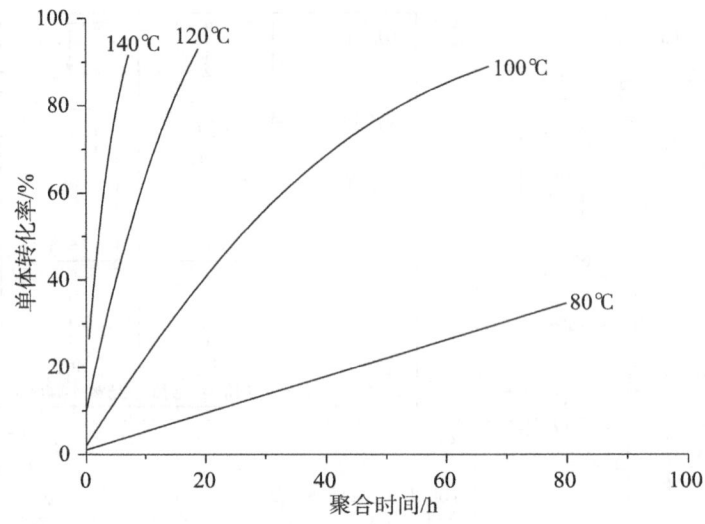

图 3-8 苯乙烯热聚合反应中温度与聚合速率的关系

度降低,单体易迁移到制品表面引起制品变暗与开裂,单体所含双键与空气中的氧作用而使聚合物变黄。因此在聚合反应最后阶段的目的是尽可能减少单体的含量,提高转化率。但是在任何温度下都会有单体与聚合物的平衡存在,所以转化率不可能达到 100%。在平衡系统中,开始时,单体含量随温度升高而降低。但在更高温度下,聚苯乙烯将发生热解聚,导致聚合物分子量降低,单体含量反而有所上升。目前理论上最大的转化率为 99%,当单体转化率达到 90% 左右时,反应很慢,而转化率达到 98%~99% 时,聚合反应几乎不再进行。

为了制得分子量适合而单体残余最少的聚合物,工业生产上常采用分段聚合。首先使聚合反应在较低的温度 (80~110℃) 下进行,以控制聚合体系中产生的活性中心数目,降低聚合反应放热速率;当转化率达 35% 左右时,恰好是在自加速效应之后,再逐渐升高温度至 230℃,使反应完全。

2) 温度对聚合体系黏度和聚合物分子量的影响

苯乙烯热聚合反应时,反应温度越高,形成的活性中心越多,反应速率越快,从而导致单体转化率的上升也很快。单体转化率上升的一个最直接的结果就是聚合体系的黏度大幅度提高。苯乙烯本体聚合反应中的转化率与黏度的关系如图 3-9 所示。

从图 3-9 中可以看出,随转化率增高,黏度呈指数形式增大。因而反应体系的流动性和导热系数迅速下降,反应热很难排除。在实施本体聚合时必须始终控制放热量与排热量的平衡,否则易产生爆聚。

随反应温度的升高,反应体系的活性中心增多。虽然这会导致单体转化率上升,但聚合物分子量却下降。温度对苯乙烯聚合速率及分子量的影响见表 3-8。从表中可知,反应温度每上升 20℃,分子量能成倍下降。反应速率越快,聚合物分子量越低。而聚苯乙烯的分子量对其力学性能影响很大,黏均分子量低于 5 万,则机械强度很低,加工性很差,作为通用级聚苯乙烯必须控制分子量在 5 万~10 万之间(重均分子量在 10 万~40 万之

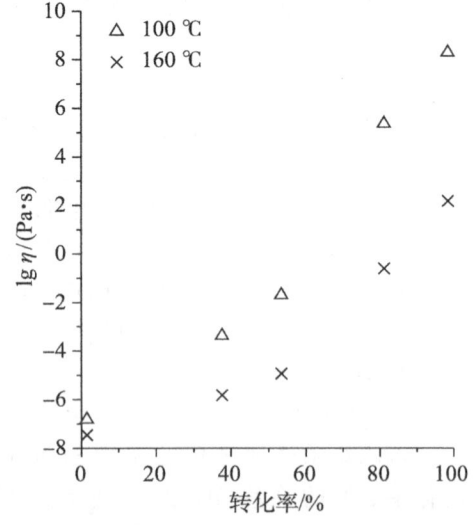

图 3-9 转化率与黏度的关系

间)。因此,对于苯乙烯的熔融本体聚合必须充分考虑反应速率、反应稳定性与产品性能之间的关系。在聚合初期,可采用相对较低的温度以较长时间来达到一定转化率和相对较高的分子量,并确保聚合体系的散热良好,避免爆聚。在聚合后期再以较高温度提高转化率,获得加工和使用性能较好的聚合物所需分子量。

表 3-8 温度对苯乙烯聚合速率及分子量的影响

聚合温度/℃	起始聚合速率/(转化率/h)	重均分子量×10^{-4}
60	0.089	225
70	0.205	140
80	0.462	88
90	1.02	61
100	2.15	42
110	4.25	31
120	8.5	23
130	16.2	17.5
140	28.4	13
160		8.3

3. 惰性气体保护

反应系统采用氮气保护,尤其是脱氧氮气保护,可抑制聚苯乙烯热氧化而变黄,有利于提高聚苯乙烯的透明度。这时候甚至提高反应温度至 230℃,也不会导致聚合物氧化。

3.3.3 高抗冲聚苯乙烯的本体聚合工艺

1. 高抗冲聚苯乙烯简介

为了改善聚苯乙烯的抗冲性、耐热性,可将苯乙烯与其他共聚单体,如丙烯腈、丁二烯、α-甲基苯乙烯等共聚。工业生产上,一般将不饱和橡胶(大多为顺丁胶、丁苯胶)溶解到苯乙烯溶液中进行聚合来制备高抗冲聚苯乙烯(HIPS)。

与橡胶-聚苯乙烯共混物相比,橡胶与苯乙烯共聚树脂的性能更胜一筹。也就是说,加入少量橡胶即可获得较高的冲击强度。产品性能的改善是由于增长的聚苯乙烯链与橡胶之间发生的化学作用(即接枝反应),橡胶的化学交联以及连续聚合物相中包含有橡胶颗粒的缘故,从而增大了橡胶相的有效体积。此外,橡胶增强树脂的其他物理性能,如材料的伸长率、延伸性和耐环境应力开裂性都相应得到提高。在复合聚合物中,上述性能的提高往往会使产品的透明度下降,拉伸强度和模量也会大大减弱。旭化成化学公司生产的一种高抗冲聚苯乙烯的冲击强度比较高,它是把聚苯乙烯从橡胶相中分离出来,然后再把它与橡胶含量高的物料掺混,强迫其相转变,这样即可得到着色能力强、光泽性好的高抗冲聚苯乙烯产品。

通常顺式聚丁二烯橡胶是以分散粒子的形式分布在聚苯乙烯母体内。高抗冲聚苯乙烯的颗粒度和颗粒度分布主要通过相转变期间,或者相转变以后(例如当聚苯乙烯变为连续相,聚丁二烯橡胶分散成小液珠)所施加的剪切速率来控制。此外,连续相与橡胶相之间的相对粒度,以及两相之间的界面张力对它们也有很大的影响。如果剪切搅拌停止,或者搅拌不充分,相转变就不会发生,其产品就会是橡胶和聚苯乙烯交联的相互贯穿的网络。

高抗冲聚苯乙烯的冲击强度一般是随着橡胶含量的增加而提高的。工业上采用高黏度的进料溶液，通过加入外面包有聚苯乙烯的橡胶颗粒，使橡胶相的体积增大10%～14%。如果橡胶量为常数，提高橡胶的颗粒度和聚苯乙烯包裹物的数量就能得到韧性较好的材料。如果橡胶颗粒直径大于5～10 μm时，其材料的韧性又会下降，制成品的表面光泽性也会下降。

颗粒度分布也会影响材料的冲击强度。若使用两种橡胶颗粒度，其中大部分粒子直径在1 μm以下，也能改善树脂的韧性，这样的高抗冲聚苯乙烯树脂能较好地保持其原有的光泽性。此外聚合方法的不同，橡胶种类的不同，以及橡胶含量的不同还会引起高抗冲聚苯乙烯形态结构的差异。除了改变聚合物基本参数，如分子量、橡胶含量、橡胶粒度、橡胶交联度和橡胶的化学组成以外，还可以加入诸如增塑剂、脱膜剂和稳定剂等添加剂来改变高抗冲聚苯乙烯树脂的性能。

2. 抚顺石油化工公司HIPS生产工艺

我国在石油化学工业大规模发展以前，聚苯乙烯生产厂的生产能力较小，且只有10家左右，大部分采用上海高桥化工厂开发的悬浮工艺进行生产的。近二十几年来，从国外引进了几套苯乙烯系树脂生产装置，参见表3-9。

表3-9 我国引进的苯乙烯系树脂生产装置

生产厂	品种	生产能力(吨/年)	采用工艺技术	投产日期
兰州化学工业公司	HIPS	5 000	TEC-MTC本体法	1984
	SAN	15 000	TEC-MTC本体法	1991
	ABS	10 000	瑞翁人造丝公司乳液接枝-悬浮聚合	1984
上海高桥石油化工公司	EPS	10 000	Shell一步法悬浮	1990
	SAN	5 000	TEC-MTC本体法	1988
	ABS	22 500	USS乳液接枝-悬浮聚合	1987
吉林化学工业公司	HIPS	5 000	TEC-MTC本体法	1987
	ABS	10 000	TEC-MTC本体法	1989
抚顺石油化工公司塑料厂	PS,HIPS	10 000	Cosden本体法	1989
燕山石油化工公司化工厂	PS,HIPS	50 000	Dow本体法	1989
金陵石油化工公司塑料厂	EPS	10 000	Shell一步法悬浮	1991
汕头海洋公司聚苯树脂厂	PS,HIPS	50 000	菲纳本体法	1991
合计		202 500		

抚顺石油化工公司塑料厂的高抗冲聚苯乙烯生产装置引进美国Cosden公司（现名菲纳公司）连续本体法工艺，设计生产能力为10 000吨/年，于1989年4月建成投产。该工艺主要由立式预聚反应器和卧式聚合反应器串联组成，再用脱挥器完成脱挥操作。由于采用负压预聚合技术，排除了微量氧进入反应系统的可能，避免了设备的腐蚀。工艺流程见图3-10，国内汕头海洋公司的生产工艺与此相似。

罐区除设有苯乙烯单体、乙苯、回收液以及矿物油贮槽外，还设有高抗冲聚苯乙烯混合进料槽。

将计量好的新鲜苯乙烯和1%～5%回收液加入溶解槽内，聚丁二烯橡胶用切胶机切成5～10 mm的小块，用风送至溶解槽中搅拌溶解。溶解温度为60～70℃，搅拌速度为85 r/min，溶解时还加入一定量的抗氧剂。

橡胶溶解操作是间断进行的，胶液经过滤后用泵送至胶液配料槽，在此处加入2%～5%的乙

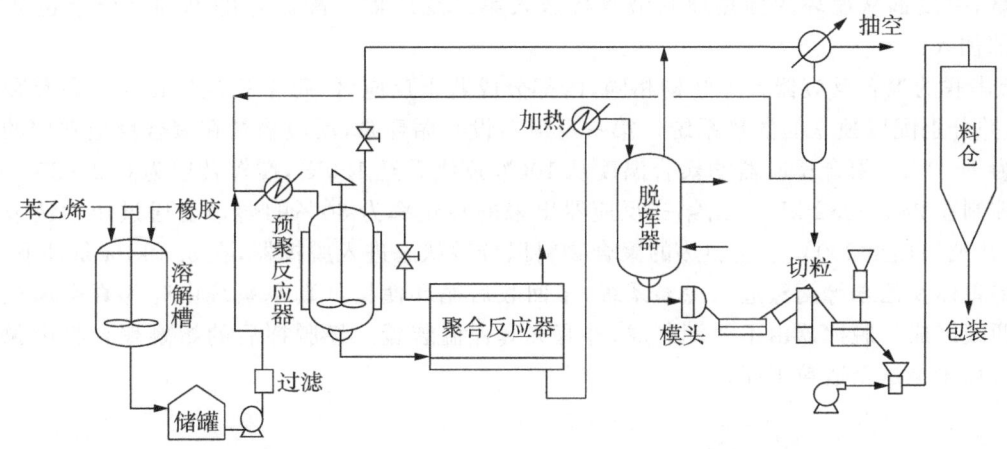

图 3-10 抚顺石油化工公司高抗冲聚苯乙烯工艺流程简图

苯稀释剂。为调整浓度,还可补加一些苯乙烯或回收液。

来自配料槽的胶液,用泵经预热器预热至70℃后,送入预聚反应器,装料系数为80%,用液面控制器控制进料量与速率。预聚反应器为立式釜,内有3层透平叶片组成的搅拌桨,转速为20～50 r/min,预聚温度控制在120℃左右,反应压力为68.6 kPa,预聚反应器中物料的停留时间约4 h,苯乙烯的转化率约30%。由夹套冷却和苯乙烯-乙苯的汽化潜热带走反应热。反应温度和压力进行串级调节。

来自预聚反应器的含聚合物约30%、矿物油5%、乙苯2%、苯乙烯约63%的物料,用釜下的齿轮泵送入聚合反应器。Cosden的聚合反应器是一种卧式夹套反应釜,釜内设有多叶片搅拌和冷却盘管。聚合反应温度约140℃,聚合转化率约70%。聚合反应器是在装满物料条件下操作的,由夹套和冷却盘管散热。操作压力为66.6 kPa,如超压或有气体产生,则可自动泄压,聚合反应器还装有防爆设施。立式预聚反应器和卧式聚合反应器各自都有一套热油加热或冷却的循环系统,反应温度与热油温度进行串级调节,并控制流经聚合釜的热油流量。物料在聚合反应器内的停留时间约为1 h。聚合物含量70%～75%的物料经加热器加热后由聚合反应器下的齿轮泵送往脱挥工序。物料在1.6 kPa真空度下脱除挥发分,脱挥后残留苯乙烯单体含量低于600 mg/kg的聚合物用齿轮泵送往造粒工序。在正常操作条件下,预聚反应器出口的物料黏度为5～10 Pa·s,聚合反应器出口物料黏度为200 Pa·s,脱挥后的物料约2 000 Pa·s。

高黏度的物料用齿轮泵压至带电加热器与热油加热夹套的模头挤出拉条,束条以水浴冷却,再经热风吹干表面水后,被切粒机切成圆柱形颗粒。经过筛分后,粒料被风送至一个螺杆混合器中。这里加入外部润滑剂等添加剂后,再送往产品料仓。最后用自动包装机把产品包装入库。

3. 燕山石化公司 HIPS 生产工艺

燕山石化公司化工一厂的聚苯乙烯装置是1986年从美国Dow化学公司引进的。采用连续本体法,以有机过氧化物为引发剂的热聚合工艺。设备的主要特征是采用转化率较高的多釜串联连续流动的生产方法来合成PS和HIPS产品,生产流程如图3-11所示。

新鲜苯乙烯从罐区进入浆液槽中,顺丁橡胶用切胶机切碎后进入浆液槽,然后用浆液泵将该悬浮液送至溶解槽内搅拌溶解。溶解好的胶液被送往加料槽。

将胶液、回收液和矿物油按一定比例混合,经过滤后送至预热器,在预热器中用道生油(也叫导生油,是联苯和联苯醚的混合物)加热至90℃,而后进入聚合工序。引发剂用矿物油配成一定浓度后,直接送至聚合反应器。抗氧剂等助剂用回收液配成悬浮液供聚合工序使用。配制好的原料液预热后分两路,大部分进入第一反应器,使部分反应物料进行循环,循环量等于新鲜物料进料量,引发剂从循环的预热原料液直接送入第二反应器。配制好的助剂悬浮液也从第二反应器中部加入。

3台串联的聚合反应器大小结构相同,内都分成若干反应区,每个反应区由1组夹套和内冷弯管组成,并分别配以独立的散热系统。第一反应器设有循环泵,反应物料在聚合反应器中的停留时间分别为1~2 h。聚合反应器的聚合温度从100℃逐级升至190℃,搅拌转速为0.2~25 r/min,聚合压力控制在245~382 kPa。由第三反应器出来的转化率为80%的熔融物通过压力调节阀进入加热器,并被加热至200℃。经加热的聚合物料以分散状态进入脱挥器,在3.3 kPa条件下,未反应的苯乙烯单体及乙苯等闪蒸进入冷凝系统,经回收后循环使用。真空系统由叶片真空风机及液环真空泵两级组成。脱挥器由不锈钢制成,外有夹套保温装置。经脱挥后的熔融聚合物由脱挥器底部的2台齿轮泵送至造粒工序。

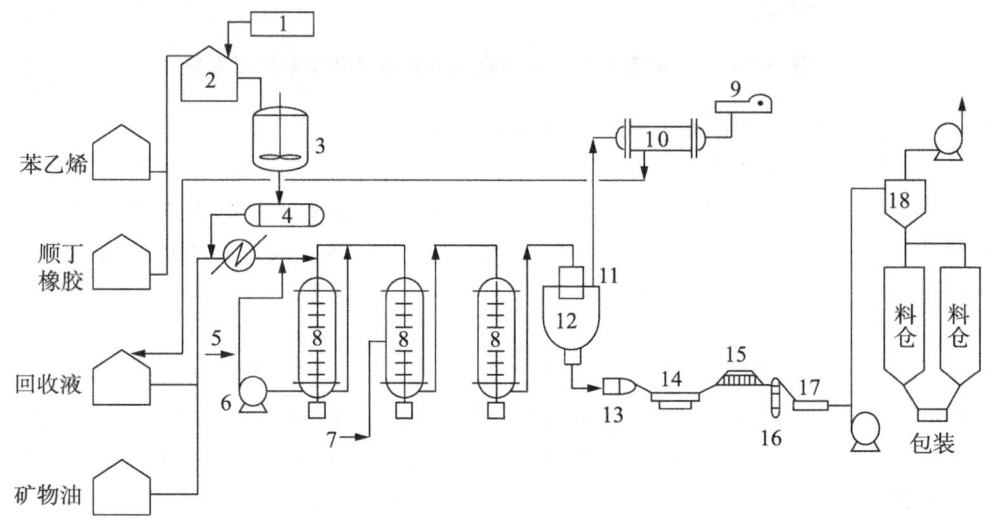

图3-11 燕山石化公司高抗冲聚苯乙烯生产流程图

1—切胶机;2—浆液槽;3—溶解槽;4—加料槽;5—引发剂;6—循环泵;7—助剂;8—聚合反应器;9—真空系统;10—冷凝器;11—加热器;12—脱挥器;13—模头;14—水浴;15—风刷;16—切粒;17—筛分;18—旋风分离机

熔融状态的HIPS送至模头挤出成条,料条经水浴冷却和风刷除去附着水分后进入切粒机切粒。料粒经过筛分后进入料斗,然后用气流送至料仓储存。料仓储存的粒料用推拉系统送至包装料斗,然后经包装机包装,最后送至仓库。

兰州化学工业公司合成橡胶厂和吉林化学工业公司有机合成厂的高抗冲聚苯乙烯生产装置是20世纪80年代从日本东洋工程公司-三井东压公司(TEC-MTC)引进的连续本体法工艺。流程与燕山石化相似,最大特征在于使用四台串联的聚合反应器,并在聚合过程中加入少量乙苯溶剂,无引发剂与催化剂的热引发聚合。溶剂主要用来控制黏度,也可作为调节反应速率和分子量之间关系的链转移剂,使其处于反应器热传递能力的范围内。溶剂的用量一般为苯乙烯的2%~3%不等。

3.3.4 苯乙烯-丙烯腈(SAN)本体聚合工艺

苯乙烯-丙烯腈共聚物是一种无色透明的热塑性树脂。它的力学强度超过通用级聚苯乙烯,具有优良的透明性、耐油性、化学稳定性、抗冲强度和抗划伤性以及长期耐光性和对温度的稳定性等。

工业上SAN树脂一般可用本体法、悬浮法等方法制得,其中以本体聚合法最佳。聚合时,由于两种单体的聚合速率不同,控制St：AN＝(75～77)：(23～25)(聚合时恒比组成)时,才能制得组成均一的共聚产品。尽管在较高温度(130～180℃)进行本体聚合,由于体系黏度颇高,可加入少量溶剂以改善传热效果。控制较低转化率,一般为50%～60%,更有助于共聚物组成的均匀性。

国内高桥石油化工公司和兰州化学工业公司的苯乙烯-丙烯腈生产线是20世纪80年代从日本东洋工程公司-三井东压公司引进的连续本体法生产工艺,如图3-12所示。新鲜的苯乙烯、丙烯腈、乙苯和回收单体按一定比例混合后,定量送入反应器。用热媒加热和冷却的方式控制反应温度,在一定反应压力下热引发聚合。高黏度的聚合液经预热器预热,进入脱挥器,在真空状态下脱除未反应单体。未反应单体经冷却、冷凝、回收,重新使用;脱去单体的熔融聚合物,由高黏度齿轮泵,经静态混合器、模头挤出、拉条、冷却、造粒,并添加一定量的助剂后进行包装。

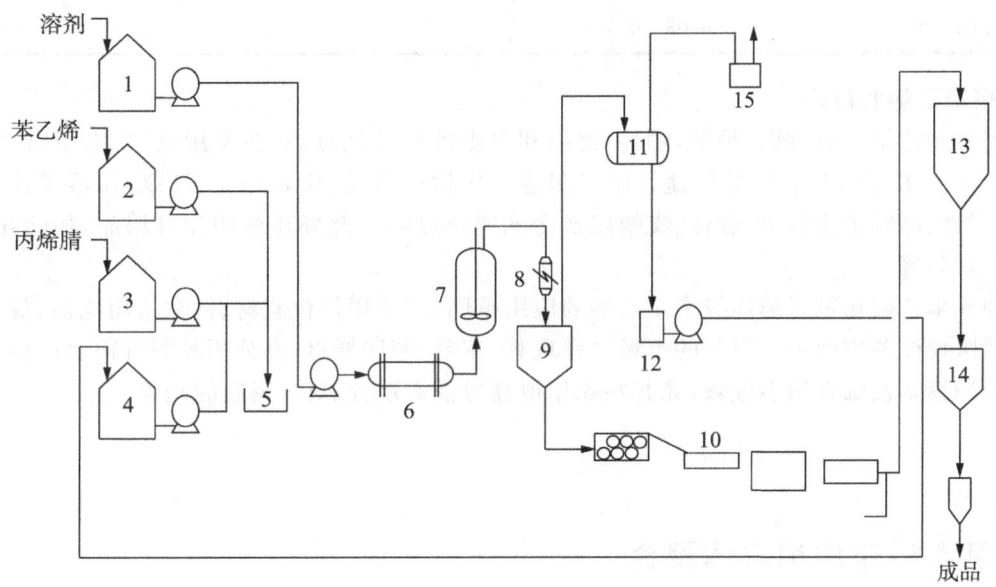

图 3-12 高桥化工公司SAN生产流程图
1—溶剂贮槽;2—苯乙烯贮槽;3—丙烯腈贮槽;4—回收液进料贮槽;5—单体进料贮槽;6—单体冷却器;7—反应釜;
8—聚合物加热器;9—脱挥器;10—造粒单元;11—冷凝器;12—回收液贮槽;13—成品料仓;14—包装单元;15—真空单元

该装置采用非催化的热聚合,由于使用特殊的搅拌器和控温手段,所得产物组成稳定,分子量分布较窄。其脱挥工序采用薄膜闪蒸脱挥法,缩短了聚合物在高温区的停留时间。

由于引进丙烯腈单体进行共聚,与GPPS相比,SAN产品的耐油、耐化学品性能提高,除可用于生产日用品、文具外,还可用于生产汽车零件、家电零件、工业零件、蓄电池外壳等。

3.3.5 聚苯乙烯的性能和用途

1. 聚苯乙烯的性能

通用级聚苯乙烯为质硬、脆、透明的热塑性塑料,具有良好光泽和耐化学性,无毒无臭,能自由着色,极易加工成型,能用注射、挤出等各种方法加工。聚苯乙烯具有一定的机械强度、使用温度以及优良的电性能。但通用级聚苯乙烯不耐冲击,性脆易裂。典型性能如表3-10所示。

表 3-10 通用级聚苯乙烯的性能

性能	数值	性能	数值
密度/(g/cm³)	1.04~1.09	长期使用温度/℃	60~75
$M_w \times 10^{-4}$	20~30	脆化温度/℃	-30
透光率/%	87~95	洛氏硬度(M)	65~80
拉伸强度/MPa	≥58.8	体积电阻率/(Ω·cm)	10^{17}~10^{19}
伸长率/%	1~2.5	相对介电常数(50~10^6 Hz)	2.15~2.65
弯曲强度/MPa	68.6~78.4	介电损耗(50~10^6 Hz)	(1~2)×10^{-4}
冲击韧度/(kJ/m²)	11.8~15.7	击穿电压强度(20℃)/(MV/m)	≥20
维卡耐热/℃	80~82	浊度/%	<(0.1~0.3)
吸水性(24h)/%	0.03~0.1		

2. 聚苯乙烯的用途

由于聚苯乙烯具有透明、价廉、刚性、绝缘和卫生性好等优点,故在家用电气、电子电气工业和通用器材工业等领域具有广泛用途。用于制造一次性包装品、仪表外壳、灯罩、仪器零件、透明模型、电讯零件、高频绝缘衬垫、嵌件、支架以及冷冻绝热材料。此外还可用作日用品,如钮扣、梳子、牙刷以及玩具等。

抗冲聚苯乙烯拓宽了通用级聚苯乙烯的应用范围,广泛用作包装材料,在家用电器、仪表、汽车零件以及医疗设备方面占有很大的市场。在玩具、家具、照明器材、办公用品等方面也用得很广泛。目前高抗冲聚苯乙烯在很多领域,尤其在家用电器方面有取代 ABS 树脂的趋势。

3.4 氯乙烯非均相本体聚合

氯乙烯常温常压下是一种无色有乙醚气味的气体,其沸点为 13.4℃,稍加压力就可以成为液态氯乙烯。聚氯乙烯可用自由基悬浮聚合、乳液聚合、溶液法本体聚合法生产,当前仍以悬浮聚合法为主,而本体聚合法生产约占 10%。

氯乙烯本体聚合的特点是无反应介质存在,反应生成的聚氯乙烯不溶于单体氯乙烯中,而呈粉状物析出,所以氯乙烯的本体聚合属于非均相本体聚合。

本体聚合由于不加溶剂,无分散剂和乳化剂,产品质量和清洁度高。但聚合热的排除、反应温度的控制、树脂的颗粒形态、聚合反应易发生粘釜和堵塞冷凝器、影响加工性能等问题,延缓了聚氯乙烯本体法的实现。经过多年的努力,法国 Saint Gobain 公司于 1956 年实现了一段法本体聚合的工业化;1960 年该公司并入 Pechlneyst. Gobain(PSG)公司,开发了两段法,并于 1962 年工业化。

3.4.1 氯乙烯本体聚合工艺

1. 生产工艺流程

氯乙烯本体聚合生产工艺可分为预聚合、后聚合和后处理三个过程,其流程如图 3-13 所示。

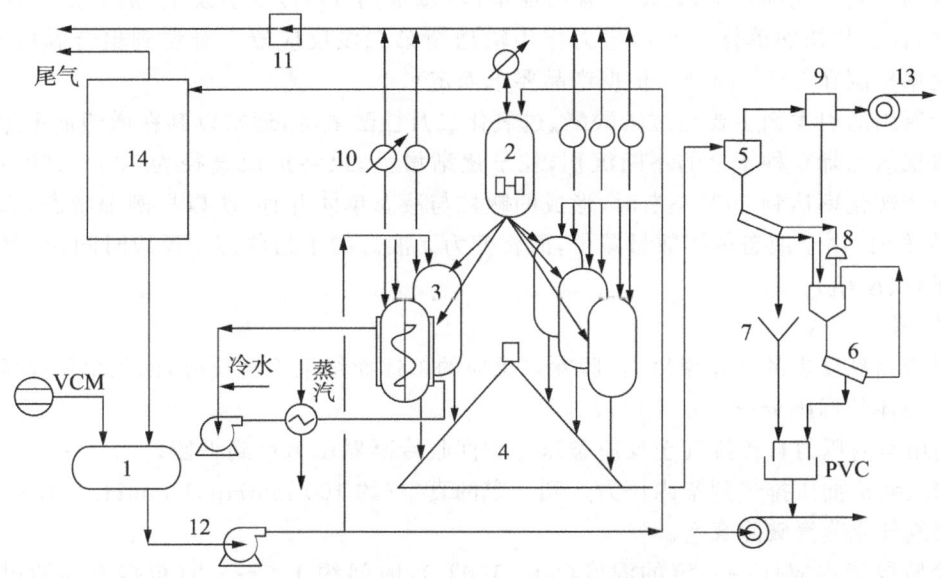

图 3-13 氯乙烯本体聚合生产流程图
1—氯乙烯贮槽；2—预聚釜；3—聚合反应釜；4—聚氯乙烯贮槽；5—旋风分离器；6—筛子；7—研磨器；
8—粉碎器；9—过滤器；10—冷凝器；11—真空泵；12—泵；13—风机；14—氯乙烯回收装置

1）预聚合

氯乙烯本体聚合一般由 1 台预聚釜给 5 台立式聚合釜供料，采用间隙操作来完成。第一阶段聚合反应在预聚釜中进行。预聚釜为立式不锈钢热压釜，目前各生产装置所用预聚釜容积为 8～25 m^3，装有冷却用夹套、冷凝器，其搅拌装置一般为四叶片涡轮式，釜壁装有挡板。

预聚合所用氯乙烯单体是新鲜的和回收循环单体的混合物，加入量为整个聚合过程所需氯乙烯总量的 50%。加入所需引发剂后脱氧，进行搅拌并加热使之在 62～75℃ 迅速聚合，保持温度和压力稳定。氯乙烯转化率是通过热量计数器测定，当转化率达到 7%～12% 时（约 30 min），预聚合结束，将物料送入后聚合釜继续聚合反应。用少量单体淋洗反应釜，所以釜内始终保持氯乙烯单体，无其他气体或空气侵入。

预聚合通常应选用半衰期较短的油溶性引发剂，在预聚合结束时近于全部消耗，以过氧化乙酰基环己烷硫酰和过碳酸酯较为恰当。当聚合反应开始后，生成的聚氯乙烯迅速沉淀析出，由最初的微域结构逐渐增长为直径约 0.7 μm 的初级粒子。所有初级粒子在同一时间内生成，其直径随转化率的提高而增大。初级粒子的数目取决于聚合温度和引发剂用量。当转化率达到 1% 左右时，搅拌作用使初级粒子聚集为更大的球形絮凝物。絮凝物的强度随聚合反应温度的降低而下降。为了使絮凝物在转移到后聚合釜中时其形状不遭受破坏，聚合反应温度应不低于 62℃。

初级粒子的聚集体粒子将在后聚合反应釜中作为种子（聚合物沉积的核心）进一步增长为最终颗粒状产品。

2）后聚合

后聚合反应釜的容积为 12～50 m^3，具有搅拌装置，冷却用夹套和冷凝器。早期采用卧式热压釜，利用夹套和上方连接的一个或数个冷凝器进行冷却，釜内装有转速仅为 6～10 r/min 的螺带式搅拌器，螺带边沿接近反应器壁内表面，以刮除黏附的树脂。但卧式釜出料困难而且难以清理，所以已逐渐被淘汰而改用立式聚合釜。由于预聚合反应时间仅 30 min 左右，而后聚合时间将超过 3 h，为了生产上进行匹配，所以 1 个预聚釜可配备 5 个聚合釜，而且各釜容积大于预聚釜 1 倍以上。

后聚合的工艺为先抽真空,再加入氯乙烯单体(总量的50%)及引发剂,然后加入预聚合反应釜中的物料,种子与初加单体一起由重力作用输送至第二段反应器。升温到聚合温度开始反应。氯乙烯转化率控制在70%～85%(根据产品要求而定)。

后聚合所用的引发剂主要是过碳酸酯、过氧化二月桂酸酰等,通常以其在增塑剂中溶液的状态加入。随着聚氯乙烯在种子上的不断沉积,粒子逐渐增大,最终形成直径为130～160 μm的产品颗粒。当单体转化率达到20%左右时,形成的颗粒与液态单体并存,所以呈潮湿状态,当转化率提高到40%左右时,由于液态单体数量减少,而转变为无液态的干粉状态。反应时间为3～9 h,取决于产品分子量(K值)。

3)后处理

聚合反应达到要求的转化率以后,脱除未反应的单体而结束聚合反应,回收单体经压缩液化后循环使用。单体的回收分以下三个阶段。

(1) 利用釜内压力直接排气至反应釜压力和回收冷凝器压力达到平衡;

(2) 用压缩机抽压排气到釜内压力达到一定的真空(约100 mmHg,1 mmHg=133.322 Pa);

(3) 用氮气或蒸汽破除真空。

这三个阶段釜内应保持一定的温度(90～100℃),时间约1.5～3 h(根据不同的树脂牌号而定)。经处理后树脂中残余单体量在10 μL/L以下。

最后向釜内加入适量抗静电剂,以便于粉料顺利出料。粉料经过筛选除去所含有的大颗粒后得到产品。大颗粒树脂约占总量的10%,经研磨粉碎后重新过筛,合格者与产品合并。

2. 影响聚合的主要因素

1) 预聚合

(1) 搅拌速度 预聚釜中用平桨涡轮式搅拌器结合挡板防止形成涡流,最终的颗粒直径依赖于搅拌速度,且呈线性关系,搅拌速度越大,聚合物粒径越小。

(2) 聚合温度 初级粒子和聚集体的内聚力大小既影响聚合物的加工性能,也影响预聚釜物料能否经受住向第二段反应器的转移,并在釜中承受长期搅拌的严酷条件。当用较高的聚合温度时,其内聚力增大。因此第一段聚合反应温度控制在62℃以上,以便保证聚集体的内聚力。因预聚釜中形成的聚合物仅约占总量的5%,因此不影响最终聚氯乙烯产品的分子量。预聚反应温度也影响聚集体"网状"结构的展开程度,即影响孔隙率,如图3-14所示。如果要求提高孔隙率可降低预聚温度,但不能低于62℃,否则将影响初级粒子和聚集体间的内聚力。

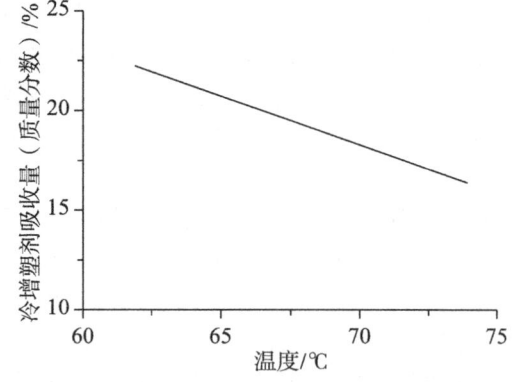

图3-14 冷增塑剂吸收量与预聚合温度的关系
(K值65,转化率80%)

(3) 引发剂 预聚合时应选择分解速率很快的高活性的引发剂,引发剂的半衰期低于10 min,用量控制在尽可能使10%以下单体转化为宜。当转化率达7%～12%,预聚合完成,这时引发剂已全部耗尽,转化率不可能进一步提高。因此,即使向后聚合供料的时间上不能吻合,也可保证物料处于预聚合结束时的状态。

(4) 反应热排除 预聚合体系物料黏度随转化率增高而增大,当转化率在7%～12%时,体系黏度尚不妨碍涡轮搅拌器的正常运转。单体聚合热可通过预聚釜的夹套冷却和配置的回流冷凝器来排除。实践证明,为保证反应热的排除,不必将全部单体都经冷却,只需将总量50%的单体进行预聚合即可。

2) 后聚合

(1) 引发剂　后聚合反应中,应选择引发速率较慢的引发剂,如过氧化十二酰、过氧化碳酸二异丙酯等,所需的引发剂以溶在增塑剂中的方式注入。

(2) 聚合反应温度　氯乙烯本体聚合产品的分子量取决于聚合温度(这同悬浮聚合一样,由于链转移占优势,K 值仅取决于聚合反应温度)。对一定品级的聚氯乙烯,分子量(或 K 值)一定,因此后聚合反应温度也就确定。聚合温度由 50℃ 提高到 70℃,分子量则由 $6.7×10^4$ 降低到 $3.5×10^4$。在本体聚合工艺控制中,只要转化率不是太高,压力与温度呈线性关系,可通过监测压力来控制反应温度。

(3) 产品的孔隙率　在后聚合反应中,由于初级粒子聚集体的熔合作用,颗粒变得更加结实,之后由于初级粒子聚集体之间孔隙的内填充作用,颗粒尺寸增大。实验表明,产品的孔隙率取决于后聚合温度和单体转化率的高低,如图 3-15 所示。本体法聚氯乙烯的孔隙率影响加工性能。若要求产品孔隙率高,必须降低最终转化率或采用较低的聚合温度,也可两种措施并用。通常后聚合的温度不能改变,因为它决定最终聚合物的 K 值。对一定品级的聚合物,分子量(或 K 值)一定,聚合温度也被固定。

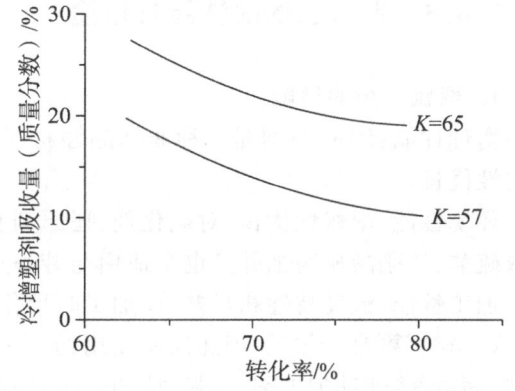

图 3-15　在两种不同聚合温度下产品的冷增塑剂吸收量与转化率的关系(预聚合温度 70℃)

(4) 聚合热排除　在后聚合时,当转化率为 20% 时,物料是潮湿粉料。继续转化至 40% 以后,液态单体被聚氯乙烯颗粒吸收,反应物料转变为外观上干燥的粉状物。此时传热效率很低,主要靠单体汽化回流排除热量。此外尚依靠冷却夹套和可通冷水的搅拌轴进行冷却以排除聚合热。

(5) 粘釜程度　在本体法中,粘釜程度取决于单体纯度、引发剂的类型和釜壁的温度。只要釜壁温度低,粘釜程度就小。预聚釜不必定期清洗,后聚釜可用高压水定期清洗。

3.4.2　本体法聚氯乙烯产品的特征

本体聚合反应机理与悬浮聚合相同。本体聚合同悬浮聚合的主要区别是没有加分散剂和大量分散介质水,从而导致本体聚合颗粒表面未包有胶状膜。图 3-16 是这两种颗粒的扫描电镜照片。

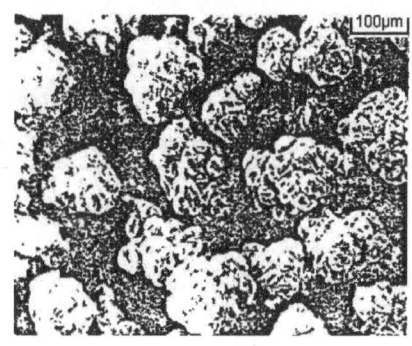
(a) 悬浮法

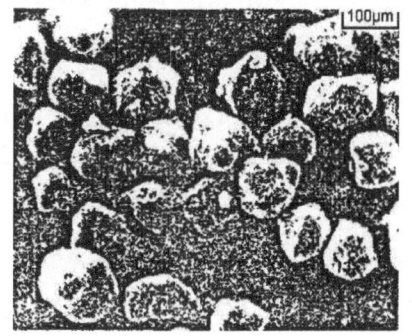
(b) 本体法

图 3-16　典型悬浮法和本体法聚氯乙烯颗粒的扫描电镜照片

从图 3-16 可看出，悬浮法和本体法聚氯乙烯颗粒的外观有明显的差异。悬浮法粒子是圆的，有较厚的皮层；本体法粒子是多边形，无包封皮层。因此本体聚合的聚氯乙烯树脂干流性好、粒度分布集中，吸收增塑剂快、塑化速度快。由于聚合过程中使用的助剂少，聚合物的杂质含量低，能生产出类似玻璃透明度的制品。

本体聚合所制聚氯乙烯可能形成一些玻璃态的树脂粒子，增塑剂难于在这种粒子中吸收，影响其加工性能。可将这些树脂分级，然后把这些实心的树脂研磨后与管材树脂掺混使用，或作为二级树脂出售。

3.4.3 聚氯乙烯的性能与用途

1. 聚氯乙烯的性能

物理性能：PVC 材料是一种非结晶性材料，不易燃烧、强度高、收缩率低（0.2～0.6）以及尺寸稳定性优良。

环境性能：耐候性优良，对氧化剂、还原剂和强酸都有很强的抵抗力。然而它能够被强氧化酸如浓硫酸、浓硝酸所腐蚀并且也不适用与芳香烃、氯化烃接触的场合。

加工性能：流动特性相当差，在加工时熔化温度是一个非常重要的工艺参数，特别是大分子量的 PVC 材料更难于加工，因此通常使用的都是小分子量的 PVC 材料。加工过程中通常要加入稳定剂、润滑剂、辅助加工剂、色料、抗冲击剂及其他添加剂，在成型过程中还易释放出有毒气体。

2. 聚氯乙烯的用途

聚氯乙烯是一种通用树脂，根据加工方法的不同，其用途分类很广，参见表 3-11。

表 3-11 聚氯乙烯树脂的加工方法和制品用途

加工方法	制品形态	主要用途
压延加工	薄膜、片、造革	衣类、杂货、包装衣料、农具
挤出成型	管、棒、电线、硬毛、板、膜	杂品、带、电线、软管、硬管、纤维
注射成型	硬、软制品	机械、电器零件、管接头、壳、杂品
层压加工	PVC 钢板、厚板、装饰片	杂品、容器、车辆、工业材料
涂饰加工流动浸渍	造革、加工纸磨光、金属硬涂装	车辆、家具、包装纸
膏成型、浸渍成型	软质吹塑成型	玩具、工业材料、家庭用品
吹塑成型	软质吹塑成型	果物模型、瓶
吹塑薄膜	薄膜、管	包装用
真空成型	薄膜制品	大容器、复杂形状表面成型
泡沫加工		浮标、地板材料、隔热材料、衣袋

3.5 甲基丙烯酸甲酯本体浇铸聚合

聚甲基丙烯酸甲酯（PMMA）俗称"有机玻璃"，是具有较高软化点，较好冲击强度和耐候性的，清澈、无色透明的热塑性塑料。

甲基丙烯酸甲酯(MMA)的聚合反应主要按自由基聚合机理进行。引发方式可以是光、热或引发剂,可以按本体、悬浮、溶液、乳液聚合等方法实现工业生产。

甲基丙烯酸甲酯主要采用本体聚合生产有机玻璃;采用悬浮聚合生产模塑粉;采用乳液聚合生产皮革或织物处理剂。溶液聚合生产油漆,但应用较少。

3.5.1 甲基丙烯酸甲酯本体聚合的特点

(1) 凝胶效应　MMA 在聚合过程中,当单体转化率达到 20% 左右时,黏度上升很快,聚合速率显著提高,以致发生局部过热,甚至产生爆聚,这种现象称为凝胶效应。凝胶效应在很多单体如 VC、MMA 的聚合过程中都会发生,但在 MMA 的本体聚合中,凝胶效应更为明显。其产生的原因是随转化率的增加,反应体系的黏度增大,增长链的活动受到限制,而单体的扩散速率却影响不大,因此链增长速率正常进行,而链终止速率却减慢,所以聚合物的分子量明显增大,聚合反应速率明显增加,出现了自加速效应。这一特点导致有机玻璃的分子量变宽,分子量甚至超过 100 万。因此,在聚合过程中必须严格控制升温速度。

(2) 爆聚　在聚合过程中,当反应物逐渐增稠而变成胶质状态后,热的对流作用受到限制,使反应体系积蓄大量的热,局部温度上升,导致聚合速率加快,以致产生大量的热量,这种恶性循环的结果先是局部,然后扩大至全部达到沸腾状态,这就是所谓爆聚。爆聚形成的聚合体夹带大量的气泡,分子量低,分子量分布极不均匀,使产品的力学性能下降。若爆聚发生在密闭容器中,则能产生很大的压力,可使容器爆炸,引起事故。

(3) 聚合物体积收缩率大　在 MMA 转化成聚合物的反应过程中,反应物的体积有着显著的收缩。按照单体的密度 $0.949\ \text{g/cm}^3$ 和聚合物密度 $1.19\ \text{g/cm}^3$ 的比例来计算,收缩率超过单体原有体积的五分之一。因单体转变成聚合物时,由于许多分子间的物理力被共价键所代替,因此将引起体积收缩。其收缩的大小与单体的结构有关,一般是单体的侧链愈长,取代基数量愈多、体积愈大,则聚合物的收缩愈大。不解决体积收缩问题将会造成浇铸件的缺陷。

3.5.2 影响聚合反应的主要因素

(1) 氧气对反应的影响　在低温下,氧与自由基形成较稳定的过氧化物,使聚合诱导期增长,转化率降低,如图 3-17 所示。在低温聚合后期,与空气接触部分呈黏滞态或弹性态就是这个原因。高温下,过氧化物发生分解而生成新的活性中心,反应速率骤增,易发生爆聚。即使在聚合过程中不分解,而在产品加工或使用过程中遇到较高温度时,也会有部分分解。这种分解过程会引起有机玻璃的热性能及力学性能降低。所以要尽量避免空气与单体或预聚浆接触,力求对预聚体采取真空脱气,灌模时必须将模具内空气排尽。

(2) 反应温度　MMA 本体聚合反应中,温度升高,聚合反应速率加快,转化率增大。但温度过高,导致链终止速率超过链增长速率,同时引起长链解聚,使短链增多,分子量下降,影响产品的力学性能,如图 3-18 所示。温度过高甚至发生爆聚造成事故,产生废品。温度控制不均,易局部过热,使产品出现气泡等缺陷,以致分子量分布过宽而使产品质量下降。在聚合过程中,出现急剧的温度变化将会引起收缩不均、应力集中,使制品过早出现银纹,甚至碎裂。

(3) 聚合时间　在一定的温度下,聚合时间对转化率有一定的影响。通常聚合转化率随时间增长而增大。MMA 本体聚合时,凝胶效应出现得早。当单体转化率约在 20% 前,聚合速率很快;转化率在 20% 后,聚合速率略微减缓;转化率在 45% 后大为减慢;待转化率达 90% 以上聚合反应几乎停止,所以,在较低温度聚合结束后,升温至 100℃ 保持 1~3 h,使聚合反应进行彻底。

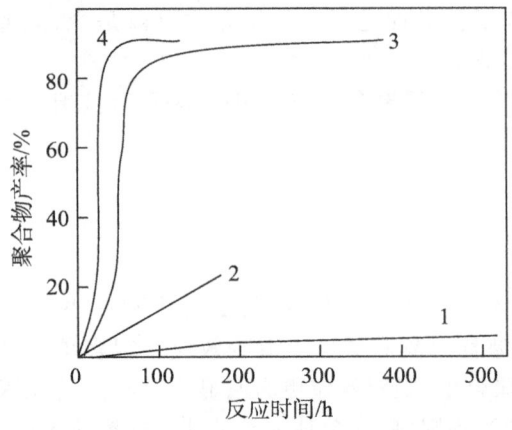

图3-17 氧对MMA聚合的影响(65℃,无光线)
1—氧气 10.13 kPa;2—氧气 1.013 kPa;
3—氧气 0.101 3 kPa;4—无氧

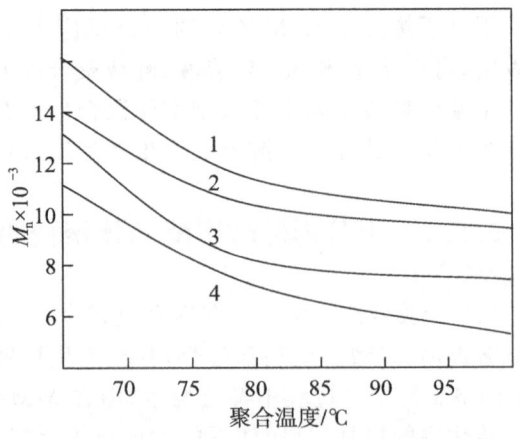

图3-18 PMMA的分子量与反应温度、引发剂浓度的关系
1—无引发剂;2—0.1%BPO;3—0.5%BPO;4—1.0%BPO

(4) 压力 加压可缩小单体分子间的间距,增加活性链与单体的碰撞概率,加快反应。加压使单体沸点升高,减少因单体汽化而产生爆聚。加压时,压力始终紧压料液,减少因聚合体积收缩而引起的表面收缩痕。所以在有机玻璃圆棒的生产中采用加压聚合工艺,有利于提高产品的质量。

(5) 引发剂 在MMA的本体聚合反应中,可使用有机过氧化物和偶氮化合物,其用量对分子量有较大的影响,见表3-12。值得注意的是有机过氧化物是强氧化剂,对某些染料有氧化作用,给有机玻璃染色带来困难,这在配料时应给予注意。偶氮化合物在分解过程中对一般染料不起氧化作用,为一种较好的引发剂。

表3-12 引发剂用量与聚合物分子量的关系

引发剂	不同引发剂浓度下的聚合物分子量×10⁻⁴				
	0.02%	0.05%	0.1%	0.5%	1%
过氧化二苯甲酰	240	171	145	—	74
偶氮二异丁腈	146	—	126	70.5	55.6

(6) 单体纯度 若单体纯度不够,如含有甲醇、水、阻聚剂等,将影响聚合反应速率,易造成有机玻璃局部密度不均或带微小气泡和皱纹等,甚至严重影响有机玻璃的光学性能、热性能及力学性能,所以单体的纯度应达98%以上。聚合前,可用洗涤法、蒸馏法或离子交换去除单体中的阻聚剂。若杂质中含有少量甲基丙烯酸,虽有所粘模,但可消除收缩痕。

3.5.3 有机玻璃的生产工艺

1. 有机玻璃的生产方法

工业上,用本体法生产有机玻璃时,按加热方式可分为水浴法和空气浴法,或两种方式结合使用;若按单体是否预聚灌模又可分为单体灌模法和单体预聚成浆液后灌模两种。通常用单体预聚的方法。

制成预聚浆灌模的优点有以下几个方面。

(1) 缩短聚合反应的诱导期,利用"凝胶效应"的提前出现,在灌模前移出较多的聚合热,保证产品的质量。

(2) 使一部分单体进行聚合,减少在模型中聚合时的收缩率;通过预聚合可以使收缩率小于12%(正常由 MMA 至 PMMA 体积收缩率为20%~22%)。

(3) 增加黏度,从而减小模内漏浆现象。

但预聚浆法也有一定的缺点,如在制造不同厚度的板材时要求预聚浆的聚合程度也有所不同,预聚浆黏度大,难于除去机械杂质和气泡。

单体灌模法是直接用单体进行浇注,产品的光学性能优良,但应事先脱除单体中的氧或其他气体,对模具密封要求高,产品收缩率大。

2. 模腔浇铸法有机玻璃板材的生产

模腔浇铸法的生产示意图如图 3-19 所示。

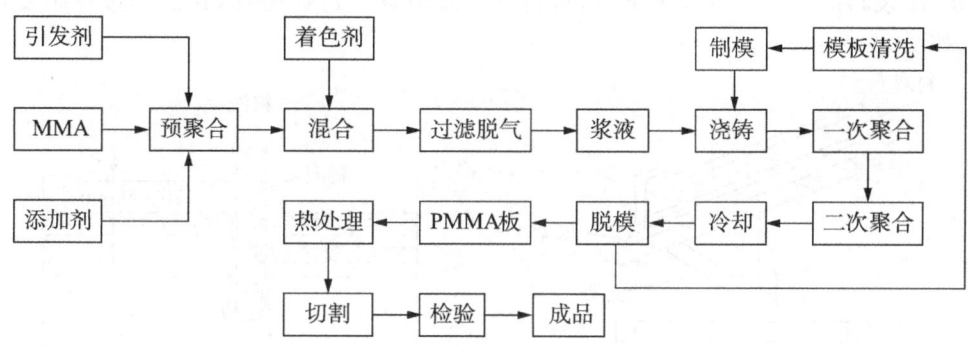

图 3-19 模腔浇铸法生产示意图

1) 制模

将一定规格的光洁平整、无光学畸变的硅玻璃板,用油石磨去毛边,依次用5%的 NaOH 溶液、稀盐酸和蒸馏水洗净并烘干。根据所需厚度将符合标准的橡胶条用聚乙烯醇胶水浸涂后,再用玻璃纸包扎成适用的垫条。然后将垫条夹在两块玻璃板的四周(注意留灌浆口),用聚乙烯醇或其他黏性物质涂封严密,再用垫有橡皮的不锈钢夹子夹牢。

2) 预聚合

预聚合又称制浆。是按配方(表 3-13)将纯度为 98.5% 以上的单体和引发剂、增塑剂、脱模剂等加入预聚釜内,启动搅拌器,向夹套内通入蒸汽升温至 75~85℃,保持 5~10 min,停止加热。釜内物料因聚合放热会自动升温至 90~92℃,维持 15 min 后,向夹套通冷却水降温至 84℃ 左右,经过 15 min 后,将物料放入用夹套冷冻盐水冷却的釜中,快速搅拌冷却至 18~20℃,所得浆液供灌浆使用。

表 3-13 典型有机玻璃的生产配方(质量份数)

板厚/mm	纯单体	偶氮二异丁腈	邻苯二甲酸二丁酯	硬脂酸	甲基丙烯酸	预聚浆黏度(涂4杯)
1~1.5	100	0.6	10	1	0.15	15~18
2~3	100	0.6	8	0.6	0.10	15~18
4~6	100	0.6	7	0.6	0.10	18~20
8~12	100	0.025	5	0.2	0.10	18~24
14~25	100	0.020	4	—	—	25~30
30~45	100	0.005	4	—	—	25~30

注:1. 邻苯二甲酸二丁酯用作增塑剂。
2. 硬脂酸用作脱模剂。
3. 甲基丙烯酸用作功能单体。

3) 灌浆

将预聚浆液经混合、过滤、脱气后通过漏斗灌入模具中。根据生产的板材厚度不同一般采取不同的灌浆方法。

厚度小于 4 mm 的板材，先灌浆，之后竖直置于进片架直接进入水箱，依靠水的压力将空气排出，使浆液布满模具，立即封合。

厚度 5~6mm 的板材，在竖直灌浆后将空气排出，使浆液布满模板，立即封合。

厚度 8~20mm 的板材，为防止料液过重使模板挠曲破裂，而把模具放在可以倾斜的卧车上，灌浆后立即垂直排气封口，如图 3-20 所示。

厚度 20~50mm 的板材，采用水压灌浆法，即先将模具放入水箱中，在模具被水淹没一半左右时开始灌浆，随浆料的进入模具逐渐下沉，待料液充满模具后迅速密封，在操作过程中要避免水进入模具内，如图 3-21 所示。

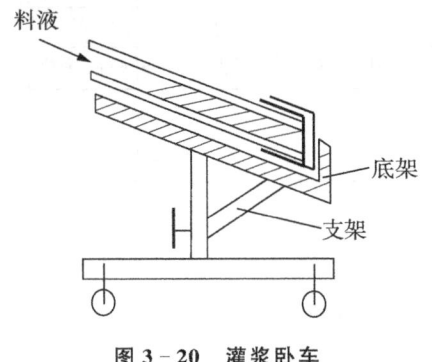

图 3-20 灌浆卧车

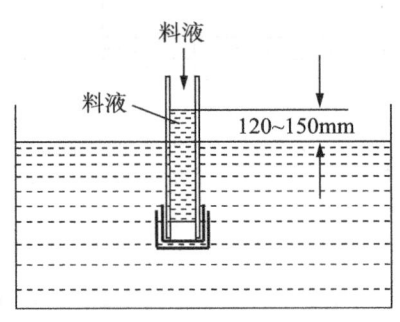

图 3-21 水压法灌浆

4) 聚合

聚合有两种方式，即水浴法和空气浴法。

(1) 水浴法

水浴法是将灌好浆料的模具放入恒温水箱中静置 1~2 h 后通入蒸汽升温。聚合温度与聚合时间依据板材的厚度而定，如厚度小于 20 mm 的板材，其操作条件为：35~50℃聚合 30~38 h；65~100℃聚合 3~5 h，然后降温 45~65℃送去脱模。

水浴法的优点是：反应容易控制，聚合产物的分子量差异较小，有利于提高产品的抗磨性和抗溶剂性；利用水中压力比空气大，容易保证所得板材的厚度均匀。不足之处是劳动强度大；模具的密封严格；板材规格受水箱限制，难于生产特大型板材。

(2) 空气浴法

空气浴法是将灌浆后的模具按与水平线成 15°~20°的斜度置于聚合车上，然后将聚合车推至烘房内进行聚合。首先在 85~100℃的烘房中聚合到一定黏度，将溶解于浆液中的空气全部排出并降温至 35~45℃，将模具放平，再送另一烘房，在 40~60℃低温聚合，再在 90~100℃进行高温聚合，最后降温到 60~70℃送去脱模。

空气浴法的优点是：制模和密封没有水浴法严格；由于聚合温度(100℃)较高，能缩短聚合时间，并有利于提高板材的耐热性和硬度；可以生产大型板材。不足之处是由于空气的导热性差，对模具没有压力，故增加了操作技术上的难度。

通常水浴法一般生产民用产品，空气浴法大多用于制备力学性能要求高、抗银纹性好的工业产品及航空用的有机玻璃。

5) 脱模

聚合后的模子，用模具刀插入缝中微加压力即可脱模，若困难可用温水加热有助于脱模。

6）热处理

有机玻璃平板由于聚合收缩致内部存在翘曲，因此将平板放入空气炉或红外线加热炉，升温到 PMMA 的玻璃化转变温度以上，再缓慢冷却，以消除内部翘曲及残余应力。热处理结束，进行修边、切割、裁成一定尺寸，再经检验、分级后即可包装入库。

有机玻璃还可用连续浇铸法（在连续运转的无缝不锈钢带缝间注入 PMMA 预聚体浆料，之后聚合）及挤出法（用悬浮法生产的 PMMA 颗粒通过带扁平头的挤出机，经抛光轧辊连续挤出，再经冷却牵引裁切）制造有机玻璃平板，但外观、质量均不及模腔浇铸法。

3. 有机玻璃棒材的生产

有机玻璃棒材的生产同样要经过制浆、灌浆、聚合、脱模等过程。为了克服棒材因单体聚合收缩不均匀而造成缺陷，需要采取连续分层聚合法。即先将单体、引发剂、增塑剂、脱模剂等于 80℃ 下加热搅拌制成浆料，然后倒入一端封好的铝制圆管中，将管直立并通入 N_2 使管内保持一定的压力，以便浆料与管壁紧密贴合。再将管子底部置于 70～80℃ 的水浴中进行聚合，然后逐渐下移管子，使聚合反应逐段连续进行。由于管内上部浆料为流动状态，使压力容易传递到聚合层，可防止径向收缩，未聚合的单体会自然流下以补充可能出现的孔隙。铸塑长 1.2 m、直径 10 mm 的棒约需 6 h，而同样长度、直径 50 mm 的棒则需要 24 h。聚合完毕，取出冷却。因树脂的热膨胀系数比作模具的铝大些，所以树脂冷却后容易脱模。

4. 有机玻璃管材的生产

用铝管作模具，先将一端封闭，根据要求厚度灌入预制浆液，用 N_2 置换空气，将铝管另一端封闭。沿水平轴向方向将模具以 200～300 r/min 的速度旋转，管外喷淋热水，浆液即均匀分布于管壁并进一步聚合生成壁厚一致的有机玻璃管。

3.5.4 有机玻璃的改性

有机玻璃虽具有极好的透光性、良好的尺寸稳定性和成型性，但表面耐磨性差、耐热性不足（软化点仅 105℃）、抗银纹性不佳、易溶于有机溶剂及强度不高等缺点，因此出现了许多有机玻璃的改性方法和改性品种。

1. 聚合工艺改性

聚合工艺改性的一种是指在 PMMA 浇铸过程中通过拉伸定向获得定向有机玻璃。方法是将 PMMA 浇铸型板材经加热至 105～110℃ 时，在专门的拉伸设备上进行双向拉伸，达到 50%～70% 的拉伸度后停止拉伸，冷却定型。

另一种聚合改性方法是采用丙烯酸甲酯的 α 位甲基取代物作为单体进行聚合，常用的 α 位取代基为卤素如 Cl、F、Br 或氰基（—CN）聚合得到聚 α-卤代丙烯酸甲酯及聚 α-氰基丙烯酸甲酯。聚 α-卤代丙烯酸甲酯的透光率高，密度大（1.40～1.49 g/cm³），表面硬度、耐划痕性、机械强度均高于 PMMA，同时提高了耐热性及耐有机溶剂腐蚀性，缺点是耐候性差。聚 α-氰基丙烯酸甲酯的耐热性比 PMMA 有显著提高，热变形温度为 157℃（PMMA 为 60～102℃），维卡软化点为 168℃（PMMA 为 113℃），加工温度高，成型时易分解，故不宜按一般热塑性塑料的成型方法加工，常采用浇铸成型。

2. 共混改性

在聚甲基丙烯酸甲酯预聚体中加入鱼鳞粉或碱式碳酸铅，在搅拌均匀后灌入模具中振动聚合，得到珠光有机玻璃；也可以将 PMMA 聚合物与 PC 共混，因两组分树脂相互呈现层状获得珠光色泽。珠光有机玻璃的一般性能同普通有机玻璃基本一致，但更具有鲜艳夺目的珠光色泽。

3. 共聚改性

将甲基丙烯酸甲酯与其他丙烯酸酯的衍生物进行共聚，共聚物的性能变化如表 3-14 所示。

表 3-14 甲基丙烯酸甲酯共聚物的性能

共聚单体	共聚物性能
丙烯酸甲酯	流动性和成膜性提高，但机械性能不如 PMMA
丙烯酸乙酯	软化温度为 180℃，可在 70～80℃长期使用，常温下有拉伸性、粘接性、柔性和弹性，可以注塑、流延成膜
丙烯酸丁酯	耐水性、介电性和熔体流动性较 PMMA 提高
甲基丙烯酸	热变形温度大于 PMMA，可达 120～140℃
苯乙烯	热变形温度比耐热 PMMA 还高 10～20℃，属耐热透明材料，着色力强，熔体流动性较好
α-甲基苯乙烯	折射率比 PMMA 更大，使用温度比耐热 PMMA 还高 11～22℃，流动性较差，但还可以注塑、挤出和热成型
丁二烯	共聚物呈半透明、低吸水性、表面硬度较高，抗冲击韧度比 PMMA 高 5 倍
二甲基丙烯酸一缩乙二醇酯/二甲基丙烯酸二缩乙二醇酯	浇铸板材的抗银纹性、拉伸强度高于 PMMA，但其成型温度、拉伸定向温度也提高了，且吸水率增大

4. 副价交联

MMA 与 MAA 共聚，MMA 羰基上的氧原子可和 MAA 的氢原子形成氢键。由于氢键的键能较大，键之间作用力也较大，因此可提高聚合物的热稳定性及拉伸强度。

5. 主价交联

为提高有机玻璃的耐热性及表面耐磨性，可将聚合物的线型结构改变为网状结构，主要是在聚合时加入具有两个或两个以上活性基团的交联剂。

交联剂的种类很多，如乙二酸二丙烯酸酯、丁二酸二丙烯酸酯、二甲基丙烯酸乙二酯、二乙烯基苯、双甲基丙烯酸二丁基锡等。

如 MMA 与双甲基丙烯酸二丁基锡共聚，当共聚单体由 0 提高到 50%，其软化点由 105℃上升到 157℃，共聚物中因有锡原子存在，对高能射线有一定的防护效果。

当甲基丙烯酸甲酯与既具主价又有副价效应的交联剂如丁二烯-2-羧酸、甲基丙烯酸丙烯酯等共聚，可大大提高聚合物的热稳定性。

交联聚合物的耐热性、硬度、耐磨性虽然提高，但随交联度的增加，聚合物的脆性增大、韧性降低，成型加工趋于困难。

6. 多元共聚

多元共聚指在甲基丙烯酸甲酯、甲基丙烯酸二元共聚的基础上加入交联剂等进行共聚。在合成多元交联共聚物时，其交联度与耐热性、热强度、热塑性、透光性、成型加工性有一定的影响，在设计配方时须综合考虑。

3.5.5 聚甲基丙烯酸甲酯的性能及用途

1. 聚甲基丙烯酸甲酯的性能

（1）光学性能　聚甲基丙烯酸甲酯为高度透明的无定形热塑性塑料，具有十分优异的光学性能,透光率可达 90%～92%,比无机玻璃还高 10%;无色、几乎不吸收可见光,能透过 270 nm 的紫外光,着色性好,且在热作用下几乎不变色、褪色,折射率为 1.49,表面反射率不大于 4%,表面光泽度高;PMMA 相对密度小,为 1.17～1.20,仅为无机玻璃的一半。

（2）力学性能　聚甲基丙烯酸甲酯是一种质轻而坚韧的材料,在常温下具有优良的拉伸强度、弯曲强度和压缩强度,且受温度影响小,但当接近软化点和玻璃化转变温度时强度急剧下降;PMMA 的冲击强度一般,且对缺口敏感性较高;表面硬度一般,易于划伤,耐磨性较低,抗银纹能力较差,常需采用橡胶改性。吸水性高,尺寸收缩量大。

（3）热性能　聚甲基丙烯酸甲酯的氧指数为 17.3,属于易燃塑料,燃烧有花果臭味;耐热温度不高,长期使用温度仅为 80℃;PMMA 热膨胀系数大,由于温度引起的尺寸变化大。

（4）电学性能　由于分子中极性较大,其电性能不如聚乙烯好,其介电常数较大;PMMA 在很高的频率范围内,其功率因素随频率的升高而降低,适于作长期室外电器用具;具有良好的耐电弧性和抗漏电性,表面电阻大,电绝缘性高。

（5）环境性能　聚甲基丙烯酸甲酯的耐候性好,在室外长期暴露,其透明性和光泽度变化很小。聚甲基丙烯酸甲酯中酯基的存在使其耐溶剂一般,只耐碱、稀酸及水溶性无机盐、长链烷烃、油脂、醇类及汽油等;不耐芳烃和氯代烃,如四氯化碳、苯、二甲苯、二氯乙烷及氯仿等。

（6）加工性能　聚甲基丙烯酸甲酯熔体属于非牛顿流体,黏度变化主要受螺杆转速的影响。其熔体的黏度比 PE、PS 等高,对温度的敏感性也比其他非牛顿流体类塑料高。聚甲基丙烯酸甲酯对加工温度比较敏感,成型温度在 180～230℃,加工温度范围比较窄,超过 260℃以上即分解。因此加工时要严格控制温度,以防止过热。聚甲基丙烯酸甲酯在加工前需要进行干燥处理,使其含水量在 0.02% 以下。聚甲基丙烯酸甲酯的熔体黏度较大,成型中易产生内应力。为得到尺寸精度高的制品,必须在 85℃下进行缓慢退火处理。

有机玻璃板材的物理机械性能如表 3-15 所示。

表 3-15　有机玻璃板材的物理机械性能

性能	数值	性能	数值
拉伸强度/MPa	53.9～75.5	线膨胀系数/(cm^{-1})	7.0×10^{-5}
拉伸模量/GPa	2.35～2.74	马丁耐热/℃	>65
伸长率/%	2.5～6	软化点/℃	105
静弯曲强度/MPa	107.8	体积电阻率/($\Omega \cdot cm$)	1×10^{15}
压缩通度/MPa	127.4	表面电阻率/Ω	1×10^{16}
抗裂纹增长/(J/m^2)	0.078～0.098	击穿电压强度/(MV/m)	20
布氏硬度/(N/mm^2)	176.4～235.2	介电常数(60Hz)	3.5～4.5
热导率/[W/(m·k)]	0.14～0.198	介电损耗正切值	0.02～0.06

2. 聚甲基丙烯酸甲酯的用途

照明及采光:常用于灯罩,汽车、轮船、飞机上的窗玻璃及挡风玻璃,仪表窗、展示窗、广告窗、天花板、照明板等。

光学仪器:各种光学镜片如眼镜、放大镜及透镜等,信息传播材料如光盘、光纤等。

医学材料:用于牙科材料如牙托、假牙及假肢材料等。

日用品:各种产品模型、标本及工艺美术品等,各种纽扣、发夹、儿童玩具、笔杆及绘图仪器等。

第4章 悬浮法自由基聚合工艺

4.1 概述

单体作为分散相悬浮于连续相中,在引发剂作用下进行自由基聚合的方法叫做悬浮聚合法。多数单体不溶于水所以通常用水作为连续相,水具有较高的热容量和高的导热系数,所以连续相还可作为优良的聚合反应热的传导介质。将水溶性单体的水溶液作为分散相悬浮于油类连续相中,在引发剂作用下进行聚合的方法叫做反相悬浮聚合法,其应用范围较小。

不溶于水的油状单体在过量水中经剧烈搅拌可在水中生成油滴状分散相。它是不稳定的动态平衡体系。随着聚合反应的进行,油珠逐渐变黏稠有凝结成块的倾向,为了防止黏结,水相中必须加有分散剂又称悬浮剂。

目前悬浮聚合法主要用来生产聚氯乙烯树脂、聚苯乙烯树脂、可发性聚苯乙烯珠体、苯乙烯-丙烯腈共聚物、离子交换树脂用交联聚苯乙烯白球、甲基丙烯酸甲酯均聚物及其共聚物、聚偏二氯乙烯、聚四氟乙烯及聚三氟氯乙烯等。

悬浮聚合法生产的聚合物颗粒直径一般在 0.05~0.2 mm,有些产品可达 0.4 mm,甚至超过 1 mm。因产品种类和用途的不同而有变化。例如悬浮聚合所得聚氯乙烯颗粒直径约为 0.10~0.18 mm;用作牙托粉原料的聚甲基丙烯酸甲酯珠状树脂,颗粒直径要求小于 0.1 mm;用作模塑料的甲基丙烯酸甲酯共聚物珠体颗粒直径在 0.2~0.5 mm;而用来制造泡沫塑料的可发性聚苯乙烯珠体颗粒直径和用来生产离子交换树脂的交联聚苯乙烯白球颗粒直径则高达 1 mm 以上。

由于合成橡胶的玻璃化温度低于室温,常温下有黏性,所以悬浮聚合法仅用于合成树脂的生产。合成树脂主要品种和聚合条件见表 4-1。

表 4-1 悬浮聚合法生产的合成树脂主要品种和聚合条件

主要品种	分散剂类别	聚合条件			
		温度/℃	压力/kPa	时间/h	转化率/%
聚氯乙烯	保护胶	45~55		6~9	85~90
ABS	保护胶	100~120	305	8~16	99
聚苯乙烯	无机分散剂	110~170	~304	5~0	>95
交联聚苯乙烯白球	保护胶	30~98	常压	3~6	>95
聚甲基丙烯酸甲酯	保护胶	75~95	常压	6~8	>95
聚醋酸乙烯酯	保护胶	70	常压	2	>95
苯乙烯-丙烯腈共聚物		60~150	~304	5	
聚偏二氯乙烯	保护胶	60	常压	30~60	85~90

典型的悬浮过程为将单体、水、引发剂、分散剂，必要时添加缓冲剂加于反应釜中加热使之发生聚合反应，冷却保持一定温度；反应结束后回收未反应单体，离心脱水、干燥而得产品。悬浮聚合生产流程如图 4-1 所示。

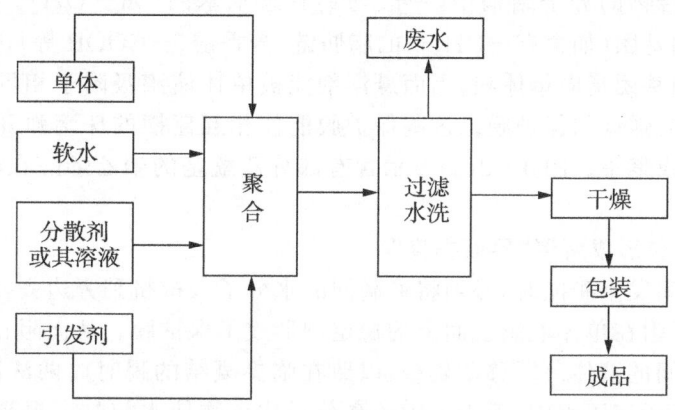

图 4-1　悬浮聚合方块流程

4.2　分散剂的作用

悬浮聚合反应的介质通常是水，适用于悬浮聚合的单体不溶或几乎不溶于水。要使有机相在水相中能够稳定分散通常应具备以下条件。

(1) 在有机分散相和水连续相的界面之间应当存在保护膜或粉状保护层以防止液滴凝结。

(2) 反应器的搅拌装置应具备足够的剪切速率以使凝结的液滴重新分散。因此应根据反应器大小、形状和物料的特性设计反应器的搅拌装置，规定搅拌速度。在给定的条件下将得到稳定的平均粒径范围，因为大于或小于此范围的液滴处于不稳定状态。

(3) 搅拌装置的剪切力应当能够防止两相由于密度的不同而分层。

在悬浮聚合过程中，为了防止早期液滴间和中后期聚合物颗粒间的聚并，体系中一般加有分散剂或稳定剂。一般在搅拌特性固定的条件下，分散剂的种类、性质和用量是影响悬浮聚合物粒度、粒度分布、颗粒形态等特性的重要因素。

按化学性质，悬浮聚合分散剂可分为水溶性高分子化合物(如聚乙烯醇)和非水溶性无机固体粉末(如磷酸钙)两大类。随着悬浮聚合技术的发展，考虑到保护/隔离和降低界面张力/提高分散效果的双重作用，目前多采用复合分散体系，即两种或多种有机分散剂或无机分散剂自身的复合、有机和无机分散剂之间的复合，同时还可添加少量表面活性剂(如十二烷基硫酸钠)。

4.2.1　水溶性高分子化合物的分散稳定作用

水溶性高分子化合物包括天然高分子化合物和合成高分子化合物两类，都是一些非离子性的表面活性极弱的物质。能够作为分散剂的水溶性高分子化合物应具有两亲特性，即其分子的一部分可溶于有机相，而另一部分可溶于水相，是具有适当亲水亲油平衡值(HLB)的高分子化合物。它们与表面活性剂的主要区别在于表面活性剂都是小分子化合物，而作为分散剂的都是高分子化合物。

水溶性高分子化合物溶于水中一部分分散于水相中,一部分被吸附于单体液滴表面,能从以下三个方面起到保护作用。

1. 被吸附和聚集在单体液滴表面并形成液膜保护层

水溶性高分子化合物的分子结构中,一般均具有亲水基团(如$-OH-$、$-COOH-$、$-NH_2$等)和疏水基团即亲油基团(如含有$-CH_2-$的脂肪链、芳香链、$-COOR$等),在亲和力的作用下亲水基团指向水相,亲油基团指向单体相,因而悬浮剂能被单体液滴吸附于相界面上,并通过大分子强大的分子间键力形成强韧的保护膜。这些保护膜能使相互碰撞的珠滴弹开,保护膜强度愈大就愈能防止珠滴的合并或聚集。图4-2(a)表示含有部分乙酰基的聚乙烯醇在单体液滴表面上形成保护膜的情况。

2. 提高水相黏度和形成所谓"界面黏度"

当单体液滴彼此间发生碰撞时,必须将液滴间的水分子层推挤到旁边去,由于水溶性高分子化合物的稳定作用,被吸附在单体液滴表面上的稳定剂形成了保护膜。从而阻止了两液滴凝结,或两个相互靠近的液滴之间的液体薄层移动延缓,以致在临界凝结的瞬时内两液滴不能发生凝结。从另一个角度来看,高分子溶于水中,溶于水中的高分子化合物使水相黏度提高,相对地增大了单体液滴运动的阻力,使发黏珠滴间的碰撞力降低,如图4-2(b)所示。

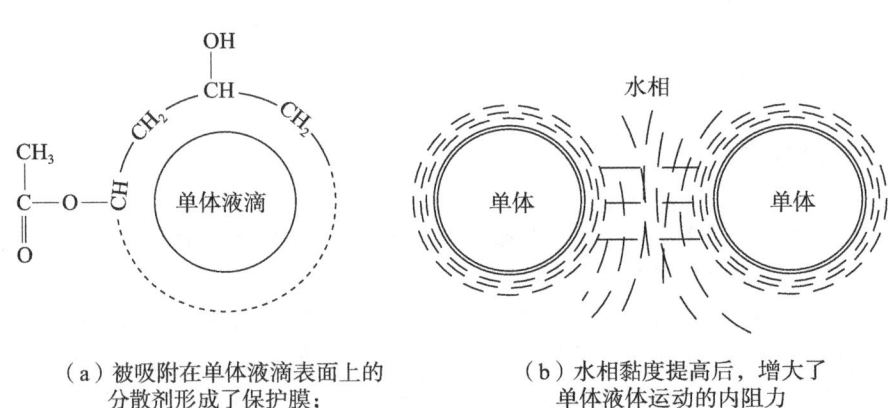

(a)被吸附在单体液滴表面上的分散剂形成了保护膜;

(b)水相黏度提高后,增大了单体液体运动的内阻力

图4-2 水溶性高分子化合物的稳定作用(部分醇解聚乙烯醇的分散作用模型)

高分子分散剂可在液滴表面形成60~2 000 nm的吸附层,这层分散剂的浓度远高于溶液本体中的浓度。虽然分散剂的用量很少,但90%~95%吸附在液滴或颗粒的界面上,因此吸附层的浓度相当高,形成所谓的"界面黏度"。在悬浮聚合过程中,当液滴被剪切分散时,界面黏度将产生剪切黏性阻力,阻碍液滴的分散。而当液滴碰撞时,界面黏度又使吸附层不易变形、移动和破裂,防止聚并,使体系保持悬浮稳定。目前界面黏度还难以测定。

3. 调整单体-水相的界面张力

一般液态单体的表面张力为$17\times10^{-3}\sim32\times10^{-3}$ N/m,水的表面张力20 ℃时为72.75×10^{-3} N/m。因此在单体-水相界面上表面张力差值较大。在表面张力的作用下,单体液滴总有由小液滴聚集成大液滴以缩小表面积的趋势,水溶性分散剂及某些表面活性剂能减小单体-水相界面张力,使单体液滴能保持较小粒径并分散得很均匀,从而减小液滴聚集的倾向。

对水溶性高分子产生分散稳定作用的进一步理论解释认为,作为分散剂的高分子化合物被液滴表面吸附而产生定向排列,大分子中亲油链段与单体液滴表面结合,而亲水链段则伸展在水中,因而产生空间位阻作用,所以水溶性高分子既应与液滴表面有良好的亲和力,又与水相有良好的作用力。因此均聚物作为分散剂时其空间位阻作用不如嵌段共聚物和接枝共聚物优良。已经证明水溶性高分子分散剂可与单体反应产生接枝共聚物，形成聚合物颗粒的外壳层。

4.2.2 无机粉状分散剂的分散稳定作用

作为分散剂的无机盐应为不溶于水的高分散性粉状物或胶体，能够被互不混溶的单体和水所湿润，并且相互之间存在有一定的附着力。少量的低分子量的表面活性剂可以提高液体对固体表面的湿润能力。

用作分散剂的无机化合物被分散并悬浮于水相中时，能以机械的隔离作用阻止单体液滴相互碰撞和聚集，如图4-3(a)所示。当固体粉末被水润湿并均匀分散悬浮于水相中时，它们就像组成了一个间隙尺寸一定的"筛网"。若单体液滴的尺寸小于这个"筛网"的尺寸时，液滴可以在粉末之间作曲折的运动，小液滴碰撞后合并成尺寸较大的液滴。但大于"筛网"尺寸的液滴则不能穿过，故能防止发生聚集的现象。粉末的尺寸愈细，分散在水相中的密度就愈大，液滴的尺寸也就愈小。图4-3(b)为微粉末稳定作用的示意图。

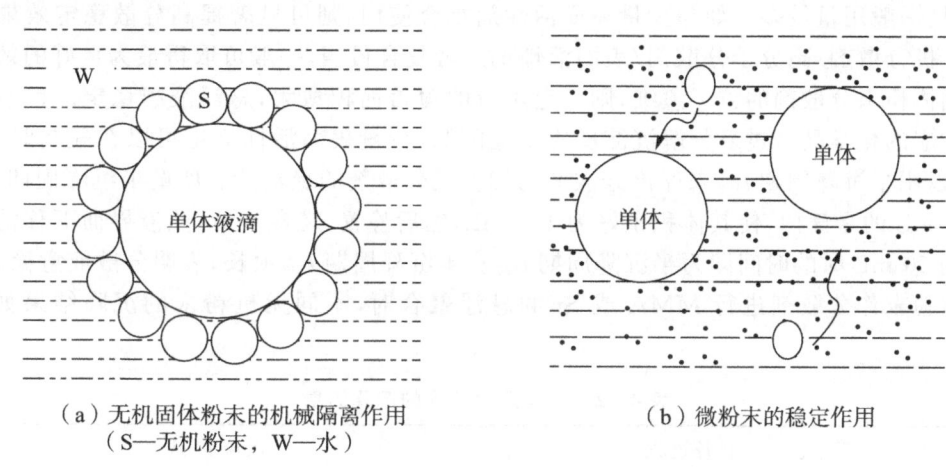

（a）无机固体粉末的机械隔离作用
（S—无机粉末，W—水）

（b）微粉末的稳定作用

图4-3 无机粉状分散剂的分散作用示意图

对用于悬浮聚合的水溶性高分子分散剂，其稳定作用还可以这样解释：在液滴表面，分散剂形成吸附层，吸附层中分散剂浓度远高于其在溶液本体中的浓度。虽然分散剂用量很少（0.05%~0.2%）。但90%~95%吸附在液滴或颗粒界面上，因此吸附层的浓度相当高，形成了所谓"界面黏度"。在悬浮聚合过程中，当液滴被剪切分散时，界面黏度将产生剪切黏性阻力，阻碍液油的分散。而当液滴碰撞时，界面黏度又使吸附层不易变形、移动和破裂，防止聚并，而使悬浮液稳定。

非水溶性无机粉末的一个共同特点是能被水和单体同时润湿，隔离两相，使单体液滴悬浮于水中形成稳定的悬浮体系。只亲水或只亲单体的固体粉末起不到隔离的作用，也不能成为分散剂。无机固体粉末悬浮分散剂的粉末越细，分散越大，形成的聚合物粒子也越小。为了制造极细的无机粉末，一般可以采用往悬浮体系中加入两种无机化合物使之在水相中反应生成沉淀的方法来获得。

无机粉状分散剂的优点是可适用于聚合温度超过100 ℃的条件下。此时水溶性高分子的分散稳定作用明显降低。此外，悬浮聚合反应结束以后，无机粉状分散剂易用稀酸洗脱，因而所得聚合物所含杂质减少。

前面已对水溶性高分子和无机粉末分散剂的作用进行了叙述，但不能忽略搅拌因素。因为搅拌是悬浮聚合反应的先决条件，是单体能分散为微小液滴的主要原因，反应过程中自始至终是不可缺少的。而分散剂不能自动将单体分散为微小的液滴，只能在搅拌的作用下转化动态平衡的不利方面,是使整个聚合过程能顺利进行并获得良好质量产物的先决条件。因此悬浮聚合中,搅拌与悬浮的作用是有区别但又是相辅相成、缺一不可的。

4.3 分散剂的种类

4.3.1 无机固体粉末分散剂

无机固体粉末分散剂是最早采用的悬浮聚合分散剂。目前经常使用的有氢氧化镁、磷酸钙等,主要用于甲基丙烯酸甲酯、苯乙烯等单体的珠状悬浮聚合。在聚合结束后,吸附在聚合物珠粒表面的此类分散剂可以用稀酸洗去,以保持聚合物制品的透明性。为获得满意的悬浮效果,单独使用无机分散剂时,一般用量较多。如与少量表面活性剂复合使用,则可显著提高分散稳定效果,并减少用量。若无机分散剂/高分子分散剂/表面活性剂三者复合得当,一般可取得最为良好的效果。

无机固体粉末分散剂的粒子愈细,则一定用量的覆盖面积愈大,悬浮液越稳定。目前,无机分散剂多由相应的化学品经过复分解沉淀反应就地配制,少量表面活性剂也可以在配制时加入。在工艺上,可以用半沉降周期 $t_{1/2}$ 来评价分散剂的细度或分散剂的稳定性。所谓半沉降周期是将分散液倒入 100 mL 的量筒内,使其体积正好为 100 mL,然后静置,观察清液-浊液界面下移情况,当清液界面降到 50 mL 时的时间即为半沉降周期 $t_{1/2}$。半沉降周期 $t_{1/2}$ 愈长,表明分散液愈稳定。

用无机粉末作分散剂进行 MMA 或 St 的悬浮聚合时,不同无机粉末的沉降结果如表 4-2 所示。

表 4-2 不同无机粉末的沉降结果

种类	制备过程	沉降状况
$BaCO_3$	$BaCl_2 + Na_2CO_3$	絮状沉淀,无界面
$CaCO_3$	$CaCl_2 + Na_2CO_3$	颗粒状沉淀,界面不清
$MgCO_3$	$MgCl_2 + Na_2CO_3$	沉降,界面不明显
$BaSO_4$	$BaCl_2 + Na_2SO_4$	颗粒状沉淀
HAP	$Na_3PO_4 + CaCl_2$	界面清晰,24 h 后,$t_{1/2}=75$ min
$Mg(OH)_2$	$MgCl_2 + NaOH$	界面清晰,24 h 后,$t_{1/2}=48$ min

作理论研究时,可用单体液滴-固体粉末分散剂的接触角或液滴表面的吸附量来评价分散剂的稳定效果。所谓吸附量是吸附前后分散液的浓度差除以吸附前的浓度,以百分比表示。有研究人员在研究无机粉末对苯乙烯悬浮聚合稳定性的影响因素时发现,接触角 $\theta > 80°$ 的无机粉末,如 $CaCO_3$ 等的稳定效果良好;接触角介于 $50°\sim80°$ 的,如氧化铝、氢氧化铝、硫化锌等,也有稳定作用,但其用量必须是前者的 2 倍;若接触角 $\theta < 50°$,如石墨和高岭土,则将聚结。添加表面活性剂可以改变水-油-固的界面性质、润湿和吸附情况。对于单体-水-分散剂-表面活性剂的不同体系,对接触角大小的要求并不相同。

1. 氢氧化镁或碱式碳酸镁

氢氧化镁由氯化镁与氢氧化钠反应而得,颗粒细,保护能力强,稳定性好。固含量 0.2% 的溶液经陈化 24 h,半沉降周期可长达 48 min。其清液界面清晰,形成氢氧化镁沉淀的反应速率快。

碱式碳酸镁实际上是氢氧化镁和碳酸镁的复盐,可由碳酸钠水溶液和氯化镁水溶液反应而成:

$$2Na_2CO_3 + 2MgCl_2 + H_2O \Longrightarrow Mg(OH)_2 \cdot MgCO_3 + 4NaCl + CO_2$$

两溶液的加料次序、加料速度、搅拌速度、温度等因素对粒子细度和悬浮聚合体系的稳定性均有影响。一般先将部分或全部碳酸钠水溶液(8%~10%)加入配制槽内,温度保持在 60 ℃~70 ℃,在一定搅拌强度下,以适当的速度同时加入余下的碳酸钠溶液和氯化镁溶液(15%~16%)。加料顺序颠倒、加料速度太慢、加料过快而搅拌速度太慢或温度过高,均使沉淀粒子变粗,从而使稳定保护效果变差。

氢氧化镁或碱式碳酸镁多用作甲基丙烯酸甲酯的悬浮(共)聚合。在此体系中可添加少量的(10^{-6}级)表面活性剂,以增加氢氧化镁在单体表面的吸附量。表面活性剂的添加,一方面降低了界面张力,使单体分散成更细的液滴,这就需要更多的无机粉末来保护稳定。另一方面,表面活性剂又能改变粉末的界面特性,增加其亲油性和吸附量,提高粉末的利用效率。如果效率的提高足以弥补因界面张力下降而增加的粉末量,则悬浮聚合过程趋于稳定。反之,则可能失稳。因此,表面活性剂的添加并不一定有利于聚合体系的稳定。

2. 羟基磷酸钙

羟基磷酸钙是目前用得比较普遍的无机分散剂,特别适于苯乙烯悬浮聚合。羟基磷酸钙$[Ca(OH)_2 \cdot 3Ca_3(PO_4)_2(HAP)]$,是由氯化钙($CaCl_2 \cdot 2H_2O$)水溶液和磷酸钠($Na_3PO_4 \cdot 12H_2O$)水溶液经复分解反应配制而成的磷酸钙和氢氧化钙的复盐。与氢氧化镁不同,羟基磷酸钙配制后需要 6~8 h 才能获得稳定的 $t_{1/2}$ 值,陈化 24 h 后,其 $t_{1/2}$ 约为 24 min。同时,分子式若以 $3P_2O_5 \cdot 10CaO \cdot H_2O$ 计,则 P_2O_5 含量低于40%,CaO 含量高于60%或 Ca/P 大于1.7%,分散稳定性均不好。

单独使用无机分散剂制备大粒子聚苯乙烯时,聚合物粒径及其分布对分散剂浓度的变化很敏感,液滴往往聚并而以油层状分离出来,造成控制困难。而采用无机分散剂和高分子分散剂复合体系,如 HAP/PVA 体系,只要 PVA 在 0.025 份以上,苯乙烯悬浮聚合就能成功,并且随其中 PVA 用量的增加,平均粒径和粒径分布均变小。

采用 HAP/PVA/SDBS(十二烷基苯磺酸钠)复合体系时,它们将同时发挥分散稳定作用。各分散剂的比例与用量、单体和水的比例等均会对粒径及粒径分布产生影响。例如,在 100 份水中,单体和水的比例为 1:2,PVA 为 0.015~0.075,HAP 为 0.030~0.050,SDBS 为 $(10~20) \times 10^{-6}$ 时,聚苯乙烯粒径及其分布均属良好,其中粒径为 0.7~2.0 mm 的级份可大于 98.8%。粒径分布方差 σ 可小于 0.11。

HAP/PVA/SDBS 复合分散体系的稳定机理可以用双层保护模型来解释。首先是 PVA 吸附在单体液滴表面,形成内层,其中羟基伸向外层,与 HAP 的羟基形成氢键,使 HAP 处于外层。HAP,尤其添加 SDBS 后,有一定带电性,形成一定的双电层,进一步促使液滴稳定。

就无机粉末本身的特性,$Mg(OH)_2$ 的分散性能优于 HAP。实验证明,单独使用 0.1~0.2 份的 $Mg(OH)_2$ 时,即可使悬浮聚合反应稳定,而单独使用 HAP 有一定困难。

4.3.2 水溶性高分子分散剂

水溶性高分子分散剂(俗称保护胶)主要包括蛋白质、明胶、淀粉等天然高分子化合物,甲基纤维素、羧甲基纤维素、羟丙基纤维素、羟丙基甲基纤维素等纤维素衍生物以及聚乙烯醇、聚丙烯酸、聚甲基丙烯酸、马来酸酐-苯乙烯共聚物等合成高分子化合物。目前,大量采用的是天然高分子衍生物和合成高分子化合物。

1. 明胶

明胶属动物蛋白质。由动物的骨、皮、鳞、内脏等原料经轻度水解后提纯制得。食品级或照相级明胶可用作悬浮聚合的分散剂。

明胶的基本结构单元为氨基酸。根据原料的不同,明胶分子可由近 20 种氨基酸组成。照相级明胶一般由上千个氨基酸单元组成,平均分子量达 5~6 万。根据处理方法不同,市场上有三类明胶,即碱处理明胶、酸处理明胶和酶处理明胶。其中,碱处理明胶占主要地位。

悬浮聚合用分散剂应具有分散能力和保护能力,分散能力一般可用表面张力来衡量。而明胶对水表面张力的降低并不多,例如 50 ℃下 0.1% 的明胶溶液的表面张力为 65.10 mN/m,比同温度下水的表面张力(约 67.9 mN/m)降得并不太多,而 10% 的明胶溶液的表面张力才降至 44~46 mN/m,可见明胶的分散效果并不好,也不是良好的表面活性剂。因此,从分散角度考虑,明胶应与阴离子表面活性剂复合使用。

虽然明胶的分散能力不强,但是以明胶为分散剂制得悬浮法聚氯乙烯树脂属紧密型树脂,可说明其保护能力是很强的。若欲制得疏松型树脂,必须添加表面活性剂,如失水山梨糖单硬脂酸酯、石油磺酸钙等。

明胶是蛋白质,配成胶液后容易腐败,尤其在夏季,因此用作悬浮聚合的分散剂时,配成的胶液要及时使用,以免贮存过久导致变质而失去分散保护能力。

2. 纤维素醚类

纤维素醚类是纤维素衍生物中的一大类,是纤维素与醚化剂的反应产物。其应用范围很广,涉及食品、油漆、采油、造纸、化妆品、药类、黏合剂、印刷、农业、陶瓷、纺织、建筑材料等部门,作为增稠剂、流动控制剂、悬浮剂、保护胶体、水性黏结剂、成膜剂等使用。纤维素是广泛存在于植物中的天然高分子,棉花和木材中含量较多。棉花中长纤维用于纺织品,棉短绒则用于化学改性。棉短绒中纤维素含量为 65%~80%,经稀碱液蒸煮脱除其中的蜡、脂肪、蛋白质等,可得到 99% 以上的纯纤维素,高纯的棉纤维素称作化学棉。木材含 35%~45% 的纤维素。

构成纤维素大分子的重复单元是失水葡萄糖残核,其分子式为 $C_6H_7O_2(OH)_3$,每个失水葡萄糖残核单元有 3 个羟基,可以部分或全部被其他基团所取代,形成纤维素衍生物,取代度为 0~3。例如通过酯化反应,可以形成硝化纤维素、乙酸纤维素等酯类;通过醚化反应,可以形成甲基纤维素、羟丙基纤维素等醚类。此外,还可以通过交联或接枝反应,对纤维素进行化学改性。

1) 甲基纤维素和羟丙基甲基纤维素

甲基纤维素(MC)是白色无臭无味的粉末,它是由碱纤维素和氯甲烷经亲核反应而成,如继续或同时与环氧丙烷反应,则生成羟丙基甲基纤维素(HPMC),根据取代度、取代基团、聚合度(黏度)的不同,这类纤维素醚类的溶解性能、表面活性、凝胶化温度、溶液黏度、微生物作用均有变化。如水溶性的 MC 的取代度一般为 1.5~2.0,甲氧基($-OCH_3$)含量为 24.5%~32.6%。作分散剂用的 MC 按 2% 水溶液在 20 ℃下测得的黏度可分为两种:一种为 0.017~0.023 Pa·s,另一种为 0.35~0.55 Pa·s。它们代表了两种不同的聚合度,有着不同的保护能力,供复合时选用。MC 属于非离子型表面活性剂,其 0.1% 溶液的表面张力为 47~53 mN/m。

为提高保护能力,可以将两种 MC 复合使用,也可以将 MC 和 HPMC 或两种 HPMC 复合使用。在这两种分散剂的基础上,还可以添加第三组分如 PVC 或表面活性剂等。

2) 羟乙基纤维素和羟丙基纤维素

羟乙基纤维素(HEC)由碱纤维素与环氧乙烷反应而成。失水葡萄糖残核上的 3 个羟基均可与环氧烷烃反应,所形成的羟烷基端基还可进一步与环氧烷烃加成。悬浮聚合一般采用高取代(取代度为 1.5)的 HEC,其除可用于悬浮聚合分散剂外,还可用作增稠剂和黏合剂等。

按溶液黏度(20 ℃下 2% 溶液的黏度)进行分类,HEC 有高黏(>0.8 Pa·s)、中黏(0.3~0.8

Pa·s)和低黏(<0.3 Pa·s)三个品种。HEC 溶液黏度随温度增加而降低,加热时无凝胶、无浊点,沸腾时亦无沉淀,适合作较高温度下的分散剂。HEC 可用作聚苯乙烯的悬浮分散剂,MC/HEC 复合可以作为聚氯乙烯的分散剂。

羟丙基纤维素(HPC)由碱纤维素与环氧丙烷反应而成。具有热塑性,能溶于水和许多有机溶剂,属于高分子表面活性剂,有增稠和稳定的作用。HPC 的水溶液加热至 40~45 ℃时将出现浑浊,有机液体和离子型表面活性剂可使其浊点升高。一般将 HPC 与 MC 复合使用。

3) 羧甲基纤维素

羧甲基纤维素(CMC)由碱纤维素和氯代乙酸反应而成,外观为白色或浅白色粉末,常以钠盐形式出售。羧甲基纤维素属阴离子型聚电解质。根据取代度、黏度、粒度的不同,有许多品种;根据纯度,则有多种品级。在悬浮聚合中,CMC 较少起分散剂的作用,而主要起到增稠和稳定等作用。

纤维素醚类的分散效果比明胶好,保护能力与聚乙烯醇相似,所以聚合物的粒子尺寸亦随这类分散剂用量增加或黏度(分子量)提高而变小,分布趋于集中。使用纤维素醚类可防止颗粒黏结,减轻粘釜程度,制得产品粒子小而均匀,粒子结构疏松,易于吸收增塑剂。

工业上广为应用的纤维素醚类是甲基纤维素,尤其是在氯乙烯悬浮聚合中应用最广泛。它能制得形态结构和性能较好的聚氯乙烯。生产中,MC 的用量比明胶少而较聚乙烯醇多,一般为 0.04%~0.2%(以水为基准)。

3. 聚乙烯醇

聚乙烯醇(PVA)是由聚乙酸乙烯酯(PVAc)水解而成。工业上多采用在甲醇/水混合液中进行酯交换水解(俗称醇解)而生产,并根据乙酸根水解成羟基的摩尔分数(醇解度,DH)及其分子量来进行分类。

聚乙烯醇商品可分为两大类,即残留乙酸酯基<2%的全水解的聚乙烯醇和部分水解的聚乙烯醇。后一种主要用作表面活性剂和保胶胶体。按聚合度或 20 ℃下 4%溶液的黏度,聚乙烯醇可分成许多品种,如聚合度为 2 400、2 000、1 700、1 000、500 等,黏度为 0.004~0.006 Pa·s、0.02~0.03 Pa·s、0.04~0.05 Pa·s、0.06 Pa·s 等。市场上供应的聚乙烯醇商品见表 4-3。

表 4-3 可乐丽公司的部分聚乙烯醇牌号

编号	分子量	黏度/(Pa·s)	醇解度/%	挥发分	pH 值
PVA-105	500~600	(5.2~6.0)×10⁻³	98.0~99.0	5.0	5~7
PVA-117	1700~1800	(25.0~31.0)×10⁻³	98.0~99.0	5.0	5~7
PVA-205	500~600	(4.7~5.4)×10⁻³	87.0~89.0	5.0	5~7
PVA-217	700~1800	(19.0~23.0)×10⁻³	87.0~89.0	5.0	5~7
PVA-217-E	700~1800	(20.0~26.0)×10⁻³	87.0~89.0	5.0	5~7
PVA-217-EE	700~1800	(21.0~27.0)×10⁻³	87.0~89.0	5.0	5~7
PVA-220-E	2000	(28.0~34.0)×10⁻³	87.0~89.0	5.0	5~7
PVA-420	2000	(28.0~34.0)×10⁻³	78.5~81.5	5.0	5~7

聚乙烯醇呈白色或微黄色粉末或粒状,熔点约为 228 ℃,T_g 约为 85 ℃。PVA 在水中的溶解性能与水解度有关,全水解 PVA 仅溶于热水;水解度为 88%的 PVA 可在室温下溶于水;水解度为 80%的 PVA 仅溶解于 10~40 ℃的水中,超过 40 ℃水溶液就变浑浊;水解度为 70%的 PVA 只能溶于醇-水混合液中;而水解度小于 50%的 PVA 不溶于水。因此,除个别品种外,PVA 水解度很少在 70%以下,目前多选用水解度为 88%的 PVA 作全分散剂。

PVA水溶液有逆溶性,即其溶解度随温度升高而降低。如将PVA溶液加热至某一温度,PVA将从水中沉淀出来,使溶液变浑,这一温度称作浊点。浊点的产生是由于较高温度下的热能破坏了PVA分子与水分子间的氢键,而代之以PVA本身分子间的氢键。PVA的浊点随水解度增加而增加。

PVA的聚合度影响着保胶能力和在水中的溶解度,聚合度愈大,则保胶能力愈强,颗粒愈不易粘并。但另一方面,聚合度增大却使在水中的溶解能力降低,作为主分散剂时,PVA的聚合度一般约1 700~2 000,副分散剂则要低得多。

PVA的分散和保护液滴的能力还与其结构中乙酰基含量有关。乙酰基含量与水溶液表面张力有关,随乙酰基含量的提高表面张力降低,因而能促使单体易于分散并形成粒径分布集中和尺寸较小的液滴。由于乙酰基是亲油基团,使PVA在水中的取向作用加强,在水和单体两相分界面上形成强度适中的液膜保护层,增强聚合物粒子的稳定能力。因此PVA的分散能力随其结构中乙酰基含量的增加而加强。

到目前为止,乙酸乙烯酯分散聚合(乳液聚合)或悬浮聚合所用的乳化剂或分散剂大部分是部分水解的聚乙烯醇。对颗粒形态要求非常严格的悬浮法聚氯乙烯也可采用部分水解的聚乙烯醇。例如,可乐丽公司的PVA-220-E和PVA-420就是为聚氯乙烯特别研制的分散稳定剂。除此之外,其他公司的产品如台湾台昌树脂的KH-17、KH-20也可作氯乙烯悬浮聚合的主分散剂,与甲基纤维素相比,具有粒度分布窄、细粉少、塑化时间短、孔隙率高、鱼眼少、热稳定性好等优点,且常与MC、HPMC复合使用。而KH-17和LL-02(日本合成化学工业株式会社)复合使用,可使平均粒径变粗,粒度分布变窄、孔隙率增加、孔径分布变好,且鱼眼降低。

4. 其他高分子分散剂

除明胶、纤维素醚类和聚乙烯醇外,马来酸酐(或衣康酸)与苯乙烯或乙酸乙烯共聚物的钠盐、丙烯酸或甲基丙烯酸(共)聚合物的钠盐也经常用作乙烯基单体悬浮聚合的分散剂。此外,聚乙烯基吡咯烷酮、酚醛和脲醛缩聚物等也有用作分散剂的报道。

4.3.3 助分散剂

在悬浮聚合过程中,除使用上述分散剂作为主分散剂外,为进一步降低界面张力,改善分散性能,提高保护能力,调节颗粒特性等,一般还需要向体系中加入分散剂的助剂,这类物质主要为十二烷基硫酸钠、十二烷基苯磺酸钠等阴离子表面活性剂和烷基酚聚氧乙烯醚、失水山梨醇酯等非离子表面活性剂。这些物质的具体性能可参见乳液聚合部分。

4.4 悬浮聚合的成粒过程

悬浮聚合工艺的核心是悬浮体系。随着反应进行,聚合体系物性(如黏度、界面张力、密度等)将会发生急剧变化,粒度及其分布亦会随之发生变化。这一宏观成粒过程较为复杂,对该体系宏观成粒过程的进一步了解与认识,有助于提高聚合操作稳定性与控制悬浮法树脂的质量。

根据聚合物在单体中的溶解情况,悬浮聚合可分为珠状悬浮聚合和粉状悬浮聚合,其成粒机理是不同的。

4.4.1 珠状悬浮聚合的成粒过程

在苯乙烯、甲基丙烯酸甲酯等的均聚体系中,苯乙烯、甲基丙烯酸甲酯是其聚合物的溶剂,具有均相聚合的特征,属于典型的珠状悬浮聚合。珠状悬浮聚合要求反应操作时避免结块现象发生,且要求树脂有较窄的粒径分布。而聚合物的粒径取决于聚合过程中单体液滴的分散、聚并速度的变化。

对于苯乙烯悬浮聚合成粒过程的研究,1951 年 Winslow 和 Matreyek 在实验的基础上提出了悬浮聚合成粒模型。他们认为单体在搅拌作用下分散成液滴,聚合成粒。聚合过程中单体液滴稳定,不发生凝聚。这是一种聚合过程的特例——无聚并体系。只有当分散剂浓度高于某一临界值时,整个聚合过程粒径才会恒定不变,如图 4-4 所示。但是这一模型过于简单,未能完整反映粒子增长期的成粒特征。

一些研究者以苯乙烯、甲基丙烯酸甲酯体系为研究对象,认为悬浮聚合过程可视作分散相物性(黏度、表面张力、密度)不断变化的湍流分散,从而建立了新的模型,更为准确地描述了宏观成粒过程。研究结果表明:树脂的平均粒径随转化率增加呈典型的 s 形变化,且相比(单体/水)增加或分散剂浓度减少时,s 形更为显著,其宏观成粒的动态过程如图 4-5 所示。整个动态成粒过程可分为以下三个阶段。

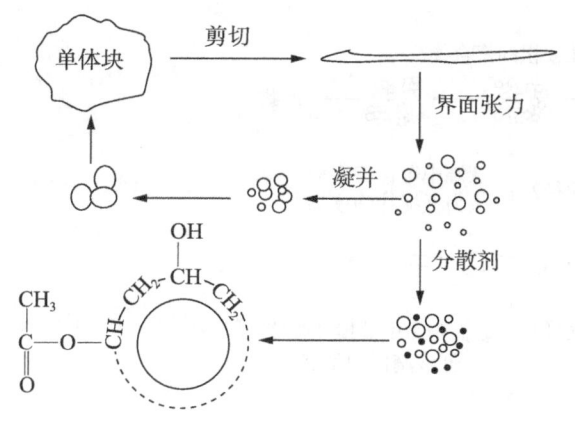

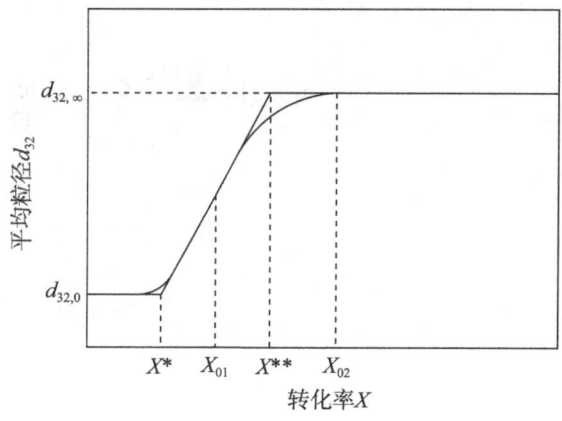

图 4-4 Winslow-Matreyek 成粒过程模型

图 4-5 悬浮聚合宏观动态成粒过程示意图

(1) 初始期:转化率小于 X^* 时,粒径 d_{32} 为恒定值,其取决于聚合前单体液滴的稳定分散;
(2) 增长期:转化率处于 $X^* \sim X^{**}$ 之间,粒径 d_{32} 为变量,为转化率 X 的函数;
(3) 恒定期:转化率大于 X^{**},粒径内 d_{32} 为恒定值,是聚合结束时树脂的平均粒径。

转化率与粒径之间的关系曲线有两个特征转化率:最大聚并转化率和粒径恒定转化率。其分别对应于粒径增长最大速率值和粒径恒定值(Particle Identity Point),对这两个特征转化率各研究者都得到了相似的结果。苯乙烯的最大聚并转化率在 30%~50%,粒径恒定转化率在 60%~80%;甲基丙烯酸甲酯的最大聚并转化率在 10%~15%,粒径恒定转化率在 15%~20%。两值的大小几乎只取决于单体与聚合物的性质,而分散剂用量、搅拌转速及油水比等操作参数与工艺配方的影响并不明显。这说明:临界转化率的大小极大程度上取决于反映单体与聚合物性质的分散液滴的黏弹性;粒子增长速率和相应的最终粒子大小及其分布则取决于单体种类、操作参数及工艺配方。树脂的平均粒径随聚合转化率的增加而增加,超过粒径恒定临界转化率时,粒径保持恒定。同时,树脂的粒子增长速率随分散剂用量和油水比增加而减小,最终平均粒径变小。

4.4.2 粉状悬浮聚合的成粒过程

粉状悬浮聚合的典型例子是氯乙烯、丙烯腈的悬浮聚合。其具有在每个单体液滴中进行本体沉淀聚合的特征(聚合物不溶于单体)。因此与苯乙烯悬浮聚合不同,聚氯乙烯成粒过程反映在两个方面:一是在单体液滴或颗粒间聚并,形成宏观层次的颗粒;二是在单体液滴内部形成亚微观和微观层次的各种粒子。与其他树脂相比,粉状树脂的颗粒形态特性更为重要。20世纪80年代以来,人们十分重视树脂形态与结构方面的研究,其中氯乙烯悬浮聚合成粒机理与模型化的研究最为活跃。

1. 宏观成粒过程

宏观成粒过程主要指单体液滴间相互聚并的成粒过程。如果分散剂保护能力较强,颗粒间不易聚并,由单个液滴聚合成最终颗粒便属于这一层次的成粒过程。例如,在氯乙烯悬浮聚合过程中,搅拌的剪切作用可以将单体分散成平均直径约为 $40~\mu m$ 的液滴。由于聚合釜内各处搅拌强度不同,单体液滴存在分散、聚并,液滴直径可以在 $50\sim150~\mu m$ 范围内波动,当水相中有分散剂存在时,可保护液滴或颗粒,防止或减弱聚并。

基于上述研究,Allsopp 提取了动态成粒的合理部分,同时又考虑了搅拌与分散剂性质双重因素,描述了多细胞多孔粒子、单细胞紧密粒子及大块的形成机理,在此基础上发展为氯乙烯悬浮聚合成粒机理模型,如图 4-6 所示。

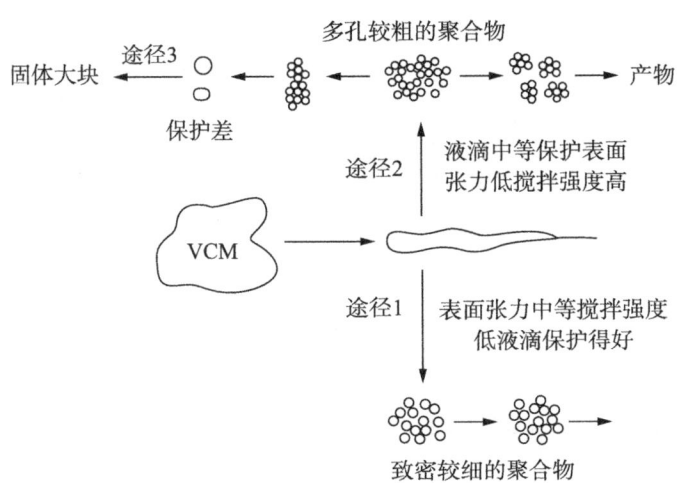

图 4-6 氯乙烯宏观成粒过程

基于搅拌强度和分散剂的多种组合,粉状悬浮聚合物将形成不同的颗粒结构,其大致有如下三条成粒途径。

(1) 表面张力中等、搅拌强度较弱且单体液滴保护良好时,单体液滴一旦形成,就较稳定,难以聚并。在整个聚合过程中,多以独立液滴存在并进行聚合,最后形成小而致密的球形单细胞颗粒,即所谓紧密型树脂。

(2) 表面张力低、搅拌强度及保护能力中等时,聚合过程中单体液滴有适度的聚并,由亚颗粒聚并成多细胞颗粒,最后形成粒度中等、孔隙度高的疏松型树脂。通常 PVC 树脂按这条途径制得。

(3) 保护能力差时,在低转化阶段,单体液滴就聚结在一起,不成颗粒,最后形成大块,这是生产中亟需避免的。

Mariasi 等研究了氯乙烯悬浮聚合动态成粒过程。结果表明:在恒定搅拌强度下,当转化率大于6%时,随转化率增加,粒径迅速增加。但当转化率达到15%以后,由于颗粒已基本固化,粒径将恒定不变。这一转化率定义为临界恒定转化率。

上述研究结果表明:粉状悬浮配合体系,树脂平均粒径随聚合转化率的增加而增加,也呈s形曲线变化。聚合过程中同样也存在两种临界转化率,分别对应于粒径增长最大值和粒径恒定值,但均比珠状悬浮聚合偏小。同时,这两个临界转化率几乎不受分散剂用量、搅拌转速、水油比及聚合温度的影响,而仅与聚合单体品种有关。粒径增长速率以及相应的最终粒子大小与分布同样取决于单体种类、操作参数及工艺配方,而与聚合动力学无关。同时,随分散剂用量和相比的增加,粒子增长速率同样减小,平均粒径同样变细。

2. 微观成粒过程

悬浮聚氯乙烯成粒过程与苯乙烯悬浮聚合不同,聚氯乙烯并不溶于氯乙烯单体当中。氯乙烯聚合常常生成不透明、不规则的颗粒或粉末。聚氯乙烯成粒过程中,在单体液滴内还将形成亚微观和微观层次的多种粒子。

用显微镜观察聚氯乙烯粒子外观,发现有亚颗粒(单细胞粒子,Sub-grain)和颗粒(多细胞粒子,Grain)两种。从颗粒疏松程度看,则有紧密和疏松之分。不论亚颗粒还是颗粒,不论树脂疏松程度的差异,在单个液滴内亚微观成粒阶段则都相同,微观阶段也相似。上述两层次的成粒过程如图4-7所示。

阶段	物种	示意图	转化率	形成时尺寸	最后尺寸
引发	R·+VCM→ 卷曲大自由基	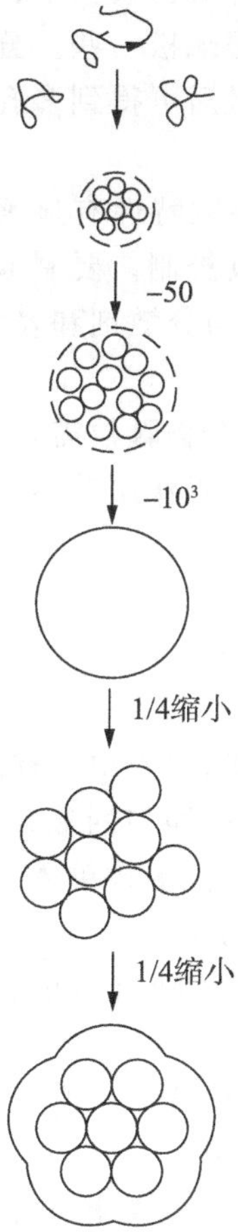			
第一步聚结	原始微粒		<1%	10~20nm	
第二步聚结	初级粒子核		1%~2%		
成长(初级粒子内)	初级粒子			0.2~0.4μm	
第三步聚结	聚结体		4%~10%	1~2μm	
成长(初级粒子间)	熔结的聚合体		90%		2~10μm

图4-7 氯乙烯聚合液滴内成粒微观示意图

由于 PVC 不溶于 VCM 中，PVC 链自由基增长到一定的长度后（例如聚合度约 10～30），就有沉淀出来的倾向。在很低的转化率下，例如 0.1%～1.0% 以下，约有 50 个链自由基线团缠绕聚结在一起，沉淀出来，形成最初的相分离物种，尺寸为 0.01～0.02 μm。这是能被鉴别出来的原始物种，特称作原始微粒或微粒（Microdomain）。原始微粒不能单独成核，很易再次絮凝，当转化率达 1%～2% 时，由数以千计的原始微粒作第二次絮凝，聚结成 0.1～0.2 μm 的初级粒子核（Primary nucleus）或小区（Domain）。继上述原始微粒和初级粒子核等亚微观层次结构形成以后，就进入微观层次的成粒阶段。其中包括初级粒子核成长为初级粒子（Primary particle）、初级粒子絮凝成聚集体（Agglomerate）以及初级粒子的继续成长等三步。可以概括地说，亚微观和微观层次结构的成粒过程是不同尺度的粒子同时或相间聚结和成长的结果。

在低转化率（<2%）阶段，0.1～0.2 μm 的初核一经形成，就开始吸附或捕捉来自单体相的自由基而增长、终止，成为早期的初级粒子。初核产生后，聚合主要在 PVC/VCM 溶胀体上进行，不再形成新的初核。因此，初级粒子数不再增加，只是在均匀地长大。初级粒子核在界面处与分散剂结合，形成皮膜。此时，初核或初级粒子稳定地分散在液滴中，慢慢长大。到转化率为 4%～10% 时，长大到一定的程度的粒子（如 0.2～0.4 μm）又变得不稳定起来，进一步絮凝成 1～2 μm 的聚集体。到转化率为 85%～90% 时，聚合结束，初级粒子可长大到 0.5～1.5 μm，而初级粒子的聚集体则可长到 2～10 μm。整个聚集体结构的内聚力和强度也同时增加。在成粒过程中，有时也会由于聚合温度过高或单体液滴间引发剂分布不均等因素，使颗粒内部局部温度过高，初级粒子熔结在一起，形成紧密的凝聚体，即"玻璃珠"。

搅拌强度、分散剂的保护能力、温度等对初级粒子和聚集体的堆砌情况颇有影响。如搅拌强度增加，可使初级粒子变细，使颗粒结构变得疏松一些。分散剂在单体中分配系数大，对初级粒子有保护稳定作用，则聚集体堆砌不甚紧密，最后可得到多孔疏松的颗粒。温度升高，将加深粒子的熔结程度，而使颗粒孔隙率降低。

微观层次颗粒结构的变化对 PVC 颗粒特性有显著的影响，如内表面积、孔隙率、增塑剂吸附率、单体脱吸性能、塑化难易程度等均受其控制。要制取初级粒子聚结较疏松的树脂，液滴内初级粒子应尽可能稳定地浮游、慢聚结。这也与分散剂和表面活性剂在单体中的溶解度、固液的界面张力、初级粒子的电荷性质等有关。

由此可见，从原始的液滴到最终的聚合物颗粒需要经过液滴内亚微观层次和微观层次以及液滴间宏观层次的成粒过程。这两个过程互相作用的结果将集中反映到树脂的疏松程度上，而树脂的疏松程度与树脂的性能密切相关。

4.4.3 成粒过程的特点

上述两种类型聚合物粒子的形成过程，可看出过程的特点主要有以下几方面。

（1）非均相聚合过程有相变化，由最初均匀的液相变为液固非均相，最后变为固相。氯乙烯、偏二氯乙烯等单体的聚合属于此种类型。但多数单体的聚合过程无相变，如苯乙烯、甲基丙烯酸甲酯以及丙烯酸酯类的聚合过程始终保持均相。

（2）任何一种单体转化为聚合物时都伴随有体积的收缩。几种主要单体转化率达 100% 时的体积收缩率（25 ℃）如下：

| 苯乙烯 | 14.14% | 甲基丙烯酸甲酯 | 23.06% |
| 乙酸乙烯酯 | 26.82% | 氯乙烯 | 35.80% |

液滴尺寸的收缩率相应为 10%～15%，密度相应增大 15%～20%。

（3）转化率达 20%～70% 阶段，均相反应体系的单体液滴中，因溶有大量聚合物而黏度很大，凝聚黏结的危险性比同样转化率但单体只能溶胀聚合物的氯乙烯液滴要大得多。

（4）吸附在单体聚合物珠滴表面上的分散剂，最后沉积在聚合物粒子的表面上，在后处理过程中可去除。但有的分散剂能与少量液滴的单体接枝而成为单体-分散剂接枝高聚物，在后处理时，不易除去。

4.5 聚合体系组成

悬浮聚合是多相聚合体系，其聚合体系由单体分散相（简称单体相）和水连续相（简称水相）组成。

4.5.1 单体相

1. 单体

氯乙烯、苯乙烯、甲基丙烯酸甲酯、乙酸乙烯酯和丙烯腈等均可通过悬浮聚合制取均聚物和共聚物，它们还可与丙烯酸酯、含有多种取代基的苯乙烯类单体、偏氯乙烯以及顺丁烯二酸酐等进行共聚制备共聚物。通常适于进行悬浮聚合的单体有以下特点：在常温常压下或不太高的压力下为液态，蒸气压不太高。氯乙烯单体常压时为气态，在聚合温度（47~58 ℃）的饱和蒸气压可达 0.7~1 MPa。因此，像氯乙烯这类单体需要在较高压力下才能液化，在适宜的聚合条件下，只要搅拌器的密封不发生困难时就可利用这种聚合方法。有些结晶单体，如 N-乙烯咔唑（熔点 67 ℃），可在熔融之后进行悬浮聚合。

悬浮聚合用的单体应不溶于水或溶解度很低，对水稳定而不发生水解反应。溶解度较大的单体，如丙烯腈、乙酸乙烯酯等能在水中引起溶液聚合，需要在水中加入具有盐析效应的电解质如氯化钠一类的强酸的碱金属盐，降低单体在水中的溶解度，才能进行悬浮聚合。但水溶性较大的单体，则可与非水溶性单体共聚，例如苯乙烯-丙烯腈，甲基丙烯酸甲酯-丙烯酸，在这类共聚中，水溶性单体在单体相和水相作一定的分配，非水溶性单体就相当于萃取剂。这时应考虑竞聚率的变化。

2. 引发剂

悬浮聚合采用油溶性引发剂，过氧化物和偶氮化合物均可，其引发机理与本体聚合、溶液聚合中相同，根据单体和工艺条件的不同选用适当的引发剂。

引发剂的种类、使用条件、用量及在不同单体中使用时，对反应速率、聚合转化率、反应系统中的放热过程、聚合物的分子量及其他性能均有影响。

3. 其他组分

除单体和引发剂外，为控制分子量，单体相中可加入调节剂，如脂肪族硫醇。若用悬浮法制造可发性聚苯乙烯，单体相中应加有丁烷、戊烷一类的发泡剂。染料或颜料往往不是在开始就加入单体中，因为它对聚合有阻聚作用。通常都是加入到部分聚合的浆料中再进行聚合反应。但单体相中可加入少量热稳定剂，如环氧乙烷衍生物、锡、铅或钡的化合物，紫外光稳定剂，如芳香酮和芳香酯。润滑剂如十六烷醇和硬脂酸，由于酸性助剂会妨碍悬浮聚合过程，通常是在接近聚合放热高峰时才加入，更多的是在聚合后的混合物或挤出物加热时才将润滑剂加到珠粒表面。为稳定聚合反应和提高产品质量，不宜加入过多的添加剂。

4.5.2 水相

水相主要由水、分散剂(或称悬浮剂)及其他助剂所组成。

1. 分散介质水

在悬浮聚合中水的主要作用是能维持单体或聚合物粒子成分散悬浮状,并且作为反应系统的热交换介质,将聚合热传递出去。

在聚合反应过程中,由于水与单体是直接接触的,因此水的质量将对聚合反应过程和聚合物的性能产生影响。水中的杂质主要有钙、镁、铁的离子、氯离子及其他可见杂质,并含有氧气。Ca^{2+}、Mg^{2+}、Fe^{2+}及可见杂质能使聚合物带色并降低其机械及电学性能。Cl^-能破坏悬浮剂的分散和保护作用,使聚合物粒子变大。因此应控制水的质量,目前生产中多采用经离子交换树脂处理的去离子水和蒸馏水,一般技术指标参见表4-4。

表4-4 悬浮聚合的水质要求

项目	指标	项目	指标
pH	6~8	可见机械杂质	无
硬度	≤5(或无 Ca^{2+}、Mg^{2+})	导电度/(Ω/cm)	1×10^{-5}~1×10^{-6}
Cl/(μL/L)	≤10	氧含量/%	0.00001

2. 分散剂

分散剂的种类很多,一般用作分散剂的物质应满足:不对单体产生阻聚或延缓聚合的副作用;不污染反应体系和产物,易于分离和去除;在聚合温度范围内化学稳定性好。

并不是所有的分散剂均能同时满足以上要求,所以悬浮聚合体系中除主要分散剂外,尚加入辅助分散剂。

3. 其他助剂

悬浮聚合反应体系中,为了进一步提高聚合物的性能或改善聚合反应条件,有时还加入抗氧剂、水相阻聚剂、调节剂等。

(1) 抗氧剂 在介质水中和聚合釜的上部空间都不可避免地有空气存在,空气中的氧对单体有阻聚作用,延长诱导期,并降低聚合物分子量。氧还能与引发剂分解形成的初始自由基结合生成不太活泼的过氧化物,降低聚合反应速率。生产上除控制原料的氧含量和在聚合初期进行1~2次脱氧操作外,还向反应体系中加入少量抗氧剂,它们能与氧作用或与氧的初始生成物过氧基团作用,以消除氧带来的副作用。常用的抗氧剂有2,6-二叔丁基-4-甲基酚(即抗氧剂-264)、2,2-亚甲基-二(4-甲基-6-叔丁基)苯酚(即抗氧剂-2246)、四(3,5-二特丁基-4-羟基丙酸)季戊四醇酯(即抗氧剂-1010)、双酚A抗氧剂等。由于抗氧剂对单体有阻聚作用,故用量一般很少,通常在0.01%以下(对单体)。

(2) 水相阻聚剂 由于单体或多或少亦能溶于水中,这些溶于水的少量单体在热或溶于水的少量引发剂作用下也能发生聚合反应生成一些发黏的低分子量的聚合物;或者发生乳液或溶液聚合反应,使反应体系中出现一些胶乳滴,最后生成一些絮状或粉末状聚合物,这种聚合物能黏附于成品粒子上,使后处理或分离发生困难,亦能黏附于釜壁上形成粘釜物,降低聚合釜传热效率。

为了防止溶于水相中的单体发生聚合反应,可在水中加入水溶性阻聚剂,主要有次甲基蓝、亚硝基R盐、水溶黑、硫化钠、硫脲、硫酸钠、硫氰酸铵、铜的盐类及某些酚类(三硝基酚、苯酚)等。它们既能阻止水相中单体的聚合作用,又能降低单体在水中的溶解度。加入很少量就能使水相聚合物减少90%以上。同样,水相阻聚剂也能对单体液滴产生阻聚作用,用量较大时会使聚合反应时间延长。因此其用量很少,通常用量为5~10 μL/L(以水为基准),硫化钠用量较大,可达10~20 μL/L。

4.6 氯乙烯悬浮聚合

在聚氯乙烯悬浮聚合过程中,选取不同的悬浮分散剂,可得到颗粒结构和形态不同的两类树脂。按其分子量的大小可以分为通用型和高聚合度两类。通用型PVC的平均聚合度为500~1 500,高聚合度型的平均聚合度大于1 700以上。常用的是第一种类型。国产牌号分为SG-疏松型("棉花球"状)树脂和XJ-紧密型("乒乓球"状)树脂。疏松型树脂吸增塑剂能力强,干流动性佳,易塑化,成型时间短,加工操作方便,适用于粉料直接成型。紧密型树脂呈乒乓球状,吸收增塑剂能力低,主要用于硬制品的生产。目前国内各树脂厂所生产的悬浮法PVC树脂,基本上都是疏松型的。

PVC树脂按形态可以分为粉状和糊状两种,粉状常用于生产压延和挤出制品,糊状树脂常用于人造革、壁纸、儿童玩具及乳胶手套等。

80%~85%的PVC树脂是通过悬浮聚合合成的,其次是乳液聚合合成的,本体聚合合成的占不到10%。

PVC树脂的牌号以黏度和平均聚合度大小表示,如表4-5所示。

表4-5 悬浮法PVC树脂的型号及相关参数

型号	黏数/(mL/g)	绝对黏度/(mPa·s)	K值	平均聚合度
SG-0	>156		>77	>1 785
SG-1	156~144	2.1~2.2	77~75	1785~1536
SG-2	143~136	2.0~2.1	74~73	1535~1371
SG-3	135~127	1.9~2.0	72~71	1370~1251
SG-4	126~119	1.8~1.9	70~69	1250~1136
SG-5	118~107	1.7~1.8	68~66	1135~981
SG-6	106~96	1.6~1.7	65~63	980~846
SG-7	95~87	1.5~1.6	62~60	845~741
SG-8	86~73	1.4~1.5	59~55	740~650
SG-9	<73		<55	<650

4.6.1 主要原料及规格

1. 单体纯度

用于悬浮聚合的氯乙烯单体纯度在99.9%以上,其他杂质的含量如表4-6所示。

表 4-6 氯乙烯单体杂质含量要求

组分	含量/%	组分	含量/%
乙烯	0.000 2	乙醛	0
丙烯	0.000 2	二氯化物	0.000 1
乙炔	0.000 2	水	0.005
丁二烯	0.000 2	HCl	0
1-丁烯-3-炔	0.000 1	铁	0.000 01

2. 引发剂

多用有机过氧化物和偶氮类引发剂,其中有机过氧化物为过氧化二碳酸酯、过氧化酯类。它们可以单独使用,也可以两种或两种以上引发活性不同的引发剂复合使用,复合使用的效果比单独使用好,其优点是反应速率均匀,操作更加稳定,产品质量好,同时使生产安全。

3. 分散剂

工业常用主要有明胶、聚乙烯醇、羟丙基甲基纤维素、甲基纤维素、苯乙烯-顺丁烯二酸酐等。用明胶作分散剂,用量为单体量的0.05%～0.2%,所得树脂的颗粒为乒乓球状,不疏松,粒度大小不均,"鱼眼"多。用聚乙烯醇作分散剂,所得聚氯乙烯为疏松型棉花球状的多孔树脂,吸收增塑剂速度快,加工塑化性能好,"鱼眼"少,热稳定性好。工业上常以纤维素类(如羟丙基甲基纤维素、甲基纤维素等)和醇解度75%～90%的聚乙烯醇为主分散剂,以非离子山梨糖醇如一月桂酸酯、一硬脂酸酯、三硬脂酸酯等为助分散剂,两者进行复合使用效果也很好。

4. 水

氯乙烯悬浮聚合用水应是去离子水,对水中的氯离子、铁和氧等的含量要严格控制,其中氯离子超过一定含量会造成树脂颗粒不均,"鱼眼"增多;水中的铁会降低树脂的热稳定性,并能终止反应。

5. 其他助剂

(1) pH 调节剂　氯乙烯悬浮聚合的pH值控制在7～8,即在偏碱性的条件下进行聚合。目的是确保引发剂良好的分解速率,分散剂的稳定性,防止因产物裂解时产生的HCl,造成悬浮液的不稳定,进而造成粘釜、清釜、传热的困难,并影响产品质量。为此需要加入水溶性碳酸盐、磷酸盐、醋酸钠等起缓冲作用的pH调节剂。

(2) 防止粘釜剂　在氯乙烯的悬浮聚合中,存在着粘釜现象,它不但影响聚合的传热,也影响产品的质量。另外,人工清釜劳动强度大,条件恶劣,影响工人健康。常用的防止粘釜的方法有选择合适的引发剂;在水相中加入水相阻聚剂如次甲基蓝、硫化钠等;在釜壁、搅拌器等设备上喷涂一定量的防粘釜剂,常见的防粘釜剂如水浴黑、亚硝基R盐,还有多元酚的缩合物等。一旦发现有粘釜现象,采用高压(14.7～39.2 MPa)水冲洗法清除。

(3) 泡沫抑制剂(消泡剂)　常用的有邻苯二甲酸二丁酯、(不)饱和的C_6～C_{20}羧酸甘油酯等。

(4) 链转移剂　为了控制聚氯乙烯的分子量,除严格控制反应温度外,必要时添加链转移剂,特别是生产分子量较低的树脂牌号时。常用的链转移剂为硫醇,如巯基乙醇。

(5) 抗鱼眼剂　为了减少氯乙烯树脂中所含结实的圆球状树脂数量,可加入抗鱼眼剂,主要是苯甲醚的叔丁基、羟基衍生物。

此外,聚合反应有时还可能需要加入热稳定剂、发泡剂和润滑剂等。

4.6.2 工艺配方及主要工艺参数

典型聚氯乙烯悬浮聚合工艺配方及主要工艺参数参见表 4-7。

表 4-7 典型聚氯乙烯悬浮聚合工艺配方及主要工艺参数

树脂型号	XJ-1/XS-1	XJ-2/XS-2	XJ-3/XS-3	XJ-4/XS-4	XJ-5	XJ-6
单体/(kg)	5 000	5 000	5 000	5 000	5 000	5 000
水/(kg)	6 500/7 500	6 500/7 500	6 500/7 500	6 500/7 500	6 500/7 500	6 500/7 500
偶氮二异丁腈/(kg)	4.0	3.5	3.5	3.0	2.5	2.5
明胶或PVA/(kg)	6	6	6	6	6	6
反应温度/℃	47~48	48~50	50~50	52~54	54~56	56~58
反应压力/(kgf/cm^2)	6.5~7.0	7.0~7.5	7.5~8.0	8.0~8.5	8.5~9.0	9.0~10.0
出料压力/(kgf/cm^2)	5.0	5.0	5.0	5.5	6.0	6.0
反应周期/h			12~14			

此外,碱处理时 NaOH 浓度通常控制在 6%~42%,加入量为聚合浆液的 0.05%~0.2%,处理温度为 70~80 ℃,时间 1.5~2.0 h。脱水过程对于紧密型树脂要求含水率控制在 8%~15%,而疏松型树脂则在 15%~20%。

4.6.3 聚合工艺流程

氯乙烯悬浮聚合的典型工艺流程如图 4-8 所示。

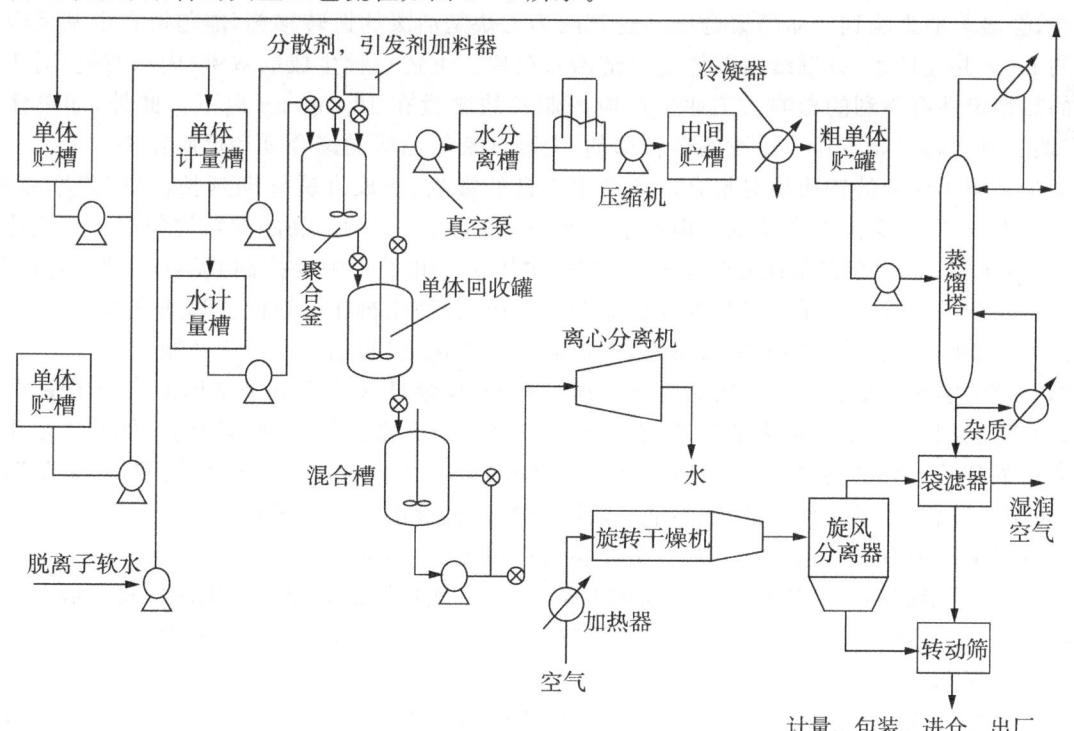

图 4-8 氯乙烯悬浮聚合的典型工艺流程

悬浮聚合的过程是先将去离子水用泵打入聚合釜中,启动搅拌器,依次将分散剂溶液、引发剂及其他助剂加入聚合釜内。然后,对聚合釜进行试压,试压合格后用氮气置换釜内空气。单体由计量槽经过滤器加入聚合釜内,向聚合釜夹套内通入蒸气和热水,当聚合釜内温度升高至聚合温度后,改通冷却水,控制聚合温度不超过规定温度的±0.5 ℃。当转化率达60%~70%,有自加速现象发生,反应加快,放热现象激烈,应加大冷却水量。待釜内压力从最高0.687~0.981 MPa降到0.294~0.196 MPa时,可泄压出料,使聚合物膨胀。因为聚氯乙烯粒的疏松程度与泄压膨胀的压力有关,所以要根据不同要求控制泄压压力。

聚合反应结束后首先回收未反应单体。压力下操作时逐渐降低压力即可达到回收单体的目的。常压下为液体的单体则加热较长时间,单体可与水共沸脱出。

脱除单体后的聚合物应直接送往脱水工序。但由于氯乙烯单体是致癌物质,根据卫生标准聚合物中含量应低于5×10^{-6}(优级品)或10×10^{-6}(一级品),虽经单体回收工序,但质量达不到要求,必须在专门设备中进行单体剥离,或称之为汽提。经回收单体和经过汽提的聚合物悬浮浆料送往离心分离工段,经离心机脱水、洗涤后得到含水量约25%的湿树脂颗粒。用粉状无机物作为分散剂时,在分离过程中应当用稀酸洗涤产品以去除表面附着的无机盐。

悬浮聚合过程的最后工序是干燥,对于表面光洁易于干燥的聚苯乙烯、聚甲基丙烯酸甲酯等产品采用气流式干燥塔即可达到干燥目的。由于聚氯乙烯树脂表面粗糙有空隙,气流干燥仅可脱除表面吸附的水分,内部水分则应进行较长时间干燥,所以经气流干燥后的聚氯乙烯树脂立即进入沸腾床干燥器或转筒式干燥器进一步干燥。

4.6.4 影响聚合反应的主要因素

1. 原料纯度

单体中的杂质对聚合物的质量有很大的影响。如采用乙炔法生产的氯乙烯,单体中微量乙炔的存在,会显著地影响到产品的聚合度。这是因为乙炔是活泼的链转移剂,能与链自由基反应生成稳定的p-π共轭体系,并继续与单体进行链增长反应。上述过程生成的双键(内部双键)对于聚氯乙烯的热稳定性有不利的影响。工业生产应控制乙炔含量在10 mg/kg以下。此外,如单体中的乙醛、偏二氯乙烯等高沸物为活泼的链转移剂,会降低聚氯乙烯的聚合度和反应速率。

无论来源于何处的铁质均对聚合反应产生不良的影响,使聚合诱导期延长,反应速率减慢,产品热稳定性变坏,还会降低产品的介电性能。此外,铁质还会影响产品的颗粒均匀度。一般控制铁质在2 mg/kg以下。在控制铁质含量时要注意:单体输送和贮存中要控制其不成酸性,防止腐蚀;聚合设备及管道宜选择不锈钢、铝、搪瓷或涂塑等材质;各种原料在投料前应过滤处理。

此外,高沸物还影响树脂的颗粒形态,造成高分子支化、引起粘釜和产生鱼眼。

"鱼眼"的实质是聚合过程中因条件不当所形成的,少量具有体型分子结构的高分子量的PVC颗粒,由于其吸收增塑剂的能力非常低,在正常加工条件下只能为增塑剂膨润而不能使之塑化。但加工者所遇到的"鱼眼"问题,并非全部属于此类体型结构,大部分属于可塑化的假性"鱼眼",此类假性"鱼眼"是属于分子量偏高的线型结构树脂,其物理构型由组织过于紧密所致。

"鱼眼"的形成有多种途径,如PVC分子量分布过宽,会造成在同一加工工艺条件下,低分子量塑化快,而分子量高的分子塑化慢。如果加工条件一定,塑化慢的高分子在制品中将以假"鱼眼"的形式出现。又如乙炔参与聚合后,形成不饱和键使产物热稳定性变坏。不饱和多氯化物存在,不但降低聚合速率和产物聚合度,还容易产生支链,使产品性能变坏,"鱼眼"增多。

"鱼眼"的形成与悬浮聚合配方及工艺以及PVC树脂加工配方及工艺两方面有关,应认真分析,区别对待。

PVC 树脂生产中减少或消除"鱼眼"的措施主要有以下几方面。

(1) 保证单体中高沸物含量小于 1.0×10^{-3};
(2) 严格控制聚合用去离子水中的阴、阳离子含量,单体含水量;
(3) 加入链转移剂消除自由基;
(4) 选择表面张力较低、保胶能力适中且搅拌强度适中的分散体系;
(5) 减少粘釜物;
(6) 加抗"鱼眼"剂。

对于 PVC 加工企业来说,除挑选"鱼眼"数比较低的 PVC 树脂外,还要注意加工配方的塑化性和润滑平衡性,以及加工温度的匹配性。应根据树脂结构形态,进行必要的调整,避免假"鱼眼"的大量出现。

2. 聚合反应温度

氯乙烯的反应速率随着温度的上升而上升,聚合温度每升高 10 ℃,聚合速率约增加 3 倍。引发剂分解速率与温度有密切关系,随温度升高,半衰期缩短,分解速率常数增大,链引发、链增长速率随之增加,聚合速率增高,聚合反应时间缩短,如表 4-8 所示。在相同反应时间内,较高温度下能获得较高的转化率。

反应温度对聚合物分子量有一定影响,反应温度提高时,如链引发速率大于增长速率或因链增长活性增加导致链转移频繁时,聚合物分子量则下降。但多数情况下,反应温度对分子量的影响远不及引发剂明显,只氯乙烯例外。由于在较高温度时,氯乙烯大分子活性链向单体转移的速率大于增长速率,因而反应温度成了决定聚氯乙烯分子量的主要因素,当反应温度波动 20 ℃时,聚氯乙烯的分子量相差达 23 000 左右。为获得良好质量的产品,对聚合温度的波动范围应有严格的控制。温度准确性一般应控制到 $\pm 0.5 \sim \pm 1$ ℃,氯乙烯悬浮聚合时,温度波动为 $\pm (0.22 \sim 0.5)$ ℃。

表 4-8 悬浮聚合中温度对聚合过程和聚合物分子量的影响

单体	聚合温度/℃	聚合压力/MPa	聚合时间/h	转化率/%	分子量[①]
氯乙烯	30	0.44	38	73.7	5 970
	40	0.61	12	86.7	2 390
	50	0.81	6	89.9	990
氯乙烯-乙酸乙烯酯-顺丁烯二酸酐	53	0.72	12.5		421 s
	58	0.83	12.0		134.5 s
	60	0.72	8.0		91.9 s
	62	0.84	5.5		89.9 s
苯乙烯	80	常压	12	99.2	181 000
	85	常压	10	99.6	186 000
	90	常压	8.5	97.2	189 000
	150	0.66~0.81	4		

[①] 聚氯乙烯为聚合度;氯乙烯-乙酸乙烯酯-顺丁烯二酸酐共聚物为 20%(质量分数)聚合物的环己酮-二甲苯 (1:1)溶液,在 25 ℃时从 B3-4 黏度杯中的流出时间;聚苯乙烯为黏均分子量。

3. 聚合压力

悬浮聚合中聚合压力也不是一个孤立因素,是随反应温度而变化的。在常压下能进行悬浮聚合的单体,在升高压力时,聚合温度随之提高从而使反应速率加快。如 150 ℃进行苯乙烯高温悬浮聚合,最高聚合压力可达 0.66~0.71 MPa,聚合时间约比常压缩短一半,产品力学性能也相应提高。但加压聚合对聚合釜强度和搅拌器密封要求更高,因此通常采用常压下进行悬浮聚合。氯乙烯的悬浮聚合是一例外,根据 PVC-VCM 部分互溶的情况,在转化率 70% 以下,均以两相存在:一个是单体相,另一个是聚氯乙烯富相(70%PVC),这阶段釜内压力就相当于氯乙烯的饱和蒸气压,例如,50 ℃时 0.7 MPa,60 ℃时 0.94 MPa,至 70% 转化率后,单体液滴相消失,只留聚氯乙烯富相,此时的釜内压力相当于富相中氯乙烯的分压。随着聚合的进行,釜压渐降,即气相中氯乙烯通过水相,扩散至 PVC-VCM 粒子内继续聚合。生产疏松型树脂,压降 0.1~0.15 MPa,转化率小于 85% 时,即可加入双酚 A(0.015%)一类终止剂停止聚合。如继续聚合,原来疏松的颗粒将变紧密,影响树脂质量,而且聚合速率很慢,并不经济。聚合终止后泄压,将未聚合的氯乙烯排入气柜,加以回收,经精制后回收。PVC 料再经汽提脱除残留单体、离心分离,洗涤、干燥等工序,即可入贮仓,包装成树脂产品。

在氯乙烯聚合过程中,大部分时间内釜温和压力均恒定。随着反应的进行,聚合速率和放热速率渐增,依靠降低冷却水温来保证散热。压降开始标志着单体液滴的消失,降压开始前往往出现热峰,如图 4-9 所示。同时,由于氯乙烯单体的密度远远低于聚氯乙烯的密度,因此氯乙烯的聚合过程必然会伴随着较大程度的体积收缩。这种收缩会给正在进行的反应带来严重的不利影响。如物料的黏度增加,致使传热系数下降、搅拌电流上升、体积收缩,有效换热面减少。为克服这些不利的影响,大致有两种措施:其一,在水油比较高的情况下,于聚合釜压力下降之前,加入一部分氯乙烯单体,以平衡物料收缩所带来的空间,借以提高聚合釜的单釜产量;

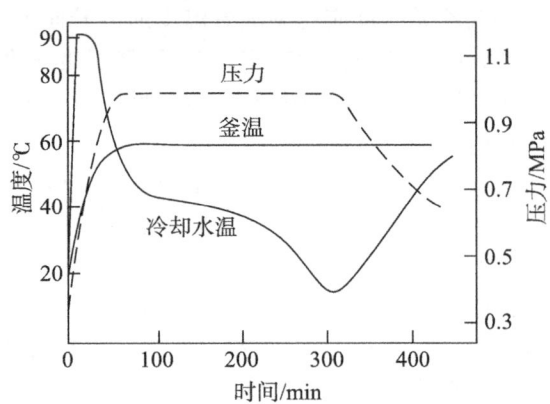

图 4-9 氯乙烯悬浮聚合中温度和压力的变化

其二,在初始水油比较低的情况下,随着反应的进行向聚合釜内逐步注入补充水,以平衡物料的收缩,这样可提高树脂的质量,提高设备的利用率,而且可抑制反应后期的热峰。补充水的工艺有三种:根据反应速率补充水,聚合反应开始后定期补充水,聚合反应开始后恒速补充水。上述方法各有优缺点,但第一种和第三种较第二种更好。

4. 引发剂

为使聚合反应速率均衡,放热平稳,选择引发剂的半衰期一般为聚合反应时间的 1/3 较好。例如在 61 ℃下合成聚合度为 800 的 PVC,选用偶氮二异庚腈作引发剂,其半衰期约 1.5 h,可以单一使用。在单一引发剂很难达到均匀反应的要求时,往往采用复合引发剂,如以过碳酸酯为主引发剂,过氧化己酸环己烷硫酰为辅助引发剂等。复合引发剂一般采用低温下反应以高活性的引发剂辅助,高温下反应以低活性引发剂辅助的方法。除上述两点外,引发剂的分批加入,也可达到控制反应放热的目的。

引发剂的用量可以采用下式进行估算,再通过少量实验进行调整即可以确定。

$$I = \frac{N_r M \times 10^{-4}}{[1 - \exp(-0.693 t/t_{1/2})]}$$

式中 I——工业上引发剂用量(质量百分数),%;

N_r——引发剂理论消耗量,等于 (1 ± 0.1) mol/tPVC,用 AIBN 时,取 0.9,用过氧化二碳酸二环己酯(DCPD)、过氧化二碳酸双(2-乙基己基)酯(EHP)等过氧化二碳酸酯时,取 1.1;

M——引发剂的分子量；

t——聚合时间，h；

$t_{1/2}$——引发剂分解半衰期，h。

工业生产中聚合时间一般控制在 5～10 h，应选择 $t_{1/2}$ 为 2～3 h 的引发剂。如果采用复合型引发剂，最好是一种引发剂的 $t_{1/2}$ 为 1～2 h，另一种引发剂的 $t_{1/2}$ 为 4～6 h。

5. 水油比

反应体系中水的用量与单体质量之比称为水油比。水油比对聚合过程和聚合物粒子的大小有重要的影响。当水油比小时，则聚合物的产率高，但反应散热困难，并易造成发黏珠滴的凝聚，聚合物粒径的分散性增大。在氯乙烯聚合中，如生产疏松型树脂，因粒子多孔，吸收水分多，将使聚合体系的水油比减小，反应釜中悬浮液的黏度增大，导致搅拌和散热更加困难。随水用量的增加，有利于反应热的排除，反应过程平稳和易于操作控制，单体液滴分散状态好，不易结块，聚合的粒度较均匀，但过多水量则会降低聚合设备的利用率。工业生产中，XJ 型聚氯乙烯树脂水油比为 (1.2～1.26)∶1，XS 型为 (1.5～2)∶1。

6. 搅拌

搅拌总的作用是强制传热，确保液滴的形成与分散。具体依据搅拌叶形式不同，其作用不尽一样。直浆式以径向循环为主；推进式以轴向循环为主；三叶后掠式同时有径向和轴向循环。选择时应使搅拌同时具有两个作用为好，因此，一般将浆式与推进式组合使用。

悬浮聚合时，搅拌器的转速与生产品种及操作条件有关。当搅拌转速增加到某一数值时，物料会产生强烈涡流现象，聚合物粒子严重黏结，此时速度称为"临界速度"。不同容积釜其最高转速应比相应临界转速值低。搅拌器转速对液滴直径大小有很大的影响，总趋势是搅拌转速越大，液滴直径越小，稳定范围越窄。生产上，只要达到良好的分散效果，宜用适当的转速，不仅可降低能耗，且可减少结垢并使聚合物颗粒形态均匀。

7. 水质

聚合用水的质量直接影响到产品的质量。如水的硬度过高，会影响产品的绝缘性和热稳定性；氯根过高，特别对聚乙烯醇分散体系，容易使树脂颗粒变粗；pH 值影响分散的稳定性，过高会引起聚乙烯醇的部分醇解，过低会破坏明胶的分散性能，从而影响产品的颗粒形态；水质还与粘釜和鱼眼的生成有很大的关系。

水的用量与树脂内部结构有关，紧密型树脂（以明胶为分散剂）的生产，单体与水的质量比为 1∶1.1～1∶1.3；疏松型树脂（以聚乙烯醇为分散剂）的生产，单体与水的质量比为 1∶1.4～1∶2.0。

8. 分散剂

在氯乙烯悬浮聚合配方中，除采用复合引发剂外，还采用复合分散剂，使兼具降低表面张力和保护胶体的功能，一般主分散剂多采用纤维素醚和部分水解的聚乙烯醇（80%），辅助分散剂多采用小分子表面活性剂和低水解度的聚乙烯醇等。

9. 氧含量

因为氧对聚合有缓聚和阻聚作用，在单体自由基存在下，氧与单体作用生成氯乙烯过氧化物，该物质易水解成酸类，破坏悬浮液和产品的稳定性。氯乙烯过氧化物在较高的温度时又能引发单体聚合形成过氧化高聚物 $[CH_2—CHCl—O—O]_n$，破坏反应体系温度的稳定性。存在于聚氯乙烯中的这种过氧化高聚物将使聚合物的热稳定性显著变坏，产品易变色。此外，氧的不同含量还会影响树脂的平均粒径。所以，无论从聚合的角度还是从安全的角度都应将各种原料中的氧和反应系统中的氧彻底清除。

4.6.5 聚合生产设备

悬浮聚合过程一般是单体在搅拌器的作用下分散成液滴,稳定悬浮在分散剂的水溶液当中,于液滴中进行聚合的过程。虽然不同的反应体系对反应器和搅拌器的要求不尽相同,但从总体上来说,不外乎要求反应器具有剪切分散、循环混合、搅动、悬浮和传热等作用或功能。氯乙烯悬浮聚合的主要设备聚合釜也不例外。国际上聚氯乙烯悬浮聚合釜有多种型式,我国现在使用的聚合釜包括 13.5 m^3、33 m^3、70 m^3、80 m^3 等多种。大型釜大多采用碳钢复合不锈钢制作,国外矮胖釜采用单层桨,并用三叶后掠式桨叶;瘦长釜用多层桨,并用普通平桨和涡流桨。为了满足不同型号树脂的要求,聚合釜的搅拌转速和挡板角度是可调的。

由于氯乙烯悬浮聚合均采用间歇式操作,所以反应器的容积越大,其经济效益越好,故各种反应器中以聚氯乙烯悬浮聚合反应器的容积最大。Hüls 公司曾以年产 16 万吨为基准,比较使用 200 m^3 大型聚合釜(4 台)和 20 m^3 聚合釜(20 台)的经济效益,如表 4-9 所示(表中以用 20 m^3 聚合釜时的消耗为 100%)。由表 4-9 可以看到大型釜的经济效益是明显的。

表 4-9 与 20 m^3 聚合釜相比,200 m^3 聚合釜的消耗比例

对比项目	消耗比例/%	对比项目	消耗比例/%
资金投入	75	公用工程消耗	90
占用场地	65	人力	50

4.6.6 悬浮法聚氯乙烯的性能和用途

1. 悬浮法聚氯乙烯的性能

悬浮法 PVC 为白色无定形粉末,粒径 60~250 μm,表观密度 0.4~0.6 g/cm^3,折射率 n_D^{20} = 1.544,不溶于水、酒精、汽油,在醚、酮、氯化脂肪烃和芳香烃中能膨胀和溶解。常温下可耐任何浓度的盐酸、90%以下的硫酸、50%~60%的硝酸及 30%以下的烧碱溶液,对盐类相当稳定。没有明显的熔点,在 80~85 ℃开始软化,130 ℃左右变为黏弹态,160~180 ℃开始转变为黏流态。对光和热的稳定性差,在 100 ℃以上或经长时间阳光暴晒就会分解而产生氯化氢,并进一步自动催化分解,引起变色和物理力学性能的迅速下降。因此在实际应用中必须加入稳定剂以提高对热和光的稳定性。与其他通用热塑性塑料相比,PVC 具有较高的机械强度。室温下的耐磨性超过硫化橡胶,硬度和刚性亦优于聚乙烯,难燃,具有自熄性。介电性能优良,对直流、交流电的绝缘能力,可与硬质橡皮媲美,为介电损耗较小的绝缘材料之一。

悬浮法聚氯乙烯的主要缺点是热稳定性较差,加工配方和加工工艺稍为复杂,软制品还有增塑剂外迁的缺点。表 4-10 和 4-11 分别列出国产 XJ 型和 SG 型 PVC 树脂的物理性能、加工性能的比较,表 4-12 列出了悬浮法和本体法聚氯乙烯树脂的性能比较。

表 4-10 国产 XJ 型和 SG 型 PVC 树脂的物理性能比较

比较项目	XJ 型	SG 型
表观密度/(g/mL)	0.55~0.7	0.4~0.55
粒子直径/μm	30~100	50~150

续前表

比较项目	XJ 型	SG 型
水萃取液电导率/(S·cm^{-1})	(5~10)×10^{-5}	(1~4)×10^{-5}
鱼眼及晶点	多	少
白度/%	约 70	70~86
粒子显微镜观察	呈玻璃球或冰糖屑,表面光滑	呈棉花状,表面毛糙不规则
"细胞"结构	一般呈单细胞	一般呈多细胞
次级粒子间孔隙	几乎无孔隙	有较大孔隙

表 4-11　XJ 型和 SG 型 PVC 树脂加工性能比较

比较项目	XJ 型	SG 型
吸收增塑剂	6%~13%,吸收慢	13%~15%,吸收快
捏合溶胀	在增塑剂中溶胀起点及终点温度较高,捏合溶胀速度慢	起点与终点温度都可低 20 ℃左右,捏合溶胀速度快
捏合料输送	料细易结团粘壁	干而松,不易粘壁,输送量大
挤出机加料	流动性差,易架桥	流动性好,进料快
塑化性能	塑化慢,易存在未塑化的生料	塑化快,温度可低 5~10 ℃,不易结焦,可减少清理损失
制品综合质量	电绝缘性、热老化性能较差,制品表面一般比较粗糙,色泽不鲜艳	电绝缘性、热老化性能较好,制品表面光滑,色泽鲜艳,易保证白度及透明度等要求

表 4-12　本体聚合和悬浮聚合 PVC 树脂的性能对比

项目	法国阿托公司		日本信越化学公司	
	本体聚合		悬浮 QD 聚合	
树脂牌号	GB1320	GB1150	TK1300	TK1000
平均聚合度/(g/cm)	1 300	1 000	1 300	1 000
表观密度/%	0.53	0.56	0.50	0.54
孔隙率/%	26.75	25.24	26.61	24.63
白度/%	96.1	94.1	94.4	93.7
电阻率×10^5/(Ω·cm)	1.8	1.5	1.3	1.0
吸收增塑剂/%	40.8	30.1	37.3	31.2
颗粒分布(>200 目)/%	99.9	99.8	99.0	98.8
平均粒径/mm	0.104	0.116	0.133	0.143
相对集中率/%	91.9	98.3	83.4	90.9
干流动性(400mL)	11.0	8.9	8.6	8.2

2. 悬浮法聚氯乙烯的用途

悬浮法 PVC 是制备 PVC 塑料制品的主要原料，通过添加不同量的增塑剂和加工助剂可以做成硬质、半硬质或软质制品，还可与其他聚合物共混加工进行改性，故能做成种类繁多、性能各异的制品，在农业生产、交通运输和人民生活各方面获得广泛的应用。其中，软质薄膜应用比例很大。工业用薄膜主要用作防潮、防水、包装等材料，农用地膜广泛用于农业生产的育秧及农作物的保土防寒，民用薄膜可作窗帘、台布、玩具、雨衣等日用品。绝缘级 PVC 一般用于通讯、控制、信号及低压电缆和具有较高电性能要求的绝缘电线，普通绝缘级适用于室内固定电线、护套软线，500 V 农用电缆以及仪表安装线等，普通护层级适用于橡皮和塑料绝缘的电缆护套管及其他外护层用，耐寒护层级适用于户外及耐寒电线电缆的塑料护层。柔软护层级适用于耐寒柔软电线电缆的保护层。硬质制品主要是硬管，广泛用作输水管和化学工业上的各种管道、硬板等，还用于成形各种机械零件、工业型材、蓄电池隔板、外壳、家具、唱片片基等。PVC 单丝可用于制作各种绳索、编织窗纱等。软质 PVC 还可用作各种软管、软带、瓶子、小空容器、型材、片材、家具、鞋底及其他用品。表 4-13 列出了国产 XJ 型和 SG 型各牌号聚氯乙烯的主要用途。

表 4-13 XJ 型和 SG 型聚氯乙烯的主要用途

型号	用途
XJ-1,SG-1	高级电缆绝缘层、保护层
SG-2,SG-3	电缆、电线绝缘层、保护层及氯纶纤维等软制品、蓄电池隔板
XJ-3,SG-4	薄膜(农膜、雨衣、战备物资及工业包装)、软管、鞋料、人造革底层
XJ-4,SG-5	硬管、硬片、透明瓶、包装硬软片及塑料印花纸
XJ-5,SG-6	硬板、唱片、管件、焊条、沙管、玩具、透明硬片
XJ-6,SG-7	聚氯乙烯树脂及注塑加工制品
SG-8	唱片、型材、家电壳体、食品包装及替代有机玻璃制品

4.7 悬浮法聚苯乙烯

聚苯乙烯是由苯乙烯单体聚合而成，可用本体聚合法、悬浮聚合法及乳液聚合法合成。工业上生产通用型聚苯乙烯主要采用本体法和悬浮法。高抗冲聚苯乙烯主要采用本体法、本体-悬浮法制造。

聚苯乙烯自 1930 年工业化以来因具有很高的介电性能，在电器工业中有着广泛的应用，尤其是它的高频绝缘性能优异，因此它是很好的高频材料。由于具有良好的透明性、力学强度及耐热性，因此在许多工业部门和日用品中也是用途极为广泛的一种高分子材料。

4.7.1 苯乙烯悬浮聚合的特点

(1) 苯乙烯的聚合系自由基型聚合反应，聚合反应速率随反应温度增高而加快，150 ℃的聚合速率比 90 ℃的高一倍。聚合物的分子量主要取决于引发剂的浓度。由于苯乙烯聚合中自加速效应不明显，所以反应中期和后期反应速率无明显增加。转化率达 90% 时反应进行得非常缓慢，表现出聚苯乙烯大分子链具有较高的稳定性和较低的反应能力。聚合中产生的链转移反应多,基本上不形成支链,链终止通常是由两个大分子活性链结合而引起终止反应。

(2) 当苯乙烯转化率达98%左右时聚合反应几乎不再进行,少量单体的存在因引起塑化作用而使聚苯乙烯软化温度降低,或单体逐渐向聚合物表面转移而受空气氧化使聚合物发黄、变暗或使表面形成微小网状裂纹,所以必须在反应后期提高聚合温度至100~140 ℃进行"熟化"处理,目的是加速单体的反应并驱除残余单体,使聚合物中残余单体含量降至1%以下。

(3) 聚苯乙烯因溶于自身单体中,故聚合物粒子始终保持均相。聚苯乙烯大分子链在单体中较易伸展,并随聚合物增多黏度变得很高,转化率30%~70%阶段为黏结危险期。粒子的黏结性随单体中乙苯、二甲苯等高沸物含量的增加而增大,同时这些物质还使聚苯乙烯粒子透明性降低。由于是均相聚合反应,可得到透明、光滑而均匀的圆珠球。

(4) 聚合过程中反应体系pH值会逐渐降低,尤以低温聚合使用PVA作分散剂时最为明显,这是由PVA水解和引发剂BPO分解成酸性物质导致而成。pH>7的弱碱性介质中PVA的稳定性能差,所得聚苯乙烯粒子较大;pH=4~6的弱酸性介质中,PVA稳定能力较强,能形成细的粒子;pH<4时则能阻缓聚合。

4.7.2 苯乙烯悬浮聚合生产工艺

苯乙烯悬浮聚合工艺有两种:一是早期采用低于100 ℃的温度下聚合,通常称为"低温聚合";二是相对于低温聚合而在较高温度下进行的聚合,称之为"高温聚合"。两种工艺都是间歇生产,工艺流程大体相似,仅是配方和操作方法上有一些差别。但由于苯乙烯低温聚合具有反应速率慢、生产周期长、粘釜严重、残留单体多、树脂质量差等弊病,目前已基本被淘汰。苯乙烯的高温聚合是指在102~150 ℃下的热聚合,不加引发剂。

1. 主要原料的规格及用量

1) 苯乙烯

用于聚合的苯乙烯应符合以下指标:

纯度/%　≥99.5　　　　　乙醛/%　≤0.01
折射率 n_D^{25}　1.443 6　　　乙苯/%　≤0.3
苯乙炔/%　≤0.01

苯乙烯中一般加有0.005%~0.01%的阻聚剂,应用5%氢氧化钠水溶液洗涤3~4次,再用水洗至中性。采用离子交换树脂净化脱除阻聚剂效果更好,速度快,操作方便。

2) 纯水

苯乙烯悬浮聚合用水可用离子交换水。生产中一般用的水油比(水/单体)为(1.4~3):1,高温悬浮聚合水油比一般为(1.4~1.6):1,小于1.4:1易引起黏结。

3) 分散剂

常用PVA、滑石粉、碳酸镁及苯乙烯-顺丁烯二酸酐共聚物的钠盐(Na-SM)等。

(1) PVA 一般用 $\overline{DP}$ 为1700, $DH_0=80~88$,用量0.02%~0.1%,主要用于低温悬浮聚合,高温聚合时,PVA易分解失效。

(2) 滑石粉主要用于低温悬浮聚合,用量约1%。

(3) 碳酸镁一般情况下是在反应釜中直接用16% Na_2CO_3 水溶液与16% $MgSO_4$ 水溶液"就地"合成,这样可得到细度小于80目的 $MgCO_3$。若需要较粗的聚苯乙烯粒子时可减少其用量。

(4) Na-SM高温聚合用量为0.012%左右。其制备方法是在20~40吨水中加入80 g的氢氧化钠,溶解均一,再加入300 g苯乙烯-顺丁烯二酸酐共聚物,于80 ℃搅拌2 h即得。由于反应体系中加入了 Na-SM，MgCO₃ 的用量可减少。

4）抗氧剂

一般用 2,6-二叔丁基对甲酚（抗氧剂 264），通常用于高温悬浮聚合，在聚合前将其先溶于单体中，其用量为 0.028%（以单体为基准）。

2. 高温悬浮聚合工艺

1）配方及工艺条件

苯乙烯高温悬浮聚合的基本配方见表 4-14。

表 4-14 苯乙烯高温悬浮聚合配方

组分	用量	组分	用量
苯乙烯	100	MgSO₄,16%水溶液	0.12
软水	140~160	Na-SM 钠盐	0.012
Na₂CO₃,16%水溶液	0.06	2,6-二叔丁基对甲酚	0.028

2）工艺流程

苯乙烯高温悬浮聚合工艺如图 4-10 所示。

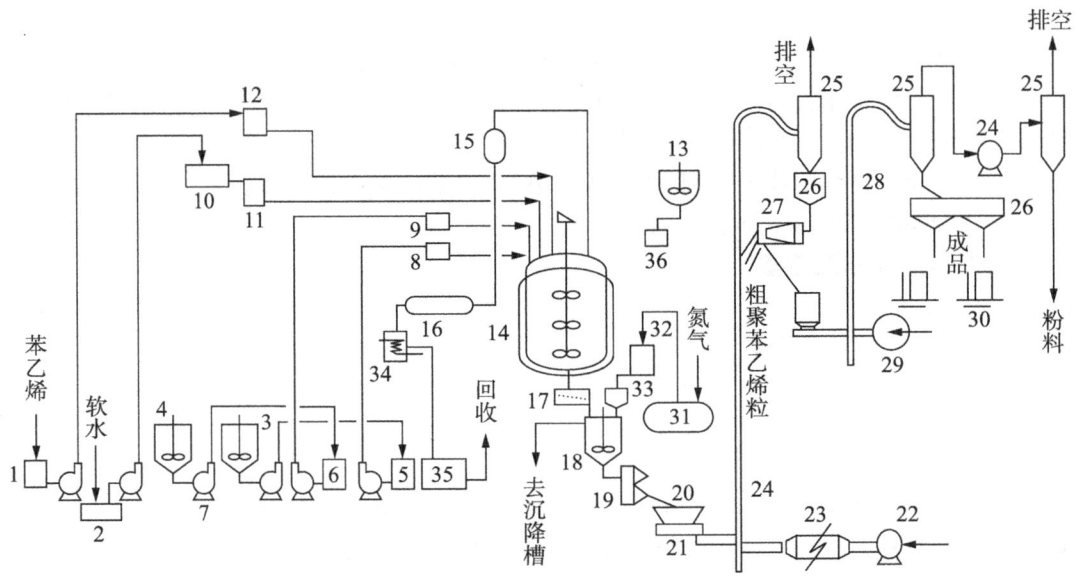

图 4-10 苯乙烯高温悬浮聚合工艺流程图

1—苯乙烯贮槽；2—软水池；3—碳酸钠溶解釜；4—硫酸镁溶解釜；5—碳酸钠贮槽；6—硫酸镁贮槽；7—输送泵；8—碳酸钠计量槽；9—硫酸镁计量槽；10—软水高位槽；11—软水计量槽；12—苯乙烯计量槽；13—Na-SM溶解釜；14—聚合釜；15—回收单体冷凝器；16—回收单体冷却器；17—聚苯乙烯过滤器；18—洗涤釜；19—离心机；20—湿物料中间仓；21—螺旋输送器；22—鼓风机；23—翅片加热器；24—热风气升管；25—旋风分离器；26—料仓；27—圆筛；28—冷风气升管；29—引风机；30—磅秤；31—硫酸贮槽；32—硫酸高位槽；33—硫酸计量槽；34—油水分离器；35—回收苯乙烯贮槽；36—铝桶

苯乙烯高温悬浮聚合的具体操作过程如下。

(1) 将水、Na₂CO₃ 水溶液分别计量后加入聚合釜，开动搅拌，升温至 75~80 ℃；

(2) 将计量好的硫酸镁水溶液投入釜内，搅拌 30 min 使之生成均匀的碳酸镁悬浮液；

(3) 把已经溶解均一的 Na-SM 盐投入到聚合釜中，搅拌均匀，此时釜内 pH=8~9；

(4) 升温至 95~100 ℃，煮沸 0.5 h 进行脱氧；

(5) 脱氧结束后,降温至 50 ℃左右,抽真空再次脱氧;

(6) 将预先加有抗氧剂 264 的苯乙烯单体加入反应釜,搅拌升温至 90~95 ℃,充氮使釜压上升至 0.2 MPa,随后升温至 150 ℃,此时釜压约为 0.61~0.71 MPa;

(7) 在此条件下反应 2 h 后,再次升温至 155 ℃,釜压约上升至 0.66~0.76 MPa,反应 4 h;

(8) 反应结束后降温至 125 ℃熟化 0.5 h(降温的目的是防止料液暴沸冲出),然后再升温至 140 ℃熟化 4 h,促使聚苯乙烯颗粒内部残留的单体进一步聚合并赶出系统内残留单体,这时釜压相应为 0.2~0.3 MPa;

(9) 熟化完成后降温至 100 ℃以下,同时逐渐降压并将釜中赶出的单体放出,经冷凝至苯乙烯回收贮槽;

(10) 聚合釜压力降至常压后出料,进行后处理。

后处理工序为以下几个步骤。

(1) 将聚苯乙烯悬浮液放入洗涤釜中,在搅拌条件下将 98%的浓硫酸加入洗涤釜中使 pH=3~4,此时碳酸镁与硫酸反应形成可溶性硫酸镁,水洗除去硫酸镁;

(2) 用离心机脱去酸性母液,树脂用水冲洗直至洗液呈中性为止;

(3) 湿树脂卸入螺旋输送机送往气流干燥塔干燥;

(4) 干燥后的聚苯乙烯粒子在旋风分离器中收集于振动筛中过筛,过筛合格的粒子进入物料中间仓,粗颗粒自动进入粗颗粒料仓;

(5) 热的聚苯乙烯粒子经螺旋输送机送入冷风塔进行冷却;

(6) 冷却后的料粒在旋风分离器中收集后进入成品仓,即可计量、包装、入库。

3) 高温悬浮聚合的优点

高温悬浮聚合聚合周期短,反应速率快,生产效率高。同时,由于使用无机物分散剂,聚合物颗粒无表面膜,易于洗涤,容易分离,产品纯度高。另外,高温聚合粘釜壁轻微,易于传热,清釜工作可大大减轻。

4) 苯乙烯聚合反应设备

苯乙烯悬浮聚合工艺为间歇过程,聚合反应器采用釜式反应器。此聚合釜可采用 6.6 m³ 的复合不锈钢聚合釜,搅拌器为三对平桨,搅拌桨叶直径 1 800 mm,宽×厚为 200 mm×20 mm,搅拌转速为 80~84 r/min。

苯乙烯悬浮聚合也可以采用塔-釜联合反应器,进行连续悬浮聚合,其工艺流程如图 4-11 所示。

塔-釜联合反应器由三部分组成:单体液滴生成器,第一反应器和第二反应器。液滴生成器为振动喷嘴装置。第一反应器是塔式反应器,实行连续操作,分散相由塔顶引入,并有一循环装置将连续相由塔底出口打至塔顶进行再循环。由该循环流动带动分散相自上而下流动,并控制分散相的停留时间。同时,由于连续相的流速比聚合物颗粒快而产生剪切力。在第一反应器出口处的转化率约为 35%,转化率越高,聚合物颗粒的密度越大,转化率大于 45%时分散相密度接近于连续相密度而使流动产生混乱,小于 20%时,粒子将在第二反应器中产生破裂。苯乙烯在第一反应器中分散相的停留时间约为 2.5 h。

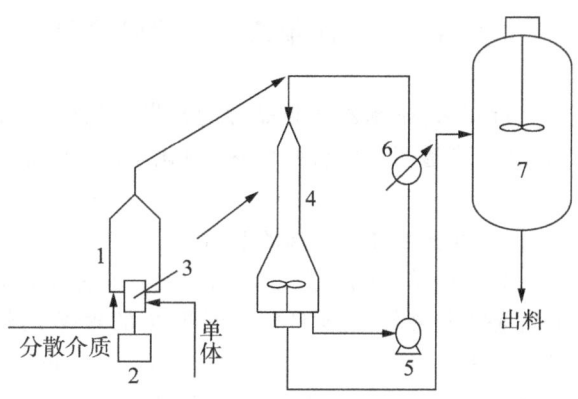

图 4-11 塔-釜联合反应流程
1—单体液滴生成器;2—振动器;3—喷嘴;4—第一反应器;
5—分散介质循环泵;6—加热器;7—第二反应器

第二反应器为搅拌聚合釜,釜内设有挡板以增加湍流强度。同时反应温度比第一反应器高,以提高转化率。在该反应器中的反应时间约为3h,聚合温度为90℃时的转化率为92%。如要达到连续生产,需使用三台以上的釜串联,或采用三段以上的搅拌聚合釜。

4.7.3 悬浮法苯乙烯的性能

聚苯乙烯成品主要技术指标及主要物理性能如下。

干燥后成品应符合以下指标:

相对黏度　1.8~2.3（一般分子量为4万~5万,最高不超过10万）

挥发物含量/%　≤1

含水量/%　≤0.2

聚苯乙烯具有优异的介电性能和良好的力学性能,其加工性和着色性也很好,可用注射、挤出等方法生产各种工业用品及多种日常生活用品。悬浮聚苯乙烯的主要物理性能参见表4-15。

表4-15　悬浮聚苯乙烯的主要物理性能

性能	数值	性能	数值
密度/(g/cm^3)	1.04~1.05	马丁耐热温度/℃	80
透光率/%	≥50(高温聚合≥70)	变形温度(负荷1.89 MPa)/℃	80~88
拉伸强度/MPa	35.7~60.7	长期允许使用温度/℃	65~84
抗弯强度/MPa	57.1~135.7	击穿电压/(kV/mm)	25
抗压强度/MPa	81.6~114.3	介电常数(1 MHz/s)	2.6~2.75
维卡耐热温度/℃	80~89		

因聚苯乙烯具有优良的透明性、刚性和电气性能等,使其在机电工业、仪器仪表、通讯等方面已经广泛地用于各种仪表的外壳、光学零件、仪器零件、透明窗镜、模型冷冻绝缘材料等。聚苯乙烯还具有特别良好的卫生性以及价格低廉的特点,使其在食品包装、日用品如瓶盖、容器、装饰品、纽扣、牙刷、肥皂盒、玩具等方面也具有广阔的应用前景。

4.7.4 悬浮法苯乙烯的改性产品

近年来,聚苯乙烯新品种的开发仍然十分活跃。目前聚苯乙烯已发展至300多个牌号,可具有高光泽、高透明、高抗冲、耐热、耐化学品、阻燃和导电等性能,在一定程度上已经进入了工程塑料的应用领域。

1. 可发性聚苯乙烯的制备

悬浮聚苯乙烯产品主要用途之一是制造泡沫塑料,为聚苯乙烯开辟了一条重要用途。工业上通常是先将液体发泡剂与悬浮聚合的聚苯乙烯树脂制成易于流动的半透明的可发性聚苯乙烯(EPS)珠粒,其性能可参见表4-16。然后再以EPS作为原料,在一定的温度下进行预发泡。随后将已预发泡的粒子放置熟化一定时间,通过以蒸汽加热的模压法压制成型,即可生产出各种形状的聚苯乙烯泡沫制品。此种方法使用模具简单,操作方便,但难以实现自动化生产。其工艺过程可分为以下四步。

表 4-16　EPS 树脂的一般性能

性能	数值	性能	数值
外观	珠状	表观密度/(g/cm³)	0.62
粒度/mm	200	吸水率	<0.1
相对密度		残留单体(最大)含量/%	0.13
珠粒	1.05	比黏度(1%甲苯溶液,30 ℃)	1.9~2.1
发泡品(最小)	0.013~0.025	挥发物含量/%	6.0~8.0

1) 发泡剂处理

发泡剂可用低沸点的烷烃,如丙烷、丁烷、戊烷、石油醚等,也可采用卤代烃化合物如氟利昂等。目前大多用石油醚、戊烷作发泡剂。

采用沸点为 35~65 ℃石油醚可使分子量为 45 000~60 000 的聚苯乙烯珠体溶胀。一般用加压处理工艺,若在 0.4~0.6MPa 表压下处理,可使处理温度提高,操作时间缩短、产品质量优良。可发性聚苯乙烯在聚合釜中生产的基本配方如表 4-17 所示。

表 4-17　可发性聚苯乙烯生产的基本配方及操作条件

基本配方(质量份数)		操作条件	
聚苯乙烯	100	压力(表压)/MPa	0.4~0.6
过氧化二异丙苯	0.8	温度/℃	90~100
石油醚	6~10	时间/h	4
紫外光吸收剂(UV-9)	0.2		
分散剂(PVA)	4~6		
抗氧剂 264	0.3		
软水	200~300		

加压处理过程是在聚合釜中加入溶有分散剂的水,然后加入聚苯乙烯珠粒和石油醚等组分,于 0.4~0.6 MPa 表压下处理 4 h,之后冷却过滤,得到含 6%左右石油醚的珠体聚苯乙烯树脂。为制备自熄型可发性聚苯乙烯,可加入其量为聚苯乙烯 1.5%的四溴乙烷等组分。

2) 预发泡

将含有石油醚的聚苯乙烯珠粒直接在常压下与 100 ℃的水蒸气接触 1~2 min,由于受热软化,珠粒内部的发泡剂汽化而获得稍有膨胀的含有微孔的聚苯乙烯珠体。

3) 熟化

预发泡的珠体由于体积突然膨胀,发泡剂由液态变为气态,珠粒内部造成负压,粒子无弹性。为使颗粒有弹性,能下一步成型时第二次发泡,必须将预发泡颗粒吹干,存放 1~2 天,让空气渗入粒内达到内外压力平衡,此过程称为熟化。

4) 成型

将已熟化的预发泡颗粒加到所需形状的铝模内成型,成型温度为 108 ℃,加热时间视产品大小、厚度而变。利用水蒸气加热进行模塑成型,由于泡沫颗粒进一步膨胀,在型内压力作用下填满颗粒与颗粒之间的空隙,并使颗粒熔融而黏结在一起,获得表面光洁的泡沫塑料制品。

在发泡过程中加入熄灭剂,如四溴乙烷,可以制造自熄型泡沫聚苯乙烯塑料,在离开火源后 0.5 s 之内即自行熄灭,在国防上具有重要的作用。

可发性聚苯乙烯珠粒也可用挤出法成型得到泡沫片材或薄膜。但是,因其珠粒在挤出机料筒内受热塑化时,容易被压实,可能致使制品密度偏高。为制作细密而均匀的多孔性聚苯乙烯泡沫片材,必须使用能实现自动控制的挤出设备和严格的工艺条件。

乳液聚苯乙烯泡沫塑料,是利用在乳液聚合的粉状聚苯乙烯树脂中,加入碳酸铵和偶氮二异丁腈等发泡剂,经研磨混合后,置于密闭的模具内,在一定的温度、压力下模压成一定尺寸的型坯,再经蒸汽加热发泡成制品。此方法应用不广泛,而可发性聚苯乙烯珠粒在聚苯乙烯泡沫塑料的工业生产中却占有重要地位。

可发性聚苯乙烯泡沫塑料质轻、比强度高,密度可小至 0.02 g/cm³ 以下,是理想的轻质材料;绝热性良好,热导率仅 0.044 W/(m·K),适于 -40~70 ℃ 的介质绝热保温;泡沫由单气泡组成,闭孔结构,水蒸气透过率和吸水率均小,防潮性好;制品尺寸稳定,弹性较好,耐振动负荷好,是良好的缓冲包装材料;成本较低,加工方便,可以用电热丝等工具进行切割,也能与其他一些材料进行黏合;日光下易老化,影响使用寿命,易燃烧自热变形,能被某些有机溶剂溶解或溶胀,选用黏合剂要适当。聚苯乙烯泡沫塑料的一般性能见表 4-18。

表 4-18 聚苯乙烯泡沫塑料性能

性能	数值	性能	数值
密度/(g/cm³)	0.02	拉伸强度/MPa	0.216~0.333
弯曲强度/MPa	0.294~0.343	冲击强度/(kJ/m)	0.098~0.196
压缩强度/MPa	0.088~0.108	耐热温度(200g 负荷)/℃	80~95
剪切强度/MPa	1.078~1.47	吸水性/(g/m²)	0.38

聚苯乙烯泡沫塑料主要用于建筑工业上作绝热材料,其次是一次性餐具和抗振保护性包装材料。其型材宜作电子电器、仪表、玻璃制品的包装和缓冲防震材料;板材多用于建筑、化工管道、反应釜、冷却塔、冷冻机、电冰箱等的保温、隔热、防潮等;片材特别适宜经热成型制作包装容器,尤其是一次性餐具消耗量非常大。此外,还可作浮标、救生器等漂浮器材。经预发泡的聚苯乙烯珠粒则是一种水质净化的新型过滤材料。

2. 高抗冲聚苯乙烯

高抗冲聚苯乙烯除用本体接枝共聚法合成外,还可用本体-悬浮接枝共聚法制造。采用这种实施法的特点是:本体段聚合转化率高,易于控制相转变;悬浮聚合段解决了传热问题,最终转化率高,其典型配方如表 4-19 所示。

先将橡胶切块溶于苯乙烯中,之后在加入引发剂、链转剂的情况下进行本体接枝共聚。木体接枝共聚是在带搅拌器、温度计的夹套釜中进行,维持 80~100 ℃。在转化率达到相转变点即 30% 左右时转入悬浮聚合。悬浮聚合可用分级塔式悬浮聚合反应器进行连续聚合,也可在间隙釜中进行。反应结束,离心过滤,洗涤、干燥,即得类似于本体接枝共聚法合成的高抗冲聚苯乙烯(HIPS)。

表 4-19 本体-悬浮接枝共聚生产增韧聚苯乙烯的典型配方(质量份数)

预聚(本体段)		悬浮聚合	
苯乙烯(St)	92.0	预聚物(胶液)	100
聚丁二烯(BR)	80	去离子水	100~300
过氧化苯甲酸(BPO)	0.05	硅酸镁或聚乙烯醇	少许
特十二硫醇	0.2	过氧化二异丙苯	少许
聚合温度/℃	80~100	反应温度/℃	140
转化率/%	30		

除用顺丁橡胶外,还有以乙丙橡胶、乙烯-丙烯-双环戊二烯三元共聚橡胶增韧的聚苯乙烯,不仅具有较高的抗冲强度,还具有良好的耐候性。

3. 丙烯酸丁酯-丙烯腈-苯乙烯共聚物

丙烯酸丁酯-丙烯腈-苯乙烯共聚物(即 AAS 树脂)是一种强韧耐候的工程塑料。

AAS 树脂可采用悬浮聚合工艺,先合成丙烯腈-苯乙烯共聚物(AS),然后用 T_g 较低的均聚物单体如丙烯酸丁酯进行接枝,从而获得以塑料相(AS 树脂)为连续相,橡胶相(聚丙烯酸丁酯)为分散相,以 AS-co-BA 为界面相容剂的共混高分子合金。它是抗冲强度高、力学性能好、透明度高、加工性优良、耐候性优异的一种工程塑料。广泛用作室外结构材料,适宜于制造室内有强光的汞灯及荧光灯照射的器材和部件及电讯器材壳体的灯罩等。

4. 苯乙烯-甲基丙烯酸甲酯共聚物(MS 树脂)

苯乙烯与甲基丙烯酸甲酯竞聚率很接近,很容易得到组分均一的共聚物。工业上可用本体法、悬浮法和乳液法进行聚合。目前最常用的是悬浮聚合工艺,产品为粒状树脂。采用悬浮聚合时,通常苯乙烯与甲基丙烯酸甲酯的配比为 70∶30,先于 70℃水中加入分散剂且不断搅拌,然后按单体配比加入含 1% 过氧化苯甲酰的单体混合液,聚合 5 h,然后过滤、洗涤、干燥、挤出造粒即得产品。

MS 树脂具有较高的透明性,良好的耐候性,加工性能很好,可用注射和挤出成型。MS 树脂宜作打印机部件、家用电器的铭牌、照明器具、车辆灯具及各种日用品等。

苯乙烯除用于制备通用级聚苯乙烯、抗冲聚苯乙烯、发泡聚苯乙烯外,还用于制造苯乙烯-二乙烯苯共聚型离子交换树脂,是一种用途广泛的功能高分子。

4.8 甲基丙烯酸甲酯的悬浮聚合

甲基丙烯酸甲酯(MMA)可通过悬浮聚合制造模塑粉,它可用压制成型方法制造假牙、牙托、假肢或其他模制品。甲基丙烯酸甲酯与苯乙烯、丙烯酸甲酯等共聚,可制得供注射成型用的树脂。

4.8.1 甲基丙烯酸甲酯的悬浮聚合工艺

1. 主要原材料

(1) 甲基丙烯酸甲酯

聚合级 MMA 含量≥98.5%、酸度≤0.08%,α-羟基异丁酸甲酯<2%。聚合前须用洗涤法、蒸馏法或离子交换法去除阻聚剂。

(2) 分散剂

MMA 的聚合过程与苯乙烯悬浮聚合很类似,所使用的分散剂除了常使用的聚乙烯醇、碳酸镁外,还用聚甲基丙烯酸钠(Na-PMAA)。Na-PMAA 是一种用 MMA 皂化后的聚合产物,属于高分子分散剂。由于 Na-PMAA 的结构与 MMA 相似,其又有 Na^- 亲水基团,所以能很好地聚集在单体液滴表面形成保护膜。另外,Na-PMAA 能降低 MMA 与水之间的界面张力,因而对 MMA 有很强的分散能力,能形成较细和均匀的粒子。

Na-PMAA 可按如表 4-20 所示的配方来合成。于带有搅拌器和回流冷凝器的反应釜中,先加入 80% 的软水,粉碎的 NaOH,搅拌并溶解冷却。然后在 3~3.5 h 内以先快后慢速度加入 MMA,并维持釜温 40~50℃。MMA 加料结束后,再向釜中加入余下 20% 的软水,并在 3~4h 内升温至 100℃,此时回流管内开始蒸出甲醇(反应副产物)。待甲醇蒸完后将反应物冷却至 30℃,加入预先配制的连二亚硫酸钠和过硫酸铵水溶液(引发体系,连二亚硫酸钠与过硫酸铵先分别溶解在水中),在搅拌下甲基丙烯酸钠开始聚合反应,15min后完成聚合即可出料。聚合物为微黄半透明液体,Na-PMAA的含量为50%,冷却后结成硬块。最后再往反应釜内投入适量软水,加热至沸,在搅拌下投入切成小块的上述含量为50%的Na-PMAA,搅拌溶解至釜中已无块状物时即可放出供悬浮聚合用,此即为10%Na-PMAA的水溶液。

表4-20 聚甲基丙烯酸钠的合成配方

组分	纯度或级别	用量/kg
甲基丙烯酸甲酯	>98.5%	250
软水		250
氢氧化钠	工业	80
连二亚硫酸钠	化学纯	1
过硫酸铵	化学纯	15

(3)其他组分

MMA悬浮聚合组分还有引发剂及辅助单体等。

2. 聚合配方及工艺条件

MMA悬浮聚合的配方及工艺条件如表4-21所示。

表4-21 MMA悬浮聚合的配方及工艺条件

原料	成分	用量	工艺条件	
			时间/min	温度/℃
MMA/%	>98.5	70	40~50	常温~62
软水		420	60	62~80
PVA(乙酰基含量)/%	14	0.025	15	自升到89
Na-PMAA/%	10	18	30	89~99
BPO/%	77	0.54	30	保温90

3. MMA悬浮聚合工艺过程

MMA悬浮聚合工艺示意流程见图4-12。在反应釜中加入水,搅拌下依次加入聚乙烯醇、聚甲基丙烯酸钠,搅拌溶解均一。之后加入溶有过氧化苯甲酰的MMA单体溶液,开始升温。按表4-21所列聚合工艺条件控制一定升温速率和温度,即可完成聚合。

若经球磨、过筛,聚合物颗粒粒度有40目、120目的产品,分别可作牙托粉、牙粉的原料,经颜料染色后与牙托水(即溶有0.005%~0.007%对苯二酚的MMA)调成胶泥,然后填于用石膏制成牙托或假牙的阴模中,闭模夹紧,置于沸水中加热,冷却后即成牙托或假牙。

聚甲基丙烯酸甲酯模塑粉比浇铸型的聚甲基丙烯酸甲酯分子量低,相对密度为1.19,无色透明,透光度91%,折射率1.49,吸水率0.4%,流动性好,耐化学品性能与普通有机玻璃相同。聚甲基丙烯酸甲酯模塑粉的主要性能参见表4-22。

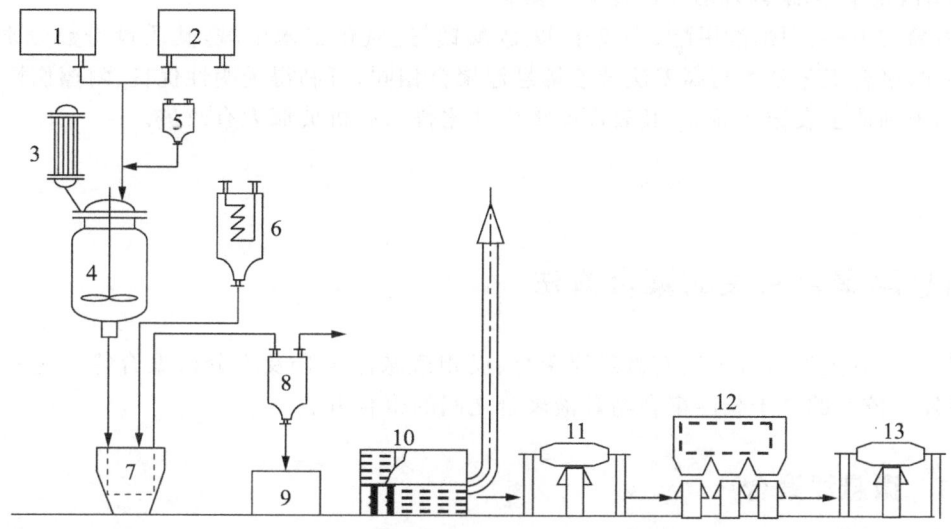

图 4-12 悬浮聚合生产模塑粉工艺流程

1—甲基丙烯酸甲酯计量槽(铝);2—软水计量槽(铝);3—回流管;4—聚合釜(不锈钢);5—辅料加入口;
6—软水加热器;7—沉淀洗涤槽;8—湿粉真空吸料槽;9—离心机;10—箱式干燥器;11—球磨粉碎机(不锈钢);
12—滚筒式筛粉机;13—球磨染色机(不锈钢)

表 4-22 聚甲基丙烯酸甲酯模塑粉的主要性能

性能	数值	性能	数值
拉伸强度/MPa	76.5	热变形温度(1.82MPa)/℃	90
断裂伸长/%	5~7	体积电阻率/($\Omega \cdot cm$)	$10^{15} \sim 10^{17}$
冲击强度(缺口)/(kJ/m^2)	1.76	介电损耗正切值	0.03~0.05
洛氏硬度(M)	85~105		

聚甲基丙烯酸甲酯模塑粉可注射、模压和挤出成型,主要用于制造汽车尾灯罩、交通信号灯罩、工业透镜、仪表盘盖、控制板、设备罩壳等。

4.8.2 悬浮法甲基丙烯酸甲酯的改性产品

1. 甲基丙烯酸甲酯-丙烯酸丁酯的悬浮共聚物

这种共聚物除单体配比(质量份数)按 MMA:BA=66.5:3.5 外,其配方和工艺条件同 MMA 悬浮聚合相似。MMA-BA 悬浮共聚物产品可作自凝牙托粉。与普通牙托粉比较,自凝牙托粉的抗横断挠度断裂时载荷由 83.3N 提高到 92.1N,断裂时挠度由 4.7mm 提高到 6mm。

甲基丙烯酸甲酯-丙烯酸丁酯模塑粉可用于制自凝牙托粉或假牙。120 目的模塑粉经加入颜料、1%的过氧化二苯甲酰,球磨 2h 后即成为自凝牙托粉(或假牙粉)。此自凝牙托粉(或假牙粉)与自凝牙托水(含溶有 0.5%的 N,N-二甲基对甲苯胺及 0.006%的 2,6-二叔丁基对甲苯酚的 MMA 溶液)混合成胶泥,室温下经模塑成型即成牙托或假牙。

2. 甲基丙烯酸甲酯-苯乙烯的悬浮共聚物

以 $MgCO_3$ 作为分散剂,BPO 为引发剂,甲基丙烯酸甲酯与苯乙烯配比(质量份数)为 85:15,生产方法与高温法苯乙烯悬浮聚合类似。共聚树脂具有很好的透明性、着色性、流动性、加工性等特点,可用注射、挤出等方法制作许多工业品及文教用品。

3. 甲基丙烯酸甲酯-丙烯酸甲酯悬浮共聚物

甲基丙烯酸甲酯、丙烯酸甲酯、去离子水、碳酸镁、过氧化二苯甲酰,其质量份数分别为 92、8、400、1.4、0.6,聚合工艺基本与高温法苯乙烯悬浮聚合相同,可制得透明性优良、耐擦伤性良好的共聚树脂。用于制造手表透明面盖,其表面耐擦伤性比普通有机玻璃大有改进。

4.9 与悬浮聚合有关的聚合方法

与悬浮聚合有关的聚合方法有微悬浮聚合、反相微悬浮聚合及水分散聚合等。这些聚合方法是近 20 年发展较快的介于悬浮聚合与乳液聚合之间的聚合方法。

4.9.1 微悬浮聚合

经典乳液聚合产物的颗粒粒径约为 $0.1\sim0.2\mu m$,典型悬浮聚合产物的颗粒粒径达 $50\sim2000\mu m$,而微悬浮聚合物颗粒直径约为 $0.2\sim2\mu m$,介于乳液聚合与悬浮聚合之间。在微悬浮聚合中,包括水、引发剂、单体、分散剂和乳化剂等,但无论采用油溶性引发剂,还是采用水溶性引发剂,均是在微液滴中引发聚合,即液滴成核,有别于乳液聚合。由此可知,微悬浮聚合不但在粒径上与悬浮聚合和乳液聚合具有差别,而且在聚合机理和成粒机理上也与悬浮聚合和乳液聚合有一定的差别。微悬浮(micro-suspension)聚合也称微乳液(mini-emulsion)聚合,在不同的场合,应用不同的称谓。一般用于氯乙烯聚合时称为微悬浮聚合。

微悬浮聚合,采用一般乳化剂和难溶助剂(如十六醇)复合使用时,只要一般搅拌,就可以形成微悬浮液。在水介质中进行时,其尺寸($0.2\sim1.5\mu m$)不仅远小于悬浮聚合液滴($50\sim2000\mu m$),而且比普通乳液聚合液滴(约 $10\mu m$)还小一个数量级。这样小的微液滴具有很大的比表面,可以与胶束相竞争而引发聚合。此外,微悬浮聚合体系中主乳化剂用量较少,与难溶助剂复合后,吸附在微液滴表面起保护作用,残余的乳化剂不多,较少形成胶束。因此,微悬浮聚合兼有悬浮聚合和乳液聚合的特征,对聚合速率、分子量、颗粒特性的影响均有其特殊性。

采用微悬浮法生产的聚氯乙烯树脂与采用乳液法生产的聚氯乙烯树脂均可用于配制聚氯乙烯糊,俗称糊树脂,约占 PVC 总产量的 10%,主要用于人造革、壁纸、矿用运输带、胶乳手套等。

由于乳液法聚氯乙烯粒径小,约 $0.1\mu m$,与增塑剂配出的糊黏度高。而采用乳液法树脂和微米级微悬浮法树脂掺混使用,可获得黏度较低的糊,便于使用。

目前在氯乙烯微悬浮聚合法生产中,多采用阴离子乳化剂和长链脂肪醇复合体系。如十二烷基硫酸钠/十六醇物质的量之比为 $1:3\sim1:2$,两者总量占水质量的 $1.5\%\sim2\%$,在 70℃下先配成溶液,然后加入溶有引发剂的单体,很容易分散成微米级液滴,聚合就在液滴内进行,最终 PVC 颗粒大小与原始液滴相当。在微悬浮聚合中还可以加入 $1\sim2$ 种乳胶种子,进行种子聚合。

4.9.2 非水分散聚合

分散聚合是一种特殊类型的沉淀聚合,它是由英国 ICI 公司的研究者们于 20 世纪 70 年代初最先提出来的。其单体、稳定剂和引发剂都溶解在介质中,反应开始前为均相体系,但生成的聚合物不溶在介质中,聚合物链达到临界链长后,便从介质中沉淀出来。与沉淀聚合不同的是沉淀出来的聚合物链不是形成粉末状或块状的聚合物,而是聚集成小颗粒,它们借助于分散剂稳定地悬浮在介质中，形成类似于聚合物乳液的稳定分散体系。当反应介质不是水时，则称非水介质的分散聚合，即非水分散聚合(Nonaqueous Dispersion Polymerization，NAD)。

1. 非水分散聚合的特点

(1) 该聚合方法生产工艺简单，可适用于各种单体；
(2) 非水分散聚合物体系黏度低、聚合物分子量不受限制；
(3) 固体分高、挥发速率可以在很宽的范围内调整等特点，因此适合用来制备各种类型的涂料。

推动非水分散体系近年来发展的主要原因，是它只需用对环境污染小的溶剂作为分散介质，如脂肪族碳氢化合物等。

2. 稳定机理

在分散聚合过程中，关键是保证聚合过程和贮存中分散聚合物微粒不絮凝结块。要防止分散相中分散聚合物微粒聚结，抵消或减弱微粒在近距离间的范德瓦尔斯引力，必须在微粒间有一定的斥力。在水性分散聚合物中，离子表面活性剂如烷基苯磺酸盐、酰胺结构的季胺盐可以在水相介质中产生稳定的聚合物。双电荷层机理对水性乳液的稳定起决定性作用，但在有机溶剂和低极性的介质中作用不大，分散剂的稳定是通过位阻稳定机理来实现的。所谓位阻稳定机理就是为了防止聚合物分散微粒絮凝，在微粒的表面必须建立起一层可以溶解在分散介质中的聚合物保护性屏障。当两个分散微粒接触到足够近的位置，通过接枝或嵌段共聚方式以化学链连接在微粒表面上的可溶性长链在液相分散介质中相互重叠，可溶性链段在相重叠的区域，浓度升高，自由能增加，从而在该区域产生一个渗透压。为使自由能下降，状态趋于稳定，溶剂将扩散到这个可溶性链段的高浓度区域，迫使微粒分开，直至位阻屏障不再接触为止。

3. 聚合机理

目前对分散聚合粒子生成和增长的理论尚无定论，但人们主要倾向于两种机理，一是齐聚物沉淀机理，另一种是接枝共聚物聚结成核机理。

齐聚物沉淀机理：在反应前，单体、稳定剂、助稳定剂和引发剂都溶解在介质中，形成均相体系上升到反应温度后引发剂分解为自由基，并引发聚合生成溶于介质的齐聚物。当到达临界聚合度时，齐聚物从介质中沉析出来，并吸附稳定剂和助稳定剂到其表面上形成稳定的核；所生成的核从连续相中吸收单体和自由基，形成被单体溶胀的颗粒，并在其中进行聚合反应，直至单体耗尽。

接枝共聚物聚结成核机理：反应开始前为均相体系，升温至反应温度后产生自由基，并在稳定剂分子链上活化氢位置进行接枝反应，形成接枝共聚物。这些接枝共聚物中的聚合物链聚结到一起形成核，而稳定剂链则伸向介质，以使颗粒稳定地悬浮在介质中，颗粒不断地从介质中吸收单体进行聚合反应，使颗粒不断长大，直至反应结束。

4. 分散稳定剂和助稳定剂

非水分散聚合中的稳定剂须有很大的位阻效应。常用的稳定剂有聚乙烯基吡咯烷酮(PVP)、羟丙基纤维素(HPC)等，也用到聚丙烯酸(PAA)、聚乙烯醇(PVA)、糊精、丙烯酸与甲基丙烯酸十八烷基酯的共聚物、聚甲基丙烯酸甲酯接枝的聚12-羟基硬脂酸共聚物、聚丙酰亚氨基乙烯等。

为保证分散微粒表面上的可溶性链节在重叠时产生足够的推斥力而不脱落或解吸，必须使之牢固地吸附在微粒表面上。因此，接枝或嵌段共聚物(组成的一部分可溶解在有机相里而另一部分不溶)是一种最为有效的非水分散稳定剂。可溶性链段不可逆转地吸附或与主要分散聚合物共沉淀而使这些可溶性链节接枝在聚合物分散微粒表面上，形成一个永久性保护屏障。有人认为凡是分子链上具有活泼氢的均聚物在适当的体系中都可以作分散聚合稳定剂。如聚甲基丙烯酸-2-乙基己酯在三甲苯戊烷和羟丙基纤维素存在下，在水基混合介质中是一种很有效的位阻型稳定剂。有人发现在聚合物链上引入带有庞大亲介质基团的大分子量单体，如丙烯酸聚己二醇酯等，可以在不加入其他稳定剂的情况下，进行分散聚合，有很好的稳定效果。

另外,不加大分子稳定剂,通过小分子单体如丙烯酸、衣康酸、反丁烯二酸等的高级酯与碳原子数为3~5的乙烯基酯类共聚合;丙烯酸与甲基丙烯酸十八烷基酯共聚合也可得到稳定的非水分散乳液。氯化季胺盐、2-磺酸钠琥珀酸二辛酯、triton-N-57、十六烷醇常用作助稳定剂。

5. 甲基丙烯酸十二烷基酯型非水分散聚合稳定剂的制备

1) 原材料

制备甲基丙烯酸十二烷基酯型非水分散聚合物稳定剂的主要原料包括脂肪烃类溶剂(沸点100~120 ℃)、甲基丙烯酸十二烷基酯、甲基丙烯酸缩水甘油醚、偶氮二异丁腈、醋酸乙酯、甲基丙烯酸、对苯二酚和十二烷基苯胺。

2) 制备步骤

在反应瓶中加入60份(质量份数)脂肪烃(沸点110 ℃左右),搅拌下加热至回流,再将32份甲基丙烯酸十二烷基酯和1份甲基丙烯酸缩水甘油醚、0.5份偶氮二异丁腈和5份乙酸乙酯混合物在5 h内连续滴加到反应瓶中,保温2 h,降温。在以上反应体系中加入0.02份对苯二酚、0.5份甲基丙烯酸和0.08份N,N-二甲基苯胺,反应混合物升温至回流(105~115 ℃)保温10~15 h,直至酸值降到4以下,降温出料。产品为外观清澈微黄透明液体,黏度为10~30 Pa·s(DIN4号杯,25 ℃),固体成分含量30%~32%。

稳定剂合成的第一步是合成一个甲基丙烯酸十二烷基酯和甲基丙烯酸缩水甘油醚的共聚物,且该共聚物以甲基丙烯酸十二烷基酯为主。共聚物链上的侧链缩水甘油醚环可进一步与甲基丙烯酸反应,引入一个端基不饱和双键作为接枝反应的位置。

6. 非水分散聚合物的制备

在进行非水分散聚合时,所滴加的单体须经冷凝器中冷却回流下的冷溶剂稀释。这是因为单体对形成的聚合物有溶解作用,因此需要一种特殊的冷凝器,将回流溶剂冷却和单体混合稀释,再输入反应体系中,使体系保持稳定状态。同时,为使非水分散聚合体系的微粒粒度分布均匀,具有优良的物理性能,应在聚合过程中采用种子阶段。第二步滴加引发剂的目的是进一步提高转化率。典型非水分散聚合反应配方见表4-23。

表4-23 典型非水分散聚合反应配方
(聚甲基丙烯酸甲酯/甲基丙烯酸质量比=98:2)

原材料	质量/g
种子阶段	
直链脂肪烃(沸点1lo~110℃)	186
甲基丙烯酸甲酯	10
甲基丙烯酸	0.2
稳定剂溶液(30%固体分)	15
偶氮二异丁腈	0.5
单体滴加阶段	
甲基丙烯酸甲酯	200
甲基丙烯酸	5
稳定剂溶液(30%固体分)	35
偶氮二异丁腈	0.5
十二烷基硫醇(10%溶液)	6

续表

原材料	质量/g
第二步引发	
偶氮二异丁腈	0.2
乙酸丁酯	5

非水分散聚合的分散液流动性好,可以做到高固体含量,低黏度,剪切稳定性好,溶剂汽化热低。能够进行自由基聚合的单体几乎都可制备不溶于有机介质中的聚合物,主要应用于涂料工业,尤其是汽车用漆,其他还可用于复印、油墨、胶黏剂、泡沫、聚合物混凝土等。在学术上单分散聚合物胶体还可以用来研究非极性介质胶体的稳定性和浓悬浮液的性质。

第 5 章 溶液法自由基聚合工艺

5.1 概述

单体溶解在适当溶剂中并在自由基引发剂作用下进行的聚合方法称为溶液聚合法。反应生成的聚合物如溶解于所用的溶剂为均相溶液聚合，生成的聚合物如不溶于所用溶剂而沉淀析出为非均相溶液聚合，又称为沉淀聚合。

溶液聚合的优点是以溶剂为传热介质，跟本体聚合相比，热的传递得到大幅度改善，聚合温度容易控制，聚合反应平稳；由于聚合物的浓度比较低，自由基向聚合物的链转移较少，聚合物的支化和交联产物较少；易于利用溶剂的链转移作用来控制产品的分子量分布以及产品的结构形态；反应产物是一种流动液体，易于输送。

溶液聚合方法的缺点是由于单体浓度被溶剂稀释，聚合速率慢，转化率低，分子量不高；使用溶剂需要另加回收纯化的工序，分离回收费用较高；溶剂往往易燃，易造成环境污染。

溶液聚合所用的溶剂为水和有机溶剂。用水作溶剂得到的聚合物水溶液具有广泛的用途，根据聚合物的不同而用作洗涤剂、分散剂、增稠剂、皮革处理剂、絮凝剂及水质处理剂等。如果要求聚合物从水溶液中分离出来，可直接进行干燥。由于聚合物提浓后非常黏稠，所以必须用挤出机、捏和机或转鼓干燥器等专用设备进行干燥。

用有机溶剂得到的聚合物溶液主要用作制造涂料、黏合剂、合成纤维的纺丝液或继续进行化学反应等。所得聚合物溶液如直接用作黏合剂、涂料、分散剂、增稠剂等用途时，通常须经浓缩或稀释达到商品所要求的浓度后包装，必要时尚需经过滤去除不溶物后包装。如果要求从聚合物溶液中分离得到固体聚合物，则可于溶液中加入与溶剂互溶而聚合物不溶的第二种溶剂使聚合物沉淀析出，再经分离、干燥而得固体聚合物。

溶液聚合生产过程见图 5-1。

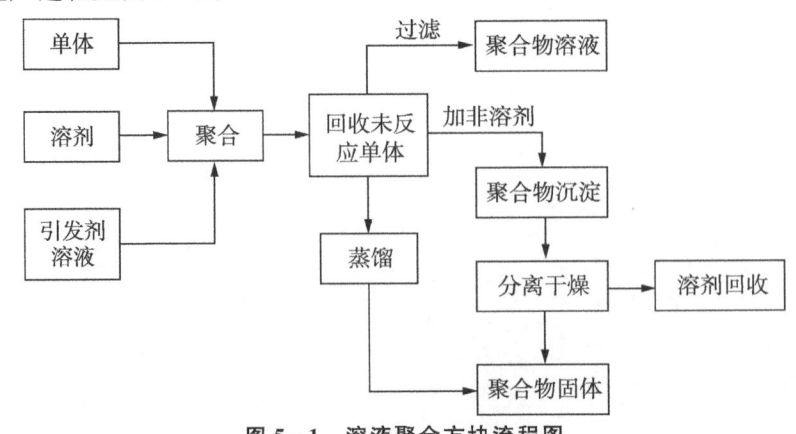

图 5-1 溶液聚合方块流程图

5.2 溶剂的选择与作用

溶液聚合所用溶剂主要是有机溶剂或水。根据单体的溶解性质以及所生产的聚合物的溶液用途选择适当的溶剂。常用的有机溶剂有醇、酯、酮以及芳烃如苯、甲苯等；此外，脂肪烃、卤代烃、环烷烃等也有应用。工业上应用溶液聚合生产聚合物的各种单体及其所用溶剂类别见表5-1。

表5-1 用于自由基溶液聚合的各种单体及其溶剂类别

单体种类	溶剂		单体种类	溶剂	
	有机溶剂	水		有机溶剂	水
丙烯酸	+	+	丙烯腈	+	+
甲基丙烯酸	+	+	苯乙烯	+	−
丙烯酰胺	−	+	乙酸乙烯酯	+	+
甲基丙烯酰胺	−	+	甲基乙烯基醚	+	+
甲基丙烯酸甲酯	+	−	丁二烯	+	−
丙烯酸甲酯	+	−	甲基苯乙烯	+	−
丙烯酸乙酯	+	−	乙烯基吡咯烷酮	+	+
丙烯酸丁酯	+	−	氯乙烯	+	−
顺丁烯二酸	+	+	偏二氯乙烯	+	−
衣康酸	+	+			

注："+"表示溶解，"−"表示不溶解。

溶剂的存在对聚合反应速率、聚合物分子量、聚合物的分子量分布以及对聚合物的结构都有着重要的影响，因此选择溶剂时必须充分考虑这些因素。

1. 溶剂对引发剂分解速率的影响

溶剂对聚合活性有很大影响，因为溶剂难以做到完全惰性，对引发剂有诱导分解作用，对自由基有链转移反应。溶液聚合如用水作为溶剂，对引发剂的分解速率基本无影响，如用有机溶剂则因溶剂种类和引发剂种类的不同而有不同程度的影响。

溶液聚合的引发剂通常用过氧化物体系和偶氮体系。溶剂对偶氮类引发剂分解速率一般不产生影响，只有偶氮二异丁酸甲酯可被溶剂诱导而加速分解。有机过氧化物在某些溶剂中有诱导分解作用。SH 表示溶剂分子，由于引发剂自由基的链转移作用而容易生成溶剂自由基，溶剂自由基可诱导过氧化二苯甲酰的分解。

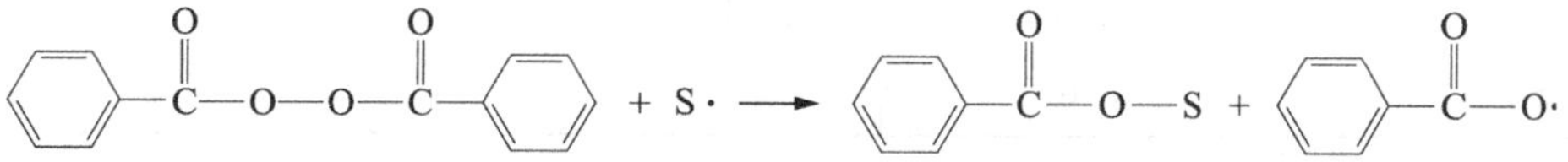

$$\text{PhC(O)-O-O-C(O)Ph} + S\cdot \longrightarrow \text{PhC(O)-O-S} + \text{PhC(O)-O}\cdot$$

由于部分自由基损失掉，诱导分解将导致引发效率降低，但从反应速率观察，诱导分解也导致引发剂的总反应速率增加，即引发剂半衰期降低。过氧化物在不同溶剂中的分解速率的增加顺序是：

卤代物＜芳香烃＜脂肪烃＜醚类＜醇类

同时过氧化二苯甲酰分解产生的苯自由基能诱导其分子的分解：

$$\text{C}_6\text{H}_5\text{-CO-O-O-CO-C}_6\text{H}_5 + \text{C}_6\text{H}_5\cdot \longrightarrow \text{C}_6\text{H}_5\text{-CO-O-C}_6\text{H}_5 + \text{C}_6\text{H}_5\text{-CO-O}\cdot$$

因此消耗了的部分自由基转变为苯甲酸苯酯，不再起初级自由基的引发作用，故总的效果是引发效率下降，但引发剂分解速率增大。

2. 溶剂的链转移及对分子量的影响

溶剂的链转移常数可以定量地表现溶剂对链转移反应的效应。链转移常数（C_s）是链转移反应速率对链增长速率（k_p）的比值。例如 C_s 为 0.5，表示链转移反应速率为链增长速率的 1/2。作为溶剂时，C_s 值应远低于 0.5，如接近 0.5 或更高时，则可作为分子量调节剂。链转移常数取决于溶剂的分子结构并且因单体的不同而变化。各种溶剂对苯乙烯、甲基丙烯酸甲酯、乙酸乙烯酯的链转移常数见表 2-7。溶剂对聚合物分子量的影响可参见表 2-5。

溶剂的链转移能力和溶剂分子中是否存在容易转移的原子有密切关系。若具有比较活泼的氢原子或卤原子，链转移常数较大。从表 2-7 中可看到，同一种溶剂对不同活性的自由基具有不同的链转移常数；而不同的溶剂对于同一自由基链转移能力也不一样（参见表 5-2 和表 5-3）。一般说来链转移常数随温度的升高而加大，因此选用溶剂时，除链转移常数外还应考虑单体的性质即使用的温度条件。

表 5-2 乙酸乙烯酯自由基在不同溶剂中的链转移常数（50 ℃）

溶剂	$C_s \times 10^4$	溶剂	$C_s \times 10^4$	溶剂	$C_s \times 10^4$
苯	2.96	丙酮	11.70	甲基乙酸酯	2.5
甲苯	17.8	甲乙酮	73.80	乙醛	660
甲醇	2.6	二氯甲烷	4	丁烯醛	1 800
乙醇	25.0	氯仿	150	异丙醇	44.6
叔丁醇	0.46	四氯化碳	9 600	环己烷	6.59

表 5-3 丙烯腈自由基在不同溶剂中的链转移常数（50 ℃）

溶剂	$C_s \times 10^5$	溶剂	$C_s \times 10^5$
二甲基甲酰胺	28.33	水	0
二甲基乙酰胺	49.45	异丙醇	48
二甲基亚砜	7.95	乙醇	15.3
碳酸乙撑酯	4.74	三氯化铁（60℃）	536
60%氯化锌溶液	6.0		

溶液聚合反应中，如希望得到分子量较高的聚合物，就得选用链转移作用较小的溶剂；反之，制备分子量低的聚合物则选择适当浓度的链转移作用较大的溶剂。通过实践知道，硫氰酸钠水溶液对丙烯腈聚合反应的链转移作用较小，所以在硫氰酸钠水溶液中进行丙烯腈溶液聚合，可获得分子量高的聚丙烯腈。如为制备适度分子量的聚丙烯腈，可在硫氰酸钠水溶液中加入链转移常数较大

的异丙醇作调节剂。在生产热固性聚丙烯酸酯漆时,常添加一定数量的十二烷基硫醇或四氯化碳调节聚合物的分子量。

四氯化碳、四溴化碳、硫醇等的链转移常数比其他溶剂大很多,添加少量即可使聚合度显著下降,这些链转移常数较大的物质又被称为调节剂。

3. 溶剂对聚合物分子结构的影响

溶液聚合反应中,由于溶剂的链转移作用,聚合物的分子量较低。但当使用不良溶剂时,聚合物的分子呈卷曲状或球形构型,在高浓度下,不良溶剂会引起聚合物沉淀而成溶胀状态析出,此时自由基相互接触机会减少。但单体能扩散到增长着的链段中去进行聚合,使得聚合物分子量增加。上述两者作用正好相反,但常常是同时发生的,所以得到的聚合物分子量分布都是由这两种相互矛盾的因素决定的。因此,溶剂能在一定程度上控制聚合物的分子量及增长链分子的分散状态和构型。

在无溶剂存在的自由基聚合反应中,随单体转化率增高和聚合物浓度的增大,自由基向已生成的大分子链进行链转移的概率增多,因此产生支链结构。如果反应体系中有溶剂存在,可降低向大分子进行链转移的机会,从而减少大分子的支链,降低支化度。

利用一些物质的转移作用,通过调聚反应,可生成调聚物。当生成聚合物($X-M_n-Y$,n 较小时)是很低分子量时,即可用链转移剂 XY 获得。这些反应是所谓调聚反应,所生成的聚合物是调聚物或称低聚物,通常可由下式表示:

$$XY + n \begin{pmatrix} R_1 & R_3 \\ C=C \\ R_2 & R_4 \end{pmatrix} \longrightarrow X \begin{bmatrix} R_1 & R_3 \\ C-C \\ R_2 & R_4 \end{bmatrix}_n Y$$

式中,R_1、R_2、R_3、R_4 表示氢或烷基;XY 为链转移剂;n 为聚合度,通常为大于1的整数。

例如,乙烯与四氯化碳的调聚反应,可制得一系列多氯代烷:

$$n CH_2=CH_2 + CCl_4 \longrightarrow Cl_3C(CH_2CH_2)_nCl$$

反应是在溶剂中进行的,自由基与具有较大链转移常数的 CCl_4 产生链转移,生成一种含氯原子的调聚物。在调聚反应中,反应速率决定于引发剂的浓度和调聚物的成分;产率取决于反应所用的主链物和调聚物的浓度。研究较多的主链物是乙烯、苯乙烯、丙烯、四氟乙烯和三氟乙烯等,常用的引发剂为过氧化二苯甲酰和叔丁基过氧化物。乙烯与四氯化碳的调聚物反应机理如下。

1) 链引发

$$(C_6H_5COO)_2 \longrightarrow 2C_6H_5\cdot + CO_2$$
$$C_6H_5\cdot + CCl_4 \longrightarrow C_6H_5Cl + \cdot CCl_3$$
$$\cdot CCl_3 + CH_2=CH_2 \longrightarrow CCl_3-CH_2-CH_2\cdot$$

2) 链增长及链转移

活性链传递给溶剂而活性链本身终止反应。

$$CCl_3-CH_2-CH_2\cdot + nCH_2=CH_2 \longrightarrow CCl_3-(CH_2-CH_2)_nCH_2-CH_2\cdot$$
$$CCl_3-CH_2-CH_2\cdot + CCl_4 \longrightarrow CCl_3-CH_2-CH_2Cl + \cdot CCl_3$$
$$CCl_3-(CH_2-CH_2)_nCH_2-CH_2\cdot + CCl_4 \longrightarrow CCl_3-(CH_2-CH_2)_nCH_2-CH_2Cl + \cdot CCl_3$$
$$\cdot CCl_3 + \cdot CCl_3 \longrightarrow Cl_3C-CCl_3$$

此处,n 值通常小于5。

通过调聚反应可制备一系列氯化烷烃的混合物,用途较大。端基 CCl_3 容易与亲电试剂如氯化铁、氯化铝、硫酸等作用而水解得到羧基;CH_2Cl 端基易与亲核试剂如氨、胺、硫化钠作用生成羟基、硫基和 ω-氮基等。端基氯还可经过氟化而生成工业上用的含氟润滑油,合成步骤简单。

由调聚反应合成的产品具有许多用途,如制造增塑剂、润滑剂、洗涤剂、涂料及杀虫剂等。因此研究调节聚合及其产品应用具有一定的实际意义。

5.3 丙烯腈溶液聚合

聚丙烯腈(PAN)纤维是指由聚丙烯腈或丙烯腈含量占85%以上和其他第二、第三单体的共聚物纺制而成的纤维。共聚物中的丙烯腈含量占35%～85%,而第二单体含量占15%～65%的共聚物制成的纤维,则称为改性聚丙烯腈纤维。我国聚丙烯腈纤维的商品名称为腈纶。

早在20世纪30年代初期,美国 Du Pont 公司和德国 Hoechst 化学公司就已着手聚丙烯腈纤维的生产试验,并于1942年同时取得以二甲基甲酰胺(DMF)为聚丙烯腈溶剂的专利。随后又发现其他有机与无机溶剂,如二甲基乙酰胺(DMA)、二甲基亚砜(DMSO)、硫氰酸钠(NaSCN)的浓溶液,氯化锌溶液和硝酸等。随后又花了十余年时间,直至1950年,聚丙烯腈纤维才正式生产。

最早的聚丙烯腈纤维由纯 PAN 制成,因染色困难,且弹性较差,故仅作为工业用纤维。后来开发出丙烯腈与乙烯基化合物组成的二元或三元共聚物,改善了聚合物的可纺性和纤维的染色性,其后又研制成功丙烯氨氧化法制丙烯腈的新方法,才使聚丙烯腈纤维迅速发展。目前其产量仅次于涤纶和尼龙而居第三位。

5.3.1 均相溶液聚合工艺

1. 聚合体系的组成

1) 单体

纯聚丙烯腈纤维的产量较低,均用作工业用途。世界各国生产的聚丙烯腈纤维大多由三元共聚物制得,其中除第一单体丙烯腈外(用量一般在88%～95%),还要采用第二单体和第三单体。

工业生产中常用的第二单体为非离子型单体,如丙烯酸甲酯,甲基丙烯酸甲酯,乙酸乙烯酯和丙烯酰胺等。加入第二单体的作用是降低 PAN 的结晶性,增加纤维的柔软性,提高纤维的机械强度、弹性和手感,提高染料向纤维内部的扩散速率,并在一定程度上改善纤维的染色性。第二单体用量通常为4%～10%。

加入第三单体的目的是引入一定数量的亲染料基团,以增加纤维对染料的亲和力,可制得色谱齐全、颜色鲜艳、染色牢度好的纤维,并使纤维不会因热处理等高温过程而发黄。第三单体为离子型单体,可分为两大类:一类是对阳离子染料有亲和力,含有羧基或磺酸基团的单体,如丙烯磺酸钠、甲基丙烯磺酸钠、甲叉丁二酸(衣康酸)、对-乙烯基苯磺酸钠、甲基丙烯苯磺酸钠等;另一类是对酸性染料有亲和力,含有氨基、酰胺基、吡啶基等的单体,如乙烯基吡啶、2-甲基-5-乙烯基吡啶、甲基丙烯酸二甲氨基乙酯等。第三单体用量通常为0.3%～2%,如衣康酸时,用量仅为1.3%即可。

由于丙烯腈单体活性较大,可以同许多单体进行共聚改性,因此,这为改善腈纶纤维性能奠定了基础。

当两种或两种以上单体进行共聚时,往往会因为各单体的竞聚率不同导致单体在聚合过程中的消耗速率不一,增加聚合操作的复杂性。在实际生产中为了便于控制,以保证所得产物质量的稳定,所用各单体的竞聚率不能相差过大。常用的各种单体与丙烯腈(AN)共聚时的竞聚率见表5-4。

表 5-4 常用单体(M_2)与 AN(M_1)共聚时的竞聚率

M_2	r_1	r_2	备注
丙烯酸甲酯(MA)	0.95	1.17	60℃,52%NaSCN 水溶液
丙烯酸甲酯	0.70	1.22	20℃,水相,$S_2O_8^{2-}$-HSO_3^{-1} 引发
丙烯酸甲酯	0.50	0.71	80℃聚合
衣康酸(ITA)	0.30	0.60	50℃水相聚合,过硫酸钾引发,pH 为 4.7~5.3
甲基丙烯酸甲酯(MMA)	0.150	1.224	80℃聚合
乙酸乙烯酯(VAc)	6.0	0.07	70℃聚合
甲基丙烯腈(MAN)	0.32	2.68	60℃聚合
丙烯酰胺(AAM)	0.875	1.375	60℃聚合
乙烯基吡啶(VP)	0.113	0.47	60℃聚合
2-甲基-5-乙烯基吡啶(MVP)	0.10	1.10	
苯乙烯磺酸钠(SSS)	0.10	1.20	40℃水相聚合,过硫酸铵引发,pH 为 3
丙烯磺酸钠(SAS)	4.94	0.07	30℃水相聚合,$K_2S_2O_8$-$NaHSO_3$ 引发
甲基丙烯磺酸钠(SMAS)	2	0.2	70℃水相聚合,H_2O_2 引发
甲基丙烯磺酸钠	0.55	0.08	70℃,40%NaSCN 水溶液

2) 溶剂

在工业生产中,根据所用溶剂的溶解性能不同,丙烯腈溶液聚合可分为均相溶液聚合和非均相溶液聚合两种。

均相溶液聚合时,采用了既能溶解单体又能溶解聚合物的溶剂,如 NaSCN 水溶液、氯化锌水溶液及二甲基亚砜等。反应完毕后,聚合物溶液可直接纺丝,所以这种生产聚丙烯腈纤维的方法称为"一步法"。

非均相溶液聚合时,采用的溶剂能溶解或部分溶解单体,但不能溶解聚合物。聚合过程中生成的聚合物以絮状沉淀不断地析出。若要制成纤维,必须将絮状的聚丙烯腈分离出来,再进行溶解制得纺丝原液(供纺丝用的聚合物浓溶液)才可纺制纤维,所以这种方法称为"两步法"。若非均相聚合时采用的溶剂是水,则称为"水相沉淀聚合法"。这种方法反应温度低,产品色泽洁白,在水相聚合中可得到分子量分布较窄的产品;聚合速率快,转化率高,节省了溶剂回收工序。水相沉淀聚合法的缺点是纺丝前还要进行聚合物的溶解,聚合和纺丝分两步,生产不连续化。

3) 引发剂

丙烯腈聚合通常使用下列三类引发剂。

偶氮类引发剂:主要是偶氮二异丁腈、偶氮二异庚腈;

有机过氧化物类:如辛酰过氧化物、十二酰过氧化物、过氧化二碳酸二异丙酯;

氧化还原体系类:氧化剂如过硫酸盐、氯酸盐、过氧化氢,还原剂如氧化铜、亚硫酸盐、亚硫酸氢钠。

丙烯腈聚合因不同溶剂路线和不同的聚合方法对引发剂的选择也有所不同,例如 NaSCN 溶剂路线和 DMSO 溶剂路线常采用偶氮二异丁腈为引发剂,水相聚合法则采用氧化-还原引发体系

4) 链转移剂

丙烯腈溶液聚合反应中,存在多种链转移反应。由于溶剂的存在,大分子自由基向溶剂的链转移,结果使大分子支化受到抑制。溶剂的链转移常数大,不能制得分子量大的聚合物。因此,一般选择链转移常数适当的溶剂,且用异丙醇或乙醇作调节剂。

5) 添加剂

为了防止聚合物着色,在聚合过程中还需加入少量还原剂或其他添加剂,如二氧化硫脲、氯化亚锡等,以提高纤维的白度。

2. 聚合配方及工艺流程

1) 聚合配方

以硫氰酸钠水溶液为溶剂,丙烯腈为主单体的三元共聚物的典型配方及工艺条件如表 5-5 所示。

表 5-5 丙烯腈均相溶液聚合配方及工艺条件

组分	质量份数	聚合工艺条件	数值
丙烯腈	91.7	聚合温度/℃	75~80
丙烯酸甲酯	7	聚合时间/h	1.2~1.5
衣康酸	1.3	高转化率控制范围/%	70~75
偶氮二异丁腈	0.75	高转化率时聚合物浓度/%	11.9~12.75
异丙醇	1~3	低转化率控制范围/%	50~55
二氧化硫脲	0.75	低转化率时聚合物浓度/%	10~11
硫氢酸钠水溶液(51%~52%)	80~80.5	搅拌速度/(r/min)	50~80

2) 聚合工艺流程

丙烯腈均相溶液聚合工艺流程见图 5-2。原料丙烯腈(AN)、第二单体丙烯酸甲酯(MA)及 48.8% 的硫氰酸钠溶剂分别经由计量桶计量后放入调配桶,引发剂偶氮二异丁腈(AIBN)和浅色剂二氧化硫脲(TUD)称量之后,经由旋流液封加料斗加入调配桶。衣康酸(ITA)则被调成一定浓度的水溶液经由计量桶加入调配桶。调配好后,连续地以稳定的流量注入试剂混合桶,与从聚合浆液中脱除出来的未反应单体等(如 AN、MA、IPA 和水分)充分混合,调节 pH 值为 4~5 并调温后,与异丙醇(IPA)在管道中混合后,用计量泵连续地送入两个并联聚合釜,在反应釜内按设定的工艺条件进行聚合。

完成聚合后的浆液由釜顶出料,通往两个脱单体塔,未反应的单体在脱单体塔中分离逸出,被抽到单体冷凝器,在这里反应用的试剂混合液又被作为回收单体的冷凝液,经泵注入单体冷凝器,把未反应的单体冷凝下来,而后被一起带回试剂混合桶。脱单体后的浆液中最终单体含量低于 0.2%,送入纺丝原液准备工序。

3. 影响聚合反应的主要因素

1) 总单体浓度

从自由基反应动力学可知,聚合反应速率与单体浓度的一次方成正比,所以单体浓度增加,聚合反应速率提高。此外聚合物平均分子量与单体浓度成正比,因此提高单体浓度也使聚合物的分子量提高。在丙烯腈均相溶液聚合中,以偶氮二异丁腈为引发剂时,其他条件固定,仅改变单体浓度,其结果参见表 5-6。

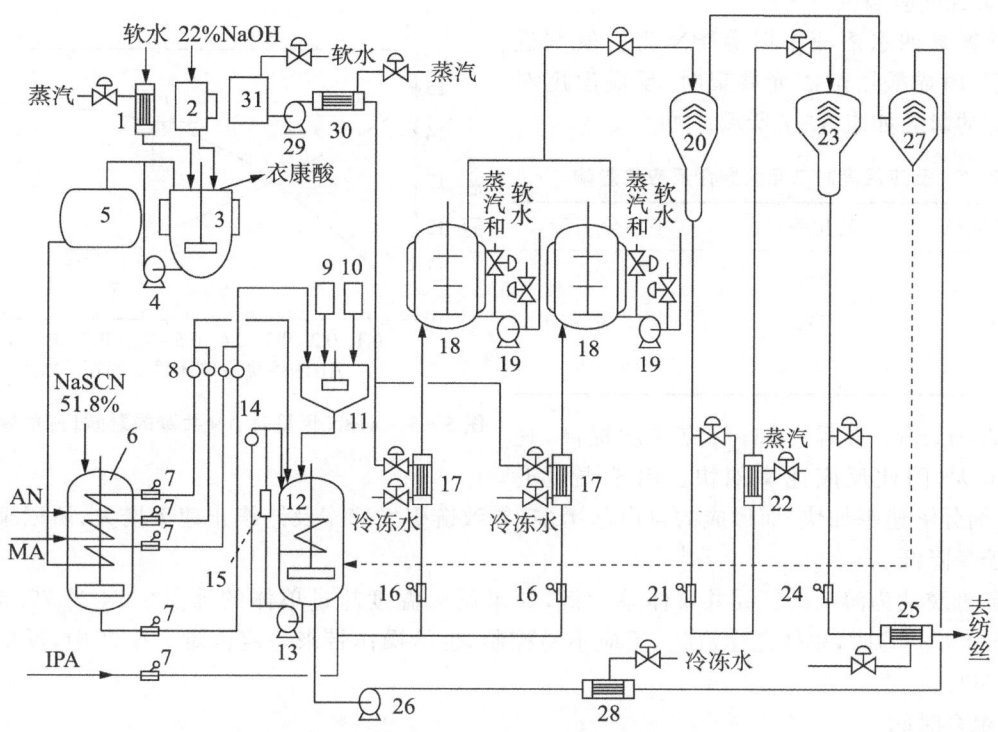

图 5-2 丙烯腈均相溶液聚合工艺流程图

1—软水加热器；2—烧碱计量罐；3、4、5—衣康酸钠配制槽、输送泵及高位槽；6—匀温槽；7—计量泵；8—光电计量校正系统；9—二氧化硫脲加料器；10—偶氮二异丁腈加料器；11—淤浆槽；12—反应剂混合槽；13—pH计循环泵；14—pH计；15—比重计；16—反应釜加料泵；17—转化率控制器；18—反应釜；19—夹套循环泵；20、21—第一脱单体器及抽出泵；22—原液预热器；23、24—第二脱单体器及抽出泵；25—原液冷却器；26—喷淋液循环泵；27—单体冷凝器；28—喷淋液冷却器；29—热水循环泵；30—软水加热器；31—热水高位槽

表 5-6 单体浓度对聚合反应的影响

反应体系中单体浓度/%	转化率/%	增比黏度 η_{sp}
8	68.6	2.18
10	78.8	2.52
12	81.8	2.64
14	82.6	2.80
16	83.1	2.79

但是单体浓度并不能随意提高，对于一步法制备纺丝原液，单体浓度受制于纺丝原液的总固含量和转化率。如以硫氰酸钠浓水溶液为溶剂，聚合物平均分子量为 6 000～80 000，总固含量为 12.2%～13.5%；如单体转化率为 55%～70%，则在聚合液中的单体总浓度应控制在 17%～21%。

2）引发剂浓度

随引发剂浓度的增加，聚合速率加快，但聚合物分子量降低。如在硫氰酸钠水溶液中进行丙烯腈-丙烯酸甲酯二元共聚时，当 AN：MA＝90：10（质量份数），其他条件不变，仅改变 AIBN 用量，所得的结果见图 5-3。由图可见，其反应速率（即单位时间内所产生总固体量或单位时间的转化率）随引发剂用量增加而增加，聚合物平均分子量则随引发剂用量增加而减少。在实际生产中，引发剂 AIBN 用量一般为总单体质量的 0.2%～0.8%。

3) 聚合反应温度

在硫氰酸钠水溶液中以 AIBN 为引发剂进行丙烯腈-丙烯酸甲酯二元共聚时,反应温度对聚合反应的影响如表 5-7 所示。

表 5-7 反应温度对二元共聚合反应的影响

聚合温度/℃	转化率/%	平均分子量
70	70.6	78 900
75	72.5	65 800
80	76.5	43 400

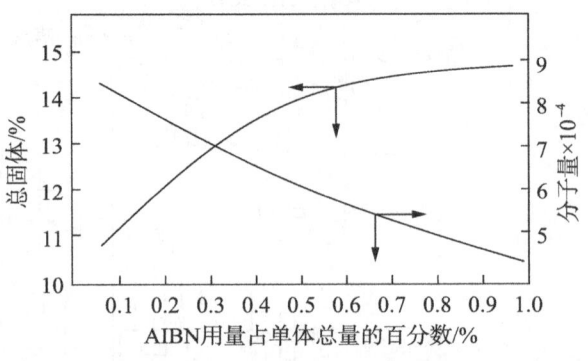

图 5-3 AIBN 用量对 AN 共聚的影响(占单体 17%)

由 Arrhenius 方程可知,反应温度提高,速率常数增大,因此反应速率加快。由于温度升高,引发剂分解速率加快,而形成的自由基增多,导致链引发速率及链终止速率增大,所以聚合物的平均分子量降低。

以硫氢酸钠为溶剂的三元共聚体系为例,如果反应温度超过单体的沸点(AN 为 77.3℃,MA 为 79.6~80.3℃)时,单体急速汽化,反应不易控制,也给操作带来一定困难。生产中,反应温度选择 76~78℃。

4) 聚合时间

聚合时间短,聚合热来不及释放,聚合转化率也低;聚合时间太长,则会降低设备的生产能力。以硫氰酸钠为溶剂的均相溶液聚合的生产中,聚合时间的影响见表 5-8。

表 5-8 聚合时间对转化率及聚合物分子量的影响

聚合时间/min	总固体/%	转化率/%	落球黏度/s	分子量	AN/%
60	11.5	67.6	382.9	85 300	87.8
90	12.14	71.4	456.7	86 300	86.8
120	12.12	71.3	391.7	77 500	88.1

由表 5-8 可知,随聚合时间的增加,转化率上升缓慢,分子量有所下降,并且分子量分布变宽。生产上,以硫氰酸钠为溶剂时,聚合时间一般控制在 1.5~2.0 h。以 HNO_3 或 DMSO 为溶剂时,聚合时间一般为 12~14 h。

5) 介质的 pH 值

在硫氰酸钠溶液聚合反应中,以 AIBN 为引发剂、二氧化硫脲为浅色剂,在 AN-MA 二元共聚中,pH 值对聚合的影响见图 5-4。

由图 5-4 可知,当 pH 值在 4 以下时,溶液 pH 值对聚合转化率和聚合物增比黏度有明显的影响。这可能是由于 pH 值低时,在聚合条件下有少量硫氰酸钠分子产生硫化物而引起的链转移和阻聚作用。pH 值在 4~9,转化率、增

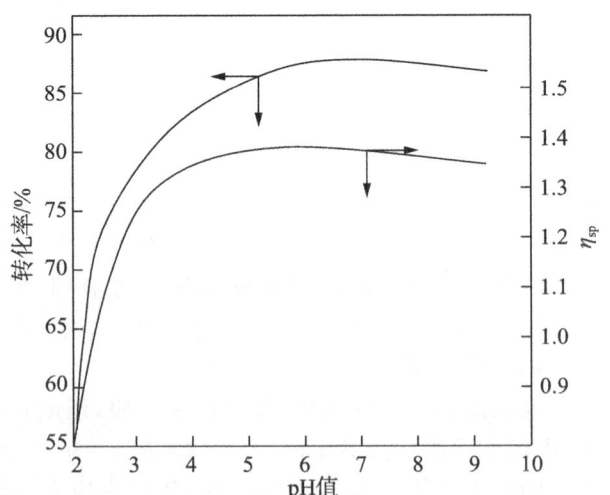

图 5-4 介质 pH 值对聚合转化率的影响

比黏度变化较小，但 pH 值大于 7 的条件下，聚丙烯腈分子链上的氰基容易水解。

聚丙烯腈在 NH_3 存在下会在大分子链上产生共轭双键并形成脒基而显黄色。若加入稀酸处理，黄色化合物会水解成无色的聚丙烯酰胺或聚丙烯酸，这样可以使聚合物恢复白度。

pH 值低，聚合物色淡、透明；pH 值高，聚合物色泽变黄。在 pH 值为 5 ± 0.3 时，聚合物颜色较淡，且对聚合转化率等影响不大。如以衣康酸为第三单体，以硫氰酸钠为溶剂进行聚合，为使反应体系 pH 值保持 5 左右，必须将衣康酸先行转化为衣康酸-钠盐，且配成 13.5％浓度，此时 pH 值与反应体系所要求 pH 值较接近。

6）浅色剂的影响

二氧化硫脲（TUD）可明显改善聚合物的色泽，故称为浅色剂。二氧化硫脲是一种性能良好的浅色剂，加入 0.75％时，透光率可提高到 95％，其用量通常为单体量的 0.5％～1.2％。

二氧化硫脲之所以能起到浅色剂的作用，主要是它受热后能产生不稳定的甲脒亚磺酸，并产生尿素及次硫酸，而次硫酸遇氧后又产生亚硫酸。由于次硫酸和亚硫酸都会电离出氢离子，能抵消硫代硫酸钠分解所引起的 pH 值升高，故有利于稳定体系的 pH 值。其反应式如下：

$$\text{二氧化硫脲（稳定）} \xrightarrow[\Delta]{H_2O} \text{甲脒亚磺酸（不稳定）} \xrightarrow[\Delta]{H_2O} \text{尿素} + \text{次硫酸}$$

$$H_2SO_2 \xrightarrow{O_2} H_2SO_3$$

$$H_2SO_2 \longrightarrow H^+ + HSO_2^-$$

$$H_2SO_3 \longrightarrow H^+ + HSO_3^-$$

还有一种见解，认为二氧化硫脲的分解产物能与丙烯腈、衣康酸形成络合物，阻止铁离子吸附到丙烯腈上，因此使聚丙烯腈不被污染。

但浅色剂用量不能过多，它会造成硫酸根的增多，对反应系统产生阻聚作用和链转移反应，使聚合体系的转化率和分子量下降。

7）调节剂的用量

异丙醇（IPA）是一种调节剂，因其分子中与伯碳原子相连的氢原子特别活泼，易和增长着的大分子自由基作用发生链转移，因此可调节聚合物的分子量。试验表明，聚合浆液的平均分子量随异丙醇用量的增加而递减，而转化率变化甚微，所以在生产上可用异丙醇的加入量来控制聚合物的分子量。

8）转化率的选择

以硫氰酸钠为溶剂的丙烯腈聚合反应中，可采用两种转化率：一种为低转化率 50％～55％，另一种为中转化率 70％～75％。低转化率的聚丙烯腈色度洁白，分子量较高，但单体的回收量大。而高转化率（即 80％以上）的聚丙烯腈，色黄，分子量分布宽，且有支链会影响纺丝，所以一般工厂选用 70％～75％的中转化率来进行生产。

9）铁质

在以硫氰酸钠为溶剂，偶氮二异丁腈为引发剂的聚合体系中，无论是 Fe^{2+} 还是 Fe^{3+} 都对反应有阻聚作用，使反应速率下降，聚合物分子量下降。这是因为丙烯腈与 Fe^{3+} 会发生如下反应：

$$\sim\!\!\sim\!\!CH_2-\overset{\bullet}{C}H(CN) + FeCl_3 \longrightarrow \sim\!\!\sim\!\!CH=CH(CN) + FeCl_2 + HCl$$

或

$$\sim\!\!\sim\!\!CH_2-\overset{\bullet}{C}H(CN) + FeCl_3 \longrightarrow \sim\!\!\sim\!\!CH_2-CHCl(CN) + FeCl_2$$

铁离子还会与 SCN^{-1} 反应生成 $Fe(SCN)_3$ 及 $[Fe(SCN)_n]^{3-n}$ ($n=1\sim6$),均呈深红色。铁离子含量增加会影响成品的白度,所以聚合釜及相关设备大都采用不锈钢。

5.3.2 水相沉淀聚合工艺

丙烯腈水相沉淀聚合是指用水作介质的聚合方法。单体在水上有一定的溶解度,见表 5-9。当用水溶性引发剂引发聚合时生成聚合物不溶于水而从水相中沉淀析出所以称沉淀聚合,又称为水相悬浮聚合。由于纺丝前要用溶剂将聚合物溶解,以制成原液,因此又称腈纶生产两步法。

表 5-9 丙烯腈在水中的溶解度

温度/℃	溶解度(质量分数)/%	温度/℃	溶解度(质量分数)/%
0	7.2	60	9.10
20	7.35	80	10.80
40	7.90		

1. 聚合体系组成

1) 单体

单体主要有丙烯腈、丙烯酸甲酯等(第二单体)、苯乙烯磺酸钠等(第三单体)。

2) 溶剂

溶剂采用去离子水。

3) 引发剂

引发剂一般采用水溶性的氧化-还原引发体系,如 $NaClO_3$-Na_2SO_3、$K_2S_2O_8$-$NaHSO_3$ 等。若 $NaClO_3$-Na_2SO_3 为引发剂,只有 pH 值在 4.5 以下才能发生引发反应,适宜的 pH 值为 1.9~2.0。实际应用中 $NaClO_3/Na_2SO_3$(mol),一般为 1:(3~20)。$NaClO_3$ 氧化剂占单体量的 0.2%~0.8%。

工业生产中,以 $K_2S_2O_8$ 为氧化剂时,通常还采用二氧化硫作为还原剂来组成氧化还原体系。二氧化硫还对控制反应体系中的 pH 值(2.5~3)和聚合物的游离酸度起到重要作用。

4) 催化剂

一般以硫酸亚铁作为聚合反应的催化剂,增加铁含量能增加自由基的浓度,导致更多的链引发和链终止。当体系中铁的含量大于 $5\mu g/g$ 时,再增加铁含量对黏度没有明显影响,一般反应混合物中的最终浓度为百万分之1.3(以单体计约为 $4\mu g/g$)、铁离子的存在才能使活化剂和催化剂产生自由基,所以铁在这里起催化剂的作用。

为控制反应转化率,当需要终止反应时,常加入乙二胺四乙酸四钠盐水溶液,其浓度约 16%,商品名为"唯尔希"的一种螯合剂。乙二胺四乙酸四钠盐与铁离子结合,使铁对连续聚合反应失去作用,起到终止剂的效应。铁-唯尔希络合物是水溶性的,进行过滤时便可从系统中除去。

2. 聚合工艺流程

连续式水相沉淀聚合工艺流程示于图 5-5。单体、引发剂、水、微量铁的催化剂等通过计量泵打入聚合釜。用酸调节聚合液的 pH 值为 2~3,在 30~50℃下进行聚合反应,反应时间约 1~2 h,控制转化率约在 70%~80%,之后将聚合釜内含单体的聚合淤浆压至碱终止釜,用氢氧化钠水溶液调节 pH 值使反应终止。将含有单体的淤浆送至脱单体塔,用低压蒸汽在减压下脱除未反应的单体并将其回收。脱除单体后的聚合物淤浆经脱水、洗涤,干燥即得粉状丙烯腈共聚物。

3. 水相沉淀的特点

国外的腈纶厂大多采用两步法聚合,它占腈纶总产量的 70% 以上,该法的主要特点如下:

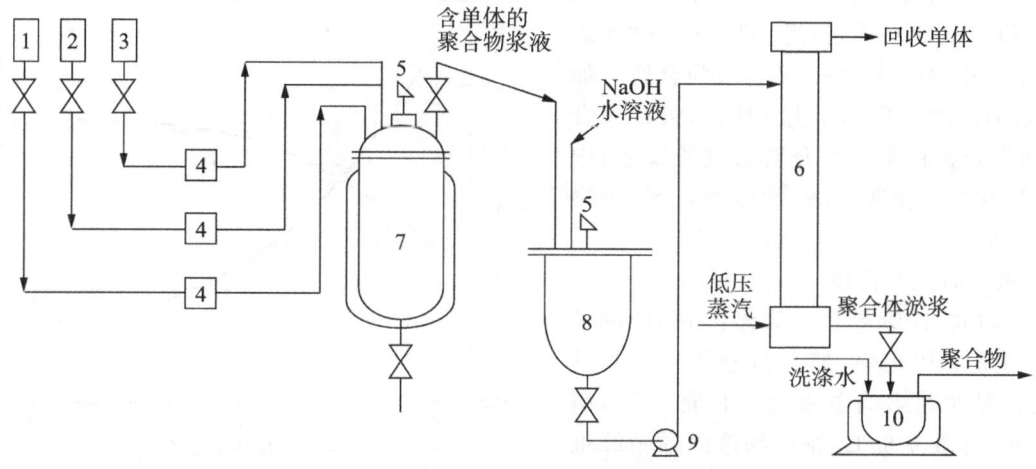

图 5-5 连续式水相沉淀聚合工艺流程示意图
1—AN+MA 计量稳压罐；2—NaClO₃+Na₂SO₃ 水溶液计量稳压罐；3—第三单体（如 SAS）计量稳压罐；
4—计量泵；5—搅拌电动机；6—脱单体塔；7—聚合釜；8—碱终止釜；9—输送泵；10—离心机

(1) 聚合介质混合均匀，对聚合体系各单体的竞聚率没有特别要求，故选择第二、三单体的余地较大。

(2) 通常采用水溶性氧化还原引发体系，聚合可在较低温度下进行，聚合热在水中易散发，工艺条件易控制。

(3) 溶剂不参与聚合，故对溶剂纯度的要求可低一些。

(4) 聚合物基本不含单体，可减少单体对环境的污染。

(5) 聚合和纺丝设备不必强求配套，可以分开进行。所得聚合物体便于贮藏和运输，调换和开发新品种比较方便灵活。

(6) 以水溶性的氧化-还原体系为引发剂的两步法连续聚合过程。

(7) 聚合物可分等混合用于纺丝，既经济又可保证各批纤维的质量均匀。

(8) 聚合釜釜壁容易"结疤"，釜内聚合物容易沉淀堆积，影响后续生产，增加清理工作量。

(9) 与均相聚合相比，聚丙烯腈固体粒子需用溶剂重新溶解，以制纺丝原液，比一步法增加一道生产工序。

4. 影响水相沉淀聚合工艺的主要因素

1) 总单体浓度

对于水相沉淀聚合，单体起始浓度不受纺丝原液的聚合物的规定浓度所限制。对于连续聚合而言，单体对水的比例可以在 15%～40%，一般选用 28%～30%。当高浓度的单体以连续方式进料时（即丙烯腈浓度远超过它在水中的溶解度时），单体浓度与转化率及聚合物分子量的关系如图 5-6 所示。由图可知，随着进料单体浓度的增加，转化率有所提高，而产物分子量则下降。

在水相沉淀聚合时，由于进料单体浓度的增加而引起聚合物分子量下降的原因可能是因为在固定引发剂与单体的比例之后，单体量增加时，引发剂量也相应增加，但单体仅部分溶于水，而引发剂却全溶于水，相对提高了水相中引发剂的浓度，所以在聚合时，聚合物平均分子量下降。

2) 引发剂体系

水相沉淀聚合中常采用水溶性氧化-还原引发体系，如 $NaClO_3$-Na_2SO_3、$K_2S_2O_8$-SO_2、$K_2S_2O_8$-Na_2SO_3 及 $NaClO_3$-$NaHSO_3$ 等。有时还加入少量的亚铁盐，如 $FeSO_4$，俗称活化剂（或促进剂），以提高反应速率。

这类引发体系对 pH 值十分敏感，如常用的 $NaClO_3$-Na_2SO_3 体系，当 pH<4.5 时才能引发聚合，在 pH＝1.9～2.2 时最为合适。如采用 $K_2S_2O_8$-SO_2-$FeSO_4$ 引发体系，可在聚合产物（即聚合物粒子与水介质组成的淤浆）中加入草酸或乙二胺四乙酸（常称终止剂）来终止聚合反应。

3) 聚合时间与温度

聚合时间（连续聚合时为停留时间）的长短会影响聚合转化率、聚合物分子量及其分布。聚合温度的影响也很大。如取 25℃，引发速率太慢；超过 60℃，则产物聚丙烯腈纤维的颜色太深。温度的高低也会影响到转化率及分子量。所以这两个因素须按实际反应情况而定，通常聚合时间取 1～2 h，而聚合温度控制在 35～55℃。

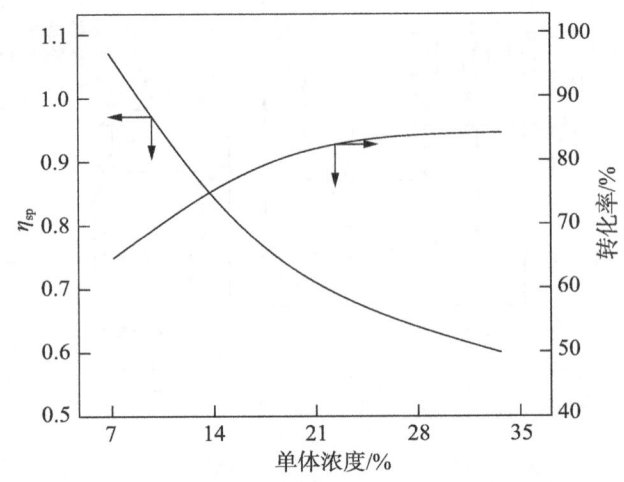

图 5-6　水相聚合时 AN 进料浓度与 PAN 增比黏度（η_{sp}）和反应转化率的关系

4) 添加剂及杂质的影响

反应中若加入少量十二烷基磺酸钠等阴离子表面活性剂，会提高聚合反应的初速度。用 AIBN 引发丙烯腈聚合时，Fe^{2+} 会使聚合速率减慢，而 $NaClO_3$-Na_2SO_3 引发体系中加有 Fe^{2+} 时可加速聚合。

对丙烯腈的聚合反应而言，氧能起阻聚作用，而在水相沉淀聚合时，则物料中溶解的微量氧气或很少量空气所带入的氧气对聚合反应没有多大的影响。若通入大量空气，则会降低聚合速率和增大分子量。

5) 聚合物粒子的大小和"结疤"问题

水相沉淀聚合时，聚合物粒子的大小和其聚集状态是一个重要的控制指标。另外搅拌速率对聚合物粒子的大小和粒径分布也有较大的影响。因为这些因素将会影响到聚合物淤浆的过滤性能。

水相沉淀聚合工艺在实施过程中，聚合物会黏附在聚合釜的釜壁上，引起"结疤"，所以在工业生产中避免或克服"结疤"也是一个主要问题。

5.3.3　主要设备

1. 聚合釜

聚合釜是实施聚合反应的关键设备。考虑到丙烯腈聚合时会放出大量的聚合热，加上反应系统的黏度高，散热效果差，因此聚合釜的结构首先要求具有良好的散热效果，其次是有利于在尽可能短的时间内达到尽可能高的转化率，因此最好采用高度与直径比（2∶1～1.5∶1）不大的混合型聚合釜，并用强力的搅拌使进入的冷料与反应物料迅速有效地混合，以平衡放出的热量，但是这时转化率难以提高。一般来说，对于以硫氰酸钠为溶剂的一步法低、中转化率工艺，可使用此种结构的反应釜。但是以二甲基亚砜为溶剂的一步法高转化率工艺（要求达到 95% 以上），除了必须有几个（大多采用 3 个）反应釜串联使用外，还要求每个聚合反应釜的高度和直径的比例有所不同，一般是第一台釜的高径比为 1.5∶1，第二、第三台反应釜则大多采用细而高的置换型聚合釜，借以避免釜内处于不同反应阶段的物料互混（称为"反混"或"短路"），从而保证大部分物料都经历相同的反应时间，有利于转化率的提高（一般第二台釜的高径比为 3∶1，第三台釜的高径比为 2∶1）。釜内装有搅拌器,对于采用单釜的,一般在釜内装有三排四桨叶式搅拌器,第一和第三排桨叶能使聚合液向上运动,中间的一排桨叶迫使聚合液向下运动,以保证釜内聚合液混合均匀。聚合釜结构如图5-7所示。

混合液在进入聚合釜之前,先经过进料温度控制器(或称加热-冷却器)。其结构实际为一分段式加热和冷却器,有列管式和板式之分,图5-7中列管式,下部为冷却段,用1℃的水冷却;上部为加热段用60℃的水加热。一般控制聚合釜进料温度为15.5~18℃。

2. 脱单体塔

脱单体塔的示意图如图5-8所示。脱单体塔内有五层伞,最上层起阻挡作用以免进出的料液雾沫直冲喷淋冷凝器或真空管道。二至五层伞是使浆液在伞上成薄膜以增加蒸发面积,使浆液内单体或气体易于逸出。伞的圆锥角一般为120°。浆液进入脱单体塔时采用两个同心套管,管内外各通两层伞,其目的是使浆液分布得更加均匀。

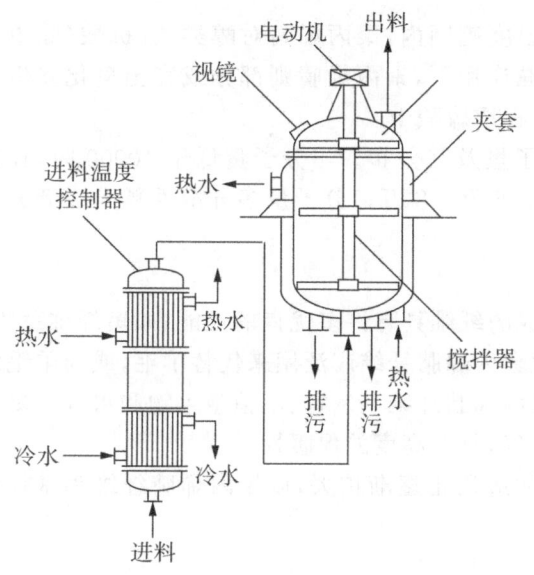

图5-7 反应釜结构示意图

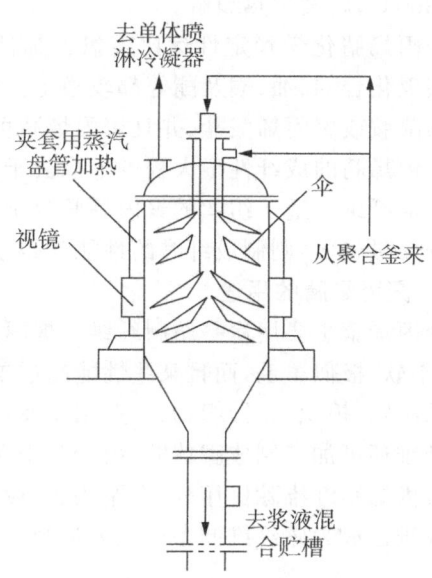

图5-8 脱单体塔示意图

5.3.4 聚丙烯腈的结构、性能及应用

1. 聚丙烯腈的结构

聚丙烯腈大分子链中丙烯腈单元的连接方式主要是首尾连接,与C≡N基相连接的碳原子间隔着一个亚甲基。由于聚丙烯腈结构中有极性较强体积较大的侧基(氰基)存在,在同一大分子与相邻分子间产生斥力和引力,使大分子活动受到极大阻碍而具有不规则的曲折和扭矩。因此聚丙烯腈主链呈不规则螺旋状空间立体构象。这种不规则的螺旋状大分子紧密堆砌,就有序区来说,它的序态是有缺陷的,及不上结晶高聚物晶区的规整程度。这是由于这种螺旋体的歪扭和曲折,并且没有一定的螺距,所以不能整齐地堆砌成较完整的晶体。但其无序区的序态又高于一般高分子无序区的规整程度。纤维在染色时,染料分子主要是扩散到聚合物的无定形区及部分晶区的表面和缺陷处。由于聚丙烯腈无序区相对比较规整,使染料分子很难进入,给染色带来困难。此外纤维缺少弹性,质地发脆,纤维成型时难于高倍拉伸。为改变这些缺陷,可加入第二单体如MA、VAc等

破坏大分子链的规整性,使结构发生一定程度的无序化,降低大分子间的敛集密度等。

在丙烯腈二元共聚的基础上,还需加入含碱性基团或含酸性基团的第三单体进行共聚,以便引入一定数量的亲染料基团,使纤维能用一定的染料染色,以达到色谱齐全,颜色鲜艳,且水洗及日晒牢度等都较高的纤维。

2. 聚丙烯腈的性能

聚丙烯腈为白色粉末状物质,其散重 200~250g/L,密度 1.14~$1.15g/cm^3$,加热至 220~230℃时软化,并同时分解。

聚丙烯腈的耐光性优良,这是因为分子链上氰基的存在。氰基上的碳和氮以叁键相连(一个 σ 键,两个 π 键),这种结构可吸收能量较多的光子,并能转化为热能,从而保护了主链,使其不易发生降解。

聚丙烯腈的热稳定性较高,成纤用聚丙烯腈加热至 170~180℃颜色不应有变化。但加热到 250~300℃,就发生热裂解。

聚丙烯腈化学稳定性远比聚氯乙烯低,在很宽温度范围内,聚丙烯腈对醇类、有机酸(除甲酸外)、碳氢化合物、油、酮及酯等都较稳定。但在酸和碱作用下,聚丙烯腈则部分或完全皂化并生成聚丙烯酰胺或聚丙烯酸盐,并且聚丙烯腈可完全溶解在浓硫酸中。

聚丙烯腈的成纤性很大程度上取决于产品的分子量及其分布。当分子量低于 10000 时,往往不能形成纤维。适于纺丝的聚丙烯腈分子量一般在 2.5 万~8 万。分子量多分散性越大或低分子量级分含量越多,则制成纤维的性能就越差。

3. 聚丙烯腈的用途

聚丙烯腈主要用途是纺制纤维。聚丙烯腈纺制成的纤维具有许多优良的性能,如短纤维蓬松、卷曲、柔软,极似羊毛,而且某些性能超过羊毛。因此聚丙烯腈纤维广泛用来代替羊毛,或与羊毛纺制成毛织物、棉织物、针织物、工业用布及毯子等。聚丙烯腈纤维不发霉、不怕微生物和虫蛀。聚丙烯腈纤维还可加工制成膨体纱,由于其中保存大量空气,具有高度的保暖性。

聚丙烯腈纤维除民用外,在军用、工业材料方面的应用正逐渐扩大,以聚丙烯腈纤维为基体制备碳纤维已成为碳纤维制备的主要途径。

5.4　乙酸乙烯酯溶液聚合

乙酸乙烯酯的聚合根据产品用途的不同而采取乳液、悬浮及溶液聚合方法。其中溶液聚合是最常用的聚合方法之一。由溶液聚合所制得的聚乙酸乙烯酯可用于制造黏合剂及清漆。但是将溶液聚合得到的聚乙酸乙烯酯转化成聚乙烯醇,并进一步对其缩醛化制成维尼纶纤维则是主要用途。这项技术由日本首先开发,并于 1950 年实现工业化。我国将聚乙酸乙烯酯作为生产聚乙烯醇的原料,并将相当部分聚乙烯醇生产维尼纶,其余作非纤用途。

对于供生产聚乙烯醇纤维用的聚乙酸乙烯酯一般都用溶液聚合法制得。因为溶液聚合反应较易控制,产品质量较好。

5.4.1　乙酸乙烯酯的聚合特征

乙酸乙烯酯在进行自由基聚合反应时,与其他烯类单体相比,乙酸乙烯酯单体与自由基反应活性相对来讲是比较弱的。但与其他烯类聚合物自由基相比,聚乙酸乙烯酯自由基活性相当高,这是因为该自由基上的独电子与乙酰基的共轭效应很弱。一旦形成乙酸乙烯酯自由基，它能迅速地与乙酸乙烯酯进行链增长并形成聚乙酸乙烯酯。由于聚乙酸乙烯酯自由基活性高，它容易进行链转移和支化反应，在聚合转化率很高时可得到支化程度很高的聚乙酸乙烯酯。

1. 大分子自由基的链转移反应

1）向单体链转移

乙酸乙烯酯单体可转移的氢原子有三处，即以下结构中 a、b、c 这三个碳原子上的氢。

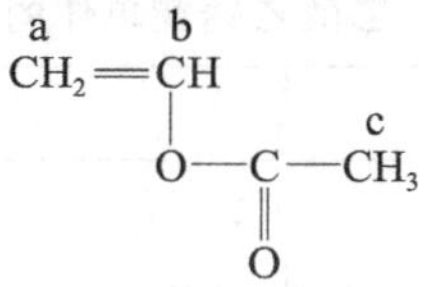

$$\underset{a}{CH_2}=\underset{b}{CH}-O-\underset{\parallel}{C}-\underset{c}{CH_3}$$
$$O$$

许多研究结果认为，主要转移部位是 c 碳原子上的氢，如下式所示。

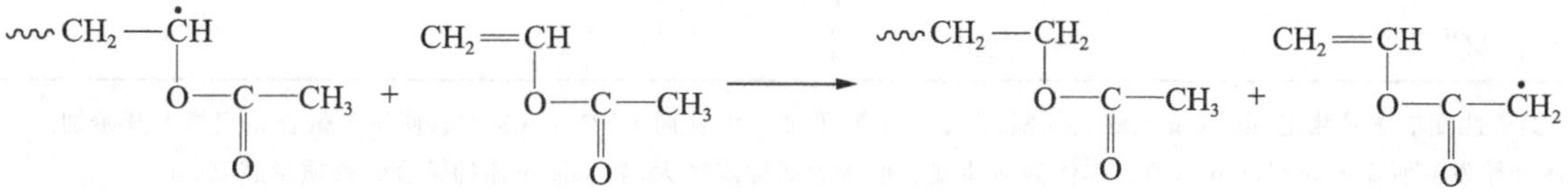

2）向溶剂或杂质链转移

以 SH 代表溶剂或单体中的杂质，则链转移反应可用下式表示：

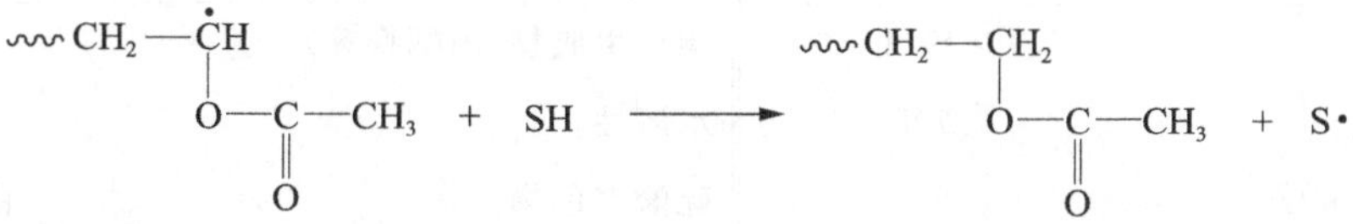

由于链转移反应，聚合物分子量降低。如果杂质中 S· 使单体的聚合能力下降，则杂质具有阻聚或缓聚作用。

3）向聚乙酸乙烯酯大分子转移

聚乙酸乙烯酯长链自由基对聚乙酸乙烯酯的转移，可导致支化或交联。在乙酸乙烯酯溶液聚合反应时，反应不宜达到很高的转化率，以防止支化反应的产生。乙酸乙烯酯溶液聚合反应中，遵循自由基反应速率方程。聚合反应速率与引发剂平方根和单体浓度成正比。由 Arrhenius 方程可知，反应温度升高，反应速率常数增大，因此聚合速率加快。

在乙酸乙烯酯溶液聚合反应中，因溶剂存在，体系黏度明显减小，溶剂的链转移反应又使聚合物分子量变小，因此在不太高的转化率范围内，可视反应符合稳态假设，由反应动力学方程式可进行生产中的某些动力学方面的计算，如某一转化率时的停留时间等。

乙酸乙烯酯的溶液聚合可以选择不同溶剂及溶剂与单体的配比来控制聚合物的分子量。

2. 副反应

在以甲醇为溶剂的乙酸乙烯酯聚合过程中，于聚合反应的同时，还发生下列主要的副反应：

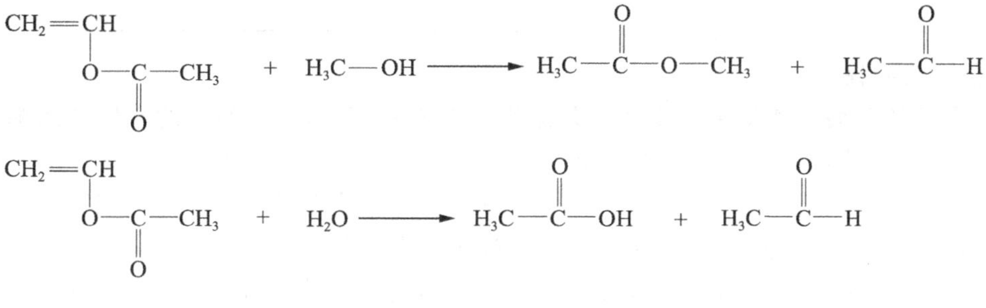

5.4.2 乙酸乙烯酯溶液聚合生产工艺

1. 主要原料规格

乙酸乙烯酯溶液聚合中的主要原料是乙酸乙烯酯单体及甲醇溶剂,其主要技术指标参见表5-10和5-11。

表5-10 乙酸乙烯酯单体的技术指标

项目	指标	项目	指标
纯度/%	>99.5	水/%	<0.1
乙醛/%	<0.04	相对密度(20℃)	0.932
游离乙酸/%	<0.02	活性度[①]	<12.5
巴豆醛/%	<0.008		

①活性度单体的测定:取10 g乙酸乙烯酯,在65±1℃下加入引发剂AIBN 0.030 3g,使发生聚合。记录下开始加入引发剂至体系开始发泡所需的时间(min),即为单体的活性度。单体的活性度越大,表示该单体的综合含杂质量越高。

表5-11 甲醇溶剂的技术指标

项目	指标	项目	指标
纯度/%	>99.3	碘仿生成物(丙酮换算)/%	<0.01
相对密度(15℃)	0.798	水溶性	无白浊
游离酸/(mL/500 mL)	2	硫酸着色物	由浅茶色变淡
蒸发残余物/%	0.002		

2. 聚合配方及工艺条件

乙酸乙烯酯溶液聚合的配方及工艺条件如表5-12所示。

表5-12 聚合配方及工艺条件

配方	数值	工艺条件	
乙酸乙烯酯(质量分数)/%	78	聚合反应温度/℃	64~65
甲醇(质量分数)/%	22	聚合转化率/%	50
AIBN(以单体质量为准)/%	0.025	第一釜	20
		第二釜	30
		聚合停留时间/h	4~5
		第一釜	2
		第二釜	2.5

3. 聚合工艺流程

目前最常见的乙酸乙烯酯聚合生产工艺流程如图5-9所示。经精制的乙酸乙烯酯和甲醇,按工艺规定的配比,经计量器和换热器进入第一聚合釜。与此同时,经由另一根支管加入规定量的、预先调配好的引发剂偶氮二异丁腈(AIBN)的甲醇溶液。聚合时释出的热量使聚合釜中的部分溶剂和单体汽化,混合蒸气在换热器中被冷凝后重新回入聚合釜。一般物料在第一聚合釜中约完成要求转化率的40%,在第二聚合釜中则要求达到工艺规定的聚合转化率(50%~60%)。

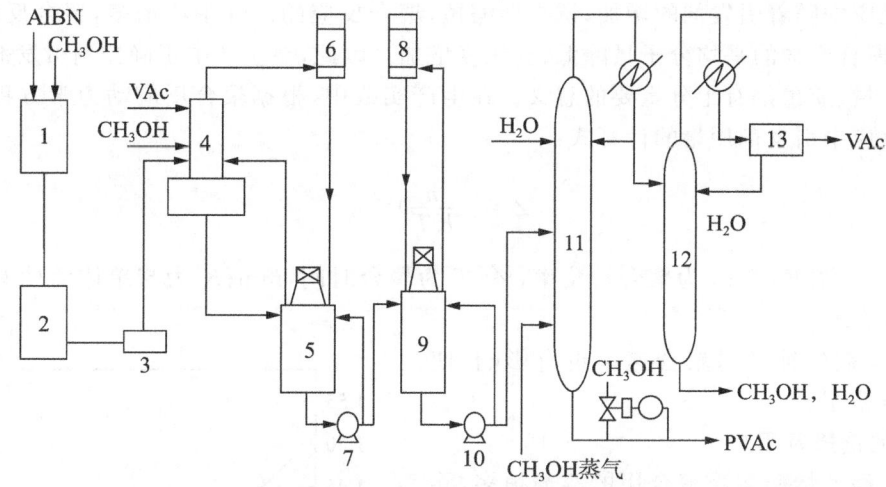

图 5-9 乙酸乙烯酯溶液聚合工艺流程
1—引发剂配制槽;2—引发剂贮槽;3—计量泵;4—换热器;5—第一聚合釜;6、8—冷凝器;7、10—泵;
9—第二聚合釜;11—脱单体塔;12—乙酸乙烯酯-甲醇分离塔;13—沉析槽

完成聚合后的物料,经由泵从第二聚合釜中送出,用甲醇稀释后进入脱单体塔。在塔中,吹入甲醇蒸气使未反应的单体与聚合物分离,从塔顶引出乙酸乙烯酯和甲醇的混合物,由塔底流出聚乙酸乙烯酯的甲醇溶液,经浓度校正后即可用于醇解以制取聚乙烯醇。

由塔顶所获得的乙酸乙烯酯和甲醇的混合物,全部送去进行分离以回收乙酸乙烯酯和甲醇,或经调整比例,部分进行直接回用以减轻后面进一步回收时的负荷,但这时必须严格控制回用单体和甲醇中的杂质量,否则将对聚合产生极为不利的影响。

5.4.3 影响聚合的主要因素

1. 引发剂

乙酸乙烯酯聚合可用的引发剂很多,当前工业上常用的引发剂是偶氮二异丁腈(AIBN)。早期也曾采用过氧化二苯甲酰(BPO)。但 BPO 的诱导期长,引发效率比 AIBN 低,链转移常数大,产物聚合度不易提高,所以目前已不再采用。

AIBN 在 50~70 ℃下能以适当的速率一次分解为游离基,几乎没有链转移反应。另外,AIBN 的分解,一般不受介质的影响,只在某种程度上受到溶剂黏度的影响。

当甲醇为乙酸乙烯酯聚合的溶剂时,可将引发剂先配成一定浓度的 AIBN 甲醇溶液待用,这一溶液需要在低温(<20 ℃)下存放,否则会很快分解而失效(表 5-13)。

表 5-13 1%AIBN 甲醇溶液的存放时间、温度和分解率的关系

存在温度/℃	存放时间/h	分解率/%
20	24	0.51
30	3	0.62
50	3	4.32
60	3	16.2
65	3	28.0

在聚合反应中随着引发剂的增加,诱导期缩短,聚合反应的活性中心增多,聚合反应的总速率提高,但相应聚合产物的平均分子量降低,支化度增加。因此,在生产中正确控制引发剂量,对稳定生产和保证产量、质量都有十分重要的意义。在生产实践中,根据聚合反应动力学方程,经简化处理便得聚合反应中引发剂用量的计算式:

$$Z = \left(\frac{n}{KT}\right)^2 \tag{5-1}$$

式中,Z 为引发剂浓度,%;n 为聚合转化率,%;T 为聚合时间,min;K 为与单体活性有关的系数,可由图 5-10 查取。

另外,引发剂的纯度对聚合速率也有影响,使用前必须充分精制。

2. 溶剂的选择及用量

能作为乙酸乙烯酯溶液聚合用的溶剂很多,除了目前已被广泛采用的甲醇外,还可采用乙酸乙酯、无水乙醇、甲苯、苯、丙酮等。但目前工业生产上几乎无例外地均采用甲醇为溶剂,其原因有三点:1)甲醇既是单体和聚合物的良溶剂,又是聚乙烯醇的凝固剂,聚合所得产物可不必与溶剂分离而直接用于醇解以制取聚乙烯醇;2)甲醇在乙酸乙烯酯溶液聚合中的链转移常数适当(表 5-2),因此可不另加分子量调节剂,直接利用加入的溶剂量来调节产品的聚合度;3)价廉易得,便于回收。

在溶液聚合过程中,由于有活性链向溶剂发生链转移,因此聚合体系中溶剂的链转移常数和量的变化都将引起产品平均聚合度的变化。产物的平均聚合度将随着溶剂量和溶剂的链转移常数的增加而减小(图 5-11)。

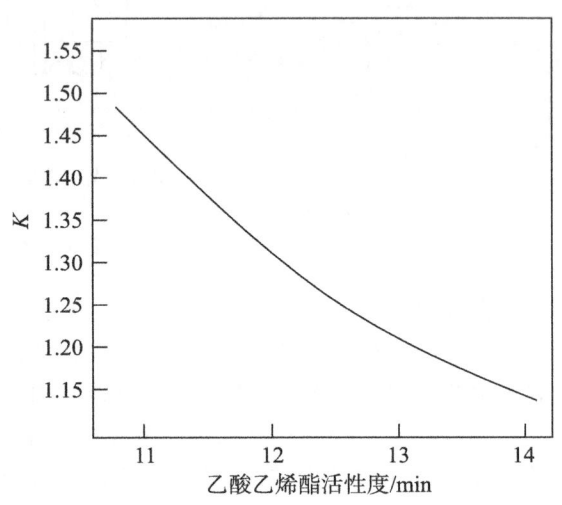

图 5-10 乙酸乙烯酯活性度与 K 值的关系

在 50% 转化率下,甲醇浓度与聚乙烯醇平均聚合度的关系见图 5-12。由图可知,要得到平均聚合度为 1750±50 的聚乙烯醇,要求甲醇浓度为 22%。

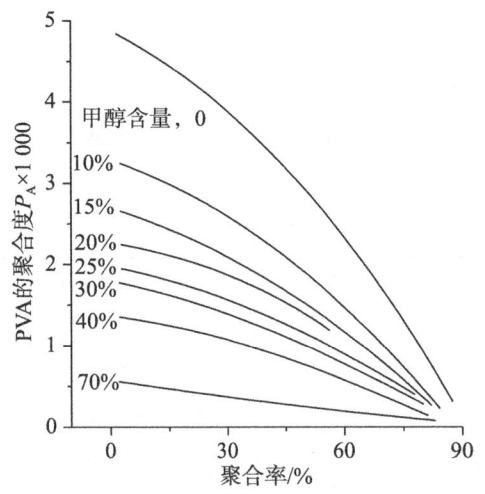

图 5-11 甲醇含量、聚合率与平均聚合度的关系

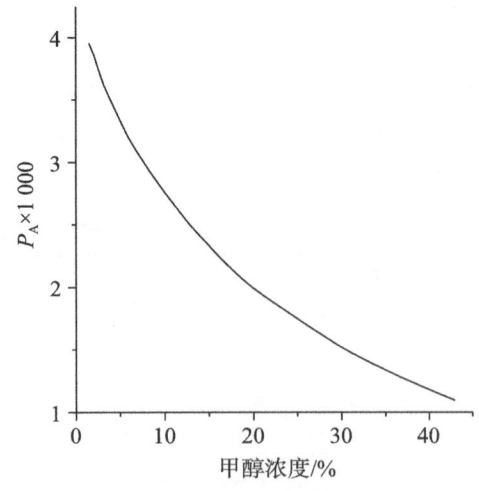

图 5-12 甲醇浓度与平均聚合度的关系

另一方面,随着溶剂量的增大,聚合体系中单体浓度则相应减小,在不改变聚合温度的情况下聚合速率将有所减慢,参见图5-13。

在生产过程中,为了保证产物的聚合度和规定的聚合时间,当一切对产物聚合度有影响的因素发生变动时,甲醇的含量必须随之作相应的调整(图5-14)。所以,在乙酸乙烯酯的溶液聚合中,调节甲醇含量是控制产物平均聚合度的重要手段。

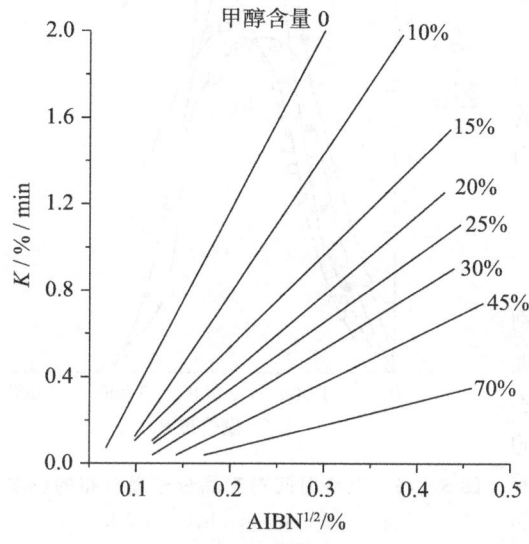

图 5-13 聚合速率(K)与引发剂(AIBN)用量和甲醇含量的关系

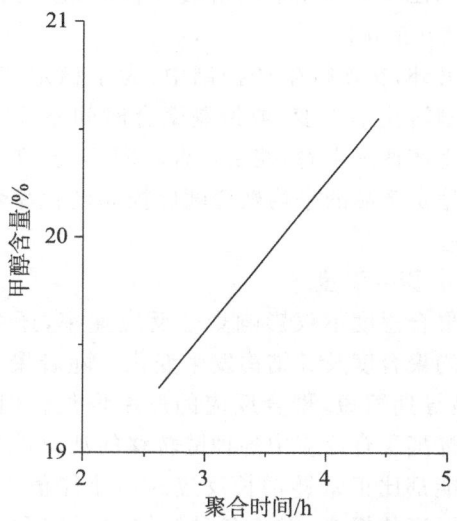

图 5-14 甲醇含量与聚合时间的关系
($P_A = 1\,750 \pm 50$,转化率 55%)

3. 转化率

转化率越高,表明聚合反应进行的程度越完全,需要回收的未参加反应的单体量越少。从经济角度来看是有利的。但从产品的质量考虑,过高的转化率使产品的支化度增加和分子量分布变宽,因此会影响由此制备的聚乙烯醇纤维的品质,参见表5-14。

表 5-14 不同转化率对所得纤维性能的影响

P_A	转化率 /%	纺丝时的最大拉伸值 /%	热处理后纤维的耐热水性 /℃	缩甲醛后的纤维			
				强度 /(cN/dtex)	延伸度 /%	耐热水性 /℃	缩醛度 /%
1 700	30	1 040	>100	9.0	5.3	110	25
1 700	45	990	>100	8.9	6.2	110	25
1 700	95	760	97	6.6	10.3	105	28

为使纤维有良好的品质,聚合过程中不宜取太高的转化率。当然转化率过低也是不经济的,宜在产品质量允许的范围内取一适当值。在现行的以甲醇为溶剂的聚合工艺中,转化率通常取50%~60%,不宜超过65%。

4. 聚合时间

聚合时间长短除了对生产设备的利用率有明显的影响外,对所得产品的质量,特别是对产品的分子量分布也有相当明显的影响,如图5-15所示。

随着聚合时间的缩短，设备的生产能力有所提高，但产品的分子量分布随之变宽，使低聚合度级分和高聚合度级分都有明显的增加，从而给它的加工性能以及加工所得产品的结构和性能都带来不良的影响。为了确保产品质量，聚合时间不宜过短。在现行的以 AIBN 为引发剂的溶液聚合体系中，聚合时间常取 4.5～5.0 h。

另外，在现行生产控制中，为了稳定产品的质量，应控制转化率不变，或控制聚合时间不变。按目前的实际生产情况来看，控制聚合时间不变，在一定范围内对于稳定产品的平均聚合度比控制转化率不变效果更好一些。

5. 聚合温度

聚合温度不仅影响聚合反应速率，还会使聚合物的平均聚合度及其结构发生变化。随着聚合温度的提高，诱导期缩短，聚合反应的速率增加。但是，由于乙酸乙烯酯聚合反应中各种链转移的活化能及副反应的活化能都比正常链增长反应的活化能值大，所以随着反应温度的提高，对于各种链转移反应和副反应的加速将更加明显，结果导致高聚物结构和性能恶化，高聚物的支化度增加，平均聚合度降低。

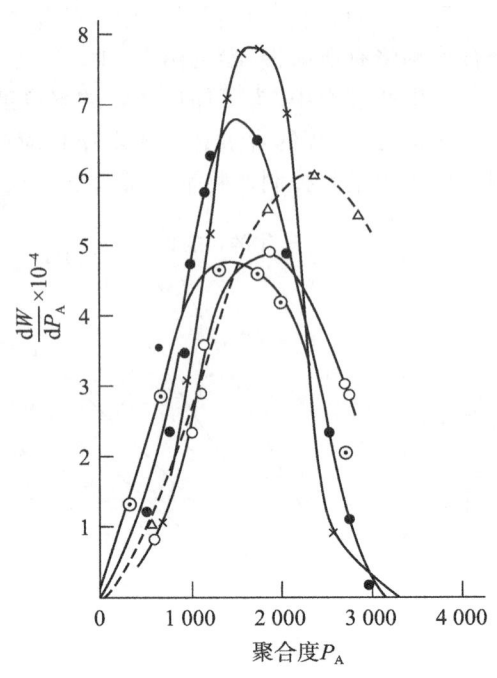

图 5-15 聚合时间对产品分子量分布的影响
×—4.5 h；●—4.5 h；○—3.2 h；
△—2.7 h；⊙—2.45 h

因此，生产中选择聚合温度应适当，并严格控制以减少波动。一般选用乙酸乙烯酯和甲醇混合物的恒沸温度（64～65 ℃）为乙酸乙烯酯的聚合温度。这样不仅能满足引发剂 AIBN 所需的聚合温度范围，而且也能比较容易地控制聚合体系温度的稳定。对于高原地带，乙酸乙烯酯和甲醇混合物的共沸点低于 64 ℃，因此，必须采取适当措施来增加反应釜内的压力，以确保聚合温度达到 64～65 ℃。

6. 杂质的影响

杂质对乙酸乙烯酯聚合有显著影响，即使微量杂质的存在也常给产品的质量造成严重的危害。由单体或溶剂带入聚合体系的杂质主要是乙醛、巴豆醛、乙烯基乙炔和二乙烯基乙炔等。其中影响最大的是乙醛和巴豆醛（乙烯醛），它们容易导致活性链发生链转移反应，如下所示：

$$\sim\sim\sim CH_2-\overset{\cdot}{C}H-O-\overset{O}{\underset{\|}{C}}-CH_3 + H_3C-\overset{O}{\underset{\|}{C}}-H \longrightarrow \sim\sim\sim CH_2-CH_2-O-\overset{O}{\underset{\|}{C}}-CH_3 + H_3C-\overset{O}{\underset{\|}{C}}\cdot$$

$$H_3C-\overset{O}{\underset{\|}{C}}\cdot + n\,CH_2=CH-O-\overset{O}{\underset{\|}{C}}-CH_3 \longrightarrow H_3C-\overset{O}{\underset{\|}{C}}\mathrm{-\!\!\!-\!\!\!}\!\left[CH_2-\overset{OCOCH_3}{\underset{|}{CH}}\right]_n$$

链转移结果将导致产物的平均分子量下降和在大分子链中引入羰基，使产物的热稳定性变低。乙醛对聚合度的影响参见表 5-15。

表 5-15 乙醛含量对聚合度的影响

乙醛含量/%	聚合速率/(%/min)	P_{AC}①	P_A②
0	2.43	3 045	2 514
0.05	2.18	2 761	2 279
0.1	2.08	2 377	2 078
0.2	1.95	1 865	1 674

① P_{AC} 为聚乙酸乙烯酯的聚合度；② P_A 为聚乙烯醇的聚合度。

氧对聚合反应有双重作用，吸氧量少时，在加热情况下，起到引发聚合的作用；吸氧量多时则起阻聚作用。这一特性可应用于工业生产中，如聚合过程中，突然发生停电、停水，为了使聚合停止进行，防止发生爆炸，可将空气通入聚合釜，阻止聚合。当事故排除后，再通入氮气，将吸收的氧置换出来，聚合过程则重新开始。采取此措施时，聚合系统的排气口设有氮封，稀释空气中氧、甲醇和乙酸乙烯酯，使其达不到爆炸极限。

另外，二乙烯基乙炔等杂质还会对聚合起阻聚和抑制作用。二乙烯基乙炔即使少量也会给聚合带来很大的影响。丁烯醛对聚合的抑制作用虽比二乙烯基乙炔小，但含量多，会使 PVA 的色相不好。因此，也应尽力除尽。

一般供制聚乙烯醇纤维用的乙酸乙烯酯中乙醛含量应在 0.02% 以下，丁烯醛含量应在 0.05% 以下。

5.5 聚乙烯醇的生产原理及工艺

聚乙烯醇不能从乙烯醇直接聚合而合成聚乙烯醇，因乙烯醇极不稳定，它会迅速异构化为乙醛。因此聚乙烯醇是通过乙酸乙烯酯溶液聚合，然后醇解，用羟基代替乙酰基制得。

5.5.1 聚乙酸乙烯酯的醇解原理

由聚乙酸乙烯酯转化为聚乙烯醇，主要有两种方法：直接水解法和酯交换法。直接水解法称为皂化法，酯交换法称为醇解法。

1. 皂化法

在反应物料中若含有水，氢氧化钠在水中能形成钠离子和氢氧根离子，它可和聚乙酸乙烯酯按以下历程进行皂化反应：

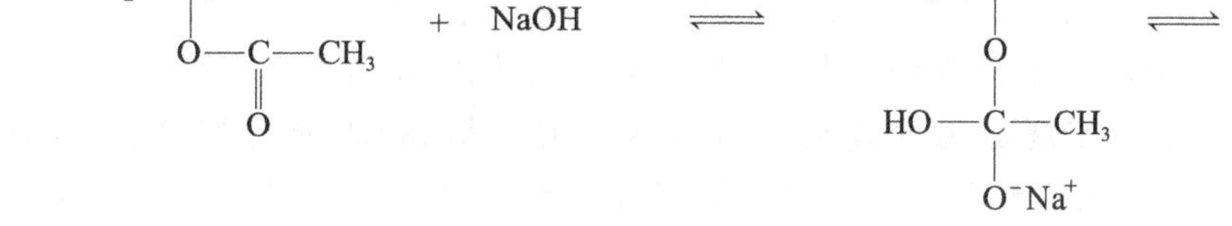

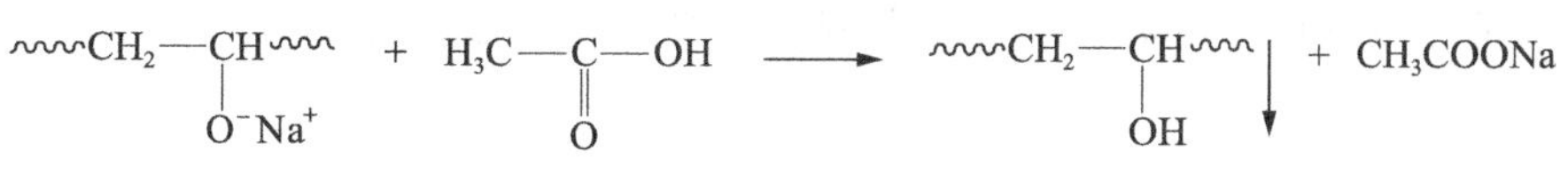

由于聚乙烯醇沉淀下来,促使反应向右进行。在皂化反应中,NaOH 参与反应并生成乙酸钠,这一反应所占的比例与体系中碱的浓度密切相关。

2. 醇解法

聚乙酸乙烯酯与甲醇起酯交换反应,其中 NaOH 与甲醇形成甲醇钠,实际起催化反应的是 CH_3O^-,反应历程如下:

$$NaOH + CH_3OH \longrightarrow CH_3ONa + H_2O$$

$$CH_3ONa \longrightarrow CH_3O^- + Na^+$$

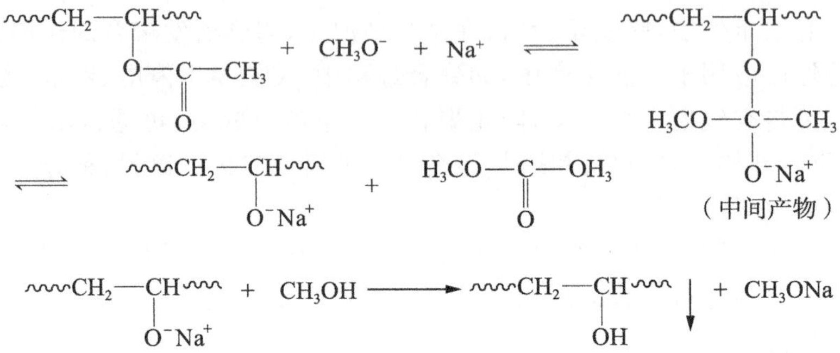

$$\sim\sim CH_2-CH\sim\sim\text{(}OCOCH_3\text{)} + CH_3O^- + Na^+ \rightleftharpoons \sim\sim CH_2-CH\sim\sim\text{(中间产物)}$$

$$\rightleftharpoons \sim\sim CH_2-CH\sim\sim\text{(}O^-Na^+\text{)} + H_3CO-CO-CH_3$$

$$\sim\sim CH_2-CH\sim\sim\text{(}O^-Na^+\text{)} + CH_3OH \longrightarrow \sim\sim CH_2-CH\sim\sim\text{(OH)} \downarrow + CH_3ONa$$

由于聚乙烯醇不溶于甲醇而形成沉淀,最后一步反应不可逆,促使整个反应向右进行。作为催化剂的甲醇钠在最后又再生,因此反应所需的氢氧化钠量很少。

副反应:

$$H_3CO-CO-CH_3 + NaOH \longrightarrow H_3C-CO-ONa + CH_3OH$$

当反应体系中的含水量比较高时,副反应明显加速,使反应所耗用的碱催化剂量也随之增加。

5.5.2 醇解工艺流程

工业生产中,通常使用醇解法来生产聚乙烯醇,根据醇解反应体系中所含水分的多少或反应所用碱催化剂量的高低,分为高碱醇解法和低碱醇解法两种不同的生产工艺。

1. 高碱醇解法

高碱醇解法反应体系中的允许含水量约为 6%。通常情况下,每 1 mol 聚乙酸乙烯酯链节需加碱 0.1~0.2 mol。氢氧化钠是以其水溶液的形式加入的。因此也有人把此法称作湿法醇解。高碱醇解法的特点是醇解反应速率快、设备的生产能力较大。然而由于副反应量较多,除耗用碱催化剂量较多外,还使醇解残液的回收工艺较为复杂。其工艺流程如图 5-16 所示。

用于醇解的聚乙酸乙烯酯(PVAc)甲醇溶液经预热至规定温度(45~48 ℃)后,和氢氧化钠水溶液(浓度约为 350 g/L)按规定用量分别经由泵送入混合机,两者充分混合后,迅速送入醇解机中。完成醇解后,生成块状的聚乙烯醇。随后经粉碎和挤压,使聚乙烯醇与醇解残液分离。所得固体物料经进一步粉碎、干燥,即得所需要的聚乙烯醇。压榨所得残液和从干燥机导出的蒸气合并在一起,送至专门的工段回收甲醇和乙酸。目前我国大都采用湿法醇解。

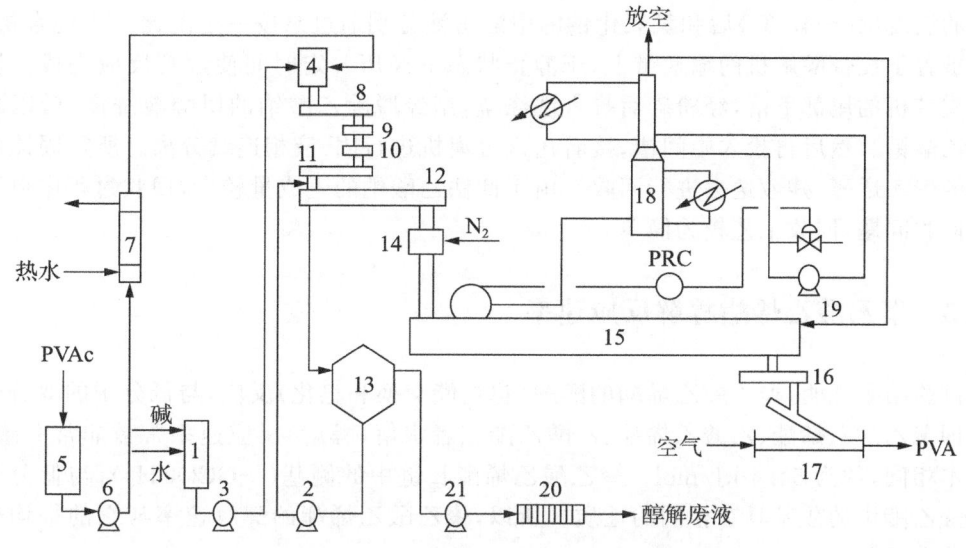

图 5-16 高碱醇解法(湿法)工艺流程

1—碱液贮槽；2、3、6、21—泵；4—混合机；5—树脂中间槽；6—树脂调温槽；8—醇解机；9、10、14—粉碎机；
11—输送机；12—挤压机；13—沉析槽；15—干燥机；16、17—出料输送机；18—甲醇冷凝器；19—真空泵；20—过滤机

2. 低碱醇解法

低碱醇解法耗碱量比高碱醇解法低，一般每 1 mol 聚乙酸乙烯酯链节仅加碱 0.01~0.02 mol。在醇解过程中，碱以其甲醇溶液的形式加入。整个反应体系中的含水量必须控制在 0.1%~0.3%以下，所以也有人把此法叫做干法醇解。其特点是副反应少，醇解残液的回收比较简单，但反应的速率较慢，所以醇解物料在醇解机中的停留时间应适当增长。其工艺流程如图 5-17 所示。

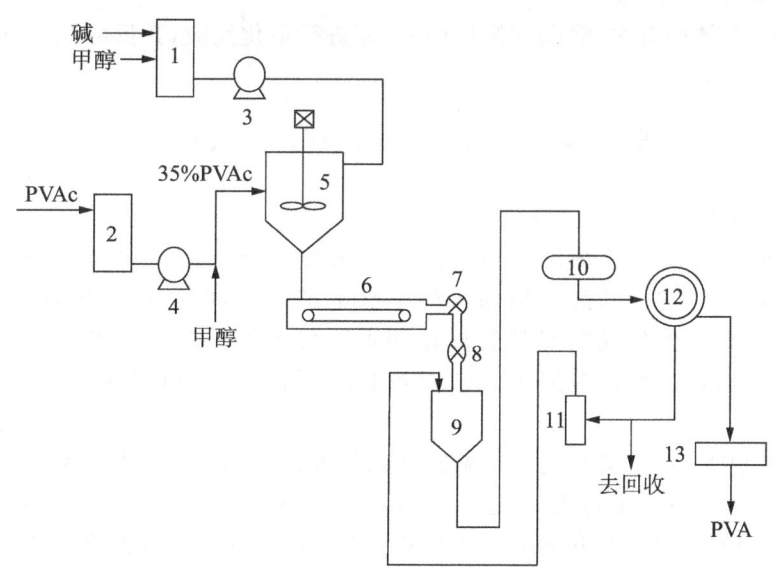

图 5-17 低碱醇解法(干法)工艺流程

1—碱液调配槽；2—树脂中间槽；3、4—泵；5—混合机；6—皮带醇解机；7、8—粉碎机；
9—洗涤釜；10—中间槽；11—蒸发机；12—连续式固-液分离机；13—干燥机

低碱醇解法的工艺与高碱醇解法大致相同。用于低碱醇解的聚乙酸乙烯酯树脂溶液浓度经预热至所需的温度（40~45 ℃）后和氢氧化钠的甲醇溶液分别通过泵按一定配比送入混合机中，混合后的物料被置于皮带醇解机的输送带上，于静止状态下经历一定时间使醇解反应完成。块状的聚乙烯醇从皮带机的尾部下落，经粉碎后投入洗涤釜，用经脱除乙酸钠的甲醇液洗涤，借以减少产物中夹带的乙酸钠。然后再投入中间槽，接着送入分离机进行固-液相连续分离。所得固体经干燥后即为需要的聚乙烯醇，残液送去进行回收。由于此法乙酸钠的生成量较少，回收过程中可不必考虑乙酸钠的回收问题，回收工艺较为简单。

5.5.3 聚乙酸乙烯酯醇解反应速率

大量试验结果证明，聚乙酸乙烯酯的醇解（包括酯交换和皂化）反应，与低分子的双分子反应颇为吻合。即聚乙酸乙烯酯、乙酸乙烯酯、乙酸乙酯三者水解（醇解）反应速率常数非常一致，反应活化能也基本相同，约为 54.4 kJ/mol。聚乙酸乙烯酯长链中的侧基（—OCOCH$_3$），与低分子乙酸乙烯酯和乙酸乙酯中的羧基具有相同的性质。所以，聚乙酸乙烯酯的醇解速率与它的平均聚合度以及聚合度分布无关。

如上所述，当干法醇解时，系统中含水很少，主要进行酯交换反应，其反应速率可用式（5-2）表示。

$$\frac{dx}{dt} = k_0 \left(1 + m\frac{x}{a}\right)(a - x) \tag{5-2}$$

式中 x——反应进行到 t 时聚乙酸乙烯酯的浓度；

a——聚乙酸乙烯酯的初始浓度；

t——反应进行的时间；

k_0——反应初始速率常数；

m——反应的加速度常数。

在湿法醇解中，系统中有水，除酯交换反应外，还进行皂化反应，其反应速率方程可用式（5-3）来表示。

$$\frac{dx}{dt} = k_0 \left(1 + m\frac{x}{a}\right)(a - x)(b - x) \tag{5-3}$$

式中，b 为碱的初始浓度。

由上述讨论可知，聚乙酸乙烯酯醇解反应开始时是一级反应。但是，当醇解反应继续进行和反应程度的深入，羟基取代乙酸乙烯酯大分子链上的酰基，醇解反应出现加速状况。这是由于邻近基团效应，即已醇解生成的羟基会加速邻近乙酸乙烯酯单元的醇解。正因如此，没有完全的聚乙烯醇，其剩余的乙酸乙烯酯单元常以较长序列存在，可利用这一特点生产不同醇解度的聚乙烯醇。

氢氧化钠含量很重要，若氢氧化钠与聚乙酸乙烯酯的比值过小，只能得到部分水解的聚乙烯醇。若比例过大，醇解反应速率过大，聚乙烯醇沉淀过快，容易结块，且将乙酸钠包进去难以洗尽。生产中，对于高碱醇解法，其氢氧化钠对聚乙酸乙烯酯的摩尔比大多控制在 0.11~0.12；对于低碱醇解法碱物质的量之比则控制在 0.012~0.016。

水的含量对醇解也有很大的影响，含水量高，则醇解率低，产品中残存乙酸很多。生产维尼纶纤维要求聚乙烯醇的醇解度为 99%，则反应物料中的含水量应严格控制在溶液的 1%~2%。

醇解反应温度对聚乙烯醇的物理性能有较大的影响，温度提高，成品粒度增大，水溶性降低，所以一般控制以不超过 50 ℃ 为宜。此外聚合物的结构对醇解反应也有影响。

5.5.4 聚乙烯醇的结构、性能及应用

1. 聚乙烯醇的结构与性能

聚乙烯醇树脂为白色片状、絮状或粉末状固体,无味。相对密度(25 ℃)为 1.27~1.31(固体),玻璃化温度为 75~85 ℃。聚乙烯醇在空气中加热至 100 ℃ 以上慢慢变色、脆化。加热至 160~170 ℃ 脱水醚化,失去溶解性。加热到 200 ℃ 开始分解,超过 250 ℃ 变成含有共轭双键的聚合物。

用作维尼纶原料的聚乙烯醇的结构主要是 1,3-乙二醇结构,即头尾结构,但含 1%~2% 头头结构。聚乙烯醇是一种无规结构的高聚物,且结晶度亦高。由于聚乙酸乙烯酯分子结构中有支链存在,若醇解时支链不能断裂,则所得聚乙烯醇还会有支链。如果醇解不完全,乙酸根存在会妨碍大分子间的靠拢,使结晶度下降。

聚乙烯醇是含大量羟基的聚合物,因此是一种水溶性高聚物,含乙酸根很少,如 PVA 1799,则是一种结晶度颇高的聚乙烯醇。由于大分子间强烈的相互作用,只能溶解于 95 ℃ 的热水中。随着醇解度的下降,乙酸根的增多,则结晶度降低,可在 20 ℃ 的水中溶解。但随着醇解度的进一步降低,如 50% 醇解度的聚乙烯醇就不能溶于水。聚乙烯醇除能溶于水外,尚能溶于脂肪族多羟基化合物如乙二醇、丙二醇中。聚乙烯醇不溶于汽油、煤油、植物油、苯、甲苯、二氯乙烷、四氯化碳、丙酮、乙酸乙酯、甲醇、乙二醇等,微溶于二甲基亚砜,120~150 ℃ 可溶于甘油,但冷至室温时成为胶冻。

聚乙烯醇具有很好的成膜性、气体(如氧、氢、二氧化碳等)阻隔性,良好的粘接性,一定的吸湿性,较好的透明性,力学性能较好,可适度增塑成型。

聚乙烯醇在化学结构上可看成是在交替相隔的碳原子上带有羟基的多元醇,因此可进行醚化、酯化、缩醛化等,其中缩醛化最为重要。聚乙烯醇可进行多种改性,以获得众多的聚乙烯醇改性物。

2. 聚乙烯醇的用途

聚乙烯醇的用途可分为纤维和非纤维两个方面。由于 PVA 具有独特的强力粘接性、皮膜柔韧性、平滑性、耐油性、耐溶剂性、保护胶体性、气体阻绝性、耐磨性以及经特殊处理具有的耐水性,因此除了作纤维原料外,还被大量用于生产涂料、黏合剂、纸品加工剂、乳化剂、分散剂、薄膜等产品,应用范围遍及纺织、食品、医药、建筑、木材加工、造纸、印刷、农业、钢铁、高分子化工等行业。

1) 维尼纶纤维

制备维尼纶纤维是聚乙烯醇的最主要用途。基本工艺流程为纺丝溶液的制备、纺丝、拉伸、热处理和缩醛化。纤维级聚乙烯醇的主要规格参见表 5-16。

表 5-16 纤维级聚乙烯醇的主要规格

项目	规格	备注
平均聚合度	1 750±50	1 750±75 可使用
残存乙酸根	<0.2%	
乙酸钠	<7%	经水洗降为<0.2%
膨润度	150~200	

续表

项目	规格	备注
着色度	>86%	>84%可使用
透明度	>90%	
纯度	>85%	
挥发分	<8%	
氢氧化钠	<0.3%	
充填比重	0.20~0.27	

维尼纶纤维在民用上大量用来与棉混纺可织成各种布料及针织品。此外可作渔网、输送带、肥料袋、化工滤布及医疗上作绷带、外科手术用缝线等。

2) 非纤用途

造纸工业：由于聚乙烯醇具有优良的黏结强度和成膜性，所以在造纸工业中主要用作颜料黏合剂、纸张涂饰剂或上胶剂等。

纺织工业：因聚乙烯醇具有很高的膜强度、挠曲性、耐磨性和黏附性，又有良好的水溶性，使它成为合成纤维等的经纱上浆料。

建筑业：聚乙烯醇或其适度的缩醛化水溶液粘接性强、成膜性好、填料填充性高，广泛用作内墙涂料的成膜物。

高分子合成工业：聚乙烯醇具有表面活性，可降低表面张力，因此可作乙酸乙烯酯乳液聚合的乳化剂和保护胶体及悬浮聚合的分散剂。一般作乳化剂的聚乙烯醇，其醇解度为88%或88%~98%；而用作乙酸乙烯酯、苯乙烯、氯乙烯等悬浮聚合的分散剂，其聚合度为300~2500，醇解度为65%~88%。

医药业：由于PVA综合性能优良，目前，在医药制剂中用于制作微型胶囊的囊材、膜剂和涂膜剂的成膜材料等，应用效果良好。目前，医用的PVA有PVA05-88，PVA17-88，PVA-124等规格，前两种规格的醇解度均为(88±2)%，平均聚合度分别为500~600和1700~1800；PVA-124的醇解度为98%~99%，平均聚合度为2400~2500。

此外，聚乙烯醇还可用作再湿黏合剂、化妆品添加剂、洗涤剂的添加物，食品保鲜包装袋或复合包装袋、农用薄膜或可降解农用膜、高吸水性树脂、钢的淬火剂及土壤改良剂等。

第6章 乳液法自由基聚合工艺

6.1 概述

乳液聚合的发展首先得益于天然橡胶的发现及应用。第二次世界大战期间,由于天然胶资源的缺乏,合成橡胶的生产受到重视。也正是对合成橡胶的大量需求刺激了乳液聚合技术的蓬勃发展。与此同时,生产的扩大促进了理论研究的繁荣。1945年前后,乳液聚合理论的研究达到一个高潮,其中最著名的当属Harkins,Smith及Ewart的工作,他们定性和定量地阐述了在水中溶解度很低的单体的乳液聚合反应机理,这些理论与实践为乳液聚合的发展奠定了基础。

乳液聚合是液态的乙烯基单体或二烯烃单体在乳化剂存在下分散于水中成为乳状液,此时是液-液乳化体系,然后在引发剂分解生成的自由基作用下,液态单体逐渐发生聚合反应,最后生成了固态的高聚物分散在水中的乳状液,此时转变为固-液乳化体系。这种固体微粒的粒径一般在 $1~\mu m$ 以下,静置时不会沉降析出。

1. 乳液聚合的优点

1) 聚合速率快,聚合物分子量高

乳液聚合与本体聚合、溶液聚合、悬浮聚合的动力学规律不一致。后者在引发剂浓度一定时,要想提高聚合反应速率,就要提高反应温度;而反应温度的提高会加速引发剂的分解,使自由基浓度增大,从而导致链终止速率增大,使聚合物平均分子量减小。反过来,要想提高聚合物分子量,就必须降低反应温度,这又会造成聚合反应速率的降低。就是说,要想提高聚合物平均分子量,就必须降低聚合反应速率;而要想提高反应速率,就必须牺牲分子量的提高,即两者是矛盾的。即便是采用氧化还原体系的聚合体系,虽然降低反应温度与加快反应速率取得了一致,但还原剂的加入降低了引发剂分解的活化能,在引发剂浓度一定时,分子量仍然是降低的。而乳液聚合可以把两者统一起来,即乳液聚合既可以具有高的聚合反应速率,又可以得到分子量高的聚合物。

2) 反应体系黏度小,反应热易导出,反应平稳安全

烯烃类单体聚合反应的传热特点是:热负荷大,其聚合热约为 $60\sim100~kJ/mol$;在聚合过程中放热不均衡,高峰期要比平均放热速率高2~3倍;聚合反应速率(关系到生产效率与成本)、聚合物分子量及其分布(关系到产品质量)与反应温度常常有着直接的关系,必须严格控制。

与本体聚合不同,乳液聚合体系的连续相是水,聚合反应发生在分散于水相中的乳胶粒内部。尽管乳胶粒内部黏度很高,但整个反应体系的黏度并不高,甚至可接近于连续相水的黏度,并且在聚合过程中体系黏度也不会发生大幅度的变化。同时,若想获得高黏度的聚合物乳液,可在聚合结束后加入黏度调节剂。例如,氨水就是丙烯酸类乳液有效的pH调节剂和黏度调节剂。

同乳液聚合体系中的介质水类似,在溶液聚合中要加入溶剂。介质和溶剂的稀释作用均可降低放热强度,但是乳液聚合体系的散热要比溶液聚合容易得多。这一方面是由于乳液聚合体系要比溶液聚合体系黏度低,前者黏度一般小于 $100~mPa \cdot s$,而后者可达几万 $mPa \cdot s$。另一方面是由

于水的比热容比溶剂大，水的比热容为 4.18 kJ/(kg·℃)，而有机溶剂的比热容一般在 1.05～2.51 kJ/(kg·℃)，故放热量相同时，乳液聚合体系要比溶液聚合体系的升温幅度小。

乳液聚合和悬浮聚合都以水为分散介质，但是悬浮聚合反应发生在分散于水中的单体液滴中，单体液滴的直径一般在 100～1 000 μm。而在乳液聚合体系中，反应中心乳胶粒直径一般在 0.05～0.1 μm。所以从乳胶粒内部向水相传热要比从悬浮聚合的液滴内部向水相传热容易得多。故乳胶粒中的温度分布要比悬浮聚合的液滴中的分布均匀得多。如果说在悬浮聚合中常常因为液滴向外传热不良而导致"鱼眼"、黑点、黄点及烧芯现象出现的话，那么可以认为在乳液聚合体系的乳胶粒中不存在因温度不均而导致的产品质量问题。

综上所述，许多因散热问题得不到解决而不能大生产的聚合过程，常常可以很容易地用乳液聚合法进行生产。

3) 以水作为反应介质，成本低，属于绿色工业范畴

反应介质水不燃、不爆、无毒、无味，不污染环境，生产安全，对人体无伤害，可大大改善聚合场所、后处理车间及其应用过程中的劳动条件。水便宜、易得，可显著降低成本，而且避免了采用溶液聚合法溶剂回收的麻烦。

4) 聚合物乳液可直接应用

很多情况下，聚合物乳液本身就是产品，可直接在建筑、纺织、造纸、工业涂装、皮革等行业作为涂料、黏合剂、表面处理剂、涂饰剂等来应用。如胶乳涂料也称为水分散性涂料。这种涂料不使用有机溶剂，干燥过程中不会发生火灾的危险，无毒，不会污染大气，是近年来涂料工业发展方向之一。

5) 生产方式灵活，利于新产品开发

和其他聚合方法相比，乳液聚合法生产设备和工艺简单，操作方便，灵活性大；既可采用间歇法，又可采用半连续法和连续法进行生产；生产弹性大，产量可大可小，既有年产几十万吨合成橡胶、合成树脂的大型生产装置，又可生产各种各样的少量特殊用途的精细高分子产品；溶于水中的、微溶于水中的和不溶于水中的单体均可用乳液聚合法制备聚合物；既可进行单一单体的均聚，又可进行两种或多种单体的共聚反应，同时还可制备接枝聚合物、定向聚合物、互穿网络聚合物、核壳结构及异相结构聚合物等具有各种特异性能的聚合物。

2. 乳液聚合的缺点

(1) 分离困难　乳液作非直接用途时，需将聚合物从乳液中分离出来。工业生产中，通常加入一定的破乳剂对乳液进行离析，如食盐溶液、盐酸或硫酸溶液等电解质。但分离过程较复杂，并且产生大量的废水。如果直接进行喷雾干燥以生产固体合成树脂(粉状)，则需要大量热能，而且所得聚合物的杂质含量较高。

(2) 难以制备高纯净的聚合物　乳液聚合过程中一般都需加入乳化剂，对于要获得含杂量低的聚合物，必须在聚合物乳液的后处理过程中除去乳化剂。而乳液聚合物中的乳化剂很难完全除去，残留在聚合物中的乳化剂会影响最终制品的电性能、透明度、耐水性及制件表面光泽等。因此，乳液聚合物不适合作电子和光学材料。

3. 适用乳液聚合制备的聚合物品种

乳液聚合适用于很多类合成树脂和合成橡胶的生产。合成树脂生产中采用乳液聚合方法的有：聚氯乙烯及其共聚物、聚乙酸乙烯酯及其共聚物、聚丙烯酸酯类共聚物等。合成橡胶生产中采用乳液聚合方法的有丁苯橡胶、丁腈橡胶、氯丁橡胶等。乳液聚合法生产的合成橡胶占其总产量的 65% 以上。

我国乳液聚合研究与小规模工业化生产开始于 20 世纪 50 年代中后期，1955 年在锦西建立了乳液法聚氯乙烯生产装置，1957 年在长春建立了乳液法氯丁橡胶生产装置，1959 年在天津建立了

乳液法聚乙酸乙烯酯生产装置。大规模乳液聚合生产装置建立于20世纪60年代，尤其是改革开放以来，对国外先进技术的引进，使我国乳液聚合工业获得了飞速的发展。目前，我国用乳液聚合的方法进行工业化生产的聚合物品种有：丁苯橡胶及其胶乳、聚氯乙烯及氯乙烯共聚物、聚乙酸乙烯酯及共聚物、氯丁橡胶及其胶乳、丁腈橡胶及其胶乳、聚丙烯酸酯及丙烯酸酯的共聚物、ABS树脂等聚合物。

乳液聚合的经济效益、社会效益、环境效益使得世界各国都非常重视对乳液聚合技术和乳液聚合物新产品的开发。目前，除了常规乳液聚合之外人们相继开发出了许多乳液聚合技术的新分支，如反相乳液聚合、乳液定向聚合、乳液缩聚、分散聚合、无皂乳液聚合、微乳液聚合、超微乳液聚合、辐射乳液聚合、种子乳液聚合、乳液互穿网络聚合等。尽管如此，乳液聚合的理论仍然还大大落后于实践，远远不能满足指导实际生产研究的需要，有很多理论问题仍然处在争论之中。

6.2 乳液聚合反应机理

根据间歇乳液聚合的动力学特征(图6-1)，可以把整个乳液聚合过程划分为四个阶段，即分散阶段（乳化阶段）、乳胶粒生成阶段（阶段Ⅰ）、乳胶粒长大阶段（阶段Ⅱ）和聚合完成阶段（阶段Ⅲ）。

在加入引发剂以前，体系中没有聚合反应发生，只是在乳化剂的稳定作用和机械搅拌作用下，把单体以液滴的形式分散在水相中，成为乳状液。因此分散

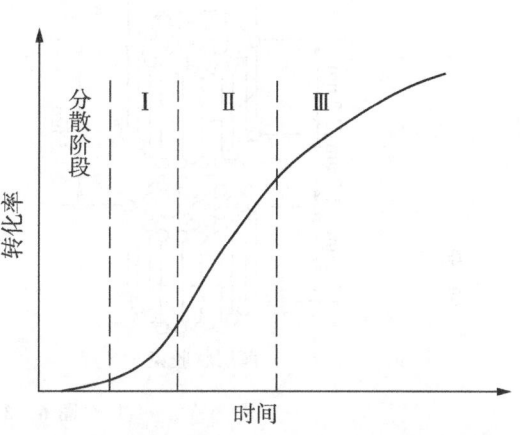

图6-1 乳液聚合中时间与转化率的关系

阶段又可称为乳化阶段。在一定的温度下，加入引发剂以后，聚合反应开始发生。由聚合反应开始到胶束耗尽这段时间间隔为阶段Ⅰ，在这一阶段将生成大量乳胶粒，故这一阶段又称为成核阶段或乳胶粒生成阶段。由胶束耗尽到单体液滴消失一段时间间隔为阶段Ⅱ，在这一阶段乳胶粒不断长大，故又称为乳胶粒长大阶段。由单体液滴消失直至达到所要求的转化率阶段为阶段Ⅲ，该阶段又称作聚合反应完成阶段。不同阶段乳液聚合体系的内部特征和动力学规律是不同的，以下分四个阶段来介绍乳液聚合的定性理论。

6.2.1 分散阶段(乳化阶段)

1. 临界胶束浓度(CMC)

可以使不溶于水的液体与水形成稳定的胶体分散体系(乳化液)的物质叫做乳化剂。当向纯水中加入乳化剂时，将形成乳化剂水溶液。如在逐渐增加水溶液中乳化剂的浓度时测定其表面张力变化，则不管是哪种乳化剂都会使溶液的表面张力在开始时急剧下降，最后稳定在一定的水平上。人们同时还发现，某些不溶于水的油性液体，却可以溶于乳化剂的水溶液中。这类现象经研究证实是由乳化剂的特殊本质所确定的。

乳化剂分子上一般都具有两种类型的基团，一是亲水（或疏油）的极性基团，二是亲油（或疏水）的非极性基团。当乳化剂分子被分散到水中去时，其亲水基团受到水的亲和力，而亲油基团则受到水的排斥力。这种排斥力使乳化剂分子处于热力学不稳定状态，并不停运动以求减小排斥力达到较稳定状态。在低乳化剂浓度下，加入到水中的乳化剂分子首先倾向于向水面吸附，逐渐覆盖水面形成单分子膜，且乳化剂浓度越大，亲油端所覆盖的面积也越大，因此水的表面张力急剧下降。但

当达到一定乳化剂浓度后，液面被乳化剂分子所饱和，形成排列紧密的乳化剂单分子层。此时再增大乳化剂浓度，水和空气界面上的乳化剂是不可能再增加，乳化剂分子只能以球状、棒状或层状的胶束形式溶解在水里，如图 6-2 所示。因此在该浓度以后，表面张力维持不变。形成乳化剂胶束的最低浓度称作临界胶束浓度，简称为 CMC(Critical Micelle Concentration)。

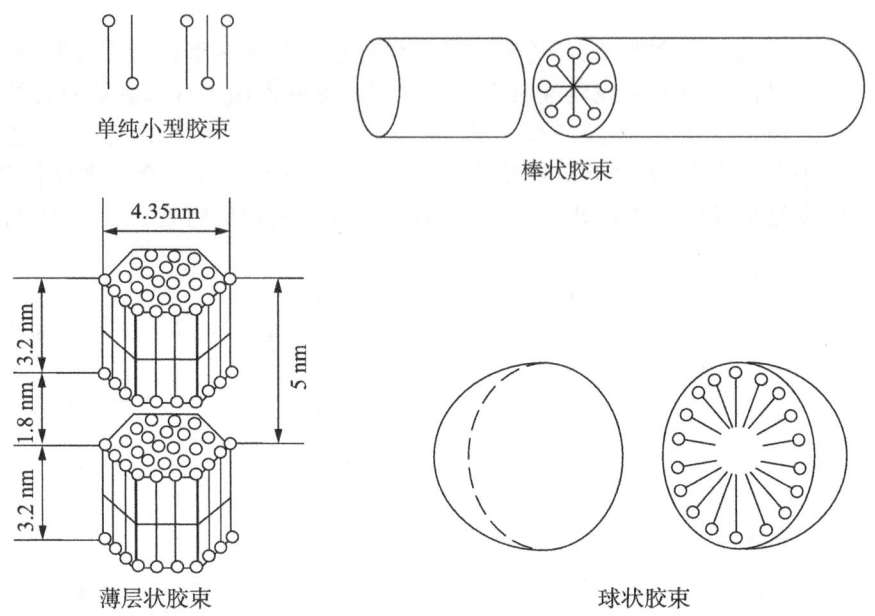

图 6-2 胶束存在的各种形式

在 CMC 值以上，体系内胶束的数目随着乳化剂浓度的增加而进一步增加。在一定温度下，对一特定的乳化剂来说 CMC 为一定值。例如 50 ℃时，硬脂酸钠的 CMC 为 0.13 g/L，十二烷基硫酸钠的 CMC 为 0.5 g/L，十二烷基苯磺酸钠的 CMC 为 0.46 g/L。平均一个胶束中的乳化剂分子数称作聚集数，乳化剂不同，聚集数也不同。一般乳化剂的聚集数在 50～200 之间。一个胶束的直径为 5～10 nm。在正常乳液聚合体系中胶束浓度的数量级为 10^{18} 个胶束/厘米^3 水。

乳化剂水溶液以其 CMC 为界，在许多物理性质方面都会发生急剧的变化，如导电率、渗透压、冰点降低、蒸气压、黏度、洗涤能力、光散射等。因此，在 CMC 以上的浓度使用乳化剂是非常重要的。

2. 乳化剂胶束的增溶作用

单体在水中的溶解度一般很小，如苯乙烯 25 ℃时在水中的溶解度为 0.027%。若向上述体系中再加入一定量的单体，在搅拌下，单体被分散成单体液滴。部分乳化剂被吸附在单体液滴表面上，形成单分子层，乳化剂分子的亲水端指向水相，而亲油端则指向单体液滴中心。依靠单体液滴表面上的乳化剂的亲水末端带有电荷或形成水化层及空间障碍作用，单体液滴可稳定地悬浮在水相中。不过，这种悬浮状态与分子级分散状态的真正溶解是不同的，故称为乳化剂的增溶作用。单体液滴的大小和单体的种类与乳化剂的种类和用量有关，同时也与搅拌转速、搅拌器叶轮型式所产生的剪切力有关。乳液聚合中，单体液滴的平均直径一般为 10～20 μm，单体液滴的浓度约为 10^{12} 个/厘米^3 水。

尽管单体在水中的溶解度很小，但仍会有少量的单体分子溶在水中，以单分子形式存在，称作自由单体。除单体液滴和自由单体之外，还会有一部分单体被吸收到胶束内部，使部分胶束含有单体，这部分胶束叫作增溶胶束。增溶作用可使单体在水中的表观溶解度增大，在增溶胶束中单体的量可达单体总量的1%,增溶的结果可使胶束的体积增大一倍。

图6-3为乳液聚合体系分散阶段的示意图。由图可以看出,在该阶段乳化剂可形成胶束、增溶胶束、吸附在单体液滴表面上或以单分子形式溶解在水中。而单体大部分集中在单体液滴中,少量分布在增溶胶束中或溶解在水相中。应当指出的是,单体和乳化剂的分布方式是一个动态平衡。

6.2.2 乳胶粒生成阶段(阶段Ⅰ)

当水溶性引发剂加入到上述体系中之后,于一定温度下,引发剂在水相中开始分解出初始自由基。这些自由基有三个去向,即扩散到增溶胶束、扩散到水相或扩散到单体液滴中。所以自由基在增溶胶束、水相和单体液滴中都存在引发聚合的可能性。

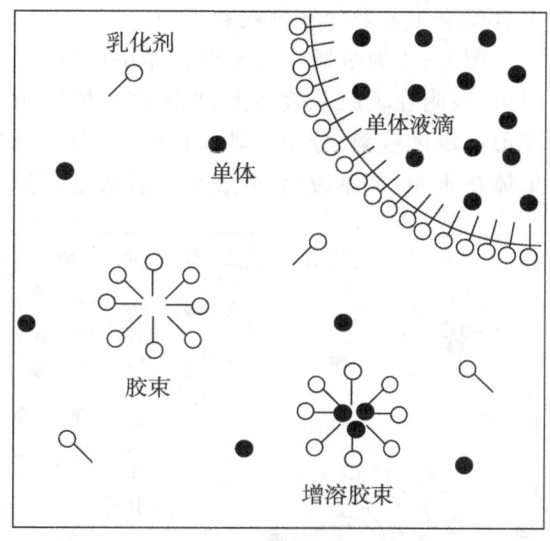

图6-3 分散阶段示意图

1. 胶束成核机理

若自由基由水相扩散到增溶胶束中,由于增溶胶束中有单体存在,自由基就在其中引发聚合,生成聚合物链,于是增溶胶束转化成了含有聚合物链和单体的乳胶粒,这个机理被称作胶束成核机理,又叫第一成核机理。

2. 低聚物沉淀成核机理

水溶性引发剂在水相中生成初始自由基,同时在水相中总会有少量呈真溶液状态的自由单体分子,这也构成了进行聚合反应的条件,故在水相中也将发生引发聚合。随着水相中自由基链的长大,其在水中的溶解度降低,当其聚合度增大到临界链长时,这些聚合物(低聚物)会从水相中沉析出来,并从水相中吸附乳化剂分子到其表面上,使其自身稳定;同时它还会从水相中吸收自由基和单体到其内部,在其中不断进行增长反应,使自身不断长大,于是就生成了一个新的乳胶粒。这种机理被称为低聚物沉淀成核机理,又叫均相成核机理或第二成核机理。

低聚物沉淀成核机理跟单体在水中的溶解度有关,通常单体在水中的溶解度很小(如在25 ℃时,丙烯酸-2-乙基己酯为0.01%、苯乙烯为0.027%、丁二烯为0.081%),故水相中自由单体浓度极低,因此按低聚物沉淀机理生成的乳胶粒并不多,常常可以忽略。但如果单体在水中溶解度较大(如在25 ℃时,丙烯腈为7.35%,丙烯酸甲酯为5.2%,乙酸乙烯酯为2.4%,甲基丙烯酸甲酯为1.59%,丙烯酸乙酯为1.5%),则按低聚物机理生成的乳胶粒数目就较多,在某些情况下甚至可能会成为主要的成核方式。

3. 单体液滴成核机理

自由基由水相扩散到单体液滴中,也会生成乳胶粒,被称作单体液滴成核机理,又叫第三成核机理。有人在实验中发现在他们合成的聚合物乳液中确实有极少量通过这种机理生成的大粒子。但在正常乳液聚合情况下,单体液滴和增溶胶束的数量比为$1:10^4$,即如果不考虑其他影响因素,自由基向增溶胶束中扩散成核的概率要比向单体液滴中扩散概率大1万倍。同时,一个单体液滴上所带的电荷要比一个胶束上的多,使得单体液滴周围的电场强度要比胶束周围的大得多,而自由基所带电荷和单体液滴表面电荷又是同性的,同性相斥的结果使得自由基更难向单体液滴中扩散。故与低聚物成核机理相比,单体液滴成核机理常常可以忽略不计。

由于溶解于水相中的自由单体和单体液滴与增溶胶束相比数量少得多,约相差10^4倍以上,故聚合反应主要发生在乳胶粒当中。

图 6-4 为阶段Ⅰ乳液聚合体系示意图。由图可以看出,在阶段Ⅰ,乳化剂有四个去处,即形成胶束、吸附在乳胶粒表面上、吸附在单体液滴表面上及溶解在水相中。此阶段,单体也有四个去向,即形成单体液滴、分布在乳胶粒中、分布在增溶胶束中及溶解在水中的自由单体。实际上乳化剂和单体在水相、单体液滴、乳胶粒和胶束之间为一动态平衡过程,如图 6-5 所示。

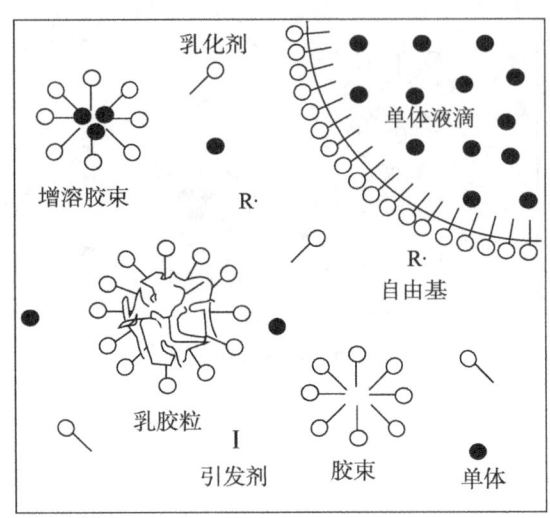 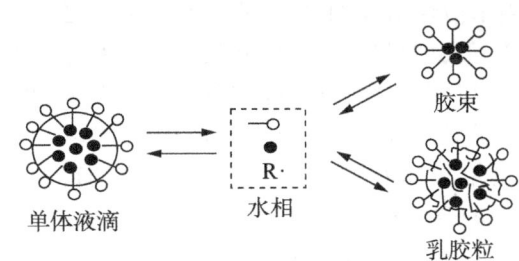

图 6-4　乳胶粒形成阶段(成核阶段)示意图　　图 6-5　成核阶段乳化剂、单体和引发剂扩散的动态平衡

在阶段Ⅰ,随着成核过程的进行,越来越多的增溶胶束转化成乳胶粒;同时乳胶粒内的单体不断进行聚合反应生成聚合物,并不断从水相中吸收更多的单体,致使乳胶粒不断长大,乳胶粒的表面积不断增大,会吸附更多的乳化剂,致使越来越多的乳化剂通过水相转移到乳胶粒表面上。补充到乳胶粒表面的乳化剂主要来源于胶束,形成一个乳胶粒大约要破坏 100 个胶束。于是胶束就会越来越少,直致最后胶束耗尽,阶段Ⅰ结束。乳化剂用量越大,阶段Ⅰ持续时间则越长。

6.2.3　乳胶粒长大阶段(阶段Ⅱ)

胶束耗尽以后,阶段Ⅰ结束,于是就进入阶段Ⅱ。因为在阶段Ⅱ没有了胶束,按胶束机理成核过程停止。由于单体在水相中的溶解度很小,按低聚物机理成核所占的比例也不大;即使对亲水性较大的单体来说,由于乳胶粒表面积($10^5 \sim 10^6$ 厘米²/厘米³ 水)巨大,为在水相中生成的低聚物布下了"天罗地网",齐聚物分子还没来得及增长到临界链长,就早已被乳胶粒捕集。因此在阶段Ⅱ按低聚物机理生成新乳胶粒的可能性很小。同时乳胶粒的数目要比单体液滴数目大得多(约大 10^6 倍),即使有可能按第三成核机理生成新的乳胶粒,其数目也很少,可以忽略不计。因此,一般认为在阶段Ⅱ及其后的阶段Ⅲ,乳胶粒的数量为一常数,一般每立方厘米水中约为 10^6 数量级。

在阶段Ⅱ,引发剂在水相中不断分解成自由基,且不断由水相扩散到乳胶粒中。若自由基扩散到一个不含自由基的乳胶粒,即"死"乳胶粒中,这个乳胶粒就变成了含有自由基的乳胶粒,即"活"乳胶粒,自由基就在其中引发聚合,生成一个链自由基;若自由基扩散到一个"活"乳胶粒中,就和"活"乳胶粒中原来的那个链自由基发生链终止反应,生成一个聚合物长链,该乳胶粒中自由基消失,变成一个"死"乳胶粒。乳胶粒就是在"死"、"活"不断交替的过程中断断续续地长大。

在阶段Ⅱ,聚合反应发生在乳胶粒中,单体液滴是单体的"仓库",单体源源不断地由单体液滴通过水相扩散到乳胶粒中,在其中进行聚合反应,使乳胶粒长大,而单体液滴的体积逐渐减小,数量逐渐减少，直到单体液滴消失，阶段Ⅱ结束。

图6-6为阶段Ⅱ乳液聚合体系示意图。由图6-6可以看出，在该阶段乳化剂有三个去向，即被吸附在乳胶粒表面上、被吸附在单体液滴表面上及溶解在水中的自由乳化剂。单体也有三个去向，即形成单体液滴、存在于乳胶粒中及溶解在水相中。

从热力学观点来看，单体和聚合物的混合自由能变化是单体由水相向乳胶粒中扩散并和其中的单体-聚合物溶液进行溶混的推动力；而乳胶粒的表面能则是单体由水相向乳胶粒扩散而使其表面积增大的阻力。单体和聚合物的混合自由能变化和乳胶粒表面能之间的平衡就决定了在阶段Ⅰ和阶段Ⅱ过程中，乳胶粒中单体和聚合物的浓度为一常数，即单体和聚合物的体积比保持定值。

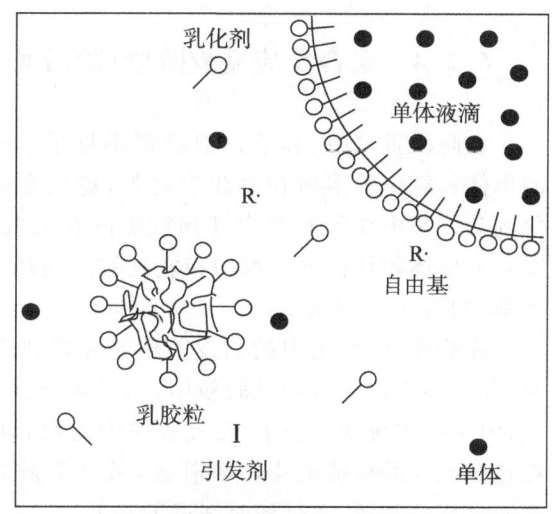

图 6-6 乳胶粒长大阶段

经典乳液聚合理论认为，当一个自由基进入一个"活"乳胶粒中时，两个自由基的终止反应是瞬时进行的，这样在一个乳胶粒中最多只有一个自由基。从概率观点出发，在此情况下，只有一半乳胶粒为活乳胶粒，而另一半则为死乳胶粒，所以平均一个乳胶粒中的自由基数为0.5。如上所述，在阶段Ⅱ，乳胶粒中单体的浓度为定值，且体系中乳胶粒数目也为定值，而平均一个乳胶粒中的自由基数又为0.5个，所以反应区内每立方厘米水中的乳胶粒内的自由基数也为常数，故在阶段Ⅱ，聚合反应速率保持定值。所以经典理论认为，在阶段Ⅱ聚合过程为零级反应，表现在时间-转化率曲线上为一直线。

试验证明，在阶段Ⅱ，时间-转化率曲线接近直线，同时随时间略有提高。原因是乳胶粒虽然很小，但毕竟有一定体积，处于同一个乳胶粒中的两个自由基扩散到一起而进行碰撞总存在一个微观的距离。因此，在乳胶粒中自由基瞬时终止的假设并不能完全成立。同时，在乳胶粒中聚合物浓度很高，其内部黏度很大，长链自由基扩散会受到很大的阻力。这样就使同一个乳胶粒中两个自由基扩散到一起而进行碰撞需要一段时间，从而使两个或多个自由基在一定时间间隔内共存于同一个乳胶粒中成为可能。因此，平均一个乳胶粒中的自由基数应大于0.5。并且随着转化率的提高，乳胶粒体积逐渐增大，两个自由基碰撞所需走的距离就更长，故平均一个乳胶粒中的自由基数就更多，致使聚合反应的速率越来越大。这种现象是由于乳胶粒的体积不断长大而引起的，所以称为体积效应。

在自由基不断由水相向乳胶粒中扩散的过程中，乳胶粒中的自由基也有可能扩散到水相中，这称作自由基的解吸。解吸的结果使平均一个乳胶粒中的自由基数减少，导致聚合反应速率降低。解吸和单体的亲水性有关，亲水性越大，解吸越厉害。对于苯乙烯、丙烯酸-2-乙基己酯等亲水性很小的单体，解吸微乎其微，反应初期平均一个乳胶粒中的自由基数接近0.5，而对于乙酸乙烯酯、丙烯酸甲酯等单体，因其亲水性较大，解吸速率也大，致使反应初期乳胶粒中的自由基数值降低至0.01～0.1数量级，从而显著地影响聚合反应速率。

在阶段Ⅰ和阶段Ⅱ交界处，胶束消失，此时除了少量的乳化剂溶解在水中和被吸附在单体液滴表面上之外，其余的乳化剂全部被吸附在乳胶粒表面上，并且刚好把乳胶粒表面盖满，即此时乳化剂在乳胶粒表面上的覆盖率为100%。在此阶段，乳胶粒不断长大，此时若没有足够的乳化剂覆盖在乳胶粒表面上，就会出现覆盖率低于100%的情况，随着时间的延续及转化率的提高，覆盖率逐渐减小，致使乳液稳定性下降，故这段时间是乳液聚合过程中最容易破乳的危险时期。在实际中，在阶段Ⅱ常常需要补加适量的乳化剂，以确保体系稳定和乳液聚合过程正常进行。

6.2.4 聚合反应完成阶段(阶段Ⅲ)

在阶段Ⅲ,胶束和单体液滴都不见了。除了极少量的单体和乳化剂溶解在水相中之外,绝大多数单体和乳化剂分别集中在乳胶粒内部和被吸附在乳胶粒表面上。实际上单体和乳化剂在水相和乳胶粒之间建立起了动态平衡,如图 6-7 所示。

在阶段Ⅲ,水相中的引发剂继续不断地分解出自由基,并且不断地扩散到乳胶粒中,引发聚合反应。在该阶段,由于单体液滴消失了,在乳胶粒中的聚合反应只能消耗自身贮存的单体而得不到补充,故在乳胶粒中单体浓度不再保持常数,而是随时间逐渐降低。

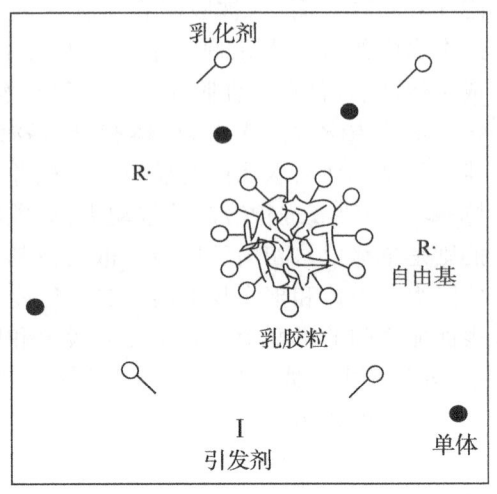

图 6-7 聚合反应完成阶段示意图

在乳胶粒中的单体浓度不断降低的同时,聚合物浓度不断升高,乳胶粒内部黏度逐渐增大,从而使自由基活性减小,两个自由基扩散到一起而进行终止的阻力加大,致使随着转化率的提高链终止速率常数急剧下降。这意味着自由基平均寿命的延长,乳胶粒中自由基浓度显著增大,或平均一个乳胶粒中的自由基数增多。在阶段Ⅲ,随着转化率的提高,乳胶粒中单体浓度越来越低,其聚合反应速率本来应该下降,但却恰恰相反,在反应后期聚合反应速率不但不下降,反而随转化率增大而有所增大,甚至大大地加速。这种现象叫 Trommstorff 效应,又叫凝胶效应。

对某些单体和在某些条件下进行的乳液聚合过程来说,当转化率升高到某一值时,聚合反应速率突然大幅度降低,其时间-转化率曲线趋近于一条水平线,这种现象叫做玻璃化效应。我们知道,乳胶粒内部为单体和聚合物的混合物,单体定位于大分子链之间,将大分子链间距离拉大,使大分子链间作用力减小,致使单体-聚合物混合物的玻璃化温度低于聚合物的玻璃化温度,甚至低于反应温度。因为在阶段Ⅰ与阶段Ⅱ,乳胶粒内单体浓度为常数,故其玻璃化温度亦保持定值;而在阶段Ⅲ,随着转化率的增大,单体浓度的下降,乳胶粒的玻璃化温度升高,当升高到等于反应温度时,整个大分子都被冻结,单体分子运动也受阻,致使链增长速率常数大幅度下降,甚至趋近于零,故使聚合反应速率突然大幅度下降,甚至趋近于零。

前面分别讨论了乳液聚合的各个阶段,现作简单总结,如表 6-1 所示。

表 6-1 乳液聚合各过程的组成变化及特征

过程	体系组成	作用	结束标志	特征
分散阶段	单体、水、乳化剂	形成胶束和增溶胶束		
阶段Ⅰ	游离单体、单体液滴、水、乳化剂、引发剂、自由基、胶束和增溶胶束	引发聚合并形成乳胶粒	胶束消失	反应速率逐渐上升
阶段Ⅱ	游离单体、单体液滴、水、乳化剂、引发剂、自由基、乳胶粒	乳胶粒不断长大	单体液滴消失	基本为恒速阶段
阶段Ⅲ	游离单体、水、乳化剂、引发剂、自由基、乳胶粒	完成聚合	游离单体消失	可能出现"凝胶效应"和"玻璃化效应"

6.3 乳液聚合反应动力学

在乳液聚合中,聚合物的链增长过程在胶束中进行。因为一般引发剂生成自由基的速率为 10^{13} 个/(毫升·秒),而胶束数为 10^{18} 个/毫升。自由基同时进入胶束的概率很小,因此在胶束内不易有链终止反应。同时,胶束是由乳化剂分子保护着的彼此独立的粒子,很难由两个带有自由基的活性胶束相互接触来双基终止。在乳胶粒内一个链自由基的终止只有当第二个自由基从水相进入该颗粒时才能发生。由于反应中心多,且自由基寿命长,所以乳液聚合既有较高的反应速率,又有很大的分子量。

在自由基聚合反应中,根据等活性理论和稳态假设以及引发的单体远远小于链增长的单体等,聚合反应速率可认为等于链增长速率 R_p,其可表示为:

$$R_p = k_p[M][M\cdot] \tag{6-1}$$

式中,k_p 为链增长反应速率常数;[M] 为单体浓度,mol/L;[M·] 为自由基的浓度,mol/L。

而在乳液聚合反应中,聚合物链增长过程主要在胶束中进行。在一定时间内,只有一半的乳胶粒中含有自由基。因此,自由基浓度为乳胶粒浓度的一半。因此,乳液聚合反应的链增长反应速率 R_p 为:

$$R_p = k_p[M][M\cdot] = k_p[M]10^3 N/2N_A \tag{6-2}$$

式中,N 为乳胶粒数目,个/厘米³;N_A 为阿伏加德罗常数。

值得指出的是,每个乳胶粒内平均含有 0.5 个自由基的结论并非完全正确,大于、小于 0.5 的情况都可能存在。例如乙酸乙烯酯等亲水性单体,向单体链转移显著,转移后生成的小的单体自由基,容易发生解吸,其乳胶粒内平均含有的自由基数小于 0.5;在某些条件下,甚至可以等于 0.1;而苯乙烯的乳液聚合,当乳胶粒粒径为 0.7 μm 时,乳胶粒内平均含有的自由基数会从 0.5 增加到 0.6;当乳胶粒粒径为 1.4 μm 时,乳胶粒内平均含有的自由基数已经增加到 1;当转化率大于 90% 时,乳胶粒内平均含有的自由基数为 2。

乳液聚合的平均聚合度 X_n 与乳胶粒数目之间的关系可用 Smith-Ewart-Harkins 方程来描述:

$$X_n = k_p[M]N/\rho \tag{6-3}$$

式中,ρ 为自由基生成速率;N 为乳胶粒数目。

上述结果表明,聚合反应速率和聚合度均与乳胶粒的数目有关,而乳胶粒数目可由式(6-4)计算:

$$N = K(\rho/\mu)^{2/3} (a_s[s]N_A)^{0.6} \tag{6-4}$$

式中,K 为常数,在 0.37~0.53 之间;μ 为一个乳胶粒体积增长速率,cm³/min;a_s 为一个乳化剂分子所能提供的覆盖面积,cm²;[s] 为乳化剂的浓度,mol/cm³。

对于乳液聚合所得聚合物平均分子量高于其他聚合方法所得的理论解释,认为聚合反应主要在单体增溶胶束中和已生成的胶乳颗粒中进行的,它们的数目非常之大,按标准配方所用引发剂量分解成自由基后,几乎每一个胶束和微粒中平均只可能含有一个自由基,有人计算过苯乙烯乳液聚合时平均 10~100 s 有一个自由基进入特定的乳胶粒中,而链终止速率一般小于 10^{-3} s。因此如果为偶合终止反应,链终止反应前自由基有较长的增长时间,所以乳液聚合所得聚合物分子量很高,显然,如果向单体进行链转移是主要的链终止反应时,则以上理论将不发生作用,因此氯乙烯乳液聚合所得聚氯乙烯平均分子量与悬浮聚合所得相似。

以上是乳液聚合理论之一。上述各式表示聚合反应发生于胶束内的动力学关系式这一理论存在有若干偏差,主要是:①较大的聚合物微粒(直径>0.15 μm)在某一瞬间不只含有一个增长链。②有些单体在水中的溶解度较大,包括甲基丙烯酸甲酯、乙酸乙烯酯等。此时,相当一部分聚合物是在水相中引发聚合的,生成的聚合物在水相中沉淀析出,然后表面吸附乳化剂。然而,在以上动力学关系式中没有反映这一事实。③向乳化剂进行链转移的事实没有考虑在内。

针对以上缺点有人提出另外的乳液聚合理论:认为由聚合物微粒前期是黏稠流体(如果聚合物可溶于单体中),聚合物增长链(指第二个自由基)不容易深入聚合物颗粒内部,因此聚合反应仅发生在颗粒的表面。对乳液聚合机理的解释是水溶性引发剂与乳化剂分子在水相中反应,活化的乳化剂分子进入微粒所吸附的表面层,从而引发单体进行聚合反应。

6.4 聚合体系组成

乳液聚合除主要组分单体、乳化剂和反应介质水以外,还需要引发剂、分子量调节剂、电解质、终止剂等。在合成橡胶生产中还需要加入防老剂、填充油等。

6.4.1 单体

能够进行乳液聚合的单体必须具备以下三个条件:可以增溶溶解但不能全部溶解于乳化剂水溶液;可在发生增溶溶解的温度下进行聚合反应;与水和乳化剂无任何活化作用。常用的单体主要有乙烯基单体氯乙烯、苯乙烯、丙烯腈、丙烯酸酯等和二烯烃单体丁二烯、氯丁二烯等。通常要求纯度>99%,并应当除去为防止单体在贮存和运输过程中发生自聚而加入的阻聚剂。

在乳液聚合中,单体含量一般在30%~60%之间,也有含量更高的实例,如高固含量低黏度乳液,一般应用于一些特殊的场合。

6.4.2 反应介质水

水中的Ca^{2+}、Mg^{2+}等离子可能与乳化剂生成不溶于水的盐,而Cu^{2+}、Fe^{3+}则可能加速引发剂的分解,所以水中应尽可能地降低这些离子的含量,通常选用去离子的软水。由于水在乳液聚合中作为分散介质,为了保证胶乳有良好的稳定性,其用量以体积计应超过单体的体积。以质量计一般为单体量的150%~200%。水量减少时,胶乳的黏度增大,不利于操作。

水中溶解的氧可起阻聚作用,特别是丁苯橡胶生产中采用低温聚合时,其作用更为明显。为了去除氧的影响可加入适量还原剂如连二亚硫酸钠($Na_2S_2O_4 \cdot 2H_2O$),俗名保险粉,其用量为单体量的0.04%左右。过多可能与引发剂组成氧化还原体系,影响引发体系的效能。

6.4.3 乳化剂

1. 乳化剂的分类

任何乳化剂分子总是同时含有亲水基团和亲油基团,按其亲水基团性质的不同可将乳化剂分成四类,即阴离子型乳化剂、阳离子型乳化剂、非离子型乳化剂及两性乳化剂,参见表 6-2。此外,还有高分子乳化剂、聚合型乳化剂等,目前在乳液聚合工业上应用得不多。

表 6-2 乳化剂的分类

根据离子类型分类	根据亲水基种类的分类	
阴离子型乳化剂	羧酸盐	RCOOM
	硫酸盐	$ROSO_3M$
	硝酸盐	RSO_3M
	磷酸盐	$POPO(OM)_2$
阳离子型乳化剂	伯胺盐	$RNH_2 \cdot HCl$
	仲胺盐	$R-\underset{CH_3}{NH} \cdot HCl$
	叔胺盐	$R-\underset{CH_3}{\overset{CH_3}{N}} \cdot HCl$
	季胺盐	$R-\underset{CH_3}{\overset{CH_3}{N^+}}-CH_3 \; Cl^-$
两性乳化剂	氨基酸型	$R \cdot NHCH_2CH_2COOH$
	丙胺盐型	$R-\underset{CH_3}{\overset{CH_3}{N^+}}-CH_2COO^-$
非离子型乳化剂	聚乙二醇型	$R-O(CH_2CH_2O)_nH$
	多元醇型	$R-COOCH_2-\underset{CH_2OH}{\overset{CH_2OH}{C}}-CH_2OH$

商品乳化剂多数实际上是同系物的混合物而不是纯粹的一种化合物,例如商品十二烷基硫酸钠其烷基链主要是十二烷基,但仍含有高于 C_{12} 和低于 C_{12} 的烷基,原因是原料难以精制提纯。因此由不同工厂生产的同一种乳化剂可能具有不同的乳化效果。

非离子型乳化剂水溶液被加热到一定温度时,溶液由透明变为浑浊,出现这一现象时的温度称为浊点(Cloud Point),浊点又称为昙点,是非离子表面活性剂的一个特征参数。离子型表面活性剂没有浊点。乳液聚合应在浊点以下进行。一般而言,亲水基团越大,浊点越高,浓度增加,浊点降低。

在一定温度下,离子型乳化剂会同时存在有乳化剂真溶液、胶束和固体乳化剂这三个相态,这一温度点称为三相点。乳液聚合应在三相点以上进行。非离子乳化剂一般无三相点或三相点极低,以至于测不出来。

阴离子型乳化剂对电解质的化学稳定性较差,生成的胶乳微粒的粒度较小,胶乳机械稳定性好,聚合过程中不太容易产生凝聚块。因此使用阴离子表面活性剂时易得到含固量高而稳定的胶乳。非离子表面活性剂对电解质的化学稳定性良好,但聚合反应速率较慢,所得微粒粒径较大,聚合过程中易产生凝聚块。由于以上特点,工业生产中乳液聚合主要使用阴离子型乳化剂或阴离子型乳化剂和非离子型乳化剂的混合乳化剂,很少单独使用非离子型乳化剂。混合乳化剂中增加非离子乳化剂的比例可提高胶乳对电解质的化学稳定性,并增大胶乳微粒的平均粒径。混合乳化剂形成的胶束,其分子数小于阴离子或非离子乳化剂两者单独形成的胶束。因而使产品胶乳微粒的粒径分布加宽。

阳离子型乳化剂一般是在pH<7的条件下使用,最好低于5.5。由于胺类化合物具有阻聚作用,且易被过氧化物引发剂氧化而发生副反应,因此阳离子乳液的应用较少。但由于阳离子型乳化剂不怕硬水及可在酸性条件下应用等特点,其用途正日益扩大。

2. 乳化剂的HLB值

乳化剂中亲水基的亲水性和疏水基的疏水性的相对大小将直接影响其使用性能,尤其是乳化效果的好坏。Griffin提出的乳化剂亲水油平衡值HLB(Hydrophile Balance)就是用来衡量乳化剂分子中亲水部分和亲油部分对其性质所做贡献大小的物理量。每一种乳化剂都具有某一特定的HLB值,对于大多数乳化剂来说,其HLB值落在1~40。HLB值越低,表明其亲油性越大;HLB值越高,表明其亲水性越大。部分乳化剂的HLB值见表6-3。HLB值的计算方法有Griffi法和Davies法。

表6-3 部分乳化剂的HLB值

化学名称	商品名称	乳化剂	HLB值
失水山梨醇三油酸酯	斯盘85	非	1.8
失水山梨醇二硬脂酸酯	斯盘65	非	2.1
失水山梨醇倍半油酸酯	Arlacel 83	非	3.7
失水山梨醇单油酸酯	斯盘80	非	4.3
失水山梨醇单硬脂酸酯	斯盘60	非	4.7
二乙二醇单月桂酸酯	Atlas G-2124	非	5.1
失水山梨醇单棕榈酸酯	斯盘40	非	6.7
四乙二醇单硬脂酸酯	Atlas G-2147	非	7.7
聚氧化丙烯酸硬脂酸酯	Atlas G-3608	非	8.0
失水山梨醇单月桂酸酯	斯盘20	非	8.6
月桂醇聚氧化乙烯醚	Brij30	非	9.5
聚氧化乙烯(4)失水山梨醇单硬脂酸酯	吐温61	非	9.6
聚氧化乙烯(5)失水山梨醇单油酸酯	吐温81	非	10.0
聚氧化乙烯(20)失水山梨醇三硬脂酸酯	吐温65	非	10.5
聚氧化乙烯(20)失水山梨醇三油酸酯	吐温85	非	11.0
聚氧化乙烯单油酸酯	PEG 400 单油酸酯	非	11.4
脂肪醇聚氧化乙烯醚	Ukanil 36	非	11.5
烷基芳基磺酸盐	Atlas G-3300	阴	11.7
脂肪醇聚氧化乙烯醚	Ukanil 43	非	11.8
三乙醇胺油酸盐		阴	12.0
聚氧化乙烯烷基酚醚	Lgepal CA-630	非	12.8
聚氧化乙烯单月桂酸酯	PEG 400 单月桂酸酯	非	13.1
聚氧化乙烯蓖麻油	Atlas G-1794	非	13.3
聚氧化乙烯壬基酚醚	OP-10	非	13.3

续表

化学名称	商品名称	乳化剂	HLB值
聚氧化乙烯(4)失水山梨醇单月桂酸酯	吐温 21	非	13.3
聚氧化乙烯(20)失水山梨醇单硬脂酸酯	吐温 60	非	14.9
聚氧化乙烯(4)失水山梨醇单油酸酯	吐温 80	非	15.0
聚氧化乙烯(20)失水山梨醇单棕榈酸酯	吐温 40	非	15.6
聚氧化乙烯(20)失水山梨醇单月桂酸酯	吐温 20	非	26.7
油酸钠		阴	18.0
油酸钾		阴	20.0
N-十六烷基-N-乙基吗啉基硫酸盐	Atlas G-263	阳	25～30
十二烷基硫酸钠		阴	40

(1) Griffin 法

对于聚氧化乙烯型和多元醇型非离子型乳化剂来说,其 HLB 值可按如下公式计算:

$$\text{HLB 值} = \frac{\text{亲水基质量}}{\text{亲水基质量} + \text{疏水基质量}} \times \frac{100}{5} \tag{6-5}$$

式(6-5)在应用时根据非离子乳化剂的类型特点可做些变动,以方便使用。如式(6-6)和式(6-7)中聚乙二醇型和多元醇型非离子乳化剂的 HLB 值的计算。

$$\text{聚乙二醇型非离子乳化剂} \quad \text{HLB} = E/5 \tag{6-6}$$

式中,E 为聚乙二醇部分的质量分数,%。

$$\text{多元醇型非离子乳化剂} \quad \text{HLB} = 20[1-(S/A)] \tag{6-7}$$

式中,S 为多元醇酯的皂化值;A 为原料脂肪酸的酸值。

(2) Davies 法

对于其他类型的乳化剂来说,可将乳化剂分子分割成基团,把各基团的常数加和得到 HLB,如式(6-8)所示。表 6-4 中列出了常用各种基团的基团常数。

$$\text{HLB} = \sum \text{亲水基团常数} - \sum \text{亲油基团常数} + 7 \tag{6-8}$$

表 6-4 计算 HLB 值的基团常数

亲水基团	基团常数	疏水基团	基团常数
—SO$_3$Na	38.7	—CH—	0.475
—COOK	21.1	—CH$_2$	0.475
—COONa	19.1	—CH$_3$	0.475
—SO$_3$Na	11.0	—CH—	0.475
—N(叔胺)	9.4	—CF$_3$—	0.870
$\overset{O}{\underset{\|}{—C}}$—O(失水山梨醇环)	6.8	—CF$_3$—	0.870
$\overset{O}{\underset{\|}{—C}}$—O(自由)	2.4	—CH$_2$CH$_2$CH$_2$O—	0.15

续表

亲水基团	基团常数	疏水基团	基团常数
—COOH	2.1		
—OH(自由)	1.9		
—OH(失水山梨醇环)	0.5		
—O—	1.3		
—CH$_2$CH$_2$O—	0.33		

当两种乳化剂混合使用时,混合乳化剂的 HLB 值可将组成它的各乳化剂的 HLB 值按质量平均得到,如式(6-9)所示。

$$\mathrm{HLB}=\frac{W_A\mathrm{HLB}_A+W_B\mathrm{HLB}_B}{W_A+W_B} \tag{6-9}$$

式中,HLB 为混合乳化剂的 HLB 值;HLB$_A$ 为乳化剂 A 的 HLB 值;HLB$_B$ 为乳化剂 B 的 HLB 值;W_A 为乳化剂 A 的质量分数;W_B 为乳化剂 B 的质量分数。

乳化剂的 HLB 值仅供选择乳化剂时参考,因为它既不能确定所需乳化剂的浓度,又不能确定所生产的乳液的稳定性,但从实践中知道对于甲基丙烯酸甲酯的乳液聚合,HLB 值为 12.1~13.7 的乳化剂可获得最为稳定的胶乳;HLB 值为 11.8~12.4 适用于丙烯酸乙酯的乳液聚合;甲基丙烯酸甲酯与丙烯酸乙酯共聚时(各 50%),选择 HLB 值为 11.95~13.05 的乳化剂较为恰当。

3. 乳液的稳定性

水和非水溶性单体通过机械搅拌虽然可以形成乳状液,但停止搅拌后恢复为两层液体,不可能形成稳定的分散体系。而当有一定量的乳化剂存在时,通过搅拌形成的单体液滴表面会吸附上一层乳化剂分子,其亲油基团伸向单体液滴内部,而亲水基团则伸向水。正是这一乳化剂分子层,妨碍了单体液滴之间的撞合,形成了稳定的乳状液体系。乳化剂的稳定作用因乳化剂的种类的不同而不同。

高分散性的粉末状固体物质作为乳化剂时,其作用主要是它被吸附于分散相液滴表面,好似在液滴表面形成了一固体薄膜层,从而阻止了液滴的聚集。

某些不是表面活性剂的可溶性天然高分子化合物作为乳化剂时,其主要作用是在分散相液滴表面形成了坚韧的薄膜层,从而阻止了液滴的聚集。

表面活性剂作为乳化剂时,其作用相对较为复杂,主要有以下三个方面。

(1) 使分散相和分散介质的界面张力降低,从而使液滴自然聚集的能力大大下降,使体系的稳定性提高。

(2) 表面活性剂分子在分散相液滴表面排列,亲油基团伸入液滴内部,亲水基团与分散介质(水相)相接触,也好似形成了一薄膜层,从而防止液滴的聚集。乳化剂分子在表面层中排列的紧密程度会显著地影响乳状液的稳定性以及乳状液的性质。因此,选择良好的两种表面活性剂所组成的复合乳化剂的乳化稳定效果会高于单一乳化剂。

(3) 吸附在单体液滴表面的离子型乳化剂,在一定的 pH 值下是以离子的形态存在的,这使得单体液滴表面带上一层电荷。根据乳化剂离子性质的不同,电荷可以为正,也可以为负。这一层电荷是不动的,称为固定层。在固定层周围由于静电引力会吸附一层异性离子,称为吸附层。所以,每个液滴表面存在着双离子层(又称双电层)。乳状液的液滴不是静止不动的,在不停的运动过程中,因为内层离子与液滴是结合在一起的,所以,外层(吸附层)的运动总落后于固定层的运动。因此,液滴表面电荷不是中性的,而表现出有"动电位",又称 ξ 电位。显然,动电位的存在阻碍了液滴聚集。动电位越高,乳液的稳定性越高,参见图6-8。

4. 破乳

采用乳液聚合方法生产的聚合物体系是一种聚合物颗粒分散于水中的乳状液。如果直接用作涂料、黏合剂、表面处理剂或进一步化学加工的原料时,要求胶乳具有良好的稳定性。而如果要求获得固体聚合物时,则应当采取适当的处理方法。例如生产聚氯乙烯糊树脂要求产品为高分散性粉状物,就采用喷雾干燥的方法。生产丁苯橡胶、丁腈橡胶等产品则采用"破乳"的方法,使胶乳中的固体微粒凝聚而沉降析出,然后进行分离、洗涤,以脱除乳化剂等杂质。

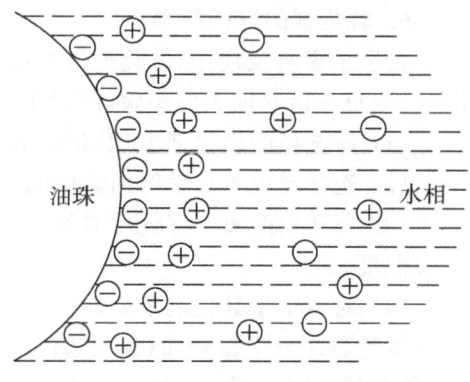

图6-8 油-水界面双电子层示意图

破乳的方法主要有加入电解质破乳、改变体系的pH值破乳、机械破乳、低温冷冻破乳以及稀释破乳等。

1) 加入电解质破乳

在以离子型乳化剂提供稳定化的乳液中,乳胶粒子存在有动电位,它对于电解质是敏感的。乳液聚合体系中加有少量的电解质,可以起到增大胶乳粒径,降低胶乳黏度的作用。但用量超过临界值,则产生胶乳微粒凝结而起到破乳的作用。胶乳液中加入电解质可以使液相中离子浓度增加,因此相对而言,双电子层之间的距离缩短,即动电位降低。当电解质达到足够浓度时,微粒的动电位等于零,相斥力消失,而微粒之间的相吸力表现突出,则胶体微粒大量凝聚而沉析。电解质使胶乳凝结的临界值与胶乳的固含量、电解质浓度以及电解质离子的价数有关。

应当指出的是,少量电解质的存在,不但不会破坏乳液的稳定性,反而有利于增大乳液稳定性,并可提高反应速率改善聚合物乳液的流动性。这是由于电解质溶于水相后,使原来溶解在水中且达到饱和溶解度的乳化剂析出一部分,即可以降低乳化剂的CMC,使更多的乳化剂分子生成胶束,从而使成核概率增大,乳胶粒数目增大,所以聚合物分子量及反应速率增大,而乳胶粒直径减小。同时,电解质的加入还可增加抗冻性。因而在有的聚合体系中会适量加入电解质。

2) 改变pH值破乳

有些表面活性剂,例如脂肪酸皂、松香酸皂等,当pH值降至6.9以下时,转化为脂肪酸失去乳化作用而破乳。用高分散性粉状固体物为乳化剂时,例如碳酸镁则与酸作用生成可溶性镁盐而破乳。

3) 低温冷冻破乳

多数胶乳经冷冻后产生破乳现象。其原因在于冷冻至冰点以后,水相首先析出冰晶,由于冰的密度低于水所以逐渐形成覆盖层,在覆盖层下的胶乳受到机械压力;同时,由于冰晶的出现,胶乳体系中的电解质浓度加大,两者相互作用而产生破乳。

4) 机械破乳

胶乳受到机械搅拌时,由于粒子的碰撞速度加快,可能使乳化剂的动电位不足以克服碰撞所产生的结合力,从而产生破乳。一般对憎水性聚合物乳液用羧化变性的方法,对乙酸乙烯酯系乳液用聚乙烯醇等水溶性聚合物可较大地改善机械稳定性。

在生产过程中应尽量避免产生破乳现象,不使聚合反应失败。对于直接应用的聚合物乳液,应注意贮存、运输和使用条件,避免产生非生产性破乳现象。一般,这类聚合物乳液的质量指标应包括机械稳定性、冻融稳定性、稀释稳定性、高温稳定性、pH值稳定性等。而对于采用乳液聚合的方法获得固体聚合物的反应过程,应考虑所用乳化剂在反应之后便于破乳,以提高生产效率。

5. 乳化剂的选择原则

在乳液聚合反应中,乳化剂选择的正确与否往往成为反应是否能够顺利进行的关键。一般情况下,应首先借鉴前人的经验,同时可以按照以下原则来进一步完善所选择的乳化剂。

(1) 所选择的乳化剂 HLB 值应和所要进行的乳液聚合体系匹配,且不干扰聚合反应。

(2) 选择与单体化学结构类似的乳化剂。

(3) 所选用的离子型乳化剂的三相点应低于反应温度;选用的非离子型乳化剂的浊点应高于反应温度。

(4) 对离子型乳化剂来说,一个乳化剂分子的覆盖面积越大,乳胶粒表面越小,乳液越不稳定,故应尽量选用分子覆盖面积小的乳化剂;对于非离子型乳化剂,分子覆盖面积越大,其水化作用越强,乳液越稳定。所以应选用分子覆盖面积大的乳化剂。同时,离子型乳化剂和非离子型乳化剂联合使用比各自单独使用效果都要好。亲水性和亲油性较大的乳化剂联合使用时乳化效果较好。

(5) 应尽量选用临界胶束浓度小的乳化剂。

(6) 应选用增溶度大的乳化剂。

(7) 选择乳化剂时应考虑其后的生产工艺和聚合物乳液的应用,例如,某些乳化剂尽管乳化效果好,但是在生产条件下起泡沫严重,不宜选用;又如对于合成橡胶生产来说,应选用在聚合过程中能使乳液体系稳定,而在后处理过程中又容易使橡胶凝聚出来的乳化剂。

(8) 所选用的乳化剂应货源广阔,立足国内,价格低廉。

6. 乳化剂用量

乳化剂用量对于聚合反应速率产生重要影响,对于水溶性差的单体(如苯乙烯),主要在胶束中成核,因此如乳化剂用量超过 CMC 后随乳化剂用量的增加,聚合反应速率可能提高 100 倍左右。

在一般聚合过程中,乳化剂的用量应超过 CMC 值,而与其分子量、单体用量、要求生产的胶乳粒子的粒径大小等因素有关,一般为单体量的 2%~10%。增加乳化剂用量,反应速率加快,但回收未反应单体时,容易产生大量泡沫,而使操作发生困难。因此通常用量在单体量的 5% 以下,甚至少于百分之一。

6.4.4 引发剂体系

典型的乳液聚合过程使用水溶性引发剂,仅在用微悬浮聚合法生产聚氯乙烯胶乳时使用油溶性引发剂。

工业上常用于乳液聚合法的引发剂可有以下几种。

1. 热分解引发剂(主要是过硫酸钾、过硫酸铵等)

引发剂受热分解生成自由基的反应速率随温度的升高而加快,即在不同的温度有不同的半衰期,用于乳液聚合的过硫酸盐引发剂须加热到 50 ℃ 以上方可产生适当的分解速率。丙烯酸酯类胶乳的生产多采用此类引发剂。

2. 氧化还原引发剂体系

为了加快反应速率或降低聚合反应温度,工业上常采用氧化还原引发体系。根据所用氧化剂种类的不同可分两种体系。

1) 有机过氧化物-还原剂体系

如用于丁苯橡胶,胶乳生产时多采用低温 5 ℃ 聚合条件,采用此体系所用的有机过氧化物为过氧化氢对孟烷、异丙苯过氧化氢等,这些有机过氧化物在水中的溶解度较低。还原剂主要为亚铁盐,例如硫酸亚铁、葡萄糖、抗坏血酸、甲醛合次硫酸氢钠等。工业生产中采用此体系时,常采用两种以上还原剂。还原剂的作用在于使过氧化物在低温下分解生成自由基,因此工业上叫做活化剂,反应如下：

$$\text{C}_6\text{H}_5\text{C}(\text{CH}_3)_2\text{OOH} + \text{Fe}^{2+} \longrightarrow \text{C}_6\text{H}_5\text{C}(\text{CH}_3)_2\text{O}\cdot + \text{Fe}^{3+} + \text{OH}^-$$

由上式可知，随着反应的进行，pH 值将升高。为了不使亚铁离子在碱性介质中生成氢氧化亚铁沉淀析出，并且使之缓慢释放，所以工业上通常加入络合剂使之与 Fe^{2+} 生成络合物或螯合物。为了减少铁离子可能在最终产品中造成颜色污染，要降低亚铁盐的用量，为此目的工业上添加其他还原剂即使用两种以上还原剂，Fe^{2+} 起了近似催化剂的作用。

常用的络合剂为焦磷酸钠（$\text{Na}_4\text{P}_2\text{O}_7 \cdot 12\text{H}_2\text{O}$）和乙二胺四乙酸钠盐（EDTA-Na）。它们可与 Fe^{2+} 离子生成水溶性络合物或螯合物，从而均匀释放 Fe^{2+} 离子，提高过氧化物的分解效率。

2）无机过硫酸盐-亚硫酸盐体系

主要用于氯乙烯乳液聚合和丙烯酸酯等的乳液聚合。过硫酸盐主要是过硫酸钾或过硫酸铵，还原剂是亚硫酸氢钠、亚硫酸钠等。

过硫酸盐与亚硫酸盐反应的特点是一个分子的过氧化物生成两个自由基，引发效率较高。但两个自由基如果不能迅速扩散，仍有发生偶合终止的可能。生成的初级自由基易受氧的破坏。聚合反应必须用惰性气体隔氧，尤其在反应初期。该组合常用于乙酸乙烯酯、丙烯酸酯和苯乙烯的乳液聚合反应中，例如乙酸乙烯酯的乳液聚合，用单体量的 0.1% 过硫酸钾和 0.15% 甲醛化亚硫酸氢钠引发，可在 50 ℃下完成聚合。

近年来发现氧化还原引发剂体系中加入微量 Cu^{2+}，如 $\text{CuSO}_4 \cdot 5\text{H}_2\text{O}$ 则可大大提高乳液聚合反应速率，其用量为氧化剂的百分之一左右时，可减少氧化剂用量近 90%，工业上已用于氯乙烯乳液聚合生产糊用聚氯乙烯树脂。

在乳液聚合中引发剂的用量一般为单体量的 0.01%～0.2%。

油溶性引发剂如过氧化二苯甲酰和偶氮二异丁腈，虽也可用于乳液聚合，由于不溶于水而溶于单体中，可能在单体溶胀的胶乳粒子中分解，此情况分解生成的两个自由基存在于一个微粒中，相互结合的机会较大，因此聚合速率较慢而且动力学处理方式也不同。

6.4.5 其他添加剂

在乳液聚合过程中除以上组分外，尚须添加缓冲剂、分子量调节剂、电解质、链终止剂等，合成橡胶生产中尚须加入防老剂、填充油等。

1. 缓冲剂

乳液聚合过程中由于引发剂分解而使反应物料的 pH 值发生变化，添加缓冲剂的目的是为了调节 pH 值使之维持稳定，常用的缓冲剂是磷酸二氢钠、碳酸氢钠等。

2. 分子量调节剂

乳液聚合反应特点之一是所得聚合物分子量高。为了控制产品的分子量，有些高聚物的乳液聚合配方中需加有分子量调节剂。例如丁苯橡胶生产中用正十二烷基硫醇或叔十二烷基硫醇作为链转移剂，以控制产品的分子量，并且可抑制支化反应和交联反应。氯乙烯乳液聚合过程中，向单体进行链转移占主导地位，所以在其乳液过程中不加任何分子量调节剂。

3. 电解质

一般的乳液聚合过程中应避免存在电解质，所以使用去离子水作为反应介质，但是使用无机过氧化物为引发剂时，分解产物是电解质，缓冲剂多数是电解质，所以对电解质在乳液聚合过程中的影响应有所了解。

反应体系中仅存在微量电解质（$<10^{-3}$ mol/L），此微量电解质可被胶乳微粒吸附于表面上，由于电荷相斥增加了胶乳的稳定性，如电解质浓度为 $3\times10^{-3}\sim10^{-2}$，则可使粒子合并而增大粒径，但仍可在较长时间内稳定。如果进一步提高电解质浓度则胶乳微粒将相互结合产生"絮凝"以致"凝聚"，即发生破乳现象。如果相互结合的微粒之间仍存在一层液膜，降低电解质浓度后会重新分散时，称作"絮凝"；如果相互结合的微粒形成坚实的颗粒，不能重新分散时，称作"凝聚"。使不同大小粒径的微粒絮凝或凝聚的电解质用量不同。粒径越小，所需电解质量越少。

4. 链终止剂

为了避免聚合反应阶段结束，残存的自由基和引发剂继续作用，所以工业生产中在乳液聚合过程结束后加入链终止剂。对于聚合物中仍含有双键的二烯类合成橡胶的生产尤为重要。常用的链终止剂为二甲基二硫代氨基甲酸钠、亚硝酸钠以及多硫化钠等。

5. 防老剂

二烯类合成橡胶的分子中含有许多双键，长期与空气接触易老化，因此需添加防老剂。防止贮存过程中老化常用的是胺类防老剂，如 N-苯基-β-萘胺、芳基化对苯二胺等。它们的颜色较深，只可用于深色橡胶制品。酚类防老剂则可用于浅色橡胶制品。防老剂用量一般为单体用量的 1.5% 左右，聚合过程结束，脱除单体后加入胶乳中。

6. 抗冻剂

在某些特殊的情况下，如低温聚合（在 0 ℃ 以下），需要加入抗冻剂，以便将分散介质的冰点降低到聚合温度以下，最常用的非电解质抗冻剂有：甲醇、乙醇、乙二醇、甘油、乙二醇单烷基醚、异丙醇等。常用的电介质抗冻剂有氯化钠、氯化钾和硫酸钾等。

此外，工业生产合成橡胶时，为了提高其柔韧性，类似于聚氯乙烯树脂用增塑剂进行增塑，用液态芳烃或环烷烃进行填充。

6.5 乳液法丁苯橡胶的合成

丁苯橡胶（Styrene-Butadiene Rubber，SBR）是一种综合性能较好的通用型合成橡胶，也是合成橡胶中产量最大的一个品种，约占整个合成橡胶产量的 60%。丁苯橡胶是由丁二烯与苯乙烯两种单体共聚而成的弹性体，是最早工业化的合成橡胶之一。1933 年，德国首先采用乙炔为原料生产合成了丁苯橡胶。1942 年，美国采用石油路线也成功地合成了丁苯橡胶。上述丁苯橡胶的反应温度均为 50 ℃，称为高温丁苯橡胶。由于其性能较差，目前已经基本上为低温生产方法所取代。

乳液聚合方法生产的丁苯橡胶属于无定形非结晶聚合物。其具有良好的综合性能，在物理机械性能、加工性能和制品使用性能等方面与天然橡胶接近，而在耐磨性、耐候性、耐热性、气密性等方面优于天然橡胶，在耐寒性、回弹性、抗撕裂性等方面不如天然橡胶。丁苯橡胶可以与许多合成橡胶并用，在汽车工业、电器、制鞋等行业均有广泛的应用，使用范围仅次于天然橡胶。

6.5.1 丁苯橡胶及胶乳的生产工艺

1. 工艺配方及反应条件

丁苯橡胶的工艺配方及反应条件如表 6-5 所示。

表6-5 丁苯乳液聚合体系典型配方及反应条件　　　　　　　　　单位:质量份

组分	名称	规格	冷法	热法
单体	丁二烯	纯度>99%	72	75
	苯乙烯	纯度>99.6%	28	25
反应介质	水	杂质<10mg/kg	200	180
引发剂 过氧化物	过硫酸钾		—	0.3
	过氧化氢对孟烷		0.06~0.12	—
引发剂 还原剂	硫酸亚铁		0.01	—
	雕白块		0.04~0.10	—
络合物	EDTA		0.01~0.025	—
乳化剂	脂肪酸钠		—	5.5
	歧化松香酸钾		4.62	—
扩散剂	亚甲基双萘磺酸钠			
分子量调节剂	叔十二碳硫醇		0.16	
电解质	磷酸钾		0.24~0.45	
终止剂	二硫代氨基甲酸钠		0.10	
	亚硝酸钠		0.02~0.04	
	多硫化钾		0.02~0.05	
	氢醌		—	0.1
反应条件	聚合温度/℃		5	50
	转化率/℃		60	72
	反应时间/h		7~10	12

2. 低温聚合工艺流程

乳聚丁苯橡胶的典型工艺流程一般以冷法丁苯聚合为代表。其生产工艺大体上分为：单体贮存与混合、助剂配制、聚合、未反应单体的回收、胶乳的掺混、凝聚及后处理。整个生产工艺流程如图6-9所示。

1) 原料配制

原料丁二烯与一定量的回收丁二烯混合后，用浓度为10%~15%的氢氧化钠水溶液于30 ℃进行喷淋以脱除所含阻聚剂，再与溶有规定数量调节剂——叔十二烷基硫醇的苯乙烯在管线中混合，然后与乳化剂混合液(包括乳化剂、电解质、除氧剂、去离子水)等在管线混合后进入冷却器，冷却至10 ℃。然后与活化剂溶液(包括还原剂、络合剂)进行混合，从第一聚合釜的底部进入聚合系统，氧化剂则直接从釜底进入。

2) 聚合

聚合系统由8~12个聚合釜串联组成，反应温度5~7 ℃，操作压力0.25 MPa，平均停留时间7~10 h，控制末釜聚合转化率(60±2)%。由最后一台聚合釜流出的胶乳进入串联的5台终止釜，根据转化率测定数据向其中一台注入终止剂溶液。加入终止剂的胶乳进入缓冲罐，然后送入单体回收系统。

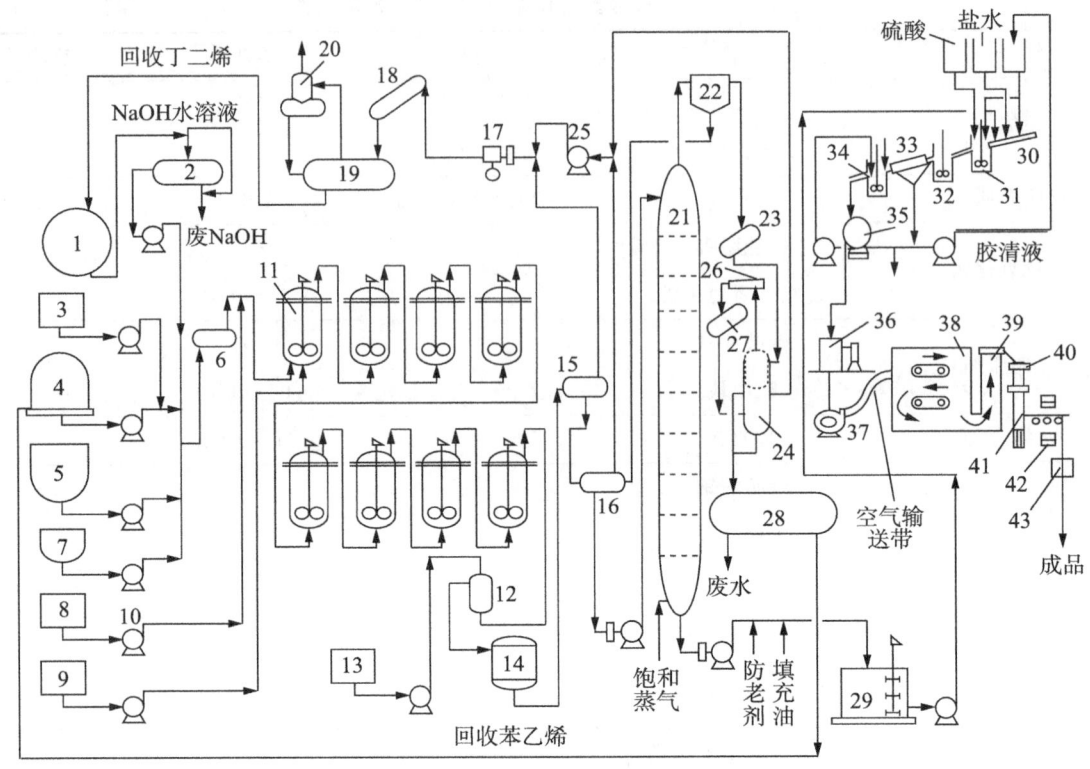

图 6-9 丁苯橡胶低温乳液聚合工艺流程图

1—丁二烯原料贮槽；2—阻聚剂(TBC)除去槽；3—苯乙烯原料贮槽；4—调节剂计量槽；5—乳化剂混合液贮槽；
6—冷却器；7—水罐；8—活化剂计量罐；9—氧化剂计量罐；10—泵；11—聚合釜；12—转化率调节器；13—终止剂计量罐；
14—泄料罐；15—第一闪蒸槽；16—第二闪蒸槽；17—压缩机；18—冷凝器；19—丁二烯贮槽；20—洗气罐；21—苯乙烯脱气塔；
22—气体分离器；23—冷凝器；24—升压分离器；25—真空泵；26—喷射泵；27—冷凝器；28—苯乙烯倾析槽；29—混合槽；
30—絮凝槽；31—胶粒化槽；32—转化槽；33—振动筛；34—胶粒洗涤槽；35—挤压脱水机；36—粉碎机；37—鼓风机；
38—干燥箱；39—输送器；40—自动计量器；41—压胶机；42—金属检测器；43—包装机

3) 单体回收

此时胶乳中含 40% 的未反应单体，需要回收循环使用。胶乳用蒸汽加热到 40~50 ℃，通过粗滤器滤去凝胶块，进入第一闪蒸槽（压力闪蒸槽），槽内压力仅为 19 kPa（表压），由于胶乳在管线中压力为 0.25 MPa，所以进入闪蒸槽后立即沸腾（温度为 30 ℃），蒸出大部分的丁二烯回收使用。借压差胶乳进入第二闪蒸槽（减压闪蒸槽），槽内真空度控制在绝对压力 13~33 kPa 左右，蒸出剩余的绝大部分丁二烯。闪蒸出的丁二烯经压缩机分段压缩后送到冷凝器冷却，冷凝的丁二烯液体收集于丁二烯贮槽，经精制或不经精制直接与新鲜丁二烯混合后重新使用。冷凝器中的不凝气送至洗气罐，用煤油或重质石脑油作吸收剂，进一步吸收丁二烯，剩余气体仅含小于 2% 的丁二烯，排入大气。闪蒸除去丁二烯的胶乳送入汽提塔上部，自塔底通入饱和的湿润蒸汽，胶乳和蒸汽逆流换热，并使塔内保持一定的真空度。由汽提塔脱出的气体中含有苯乙烯、水、少量丁二烯和夹带出的胶乳。经气体分离器（或泡沫捕集器）把胶乳捕集下来送至第二闪蒸槽，气体进入三级冷凝器，大部分苯乙烯和水被冷凝。经升压器，液体流至苯乙烯罐，待分层后将上层苯乙烯回收利用，未被冷凝的气体和第二闪蒸槽蒸出的丁二烯一同送至回收丁二烯的加压段。

在闪蒸过程中，为防止胶乳液沸腾产生大量气泡，需要加入硅油或聚乙二醇等消泡剂，并采用卧式闪蒸槽以增大蒸发面积。在脱苯乙烯塔中容易产生凝集物而造成堵塞筛板降低蒸馏效率，因此要定期清洗黏附在器壁上的聚合物。为了防止在回收系统产生爆聚物，而采用药剂处理或加入亚硝酸钠、碘、硝酸等抑制剂。

4) 掺混

脱除单体后的胶乳进入掺混工序。将防老剂乳液和填充油乳液按生产牌号的配方规定量与胶乳掺混并搅拌均匀,然后送入胶乳后处理工序。

5) 后处理

为得到固体聚合物,在絮凝槽中使胶乳与一定浓度的食盐溶液混合,使胶乳粒子凝集增大,此时胶乳变成浓厚的浆状物。然后,与浓度为 0.5% 的稀硫酸混合后连续流入胶粒化槽。在剧烈搅拌下,增大的胶乳粒子聚集为多孔性颗粒,溢流到转化槽以完成乳化剂转化为游离酸的过程,操作温度为 55 ℃ 左右。

从转化槽溢流出来的胶粒和清浆液经振动筛进行过滤分离后,湿胶粒进入洗涤槽用清浆液和工业软水洗涤,操作温度为 40~60 ℃。含水量为 50%~60% 的物料再经挤压脱水机处理后,含水量可降至 10%~18%。经粉碎,再经箱式干燥或挤压膨胀干燥,使胶粒含水量达到指标要求,然后由自动秤计量,由油压机系统压块成型,每块重 25~35 kg。胶块最后通过金属检测器后包装入库。

3. 聚合过程的主要控制因素

1) 单体的纯度

单体纯度的要求较高,如丁苯橡胶合成时,丁二烯和苯乙烯的纯度分别要求大于 99% 和 99.6%。其中某些杂质,如烯、炔及过氧化合物等必须严格控制,故在聚合前须将单体仔细提纯。

2) 共聚单体的配比

丁二烯(M_1)与苯乙烯(M_2)在 5 ℃ 进行自由基型乳液聚合时相应的竞聚率为 $r_1=1.38$,$r_2=0.64$(50 ℃ 时 $r_1=1.4$,$r_2=0.5$),由此可知丁二烯的活性比苯乙烯大。另外,共聚物的组成会随共聚转化率的提高而不断改变,所以共聚时两种单体的配比必须设法控制和调节,以制取具有一定组成的共聚物。在 5 ℃ 下,苯乙烯与丁二烯反应时,苯乙烯结合量与单体转化率的关系如表 6-6 所示。

表 6-6 丁苯橡胶中苯乙烯结合量与单体转化率的关系(5 ℃)

单体转化率/%	0	20	40	60	80	90	100
苯乙烯结合量/%	22.2	22.3	22.5	22.8	23.9	25.3	28.0

在 5 ℃,由于丁二烯的竞聚率大于苯乙烯的竞聚率,在反应起始阶段,丁二烯消耗较快。随着反应的进行,苯乙烯单体的相对含量越来越高,而丁二烯则越来越低,故其结合苯乙烯量将随单体转化率的升高而逐渐升高。表 6-6 所示数据为在 5 ℃ 下,丁二烯、苯乙烯初始单体比为 72:28 时,苯乙烯结合量随单体转化率的变化规律。可以看出,单体转化率在 60% 之前,结合苯乙烯量由 22.2% 增加到 22.8%,共聚组成仅有 0.6% 的变化;而由 60% 到 80% 时,转化率仅增加 20%,但共聚组成却由 22.8% 增加到 23.9%,增长幅度为 1.1%。若转化率再增加时,共聚组成变化幅度将会更大。因此把单体转化率控制在一个低水平下,是获得均匀共聚物的有效方法。在丁苯橡胶实际生产中一般控制单体转化率在 60% 左右。

由丁苯橡胶性能的研究,测知苯乙烯含量为 23.5%(质量)的共聚物具有最佳的综合性能。又经实验研究确定,共聚进料中丁二烯/苯乙烯比值(质量)为 (72/28)~(70/30),而单体转化率在达到 60% 以前,共聚物中苯乙烯含量几乎不受转化率的影响,得到的丁苯橡胶中苯乙烯含量在 23% 左右。

3) 聚合温度

聚合温度是影响产品质量的一个最主要的工艺参数。一方面温度波动会引起聚合物分子量和分子量分布的变化,另一方面提高反应温度,交联和支化反应速率加快。例如,反应温度从 5 ℃ 提高到 15 ℃ 时,交联反应速率和线形链增长速率之比将从 7.0×10^{-5} 增至 9.4×10^{-5}。因此必须严格控制聚合反应温度,通常要求温度变化不得超过规定温度的 ±0.5 ℃。

由于低温乳液聚合的温度要求在 5 ℃ 左右,因此,对聚合釜的冷却效率要求很高,工业生产中多采用在聚合釜内安装垂直管式氨蒸发器的方法,并以液氨为冷冻介质进行冷却。

4)聚合终点的确定与控制

聚合反应的终点取决于共聚物组成及产物的门尼黏度这两个要求。由于共聚物组成的要求(苯乙烯含量为 23% 左右及组成均一),工业生产中确定转化率达到 (60±2)% 时必须停止聚合。根据商品的要求,不同牌号的产品,就有不同的门尼黏度值(即不同分子量、分子量分布的丁苯橡胶),通用型生胶门尼黏度一般控制在 52±6。如果转化率还未达到 60%,而门尼黏度已达到产品牌号的要求值时,也必须终止反应,以确保产物的门尼黏度值合格。

实际上,在稳定的加料条件下,转化率与反应速率、反应时间有关,而门尼黏度可由分子量调节剂用量来调整。所以在工业生产中,通常采用调节分子量调节剂及引发剂用量的方法来控制产物具有一定的转化率和适当的门尼黏度。测定转化率的办法是利用胶乳密度随转化率上升而增加的性质来测定的。若采用 γ 射线密度计则可快速测定。

5)乳液胶粒粒径的控制

为了大规模生产,必须采用连续法乳液聚合。除了其他因素外,乳液聚合中乳胶粒子的粒径与它在聚合釜中的停留时间有关。根据连续搅拌釜的停留时间分布函数的特性,若串联的聚合釜越多,则停留时间分布函数越狭窄。工业生产中常采用 8~12 个聚合釜串联起来,可使胶乳粒子的粒径分布狭窄,又可提高产品的质量。若串联的聚合釜数目增加,而总的停留时间保持不变,则必须提高物料流动速度,也即提高了单位时间的生产能力,有利于大规模生产。

6.5.2 其他类型乳液丁苯橡胶

1. 充油丁苯橡胶

在低温丁苯橡胶中加入一定量的油类,可改进加工性能及橡胶制品的物理机械性能,这种橡胶称为充油丁苯橡胶。

合成橡胶的加工及物理性能与其平均分子量及分子量分布密切相关。分子量分布宽者,加工性能较差。因高分子量部分具有不易润湿性,故难以与配合剂混合;低分子量部分太软,但黏性好。如两者适当配合,则加工性能变优。以物理性能来看,分子量高者为佳。为此,聚合时不加调节剂制得的分子量较高的丁苯橡胶中,再添加油类以替代低分子量部分,即成充油丁苯橡胶。由于作为基础的丁苯橡胶分子量较高,可提高物理机械性能,而其中低分子量油类可改进加工性能,故充油丁苯橡胶与通常的丁苯橡胶相比较其性能相等或更为优良。另外,部分橡胶为价廉的油类所代替,因此也降低了丁苯橡胶的成本。

一般采用低温丁苯橡胶来配制充油丁苯橡胶(高温丁苯性能不好)。常用的油类为液态芳烃或环烷烃,充油量为橡胶质量的 20%~50%。

充油丁苯橡胶的加工性能好,能提高加工设备的生产能力,其硫化胶的物理机械性能也较优,制成的轮胎在路面不好的石路上行驶,寿命可延长 15%~20%,成本也较低。

2. 充炭黑丁苯橡胶

天然橡胶及丁苯橡胶生胶的强度都很低。硫化后,天然橡胶的强度可提高很多,但丁苯橡胶仍很差。若加入炭黑后,丁苯橡胶的性能可大大改善,见表 6-7。能提高橡胶机械性能的物质(如炭黑),称为补强剂,或称活性填料。橡胶工业中,炭黑是一种极为重要的助剂,其消耗量几乎为生胶消耗量的一半。

表 6-7　天然橡胶和丁苯橡胶的拉伸强度比较

品种	拉伸强度/MPa		
	生胶	无填料的硫化胶	加炭黑的硫化胶
天然橡胶	1.2~2.0	16.0~24.0	22.0~28.0
丁苯橡胶	0.5~1.0	2.5~3.5	22.0~28.0

充填炭黑的方法有两种：①炭黑与橡胶在炼胶机中混合，此法混合效果差，动力消耗大，且炭黑飞扬污染环境。②将炭黑、分散剂加水先配成悬浮液，再和丁苯胶乳混合；将混有炭黑的胶乳去凝聚即得充炭黑丁苯橡胶。第②种方法不污染环境，可缩短混炼时间，减少动力，显然优于第①种方法。

如果既充油又充炭黑，则可制得充油充炭黑丁苯橡胶。这些充油，充炭黑，或两者皆充填的丁苯橡胶，皆可提高单纯丁苯橡胶的性能，常用于制造汽车轮胎。

3. 羧基丁苯胶乳的生产开发

羧基丁苯胶乳是以丁二烯、苯乙烯加少量羧酸及其他助剂，通过乳液聚合生成的共聚物，是一种带有蓝紫色光泽的乳白色水分散体。结合苯乙烯比例较高，具有较高的黏结力和结膜强度，机械及化学稳定性好，流动性、贮存稳定性均佳，填充量大等优点。残留苯类单体甚微，属环保型产品。

羧基丁苯胶乳的生产流程通常是将苯乙烯、丁二烯、羧酸、引发剂、乳化剂等经配制后到聚合釜进行反应，聚合物再经过滤、脱气、调制等工艺过程放入成品槽中混合均匀即可包装出厂。羧基丁苯胶乳的聚合一般采用高温、低皂乳液聚合方法进行生产，其前期反应速率较快、放热集中，乳胶粒在强剪切下，容易产生凝胶，所以解决聚合放大过程中的传质与传热问题是工业化的关键。

6.5.3　丁苯橡胶的结构、性能和用途

1. 丁苯橡胶的结构

典型丁苯橡胶的结构如表 6-8 所示。

表 6-8　典型丁苯橡胶的结构

丁苯橡胶的类型	支化情况	大分子结构			微观特征			
		交联(凝胶)	$\overline{M}_n$	$\dfrac{\overline{M}_w}{\overline{M}_n}$	苯乙烯/%	丁二烯[①]		
						顺式-1,4/%	反式-1,4/%	1,2/%
高温乳液法(牌号 1000 系列,50 ℃)	大量	大量微粒凝胶	1×10^5	7.5	23.4	16.6 (21.7)	46.3 (60.4)	13.7 (17.9)
低温乳液法(牌号 1500 系列,5 ℃)	中等	少量	1×10^5	4~6	23.5	9.5 (12.4)	55 (71.9)	12 (15.7)

① 丁二烯项下括号内的数值，是以丁二烯三种结构之和为 100% 所计算的百分比。

从表中可看到聚合温度的影响很大。主要是高温(50 ℃)聚合时，支化较严重，凝胶物含量较高；在同等分子量下，分子量分布较宽。低温聚合下由于它的分子量分布较窄，硫化时未被硫化的低分子量部分较少，可均匀硫化，从而使交联密度较高。故由低温丁苯橡胶所得硫化胶的物理机械性能(如拉伸强度、弹性及加工性)均较高温丁苯橡胶为优。

2. 乳液丁苯橡胶的性能与应用

乳液丁苯橡胶是一种通用型合成橡胶。由于其生产原料丰富,成本低廉,用途广泛,生产技术也较成熟,自 1933 年开始生产后,发展极快,现已成为合成橡胶中产量最大的一个品种。

乳液丁苯橡胶按生产方法和成分作为分类依据,将热法和冷法聚合产品以及充油、充炭黑、充油充炭黑的乳聚丁苯橡胶划分在不同品级系列中,如表 6-9 所示。对组成特殊的丁苯共聚物,如高苯乙烯丁苯橡胶(苯乙烯含量超过 50%)、丁吡橡胶(丁二烯-乙烯基吡啶橡胶)、羧基丁苯橡胶等,则分别称为 HS/B、PSBR 和 XSBR。

丁苯橡胶(生胶)外观是浅黄褐色的弹性体,分子量为 15～20 万(渗透压法),它的密度与 T_g 则随生胶中苯乙烯含量而改变。丁苯生胶的介电性能,对氧及热的稳定性均比天然橡胶好。但是它的黏结性不好,可塑性低,所以不易加工。若用硫黄硫化时,它的硫化速度比天然橡胶慢,故须加入较多的硫化促进剂。

表 6-9 乳聚丁苯橡胶不同系列品种

系列	名称
1000	热法聚合无填料丁苯橡胶
1100	热法聚合充炭黑母炼胶
1200	热法聚合充油母炼胶
1300	热法聚合充油充炭黑母炼胶
1500	冷法聚合无填料丁苯橡胶
1600	冷法聚合充炭黑母炼胶(充油量 14 份以下)
1700	冷法聚合充油橡胶
1800	冷法聚合充油充炭黑母炼胶(充油量 14 份以下)
1900	其他丁苯橡胶,包括乳液树脂母炼胶

丁苯橡胶硫化后的硫化胶中,若加有炭黑补强剂,其强度可大大增加,它的弹性、耐磨性、耐老化性能均可超过天然橡胶;耐酸性、耐碱性、介电性及气密性与天然橡胶相似。但是大分子结构中含有苯环,滞后损失大,动态变形时发热量大,由它制造的轮胎使用寿命较短。

丁苯橡胶的用途很广,大多数场合下可代替天然橡胶使用,主要用于汽车轮胎及各种工业橡胶制品。含苯乙烯较少的丁苯橡胶,可用作耐寒橡胶制品。苯乙烯含量高者,则制作硬质橡胶制品。

丁苯橡胶与天然橡胶的并用得到非常广泛的应用。加入少量天然橡胶能改善丁苯橡胶的黏性和工艺性能;丁苯橡胶与顺丁橡胶并用可改进顺丁橡胶的加工性能、抗切割性,同时增加丁苯橡胶的弹性、耐磨性等,在轮胎胎面胶中使用较多。丁苯橡胶与氯丁橡胶并用可改进其耐化学性和耐油性;丁苯橡胶与丁腈橡胶并用可适当提高耐寒性,并降低丁腈橡胶胶料的成本;丁苯橡胶与聚苯乙烯并用可提高聚苯乙烯的抗冲击性和耐寒性。

6.6 氯丁橡胶的生产工艺

氯丁橡胶(CR)是由 2-氯-1,3-丁二烯经乳液聚合而成的一种弹性体。氯丁橡胶的特点是综合性能好、耐候、耐油、耐臭氧、耐化学药品、难燃,具有良好的物理机械性能,它既是一种通用型橡胶,又是一种具有特殊性能的特种橡胶。但氯丁橡胶也有耐寒性(-40 ℃)、相对密度大、常温下易结晶、绝缘性差等缺点。

早期,氯丁橡胶采用本体法进行生产,产物的加工性能和物理机械性能较差。后改用溶液法,但因其工艺复杂、低聚物生成较多、产品存在缺陷等,也未能大规模生产。现在,氯丁橡胶一般均采用乳液法进行生产。

6.6.1 氯丁橡胶的品种

氯丁橡胶可以分为：通用型（硫磺调节型和硫醇调节型）、专用型（粘接型和其他特殊用途型）。

1. 硫磺调节型（G 型）

这类氯丁橡胶是以硫磺作分子量调节剂，秋兰姆作稳定剂，分子量约为 10 万，分子量分布较宽。由于结构比较规整，可供一般橡胶制品使用，故属于通用型。商品牌号有 GN、GNA 等，国产氯丁橡胶 CR1212 型与 GNA 型相当。

此类橡胶的分子主链上含有多硫链（80～110 个），由于多硫键的键能远低于 C—C 键的键能，在一定条件下（如光、热、氧的作用）容易断裂，生成新的活性基团，导致发生歧化、交联而失去弹性，所以贮存稳定性差。但此类橡胶塑炼时，易在多硫键处断裂，形成硫醇基（—SH）化合物，使分子量降低，故有一定的塑炼效果。此类橡胶物理机械性能良好，尤其是回弹性、撕裂强度和耐屈挠龟裂性均比 W 型好，硫化速度快，用金属氧化物即可硫化，加工中弹性复原性较低，成型黏合性较好，但易焦烧，并有粘辊现象。

2. 非硫磺调节型（W 型）

氯丁橡胶在聚合时，用十二碳硫醇作分子量调节剂，故又称硫醇调节型氯丁橡胶。此类橡胶分子量为 20 万左右，分子量分布较窄，分子结构比 G 型更规整，1,2 结构含量较少。商品牌号有 W、WD、WRT、WHV 等，国产氯丁橡胶 CR2322 型则属于此类，相当于 W 型。

由于该类分子主链中不含多硫链，故贮存稳定性较好。与 G 型相比，该类橡胶的优点是加工过程中不易焦烧，不易粘辊，操作条件容易掌握，硫化胶有良好的耐热性和较低的压缩变形性。但结晶性较大，成型时黏性较差，硫化速度慢。

3. 粘接型氯丁橡胶

广泛地用作胶黏剂。此类橡胶与通用型的主要区别是聚合温度（5～7 ℃）低，因而提高了反式 1,4-结构含量，使分子结构更加规整，结晶性大，内聚力高，所以有很高的粘接强度。

4. 其他特殊用途型氯丁橡胶

指专用于耐油、耐寒或其他特殊场合的氯丁橡胶。如氯苯橡胶是 2-氯-1,3-丁二烯和苯乙烯的共聚物，引入苯乙烯是为了使聚合物获得优异的抗结晶性，以改善耐寒性（但并不改善玻璃化温度），用于耐寒制品。又如氯丙橡胶是 2-氯-1,3-丁二烯和丙烯腈的非硫调节共聚物，引入丙烯腈以增加聚合物的极性，从而提高耐油性。

6.6.2 聚合体系组成

1. 单体

氯丁橡胶的主要单体为 2-氯-1,3-丁二烯，即氯丁二烯。氯丁二烯为无色透明液体，在空气中爆炸范围为 1.2%～1.6%，沸点为 59.4 ℃，在光、热或过氧化物作用下，能迅速聚合。制备氯丁橡胶时，通常要求单体氯丁二烯的纯度大于 98.5%。

单体中杂质对聚合反应影响很大的有乙烯基乙炔（MVA）、二乙烯基乙炔（DVA）、甲基乙烯酮（MVK）及乙醛等化合物等。MVA 和 DVA 都含有多重不饱和的双键，在聚合反应中极易生成支链及交联结构，这种结构进一步反应易形成高度交联的网状结构。当含量超过 1.0% 时，形成的聚合物黏度明显增加。DVA 更易形成高度交联结构，导致硫化胶综合性能下降，稳定性下降，胶料易焦烧，加工性能不好。MVK 也易生成交联结构，影响胶料性能。乙醛在碱性反应介质中易生成缩聚物，容易起链转移作用，生成低聚物。氧气的存在也影响聚合，因为氧同氯丁二烯作用后产生过氧化物,当过氧化物超过一定浓度后会产生爆聚。

氯丁二烯易自聚,必须低温(<20 ℃)保存,并加入一定量的阻聚剂。常用阻聚剂有木焦油(苯三酚为主的多种酚类聚合物)、吩噻嗪、N-亚硝基二苯胺等,加入量为单体量的0.1%～0.3%。在聚合前必须除去阻聚剂。

2. 引发剂

氯丁二烯聚合用的引发剂主要为热分解型的过氧化物,工业生产中通常使用过硫酸钾,其浓度控制在单体的0.5%～1.0%。引发剂用量过多,反应速率增加,生成的聚合物分子量低,生成支链和交联结构减少。引发剂用量太少,反应慢,转化率下降,聚合物分子太大,胶料发硬,加工性能不好,凝胶含量会增加,影响胶料综合性能。低温聚合时才采用氧化还原型引发体系。

3. 乳化剂

氯丁二烯乳液聚合所用乳化剂随着品种的不同选用不同乳化剂,常用的乳化剂有离子型和非离子型。

生产固体橡胶通常用阴离子型如松香皂、合成脂肪酸皂、烷基磺酸盐、α-萘磺酸钠等,这类乳化剂在碱性介质中较稳定,在酸性介质中不稳定。合成脂肪酸皂的聚合速率大于歧化松香和松香。

生产氯丁橡胶乳液的pH值在9～11之间,生产氯丁胶乳时如属阴离子胶乳,选用在碱性介质中稳定的乳化剂;生产阳离子胶乳,介质pH值低于7.0,一般用阳离子型乳化剂,主要用烷基氯化胺类。两性乳化剂也可以用,这类乳化剂在碱性介质中起阴离子型乳化剂的作用,在酸性介质中起阳离子乳化剂作用。

非离子乳化剂一般不单独使用,加入一定量的非离子乳化剂主要提高胶乳的稳定性,可改进胶乳的冻融稳定性和剪切稳定性。

工业生产中,通常将(歧化)松香皂、合成脂肪酸皂和二萘烷基磺酸钠三者复合使用。

4. 调节剂

氯丁二烯聚合反应中,易生成支链和交联结构,而且进一步生成不溶性的凝胶,所以聚合反应加入调节剂显得十分重要。不仅控制分子量和凝胶含量,而且还可控制分子结构。常用的调节剂有硫磺,调节剂丁(二硫化二异丙基黄原酸酯)、二硫化四乙基秋兰姆(TETD)、正十二硫醇等化合物。通常将调节剂分为硫调节剂和非硫调节剂两类,非硫调节剂包括硫醇类、调节剂丁、碘仿等。

硫磺调节的机理和TETD的调节作用相似。硫磺的结构为多硫键,硫磺同氯丁二烯发生共聚,使共聚物分子链中含有多硫键(6个硫原子以下)。其结构如下:

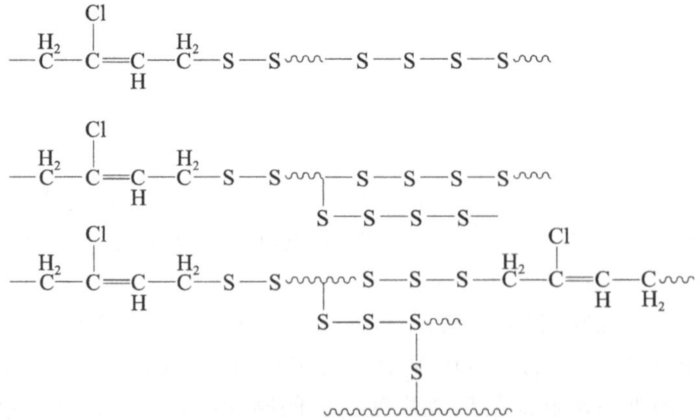

多硫键的热稳定性差,容易断链,使聚合物的分子量降低,支链和交联结构减少。秋兰姆(TETD)的分子中也有多硫键,与硫磺的多硫键反应使其断裂,反应如下所示。

$$\sim\sim S-S-S-S\sim\sim + \underset{H_3C}{\overset{H_3C}{>}}N-\underset{S}{\overset{\parallel}{C}}-S-S-\underset{S}{\overset{\parallel}{C}}-N\underset{CH_3}{\overset{CH_3}{<}} \longrightarrow 2\left[\sim\sim S-\underset{S}{\overset{\parallel}{C}}-N\underset{CH_3}{\overset{CH_3}{<}}\right]$$

非硫调节剂就是链转移剂,其链转移常数很大,能有效控制分子量和减少支链和交联结构。非硫调节剂随品种不同,调节的效果差别较大。十二硫醇中伯、仲、叔十二硫醇在反应中的消失速率依次递减。随反应转化率的提高,硫醇消耗量增多。

调节剂的选择在氯丁二烯的乳液聚合中是一个非常重要的问题,如不加调节剂在低的转化率下也将生成大量的凝胶。调节剂对分子量及凝胶的控制是十分有效的,用量越多,聚合物的分子量越小,特性黏度数越低。

5. 终止剂(或称防老剂)

终止剂的主要作用有两方面,一方面消除反应体系中的活性中心,使聚合反应达到一定转化率后停止,另一方面起到防止老化作用。工业生产上使用的终止剂有亚硝基苯、对苯二酚、吩噻嗪、木焦油、二苯胺、苯基-β-萘胺(防老剂丁)等化合物。氯丁二烯聚合中常用防老剂丁作为终止剂,反应如下:

$$M_n\cdot + \text{(二苯胺)} \longrightarrow M_nH + \text{(二苯胺自由基)}$$

终止剂能够淬灭活性的大分子自由基,其自身形成的自由基非常稳定,不再产生引发作用。未反应的终止剂留于橡胶中还可产生防老作用,提高胶料的抗氧性能,改善胶料热稳定性和贮存稳定性。

防老剂丁的缺点是对光敏感,在阳光照射下胶料颜色变深。用防老剂丁作终止剂的胶料不能作白色或浅色制品。对于白色或浅色胶料不能用污染性终止剂,只能用非污染终止剂如防老剂2246、防老剂264、防老剂 MB 及 2,5-二叔丁基对苯二酚等。污染性的终止剂有防老剂 D、DNP 和 MBZ 等。

6.6.3 聚合工艺

1. 生产工艺配方

按生产中所用分子量调节剂的不同,三种氯丁橡胶的典型配方如表6-10所示。

表6-10 氯丁橡胶乳液聚合的典型配方

组分	质量份数		
	硫调节型	非硫调节型	混合型
氯丁二烯	100	100	100
松香酸	4		
十二烷基苯磺酸钠		3	
歧化松香酸皂			5
分散剂	0.7	0.5	0.5
硫磺	0.6		0.8
十二烷基硫醇		0.5	0.7
过硫酸钾	0.2~0.1	0.4	0.4
氢氧化钠	0.8		1.0
水	150	180	150

2. 聚合工艺流程

氯丁橡胶间歇生产工艺流程如图 6-10 所示。把溶有调节剂的单体由单体计量槽放入聚合釜中，再由水相配制计量槽加入规定量的水。开动搅拌，乳化一段时间后，通蒸汽升温，待温度升至低于反应温度 3~5 ℃时，加入适量引发剂，引发聚合，物料温度自行升高，待温度平稳后，连续地滴加引发剂溶液，直至达到所要求的单体转化率。对于以硫磺作调节剂者，其最终单体转化率控制在 90% 左右，而对于非硫调节者，其最终转化率控制在 70% 左右。合成不同牌号的氯丁橡胶要求不同的聚合反应温度。对于高结晶度的产品来说，要求聚合温度在 8~20 ℃之间。而对于中等结晶度和低结晶度的产品来说，则要求其聚合反应温度为 40 ℃左右，其聚合反应时间一般为 2~8 h 不等。聚合完成后加入终止剂终止反应，并加入防老剂等，然后送去进行脱气及后处理。

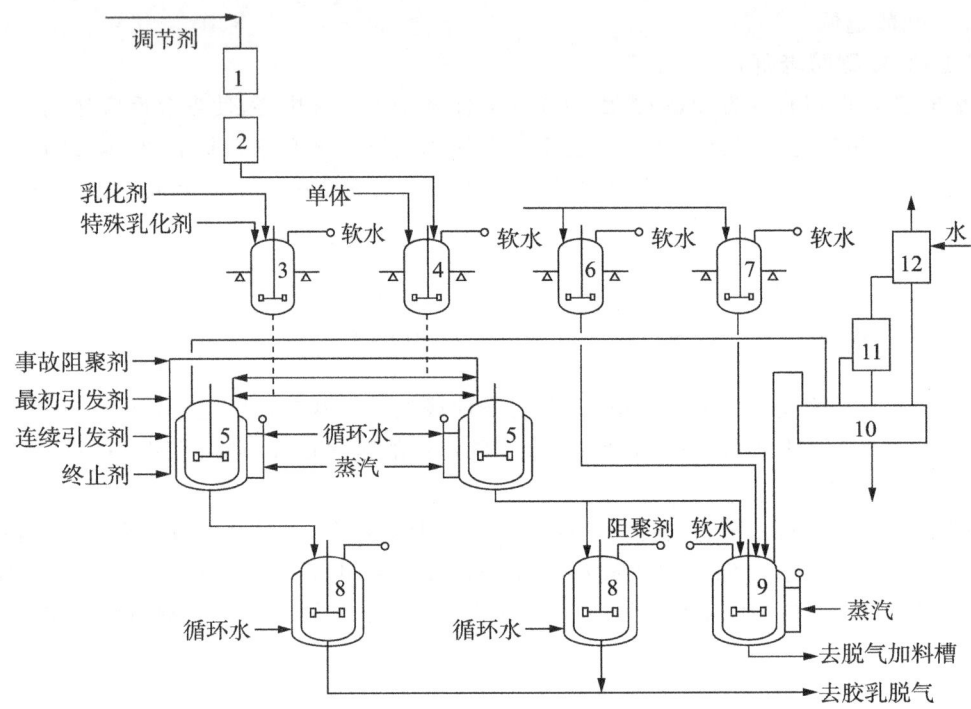

图 6-10 氯丁橡胶生产工艺流程图

1—调节剂贮槽；2—调节剂计量槽；3—乳化剂计量槽；4—单体计量槽；5—聚合釜；6—断链剂制备槽；7—抗氧剂制备槽；8—脱气加料槽；9—终止釜；10—事故泄料槽；11—分离器；12—洗涤塔

3. 质量指标

上述生产的主要技术指标如表 6-11 所示。

表 6-11 氯丁橡胶主要技术指标

技术指标	硫调节型 如 CR1211	非硫调节型 如 CR2321	混合型 如 CR3211
拉伸强度/MPa	≥27.5	14.7	24.5~26.5
拉断伸长率/%	≥920	≥750	≥850
门尼黏度	20~35	45~55	40~60
焦烧时间/min	35	≥11	40
挥发分/%	≤1.3	≤1.3	≤1.3
永久变形/%	≤20	≤15	≤20

6.6.4 氯丁橡胶的性能和用途

氯丁橡胶为浅黄色乃至褐色的弹性体,密度较大,为 $1.23g/cm^3$,能溶于甲苯、氯代烃、丁酮等溶剂中,在某些酯类(如乙酸乙酯)中可溶,但溶解度较小,不溶于脂肪烃、乙醇和丙酮。CR 的结构特点决定了氯丁橡胶在具有良好的综合物理机械性能的前提下,还具有耐热、耐臭氧、耐老化、耐燃、耐油、黏合性好等特性,所以它被称为多功能橡胶。

(1) 有较强的结晶性,自补强性大,分子间作用力大,在外力作用下分子间不易产生滑脱,因此氯丁橡胶有与天然橡胶相近的物理机械性能。其硫化胶的拉伸强度、扯断伸长率甚至还高于天然橡胶,炭黑补强硫化胶的拉伸强度、扯断伸长率则接近于天然橡胶(表 6-12)。其他物理机械性能也很好,如回弹性、抗撕裂性仅次于天然橡胶,而优于一般合成橡胶,并有接近于天然橡胶的耐磨性。

表 6-12 氯丁橡胶与天然橡胶、丁苯橡胶性能对比

橡胶品种	纯胶配合		炭黑配合	
	拉伸强度/MPa	扯断伸长率/%	拉伸强度/MPa	扯断伸长率/%
氯丁橡胶	20.6~27.5	800~900	20.6~24	500~600
天然橡胶	17.2~24	780~850	24~30.9	550~650
丁苯橡胶	1.4~2.1	400~600	17.2~24	500~600

(2) 结构稳定性强,有很好的耐热、耐臭氧、耐天候老化性能。其耐热性与丁腈橡胶相当,能在 150℃下短期使用,在 90~110℃能使用四个月之久。耐臭氧、耐气候老化性仅次于乙丙橡胶和丁基橡胶,而大大优于通用型橡胶。此外,氯丁橡胶的耐化学腐蚀性、耐水性优于天然橡胶和丁苯橡胶,但对氧化性物质的抗耐性差。

(3) 具有较强的极性,因此氯丁橡胶的耐油、耐非极性溶剂性好,仅次于丁腈橡胶,而优于其他通用橡胶。除芳香烃和卤代烃油类外,在其他非极性溶剂中都很稳定,其硫化胶只有微小溶胀。

(4) 结构紧密,因此气密性好,通用橡胶中仅次于丁基橡胶,比天然橡胶的气密性大。

(5) 由于氯丁橡胶在燃烧时放出氯化氢,起阻燃作用,因此遇火时虽可燃烧,但切断火源即自行熄灭。氯丁橡胶的耐延燃性在通用橡胶中是最好的。

(6) 氯丁橡胶的粘接性好,因而被广泛用作胶黏剂。氯丁橡胶系胶黏剂占合成橡胶类胶黏剂的 80%。其特点是粘接强度高,适用范围广,耐老化、耐油、耐化学腐蚀,具有弹性,使用简便,一般无需硫化。

(7) 由于氯丁橡胶分子结构的规整性和极性,内聚力较大,限制分子的热运动,特别在低温下热运动更困难。因此,低温结晶使橡胶拉伸变形后难于恢复原状而失去弹性,甚至发生脆折现象,耐寒性不好。氯丁橡胶的玻璃化温度为 -40℃,低温使用范围一般不超过 -30℃。

(8) 氯丁橡胶因分子中含有极性氯原子,所以绝缘性差,体积电阻为 10^{10}~10^{12} $\Omega\cdot cm$,仅适于 600V 以内的较低电压使用。

(9) 由于极性氯原子的存在,使氯丁橡胶在加工时对温度的敏感性强,当塑、混炼温度超出弹性态温度范围(弹性态温度 G 型为常温至 71℃,W 型为常温至 79℃,而天然橡胶则为常温至 100℃)会产生粘辊现象,造成操作困难,G 型氯丁橡胶尤其。此外,由于氯丁橡胶的结晶倾向大,胶料经长期放置后,会慢慢硬化,致使黏着性下降,造成成型困难,尤其是 W 型氯丁橡胶。

(10) 氯丁橡胶贮存变质是个独特的问题,在 30℃ 的自然条件下,硫磺调节型氯丁橡胶可存放

10个月，非硫磺调节型可存放40个月。随存放时间增长，生胶变硬、塑性下降、焦烧时间缩短、加工黏性下降、流动性下降、压出表面不光滑，逐渐失去了加工性。其根本原因在于生胶从线型的α型向支化及交联的μ型变化，也就是说生胶的自然存放就产生了自发的交联。交联到一定程度，橡胶完全失去加工性。预防办法应该是精制氯丁二烯并在惰性气体中贮存及聚合，严格控制聚合转化率，加入防老剂，生胶贮存温度低一些，尽量减少受热。

(11) 一般加工性能　氯丁橡胶的加工性能主要决定于未硫化胶的黏弹行为，其黏弹性随温度的变化如表6-13所示。未硫化氯丁橡胶的弹性状态在室温至79 ℃，而天然橡胶在室温至100 ℃。氯丁橡胶黏流态在93 ℃以上，而天然橡胶在约135 ℃以上。硫磺调节型氯丁橡胶用低温塑炼可取得可塑性，但非硫磺调节型的塑炼作用不大。氯丁橡胶的炼胶温度应比天然橡胶低，否则剪切力不够，配合剂分散不开。但氯丁橡胶炼胶生热高，所以要注意冷却，加MgO时温度约50 ℃为宜，如温度太低MgO易结块。氯丁橡胶炼胶易粘辊，可通过加石蜡、凡士林等润滑剂解决。硫化剂、ZnO及促进剂应在混炼后期加入，若在密炼机加入，排料温度应在105~110 ℃。氯丁橡胶的最宜硫化温度为150 ℃，但因它硫化不还原，所以可以采用170~230 ℃的高温硫化、高温连续硫化。

表6-13　氯丁橡胶不同温度下的状态

状态	氯丁橡胶		天然橡胶
	硫磺调节型	非硫磺调节型	
弹性态	室温至71 ℃	室温至79 ℃	室温至100 ℃
粒状态	71~93 ℃	79~93 ℃	100~120 ℃
塑性态	93 ℃以上	93 ℃以上	约135 ℃

(12) 氯丁橡胶与其他橡胶的并用　氯丁橡胶可以与天然橡胶并用改进加工性能、提高粘接强度以及改善耐屈挠和耐撕裂性能；氯丁橡胶与丁苯橡胶并用可以降低成本，提高耐低温性能，但是耐臭氧性能、耐油性、耐候性随之降低，因此需要加入抗臭氧剂，硫化体系可采用无硫和硫黄硫化体系；氯丁橡胶与丁腈橡胶并用，可以提高耐油性，改进粘辊性，便于压延和压出成型；为了改进氯丁橡胶的粘辊性能，可以采用氯丁橡胶与顺丁橡胶并用，同时弹性、耐磨性和压缩生热可以得到改善，但耐油性、抗臭氧性和强度会降低；为了进一步提高氯丁橡胶的抗臭氧性能，可以将氯丁橡胶与乙丙橡胶并用，同时可以改善耐热性能。

氯丁橡胶可用来制造轮胎胎侧、耐热输送带、耐油及耐化学腐蚀的胶管、容器衬里、垫圈、胶辊、胶板、汽车和拖拉机配件、电线电缆包皮层、门窗密封胶条、橡胶水坝、公路填缝材料、建筑密封胶条、建筑防水片材、某些阻燃橡胶制品及胶黏剂等。

6.7　丁腈橡胶的生产工艺

丁腈橡胶是丁二烯与丙烯腈经乳液聚合而得到的无规共聚物，通常随丙烯腈含量不同，生产不同牌号的品种。为改善其性能也可加入第三单体进行改性。目前，我国生产的丁腈橡胶品种主要有干胶、胶乳和液体胶，均采用乳液聚合法生产。

丁腈橡胶的特点是耐汽油和脂肪烃油类性良好，其中丙烯腈含量越高，耐油性越好，而耐寒性越差。丁腈橡胶主要用于制造耐油的橡胶制品。

6.7.1 聚合工艺配方

共聚反应体系由单体、乳化剂、引发剂、调节剂和终止剂等组成。与丁苯共聚反应相似,聚合配方分高温聚合和低温聚合配方。引发剂有过硫酸盐和有机过氧化合物。还原剂(为活化剂)由乙二胺四乙酸钠盐、硫酸亚铁和雕白粉组成。调节剂常用硫醇和调节剂丁,乳化剂用脂肪酸皂、二丁基萘磺酸钠、烷基苯磺酸钠、烷基苯磺酸钠和甲醛缩合物等。典型的聚合配方如表 6-14 所示。

表 6-14 几种典型丁腈橡胶聚合配方

聚合体系组成	配方(质量份数)			
	1	2	3	4
丁二烯	74	65	64	64
丙烯腈	26	35	36	36
水	200	250	250	180~200
二异丁基萘磺酸钠	4.0			
烷基苯磺酸钠		0.6		2~3
脂肪酸皂			5.0	
氢氧化钠	0.05			
氢氧化钾		0.1	0.14	
碳酸钠				0.5
焦磷酸钠	0.3			
烷基苯磺酸钠与甲醛缩合物			3.0	
扩散剂				0.5
二乙胺(三乙醇胺)	0.3	0.15		
过硫酸钾	0.3	0.27	0.27	
过氧化氢二异丙苯				0.03
雕白粉				0.2
$FeSO_4 \cdot 7H_2O$			0.0278	
EDTA-Fe				0.006
调节剂丁	0.3~0.5			
叔十二硫醇		0.5	0.7	0.5
聚合温度/℃	30	10	5	5~10

从表 6-14 的配方可看出,1 号配方用 $K_2S_2O_8$ 为引发剂,用二异丁基萘磺酸钠为乳化剂,用调节剂丁作调节剂,在 30 ℃聚合。2 号配方以过硫酸钾作引发剂,烷基苯磺酸钠为乳化剂。3 号配方低温聚合,用氧化还原体系,以脂肪酸皂为乳化剂,加入 KOH 调 pH 值,硫醇为调节剂。4 号配方低温聚合,用有机过氧化物和亚铁盐雕白粉组成的氧化-还原引发体系。根据产品性能要求可以调节表中配方。

6.7.2 聚合工艺流程

丁腈橡胶的生产工艺流程如图 6-11 所示。

1. 物料准备

水相配制:将软水、乳化剂、氢氧化钠(或钾)加入水相配制槽中搅拌乳化均匀,聚合前将引发剂(过硫酸钾)、调节剂、胺类活化剂等加入已配制均匀的水相中搅拌均匀,待用。

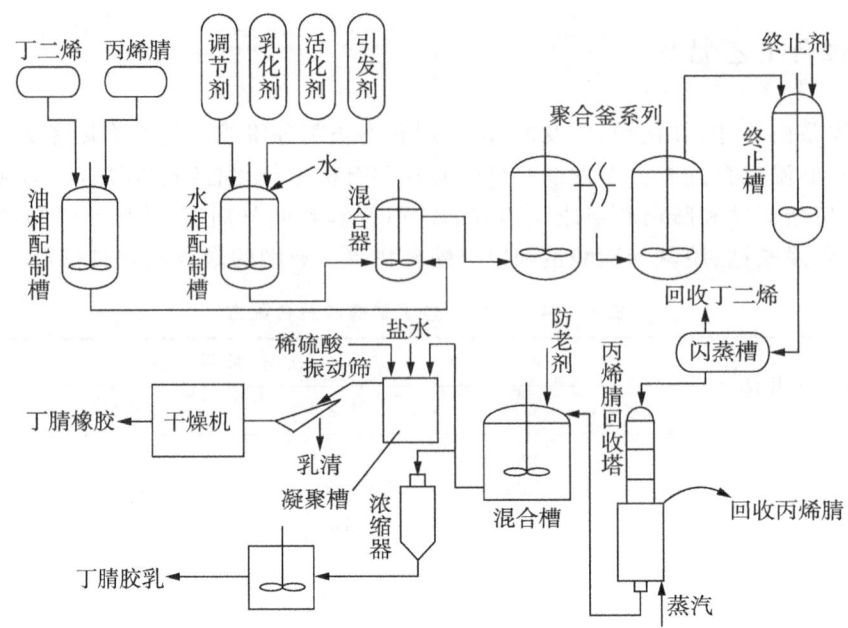

图 6-11 丁腈橡胶生产工艺流程图

油相配制：将丁二烯、丙烯腈在油相配制槽中混匀，待用。

终止剂和防老剂的配制：将终止剂对苯二酚直接溶解于水中制成20%的溶液，将防老剂经研磨后溶于水中形成悬浮液。

2. 聚合

用氮气排除釜中空气，在减压下将配好的水相、油相按一定的比例经混合后加入聚合釜进行反应；当转化率达70%~75%时，即可加入终止剂等终止聚合反应。一般低温（5 ℃）聚合反应时间为10~12 h，高温（30 ℃）聚合反应时间为15~18 h。

3. 单体回收

制得的丁腈胶乳送入胶乳贮槽混合后，将胶乳液送入闪蒸槽回收丁二烯。闪蒸温度35~40 ℃，压力为0.12 MPa。若进行第二次闪蒸，则控制压力0.027 MPa。闪蒸后的胶乳送入水蒸气蒸馏塔内与水蒸气逆向接触，回收脱出丙烯腈，回收丙烯腈的塔内真空度为93.3 kPa，在此过程中，塔内可加入少量硅油或其他消泡剂。

4. 后处理

脱气后的胶乳送入混合槽加入防老剂。加入防老剂后的胶乳有两个去向。其一，进入凝聚槽中，在40 ℃左右用电解质（酸和盐）溶液凝聚破乳，凝聚后的橡胶用清水洗涤，除去残留的电解质和乳化剂。洗涤后的生胶经挤压脱水后，进行挤压膨胀干燥或干燥箱干燥，至生胶含水量少于1.0%时为止。破乳的电解质主要为氯化钠、氯化钙、硫酸铝、硫酸、盐酸等。其二，胶乳经浓缩为可直接应用的丁腈橡胶胶乳。

6.7.4 影响聚合反应的主要因素

1. 单体配比

单体配比主要由产品的性能要求确定的，要求丁腈橡胶的耐油性能好，丙烯腈用量增多，要求耐寒性能好的丁腈橡胶，丙烯腈的含量相对减少。单体用量比的变化，还会影响反应速率。随丙烯腈用量增加,反应加速,聚合时间缩短,反之,丙烯腈用量少,聚合反应速率变慢,单位时间内转化率低,聚合时间增加。

丁腈橡胶乳液聚合过程中,其共聚物中的丙烯腈结合量是依据单体混合物中丁二烯和丙烯腈的比例变化而改变的,如图6-12所示,单体配比见表6-15。若两单体的加料比为C的情况,即质量比丙烯腈为37%时,在聚合过程中,丙烯腈结合量几乎保持不变,这时丙烯腈结合量不依聚合转化率变化而改变。当两单体加料比为A或B的情况,则丙烯腈结合量随着聚合转化率的增大而降低,即在聚合末期,聚合物中结合丙烯腈的含量较聚合初期为小。而在D的情况,却出现相反的状态。

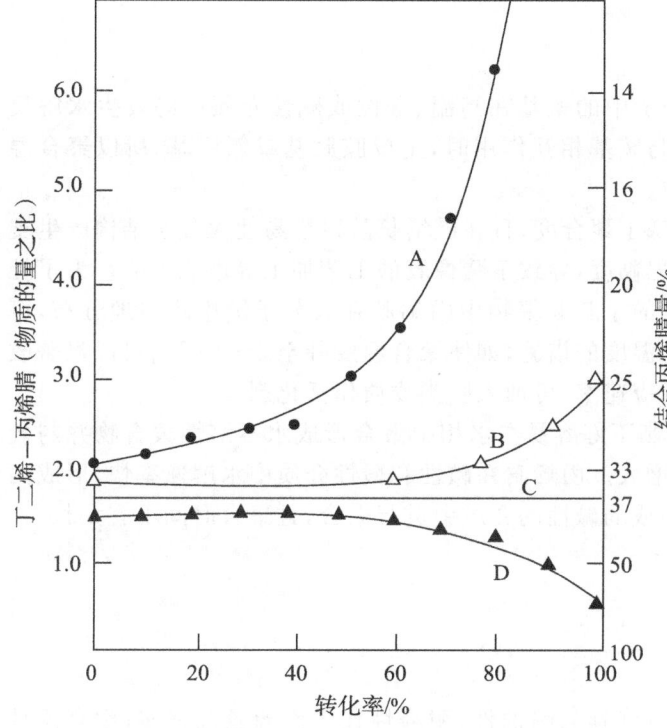

图6-12 在不同单体加料比及聚合转化率下
聚合物中丙烯腈结合量的变化

表6-15 丁二烯和丙烯腈的加料配比

类别	B/AN(物质的量之比)	AN加料量/%
A	3.28	23
B	2.09	32
C	1.67	37
D	1.25	46

当制备不同丙烯腈含量的丁腈橡胶时,为了使聚合物的分子结构中,丙烯腈能按一定比例结合,控制一定的聚合转化率是非常必要的。从图6-12中可看出,当控制聚合转化率在60%左右或在聚合过程控制丙烯腈为恒定浓度,都能使丙烯腈均匀结合。

2. 乳化剂

乳化剂的不同类型影响反应速率和胶乳粒子的大小及形态,也对胶乳液的稳定性有影响。用脂肪酸皂时,可提高亚铁盐的活性,加快聚合反应速率,制得的丁腈橡胶流动性好,硫化速度有所提高。若凝聚过程中未洗净脂肪酸,残留在橡胶中会影响电绝缘性能并增大吸水量。不同脂肪酸皂对单体转化率影响不同,用C_{14}烷基以下的脂肪酸皂单体转化速率低,$C_{16} \sim C_{18}$烷基脂肪酸皂反应速率快,而歧化松香皂比脂肪酸皂的聚合速率低。磺酸盐类乳化剂的乳化能力强,对聚合体系pH值的变化不敏感,凝聚时易洗涤,制得的胶乳稳定性好。拉开粉的乳化能力强、湿润性好,但有毒,对排放出的污水不易生化处理。生产中常用十二烷基苯磺酸盐同其他乳化剂并用。

3. 引发剂

引发剂体系若只用过硫酸盐,热分解速率慢,聚合温度高。过硫酸盐在有还原剂存在情况下能降低分解活化能,可在低温聚合。常用还原剂有胺类、醛类、糖类。硫醇在聚合反应中不仅起调节分子量的作用,而且还起活化剂的作用。胺类活化剂,对亚铁盐敏感,很少量的亚铁盐将会使聚合反应加快。过氧化氢异丙苯引发剂是用 EDTA-亚铁盐-雕白粉组成还原体系。在酸性介质中仅用雕白粉即可产生氧化-还原反应。

4. 调节剂

调节剂常用十二碳硫醇和调节剂丁。由于硫醇与丙烯腈作用稳定,单体配比中丙烯腈含量少,硫醇消耗快。硫醇碳原子数在 8~12 之间消耗速率适中,调节效果好。超过 14 个碳原子的硫醇,调节效果变差。试验证明叔十二硫醇调节剂较好。为了增强调节效果,聚合反应中可以分批加入调节剂或采用复合调节剂。调节剂丁对聚合反应有抑制作用,必须控制其加入量,调节剂丁用量对聚合物分子量及胶的硬度有一定影响。

5. 聚合温度

与丁二烯和苯乙烯共聚不同,丙烯腈分子中的氰基在高温、酸性或碱性介质中易发生水解反应,生成胺基后可能导致结构化反应。氰基与胺基相互作用时,生成胺肟基或氰肟基,所以聚合温度不宜过高。

提高聚合温度可加快聚合速率,但却降低了聚合度,且在链增长阶段容易使大分子结构产生支化及交联,提高了聚合物中的凝胶含量和门尼黏度,导致丁腈橡胶的工艺加工等性能下降。为了控制分子结构,丙烯腈可采用分批加料,使生成的丁腈共聚物中丙烯腈在大分子链中均匀地分布,可改善耐油、耐寒及回弹性能。另外,采取降低温度的措施,如使聚合温度降至 5~10 ℃,可以显著改善丁腈橡胶的加工性能。此时为提高聚合反应速率,可加入胺类物质作活化剂。

另外,丙烯腈在水中溶解度达 7.3%,控制不好容易在水相中聚合形成水不溶性聚合物并与乳液中小粒子聚集体反应,使水相中胶乳粒子增大。丙烯腈在碱性和酸性介质中水解速率快,形成丙烯酸,使丙烯腈损失一部分,所以一般在中性或弱碱性的介质中进行聚合,且聚合时间不宜太长。

6.7.5 丁腈橡胶的性能和用途

1. 丁腈橡胶的性能

丁腈橡胶具有一系列的优异性能,如具有优越的耐油性,耐磨性比天然橡胶高得多;耐高温性能较天然橡胶、氯丁橡胶、丁苯橡胶等都强。但在弹性、生热、多次变形、耐龟裂、电绝缘性能等方面存在缺点,耐臭氧能力也不理想。

(1) 耐油及耐溶剂性　丁腈橡胶对非极性或低极性的溶剂表现出较强的稳定性,特别是耐汽油及脂肪烃油类,比其他许多橡胶都好。此外,对植物油及脂肪酸类也具有良好稳定性。在接触芳香烃溶剂、卤代烃、酮及酯类有溶胀作用。

(2) 对化学物质的稳定性　对无机酸、有机酸、碱类、盐类及氧化剂的作用都比天然橡胶稳定。但各种浓度的硝酸、浓硫酸、次氯酸及盐类、氢氟酸及臭氧等都很易侵蚀丁腈橡胶;过氧化氢、铬酸、磷酸以及二氧化硫等弱氧化剂,在一定条件下,也可能侵蚀丁腈橡胶。

(3) 耐氧化和耐日光作用　丁腈橡胶的氧化作用同样会引起大分子链发生断裂,但氧化过程较为缓慢,故较天然橡胶的耐氧化作用强。丁腈橡胶的耐臭氧能力较差,所以必须使用抗臭氧剂,但应注意一般适用于天然橡胶、丁苯橡胶的抗臭氧剂,对丁腈橡胶都不是那样有效。因此提高抗臭氧作用的有效途径,是采用与聚氯乙烯树脂并用的办法,可明显提高抗臭氧能力。热量对促进丁腈橡胶的氧化过程比天然橡胶缓慢。丁腈橡胶耐紫外线的辐射作用比天然橡胶稳定,但不如氯丁橡胶。采用与聚氯乙烯或氯丁橡胶并用,可提高耐日光老化性。

(4) 耐热及耐寒性　丁腈橡胶的耐热性优于天然橡胶和氯丁橡胶。提高丙烯腈含量,有助于改善耐热性,但降低了耐寒性。与其他橡胶相比,丁腈橡胶的硫化胶具有较宽的使用温度范围。如中等以上丙烯腈含量者,在120℃下可连续使用较长时间,甚至在190℃的热油中浸渍70h亦能保持良好的屈挠性能。必须指出,丁腈橡胶在高温下使用,有使硬度上升、抗张强度提高和伸长率下降的趋势。丁腈橡胶的耐寒性,随丙烯腈含量减少而改善。为了提高耐寒性而又不降低耐油性,可采取丙烯腈分批投入聚合、添加低温增塑剂或与低温性能优异的橡胶并用,均可获得良好效果。

(5) 物理机械性能　与天然橡胶比较,丁腈橡胶物理机械性能不够理想,丁腈橡胶是非结晶的无定形聚合物,本身强度较低,使用时必须填充补强剂(如炭黑等),提高丙烯腈含量有助于增大强度。丁腈橡胶的耐磨性较天然橡胶高30%～50%,在高温油中的耐磨性更优于天然橡胶。提高丙烯腈含量,有提高耐磨性的趋向。丁腈橡胶的弹性低于天然橡胶和丁苯橡胶,但优于丁基橡胶。提高丙烯腈含量会降低弹性,但尽管这样,对于制造要求耐油性较高的减震制品仍很适用。

(6) 电性能和气透性　由于丁腈橡胶大分子结构中存在易被电场极化的氰基,因而降低了介电性能,所以不宜用作绝缘材料。丁腈橡胶的气透性较低,仅次于丁基橡胶。气透性与丙烯腈含量有关,增大丙烯腈含量可提高气密性。

2. 丁腈橡胶的用途

丁腈橡胶主要用于耐油橡胶制品,可以用于压出制品、模压制品、石棉制品、海绵制品、工业用耐油胶辊、耐油手套、耐油胶鞋、电线电缆、胶布、耐油密封制品。丁腈橡胶可制得性能优良的黏合剂,以及纺织、印刷、建筑上用橡胶制品,耐油耐热的运输带、胶管及贮槽衬里、油箱衬里等。

丁腈橡胶与天然橡胶、顺丁橡胶、丁苯橡胶、氯丁橡胶、氯化及氯磺化聚乙烯等能很好并用。如顺丁橡胶及天然橡胶加入丁腈橡胶可提高耐寒、耐磨、回弹等性能。与三元乙丙橡胶并用可提高耐候、耐老化及物理机械、耐热等性能。与氯丁橡胶并用,可改善氯丁橡胶耐油、耐热、粘辊等性能,便于制成各种户外耐油制品。与氟橡胶并用可提高胶料耐油、耐高温、耐溶剂等性能。并用两种以上的橡胶必须选择好硫化体系及其他配合剂。

丁腈橡胶除与其他胶并用外,还可与合成树脂类材料并用。如丁腈-聚氯乙烯并用,可以制成各种制品。制品具有两者的优点,耐油,耐臭氧,还可进行交联。两者共混具有好的耐候、耐老化性能,提高了耐热和耐燃性能,力学性能也有改善,加工性能很好。这种共混胶是很好的电线电缆护套材料,可用于制造皮辊、皮圈、汽车及机械模压零件、防护涂层、发泡绝热层、微孔海绵及其他模压制品。丁腈橡胶与酚醛树脂并用,可提高酚醛树脂的柔韧性及粘接强度,应用于胶黏剂领域。丁腈橡胶还可与其他高分子材料通过机械共混,制得特定要求的新材料。

在丁腈橡胶的基本配方中加入丙烯酸、衣康酸、甲基丙烯酸等不饱和脂肪酸可制得羧基丁腈橡胶(胶乳)。由于其分子链上含有羧基,可使之具有更好的机械性能和粘接性能。

6.8　乳液接枝法生产ABS树脂

ABS是由丙烯腈(A),丁二烯(B)与苯乙烯(S)三种单体为基础合成的一系列聚合物总称。每一种单体的独特性能都对ABS的性能做出了贡献,所以ABS具有优良的综合性能。丙烯腈的贡献是耐化学药品性、热稳定性和老化稳定性;丁二烯的贡献是柔韧性、高抗冲性、耐低温性;苯乙烯的贡献是刚性、表面光洁性和易加工性。ABS塑料的具体性能决定于三种单体的比例和其形态结构。

ABS塑料存在有两相,连续相或称为基体,由苯乙烯或其烷基衍生物和丙烯腈的共聚树脂所组成。以丁二烯为基础形成的弹性体为分散相。因此 ABS 塑料和与它相似的其他苯乙烯多元共聚物,可以看作是弹性体改性的热塑性塑料。作为分散相的弹性体除聚丁二烯以外,还可能是丁苯橡胶或丁腈橡胶;作为基体树脂除 SAN 以外,尚有 α-甲基苯乙烯的共聚物等。

由于 ABS 一类聚合物具有优良的综合性能,是一种应用最为广泛的工程塑料。ABS 树脂自 20 世纪 50 年代工业化以来发展极为迅速,产量平均增长率近 20%,已成为苯乙烯聚合体系中增长最快的一类树脂。

6.8.1 ABS 树脂的生产方法

ABS 树脂的生产方法有机械共混法和乳液接枝掺合法。目前世界上生产 ABS 树脂最广泛的方法仍是乳液接枝掺合法。

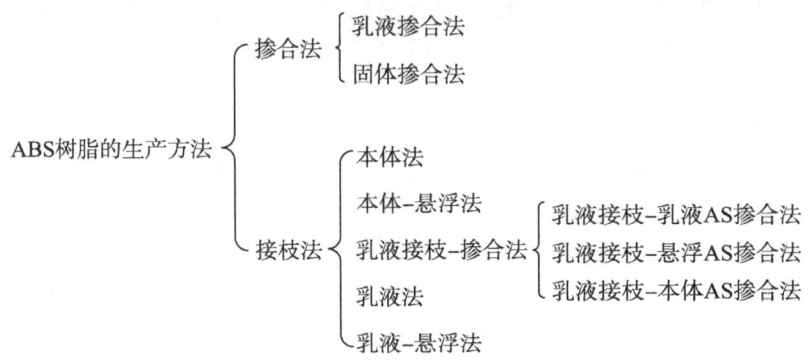

1. 机械共混法

机械共混法生产 ABS 在国外称 B 型 ABS。通常采用低温乳液共聚方法制备丙烯腈含量约 20%(质量分数)的丁腈胶乳,之后制备丙烯腈含量为 20%~30%AS 树脂乳液,然后采用适当比例将两种乳液共混、凝聚、分离、水洗、过滤、干燥和挤出造粒,即可制得 ABS 树脂。也可采用上述丁腈胶乳和 AS 树脂乳液凝聚分离出丁腈胶和 AS 树脂,然后加入必要的配合剂,在混炼机上熔融混炼制取 ABS 树脂。例如将 65~70 份含丙烯腈-苯乙烯共聚物树脂,在混炼机上加热到 150~200 ℃,直至树脂完全熔融,再加入 30~35 份含丙烯腈 35% 的丁腈橡胶和适当的硫化剂、添加剂,在 150~180 ℃ 混炼 20 min,得到均匀的混合物。该混合物可直接在 150~170 ℃,1.37~13.7 MPa 压力下压延成表面光滑的 ABS 板材。如果改用顺丁橡胶代替部分丁腈橡胶,如 62~80 份苯乙烯-丙烯腈共聚树脂、8~26 份丁腈橡胶、8~26 份顺丁橡胶进行混炼,可得到弹性模量、硬度、低温下耐冲击强度更好的 ABS 塑料。

机械共混法 ABS 树脂所用橡胶除丁腈橡胶外,还可采用丁苯橡胶、顺丁橡胶、异戊二烯橡胶以及它们的混合胶,混合胶制得的 ABS 树脂比单一胶种具有更好的综合性能。

共混型 ABS 树脂使用的橡胶的交联度与树脂和橡胶的相容性有很大关系。交联度大,冲击强度大。因此,在制造丁腈橡胶时或塑炼时,适当添加少量交联剂,使橡胶交联度增高。

关于冲击强度,橡胶含量达 15% 之前,橡胶量增加冲击强度几乎不变,超过 15% 急剧增大,橡胶含量在 20%~30% 是适当的。另外,普通的这种共混物橡胶丁二烯含量约是 65%,超过这个值,低温冲击性更好。

2. 乳液接枝共聚-掺合法

乳液接枝共聚-掺合法可分为乳液接枝共聚-共混法、乳液接枝共聚-乳液共混法、乳液接枝共聚-悬浮 AS 掺合法、乳液接枝共聚-本体 AS 掺合法,参见图 6-13。

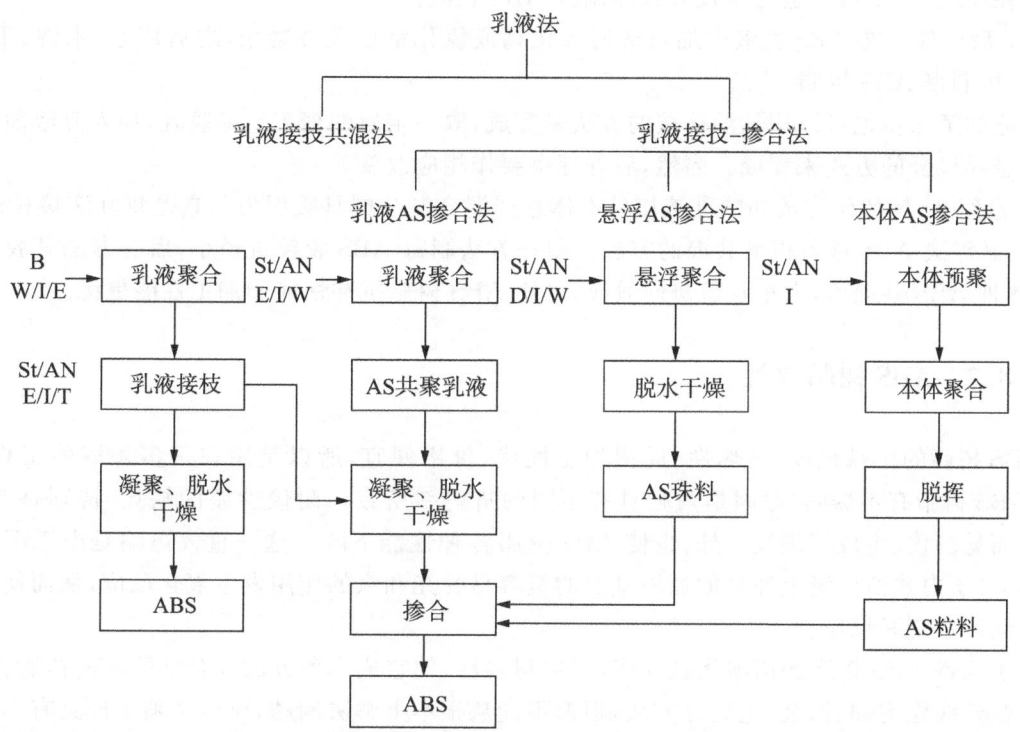

图 6-13 ABS 树脂生产方法方框示意图

W—水；I—引发剂；E—乳化剂；T—调节剂；D—分散剂；B—丁二烯；St—苯乙烯；AN—丙烯腈

ABS 树脂的聚合工艺是采用种子乳液聚合技术，"核-壳"乳液聚合方法。"核-壳"乳液聚合是以单体 1 按常规的乳液聚合形成胶乳种子，再以此种子为核，加单体 2 进一步乳液聚合，在核的表面形成壳层，核壳界面能发生接枝聚合。

ABS 树脂是以软组分聚丁二烯胶乳、丁苯胶乳或丁腈胶乳为种子形成软核，部分硬组分苯乙烯、丙烯腈等单体在软核的表面上聚合形成壳层，即硬壳，更主要是一部分硬单体在核壳界面处与软组分发生接枝共聚，同时一部分硬单体溶于种子乳胶中，在种子乳胶中聚合，第二单体聚合后形成分离相，这种复杂的内部形态结构，即细胞结构。在此结构内，聚丁二烯为连续相，AS 树脂为分散相。

聚合反应结束得到的是以胶乳粒子为核，外层是以接枝共聚物和丙烯腈-苯乙烯共聚物所组成。接枝共聚物形成界面层有助于进一步与丙烯腈-苯乙烯共聚物相混合，使橡胶均匀分散于丙烯腈苯乙烯母体中。

ABS 树脂是弹性体微粒分散于树脂基体中的物料体系。为了达到弹性体对树脂基体良好的增韧效果，必须是满足以下条件：①弹性体分散相必须形成具有一定大的颗粒，稳定地分散在基体中，即使熔融成型加工也不会产生相分离现象；②弹性体颗粒与树脂基体之间必须进行足够地偶合，以保证所受应力能够通过界面进行传递。

目前世界各国 ABS 树脂生产厂大多采用乳液接枝法生产中胶、高胶的 ABS 接枝粉料作为中间品，将中间品与悬浮或本体 AS 共聚物进行掺混、挤出造粒生产 ABS 树脂。

乳液接枝共聚-共混法生产 ABS 树脂由下列三步组成。

(1) 聚丁二烯胶乳制备　在聚合釜中加入 180 份去离子水、100 份丁二烯、5 份油酸钠、0.56 份过氧化氢异丙苯及其他助剂，搅拌乳化，于 10 ℃下聚合制得聚丁二烯胶乳。

(2) 乳液接枝共聚　按干物质计聚丁二烯为 30 份的胶乳、300 份水、50 份苯乙烯、20 份丙烯腈、5 份过硫酸钾、0.5 份油酸钠、0.1 份链转移剂，将上述组分在聚合釜中搅拌混合乳化，并于氮气保护下在 30～90 ℃温度进行接枝共聚即制得 ABS 乳液。

(3) 后处理　在 ABS 乳液中加电解质氯化钙或氯化钠使乳液凝聚,之后离心、水洗、干燥、挤出造粒,可制得 ABS 树脂。

上述的第二步也可以用悬浮接枝的方法来完成,取一定量的聚丁二烯胶乳,加入分散剂、水、引发剂以悬浮聚合的方式来完成。当然,后处理也要作相应改变。

20 世纪 80 年代研究成功的乳液接枝本体悬浮混合制法颇具吸引力。它是将乳液接枝法 ABS 与本体-悬浮法 ABS 进行机械共混的方法。前一方法制得 ABS 胶粒直径小,后一方法其胶粒直径较大,两种 ABS 共混后,大小胶粒协同效应,可使 ABS 树脂抗冲性能和加工性能更优。

6.8.2　ABS 树脂改性

ABS 树脂的机械强度、耐热性、成型加工性优,价格便宜,所以是用在很多领域的工程塑料。但是,ABS 树脂有不透明(原因是两相具有不同的折射率所致)、耐候性差的缺点,特别是后者,使树脂表面易白化、生成细裂纹之外,也使 ABS 树脂各种性能下降。这一重大影响是由于丁二烯造成的,其分子内残留双键上邻接的亚甲基上的氢容易受光和氧的作用发生氧化反应,从而使主链和主链之间产生交联反应。

为了保持 ABS 树脂的诸项优良性能,增加耐候性,使它成为各方面综合性能好的树脂,通常采用加入紫外线稳定剂、涂装、电镀等方法,但都不能从根本上解决问题,所以必须去掉具有不饱和键的丁二烯成分,用丙烯酸橡胶、氯化聚乙烯、乙丙橡胶(EPDM)、乙烯-乙酸乙烯酯等代替。这些树脂叫 AXS 树脂,X 代表橡胶成分。

这样的 AXS 树脂不仅提高了耐候性、弹性,而且增加了阻燃性。AXS 树脂的制造方法采用接枝法,不用共混法。

1. AAS 树脂

AAS 树脂是丙烯酸橡胶上接枝丙烯腈和苯乙烯的共聚物。它是不透明的,调整接枝率可以得到冲击强度高、成型时流动性好的树脂。特点列于表 6-16 中。与 ABS 树脂比较可看出,相对密度稍大,拉伸强度略小,但伸长率增大,其他性质几乎与 ABS 树脂相同。

表 6-16　各种 AXS 树脂特性

特性	AAS 一般注射成型	ACS 一般高冲击用	EPSAN 高冲击用挤出制品
相对密度	1.08	1.07	1.03
拉伸强度/MPa	40	32	40
拉伸模量/MPa	2 300	1 800	
伸长率/%	35	40	
弯曲强度/MPa	50	42	68.6
弯曲模量/MPa	2 500	1 900	
悬臂梁冲击强度(缺口)/(10 J/m)	10	50	49.7
落锤冲击强度/(kg·cm)		700	238
热变形温度(1.86 MPa)/℃	83	86	89
击穿电压/(kV/mm)	18	259	
体积电阻率/(Ω·cm)	1.5×10^{16}	2.2×10^{15}	1.0×10^{16}
介电常数(10^6 Hz)	3.8	3.23(10^3 Hz)	2.7
介电损耗(10^6 Hz)	0.04		0.008
耐电弧性/s	98	120	
成型收缩率/%	0.3～0.9	0.4	

AAS 树脂在室外暴露 9~15 个月和阳光照射 1 000 h,冲击强度、伸长率等下降很小,外观几乎无变化。与其他树脂相比,AAS 树脂在户外可以使用相当长的时间。

丙烯酸橡胶的 T_g 比聚丁二烯稍高,所以 AAS 树脂与 ABS 树脂相比,在低温下物性下降稍稍大一点,但在实际应用上几乎不存在问题。

AAS 树脂在丙酮、酯、芳香族溶剂、浓盐酸中受侵蚀,对其他溶剂稳定。

AAS 树脂易成型加工,其成型条件和使用的设备与 ABS 树脂一样,特别是 AAS 树脂比高刚性的 ABS 树脂流动性好,流动距离长,薄壁大型制品的制造比 ABS 树脂容易,还因为真空成型时伸长好,适合深度大的零件加工。和 ABS 树脂不同的是,AAS 树脂有易滑性,在螺杆内混炼摩擦热少,所以螺杆温度要高一点,才能熔融挤出。

AAS 树脂性能与 ABS 树脂相仿,其耐候性比 ABS 树脂大 10 倍,它在室外露置 9~15 个月后冲击强度和伸长率几乎没有降低,颜色变化也极小。由于 AAS 树脂具有良好的耐候性和抗老化性,宜作有耐候要求的室外结构材料和有强光照射的器械和部件。主要用途有:电气制品,如开关框、壳(洗衣机、冷藏车、换气扇、天井、泵、冷气设备等)、荧光灯、水银灯罩、天线罩、门角、表罩等。汽车制品,如前灯框、车身、散热器、灯框、反射镜框等。其他还用于工业零件、农机零件、小船、揭示板、道路标志、旅行皮箱、长椅、灭火器零件、门拉手等。

2. ACS 树脂

ACS 树脂是在氯化聚乙烯上接枝丙烯腈和苯乙烯的聚合物。因为这种树脂除含氯及耐候性好外,还有阻燃性、耐带电污染性,是极其优越的工程塑料。通常是淡黄色半透明、白色不透明有光泽外观的聚合物。

ACS 树脂的特性几乎与 ABS 树脂一样,但是冲击强度比高抗冲击的 ABS 树脂还好,落锤冲击保持率(室外暴露)2 年约 60%,并且伸长保持率(老化机)1 000 h 是 50%,表现出很好的耐候性,实际使用时,如果添加一些稳定剂,耐用可达六七年之久。

ACS 树脂的成型加工条件和 ABS 及耐冲击 PS 的相同,但因为含氯,在高温热分解这一点要注意。所以,注射成型料筒温度不能超过 220~230 ℃,必须尽可能避免长时间滞留,模头温度严格控制在 180~200 ℃。胶接、热烫印、涂装等二次加工和 ABS 树脂一样。用途与 ABS 树脂相同。

3. 丙烯腈-EPDM-苯乙烯共聚物

乙丙橡胶为骨干聚合物,是丙烯腈和苯乙烯的接枝共聚物。这种树脂商品名为 EPSAN 和其他 AXS 树脂具有同样耐热性、耐冲击性及耐候性。例如在 88 ℃,14 h 放置以后悬臂梁冲击强度只下降 5%~8%,ABS 树脂下降 17%~40%,下降很大。同样条件下落锤冲击强度比 ABS 的保持率要高,特别是在耐氧化性、耐黄变性等方面都超过了 ABS 树脂。

一般 EPDM 橡胶比聚丁二烯橡胶价格高,但是使用在共聚物中的 EPDM 橡胶量是 ABS 树脂中聚丁二烯含量的 60%,所以总的来说多少便宜一点。另外 EPSAN 的成型性比 ABS 树脂稍好。

4. 其他

AXS 树脂中的 X 还可以是乙烯-乙酸乙烯酯共聚物,这种三元共聚物最近也开发出来,具有很好的耐候性。

还有一种不是 AXS 树脂,而是同系列的 MBS 树脂,在这里 M 是甲基丙烯酸甲酯,相对密度 1.09~1.11,透明性高,冲击强度大,并且加工性良好。主要用在自身成型和共混,并且分为软质、半硬质、硬质三种。根据用途可用注射、挤出、真空成型、压力加工等,主要用作吹塑瓶、透明片,还可以和 PVC 共混使用。

另外,甲基丙烯酸甲酯、苯乙烯、丙烯腈以及丁二烯的四元共聚物 MABS 树脂的力学性能比 MBS 好,透光率达 85%。MABS 树脂是由两种共聚物掺混而成。第一种共聚物是按 MMA∶St∶AN =(67~72)∶(18~22)∶(8~12)(质量份数)配料比采用乳液聚合而合成硬质三元共聚物。另一种共聚物是先合成聚丁二烯胶乳,以此胶乳为种子,然后用76~80份MMA,17~21份St,1~5份AN进行乳液接枝共聚,聚丁二烯与接枝单体混合物之比为(2:1)~(3:1),即可制取接枝橡胶组分。将70~95份第一种共聚物与5~30份第二种接枝共聚物在排气式挤出机中混炼,同时加入助剂,最后制得透明MABS树脂。

6.8.3 ABS树脂的性能与用途

ABS树脂的制法不同,形态结构也有差异,而形态结构又与性能有着密切的关系。形态结构中,橡胶相包括橡胶相组成、分子量、交联度、粒度、粒度分布、胶粒几何形状、胶粒的分散状态、胶粒包含树脂量等。橡胶相含量对ABS性能影响见图6-14。树脂相包括ABS树脂中AS树脂的组成、组成排列方式、分子量、分子量分布等。接枝共聚物包括接枝共聚物主链和支链的组成及排列方式、接枝率、接枝层厚度等。这些因素对ABS树脂的性能的影响是相互联系又互相制约,甚至有的性能如刚性和抗冲性、抗伸强度和抗冲性、抗冲性和流动性等性能间还有着复杂的矛盾。由于ABS制法不同,配方不同,很难以同一模式描绘结构与性能之间的关系。

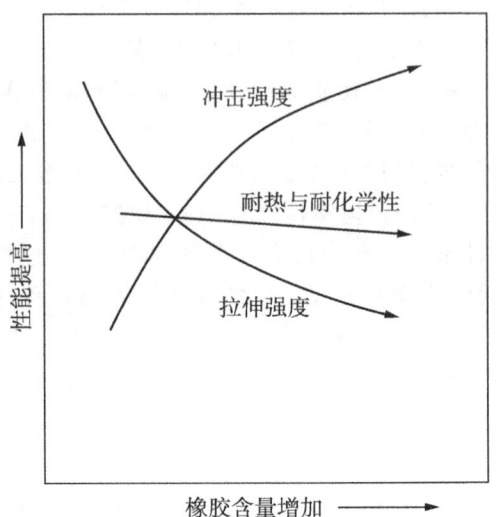

图6-14 ABS性能与橡胶含量的关系

1. ABS树脂的性能

(1) 一般性能 ABS的外观为不透明呈象牙色的粒料,其制品可着成五颜六色,并具有90%的高光泽度。ABS的相对密度为1.05,吸水率低。ABS同其他材料的结合性好,易于表面印刷、涂层和镀层处理。ABS的氧指数为18.2,属易燃聚合物,火焰呈黄色,有黑烟,烧焦但不落滴,并发出特殊的肉桂味。

(2) 力学性能 ABS有优良的力学性能,其冲击强度极好,可以在极低的温度下使用。即使ABS制品被破坏也只能是拉伸破坏而不会是冲击破坏。ABS的耐磨性优良,尺寸稳定性好,又具有耐油性,可用于中等载荷和转速下的轴承。ABS的耐蠕变性比PSF及PC大,但比PA及POM小。ABS的弯曲强度和压缩强度属塑料中较差的。ABS的力学性能受温度的影响较大。

(3) 热学性能 ABS的热变形温度为93~118℃,制品经退火处理后还可提高10℃左右。ABS在-40℃时仍能表现出一定的韧性,可在-40~100℃使用。

(4) 电学性能 ABS的电绝缘性较好,并且几乎不受温度、湿度和频率的影响,可在大多数环境下使用。

(5) 环境性能 ABS不受水、无机盐、碱及多种酸的影响,但可溶于酮类、醛类及氯代烃中,卤代烃、芳烃、酯及酮等溶剂可溶解SAN基体相,受冰乙酸、植物油等侵蚀会产生应力开裂,氧化剂特别是具氧化作用的无机酸可使聚合物主链降解。ABS的耐候性差,在紫外光的作用下易产生降解,于户外半年后,冲击强度下降一半。ABS塑料的连续相基体树脂对其耐化学性产生决定性影响。由于不含有可水解的基团,所以能够耐酸、碱以及各种盐的水溶液的作用。但由于存在着-CN基团和可能存在有残存的乳化剂,所以长时间在水中浸泡时可能吸收1.5%(质量)的水分。

(6) 加工性能 ABS同PS一样是一种加工性能优良的热塑性塑料,可用通用的加工方法加工。ABS的熔体流动性比PVC和PC好,但比PE、PA及PS差,与POM和HIPS类似;ABS的流动特性属非牛顿流体;其熔体黏度与加工温度和剪切速率都有关系,但对剪切速率更为敏感。

ABS的热稳定性好,不易出现降解现象。ABS的吸水率较高,加工前应进行干燥处理。一般制品的干燥条件为温度 80～85 ℃，时间 2～4 h；对特殊要求的制品(如电镀)的干燥条件为 70～80 ℃，10～18 h。

ABS 树脂是无定形聚合物，可用注射成型、挤出成型方法加工。此外，ABS 树脂还可在 320～380 ℃下压延成片以及于 200～215 ℃下吹塑成型。

ABS 制品在加工中易产生内应力，内应力的大小可通过浸入冰乙酸中检验；如应力太大或制品对应力开裂，应进行退火处理，具体条件为放于 70～80 ℃的热风循环干燥箱内 2～4 h，再冷却至室温即可。

ABS 树脂兼有三组分的共同性能，各组分间的协同作用，使 ABS 树脂具有良好的综合性能。ABS 树脂无毒无臭、耐冲击、质硬、尺寸稳定、耐化学药品性、电性能良好、易于成型和机械加工，是一种质优价廉的现代工程塑料。ABS 树脂的典型性能见表 6-17。

表 6-17 ABS 的典型性能

性能	数值		
相对密度	1.03～1.07		
拉伸强度/MPa	34.3～49		
伸长率/％	2～4		
弯曲强度/MPa	58.8～78.4		
弯曲弹性模量/GPa	1.76～2.94		
Lzod 冲击强度/(J/m)	超高冲	高冲	中冲
(23 ℃)	362.6～460.6	284.2～333.2	186.2～215.6
(0 ℃)	254.8～352.8	0.88～2.65	0.59～1.67
(−20 ℃)	147～235.2	117.6～147	68.6～78.4
(−40 ℃)	117.6～156.8	98～117.6	39.2～58.8
洛氏硬度	R62～118		
热变形温度(1.82 MPa 负荷)/℃	87		
燃烧性(UL)	94 HB		
成型收缩率/％	0.6		
流动性(高化式)/(cm³/s)	0.05		
体积电阻率/(Ω·cm)	$(1.05～3.60)\times10^{16}$		
介电常数(10^3 Hz)	2.75～2.96		
耐电弧性/s	66～82		

2. ABS 塑料的用途

(1) 壳体材料　广泛用于制造电话机、移动电话、传呼机、电视机、洗衣机、录音机、收音机、复印机、传真机、玩具及厨房用品等的壳体。

(2) 机械配件　ABS 可用于制造齿轮、泵叶轮、轴承、把手、管材、管件、蓄电池槽及电动工具壳等。

(3) 汽车配件　具体品种有方向盘、仪表盘、风扇叶片、挡泥板、手柄及扶手等。

(4) 其他制品　化工各类防腐蚀管材、镀金制品、仿木制品、文具如笔杆等。ABS 还可用作保温、防震用泡沫塑料，由于此种泡沫塑料具有较好的韧性和刚性，这是其他泡沫塑料难以兼备的特性。

6.9 聚乙酸乙烯酯乳液的生产

聚乙酸乙烯酯乳液主要应用于胶黏剂,其对纤维状材料如木材、纸张、皮革、棉织物、毛织物以及水泥、陶瓷、泡沫塑料等均有良好的粘接性能,可应用于无线装订、增强水泥的强度和弹性、无纺布用黏合剂、日光灯荧光粉用分散剂等。同时聚乙酸乙烯酯乳液还用于配制涂料等。

1. 通用工艺配方

通用型聚乙酸乙烯酯乳液生产配方参见表 6-18。

表 6-18 通用型聚乙酸乙烯酯乳液生产配方

组分	用量(质量份数)
单体(乙酸乙烯酯)	100
稳定剂(聚乙烯醇 1788)	5.4
增塑剂(邻苯二甲酸二丁酯)	10.9
乳化剂(OP-10)	1.1
引发剂(过硫酸钾)	0.2
pH 调节剂(碳酸氢钠)	0.3
介质(去离子水)	100

2. 聚合工艺流程

通用型聚乙酸乙烯酯乳液常用半连续乳液聚合法进行生产,其生产工艺流程如图 6-15 所示。用去离子水将规定量的聚乙烯醇溶解(至 80 ℃,搅拌 4~6 h),配制成聚乙烯醇溶液并送入聚合釜。再向聚合釜中加入 OP-10、单体(部分)、过硫酸钾溶液(总量 40%),在搅拌下乳化 30 min。

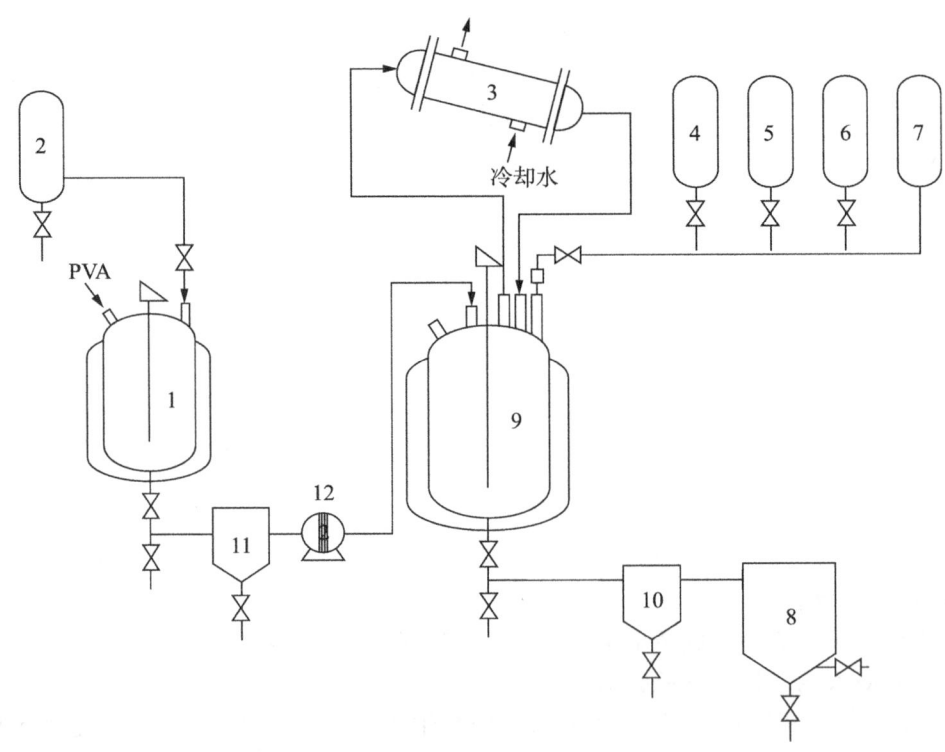

图 6-15 通用型乙酸乙烯酯乳液聚合工艺流程图
1—溶解釜;2—软水计量槽;3—回流冷凝器;4—单体计量槽;5—增塑剂计量槽;6—pH 值调节剂计量槽;
7—引发剂计量槽;8—乳液贮槽;9—聚合釜;10、11—过滤器;12—隔膜泵

向聚合釜夹套内通水蒸气,将釜中物料升温至 60~65 ℃,此时聚合反应开始,因为是放热反应,故釜内温度自行升高,可达 80~83 ℃,在这期间,回流冷凝器中将有回流出现。待回流减少时,开始向釜中滴加乙酸乙烯酯,同时滴加过硫酸钾溶液。通过滴加速度控制聚合反应温度在 70~

80 ℃之间,大约 8 h 滴完。单体加完后,加入全部余下的过硫酸钾溶液。通蒸气升温至 90～95 ℃,并在该温度下保温 30 min。

向聚合釜夹套内通冷水冷却至 50 ℃,加入碳酸氢钠溶液调节 pH 值,加入增塑剂邻苯二甲酸二丁酯,然后充分搅拌使其混合均匀。最后出料,通过过滤进入乳液贮槽。

3. 聚乙酸乙烯酯乳液的改性

聚乙酸乙烯酯乳液均聚物的缺点是耐水性和抗蠕变性差,可通过以下 3 种方法来改善。

(1) 将乙酸乙烯酯和含羧基单体进行共聚,然后用氨基树脂等交联剂进行交联,这种交联聚乙酸乙烯酯黏合剂具有良好的耐水性和抗蠕变性,这种黏合剂可以成功地将铝、黄铜、钢、锡、铅等金属制件和木材、纸、玻璃纤维、棉等材料进行黏结。

(2) 将乙酸乙烯酯和乙烯进行共聚,制成所谓 EVA 乳液黏合剂,这种黏合剂具有耐水性好、抗蠕变、耐碱及黏结强度大等优点,是聚氯乙烯薄膜和板材及无纺布等材料良好的黏合剂。同时由于聚乙烯链段对聚乙酸乙烯酯具有内增塑作用,故不用再加入其他增塑剂,因此,产品无毒,是食品包装材料理想的黏合剂。此外,由于 EVA 乳液成膜性好,成膜温度低,其涂膜质软、强度高、耐磨,可作内外墙涂料。

(3) 把乙酸乙烯酯和长链脂肪酸乙烯酯或丙烯酸高级脂肪醇酯进行乳液共聚,可大大改善聚乙酸乙烯酯乳液涂料和黏合剂的耐水性,并可提高其韧性。

乙酸乙烯酯还可以和许多单体进行二元、三元及多元共聚制成具有各种性能,有各种各样用途的乳液涂料和黏合剂。

6.10 氯乙烯的种子乳液聚合生产工艺

氯乙烯的聚合过程可采用悬浮聚合法、种子乳液聚合法、微悬浮聚合法及连续乳液聚合法等。这些方法各有其特点。其中种子乳液聚合法是常用的制造聚氯乙烯糊树脂的方法,它可以克服连续乳液聚合的非稳定性,即瞬态现象,同时也可以有效地控制所制糊树脂的粒度及粒度分布,以改善加工性能和提高最终产品的质量。以下仅对种子乳液聚合法制造聚氯乙烯糊树脂的配方及生产工艺加以介绍。

1. 配方

聚氯乙烯糊树脂的种子乳液聚合常常利用两种规格的乳液作为种子,即第一代种子和第二代种子,所制成的聚合物乳液的乳胶粒直径呈双峰分布,这样既可降低增塑剂吸收量,又可改善树脂的加工性能。用不加种子的乳液聚合法所制成的乳液称为第一代种子;而在第一代种子乳液的基础上继续聚合所制得的乳液称为第二代种子。第一代和第二代聚氯乙烯种子乳液的配方及种子乳液聚合配方参见表 6-19 和表 6-20。

表 6-19 第一代和第二代聚氯乙烯种子乳液的配方

组分		用量(质量份数)	
		第一代种子乳液	第二代种子乳液
单体	氯乙烯	100	100
乳化剂	十二烷基硫酸钠	0.5	0.3
引发剂	过硫酸钾	0.1	0.1
介质	去离子水	150	150
pH 调节剂	氢氧化钠	调 pH=10～10.5	

表 6-20 氯乙烯种子乳液聚合配方

组分		用量（质量份数）	
		配方 1	配方 2
单体	氯乙烯	100	100
引发剂	过硫酸钾	0.2	0.07
	亚硫酸氢钠		0.02
介质	去离子水	150	150
种子乳液	第一代种子	1	1
	第二代种子	2	2
pH 调节剂	氢氧化钠	调 pH＝10～10.5	调 pH＝10～10.5

2. 生产工艺

利用种子乳液聚合法制备聚氯乙烯糊树脂的生产工艺流程示于图 6-16。氯乙烯种子乳液聚合工艺流程简述如下。

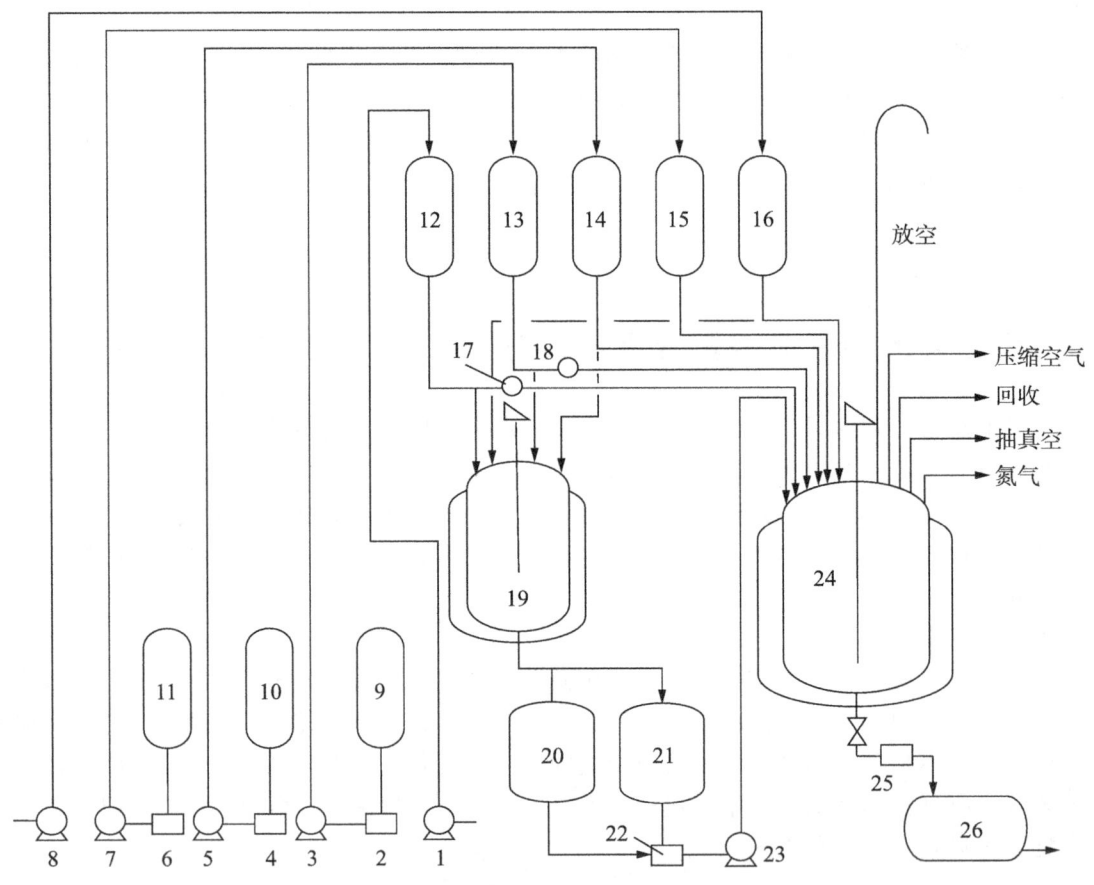

图 6-16 利用种子乳液聚合法制造聚氯乙烯糊树脂工艺流程

1—单体输送泵；2、4、6、22、25—过滤器；3—乳化剂溶液输送泵；5—引发剂溶液输送泵；7—碱液输送泵；8—软水输送泵；9—乳化剂溶液配制槽；10—引发剂溶液配制槽；11—碱液配制槽；12—单体计量槽；13—乳化剂溶液计量槽；14—引发剂溶液计量槽；15—碱液计量槽；16—软水计量槽；17、18—计量泵；19—种子釜；20—第一代种子乳液贮槽；21—第二代种子乳液贮槽；23—种子乳液输送泵；24—聚合釜；26—乳液贮槽

1）物料准备与配制

对乳化剂溶液、引发剂溶液及碱液进行配制。乳化剂溶液配制温度为 50 ℃，引发剂溶液配制

温度不得超过 30 ℃。

2) 种子的制备

向种子釜中分别加入规定量的软水和乳化剂溶液。开动搅拌,使其混合均匀。向种子釜中加入部分单体,搅拌一定时间,让其充分乳化。加热种子釜至 50 ℃后开始加入引发剂溶液,聚合反应即开始进行,夹套内通冷却水。在聚合过程中,通过控制向釜内滴加单体的速度来控制反应温度。单体滴完后保温一段时间,即得第一代或第二代种子乳液,将其分别输送至第一代种子乳液贮槽和第二代种子乳液贮槽中待用。

3) 种子乳液聚合

向聚合釜内加入软水、起始乳化剂、碱液,调节 pH 在 10~10.5 之间;由第一代种子乳液贮槽和第二代种子乳液贮槽,经过滤后将种子乳液输送至反应釜内。用压缩空气试压合格后,再将釜内抽真空至真空度为 0.05 MPa,然后充氮气,反复三次。然后向聚合釜内加入氯乙烯单体,开动搅拌,乳化 30 min。乳化结束后,向聚合釜的夹套内通入热水,在 1 h 内均衡地升温至反应温度,此时聚合反应开始进行,随着单体逐渐聚合成高聚物,釜内压力将降低,此时通过计量泵向釜内分别均衡地注入单体和乳化剂溶液,以补充其消耗。反应期间严格控制反应温度在 48~52 ℃之间。

待釜内压力降至 0.4 MPa 时停止搅拌,并打开通往气柜的阀门,回收单体。反应完成后,将反应釜中的聚氯乙烯乳液经过滤器输送到乳液贮罐中,最后送至后续工段进行喷雾干燥而得粉末状产品。

乳液法聚氯乙烯树脂也称为聚氯乙烯糊树脂或糊状聚氯乙烯。将糊树脂与增塑剂及其他助剂在室温下调制成糊,再根据不同制品的特点选用涂覆、浸渍、搪塑等方法进行加工,以制备人造革、地板革、玩具、手套、绝缘涂料、包装用材料等。

6.11 聚丙烯酸酯乳液

聚丙烯酸酯乳液是一大类具有多种性能的用途极广的聚合物乳液。在工业生产中制造这种聚合物乳液常用的丙烯酸酯单体有丙烯酸甲酯、丙烯酸乙酯、丙烯酸正丁酯、丙烯酸-2-乙基己酯、丙烯酸异丁酯、甲基丙烯酸甲酯、甲基丙烯酸乙酯、甲基丙烯酸丁酯等。

除了丙烯酸酯均聚或共聚制造丙烯酸酯乳液以外,为了赋予乳液聚合物所要求的性能,常常要和其他单体共聚,制成丙烯酸酯共聚物乳液,常用的共聚单体有乙酸乙烯酯、苯乙烯、丙烯腈、顺丁烯二酸二丁酯、偏二氯乙烯、氯乙烯、丁二烯、乙烯等。在很多情况下还要加入功能单体(甲基)丙烯酸、马来酸、富马酸、衣康酸、(甲基)丙烯酰胺、丁烯酸以及交联单体(甲基)丙烯酸羟乙酯、(甲基)丙烯酸羟丙酯、N-羟甲基丙烯酰胺、双(甲基)丙烯酸乙二醇酯、双(甲基)丙烯酸丁二醇酯、三羟甲基丙烷三丙烯酸酯、二乙烯基苯、用亚麻仁油和桐油等改性的醇酸树脂等。含羟基单体及交联单体的加入量一般为单体总量的 1.5%~5%。不同的单体将赋予乳液聚合物不同的性能,如表 6-21 所示。

表 6-21 丙烯酸酯乳液中共聚单体所起的作用

单体	赋予聚合物的特性
甲基丙烯酸甲酯,苯乙烯,丙烯腈,(甲基)丙烯酸	硬度,附着力
丙烯腈,(甲基)丙烯酰胺,(甲基)丙烯酸	耐溶剂性,耐油性
丙烯酸乙酯,丙烯酸丁酯,丙烯酸辛酯	柔韧性
苯乙烯,(甲基)丙烯酸的高级酯	耐水性

续表

单体	赋予聚合物的特性
低级丙烯酸酯,苯乙烯	抗沾污性
甲基丙烯酰胺,丙烯腈	耐磨性,抗划伤性
(甲基)丙烯酸酯	耐候性,耐久性,透明性
交联单体	耐水性,耐磨性,硬度,附着强度,耐溶剂性

丙烯酸酯乳液的交联可分为自交联和外交联两种,按交联温度也可分为高温交联和室温交联。大分子链之间的直接交联反应即为自交联,是通过连在分子链上的羧基、羟基、氨基、酰胺基、氰基、环氧基、双键等进行的;外交联常常是在羧基胶乳中加入脲醛树脂或三聚氰胺甲醛树脂等进行的。室温交联有两种情况:一种是加入亚麻仁油、桐油等改性的醇酸树脂共聚单体的聚合物乳液在室温下进行氧化交联;另一种是羧基胶乳中加入 Zn、Ca、Mg、Ac 盐等进行离子交联。

丙烯酸酯类化合物的聚合物具有非常宽的玻璃化温度,可以提供给聚合物以不同的柔韧性与粘接性能,其均聚物的玻璃化温度见表 6-22。

表 6-22 一些聚合物的玻璃化温度　　　　单位:℃

酯基	甲基丙烯酸酯聚合物	丙烯酸酯聚合物
甲基	105	9
乙基	65	−22
正丁基	20	−54
辛基	−10	−82
2-羟乙基		110
2-羟丙基		110
聚丙烯酸	106	
聚甲基丙烯酸	116	
聚苯乙烯	100	
聚乙酸乙烯酯	28	

目前,为了制造具有各种性能和用途的聚丙烯酸酯乳液,人们设计出了许许多多的配方和生产工艺,不胜枚举,以下仅列举出几个有代表性的实例。

1. 乙丙乳液

丙烯酸酯和乙酸乙烯酯共聚物乳液简称为乙丙乳液或醋丙乳液,合成工艺有间歇式和半连续式。表 6-23 中列出了其由硬至软的四个配方。表中 MS-1 为壬基酚聚氧乙烯醚的单乙二酸酯的羧酸、硫酸盐,兼有阴离子型和非离子型乳化剂两者特征。

表 6-23 乙丙乳液配方

组分		用量/质量份数			
		A	B	C	D
单体	乙酸乙烯酯	81	85	87	91
	丙烯酸丁酯	10	10	10	6
	甲基丙烯酸甲酯	9	5	3	3
	甲基丙烯酸	0.6	0.5	0.5	0.4

续表

组分		用量/质量份数			
		A	B	C	D
乳化剂	OP-10	1.0	1.0	0.8	0.8
	40%的 MS-1	2.0	2.0	1.6	1.6
引发剂	过硫酸盐	0.5	0.5	0.5	0.5
pH 缓冲剂	磷酸氢二钠	0.5	0.5	0.5	0.5
介质	水	120	120	120	120

间歇聚合工艺：将规定量的单体、软水和乳化剂加入带有搅拌器和冷却夹套的预乳化槽中，充分混合，使其乳化，控制其温度在100℃以下，然后把预乳化液放入带有搅拌器、换热夹套和回流冷凝器的聚合釜中，加入规定量的引发剂，加热，进行聚合反应，通过回流冷凝器和夹套通冷却水来控制釜内温度，待单体转化率达到95%左右时，检测树脂指标，若合格，经脱出未反应单体，即为成品。

半连续工艺：按上述间歇合成工艺同样的方法对单体进行预乳化。先向釜中加入15%～20%的预乳化液，在搅拌的同时加热至反应温度，然后加入引发剂引发聚合，并将剩余单体、引发剂和乳化剂在2～3 h内连续滴加完毕。滴加完后在反应温度下保温1～1.5 h，至其转化率达95%左右，即可进行后处理操作。

2. 纯丙乳液

丙烯酸酯系和甲基丙烯酸系单体所制成的共聚物乳液简称为纯丙乳液。纯丙烯酸酯类进行乳液聚合反应的组成与一般乳液聚合的组成相一致。例如作为静电植绒胶黏剂的单体配比为如表6-24所示。

工艺过程：分别把组分 A 和 B 混合均匀；在反应器中加入560份蒸馏水、40份烷基酚聚氧乙烯醚、50%的 N-羟甲基丙烯酰胺水溶液、240份单体混合物。然后开动搅拌，通氮气20 min。加入0.5份过硫酸钾和0.5份偏亚硫酸钠，升温至55℃；缓慢加入已经混合好的剩余的组分 A 和 B，以及4%的过硫酸钾40份和4%的偏亚硫酸钠40份；控制反应时间为240 min 即得成品乳液。乳液再配以氨水、六羟树脂等可得黏度为20 Pa·s 的黏稠乳液，此乳液即为静电植绒胶黏剂。

表6-24 静电植绒胶黏剂单体配比

组分	份数（质量）
A	
丙烯酸甲酯	90
丙烯酸乙酯	352
丙烯酸辛酯	150
丙烯酸	15
B	
N-羟甲基丙烯酰胺	13
水	160

3. 苯丙乳液

苯丙乳液是苯乙烯、丙烯酸及其酯类化合物的乳液共聚物。苯丙乳液由于具有无毒、无味、不燃、污染少、耐气候老化、耐化学腐蚀、光泽可调等优点而广泛应用于诸如建筑涂料、金属表面涂料、地面涂料、防火涂料、纸张胶黏剂、压敏胶黏剂等领域。

苯丙乳液的典型配方实例如表6-25所示。生产工艺为将乳化剂溶解于水中，加入混合单体，在激烈搅拌下进行乳化。然后把乳化液的20%投入聚合釜中，加入50%的引发剂，升温至70～72℃，保温至物料呈蓝色，此时会出现一个放热高峰，温度可能升至80℃以上。待温度下降后开始滴加混合乳化液，滴加速度以控制釜内温度稳定为准，单体乳液加完后，升温至95℃，保温30 min，再抽真空除去未反应单体，最后冷却，加入氨水调 pH 值至8～9。

表 6-25 苯丙乳液配方

组分		用量	
		质量份数	kg
单体	丙烯酸丁酯	22.7	321.60
	苯乙烯	21.9	310.00
	甲基丙烯酸甲酯	1.9	27.00
	甲基丙烯酸	1.0	14.00
乳化剂	MS-1	2.4	33.50
保护胶体	甲基丙烯酸钠	1.4	19.10
引发剂	过硫酸铵	0.24	3.35
pH 缓冲剂	碳酸氢钠	0.22	3.05
介质	水	48.3	682.50

6.12 乳液聚合研究进展

乳液聚合及乳液聚合物具有许多独特的优点，正是这些优点使得世界各国在乳液聚合研究方面投入了大量的人力、物力，做了大量的工作，取得了许多令人瞩目的成就。乳液聚合理论水平的提高，大大促进了乳液聚合物和聚合物乳液的工业生产技术水平的发展，使其产量不断增加、质量不断提高、品种日益增多、应用领域不断扩大、生产工艺日臻完善。目前，合成聚合物乳液的技术开发方向是通过分子设计、粒径及其分布的控制技术、颗粒形态的调节技术以及颗粒表面的官能化技术等手段，开发高性能、高附加值的乳液聚合产品。同时，在乳液聚合中所采用的高科技手段越来越丰富。如异相异型胶乳粒子是胶乳高科技化的重要标志。制备该种粒子的主要控制因素有聚合物的亲水性、聚合物的生成顺序、粒子黏度和聚合反应场所。综合运用上述控制因素，并采用适宜聚合方法，可制取核-壳型、组分渐变型、棒型、不倒翁型以及磁粉或胶体二氧化硅为核的无机-有机复合型等异相异型粒子。另外，中空型粒子由于具有质量轻、导电性低、隔热、隔音、吸收电磁波等特性，而成为目前研究的重点。随着研究的不断深入，也出现了许多新的乳液聚合技术，如无皂乳液聚合、种子乳液聚合、反相乳液聚合、微乳液聚合、乳液互穿网络聚合物以及核壳结构乳液聚合物等。高科技手段与乳液聚合新技术的结合，也产生了一些新的具有特定性能的物质，如在航天器中，于无（微）重力下，用种子聚合的方法可制备形态完整、单分散性、粒径为 2.5～30 μm，甚至 40 μm 的粒子，这些粒子已被美国国家标准局作为标准材料收藏。具有单分散性、较大比表面积以及具有表面吸附性、化学反应性的乳胶粒子可应用于色谱柱填料、化工催化剂的载体、细胞分离标识、致癌抗原诊断等领域。

6.12.1 无皂乳液聚合

无皂乳液聚合，即在乳液聚合反应过程中完全不含乳化剂或仅含有微量（浓度小于 CMC 值）乳化剂的乳液聚合，它是在传统乳液聚合的基础上发展起来的一种乳液聚合新技术。

无皂乳液聚合克服了传统乳液聚合中由于乳化剂的存在而引起聚合物在电性能、光学性能、表面性能及耐水性等方面的缺陷。除此之外，无皂乳液聚合还可以用来制备粒径在 0.5～1.0 μm，单分散、表面清洁的聚合物粒子以用于一些特殊的场合。

无皂乳液聚合的成核机理包括均相成核机理、齐聚物成核机理等。

均相成核机理认为无皂乳液聚合反应最初是在水相中进行的。通常采用过硫酸盐等水溶性引发剂,使得聚合物链具有亲水性基团,当其达到一定浓度时,便可起到类似乳化剂的作用。随着链增长反应的进行,当链自由基达到一定的聚合度时,在水中的溶解性变差,逐渐从水相中析出,形成基本初始粒子。基本初始粒子继续从水相中捕获自由基形成初始粒子。初始粒子极不稳定,需要通过粒子间的聚并来提高稳定性。聚并的结果是形成乳胶粒,乳胶粒继续增长而成为最终产物。

齐聚物成核机理认为在反应初期,水相中生成大量的齐聚物链,链的一端带有亲水基团 $-SO_4^-$,使得齐聚物具有表面活性的性质,当这些齐聚物浓度达到相应的 CMC 时,便自身胶束化形成增溶齐聚物胶束,反应,形成乳胶粒。

实现无皂乳液聚合的方法主要有下述三种。

(1) 在聚合过程中,引入可离子化的引发剂,利用引发剂裂解碎片,使聚合物粒子表面带有一定的电荷。例如苯乙烯与甲基丙烯酸甲酯的以过硫酸钾为引发剂可进行无皂乳液聚合。其中,引发剂浓度与极性单体的组成分率对乳液的稳定性具有极大的影响。

(2) 在聚合反应中,加入水溶性共聚单体,如丙烯酸、甲基丙烯酸、马来酸、丙烯酰胺、甲基丙烯酰胺、苯乙烯磺酸钠等,使聚合物乳胶粒的外表面形成水化层,而起到类似乳化剂的稳定作用。

(3) 采用具有反应活性的乳化剂,如十一烯酸羟乙基磺酸钠等,其参与共聚反应,生成具有表面活性齐聚物自由基、乳胶粒,直至最终聚合物。

无皂乳液聚合由于表面清洁,且可以带有多种功能基团,因此可广泛地应用于生物医药、临床检验、催化剂、基准物等。

6.12.2 微乳液聚合

传统的乳液聚合得到的乳胶粒的粒径约为 $0.1\sim1~\mu m$,是热力学不稳定体系,在贮存、加工等过程中易发生破乳。微乳液聚合的分散相液滴在 $10\sim100~nm$ 之间,乳液体系呈透明状,为热力学稳定体系。在一定条件下,微乳液的胶束具有保持稳定小尺寸的特性,破裂后,还能重新组合。体系中一般含有相当数量的表面活性剂或表面活性剂与助表面活性剂的混合物。利用这些特性,采用特定的工艺手段可生产纳米级聚合物粒子。

微乳液体系,由水-油-乳化剂(助乳化剂)组成的透明的、热力学稳定的体系可包括三类:三组分共溶体系,正相(O/W)、反相(W/O)微乳液,正相、反相胶束溶液。

表面活性剂的选择对于微乳液聚合非常重要。

采用非离子型表面活性剂制备微乳液,在最低乳化剂用量(5%~10%)下,形成微乳液的条件有:

(1) 最佳温度为接近或等于转相温度。因为在该温度下油(或水)在水(或油)的乳化剂溶液中具有最大的增溶作用。

(2) 非离子乳化剂的分子量越大,油(或水)在水(或油)中的增溶作用越大。

(3) 混合乳化剂的 HLB 值应符合被乳化物的 HLB 值。

(4) 混合乳化剂的转相温度越接近,其混合物对油(或水)的增溶作用越大,因而所需要的乳化剂越少。

转相温度(Phase Inversion)是指乳化剂在特定乳液体系中的相翻转温度,在此温度下,乳化剂的亲水-亲油倾向达到最佳平衡。其测定方法是取等量的油、水与 3%~5% 的乳化剂混合,在不同温度下加热振荡,出现转相的温度即为该体系的转相温度。对于非离子乳化剂来说,转相温度受

HLB值、乳化剂浓度、油相的极性、油水比、添加剂的种类与浓度以及乳化剂分子链不同长度的影响。一般,在选择乳化剂时,应考虑上述条件。此外,还可以把表面活性剂与油相、水相界面能之比作为选择乳化剂的依据。

对于微乳液聚合,首先要制备单体增溶的胶束溶液或单体微乳液。在较高的乳化剂浓度(15%~25%)下,单体可被增溶于胶束中,加入助乳化剂可以提高增溶度,以形成微乳液体系。目前,正相微乳液聚合物的含量一般为10%左右,否则体系将不稳定。同时,微乳液聚合的动力学不同于常规的乳液聚合,也不同于微滴乳液聚合(Miniemulsion Polymerization),不同的研究者有不同的结论与认识。但是微乳液聚合有一个明显的特点,即没有常规乳液聚合的恒速阶段。

在丙烯酸酯的微乳液聚合中,采用复合离子乳化剂,用量为单体量的1%~10%时,可形成微乳液,其中乳化剂以10%加入量为最佳。而乳化剂的不同配比对乳液性能的影响如表6-26所示。

表6-26 丙烯酸微乳液状态与复合乳化剂间的关系

SDS/OP	状态	SDS/OP	状态
60.5/0.5	乳白色,有颗粒沉淀物	1.8/1.2	半透明状,稳定
0.8/0.2	乳白色,形成絮状物	1.6/0.8	半透明状,稳定
1.0/0.8	乳白色乳液	1.4/0.7	半透明状,稳定
1.2/0.8	半透明状,稳定		

6.12.3 反相乳液聚合

可溶于水的单体制备的单体水溶液,在油溶性表面活性剂作用下与有机相形成油包水型乳状液,再经油溶性引发剂或水溶性引发剂引发聚合反应形成油包水(水/油)型聚合物胶乳称之为"反相乳液聚合"。

采用反相乳液聚合的目的有两点:一是利用乳液聚合反应的特点,以较高的速度生产高分子量水溶性聚合物;二是利用胶乳微粒甚小的特点,使反相胶乳生产的含水聚合物微粒迅速溶于水中以制备聚合物水溶液。反相乳液聚合物主要用于各种水溶液聚合物的工业生产,其中以聚丙烯酰胺的生产最重要。

反相乳液聚合常用的单体有丙烯酰胺、丙烯酸、甲基丙烯酸、苯乙烯磺酸钠、N-乙烯基吡啶、甲基丙烯酸乙酯基三甲基氯化铵等。通常单体以水溶液的形式进行聚合,浓度一般在10%~50%之间。

反相乳液聚合的分散介质,可选择任何与水不互溶的有机惰性液体。但是,分散介质的性质对反相乳液聚合有着非常显著的影响。一般采用的溶剂有三类:①非溶剂化作用的溶剂,如乙二醇等,在这类溶剂中可以形成与水溶液相同的正相胶束;②形成反相胶束的溶剂,如烷烃、芳烃、环烷烃等;③不形成胶束的溶剂,如甲醇、乙醇和二甲基甲酰胺等。

反相乳液聚合所用的表面活性剂主要是HLB值为4~6的水/油表面活性剂,如硬脂酸单山梨醇酯、油酸单山梨醇酯、聚乙二醇-聚丙二醇-二元胺加成物。所用有机相为高沸点脂肪烃和芳烃如甲苯、二甲苯等,且应当不含有可发生阻聚作用或链转移反应的杂质。所用油溶性引发剂如过氧化二苯甲酰、过氧化二月桂酰以及偶氮引发剂等,水溶性引发剂如过硫酸钾、过硫酸铵等。有时同时采用油溶性引发剂和水溶性引发剂。

单体水溶液相和有机相体积比可接近1:1,乳化剂用量为2.5%~12.5%(以油相为基准)。在聚丙烯酰胺生产配方中有时水相需加入螯合剂EDTA,其作用是单体丙烯酰胺在生产过程中用铜催化剂，因而其中可能含有铜离子，它可能产生阻聚作用。EDTA 的作用在于其可与铜离子螯合以消除其阻聚作用。必要时水相中须加缓冲剂。

反相乳液聚合过程中成核位置的研究表明，胶束中成核与单体液滴中成核两种情况同时发生。

丙烯酰胺反相乳液聚合所用水溶液浓度通常为 40% 左右，可以生产分子量超过 1 000 万的超高分子量产品。

反相乳液聚合动力学关系较复杂，因为存在多相乳液液滴（油/水/油）。由于强烈的凝胶效应，使产品分子量与乳化剂浓度成反比，对引发剂和盐的浓度很灵敏。

6.13 自由基聚合实施方法总结

在前面五章内容中，我们分别讨论了实施自由基聚合的各种方法，现将自由基聚合实施方法的工艺比较简单归纳于表 6-27 中。

表 6-27 聚合实施方法的工艺比较

比较项目		本体聚合	溶液聚合	悬浮聚合	乳液聚合
配方主要成分		单体、引发剂	单体、引发剂、溶剂	单体、引发剂、水/分散剂	单体、水溶性引发剂、水/乳化剂
聚合场所		本体内	溶液内	液滴内	胶束和乳胶粒内
过程特征	主要操作方式	连续	连续或间歇	间歇	连续或间歇
	热传递	难	易	易	易
	温度控制	难	易	易	易
	单体转化率	高（低）	不太高	高	可高可低
分离回收及后处理	工艺复杂程度	单纯	溶剂不处理则单纯	单纯	复杂
	动力消耗	少	溶液不处理则少	稍大	大，产品为乳液则小
	废水废气	很少	溶剂废水	废水	胶乳废水
产物特征		纯度高、色浅、分子量分布宽	直接用于油漆、黏合剂等	较纯，可能有少量分散剂残留	直接使用，固体物有少量乳化剂残留
主要控制条件		反应热，产物出料	溶剂溶解性，转移反应，溶剂性质	分散剂种类、用量，搅拌速度	乳化剂种类、用量，搅拌速度，含固量，pH 值

第7章 缩合聚合工艺

含有反应性官能团的单体经缩合反应析出小分子化合物生成聚合物的反应称为缩合聚合反应，简称为缩聚反应，单体分子中所含有的反应性官能团数目等于或大于 2 时，才能由缩聚反应生成聚合物。

一般说来，塑料工业形成自己的工业是基于采用缩聚方法。1907 年由 L. H. Backland 开始制造第一个工业合成产品酚醛树脂(Bakelite)。随后出现了醇酸树脂，在 1920 年开发了脲醛树脂。用聚合方法制备高分子聚合物的大规模生产到 20 世纪 30 年代才出现。缩合聚合的概念是美国的 W. H. Carothers 在 1929 年提出的，在此之前他曾系统地研究了很多双官能化合物的缩合反应。30 年代尼龙-6 和尼龙-66 问世后，开始了合成纤维的生产。50 年代初聚酯纤维开始工业化生产，虽比聚酰胺纤维问世晚，但发展速度最快，跃居为合成纤维的第一大品种。

美国的 Paul. J. Flory 通过对缩聚反应的研究在理论上提出了缩合产物分子量的概率分布，聚酯合成的缩聚反应动力学以及多官能化合物缩聚产生交联的凝胶化理论。50 年代末，P. W. Morgan 提出界面缩聚方法，为合成熔点与分解温度接近的高熔点芳杂环聚合物提供了一条切实可行的途径。芳香族聚酰胺如聚间苯二甲酰间苯二胺(Nomex)和聚对苯二甲酰对苯二胺(Kevlar)才会成批生产，推向市场。

60 年代初，由于航空航天技术的发展，宇航用材也迅速开发。C. S. Marvel 由多官能团单体(其官能团处于"有效邻位")的缩聚和闭环反应，得到在分子主链上含芳杂环的耐高温聚合物，如聚酰亚胺和聚苯并咪唑等，开发出各种线型、半梯型及梯型聚合物。此外，人们还合成了具有各种功能的高分子材料，如高强度、高模量的结构材料，以及用于导体、半导体、吸附、分离、感光及生物活性等各类高聚物。从近 20 年出现的新型聚合物中，其中占多数的是缩聚类高分子，更说明了缩聚反应形式和产物结构的多样化，因而表明缩聚在整个国民经济中的地位是举足轻重的。

7.1 缩聚反应简述

7.1.1 缩聚反应的特征

具有两个或两个以上官能团的单体，相互反应生成高分子化合物，同时产生有简单分子(如 H_2O、HX、醇等)的化学反应。兼有缩合出低分子和聚合成高分子的双重含义，反应产物称为缩聚物，其特征主要有以下几点。

(1) 缩聚反应通常是官能团间的聚合反应。比如说酯化反应就是一个典型的缩聚反应，反应中有低分子副产物产生，如水、醇、胺等。

(2) 缩聚物中往往留有官能团的结构特征，如—OCO—、—NHCO—，故大部分缩聚物都是杂链聚合物。

（3）缩聚物的结构单元比其单体少若干原子，故分子量不再是单体分子量的整数倍。

缩聚反应是合成高分子化合物的基本反应之一，在有机高分子化工领域有重要应用。缩聚反应与连锁聚合反应的区别如表7-1所示。

表7-1 缩聚反应与连锁聚合反应的基本特点

项目	连锁反应	缩聚反应
大分子链形成的特点	按链节进行	按链段进行
反应过程中活性大分子数目	不变	减少
单体分子的消失	在反应的后期	在反应的初期
链增长机理	分引发、增长、终止三个基元反应；增长反应活化能较低	无引发、增长和终止反应；反应活化能较高
反应速率	反应速率极快，以秒计	反应速率慢，以小时计
单体转化率	随聚合时间增加而增大	与聚合时间无关
分子量	几乎与时间无关	随聚合时间的延长而增加

7.1.2 缩聚反应的单体

在缩聚反应中应用的单体是含有两个或多个如下官能团之一的小分子化合物：—OH、—NH_2、—COOH等。表7-2列出了含有a、b官能团的二元单体经缩聚反应析出小分子化合物以及合成线型高分子缩聚物的种类。

表7-2 二元缩聚单体所含官能团类型及反应产物

官能团		生成的小分子	特征基团	缩聚物种类
a	b			
—OH	HOOC—	H_2O	—O—C(=O)—	聚酯
—OH	ROOC—	ROH	—O—C(=O)—	
—OH	Cl—C(=O)—	HCl	—O—C(=O)—	
—OH	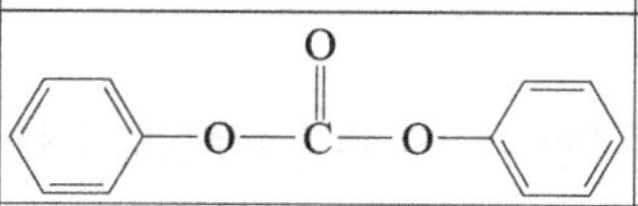 ⌬—O—C(=O)—O—⌬	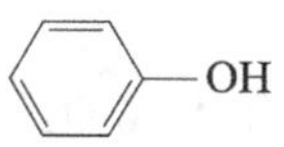 ⌬—OH	—O—C(=O)—O—	聚碳酸酯
—NH_2	HOOC—	H_2O	—NH—C(=O)—	聚酰胺
—NH_2	Cl—C(=O)—	HCl	—NH—C(=O)—	
—Na	$(ClAr)_2$—SO_2	NaCl	—O—Ar—S(=O)(=O)—Ar—O—	聚砜

续表

官能团 a	官能团 b	生成的小分子	特征基团	缩聚物种类
—NH₂	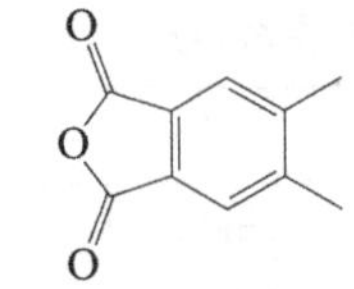 邻苯二甲酸酐	H₂O	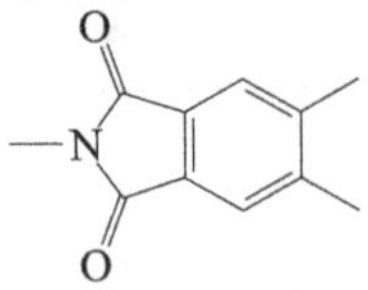 酰亚胺环	聚酰亚胺
—NH₂	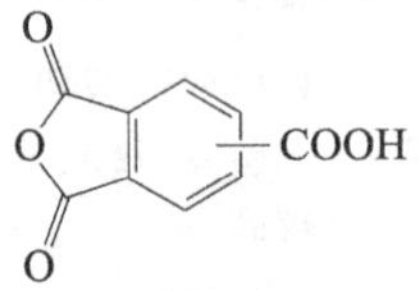 偏苯三酸酐（含—COOH）	H₂O	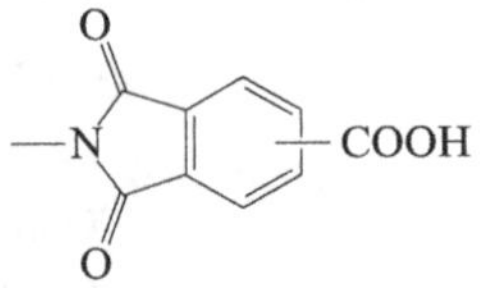 酰亚胺环—COOH	聚酰胺-聚酰亚胺
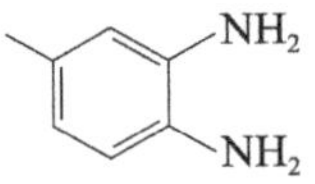 邻二氨基苯（二—NH₂）	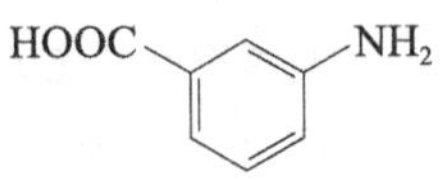 HOOC—Ar—NH₂	H₂O	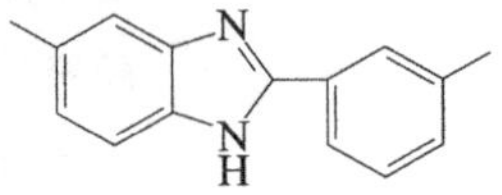 苯并咪唑	聚苯并咪唑
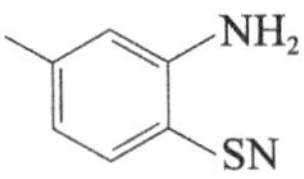 邻氨基硫醇苯（—NH₂,—SN）	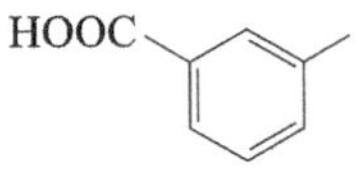 HOOC—Ar—	H₂O	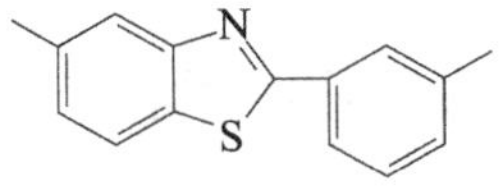 苯并噻唑	聚苯并噻唑
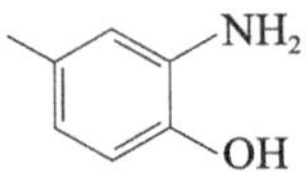 邻氨基酚（—NH₂,—OH）	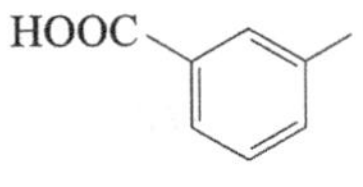 HOOC—Ar—	H₂O	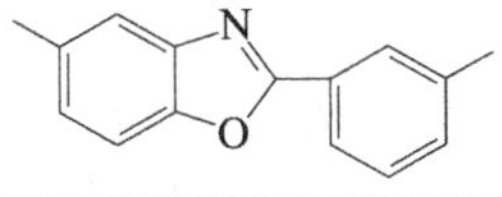 苯并噁唑	聚苯并噁唑
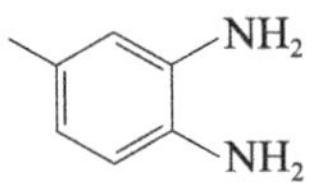 邻二氨基苯（二—NH₂）	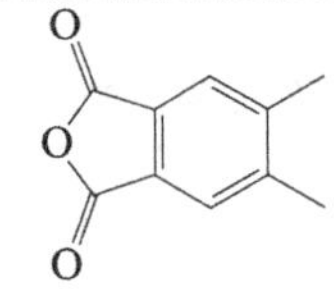 邻苯二甲酸酐	H₂O	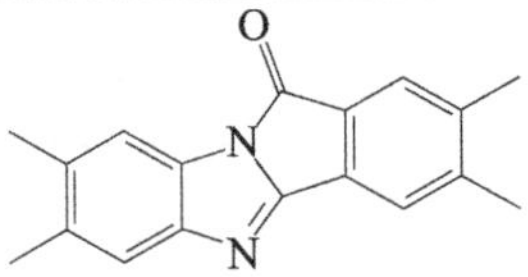 苯并咪唑吡咯烷酮	聚苯并咪唑吡咯烷酮
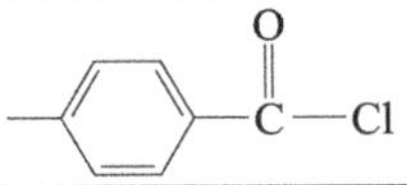 对氯甲酰基苯 (—COCl)	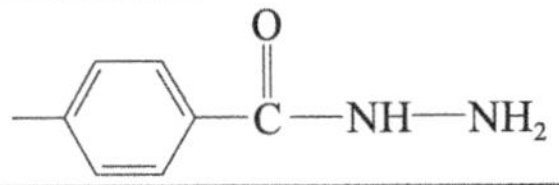 对酰肼基苯 (—CONH—NH₂)	H₂O/HCl	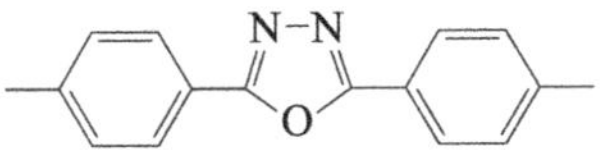 噁二唑环	聚噁二唑

7.1.3 缩聚反应的实施方法简述

工业生产中缩聚反应主要是生产线型高分子量缩聚物，目前工业上广泛采用的有熔融缩聚、溶液缩聚、界面缩聚和固相缩聚等方法。

1. 熔融缩聚法

无溶剂情况下，使反应温度高于原料和生成的缩聚物熔融温度（一般高于熔点 10~25 ℃），即反应器中的物料在始终保持熔融状态下进行缩聚反应的方法。

2. 溶液缩聚法

将单体溶解在适当溶剂中进行的缩聚反应的方法。当单体或缩聚产物在熔融温度下不够稳定而易分解变质时，为了降低反应温度，可采用此法。

3. 界面缩聚法

将可以发生缩聚反应的两种反应在两相界面进行的方法。它是一种复相反应，一般属于扩散控制的范畴。

界面缩聚可根据相状态或工艺方法进行分类。

（1）根据体系的相状态可分为液-液界面缩聚和液-气界面缩聚。液-液界面缩聚：将两种有高反应活性的单体分别溶于互不相溶的溶剂中(一般一为有机相,一为水相),在两相界面处进行缩聚反应。液—气界面缩聚(气相缩聚):一些易挥发的单体(常用惰性气体如 N_2、空气等稀释)处于气相,而另一相溶于水中,在气-液界面上进行的缩聚反应。

(2)按工艺方法可分为静态界面缩聚和动态界面缩聚。静态界面缩聚是不进行搅拌的界面缩聚,而动态界面缩聚则是进行搅拌的界面缩聚。

4. 固相缩聚法

反应温度在单体或预聚物熔融温度以下进行缩聚反应的方法。

7.2 熔融缩聚

熔融缩聚法是工业生产线型缩聚物的最主要方法,反应温度需高于单体和所得缩聚物的熔融温度,因此一般在 150~350 ℃,全芳环聚合物的缩聚温度较高,工业生产的主要品种聚酯和聚酰胺的反应温度则在 200~300 ℃ 以内,缩聚物大品种聚酯、聚酰胺及聚碳酸酯等都是用熔融缩聚法进行工业生产的。

7.2.1 反应体系组成

熔融缩聚原料配方中除单体外,尚需加入催化剂、分子量调节剂、稳定剂等,用作合成纤维时还需要添加消光剂,必要时需添加着色剂。由于线型缩聚物的熔融黏度很高,所以通常不再进行熔融混炼以添加其他组分,而是将生产合成纤维或热塑性塑料制品所需的各种物料组分全部在原料配制过程中加入聚合系统中。

1. 单体

多数情况下缩聚反应在分别含有两种不同的官能团的单体之间进行。2-2官能团单体配料时,理论上两种单体的物质的量之比应当严格相等,但在工业实际生产中当一单体可挥发脱除时,则这种单体可以过量,如果两种单体都不能挥发除去时,则其物质的量之比应相等。

少数单体同一分子含有两种官能团,如 ω-氨基己酸、乳酸等,这一类单体的两种官能团物质的量之比总是相等的,不存在配料问题,但仍需加入一元官能团的分子量调节剂。

聚酯生产中可以用二元酸与二元醇直接酯化反应,也可使二元酸转化为低级一元醇的酯再与二元醇进行酯交换反应;聚酰胺生产中可以使二元酸与二元胺生成相应的盐,用它作原料,则羧酸基团与氨基基团物质的量之比将完全相等,不会产生过量的问题。

2. 催化剂

为了加快缩聚反应速率,在缩聚生产过程中有时要加入适当的催化剂,由于催化剂具有选择性,应根据缩聚反应的类型、反应条件等选择催化剂。

在聚酯生产中,如用二元酸与二元醇直接缩合时,可用质子酸或路易斯酸作催化剂,而在高温酯化时,则可用醋酸钙、三氧化二锑、四烷氧基钛等碱性催化剂,以减少不适当的副反应。如果用酯交换反应合成聚酯,则用醋酸锰、醋酸钴等弱碱盐作催化剂。

合成聚酰胺时,由于酰胺化反应速率快,则不需要加入催化剂。

3. 分子量调节剂

线型缩聚物主要用于合成纤维及热塑性塑料,由于它们的用途不同,对产品的平均分子量的要求也不同,因此要加入一定量的一元酸即分子量调节剂来控制产品的分子量。分子量调节剂的用量应根据残存基团的活性来确定,如酰胺化反应比酯化反应速率高 2~3 个数量级,其残存的端基很活泼,需多加一些一元酸来稳定残存的端基,否则在以后的熔融加工过程中,进一步反应造成黏度增加而难以成型,故分子量调节剂也是黏度稳定剂。

4. 热和光稳定剂

线型缩聚物在熔融加工过程中受热温度过高,为防止热分解需加入热稳定剂,同时为了防止使用过程中受日光中紫外线的作用而降解,还需要加入紫外线吸收剂。聚酯常用的热稳定剂为亚磷酸酯如二油醇酯、三丁醇酯、三辛醇酯等,它们也具有光稳定作用。聚酰胺用热稳定剂除与聚酯所用的亚磷酸酯相同外,还有酸类和胺类如癸二酸四甲基哌啶酯作为抗氧剂和紫外线吸收剂。2-羟基苯并三唑则可作为聚碳酸酯的紫外线吸收剂。

5. 消光剂

纯粹的聚酰胺树脂或聚酯树脂等经熔融纺丝得到的合成纤维制成织物后,具有强烈的极光,为消除其光泽,可在缩聚原料中加入很少量的与合成纤维具有不同折射率的物质作为消光剂,如钛白粉、锌白粉和硫酸钡等白色颜料。

7.2.2 熔融缩聚生产工艺

1. 熔融缩聚生产方法

熔融缩聚生产工艺可分为间歇操作与连续操作两种方式。缩聚物产量较少时多采用间歇法生产;大规模生产线则采用连续法。工业生产中熔融缩聚完成的化学反应分为如下两类。

(1) 直接缩聚　二元酸与二元醇或二元胺直接反应进行缩聚,以生产聚酯或聚酰胺,此时生成的小分子化合物为水。

(2) 酯交换法生产聚酯　用二元酸的低级醇或酚的酯与二元醇进行酯交换和缩聚反应以生产聚酯,此时生成的小分子化合物为 ROH,主要是甲醇或苯酚。

2. 熔融缩聚后处理

由缩聚釜生产的线型高分子量缩聚树脂,根据树脂种类的不同和用途的不同而有不同的后处理方法:(1)直接纺丝制造合成纤维;(2)进行造粒生产粒料。

由于缩聚反应前后反应物料的状态发生明显变化,反应开始前反应物料受热熔化为黏度很低的液体,反应结束时则转变为高黏度流体。反应前期有较多量的小分子化合物逸出,而反应后期小分子化合物脱除困难,特别是聚酯生产过程平衡常数小,必须采用高真空,而且接近结束时的转化率对产品分子量产生重要影响。因此缩聚反应生产工艺应当采取以下措施。

(1) 采用数个缩聚釜,主要是 2~3 个缩聚釜进行串联。这样可充分利用聚合设备,稳定操作条件,同时还可减少对真空条件要求严格的最后一个聚合釜的体积,从而降低其投资。

(2) 采用酯交换法大规模生产聚酯的生产线,通常包括低级醇二元酸酯,如对苯二甲酸二甲酯的生产、酯交换以及缩聚、后处理等工序以及甲醇回收、乙二醇回收等辅助工序,生产流程较长。

(3) 最后一个缩聚釜结构要求严格,使用卧式分室缩聚釜,内装多个圆环式搅拌器,以保证不断地形成新薄膜表面并与下半部的流体混合。不仅能保证保持高真空,而且高黏度物料在缩聚釜中呈活塞式流动避免返混,不会造成局部死角。

(4) 用一元单体调节缩聚物的平均分子量。缩聚反应的转化率将产生重要影响,生产过程要求的产品平均分子量高低与缩聚物的用途有关。通常用于生产合成纤维时缩聚树脂的分子量最低,用来生产薄膜时则分子量较高,生产注塑、吹塑制品时要求分子量更高些。

3. 熔融缩聚生产的工艺特性

熔融缩聚的反应温度(200~300 ℃)较高;过程的持续时间比较长,一般都在几个小时以上;为避免高温下高聚物的氧化降解,常需在惰性气氛（N_2、CO_2 或过热蒸气）保护下进行反应；反应后期需在高真空条件下进行,便于从反应系统中完全排除副产物。为了达到这一目的,有时可在薄层中进行,也可以将惰性气体鼓入熔融体中。

熔融缩聚的工艺流程比较简单；制得聚合物的质量比较高,不需要洗涤及其他后处理过程。但熔融缩聚对设备要求较高,过程工艺参数指标高(高温、高压、高真空、长时间)。

7.2.3 聚酯树脂的合成

聚酯树脂(polyester resin)的全称为聚对苯二甲酸乙二醇酯(polyethylene terephthalate, PET)。由于合成聚对苯二甲酸乙二醇酯使用两种原料,为异缩聚。为了将其变为均缩聚,使其缩聚过程为官能团等物质的量之比,一般采用先合成中间体对苯二甲酸双-β-羟乙酯(bishydroxy-ethylene terephthalate, BHET),再由此中间体经缩聚而得聚合物。中间体 BHET 的合成方法有酯交换法、直接酯化法和环氧乙烷法。目前我国生产涤纶树脂主要采用酯交换法,世界上约 70% 也采用此法。这种方法可采用连续式和间歇式,一般中小工厂多采用间歇式。

1. BHET 的合成

1) 酯交换法(DMT 法)

酯交换法是最早(1953 年)实现工业化的聚酯路线,是将对苯二甲酸二甲酯(DMT)与乙二醇(EG)按 1∶2.5(物质的量之比)比例混合,在醋酸锌、醋酸锰和醋酸钴催化剂的作用下(催化剂用量为 0.01%～0.05%),发生酯交换反应,生成对苯二甲酸双羟乙酯。

$$H_3COOC-\langle C_6H_4\rangle-COOCH_3 + 2HO-(CH_2)_2-OH \longrightarrow$$
$$HO-(CH_2)_2-O-\overset{O}{\underset{}{C}}-\langle C_6H_4\rangle-\overset{O}{\underset{}{C}}-O-(CH_2)_2-OH + 2CH_3OH$$
$$\text{BHET}$$

在生产中,先将乙二醇加入溶解釜中,然后加入 DMT,EG∶DMT＝2.5∶1,溶解温度为 150～160 ℃,EG 过量可促使酯交换反应进行完全。当物料完全溶解后用泵将溶液输送至酯交换釜,同时加入催化剂。加料完毕后升温到 180～190 ℃,甲醇在 170 ℃ 左右开始蒸出。在酯交换过程中应通入氮气保护以防止氧化。当甲醇馏出量为理论量的 85%～95% 时,就可认为酯交换反应完毕,时间约 3～6 h。然后升高温度,蒸出过量的乙二醇及残存的甲醇,时间也要 3～6 h。当温度上升到 260～280 ℃ 时,即为反应终点。

2) 直接酯化法(TPA 法)

用对苯二甲酸与乙二醇直接反应进行缩聚,此时生成的小分子化合物为水。

$$HOOC-\langle C_6H_4\rangle-COOH + 2HO-(CH_2)_2-OH \longrightarrow$$
$$HO-(CH_2)_2-O-\overset{O}{\underset{}{C}}-\langle C_6H_4\rangle-\overset{O}{\underset{}{C}}-O-(CH_2)_2-OH + 2H_2O$$
$$\text{BHET}$$

用高纯度的对苯二甲酸(TPA)直接与乙二醇反应,可省去对苯二甲酸二甲酯的制造和精制及甲醇的回收,因而成本有所降低。1956 年开始研究此法,于 1963 年开始工业化生产。

对苯二甲酸与乙二醇的混合物不像对苯二甲酸二甲酯与乙二醇的混合物,后者为均匀溶液,前者是浆状物。要将这种浆状物混合均匀并加热反应是很困难的,且在高温下对苯二甲酸易升华,不但反应速率缓慢，还易产生醚化反应。为使浆状物混合良好，往往加入过量的乙二醇，但这样又会加速醚化反应，结果使所得聚合物质量低劣。因而直接酯化法的关键在于：一是解决浆状物的混合问题；二是提高反应速率，使其达到工业生产的要求；三是抑制醚化反应。

这种方法的主要工艺条件如下：EG∶TPA＝（1.3～1.8）∶1（物质的量之比），反应温度为220～250 ℃，压力为3～4 kg/cm²，催化剂为氧化钛、氢氧化钛等。若在高温（＞275 ℃）下反应也可不用催化剂的。

3）环氧乙烷法（EO法）

用二元酸与环氧乙烷（EO）逐步加成聚合，此法无小分子化合物生成。

$$HOOC-\bigcirc-COOH + 2CH_2-CH_2(O) \longrightarrow HO(CH_2)_2-O-CO-\bigcirc-CO-O-(CH_2)_2OH$$
TPA　　　　EO　　　　　　　　　　　　BHET

根据所用介质，分为水法、有机溶剂法和无溶剂法。水法易生成醚键，影响聚酯质量，且BHET易水解，产率低，故不大采用。有机溶剂法通常采用甲苯、二甲苯、环己烷、丙酮、四氯乙烷、二甲基甲酰胺等溶剂来溶解生成的BHET，而不溶解对苯二甲酸。用溶剂能改善反应体系中对苯二甲酸的扩散状态，使物料彼此接触均匀，反应过程平稳，但反应速率低，设备利用率也低。无溶剂法是足够高的压力使环氧乙烷液化并与悬浮其中的对苯二甲酸反应。这种方法反应速率高，BHET产率也高。但环氧乙烷易燃、易爆，由于反应速率高，故反应不易控制，对设备要求较高。

2. BHET的缩聚

1）BHET缩聚反应及特点

对苯二甲酸双-β-羟乙酯缩聚反应属于可逆反应，分离出乙二醇，制得聚对苯二甲酸乙二醇酯。

$$n\,HO(CH_2)_2-O-CO-\bigcirc-CO-O-(CH_2)_2OH \rightleftharpoons$$
BHET

$$H[O(CH_2)_2-O-CO-\bigcirc-CO]_n O(CH_2)_2OH + (n-1)\,HO(CH_2)_2OH$$
PET

缩聚反应温度为275～290 ℃，为提高熔体的热稳定性，可在缩聚釜中加入少量稳定剂。对苯二甲酸双-β-羟乙酯缩聚有以下四个特点。

（1）平衡常数小。平均为4.9，要除去副产物乙二醇才能得到高聚物，所以要求高真空（后期绝对压力在3 mmHg以下）。

（2）在缩聚中随着聚合物聚合度的增加，熔体的黏度和熔点变化很大，如表7-3所示。

表7-3　PET平均聚合度与熔体黏度及熔点的关系

X_n	1	5	20	110
η/P[①]	0.08(200 ℃)	0.5(240 ℃)	10(265 ℃)	3000(280 ℃)
m_p/℃	140～160	225～235	260	265

① 1P=0.1 Pa·s。

由表7-3可知，若作纤维用PET的聚合度需100，则反应前后熔体黏度的变化达10 000倍左右。为适应这种变化，通常把缩聚过程分成几段，根据物性差别选择不同的工艺条件及设备。由于缩聚后期黏度很高，故后缩聚釜的结构形式是连续缩聚控制好坏的关键。

(3) 缩聚反应的温度高。酯交换反应后生成的 BHET 及相应的齐聚物,其熔点最高为 220 ℃($n=4$ 的齐聚物),在缩聚过程中分子量不断增大,最后树脂的熔点可达 260 ℃,为了使整个反应体系保持在液相条件下进行,反应温度必须超过 260 ℃。另一方面考虑到涤纶树脂在 290 ℃ 以上有明显的热分解,故工业上常取 270~280 ℃。

(4) 缩聚需加入各种添加剂,其作用及要求列于表 7-4。

表 7-4 各种添加剂的作用和要求

名称	催化剂	稳定剂	消光剂
作用及要求	1. 促进反应,要求活性高; 2. 对聚合物的热稳定性影响小; 3. 可溶于反应混合物; 4. 在酯交换或缩聚前加入	1. 防止聚合物受热分解; 2. 酯交换后期或缩聚前加入	调节纤维的光泽,要求粒度细,分散性好,缩聚或纺丝前加入
主要品种	三氧化二锑,0.03%(DMT); 醋酸锑,0.01%~0.05%(DMT)	亚磷酸、磷酸二甲酯、磷酸二苯酯,0.03%(DMT)	二氧化钛,0.3%~1%(DMT)

2) BHET 缩聚方式

BHET 的缩聚可分为连续式和间歇式。连续式缩聚所得产品质量稳定,适合大批量生产,缩聚产物可直接纺丝。另一种间歇式缩聚则大多为中小工厂采用,这种方式一次性投资少,设备简单,且生产品种调节容易。

(1) 连续缩聚

一般可分为三段:第一段是除去酯化或酯交换反应中多余或产生的乙二醇;第二段是低聚合度物料缩聚,这时物料黏度较低,设备可以用釜式、塔式(容量板塔)和卧式反应器,设备容量较大,要求物料接触充分,加热均匀,不堵塞、不返料,通常采用二级蒸汽喷射泵抽真空,一般称这一阶段为预缩聚;第三段是在高真空下进行的缩聚,称后缩聚,此时进入后缩聚釜的物料黏度较大(反应后期已达 200 Pa·s 以上),设备的结构较复杂,而且十分关键。要求做到:增大物料蒸发表面,常常将熔体形成薄膜,促使其表面更新,以利小分子副产物排除。尽量使物料呈活塞流动,不发生返混现象。防止物料滞留、局部过热降解,影响产品质量。缩聚釜的形式很多,常见的有盘环式、鼠笼式、螺杆反应式等。物料用泵强制输送,采用四、五级蒸汽喷射泵抽真空,其工艺流程如图 7-1 所示。

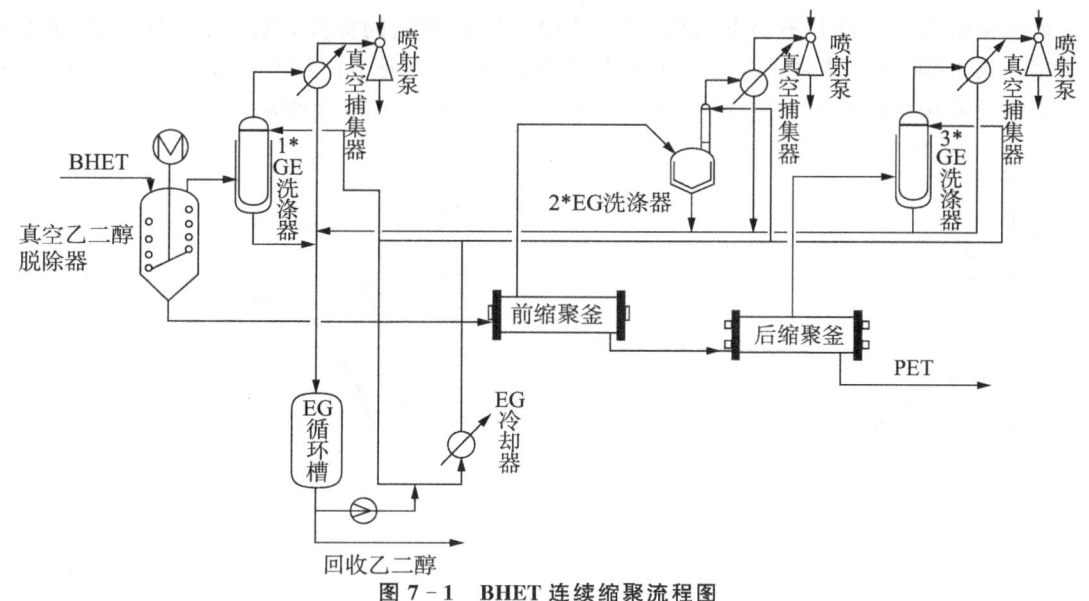

图 7-1 BHET 连续缩聚流程图

（2）间歇缩聚

间歇缩聚的工艺流程比较简单，只有一台缩聚釜。酯交换结束后的物料（BHET）用 N_2 压入缩聚釜，在低真空下（40 mmHg）进行前缩聚，然后在高真空下进行后缩聚。

缩聚结束后由 N_2 将物料压出，铸带、冷却、切粒及干燥，最后得粒状产物。工艺流程见图 7-2。

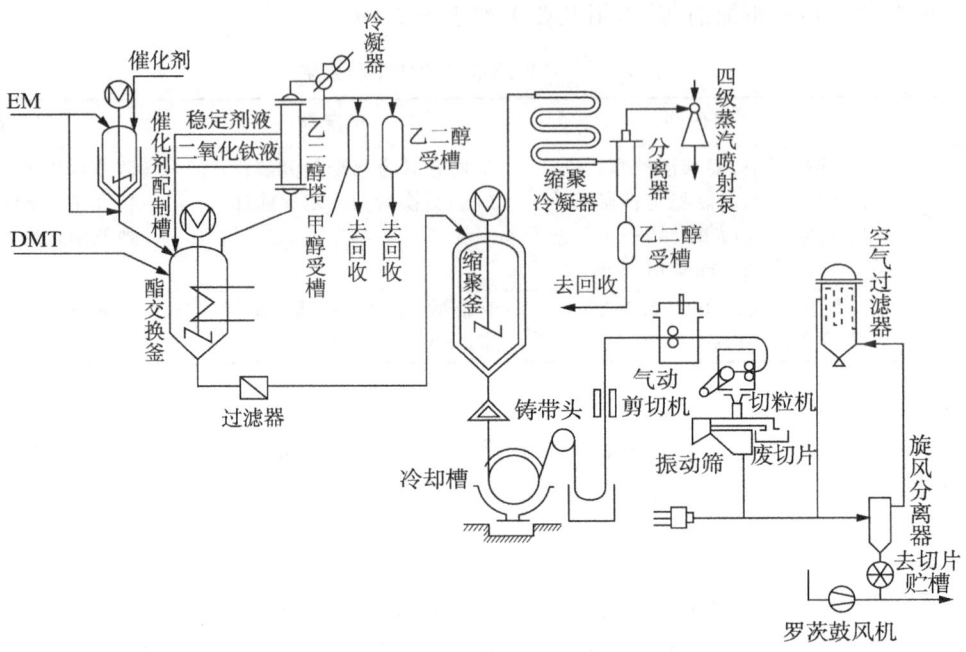

图 7-2 间歇法合成 PET 工艺流程图

此外，若作为绝缘薄膜用，则从反应釜底部经铸带器流出一定宽度与厚度熔体，该熔体在内部通过冷却水的光滑辊筒表面上迅速冷却，制得厚片。

3. BHET 缩聚反应的工艺控制

1）小分子副产物的脱除

（1）采取强有力的抽真空系统，聚酯分子量与乙二醇分压关系如图 7-3 所示。

（2）采取激烈的搅拌以增加小分子副产物的扩散面积。

在预缩聚阶段真空度并不要求太高，而是希望采用较激烈的搅拌，以加大扩散面积，不断地把小分子副产物带到表面，使之暴露于负压之中，从而有利于小分子产物经短距离扩散出去，有利于提高分子量及缩短反应时间。搅拌速度对产物黏度的影响如图 7-4 所示。

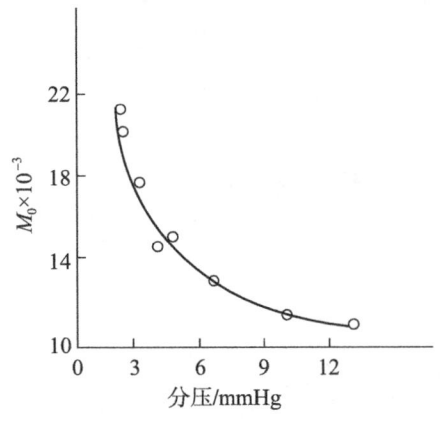

图 7-3 聚酯分子量与乙二醇分压关系

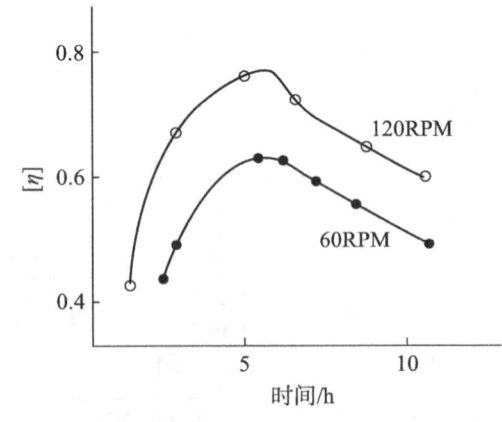

图 7-4 涤纶树脂合成时搅拌速度对产物 $[\eta]$ 的影响

(3) 改善反应器结构

初缩聚阶段,黏度低,此时可让反应在塔式装置内进行,塔设备内可安装使熔体作薄层运动的特殊结构的塔盘,或使熔体沿某些垂直管自上而下作薄层运动,这样可大大提高蒸发的表面积。

在后缩聚过程中,熔体黏度较大,通常可采用卧式缩聚釜。这种釜内通常装有搅拌器如多翼式搅拌器、圆盘式搅拌器等,物料在受到搅拌时,熔体的表面得到更新,同时还使部分物料附着在搅拌翼片或圆盘搅拌器的表面上,从而进一步扩大小分子副产物的蒸发面积。

在改善熔融缩聚反应器结构的研究中,薄层法近来受到重视,这种方法使单体或预缩聚物以极薄的厚度涂布在连续运动的金属带上,于一定的真空度及反应温度下进行反应,由于反应的表面积极大,因此,既有利传热,也有利于小分子副产物及时逸出。

(4) 通入惰性气体带走小分子副产物的方法

惰性气流的通入可使缩聚过程在涡流条件下进行,物料得到良好的搅拌,通入气体的速度要使小分子副产物的分压维持在相当低水平,这样才有显著的效果,常用的气体有 N_2、CO_2 等。

2) 强化传热途径

(1) 传热介质

采用气缸油、道生油(联苯及二苯醚组成的混合物,在<380 ℃下可长期使用,但易渗漏),或经部分氢化处理的联苯混合物(二联苯与三联苯,在常压下可加热至 340 ℃使用)作为传热介质。

(2) 提高反应釜的传热效果

为使物料受热均匀,提高传热速率,载流体可采用强制循环的形式。为进一步改善传热状况,釜的夹套可做成半圆管式。

3) 缩聚终点的控制

熔融缩聚反应过程既存在着使分子链增长的缩聚反应,又存在着使分子链变短的裂解反应,因此反应速率方程较为复杂,通常要经过实验来确定。在生产中一般根据经验(电压一定,搅拌马达电流增大),就可估计反应程度,以控制终点。

4. 聚酯树脂的的性能与用途

聚酯的玻璃化温度为 81 ℃,熔点为 255~270 ℃,它在室温下具有优良的机械性能和摩擦磨损性能,抗张强度和抗弯曲强度较大,但热机械性能与热冲击性能很差,耐酸(浓硫酸除外)碱性较好,也耐多种有机溶剂,吸水性低,但电性能较好。

一般按分子量(黏度)大小分三个方面的用途:纤维、薄膜和塑料。黏度在 0.72 左右的用来制纤维。据统计,1970 年世界聚酯树脂产量的 61% 用于衣着纤维。黏度稍低(0.60 左右)的用于制薄膜,主要作电影胶片的片基材料、录音磁带和电机、电器中的绝缘薄膜等。高黏度(1.0 以上)的树脂可作工程塑料,制成一般的摩擦零件如轴承、齿轮、电器零件等。

5. 新型聚酯品种

利用对苯二甲酸和其他二元醇(不用 EG)或另一种二元酸与 EG 缩聚即可得到与 PET 性能不同的新型聚酯。工业上应用较广泛的是聚对苯二甲酸丁二醇酯(polybutylene terephthalate,PBT),它由对苯二甲酸二甲酯与 1,4-丁二醇进行酯交换反应,再在高温、高真空下缩聚而得,也可由对苯二甲酸与丁二醇直接酯化,再经缩聚而得,其缩聚生产工艺与聚对苯二甲酸乙二醇酯的生产工艺相近,但其所用催化剂多为正钛酸丁酯,而制备 PET 所用的催化剂醋酸锌等则对 PBT 的形成无多大效果(催化活性低),反而导致生成较多的副产物四氢呋喃(由丁二醇及分子链中丁二醇链节分解产生)。

1970 年美国 Celanese 公司开发了增强 PBT 树脂(X-971),第二年正式作为工程塑料投产,由于其具有突出的机械性能和尺寸稳定性,较好的耐热性和耐化学腐蚀性,便于加工,价格低廉,故一出现就以很快的速度发展。目前仅次于聚酰胺、聚碳酸酯、聚甲醛和改性聚苯醚,成为五大工程塑料之一。PBT 和 PET 一样，也可加工成薄膜、单丝、片材和纤维。

7.2.4 聚己二酰己二胺的合成

聚己二酰己二胺(polyhexlene adipamide)俗称尼龙-66，由己二胺与己二酸缩聚而得。为保证等物质的量之比，首先制成 66 盐再缩聚。聚酰胺主要用于合成纤维，从 1975 年世界合成纤维（除聚烯烃外）的生产情况看，聚酰胺纤维占 36%，仅次于聚酯纤维，其中主要为尼龙-6 和尼龙-66。聚酰胺纤维最突出的性质是断裂强度高，抗冲击性能优异，耐疲劳强度高，加之与橡胶的黏附力好，因此主要用于制造轮胎帘子线，少量用于衣着织物。但衣着用的尼龙-6 和尼龙-66 都存在吸湿性和染色性差的缺点，所以，20 世纪 60 年代后期人们致力于发展聚酰胺纤维的新品种尼龙-3 和尼龙-4。这两种尼龙，因其分子主链上极性基团增加，吸水性和染色性都较尼龙-6 和尼龙-66 为好，而与棉花和丝绸相似。近年来有很大发展。此外，尼龙-6 和尼龙-66，还作为工程塑料，如齿轮等使用。

1. 66 盐的制备

己二胺与己二酸分别溶在乙醇中，于 60 ℃下将己二胺醇溶液滴入己二酸溶液中搅拌，使之中和成盐，pH 值控制在 6.7~7 时进行冷却、结晶、离心过滤得 66 盐。也可用水为溶剂，但要求原料纯度高。反应方程式如下式所示。

$$H_2N(CH_2)_6NH_2 + HOOC(CH_2)_4COOH \longrightarrow {}^+H_3N(CH_2)_6NH_3^+ \cdot {}^-OOC(CH_2)_4COO^-$$

2. 尼龙-66 缩聚工艺

尼龙-66 熔融缩聚有连续法和间歇法两种。聚己二酰己二胺连续缩聚工艺流程如图 7-5 所示。

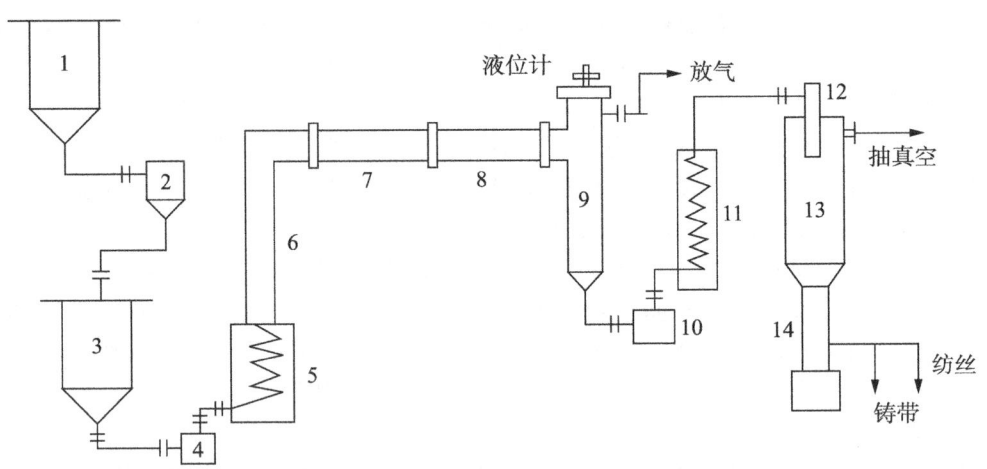

图 7-5 聚己二酰己二胺连续缩聚流程示意图

1—溶解锅；2—过滤器；3—贮存桶；4—柱塞泵；5—加热器；6、7、8、9—管式反应器；10—减压泵；11—闪蒸器；12—脱泡器；13—后缩聚釜；14—螺杆压出机

在溶解锅 1 内，将 66 盐配成 50%~60% 的水溶液，加入 0.5% 的己二酸和 2% 的己内酰胺（以 66 盐质量计）。加热至 80~90 ℃，使之完全溶解，经过滤后压入贮存桶中。通过柱塞泵 4 把贮存桶 3 内的物料不断地压入管 6 中，料温保持在 210~215 ℃之间。物料从管 6 不断被推入管 7、8 中，在横管中温度不断升高，水分不断由管 9 的排气口排出。66 盐浓度提高，并初步缩聚，缩聚压力为 18 kg/cm² 左右。物料从横管进入管 9，中心温度一般为 225 ℃左右，然后由减压泵 10 定量地输送到闪蒸器 11。物料在闪蒸器中流速很快，停留时间仅约 3~5 s，并且压力从 18 kg/cm² 降至常

压,在闪蒸器中控制加热温度为 285 ℃ 左右,并继续分离出水分,进入脱泡器 12 后,水分被排除,聚合物成薄膜状流入后缩聚釜 13,后缩聚温度控制在 275~280 ℃ 之间,于真空状态下进行反应,在此期间,水被大量排除,反应迅速进行,约 30 min 后便可达平衡,聚合物分子量约为 14 500 左右。所得聚合物熔体由立式螺杆排出,送至铸带切片或去直接纺丝。一般控制预缩聚时间为 2~3 h,后缩聚时间为 30~40 min。

间歇法操作,将 66 盐及分子量调节剂、稳定剂等加入高压釜中,反应器系统中的空气用高纯氮排除。缩聚的开始阶段在密闭情况下加热,在 3 h 内使温度达 260~265 ℃,这时釜内压力为 1.62~1.72 MPa,此后排除釜内蒸汽,使压力保持恒定,并继续升温至 270~275 ℃。此时反应物的熔点和分子量都有增加,己二胺也趋于稳定。然后使温度稳定在 270~275 ℃,在 1 h 内将反应压力均衡地降至常压,然后抽真空除去水分以提高分子量,时间约 3~4 h。完成后即可出料。

间歇法的优点是设备简单,产品更换较易,适合中小工厂。但生产效率不高,产品质量不稳定,生产成本较高。

3. 尼龙-66 缩聚过程的主要控制因素

(1) 原料配比 采用两种官能团等物质的量之比,除去水,利于平衡反应向生成高分子方向进行。

(2) 分子量的控制 加入己二酸作封端剂,其用量为 0.9%(66 盐),也可加入醋酸作封端剂,用量为 0.5%(66 盐)。

(3) 防止凝胶和泛黄 聚己二酰己二胺在高温时能生成环戊酮,使聚合物交联,放出 CO_2、CO 和二胺等气体,产生凝胶,且分子链中的己二胺链节易与大分子末端的氨基缩合生成吡咯结构,使聚合体泛黄,故一般加入磷酸三苯酯等稳定剂。

(4) 反应压力的控制 己二胺在反应温度下易挥发,影响等物质的量之比,故前期加压,后期减压(利于水的排除)。

4. 尼龙-66 的结构与性能

聚酰胺具有高强度、高熔点,对化学试剂(除强酸外)稳定,溶解性、吸水性及染色性差等特点。它本身无臭、无味、无毒,不会霉烂,可溶于浓 H_2SO_4、甲酸和酚类中。它具有一定的耐热性(可在 100 ℃ 以下使用),其比重为 1.05~1.10,仅为一般金属的 1/10~1/7。

聚酰胺性质与其分子结构及聚集态结构有关。聚酰胺大分子链是由亚甲基和酰胺键所组成,酰胺键是一个极性键,它们之间有较大的内聚能(690 kJ/mol,而 C—H 间只有 4.14 kJ/mol),由于分子链间能形成氢键,使分子排列较规整,因而聚合物具有较高的结晶性。亚甲基为非极性,它的存在使得分子链比较柔顺,因此,聚酰胺的各种性质取决于其分子链中亚甲基数与酰胺基数目的相对比例。

氢键对于聚酰胺熔点的高低起着决定性作用的事实,可用消除氢键后聚酰胺的熔点大大降低的例子加以证实。如果尼龙-66 氮原子上的氢被甲基所取代,则其熔点比尼龙-66 低 100 ℃,此时不能形成纤维而只具橡胶的性质。

在聚酰胺大分子链中,酰胺基数目与亚甲基数目的比值还影响其他的性能,如它们的吸水性和染色性。酰胺基数/亚甲基数的比值愈大,则分子的极性愈大,因此其吸水性与染色性都增大。在现有尼龙品种中吸水性最小的为尼龙-12,最大的为尼龙-4。

在聚酰胺的主链上引入侧链对其性质也有很大的影响。在碳原子上引进甲基或其他烃基,可以使分子链间的距离增加,降低分子间的吸引力,破坏分子链的紧密排列,从而降低聚酰胺的结晶性和熔点,增大溶解度。通常聚酰胺由于具有较高的结晶性而不透明,但如果在己二胺的碳原子上引进三个甲基,生成 2,2,4-三甲基己二胺,则它与对苯二甲酸生成的聚酰胺因分子链间距离增大,分子的对称性受到破坏,而成为无定形聚合物,因此有良好的透明性,这就是所谓的透明尼龙。

7.2.5 聚乙二醇-聚己二酸酐的合成

聚酸酐是一类新型的医用高分子材料,分子中含有的酸酐键具有不稳定性,能水解成羧酸,具有生物降解特性。聚酸酐对生物体具有良好的相容性,降解过程只发生在材料的表面。用作医药材料(如药物载体材料、组织替代材料)可在药物释放完后降解成小分子参与代谢或直接排出体外。目前合成出的脂肪族聚酸酐有聚癸二酸酐(PAS)、聚己二酸酐(PPA)、聚十二酸酐(PDA)、聚富马酸酐(PFA)等。

聚乙二醇(PEG)作为一种两亲性聚合物,既可溶于水,又可溶于绝大多数的有机溶剂,且具有生物相容性好、无毒、免疫原性低等特点,可通过肾排出体外,在体内不会有积累。常用来修饰蛋白质、多肽、酶等生化药物和生物医用材料。经过 PEG 修饰,从而将 PEG 许多优异性能赋予被修饰的物质。

1. 聚酸酐合成工艺

(1) 聚乙二醇预聚物的合成 以聚乙二醇与马来酸酐为原料,吡啶为催化剂,通 N_2 在温度为 170 ℃ 条件下,反应 6 h 后冷却至室温,再经过洗涤、重结晶工序,分离出产物双端羧基聚乙二醇(CT—PEG)后,再与乙酸酐,回流反应 30～60 min,反应结束后,经过滤,干燥,得产物聚乙二醇预聚物。

(2) 己二酸与乙酸酐合成己二酸酐 己二酸与乙酸酐,在 N_2 保护下反应 4 h,待反应液冷却后,在 60 ℃ 蒸去乙酸及多余的乙酸酐,在室温下得到乳白色块状固体。向该固体中加入少量的锌粉作催化剂,减压(45 Pa)蒸馏,收集 60～130 ℃ 之间的馏分,得到含有少量白色固体的淡黄色液体,过滤除去白色沉淀(己二酸)后再次减压蒸馏(28 Pa),收集 80 ℃ 馏分,得产物己二酸酐。

(3) 聚乙二醇—聚己二酸酐的熔融缩聚 在反应温度为 200 ℃、反应时间为 90 min、真空度为 22.7 Pa 下,配料比:双端羧基聚乙二醇预聚物/己二酸酐=1/20 时,进行熔融缩聚,可得到分子量达 6 000 以上的聚乙二醇-聚己二酸酐,其工艺流程见图 7-6。

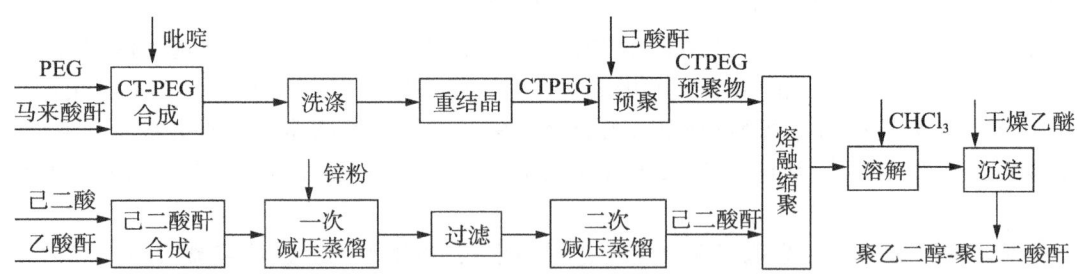

图 7-6 聚乙二醇-聚己二酸酐工艺流程示意图

2. 聚合反应的控制因素

(1) 聚合温度 反应温度是熔融缩聚反应很重要的因素之一,较高的聚合温度有利于聚合反应的进行,但温度高又会产生副反应,降低了分子量。表 7-5 显示了反应时间为 90 min,真空度为 22.7 Pa 时,温度与聚合物分子量的关系。可见在保持其他条件不变的情况下,聚合物的分子量随着温度的升高而增加,当聚合温度达 200 ℃ 时,分子量达到最大。但是温度再高,聚合物分子量反而下降,这可能是因为温度太高,聚合过程产生了副反应终止了聚合,比如分子间酸酐键交换等。

表 7-5 聚酸酐熔融缩聚温度对分子量的影响

反应温度/℃	M_w	M_w/M_n	反应温度/℃	M_w	M_w/M_n
180	2 956	1.72	200	6 498	1.82
190	4 138	1.80	210	6 274	1.46

(2) 聚合时间　反应时间越长,反应进行的程度越大,聚合物分子量越高。当反应一定时间后,再延长反应时间,分子量增加不大,甚至有所下降。而且反应时间过长,产物的颜色加深。表 7-6 列出了反应温度为 200 ℃、真空度为 22.7 Pa 时,反应时间与聚合物分子量的关系。

表 7-6 聚酸酐熔融缩聚时间对分子量的影响

反应时间/min	M_w	M_w/M_n	反应时间/min	M_w	M_w/M_n
30	3 103	1.42	90	6 498	1.82
60	5 320	1.45	120	6 270	1.80

(3) 真空度　熔融缩聚反应中真空度对聚合物分子量起着重要的影响,表 7-7 列出了 200 ℃ 的温度下,真空度对缩聚物分子量的影响。可见,真空度越高,聚合物的分子量越大。

表 7-7 聚酸酐熔融缩聚真空度对分子量的影响

真空度/Pa	M_w	M_w/M_n
133.3	3 250	1.40
66.7	4 320	1.45
22.7	6 280	1.78

7.2.6　聚 L-乳酸的合成

聚乳酸(PLA)是一种重要的生物降解材料,具有良好的降解性、生物相容性和较好的力学性能。其在生物医药、包装、建材以及替代传统通用塑料等领域具有广阔的应用前景,因此越来越受到人们的重视。通常聚乳酸采用两步法合成,即先将乳酸单体经脱水环化合成丙交酯,然后再开环聚合。该法生产工艺冗长,导致聚乳酸成本较高,限制了其大规模应用。直接缩聚法由乳酸或其低聚物分子间脱水缩合聚合,单体转化率高,工艺简单,能合成成本较低的聚乳酸,但分子量较低,如何提高聚合产物分子量是关键。

李志勇等以 L-乳酸为原料通过熔融缩聚法直接合成聚 L-乳酸(PLLA),分子量达到 6.17×10^4,分子量分布较窄,具有一定实用价值。

1. 聚乳酸合成工艺

(1) 预聚　将 L-乳酸在压力 2×10^4 Pa 下逐步升温至 110 ℃,搅拌条件下反应 2 h;接着在压力 10^4 Pa、温度 130 ℃ 下反应 2 h;然后稳定压力 2×10^3 Pa、温度 130 ℃,反应若干小时,得到预聚物。

(2) 聚合　将预聚物与 0.5% $SnCl_2 \cdot 2H_2O$/TSA 催化剂(催化剂用量按相对于预聚物的质量比计算)加入缩聚釜中,通 N_2,在聚合温度 180 ℃,压力 2×10^3 Pa 下,反应 10 h,得到分子量为 6.17×10^4 的聚 L-乳酸。

2. 聚乳酸合成的主要影响因素

(1) 催化剂用量　催化剂对主、副反应均有催化作用,只有在合适的催化剂用量下才能得到高的分子量和产率,如图 7-7 所示,产物的分子量随催化剂用量增加,存在一峰值,色泽随催化剂用量增加有轻微加深。这是因为当催化剂含量在一定范围内时,催化剂含量的增加对缩聚反应的催化起主导作用;而当催化剂含量过高时,引起的聚乳酸解聚反应会随之增强,从而导致分子量下降,色泽增加。

(2) 聚合时间　从图 7-8 可以看出,产物分子量随着反应时间延长而增大,符合一般缩聚规律,但产率缓慢下降,色泽逐步加深。聚合物产率随反应时间延长而逐步下降是乳酸缩聚中表现出的独特现象,其原因是解聚成环反应生成的 L-丙交酯在高温和高真空的条件下不断逸出反应体系。

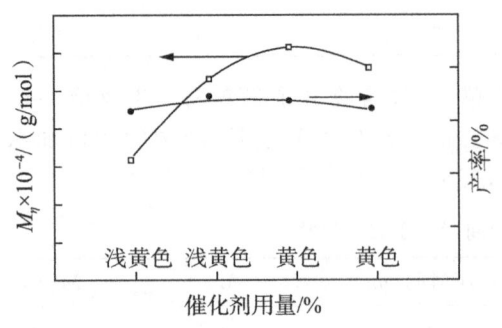

图 7-7 催化剂用量对产物分子量、产率及色泽的影响

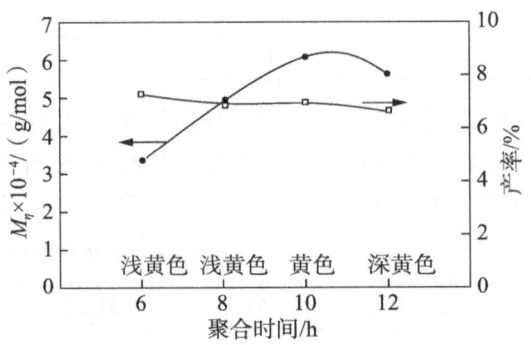

图 7-8 聚合时间对产物分子量、产率及色泽的影响

（3）聚合温度 以 $SnCl_2 \cdot 2H_2O$/TSA 为催化剂,用量 0.5%,$2×10^3$ Pa,10 h 条件下,聚合温度的影响如图 7-9 所示。温度低于 180 ℃时,产物分子量增加明显。这是由于聚合温度升高,提高了反应速率,降低了体系的黏度,有利于水的排除,使平衡向聚合方向移动,从而提高了聚合物分子量。当温度高于 180 ℃时,分子量开始下降。原因是温度的进一步升高加速了副反应的反应速率,即加速了聚乳酸解聚生成 L-丙交酯和水解反应的速率,使得聚乳酸的分子量降低。从产率和色泽来看,低于 180 ℃时随着温度的升高,产率缓慢下降,当温度超过180 ℃ 后,产率急剧下降,色泽随着温度的提高从

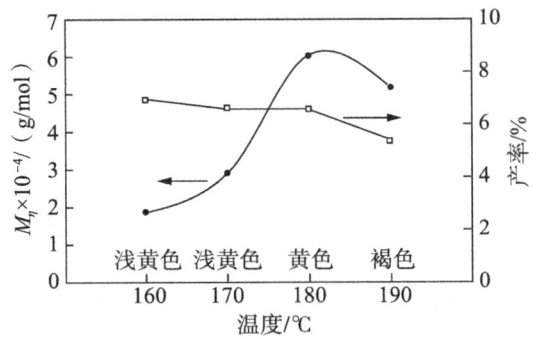

图 7-9 聚合温度对产物分子量、产率及色泽的影响

浅黄逐步加深,尤其温度达到 190 ℃时产物变成褐色。这也是由于随着温度的升高,副反应加剧,并有氧化碳化趋势。

（4）真空度 乳酸的缩聚反应是一个热力学平衡过程,要提高聚乳酸的分子量,必须采用减压等方法,使平衡向聚合的方向移动。真空度对乳酸缩聚反应的影响主要包含两方面:一方面在预聚阶段,通过减压来降低脱除原料自由水所需温度,同时缩短脱水时间。另一方面在反应后期,逐步提高真空度,可以降低体系黏度,有利于体系中小分子水的顺利排出,使平衡向生成聚乳酸的方向移动。

7.2.7 熔融缩聚反应的影响因素

1. 配料比

在聚酯化反应中,若加入的羟基数与羧基数相等即等物质的量时([COOH]/[OH]＝1),且副产物水全部除尽,理论上讲可以把所有的—OH 与—COOH 交迭地连接起来构成一个很大的大分子。但如果[COOH]/[OH]＝1/2,则反应按下式进行。

$$2HO-R_1-OH + HOOC-R_2-COOH \longrightarrow HO-R_1-O-\overset{O}{\overset{\|}{C}}-R_2-\overset{O}{\overset{\|}{C}}-O-R_1-OH$$

此时,即使把水分子全部除尽也只能获得低分子物而非高分子。因此官能团和等物质的量之比对获得高分子量的聚合物非常重要。

在己二酸与己二胺制尼龙-66的缩聚反应中,过量的己二酸对缩聚产物分子量的影响如表7-8所示。

表7-8　己二酸过量对尼龙-66缩聚反应的影响

己二酸过量 (物质的量)/%	端基滴定法测得的 数均分子量	黏度法测得的 黏均分子量	己二酸过量 (物质的量)/%	端基滴定法测得的 数均分子量	黏度法测得的 黏均分子量
0.5	35 087	23 023	15	4 209	4 138
1.0	23 809	19 509	30	3 169	2 838
2.0	18 181	14 876	60	2 604	2 592
6.0	6 341	5 309	100	2 176	2 029

可见,随着某组分过量越多,分子量下降越大。上述例子的反应可用下面通式来表示:

$$x\ aAa + x\ bBb \longrightarrow a(AB)_x b + (2x-1)ab$$

如果A/B=2,就是A过量100%,理论上只能得到ABA,平均聚合度$\overline{DP}=1$,如果A/B=3/2,即A过量50%,理论上只能得到ABABA,$\overline{DP}=2$。可见,过量的A把分子链的端基封闭起来,因此不能连续反应。根据这个推断,得到下面的公式:

$$\overline{DP} = 100/q \tag{7-1}$$

式中,q为过量单体的过量物质的量百分数。$\overline{DP}$与q的关系可从表7-9中更清楚地表达出来。

表7-9　$\overline{DP}$与反应物质过量百分数q的关系

q	100	50	25	10	5	2	1.0	0.5	0.1	0.05	0.01
$\overline{DP}$	1	2	4	10	20	50	100	200	1 000	2 000	10 000

对配料比的要求不仅仅在开始配料时,而且包括全部反应过程,特别在较高温度条件下,A与B的挥发性有差异,官能团的化学稳定性也有差异,从而对高分子链的进一步增长带来困难,在工业生产中常将异缩聚转变为均缩聚来控制配料比。如在聚酯生产中,为保证原料的等物质的量之比,常合成出中间体对苯二甲酸-β-羟乙酯,再由这种中间体进行缩聚,在尼龙-66的缩聚中,可使二元酸与二元胺首先成盐,然后再缩聚。

2. 反应程度

对任何高聚物合成反应来说,不但要求有高的转化率或高的反应程度,还必须有高的聚合物产率。缩聚型反应的高聚物产率,必须要达到一定的反应程度,例如大于99%时才能考虑,反应程度过低时,产物分子量太低,不足以构成任何强度。

当两种原料为等当量比时,以结构单元为基准的数均聚合度X_n与反应程度P的关系如式(7-2)所示。

$$X_n = 1/(1-P) \tag{7-2}$$

以涤纶树脂为例,工业上要得到实用价值的聚酯,其分子量为10 000~30 000或以上,这时要求反应程度为99%~99.5%或以上。以尼龙-66为例,如果二胺与二酸是等当量的话,其分子量与反应程度的关系参见表7-10。

表 7-10　尼龙-66 分子量与反应程度的关系

反应程度 P/%	X_n	$\overline{DP}$	M_n
95	20	10	2 260
99	100	50	11 300
99.5	200	100	22 600
99.7	300	150	33 900

作为一般纤维用的尼龙-66，反应程度 P 必须在 99.5% 左右，要作为高强度纤维 P 则要大于 99.5%。如果 P 小于 99%，就不能得到合乎要求的树脂。

当原料为非等当量比时，反应程度对分子量的影响，这种情形在实际生产中往往是更常遇到的。

对于两种原料单体 aAa 和 bBb，以 N_A 表示 A 分子中官能团的总数，N_B 表示 B 分子中官能团总数，当 B 分子过量，即 $N_B > N_A$，设 $N_A/N_B = \gamma$，P_A 为以单体 A 为基准的反应程度，则

$$X_n = \frac{N_A + N_B}{N_A + N_B - 2N_A \cdot P_A} \tag{7-3}$$

以 $N_A/N_B = \gamma$ 代入式(7-3)，经整理得

$$X_n = \frac{1+\gamma}{2\gamma(1-P_A)+(1-\gamma)} \tag{7-4}$$

而单体过量百分数 q 与 γ 有如下关系：

$$q = \frac{N_B - N_A}{N_A} \times 100 = \frac{1-\gamma}{\gamma} \times 100$$

则

$$\gamma = \frac{100}{100+q} \tag{7-5}$$

将式(7-5)代入式(7-4)，得

$$X_n = \frac{200+q}{200(1-P_A)+q} \tag{7-6}$$

式(7-6)表达了平均聚合度与反应程度、单体过量百分数之间的关系，以尼龙-66 为例，根据式(7-6)计算得表 7-11。

表 7-11　尼龙-66 的分子量与单体过量百分数 q 及反应程度 P 的关系

q/%	分子量		
	$P=99\%$	$P=99.5\%$	$P=100\%$
0	11 300	22 600	—
0.1	10 769	20 555	226 113
1	7 571	11 375	22 713
1.5	6 509	9 108	15 176

3. 平衡常数

平衡常数越小，说明逆反应的倾向越大，若让其自然平衡，就得不到高分子量的聚合物。为获

得高分子量产物,就必须采取一定措施抑制逆反应促进正反应,例如采用真空以及时把生成的低分子副产物移除,使平衡向有利于形成高分子的方向移动。表 7-12 列出了部分缩聚反应的平衡常数。

表 7-12 部分缩聚反应的平衡常数

缩聚反应	温度/℃	K 值	备注
涤纶	223	0.51	K 值较小的反应
	254	0.47	
	282	0.38	
尼龙-6	221.5	480	
	253.5	360	
尼龙-7	223	475	
	358	375	
尼龙-12	221.5	525	
	254	370	K 值较大的反应
尼龙-66	221.5	365	
	254	300	
尼龙-1010	235	477	
	356	293	
尼龙-610	235	477	
	356	293	
酚醛	—	~1 000	K 值很大的反应
二酰氯-二胺	—	~1 000	

4. 反应温度

反应温度对聚合反应有双重的影响,既影响反应速率,又影响平衡常数。温度越高,反应速率越快。但温度过高时要防止官能团的分解及挥发性单体的逸出等不良影响。缩聚反应通常是放热反应,故温度越高,平衡常数越小。因此,为缩短反应时间及获得较高分子量的聚合物,可使反应先在高温下进行,这时反应速率快,达到平衡的时间可缩短,然后适当降低反应温度,因为在低温下接近平衡时的分子量较高。图 7-10 和图 7-11 分别列出了尼龙-6 和涤纶树脂的黏度与反应温度及反应时间的关系。

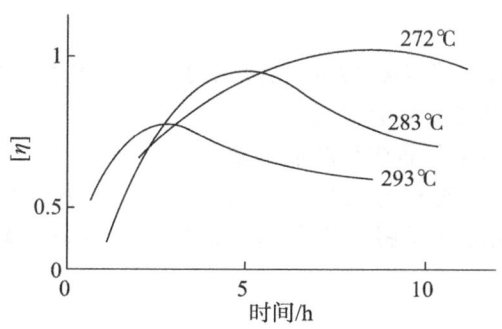

图 7-10 温度对 BHET 缩聚反应生成涤纶树脂特性黏数的影响

[催化剂 Zn(OAc)20.01%(物质的量),余压 0.02~0.05 mmHg]

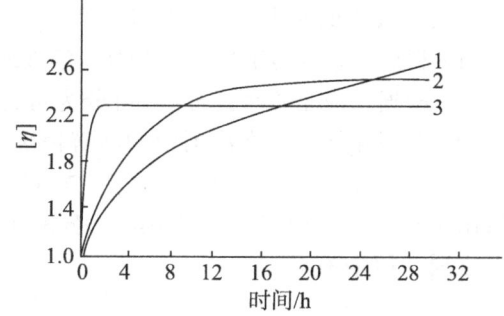

图 7-11 缩聚温度与时间对尼龙-6 特性黏数的影响

1—190 ℃;2—220 ℃;3—260 ℃

5. 杂质

具有反应活性的杂质，尤其是单官能团的杂质，对聚合物的分子量影响极大，严重时甚至得不到高分子量产物。例如双酚A中往往有苯酚杂质，对苯二甲酸中可能有苯甲酸杂质。这些杂质易引起封端作用，不利于分子链增长。杂质的存在不仅会影响分子量的大小，有些杂质还会影响反应速率、产物结构以及分子量的分布等。

聚合体系中微量氧的存在会导致聚合物在高温下发生氧化降解与交联，并且会有发色基团产生，聚合物易发生黄变，同时伴随制品发脆、性能下降。因此，聚合反应体系应在 N_2、CO_2 等惰性气体保护下进行反应。另外，在配料时可酌量加一些抗氧剂如 N-苯基-β 萘胺、磷酸三苯酯、亚磷酸三苯酯等。

7.3 溶液缩聚

在溶剂中进行的缩聚反应称为溶液缩聚，溶液缩聚是当前工业生产缩聚物的重要方法，其应用规模仅次于熔融缩聚法。溶液缩聚适用于熔点过高、易分解的单体缩聚过程。随着耐高温缩聚物的发展，溶液缩聚法的重要性日益增加，溶液缩聚主要适用于一些产量少，具有特殊结构或特殊性能的缩聚物的生产，如聚砜、聚酰亚胺、聚苯硫醚、聚苯并咪唑、芳杂环树脂、聚芳酰胺等一些新型的耐高温材料。

7.3.1 溶液缩聚的特点及分类

1. 溶液缩聚的工艺特点

溶液缩聚在原料配方中与熔融缩聚基本相同。不同的是增加了溶剂，从而对缩聚反应产生若干影响，因而反应过程的基本规律与熔融缩聚不完全一致，另外，常用活性较高的二元酰氯或二元羧酸酯取代二元羧酸。

与熔融缩聚相比，溶液缩聚法缓和、平稳，有利于热交换，避免了局部过热现象，且缩聚时不需要真空。溶液缩聚制得的聚合物溶液可直接作清漆、黏合剂或用于成膜或纺丝。其主要缺点是由于使用溶剂，因而成本较高，此外，还需增加缩聚产物的分离、精制及溶剂回收等工序。

2. 溶液缩聚分类

溶液缩聚法的基本类型可按不同的方法来划分。

（1）根据反应温度分类，可分为高温溶液缩聚和低温溶液缩聚，后者一般都用于活性较大的单体。

（2）根据反应是否可逆分类，可分为可逆的和不可逆的溶液缩聚。

（3）按照缩聚产物在溶剂中的溶解情况，可分为均相和非均相溶液缩聚。

在溶液缩聚过程中单体与缩聚产物均呈现溶解状态时称为均相溶液缩聚，如产生的缩聚物沉淀析出则称为非均相缩聚。均相溶液缩聚过程的后期通常是将溶剂蒸出后继续进行熔融缩聚，此情况也属于熔融缩聚。

7.3.2 溶剂的作用

（1）降低反应温度，稳定反应条件　溶液缩聚过程中由于有大量溶剂存在，故反应温度最高为溶剂的沸点温度。因此可根据溶剂的沸点确定反应温度，并可使反应条件稳定，易于控制。

(2) 使难熔的单体原料溶解为溶液以促进化学反应　有些原料单体熔点过高或受高温加热后易分解，因此不能进行熔融缩聚。选择适当溶剂使单体溶解后反应，既可避免单体分解，又可促进化学反应。还可使生成的缩聚物溶解或溶胀便于继续增长。

(3) 降低反应体系的黏度　降低反应物料体系的黏度，吸收反应热量，有利于热交换。

(4) 减小体系的小分子　可与反应生成的小分子副产物形成共沸物带出反应体系，或与小分子化合物发生化学反应以消除小分子的副产物。

所选用的有机溶剂通常可与缩聚反应生成的水形成共沸物而及时将水蒸出，从而有利于缩聚平衡反应向生成缩聚物的方向进行。如果缩聚反应生成氯化氢副产物，则可选择碱性溶剂如胺类，使之与氯化氢反应或起氯化氢受体的作用以消除氯化氢。

以癸二酸与己二醇缩聚反应为例，此过程有副产物水的生成，采用与水不互溶的溶剂为介质时，产物的分子量就较大。溶剂性质对聚癸二酸己二酯分子量的影响见表7-13。

表7-13　溶剂性质对聚癸二酸己二酯分子量的影响

溶剂	沸点/℃	水在溶剂中溶解度/%	聚酯分子量
二氧六环	101	∞	0
苯	80	0.07	30 000
对二甲苯	139	几乎不溶	33 000
氯苯	131	难溶	36 000
甲苯	110	微溶	69 000

(5) 兼起缩合剂的作用　某些化合物如多聚磷酸、浓硫酸等用作芳杂环聚合物或梯型结构的聚合物等的合成用溶剂时，既可用作溶剂，又可发挥缩合剂的作用，例如：

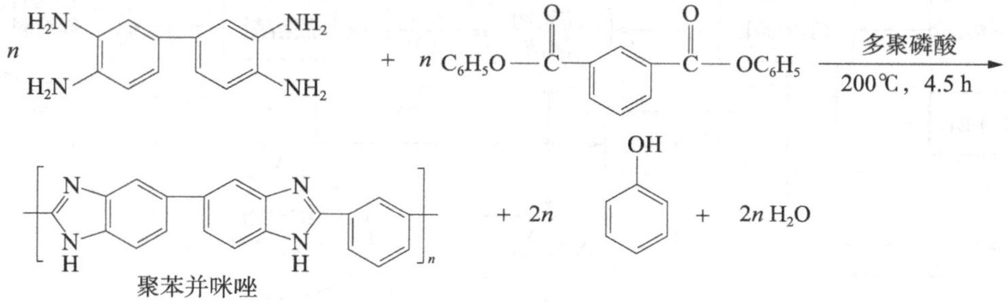

(6) 可起一定的催化剂作用　在二元酰氯与二元胺溶液缩聚过程中产生的副产物HCl如不及时排除，则将与二元胺反应生成稳定的盐，最终导致生成低分子量聚合物，如加有机碱主要是叔胺，它可与HCl作用，并可起着催化剂的作用，从而在较低温度缩聚生成高分子量聚合物。工业上多用于芳香族聚酰胺的合成。

例如，应用最为广泛的吡啶就可兼具三种功能。

光气法溶液缩聚制得聚碳酸酯，所用的溶液吡啶可起酸接受体作用：

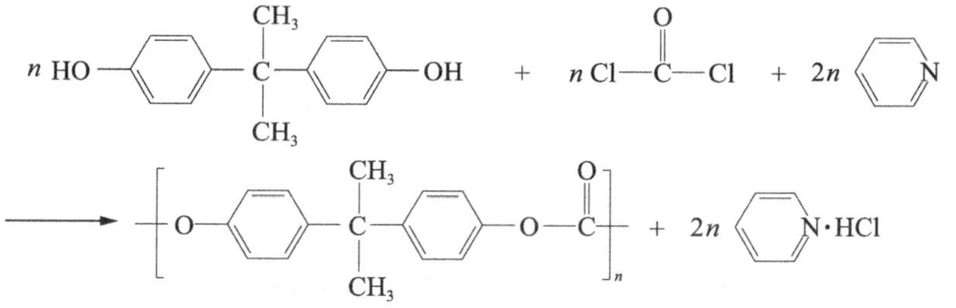

又因吡啶是一种叔胺类物质,它与光气能形成离子化合物,起催化剂作用:

$$Cl-\overset{O}{\underset{}{C}}-Cl + 2\ \langle N \rangle \longrightarrow \left[\langle N^+ \rangle -\overset{O}{\underset{}{C}}- \langle N^+ \rangle \right]Cl_2^-$$

此离子化合物与双酚 A 的反应能力要比碳酸衍生物本身大得多:

$$n\ HO-\langle \rangle-\overset{CH_3}{\underset{CH_3}{C}}-\langle \rangle-OH + n\left[\langle N^+ \rangle -\overset{O}{\underset{}{C}}- \langle N^+ \rangle \right]Cl_2^-$$

$$\longrightarrow \left[-O-\langle \rangle-\overset{CH_3}{\underset{CH_3}{C}}-\langle \rangle-O-\overset{O}{\underset{}{C}}-\right]_n + 2n\ \langle N \rangle \cdot HCl$$

(7) 直接合成缩聚物溶液用作黏合剂或涂料。

7.3.3 溶液缩聚工艺与后处理

1. 均相溶液缩聚工艺与后处理

均相溶液缩聚工艺与后处理方框流程图见图 7-12。

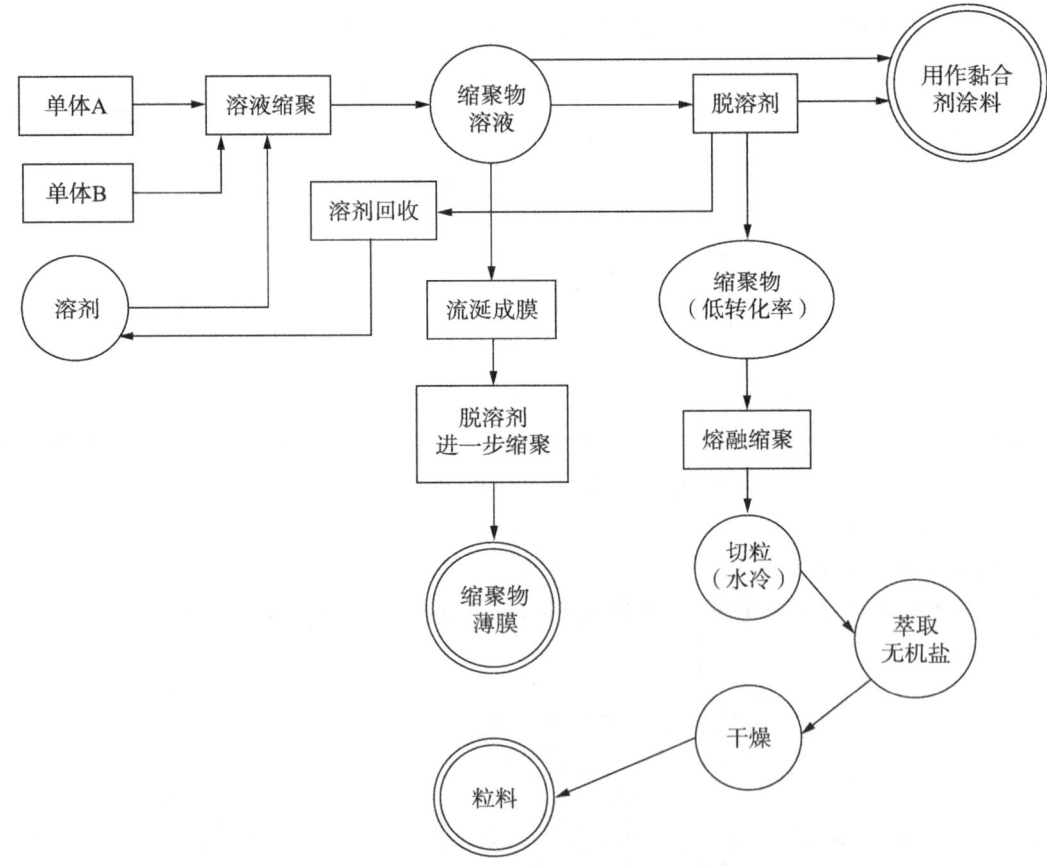

图 7-12 均相溶液缩聚工艺与后处理

均相溶液缩聚法主要用于产量较少的一些结构比较复杂的芳香族聚合物、杂环聚合物的生产，采用间歇法操作方式。上述流程的溶液缩聚、脱溶剂以及后来的熔融缩聚过程，实际上是在同一个釜式反应器中完成。有的树脂品种如聚酰亚胺难以熔融成型，则利用其中间产品可溶解的特点，分阶段完成缩聚过程。第一阶段由原料四元芳酸或其酸酐与二元芳胺如 4,4′-二氨基二苯醚在适当溶剂中，如二甲基甲酰胺(DMF)，首先反应生成可溶的聚酰胺酸，然后经流涎使溶剂蒸发后生成薄膜或用作绝缘漆，待溶剂挥发除去后，进一步进行高温处理(270~380 ℃)，使之生成耐高温的聚酰亚胺，反应如下：

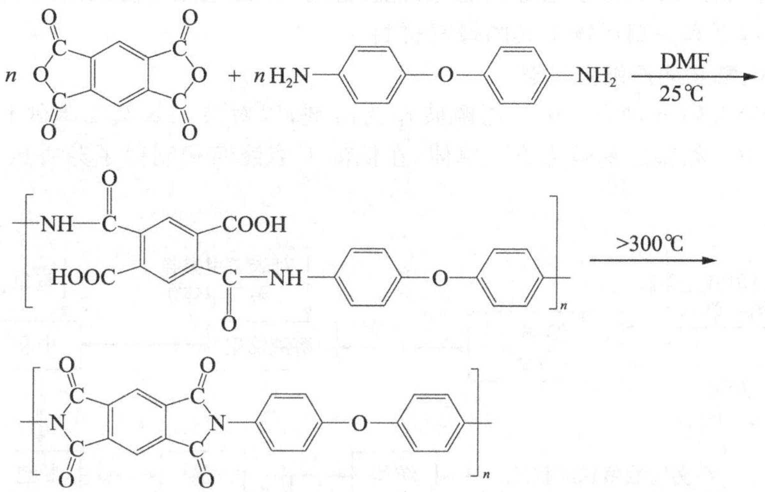

$$\text{反应式}$$

溶液缩聚过程中由于溶剂的存在，单体浓度下降，因而缩聚反应速率与产品的平均分子量下降，而且可能产生副反应，例如若单体能生成环状物时，则环化反应速率上升。如果单体浓度过高，则反应后期的反应釜中物料的黏度太大，不利于继续反应，所以各品种树脂的溶液缩聚过程中溶剂的用量存在一个最佳范围。

2. 非均相溶液缩聚工艺与后处理

溶液缩聚过程中，如果生成的缩聚物不溶解于溶剂中，则将沉淀析出，成为非均相体系，因此又称为沉淀缩聚。其生产工艺较简单，反应结束后过滤、干燥即可得到缩聚树脂。由于缩聚物沉淀析出后，在固相中大分子的端基易被屏蔽，难以继续产生缩聚反应，所以其分子量受到限制，不能得到分子量很高的缩聚树脂。限于少数无适当溶剂可溶解的缩聚树脂生产或用来生产分子量较低的缩聚物，作为中间产物以便于进一步缩聚。

实际上在非均相溶液缩聚过程中，产品的分子量取决于链增长过程与沉淀过程之间的竞争。沉析速率大于增长速率则产品分子量小，若沉析速率小于增长速率，则大分子链有较长的增长时间，产品分子量较高。

当析出的缩聚物呈结晶状态，其分子结构的有序程度高、密度大，因而链增长基本停止；如果缩聚物以无定形状态析出，则在溶剂中可能溶胀，则大分子链仍可能进一步增长。例如在聚芳酯合成过程中，加入沉淀剂反而会使分子量提高。

由此可知当进行非均相缩聚时，可改变一些反应条件和因素，如单体浓度、反应温度、溶剂的性质或加入适当盐类以提高缩聚物的溶解度；改变搅拌速度，加入沉淀剂等来控制反应，以获得最佳的缩聚结果。非均相溶液缩聚主要用来制备耐高温的芳香族缩聚树脂。

7.3.4 芳香族聚砜酰胺的合成

芳香族聚砜酰胺(polysulfonamide)是耐 250 ℃高温等级高性能合成纤维,该纤维属于芳香族聚酰胺系列,是在对间位芳纶中创造性地引入砜基,使酰胺基和砜基相互连接对苯基和间苯基构成大分子。由于大分子链上存在强吸电子的砜基基团,通过苯环的双键共轭作用,从而使芳香族聚砜酰胺比同类产品不仅具有更优越的耐高温性能、阻燃性能、热稳定性能、电绝缘性及抗辐射性能,而且具有优异的物理机械性能、化学稳定性能、染色性能等,广泛应用于防火耐燃织物、耐高温过滤材料、大型电机的绝缘纸和大型运输工具的蜂窝材料。

1. 芳香族聚砜酰胺溶液缩聚工艺

金伟、封亚培等人用 N,N'-二甲基乙酰胺作为溶剂,以对位二氨基二苯砜和对苯二甲酰氯为合成单体,并以间位二氨基二苯砜为第三单体,在低温下溶液缩聚制得了芳香族聚砜酰胺,其工艺流程见图 7-13。

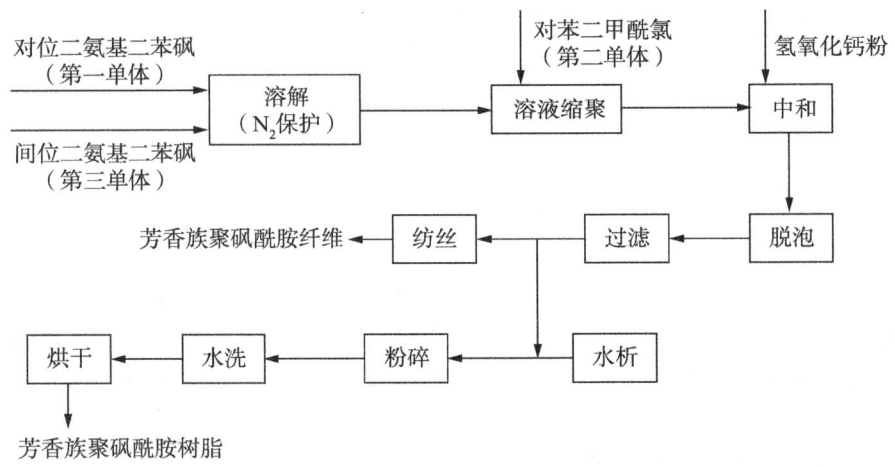

图 7-13　芳香族聚砜酰胺溶液缩聚工艺流程示意图

将溶剂 N,N'-二甲基乙酰胺加入反应釜中,在氮气保护下加入对位二氨基二苯砜、间位二氨基二苯砜进行溶解,然后将釜内温度冷却到 10 ℃左右,边搅拌边缓慢加入对苯二甲酰氯,缩聚反应 50~60 min,然后再升温,用氢氧化钙粉中和 1 h,制得芳香族聚砜酰胺浆液。浆液经过脱泡、过滤,可以直接用来纺丝或者在水中将树脂析出、打碎、浸泡、水洗、烘干制得芳香族聚砜酰胺树脂。

2. 芳香族聚砜酰胺溶液缩聚工艺控制

1) 反应时间

该反应体系采用的单体为非常活泼的二酰氯和二胺,其反应为不可逆的反应,反应速率很快。10 ℃的反应温度下,反应时间与聚合物分子量的关系见图 7-14。可以看出:在反应开始阶段,旋转扭矩几乎是直线上升,说明高分子链链长增长迅速,聚合物分子量快速升高;但反应进行到 50 min 后,旋转扭矩变得很稳定,波动不大,说明反应达到平衡。故缩聚反应的时间以 1 h 为宜,时间太短,反应未达到平衡,聚合物分子量低;但超过 1 h 后,聚合物分子量几乎没有变化,并不能提高聚合物的性质。

2) 反应起始温度

对位二氨基二苯砜、间位二氨基二苯砜与对苯二甲酰氯反应活性高,缩聚反应激烈,放出大量的热,为放热反应。由于反应温度高,容易发生许多副反应,如氨基易被氧化、对苯二甲酰氯易被酸化等,使反应活性降低。另外,溶剂 N,N'-二甲基乙酰胺(DMAc)会与氯化氢反应。在反应中,DMAc 先与缩聚生成的小分子氯化氢形成络合物,有利于缩聚反应的进行。但温度升高时,络合物会分解,分解产生的乙酰氯是单官能团物质,会终止链增长,所以缩聚反应应尽量在低温下进行,以提高聚合度。不过温度过低,也会使分子运动速率降低,影响单体间发生碰撞的概率,尤其使大分子链间的碰撞概率大大降低,从而使反应程度下降,不利于形成较高分子量的聚合物。

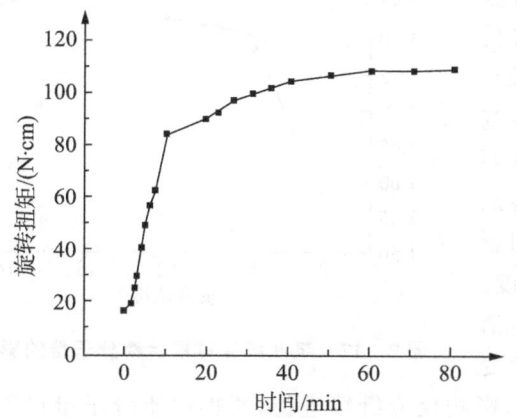

图 7-14 反应时间对聚合反应平衡的关系

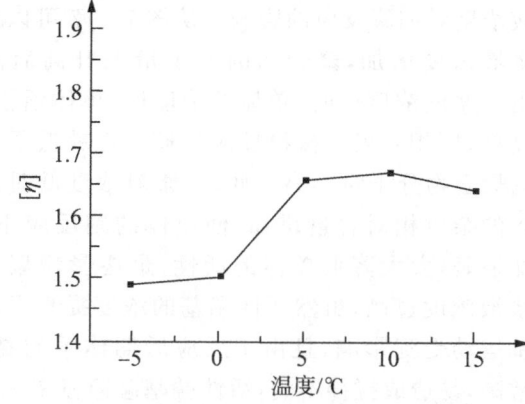

图 7-15 反应温度对聚合物分子量的影响

从图 7-15 中可以看出,温度的影响有两个方面:一方面,提高温度能够提高反应速率,降低体系黏度从而有利于产物中小分子氯化氢的排除,但容易出现爆聚现象;另一方面,温度低,能够更好地抑制副反应发生,从而降低体系中单官能团物质的浓度,使得大分子链能够继续增长,从而获得较高分子量的聚合物。但是温度太低,大分子在溶剂中的运动速率大为降低,从而影响分子间的碰撞概率和反应程度,不利于获得较高的分子量的聚合物。因此,缩聚反应初始温度以 10 ℃为宜。

3) 搅拌速率

在缩聚反应过程中,搅拌速率直接影响三种单体间发生碰撞并发生反应的概率,这对于缩聚反应有着非常重要的影响。在其他条件相同的情况下,改变搅拌速率,制备了一系列的聚合物,通过测量特性黏数,得到的结果如图 7-16 所示。可见提高搅拌速率有利于缩聚反应产物分子量的提高。其原因有:一方面,搅拌速率快使三种单体发生碰撞的概率提高,反应程度加大,有利于聚合物的分子量的提高;另一方面,剪切速率大有利于反应体系的不断更新,从而有利于氮气将生成的小分子氯化氢带出,从而也增大了反应向正反应方向进行。因此,搅拌速率以 260 r/min 为宜。

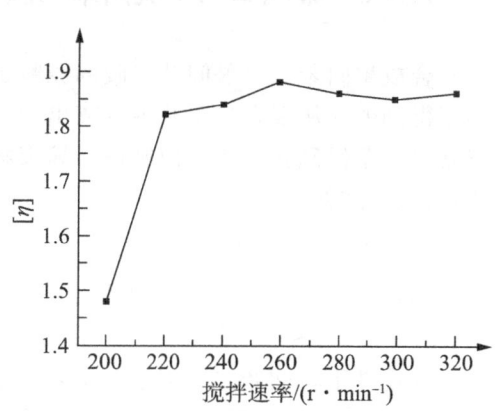

图 7-16 搅拌速度对聚合物黏度的影响

4) 二胺基二苯砜与对苯二甲酰氯物质的量之比

按照 Flory 的缩聚理论,当两种反应单体等物质的量之比加入时,缩聚反应才会进行完全,才会得到高分子量的聚合度。影响物质的量配比的因素主要有计量精度、单体纯度等。同时,对苯二甲酰氯与二胺基二苯砜都是非常活泼的单体,遇水反应生成酸,其反应活性大大降低,几乎为零。而二胺基二苯砜易氧化,且氧化过程很复杂,在空气中放置也会逐渐被氧化而颜色变深。通常两个单体的纯度都要求 99.9% 以上。在实际生产中,对苯二甲酰氯要适当过量,这是由于对苯二甲酰氯的性质更活泼,同时体系中的水分很难控制在一个非常低的水平,而对二胺基二苯砜的氧化可以通过通氮气加以保护，所以只有稍微过量才能使体系真正达到等物质的量之比反应，使聚合物的聚合度提高，一般对苯二甲酰氯物质的量较胺基过量1%～3%。

5) 浆液浓度

浆液浓度是缩聚反应中一个重要的条件，直接关系到单体浓度和浆液的固含量，进而影响后面的纺丝工序。在其他条件相同而浆液浓度不同的情况下，分析浆液浓度对缩聚反应的影响。从图7-17可以看出：随着浆液浓度增加，聚合物的分子量先升高后降低。这是由于浆液浓度低时，单体的浓度低，单体活性端基的浓度低，则相互发生碰撞反应的概率也就低了，从而所得的聚合物分子量不高。此外，浆液浓度低时，溶剂所带入的杂质相对含量增加，使单体的副反应不利影响更加显著，大大降低单体的活性，最终影响聚合度。但是浆液浓度过高，虽然活性端基的浓度提高了，但活性端基运动受到影响，且由于反应后期体系的黏度变得非常高，易造成搅拌不均，活性端基碰撞概率下降，影响反应继续进行，所得树脂分子量也不高。因此，浆液浓度以13%为宜。

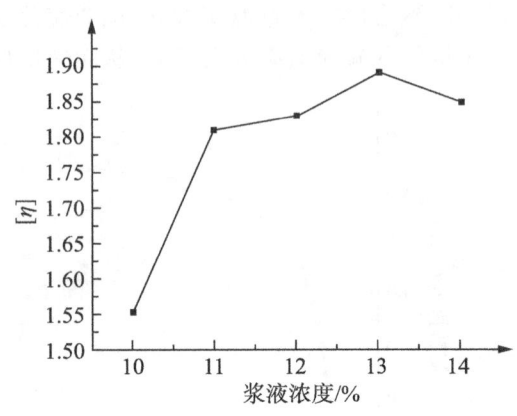

图7-17 浆液浓度对聚合物分子量的影响

另外，第三单体间位二氨基二苯砜在低温溶液缩聚可以得到较高分子量的共聚物，但其用量应适量，因为加入的间位二氨基二苯砜，破坏了对位链接的分子链结构的规整性，形成了酰胺桥键和苯环大分子对位、间位无规相接的分子结构。同时间位二氨基二苯砜具有柔性扭曲的结构单元，使分子链刚性下降、柔性提高，聚合物的黏度下降，纤维强度下降，一般第三单体摩尔分数不超过50%才能获得较高分子量的高聚物。

7.3.5 聚间苯二甲酰间苯二胺的合成

合成聚间苯二甲酰间苯二胺的原料是间苯二甲酰氯和间苯二胺，由石油化工产品混合二甲苯和苯得到的。从混合二甲苯中分离出间二甲苯，经氧化和酰氯化反应得到间苯二甲酰氯，而间苯二胺则可由苯经硝化再还原而制得。缩聚物的合成采用低温溶液缩聚法，两种原料为等物质的量之比，其反应式如下：

$$n\text{Cl}-\overset{O}{\underset{}{C}}-\text{C}_6\text{H}_4-\overset{O}{\underset{}{C}}-\text{Cl} + n\text{H}_2\text{N}-\text{C}_6\text{H}_4-\text{NH}_2 \longrightarrow \left[-\overset{O}{\underset{}{C}}-\text{C}_6\text{H}_4-\overset{O}{\underset{}{C}}-\text{NH}-\text{C}_6\text{H}_4-\text{NH}-\right]_n + 2n\text{HCl}$$

在搅拌下将间苯二胺溶于二甲基乙酰胺中并冷却到0～5 ℃，然后加入等物质的量的间苯二甲酰氯，反应一定时间后即可出料，得到聚间苯二甲酰间苯二胺的二甲基乙酰胺溶液，可直接用于湿法纺丝，其工艺流程见图7-18。

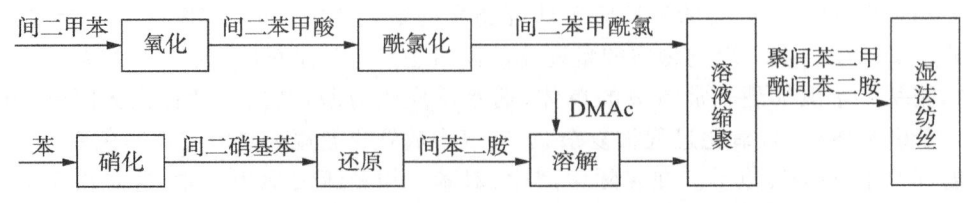

图7-18 聚间苯二甲酰间苯二胺溶液缩聚工艺流程示意图

7.3.6 溶液缩聚过程的主要影响因素

1. 单体的比例和单官能团化合物的影响

单体的比例对缩聚物分子量有明显的影响。在二元羧酸的酰氯与双酚 A 合成聚酯的实例中，一种单体过量对产物分子量的影响如图 7-19 所示，在二甲苯基甲烷溶剂中缩聚时，一种单体（双酚或酰氯）过量，聚酯分子量均下降，过量越多，聚酯分子量下降幅度越大。

在溶液缩聚中，单官能团化合物的存在同样可终止分子链的增长。改变其加入量可调整分子量的大小。有时虽未另外加入单官能团化合物，然而由于原料单体与溶剂中含有单官能团化合物杂质，致使产物分子量降低。

在二异氰酸酯与二元醇的溶液缩聚过程中，单官能团化合物（醇或胺）的引入，对产物分子量的影响如图 7-20 所示，在硝基苯为溶剂制备聚氨酯的溶液缩聚中，单官能团量增加，缩聚分子量下降。

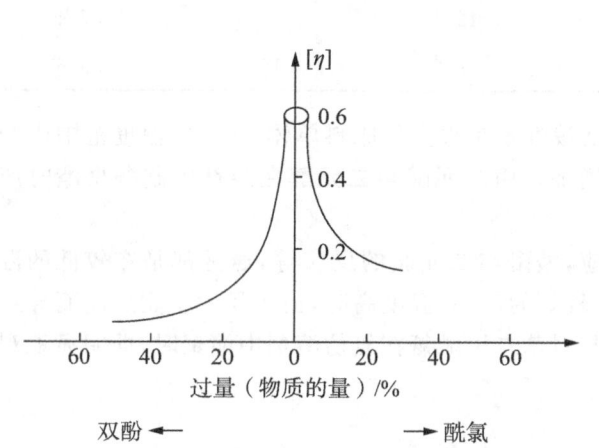

图 7-19 单体（双酚或酰氯）过量对聚酯分子量的影响

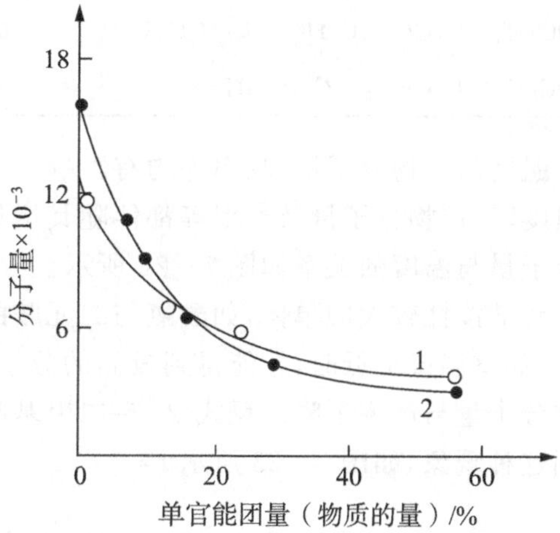

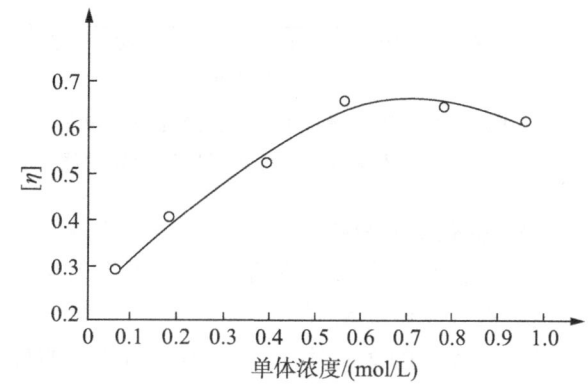

图 7-20 单官能团化合物的加入对分子量的影响
1—正辛醇；2—哌啶

2. 反应程度的影响

一般缩聚物的分子量与反应程度的倒数呈线性关系，但在溶液缩聚中，由于溶剂因素的影响，特别是在高沸点溶剂中，过程的后期会发生一些副反应，偏离这一理论上的线性关系。

3. 单体浓度的影响

进行溶液缩聚时，总是希望在单体浓度尽可能高的情况下进行。但过高的浓度往往使反应物料后来变得相当黏稠，使反应难以正常进行。因此，对每一具体的溶液缩聚过程，都对应有原料单体的最佳浓度范围，这可通过工艺实验而加以确定。如对苯二甲酰氯与二酚基丙烷在二甲苯甲烷中进行溶液缩聚时，原料单体浓度与分子量（特性黏数）的关系见图 7-21。

通常不采用稀溶液缩聚系统，这是因为不仅降低设备的生产能力，而且单体的内环化副反应

图 7-21 原料单体浓度与缩聚物分子量的关系

会增加,有时甚至超过主反应而得不到高分子量产物。

4. 反应温度的影响

溶液缩聚中,温度升高,反应速率加快,以二甲苯基甲烷为溶剂时,对苯二甲酰氯与各种二元酚的反应速率常数及温度之间的关系见表7-14。

表7-14　对苯二甲酰氯与各种二元酚的反应速率常数及温度之间的关系

二元酚	速率常数×10^{-5}/(L·mol^{-1}·s^{-1})			
	160 ℃	170 ℃	180 ℃	200 ℃
$HOC_6H_4-CH_2-C_6H_4OH$	14.7	21.7	37.3	92.7
$HOC_6H_4-C(CH_3)_2-C_6H_4OH$	11.6	16.5	35.0	90.2
$HOC_6H_4-CH(C_6H_5)-C_6H_4OH$	12.6	18.3	26.3	57.5
$HOC_6H_4-C(CH_3)(C_6H_5)-C_6H_4OH$	11.0	16.7	25.4	55.1
$HOC_6H_4-C(C_6H_5)_2-C_6H_4OH$	7.51	14.8	24.9	71.6
$HOC_6H_4-C(CF_3)(C_6H_5)-C_6H_4OH$	6.9	12.7	20.5	57.4
$HOC_6H_4-C(CF_3)_2-C_6H_4OH$	5.9	9.2	15.4	35.6

温度对产物分子量、收率等均有影响。对于活泼性不是很大的原料单体,在一定温度范围内升高温度时,产物分子量及产率等都伴随其增加而增加。由二元酸与二元醇在溶剂中制备聚酯时产物分子量与温度的关系如图7-22所示。

对活泼性较大的单体,如酰氯与二元胺的反应,酸酐与二元胺的反应等,通常都是在较低的温度下,如室温或更低时,才能得到较高的分子量与较好的产率,温度高时,由于易发生副反应而导致产物分子量与产率下降。反式-2,5-二甲基哌嗪与对苯二甲酰氯在氯仿溶剂中缩聚时,即明显地观察到这种现象,如图7-23所示。

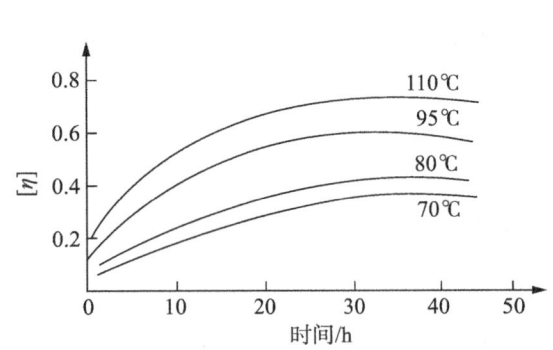

图7-22　丁二酸与1,6-己二醇在甲苯中于不同温度下缩聚反应动力学曲线

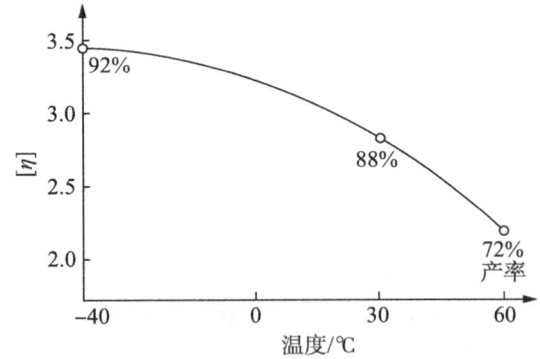

图7-23　缩聚分子量、产率与温度的关系

5. 催化剂的影响

一般说来,大多数溶液缩聚反应无需催化剂即能顺利进行。例如,聚酰亚胺的制取,聚次苯硫醚的制取以及由酰氯与醇制取聚酯等。然而,对于反应速率比较低的可逆过程,如醇与羧酸的酯化以及醇与酯的酯交换时,此时若不采用适当的催化剂,反应实际上很难进行。催化剂不宜过多,否则分子量反而下降,这是因为催化剂封住了增长链端的部分羟基(图7-24)。

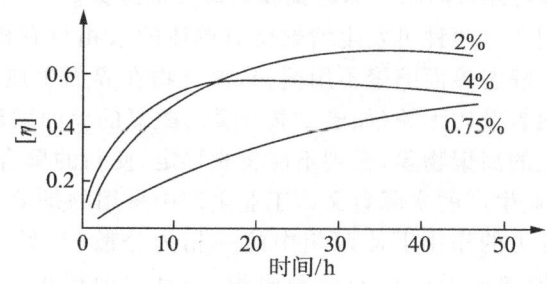

图 7-24 催化剂对甲苯磺酸浓度与聚己二酸己二酯分子量的关系

7.4 界面缩聚

界面缩聚是将可以发生缩聚反应的两种有高度反应活性的单体分别溶于互不相溶的溶剂中(如水和烃等有机溶剂),使缩聚反应在两相界面上进行的一种反应。由于使用了活性单体,反应可以在常温乃至低温下以极快的速率进行。早在 19 世纪末,就有人通过界面缩聚反应由光气和二元酚制备了聚酯。近 20 年来,这种合成方法有了很大发展。通过界面缩聚反应可以制备聚酰胺、聚酯、聚氨酯、聚脲和螯合聚合物等。

界面缩聚反应可发生在气-液相、液-液相、液-固相界面之间,工业上以液-液相界面反应为主。光气与双酚 A 钠盐反应合成聚碳酸酯的方法则为典型的气-液相界面缩聚法。

界面缩聚反应的主要特点是反应条件缓和,可在室温或几十度温度条件下进行,反应是不可逆的,且即使一种原料过量也可生产高分子量缩聚物。

7.4.1 界面缩聚分类

1. 按两相体系的不同,可分为气-液相、液-液相、液-固相三类。

液-液界面缩聚是指参与界面缩聚的两种单体通常分别溶解于水相和有机相中,缩聚反应发生在两液相的界面的反应。气-液界面缩聚指一种单体为气体,另一单体溶于水相中或有机相中,缩聚反应发生在气-液相的界面的反应。液-固相界面缩聚是指一种单体为液相,另一种单体为固相,缩聚反应在液-固的相界面上的反应。应用液-液界面缩聚和气-液界面缩聚进行工业生产的主要树脂品种和参加反应的单体种类见表 7-15 和表 7-16。

表 7-15 液-液界面缩聚反应体系

树脂品种	相互反应的单体	
	溶于水相的单体	溶于有机相的单体
聚酰胺	二元胺	二元酰氯
聚磺酰胺	二元胺	二元磺酰氯
聚氨酯	二元胺	双氯甲酸酯
含磷缩聚物	二元胺	磷酰氯
聚苯并咪唑	芳族四元胺	芳羟酰氯

表 7-16 气-液界面缩聚反应体系

树脂品种	相互反应的单体	
	气相中	液相中
聚碳酸酯	光气	双酚 A
聚脲	光气	二元胺
聚酰胺	二元酰氯	二元胺
聚硅氧烷	苯基三氯硅烷	水

2. 按反应过程是否搅拌，分为静态界面缩聚和动态界面缩聚。

静态界面缩聚是指分别含有两种可发生缩聚反应单体的水相与有机相静置分为两层液体时，其界面可以发生缩聚反应。静态界面缩聚不用搅拌，聚合物在界面生成，反应速率由扩散控制，故聚合物的分子量与总体系的当量比无关（如己二胺与癸二酰氯的界面缩聚）。静态界面缩聚的主要缺点是要求形成有足够韧性的高聚物膜，否则不能将膜移走，使新的聚合物在界面生成。由于接触的界面极为有限，所以无工业生产的实际意义。工业生产中采用的是动态界面缩聚。

动态界面缩聚即在搅拌力的作用下使两相中的一相为分散相，另一相为连续相的界面缩聚反应。动态界面缩聚大大地增加了两相的接触面积，而且界面层可以不断地更新，从而促进了缩聚反应的进行。为了改进分散性，有时还加入某些表面活性剂。通常水相为分散相。动态界面缩聚比静态界面缩聚对原料的物质的量之比和纯度要求稍高，但对溶剂和聚合物类型有较大的选择范围。

7.4.2 界面缩聚基本原理

具有工业生产实际意义的界面缩聚是水相-有机相之间的液-液界面缩聚。典型代表是溶于水相中的二元酰氯与溶于有机相中的二元胺的界面缩聚，反应如下：

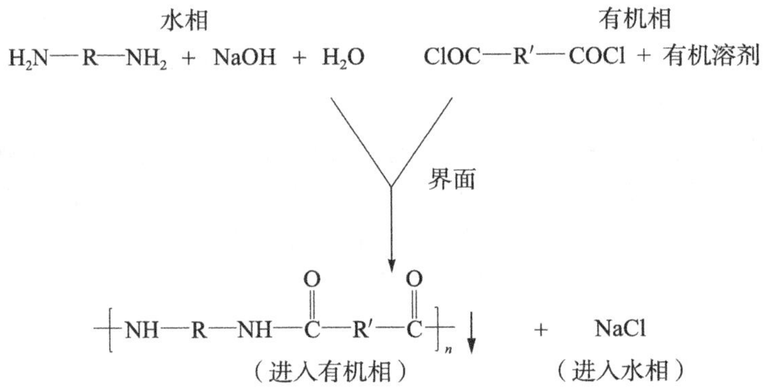

$$\underset{\text{水相}}{H_2N-R-NH_2 + NaOH + H_2O} \qquad \underset{\text{有机相}}{ClOC-R'-COCl + 有机溶剂}$$

$$\downarrow \text{界面}$$

$$\underset{\text{（进入有机相）}}{\left[-NH-R-NH-\overset{O}{\underset{\|}{C}}-R'-\overset{O}{\underset{\|}{C}}-\right]_n \downarrow} + \underset{\text{（进入水相）}}{NaCl}$$

水相中加入 NaOH 的目的在于中和反应生成的 HCl，以减少副反应。由于反应生成的聚酰胺亲有机相，所以其界面缩聚反应发生在界面的有机相一侧。反应物料在搅拌下的分散状态类似于自由基悬浮聚合法。

7.4.3 界面缩聚反应过程的特征

1. 相界面的性质对缩聚反应影响很大

界面两相的溶解性能为缩聚过程中每一种反应（主反应和副反应）提供适宜的条件。例如：在二元胺与二元酰氯的缩聚反应中，水相提供中和 HCl 和溶解二元胺的适宜场所；有机相溶解二元酰氯并溶胀生成聚酰胺；在相界面及其附近区域进行链的增长反应。这样就减少了各个不同过程的相互干扰。而具有足够的界面张力是制得高分子量聚合物的必要条件。一般而言，产物的分子量随界面张力的增加而提高，如图 7-25 所示。

2. 不同的反应将在不同的相中进行

在静态条件下，如二元胺与酰氯在有机相一侧进行界面缩聚，而双酚盐与酰氯则在水相一侧进行界面缩聚。一般在界面上倾向于有机相一侧进行。

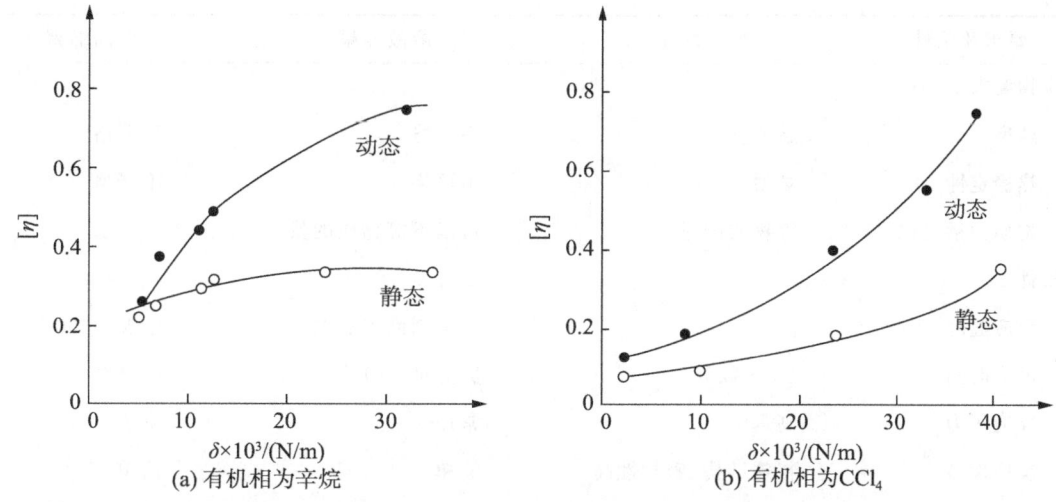

图 7-25 聚对苯二甲酰对苯二胺的分子量与界面缩聚中表面张力的关系曲线

3. 扩散速率决定了界面缩聚反应速率和反应区的单体浓度比

1) 影响缩聚反应的扩散速率因素

影响因素有有机溶剂的极性、水相的酸碱性质、水解及其他副反应的相对速率(成盐等)、聚合物从溶液中沉淀的速率、反应的副产物排除的速率等。

2) 影响单体扩散速率的因素

影响单体扩散速率的主要因素有表面张力、单体在相间的分布系数、单体从一相转移到另一相的速率、有机相对聚合物的溶解能力、聚合物薄膜对单体的渗透性、聚合物薄膜对单体的吸附性质、系统的黏度等。

由于相互反应的两种单体在反应区的浓度比决定于两种单体的扩散速率,故扩散是控制步骤,在反应区域,单体总是达不到平衡浓度,扩散到反应区域的单体立即反应掉,使缩聚反应向正反应方向进行。

7.4.4 界面缩聚的工艺特点

1. 反应速率快

由于采用高反应活性的单体,故反应速率快,在界面上反应很快完成。一般为不可逆反应,故易获得高分子量产物。单体的总转化率与界面更新(聚合物移出速率)有关。

2. 非均相反应体系

互不相溶的两种液体有一定的接触面积,聚合物就在界面处形成,如不及时除去,必将限制进一步反应,故不断更新或扩大界面积对反应有利,并可利用界面处的反应直接进行纺丝或成膜。

3. 扩散速率比反应速率慢

因为在界面处反应速率很快,单体供应靠扩散速率决定。整个界面缩聚反应速率受扩散控制,所以,影响扩散的因素必然也影响界面缩聚。

界面缩聚与熔融缩聚及溶液缩聚相比,其工艺条件及特点见表 7-17。

可见界面缩聚对反应物及反应条件要求不高,但由于须回收溶剂,工艺流程比熔融缩聚要长。

表 7-17 三种缩聚方法比较

要求及条件	熔融缩聚	溶液缩聚	界面缩聚
对反应物要求			
纯度	高纯度	不严格	不严格
热稳定性	必须	不严格	不严格
物质的量之比	等物质的量	可以不等物质的量	无要求
反应条件			
反应温度	高	与溶剂沸点有关	室温～100 ℃
反应时间	1 h～数天	数分钟～数小时	数分钟
反应压力	高真空	常压	常压
反应设备	特殊结构、密封性高	简单	简单
产品转化率	必须很高	低至高	低至高
后处理	冷却、造粒	须回收溶剂	须回收溶剂

7.4.5 苯二甲酰双酚酸酯聚芳酯的合成

双酚酸结构中存在着两个羟基、一个羧基,可与二酰氯、光气等缩聚反应而得到侧链含活性羧基的聚合物,用作高分子催化剂、高分子螯合剂、药物载体等功能材料,成为近年来研究的热点。而聚间苯二甲酰双酚酸聚芳酯中双酚酸链节中的羧基在高温下易脱水、分解,故该聚合物高温下不稳定,200 ℃时即开始分解,限制了它的应用范围。张萍、吴林波等人先将双酚酸酯化为双酚酸酯,再进行界面缩聚,得到了从 300 ℃才开始分解的热稳定性较好的侧链含可功能化应用的酯基的新型聚芳酯,其热稳定性明显好于双酚酸聚芳酯。

1. 苯二甲酰双酚酸酯聚芳酯的合成反应机理

1) 双酚酸酯化

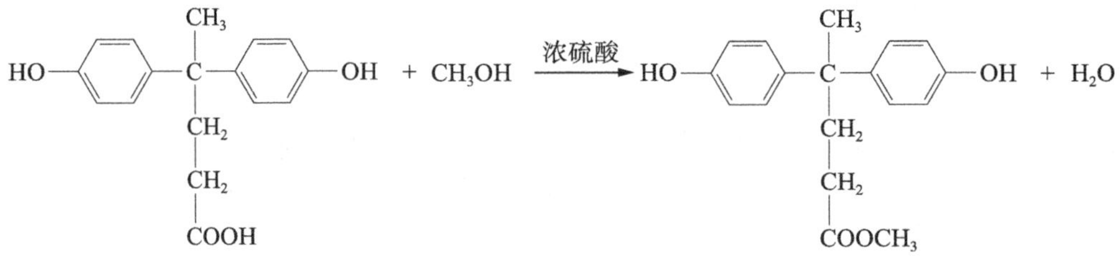

2) 双酚酸酯与 NaOH 在水中反应形成双酚酸酯钠

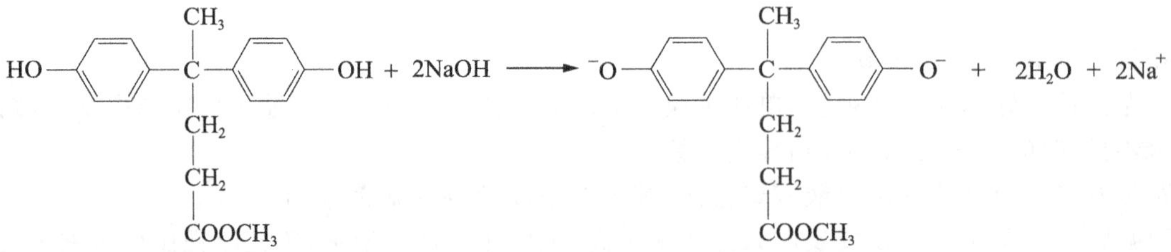

3) 双酚酸酯钠与相转移催化剂四丁基氯化铵一起构成水相

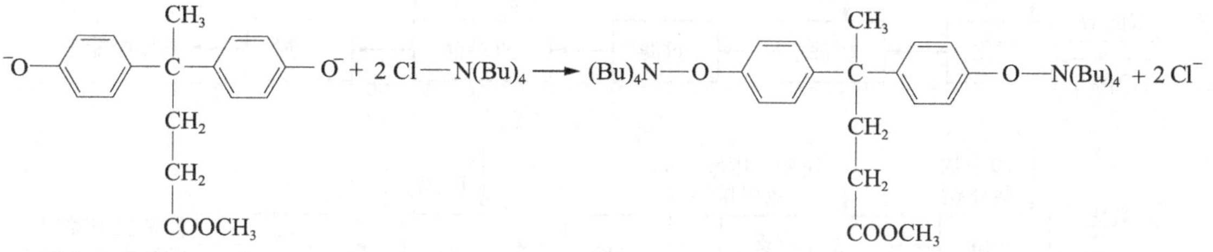

4) 界面缩聚制得间苯二甲酰双酚酸聚芳酯

间苯二甲酰氯溶于二氯甲烷中,构成油相,在搅拌条件下将油相加入水相中,两相一接触立即产生大量白色的聚合物,反应结束后停止搅拌,静置,体系分为上下两层,上层为含水的聚合物胶囊,下层为有机相。

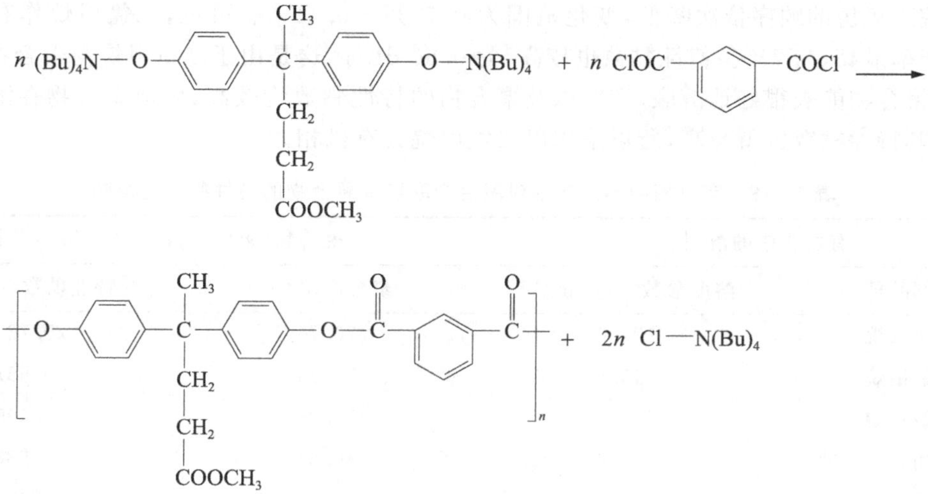

2. 苯二甲酰双酚酸酯聚芳酯的合成工艺

在酯化反应器中,采用双酚酸/乙醇配比为1/1.05(物质的量之比),加入催化剂浓硫酸(用量为反应物体积的0.001%),在搅拌条件下回流反应8 h,反应后加水沉淀过滤,得粗双酚酸酯,用甲醇/水重结晶后,在50 ℃下真空干燥,得精双酚酸酯。在缩聚反应釜中,加入双酚酸酯、氢氧化钠(物质的量之比1/2)、相转移催化剂四丁基氯化铵(用量为单体物质的量的0.01%)及水,在25 ℃下搅拌使双酚酸酯完全溶解后,形成水相,快速加入间苯二甲酰氯(与双酚酸酯等物质的量)的二氯甲烷溶液(用量为水相体积的2倍),搅拌条件下反应1 h,反应结束后,用丙酮洗涤后过滤,在80 ℃下真空干燥12 h,制得产品间苯二甲酰双酚酸酯聚芳酯白色固体,其工艺流程见图7-26。

3. 间苯二甲酰双酚酸酯聚芳酯的合成工艺控制

1) 酸接收剂的选用

含酚羟基的单体双酚酸须在其酚羟基与强碱反应转化为酚氧阴离子后,才能溶于水相,进行界面缩聚。采用NaOH为强碱,可以满足其要求,同时NaOH还起到中和缩聚副产物HCl的作用。又在界面缩聚条件下,双酚酸乙酯的酯键在碱性条件下很稳定,不易水解,所以NaOH可以作酸接收剂,而其他弱碱如吡啶、三乙胺和碳酸氢钠等不能符合酯化所需的强碱要求。

2) 有机相溶剂的选择

有机相溶剂对界面缩聚反应的影响,所得的聚合产率以及聚合物的特性黏数见表7-18。聚合物的特性黏数按四氯乙烷＞二氯甲烷＞二氯乙烷＞氯仿＞四氯甲烷＞甲苯＞环己烷的顺序依次

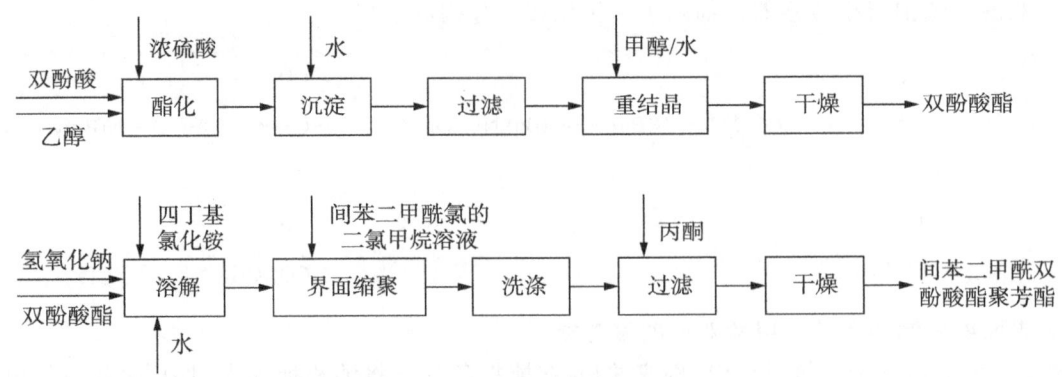

图 7-26 间苯二甲酰双酚酸酯聚芳酯界面缩聚工艺流程简图

降低,变化范围为 0.72~0.42dL/g;聚合产率按二氯甲烷＞四氯乙烷＞二氯乙烷＞四氯甲烷＞甲苯＞环己烷＞氯仿的顺序依次降低,变化范围为 0.77%~0.41%。可见,二氯甲烷作有机溶剂得到的聚合产率最高,为 77%;特性黏数也较高,为 0.66 dL/g,这是由于二氯甲烷与聚合物的溶度参数相近,故聚合物能被很好地溶胀,产率以及聚合物的特性黏数均较高,生成聚合物在溶剂中的溶胀性越好,其特性黏数也就越高,所以采用以二氯甲烷为有机相。

表 7-18 有机相中不同溶剂对聚合产率以及聚合物的特性黏数的影响

有机相中的溶剂		聚合物[溶度参数 21.3(J/m³)^{1/2}]	
溶剂品种	溶度参数/[(J/m³)^{1/2}]	聚合产率/%	特性黏数/(dL/g)
四氯乙烷	21.3	70.75	0.720
二氯甲烷	19.8	76.55	0.657
二氯乙烷	20.1	59.28	0.595
氯仿	19.0	40.54	0.587
四氯甲烷	17.6	56.90	0.572
甲苯	18.2	56.00	0.548
环己烷	16.8	41.68	0.425

3) 反应条件对聚合反应的影响

(1) 单体的配比 不同单体配比对聚合反应的影响如图 7-27 所示,当 n 双酚酸酯$/n$ 间苯二甲酰氯$=1.1$ 时,聚合物的特性黏数最大;当体系中双酚酸酯用量逐渐增加时,聚合反应产率逐渐升高。在其他许多界面缩聚体系中,水相单体过量有利于得到高分子量的聚合物,因为双酚酸酯在水相中存在一个平衡浓度。间苯二甲酰双酚酸酯聚芳酯的侧链酯基具有亲油性,当双酚酸酯过量时,低聚物两端均为双酚酸酯,所以低聚物在油相中的溶胀度增加,甚至当 n 双酚酸酯$/n$ 间苯二甲酰氯 $=1.5$ 时,油相为凝胶状态,聚合反应直接发生在整个油相,所以当体系中双酚酸酯的用量更多时,低聚物在有机相中的溶胀度增

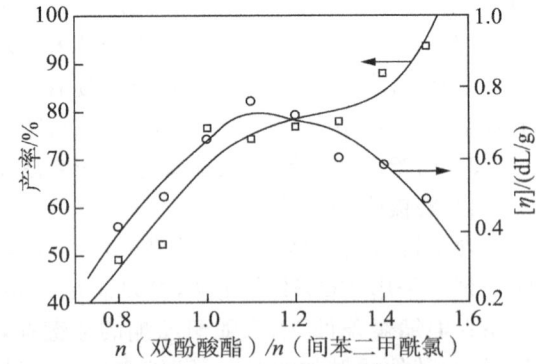

图 7-27 单体配比对聚合产率及特性黏数的影响

加，其两端的活性端基活动更灵活，水相单体更容易扩散，从而聚合反应产率也更大。

（2）**单体浓度** 保持两相体积不变，增加单体浓度，考察单体浓度对聚合反应的影响，结果如图 7-28 所示。

聚合反应产率与聚合物特性黏数随单体浓度的增加而增长。这是因为水相单体在两相中存在一个平衡浓度，当单体浓度增大时，则可以进行反应的单体物质的量增加；并且单体浓度越大越有利于反应单体的扩散，使反应区的官能团快速保持摩尔平衡，从而使聚合反应产率以及聚合物特性黏数增加。

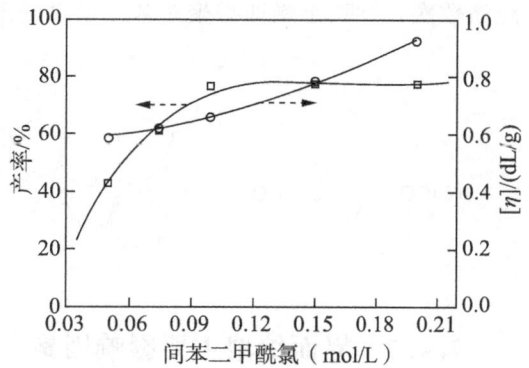

图 7-28　单体浓度对聚合产率及特性黏数的影响

（3）**反应温度** 温度对聚合反应的影响如图 7-29 所示。可见聚合反应产率以及聚合物特性黏数随反应时间逐渐增大，温度越高越容易得到高反应产率以及特性黏数较大的聚合物。这是因为升高温度可以增大低聚物在溶剂中的溶胀度，而使低聚物的活性端基更容易活动，两相单体更容易扩散到胶囊壳层进行聚合反应，所以升高温度有利于聚合反应的进行。

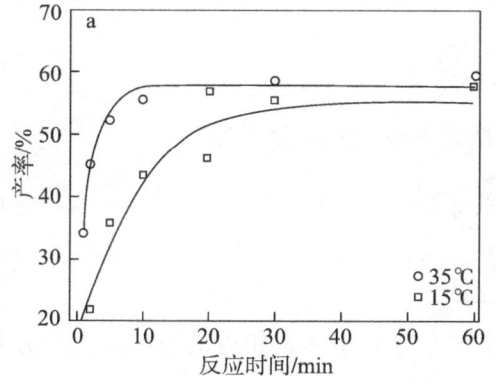 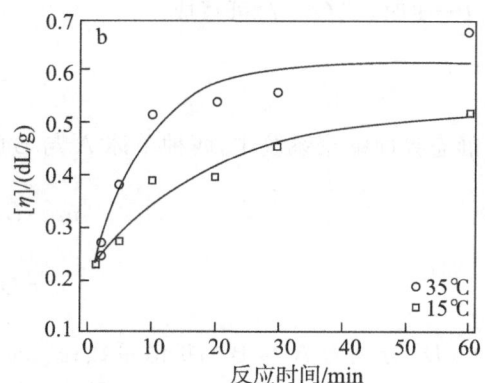

图 7-29　反应温度对聚合产率及特性黏数的影响

7.4.6　其他界面缩聚实例

1. 聚间苯二甲酰间苯二胺的合成

将间苯二胺溶于水中，加入少量酸吸收剂（三乙胺或碳酸钠）成为水相。再将间苯二甲酰氯溶于有机溶剂（环己酮、四氢呋喃或二氯甲烷）中成为有机相。在低温快速搅拌下将两相混合反应。反应经数分钟即可完成，产物经过滤、洗涤、干燥后即可进行纺丝。

2. 聚癸二酰己二胺的合成

癸二酰氯和己二胺可以通过静态界面缩聚得到聚癸二酰己二胺，即尼龙-610。将癸二酰氯和己二胺分别溶于溶剂和水（含有 NaOH）中，在室温下将己二胺水溶液倒入癸二酰氯溶液中，聚合物膜就在两相界面生成，通过导引和卷绕装置，可得到尼龙-610 膜或纤维。

3. 酚酞和对苯二甲酰氯的动态界面缩聚

将酚酞加入盛有水及 NaOH 的反应器中并开始搅拌。在室温下将对苯二甲酰氯（与酚酞为等物质的量之比）二氯乙烷溶液尽快滴加入酚酞水溶液中，加完料后继续搅拌 5 min。此时酚酞的红色消失，表明反应已完成，停止搅拌，静置分层，虹吸除去上层清液。用庚烷洗去二氯乙烷，再用水

洗涤数次,过滤、干燥即得聚对苯二甲酰酚酞。酚酞与对苯二甲酰氯缩聚的合成反应式如下:

$$n\text{ClOC}-\text{C}_6\text{H}_4-\text{COCl} + n\,\text{HO}-\text{C}_6\text{H}_4-\text{C}(\text{C}_6\text{H}_4\text{OH})(\text{phthalide}) \longrightarrow [-\text{OC}-\text{C}_6\text{H}_4-\text{COO}-\text{C}_6\text{H}_4-\text{C}(\text{phthalide})-\text{C}_6\text{H}_4-\text{O}-]_n + 2n\,\text{HCl}$$

7.4.7 界面缩聚主要影响因素

1. 两相单体的比例

在界面缩聚中,缩聚物的分子量与反应区域内的单体物质的量之比,仍然服从熔融缩聚或溶液缩聚的关系式,即

$$X_n = \frac{N_A + N_B}{N_A + N_B - 2N_A \cdot P_A} \tag{7-7}$$

当 $P \to 1$ 时,式(7-7)可写成

$$X_n = \frac{N_A + N_B}{N_B - N_A} \tag{7-8}$$

在静态界面缩聚系统中,两种单体 A 与 B 的扩散速率 v_A 与 v_B 分别为

$$v_A = D_A \frac{(c_A^0 - c_A)}{\Delta Z} \tag{7-9}$$

$$v_B = D_B \frac{(c_B^0 - c_B)}{\Delta Z} \tag{7-10}$$

式中,D_A、D_B 分别为 A 与 B 的扩散系数;c_A^0、c_B^0 分别为 A 与 B 单体在相内的浓度;c_A、c_B 分别为 A 与 B 单体在反应区内的浓度;ΔZ 为扩散层的厚度。

因为单体在反应区域很迅速地参与反应而消耗,所以 $c_A^0 \gg c_A$,$c_B^0 \gg c_B$。因此式(7-9)、式(7-10)可近似地写作

$$v_A = D_A \frac{c_A^0}{\Delta Z} \tag{7-11}$$

$$v_B = D_B \frac{c_B^0}{\Delta Z} \tag{7-12}$$

已知

$$X_n = \frac{N_A + N_B}{N_B - N_A} = \frac{1 + \frac{N_A}{N_B}}{1 - \frac{N_A}{N_B}} \tag{7-13}$$

由于扩散速率 v_A 与 v_B 表示在单位时间内通过单位界面积同时进入反应区域内的 A 单体与 B 单体的数目,因此存在以下的关系

$$\frac{v_A}{v_B} = \frac{N_A}{N_B} \tag{7-14}$$

将式(7-14)代入式(7-13)得

$$X_n = \frac{1+\dfrac{v_A}{v_B}}{1-\dfrac{v_A}{v_B}} = \frac{1+\dfrac{D_A c_A^0}{D_B c_B^0}}{1-\dfrac{D_A c_A^0}{D_B c_B^0}} \qquad (7-15)$$

令 $\beta = \dfrac{D_A}{D_B}$，代入式(7-15)，得

$$X_n = \frac{1+\beta\dfrac{c_A^0}{c_B^0}}{1-\beta\dfrac{c_A^0}{c_B^0}} \qquad (7-16)$$

显然，当 $1-\beta\dfrac{c_A^0}{c_B^0}=0$ 时，$X_n \to \infty$，在这条件下能获得最高分子量的缩聚物，即

$$\beta = \frac{c_B^0}{c_A^0} = \frac{D_A}{D_B} \qquad (7-17)$$

表 7-19　乙二胺与癸二酰氯在界面缩聚中的单体浓度与 β 值

$c_{二胺}^0$/(mol/L)	0.10	0.40	0.80	1.40	0.39	0.78	1.36
$c_{酰氯}^0$/(mol/L)	0.015	0.060	0.120	0.240	0.059	0.120	0.246
β	6.7	6.7	6.7	5.9	6.6	6.5	5.5

表 7-19 为己二胺与癸二酰氯的单体浓度与 β 值。扩散速率小的单体，其浓度要配得大些；扩散速率大的单体，其浓度要配得小些，当两者浓度满足式(7-11)时，从理论上讲，在反应区域内就能保证两种反应单体的等分子比了。

而动态(带搅拌)界面缩聚系统，此时两相分割成小液滴，充分混合，界面在强烈搅拌下不断更新，此种过程的扩散机理还有待进一步研究。

2. 单官能团化合物

在界面缩聚中，单官能团化合物对产物分子量的影响既取决于其活性大小，又取决于它向反应区域的扩散速率。

大多数界面缩聚反应其反应区域是在两相界面上靠近有机相这一侧的，因此，易溶于有机相的单官能团化合物比水溶性单官能团化合物对缩聚物分子量的影响要显著些(表 7-20)。

表 7-20　单官能团化合物对产品特性黏数的影响

单官能团化合物	单官能团化合物/二胺物质的量之比	特性黏数(在间甲酚中)
无	0	148
苯甲酰氯	0.063	0.56
苯甲酰氯	0.118	0.28
丙酰氯	0.063	0.39
N-(3-氨基丙基)吗啉	0.063	1.04
N-(3-氨基丙基)吗啉	0.118	0.81

3. 反应程度

聚合物的分子量与整个体系的反应程度无直接的依赖关系，但在反应区内聚合物的分子量仍与反应程度有关。

4. 反应时间

单体活性高，反应快，数分钟即完成，主要取决于单体的扩散速率。采取搅拌，以增大反应区，

过程的总速率取决于两相混合与表面更新的速率,实际上决定于搅拌强度。

聚己撑己二酰胺界面缩聚时,反应时间对聚合产率的影响见表7-21;己二胺与光气在水-CCl_4体系中界面缩聚时,反应时间对聚合分子量的影响见图7-30,可见反应时间对聚合分子量影响不大。

表7-21 反应时间对聚己撑己二酰胺分子量与产率的影响

反应时间/h	0.5	1.0	1.5	3.0	6.0	12.0
产率(理论)/%	34	45	42	49	46	43
分子量	19 000	18 500	19 000	18 700	19 200	19 700

5. 反应温度

界面缩聚反应大都在室温左右进行。温度进一步提高,虽然可加快反应速率,但副反应如酰氯的水解变得严重起来,因而会导致分子量与产率明显下降。图7-31为己二胺与光气在水-CCl_4系统中界面缩聚时,缩聚物分子量(黏度)及产率与温度的关系。

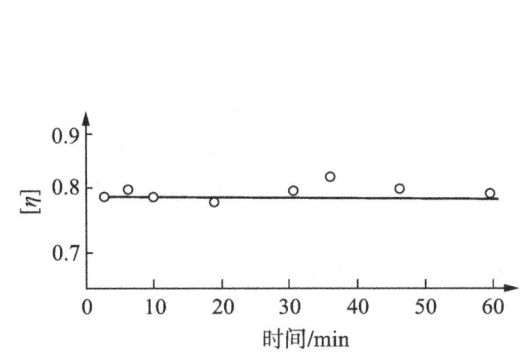

图7-30 产物分子量与反应时间的关系　　图7-31 缩聚物分子量(黏度)及产率与温度的关系

但有些界面缩聚反应则要在比室温更高的温度下进行才能获得满意的结果,如表7-22所示。

表7-22 反应温度与聚对苯二甲酰对苯二胺分子量(黏度)的关系

反应温度/℃	缩聚物在H_2SO_4中的[η]	
	不良溶剂(二丁醚)	优良溶剂(二丁醚与3%三甲酚)
5	0.405	0.405
20	0.560	0.355
45	0.610	0.330

不同形式界面缩聚,反应温度对聚合物产率和分子量的影响是不一样的。

1) 液-气界面缩聚

反应温度提高,聚合物产率和分子量都增加,图7-32表示了聚碳酸酯界面缩聚时,产率、分子量与溶解度之间的关系;由间苯二甲酰氯与双酚A制备聚酯时,单体与聚合物在有机相溶解度与聚合分子量的关系见图7-33。原因是提高温度,气相中的酰氯单体在水相内的溶解度下降,因而水解反应的程度减小,所以使产率增加。另外,由于温度提高,聚合物分子链的溶胀增加,延长其在介稳溶液中存在的时间,因而有利于分子量的提高。

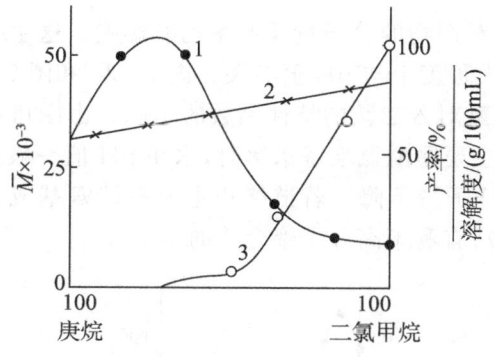

图 7-32 溶解度对聚碳酸酯产率及分子量的影响　　图 7-33 聚酯界面缩聚时的特性黏数与溶解度的关系
1—产率；2—溶解度；3—对有机相性质的依赖性　　1—庚烷；2—CCl_4；3—对二甲苯；4—苯；5—$CHCl_3$；
　　　　　　　　　　　　　　　　　　　　　　6—氯苯；7—四氯乙烷

2）液-液界面缩聚

在液-液界面缩聚中，提高反应温度常使产率和分子量下降。分子量与产率下降的原因是：提高温度使酰氯在水相的溶解度增加，水解副反应的程度提高。

当然也有例外的情况：若采用不良溶剂，增长链在有机相中的溶解成为主要矛盾，而芳酰氯在水中的溶解度小，副反应的程度也很小，提高温度，增长链的溶解性（或溶胀程度）增加，链伸展程度提高，有利于分子量的进一步增长。

6. 溶剂性质的影响

一般而言，液-气界面缩聚中，液相最好为水；液-液界面缩聚中，一个液相为有机溶剂，另一液相为水。在液-气界面缩聚中，液相为水时才能得到高分子量的产物，若采用非水溶剂时，也应有足够高的极性。

在液-液界面缩聚中，采用水的优点是：可加速界面处进行的基本反应，很好地溶解二元胺、双酚盐等单体，以及低分子副产物、酸接受体等，从而可使反应顺利进行。

有机溶剂要能很好地溶解或溶胀聚合物，与水不互溶，对碱稳定，以减少酰氯的水解。不含单官能团杂质，用量适当，分子量随其用量的减少而增加。因反应多在有机相一侧进行，反应开始后有机相内齐聚物密度大，界面间反应端基密度大，分子间作用概率有所增高，水解概率相对降低，故有利于产物分子量的提高。

有机溶剂的性质对产物分子量有很大影响。例如在水-有机溶剂体系中进行聚脲的合成，采用不同的有机溶剂，产物的特性黏数可相差十倍之多，见表 7-23。

表 7-23　有机溶剂对聚脲分子量的影响

溶剂	甲苯	氯苯	苯	四氯化碳	氯仿	硝基苯	丙酮
[η]	0.4	0.07	0.46	0.53	0.02	0.52	0.05

溶剂对聚碳酸酯分子量的影响如表 7-24 所示。

表 7-24　聚碳酸酯的分子量对于有机相溶解能力的依赖关系

有机相	聚碳酸酯的溶解度/(g/100 mL)	聚合物分子量
正庚烷	—	28 600
庚烷与 CH_2Cl_2 混合物（70/30）	0.05	50 000
CCl_4	0.06	58 000
CH_2Cl_2	33.30	7 300

7. 水相 pH 的影响

水相中加碱作为 HCl 的接受体,故水相的 pH 值对产物的分子量及产率均有影响。这主要是由链终止的化学因素决定的,而其中端基副反应在很大程度上与 pH 值有关。图 7-34 和图 7-35 分别列出了 pH 值对聚对苯二甲酰对苯二胺和聚己二酰对苯二胺的特性黏数的影响。由图可看出 pH 值对不同反应体系分子量的影响。当链终止反应主要是酰氯端基水解时,水相 pH 值一般应在 6.5～7 之间,因为碱性太强将导致副反应增大,产物分子量下降。若链终止主要是端氨基成盐或酚氧负离子变成酚羟基,这时则要求水相 pH 值大于 7,有利于高分子聚合物的生成。

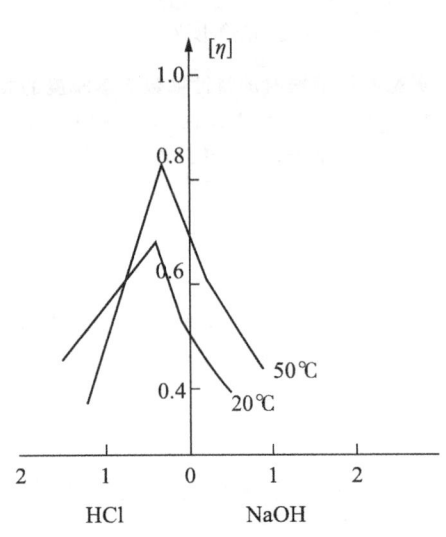

图 7-34 pH 值对对苯二胺-对苯二甲酰氯缩聚产物特性黏数的影响

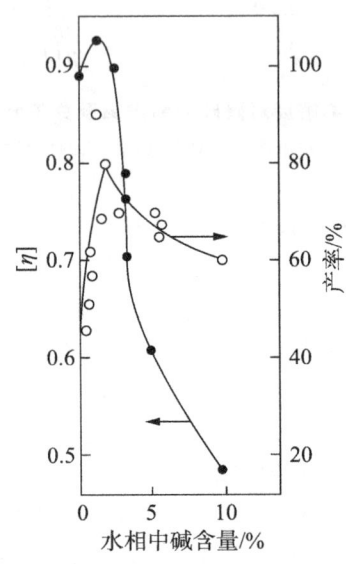

图 7-35 聚己二酰对苯二胺的特性黏数与产率对水相中碱含量的依赖关系

8. 乳化剂的影响

乳化剂的加入使反应区域加大,单体参加反应的量增多,从而使产率提高,对产物分子量也有影响。不同乳化剂对不同反应体系的影响也各不相同(图 7-36)。

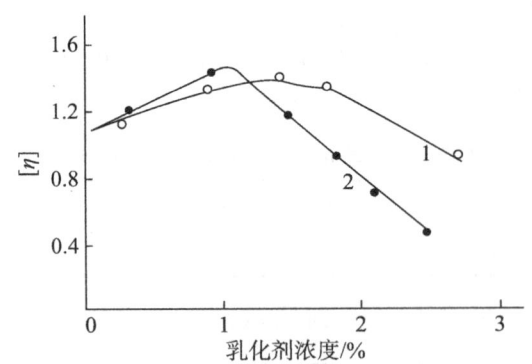

图 7-36 界面缩聚合成聚芳酯的特性黏数与乳化剂浓度的关系
1—二丁基萘磺酸钠;2—脂肪族磺酸钠盐

9. 流体力学因素的影响

由于界面缩聚是扩散控制过程,搅拌能增加两相的接触面,使产率提高,分子量加大(图 7-37)。

对于静态界面缩聚,两界面间形成高聚物薄膜的移出速率对产物分子量也有影响(图7-38),高聚物薄膜的移出速率增大,产物分子量也增大,但薄膜移出速率增大到一定值时,产物分子量就不再增加了。

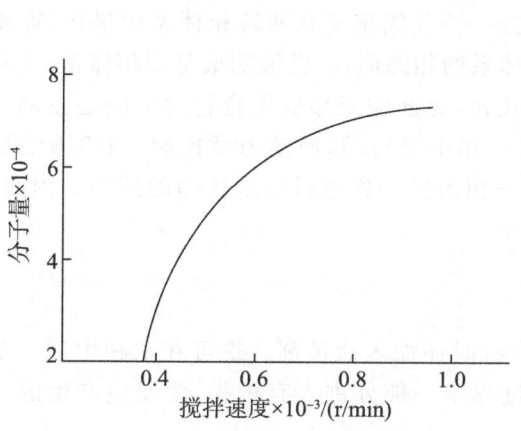

图7-37 界面缩聚法制聚碳酸酯时搅拌速度对分子量的影响

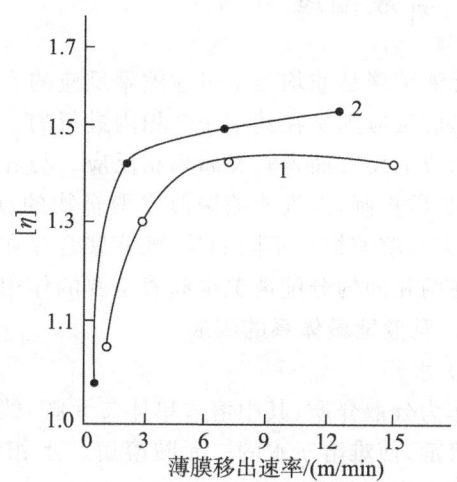

图7-38 静态界面缩聚中聚己二酰癸二胺分子量与薄膜移出速率的关系

1—二胺浓度为1.36 mol/L,酰氯浓度为0.4 mol/L;
2—二胺浓度为0.4 mol/L,酰氯浓度为0.059 mol/L

表7-25为静态界面缩聚与动态界面缩聚各种因素的比较,而选用不同介质的界面缩聚其结果也不尽相同(表7-26),根据不同体系,我们可以作出不同的选择,最好的体系仍为水-有机溶剂。

表7-25 静态界面缩聚与动态界面缩聚各种因素的比较

影响因素	静态条件(无搅拌)	动态条件(搅拌)
缩聚薄膜强度	非常重要	不重要
单体结构	不很重要	重要些
反应速率	很快	稍慢
单体浓度的比例	重要	重要
单体的等当量比	不重要	不重要
有机溶剂	惰性,形成牢固薄膜	不严格要求
搅拌速度	—	要求快

表7-26 不同溶剂系统界面缩聚的比较

溶剂系统	分界面的存在	聚合物产率(理论值)/%	[η]
四氯乙烯-乙二醇	有	70	1.05
二甲苯-水	有	60	1.19
二甲苯-甲苯	无	30	0.23
二甲苯-乙二醇	有	65	0.77
乙醚-水	有	53	0.77
乙醚-甲苯	无	28	0.12

7.5 乳液缩聚

乳液缩聚是非均相不可逆缩聚反应的实施方法之一。其缩聚是在两液相体系中进行，而聚合物的形成反应则是在其中一个相内进行的。就整个体系的相态而言，乳液缩聚是多相体系，但从聚合物形成的反应而言它又属均相反应。与界面缩聚相比，界面缩聚形成聚合物的反应是在两相界面，属扩散控制，而乳液缩聚形成聚合物的反应是在一相中进行的，属动力学控制，与溶液缩聚类似，但它与溶液缩聚不同的是：乳液聚合存在单体中一相向另一相进行质量传递的问题。因而，各组分在两相间的分配情况也起着重要的作用。

1. 乳液缩聚体系的组成

1) 水相

作为分散介质，其中溶入单体二元胺、酸吸收剂，有时还加入盐析剂。也可在水相中加一部分有机溶剂，使难溶于水的二元胺溶解。水相在反应过程中一部分进入有机相，使反应产生的 HCl 过渡到水中进行中和反应。

2) 有机相

溶解酰氯单体的有机溶剂，由于形成聚合物的反应在此相内进行，因此也称反应相。作为反应相的有机溶剂在反应中应为惰性的，且不含活性杂质，对碱稳定。若其与水有一定的亲和性（有一定的溶解度），界面张力不太大，在搅拌下即可形成足够稳定的乳液。若有机相与水完全不混溶，有时还需加入一些乳化剂或表面活性剂，以增加乳液的稳定性。表 7-27、表 7-28 列出了乳液缩聚所使用的几种溶剂。

表 7-27 乳液缩聚合成聚芳酰胺用的几种有机溶剂

溶剂	沸点/℃	在水中的溶解度/(g/100g)	在有机溶剂-水-酸吸收剂系统中的表面张力$\times 10^3$/(N/m)
四氢呋喃	65~66	∞	2.0
环氧丙烷	36.5~38	33	0.5
环己酮	155	2.4	12.5
甲基环己酮	—	不溶解	14~17
苯甲腈	191	1(100℃)	14~17

表 7-28 间苯二甲酰氯与几种有机溶剂的反应热(+)与溶解热(-)

溶剂	溶剂的湿含量/%	溶解温度/℃	热效应/(kJ/mol)
四氢呋喃	0.03	25	-15.5
环氧丙烷	0.10	25	-22.2±0.8
四甲撑砜	0.05	30	-20.9±0.2
环己酮	0.20	25	-19.0±0.2
乙腈	0.70	25	-23.4±0.4
二甲基乙酰胺	—	25	+57.4

3) 单体

二酰氯单体具有高的反应活性，二元胺与酰氯两种单体在有机相中进行反应。实现乳液缩聚的条件是单体的分布系数 $K_1 \to \infty$，酸吸收剂的分布系数 $K_2 \to 0$，即

二胺的分布系数 $K_1 = c_{有机}/c_{水} \gg 1$

二酰氯的分布系数 $K_1 = c_{有机}/c_{水} \to \infty$

酸吸收剂的分布系数 $K_2 = c_{有机}/c_{水} \to 0$

在乳液缩聚中,聚合物形成反应在有机相内进行,而副反应(包括 HCl 中和成盐,酰氯的皂化等)则是在水相中进行,消除了相互间的干扰,因此所获得的聚合物分子量比界面缩聚大。如 $K_1 =$ 0.05～1.0,单体在有机相中溶解度小,聚合反应与副反应在相界面处进行,两个反应在一个反应区。

4) 酸吸收剂

酸吸收剂作用是中和缩聚反应中产生的 HCl,主要品种有 $NaCO_3$、$NaHCO_3$、NaOH 等,其中碳酸盐的性能比 NaOH 好,原因如下:一是 NaOH 碱性过强,易使酰氯水解;二是 NaOH 易溶于四氢呋喃。

5) 盐析剂

盐析剂的作用是保证酸吸收剂溶于水而不进入有机相,可减小 K_2 值,常用的有 NaCl 等。

2. 乳液缩聚的机理及工艺特征

1) 乳液缩聚的机理

与界面缩聚的扩散性质不同,其聚合物的形成反应在一个相中进行,乳液缩聚的规律性类似于熔融缩聚与溶液缩聚过程。聚合物的分子量主要受链终止反应的限制。其链终止反应有以下三种可能性:(1) 水解反应使聚合物分子量降低;(2) 原料单体在反应区的非等当量比,如二元胺的分布系数小或酰氯水解等;(3) 聚合物链从有机相中析出后不再增长。

2) 乳液缩聚过程的工艺特征

(1) 乳液缩聚法适用于高熔点难熔聚合物的合成。单体反应活性高,属不可逆平衡缩聚,故反应热量大,且反应中有低分子副产物析出。

(2) 可以使不溶于水的两种原料单体用乳液缩聚法制得聚合物,如 4,4'-二氨基二苯醚和 4,4'-二氨基联苯,这两种单体均不溶于水(0.000 2mol/L),不能用界面缩聚法,但它们可溶于水-有机溶剂的介质中,故可以用乳液缩聚法进行生产,且这种体系黏度小,易搅拌,有利于传热和传质过程。主反应和副反应各在不同区域进行,互不干扰,产物分子量高。

(3) 可合成共缩聚物,具有起始混合物的理想结构。由于分布系数起很大作用,可选用分布系数相近的两种二元胺制各种交替结构的共缩聚物。

(4) 由于过程的反应速率很大,可以采用有机溶剂及其混合物(包括与水的混合物在内)作为反应介质,这就扩大了应用范围。另外,还可以改变工艺控制聚合物的分子量。

(5) 乳液缩聚过程的缺点:聚合物的分离、溶剂的回收再生等一系列过程,工艺比较复杂,生产效率较低,且单体需精确计量加料,生产中需强烈搅拌等。目前仅限于聚芳酰胺的生产。

3. 聚间苯二甲酰间苯二胺的合成

1962 年美国 Dupont 公司正式工业化生产,一般采用界面缩聚,纤维用干法纺丝,商品名为 Nomex。日本采用低温溶液缩聚法生产,纤维用湿法纺丝,商品名为康纳克斯。前苏联则用特殊的熔融法生产,商品名菲尼纶。我国称为芳纶-1313,其纤维叫尼龙-HT-1,西安绝缘材料厂用乳液缩聚法生产,作绝缘纸。本节主要以聚间苯二甲酰间苯二胺的合成为例来分析乳液缩聚过程。

1) 合成工艺

工艺配方:间苯二甲酰氯/间苯二胺为 1/1(物质的量之比);间苯二甲酰氯/Na_2CO_3 为 1/1.2(物质的量之比);有机相/水相为 1.07/1(体积比);有机相中酰氯的浓度为 0.28 mol/L;水相中二元胺的浓度为 0.30 mol/L。水相中溶有间苯二胺和 Na_2CO_3,有机相为环己酮,溶有间苯二甲酰氯。

工艺过程:将两液相分别冷却至 2～5 ℃,反应温度控制在 5～18 ℃,进行搅拌,数分钟即可出料。产物产率约 92%,其相对黏度为 1.88 左右,工艺流程如图 7-39 所示。

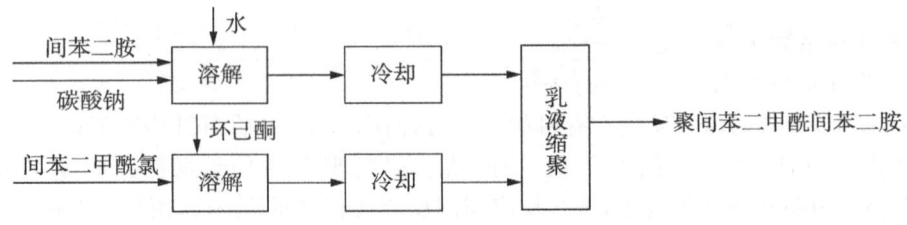

图 7-39 聚间苯二甲酰间苯二胺乳液缩聚工艺流程简图

2) 影响乳液缩聚过程的主要因素

(1) 原料的配比和反应程度　与缩聚反应的其他实施方式类似,乳液缩聚采用等物质的量之比和高反应程度(95%~98%)才能获得高分子量的聚合物。

(2) 酸吸收剂的性质及其用量　酸吸收剂是用来消除缩聚反应中产生的副产物 HCl,与盐析剂为同一物质。其种类和用量对产物分子量均有很大影响。由图 7-40 可知,产物分子量开始随其用量增加而增加,但超过一定量后反而随其用量增加而减小,这主要是用量太多导致酰氯水解的缘故。而 NaOH 由于碱性比 Na_2CO_3 强,易使酰氨水解,故同样用量的酸吸收剂所得产物分子量会有所不同。

(3) 相的组成及比例　改变起始两相的比例,则影响单体在有机相中的浓度、表面张力、有机相中水的含量以及原料单体与酸吸收剂的分布系数,最终都会影响聚合物的分子量。由图 7-41 可见,聚 4,4-二苯醚撑间苯二甲酰胺的对数黏度与在乳液系统中(水-环已酮-Na_2CO_3)的有机相中添加溶剂时的相互关系,随着有机溶剂用量增加,聚合物的分子量下降。

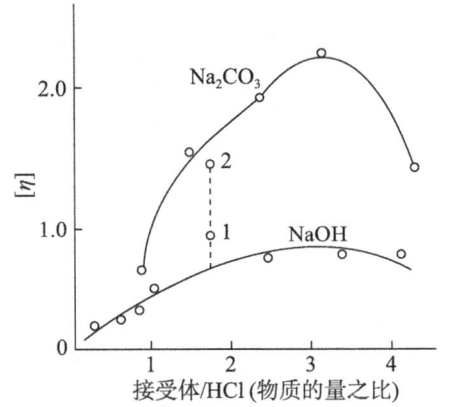

图 7-40　聚间苯二甲酰间苯二胺缩聚产物
黏度与酸吸收剂浓度的关系

1—NaOH+1.14mol/L NaCl;
2—NaOH+2.28mol/L NaCl

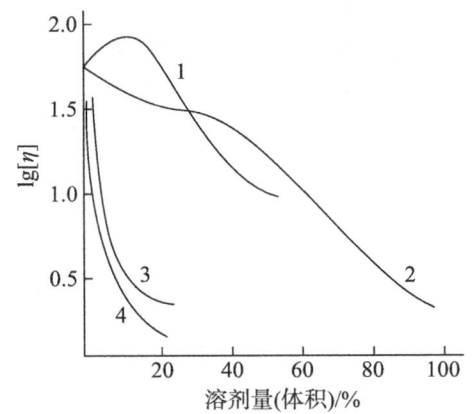

图 7-41　乳液系统中加入的有机溶剂量
对聚合物黏度的影响

1—二甲基乙酰胺;2—丙酮;
3—四氯化碳;4—环己酮

(4) 流体力学因素的影响　在以四氢呋喃-水-Na_2CO_3 为乳液体系中,聚间苯二甲酰间苯二胺的黏度与乳液系统搅拌强度有依赖关系,增加搅拌速度可使产物分子量增大,这是由于搅拌速度增加可强化传质过程,有利于反应的进行,见图 7-42。

3) 聚间苯二甲酰间苯二胺的性能

聚间苯二甲酰间苯二胺的玻璃化温度为 270 ℃,可在 200 ℃下长期使用。在 260 ℃持续使用 1 000 h 后仍能保持原强度的 67%~70%。它在火焰中不延燃,具有较好的抗燃性。能耐酸、对碱稳定,但不能与 NaOH、HCl、HNO_3 和 H_2SO_4 长期接触,对漂白剂、还原剂和有机溶剂也很稳定。

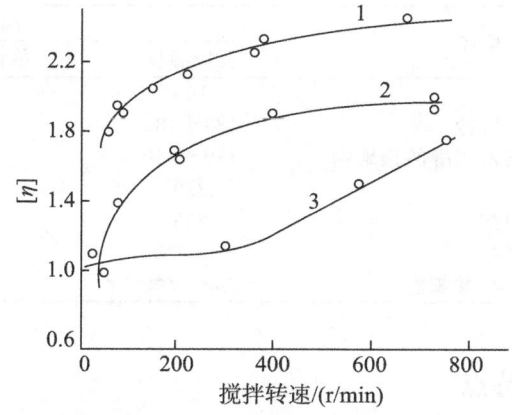

图 7-42　聚间苯二甲酰间苯二胺的黏度与乳液系统搅拌强度的相互关系
（反应器容积为：1—0.15L；2—0.30L；3—2.0L）

这种聚合物有良好的抗辐射性，尺寸稳定，且具有高的弹性模量。其纤维是目前所有耐高温纤维中产量最大、应用面最广的一个品种，主要作高温使用的过滤材料、输送带及电绝缘材料，作防火帘、防燃手套、消防服、耐热工作服、降落伞、飞行服、绝缘薄膜、漆包线漆等。

7.6　固相缩聚

在缩聚起始原料和生成的聚合物熔点以下温度进行的缩聚反应称为固相缩聚。固相缩聚是近十几年发展起来的一种新的缩聚方法。采用固相缩聚法可以在比较缓和的条件（温度较低）下合成高分子化合物，可以避免许多在高温熔融缩聚反应下发生的副反应，从而提高树脂的纯度和质量。也可制备高分子量的聚合物供特殊需要。如用熔融缩聚只能制得分子量在 23 000 左右的聚酯，而用固相缩聚法就可制得分子量在 30 000 以上的聚酯（作塑料与轮胎帘子线）。对于那些熔点很高或在熔点以上易于分解的单体缩聚，以及耐高温聚合物，特别是无机聚合物的制备，固相缩聚是非常合适的实施方法。在高聚物合成工业中，固相缩聚方法主要应用于两种情况：由结晶性单体进行固相缩聚；由某些预聚物进行固相缩聚。

7.6.1　固相缩聚的常用单体

固相缩聚所采用的常用单体见表 7-29。

表 7-29　固相缩聚主要单体

聚合物	单体	温度/℃		
		反应温度	单体熔点	聚合物熔点
聚酰胺	氨基酸	190～225	200～275	—
聚酰胺	二胺与二羟酸盐	150～235	170～280	250～350
聚酰胺	均苯四甲酸酯与二胺	200	—	>350
聚酰胺	氨基十一烷酸	185	190	—

续表

聚合物	单体	温度/℃		
		反应温度	单体熔点	聚合物熔点
聚酰胺	聚缩氨酸酯	100	—	
聚酰胺	己二酸与己二胺盐	183~185	195	265
聚酯	对苯二甲酸与乙二醇的预聚物	180~250	180	265
聚酯	羟基乙酸	220	—	245
聚酯	乙酰氧基苯甲酸	265	—	295
聚苯硫醚	对溴硫酚的钠盐	290~300	315	—
聚苯并咪唑	芳族四胺与二羟酸苯酯	280~400	—	400~500

7.6.2 固相缩聚的特点

1. 固相缩聚表观活化能高，反应速率低

固相缩聚与其他固相反应一样，反应活化能高，一般为 130~840 kJ/mol，所以固相缩聚常需几十个小时才能完成。表 7-30 列举了三种单体熔融缩聚和固相缩聚活化能的比较，由此也可看出固相缩聚活化能比其他缩聚方法高。事实上，固相缩聚表观活化能的含义是很复杂的，它除了涉及化学反应速率的温度系数外，还与扩散速率的温度系数等因素有关。

表 7-30 固相缩聚与熔融缩聚活化能的比较

单体	活化能/(kJ/mol)	
	熔融态（液相）	固相
氨基庚酸	180	385
氨基壬酸	159	754
氨基十一碳烷酸	—	251

2. 固相缩聚是扩散控制的过程

固相缩聚的扩散速率很小，在固相中有机反应的扩散系数为 $10^{-17}\,\mathrm{cm^2/s}$，分子间碰撞速率常数为 $10^{-3}\,\mathrm{L/(mol \cdot s)}$，在固相晶体中发生化学反应时是在原料物质的晶格中产生新相，并随之增长的过程。新相胚体形成及其增长的速率就决定了固相反应的速率。在固相反应中，两种原料单体的混合物首先形成一个介稳状态，类似于平衡态低熔点混合物，或低熔点的共晶体，是不稳定的中间过渡产物。然后再继续反应，生成高分子量的产物。

二聚乙烯酮的聚合有两种情况：当聚合温度低于单体熔点 1.5~2.0 ℃时，生成的产物为聚酯；当等于单体熔化温度或高于熔化温度聚合时，则生成的产物为聚二乙烯酮。

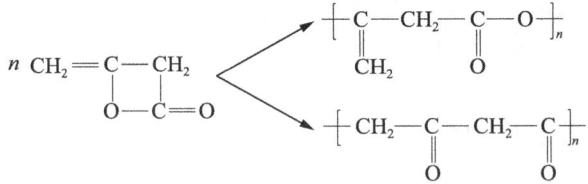

固体的酸酐与胺在低于它们熔点的温度下也可以进行酰胺化反应，如表 7-31 所示。

表 7-31 酸酐与芳族胺在固相中进行反应的温度

单体		熔化温度/℃		反应温度/℃
		平衡共晶体	类平衡共晶体	
丁二酸酐(m.p. 120 ℃)	对硝基苯胺(m.p. 148 ℃)	114	93	90~135
丁二酸酐(m.p. 120 ℃)	间硝基苯胺(m.p. 114 ℃)	113	80	50~68
丁二酸酐(m.p. 120 ℃)	邻硝基苯胺(m.p. 72 ℃)	—	57	72~96
苯甲酸酐(m.p. 42 ℃)	对硝基苯胺(m.p. 148 ℃)	37	33	33~58
苯甲酸酐(m.p. 42 ℃)	间硝基苯胺(m.p. 114 ℃)	35	28	24~62
苯甲酸酐(m.p. 42 ℃)	邻硝基苯胺(m.p. 72 ℃)	32	20	20

7.6.3 固相缩聚法分类

1. 结晶性单体的固相缩聚法

结晶性单体符合下述情况时通常需采用固相缩聚法制备线型缩聚物：通过固相缩聚可以得到分子结构高度规整的聚合物而其他缩聚方法达不到者；虽可用熔融缩聚或溶液缩聚法进行制备，但由于要求的反应温度过高，所得聚合物难溶或由于单体的空间位阻难以反应以及易于发生环化反应的单体。有些缩聚物虽可用熔融缩聚法生产，但易产生支链或分子链会出现某些缺陷时，也可采用固相缩聚法进行制备，因为其反应温度低，可以避免一些副反应。例如由对卤代苯硫醇盐制备聚苯硫醚时采用固相缩聚法可得线型结构聚合物。如用熔融缩聚法则易产生支链甚至交联结构。

$$X-\text{C}_6\text{H}_4-SMe \longrightarrow \text{[}-\text{C}_6\text{H}_4-S\text{]}_n + n\,MeX$$

Me=Li、K、Na； X=F、Cl、Br、I

固相缩聚采取的反应温度通常低于结晶单体的熔点约 5～40 ℃，熔点低的单体不适宜采用固相缩聚法制备缩聚物，因为此情况下反应温度过低不易进行反应，所以固相缩聚法适合应用于熔点高的结晶性单体。

固相缩聚的反应时间与单体种类和反应温度有关，可为数小时、数天甚至更长些。反应时间过久，则无实际应用意义，为了促进反应，可加入催化剂，例如聚酰胺化时用 H_3BO_3 为催化剂。经固相缩聚得到的聚合物可为单晶或多晶聚集态。

固相缩聚过程中产生的小分子副产物应及时脱除以使平衡反应向生成聚合物的方向进行。脱除小分子副产物的方法为真空脱除、通惰性气体、共沸脱除等。为了使固相缩聚过程反应物料受热均匀，可将原料粉碎后悬浮于惰性液体中进行反应，颗粒粒径可通过 20～25 目筛孔或者更小些。小分子副产物可与惰性介质共沸脱除。

适于固相缩聚的单体为 α,ω-氨基酸、环状二元酰胺，例如由 ω-氨基十一酸单晶（熔点 188 ℃）于 160 ℃真空下合成尼龙-11。聚肽也可由 α-氨基酸甲酯经固相缩聚，脱除甲醇后予以合成。线型结构的聚苯硫醚可由对卤代苯硫醇盐合成。两种结晶单体的混合物经固相缩聚可以得到相应的共聚物。

2. 预聚物的固相缩聚法

以半结晶预聚物为起始原料，在其熔点以下进行固相缩聚从而提高其分子量的方法已得到工业实际应用。主要用来生产分子量非常高和高质量的 PET（涤纶）树脂、PBT（聚对苯二甲酸丁二酯）树脂、尼龙-6 和尼龙-66 树脂等。因为上述聚酰胺树脂和聚酯树脂用作工程塑料时要想满足要求，其分子量占有重要地位。成型加工过程中，特别是吹塑成型和挤塑成型时要求聚合物具有很高的熔融黏度，以避免在软化阶段造成坍陷、折皱等缺陷。而如此高黏度所要求的产品分子量范围，用一般的熔融缩聚法难以得到，因为这样高的熔融黏度物料在聚合设备中处理困难并且难以出料。为降低熔融黏度，必须提高温度，因而增加了产生副反应的机会。如果将一般熔融缩聚法得到的适当分子量范围的产品出料后，再进行固相缩聚，称之为后缩聚，则上述缺点可以避免。而且所用的反应设备简单，附加费用低。

预聚物固相缩聚的工艺条件是将具有适当分子量范围的预聚物粒料或粉料，在反应设备中于真空下或惰性气流中加热到缩聚物的玻璃化温度以上而低于其熔点的温度，使预聚物的活性官能团发生反应，同时析出小分子副产物。由于此固相反应必须脱除小分子副产物才能够生成高分子链，所以小分子副产物自颗粒中扩散至表面，再发生解吸过程的速率对固相缩聚反应速率产生影响。因此，影响固相缩聚反应的参数包括颗粒大小、起始的分子量、分子链端基活性基团种类和数量、是否有催化剂、结晶度、反应温度与反应时间以及脱除副产物的方法等。这些因素还相互产生影响，而且与所用设备有关。

工业采用的固相缩聚反应器主要为转鼓式干燥器、固定床反应器或流动床反应器。应当根据产量和反应条件选择与设计最佳反应器。

7.6.4 低聚物 PET 的固相缩聚

固相缩聚是获得高分子量 PET、PBT 和聚酰胺的常用方法之一，一些热致液晶聚合物也采用这一方法来提高分子量。由于固相缩聚是在熔融缩聚后进行的，工业上称之为后缩聚。如双酚 A 与对苯二甲酰氯在熔融状态下生成特性黏数为 0.2 的低聚物，而在 290～300 ℃反应 3～4 h，则得到特性黏数为 0.75～1.1 的聚芳酯。

PET 的后缩聚是在熔融缩聚后将温度降至 200～235 ℃继续反应几十小时甚至几天，使其分子量逐渐增大，反应中通入氮气以带走小分子。或可采用下面的方法，其具体流程如下：将黏度为 0.20～0.65 的无定形预聚物切片，预热至 150～200 ℃，使聚合物部分结晶，然后粉碎成小颗粒，在 200～235 ℃流化床中进行固相缩聚，直至特性黏数达 0.8 以上。反应流程如图 7-43 所示。

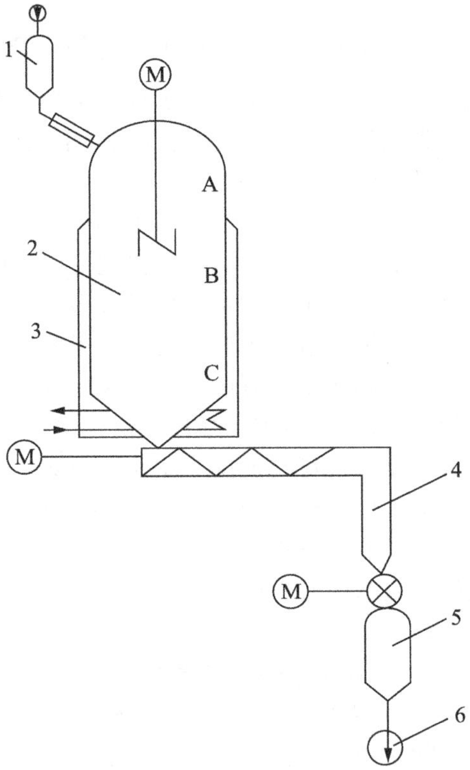

由图 7-43 可知，反应釜分为三段：上段（A）为慢速搅拌下的结晶段，受热温度较低，约为 120～150 ℃；中段（B）为干燥段，温度为 175～185 ℃；下段（C）为后缩聚段，温度最高，达到 185～240 ℃。

固相缩聚的粒料体积一般约为 0.03 cm^3。受热温度 150～170 ℃，温度低则反应时间长，连续操作时，为缩短物料停留时间，则可采用更高的反应温度。但应低于树脂熔点 10～40 ℃，避免树脂颗粒产生黏结现象。必要时还可加入适量玻璃微球，以防止粘壁。

采用通惰性气体的方法脱除小分子副产物时，可用 N_2、H_2、He、CO_2 以及空气为惰性气体，而以 N_2 应用最为广泛。提高气流速率有利于分子量的提高，但将出现最大值，与设备的几何形状、反应温度和粒料的直径大小等因素有关。

图 7-43 PET 固相结晶、干燥、后缩聚示意图
1—粒料贮罐；2—结晶、干燥、后缩聚釜（A 为结晶段；B 为干燥段；C 为后缩聚段）；3—夹套；4—螺旋输送器；5—接受器；6—贮器

经固相缩聚后产品的分子量分布稍有加宽，但不十分明显。

PBT 固相缩聚与 PET 大致相同：温度 190～210 ℃，内压小于 1mmHg，或在惰性气体如 N_2、CO_2 等气流中进行，时间从几小时到数日。经固相缩聚后，PBT 的特性黏数可由 0.7～1.1 dL/g 升至 1.3～3.5 dL/g。

随着固相缩聚时间的延长，聚合物的分子量也会提高，己内酰胺在 190 ℃条件下，采用 H_2SO_4 为催化剂进行聚合时，聚己内酰胺的黏度与缩聚时间的依赖关系如图 7-44 所示。

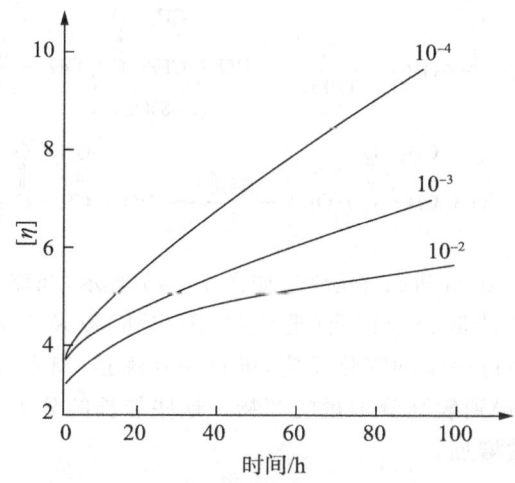

图 7-44 聚己内酰胺的黏度与缩聚时间的关系
（图中数字为催化剂浓度，mol/mol 单体）

7.6.5 聚乳酸的固相缩聚

聚乳酸(PLA)是一种无毒、无刺激性，具有良好生物相容性和生物降解性的合成高分子。它在自然环境中可以通过水解或微生物的降解，最终分解为二氧化碳和水，不产生新的污染，是近年来新型生物可降解高分子材料的研究热点。聚乳酸通常采用两步法合成，即先将乳酸单体脱水环化合成丙交酯，丙交酯再开环缩聚得到聚乳酸。这种生产工艺冗长，成本昂贵，限制了其大规模应用。近年来，合成路线简短的乳酸直接缩聚法已开始引起人们关注。直接缩聚法又包括溶液缩聚和熔融缩聚两种方法，其中在溶液缩聚法合成过程中，需使用高沸点溶剂共沸，操作较复杂，产品纯化时溶剂不易除尽，且生产过程带来了二次污染，因此其大规模的开发生产受到一定的影响。熔融缩聚法是所有工艺路线中最简单的，单体 100% 转化，产品纯度高，无污染生产，符合绿色生产的概念。但熔融缩聚得到的产品的分子量较低，不能满足对其性能的要求，考虑采用固相缩聚的方法，可以进一步提高熔融缩聚产物的分子量，因此，熔融-固相缩聚是近年来这一领域中的研究发展方向。

代国亮等先通过熔融缩聚获得黏均分子量为 8 000～9 000 的聚乳酸预聚物，将所得的预聚物用粉碎机粉碎成 35 目左右的细小颗粒，然后预聚物颗粒放入固相缩聚装置中，通氮气，采用反应温度为 145 ℃、反应时间为 25 h，所得产物分子量可达到 17 400，熔点为 167 ℃。

汪朝阳研究了聚乳酸固相聚合的工艺条件，采用熔融聚合得到分子量为 5 000 的预聚物，然后进行固相聚合，得到产物的分子量超过 2 万。同时研究了固相聚合时间、温度以及分段控温对分子量的影响，发现固相反应时间越长分子量越大，但达到一定时间，分子量增加平缓；随着固相反应温度的提高，在相同反应时间内所得产物分子量有明显的增大；在相同的总反应时间内，分段控温比等温反应所得产物的分子量要高，而且对于分段控温的固相缩聚，在相同的后段反应条件下，提高前段反应温度，更有利于产物分子量的提高。

Moon 等人采用熔融-固相聚合的方法，首先得到聚乳酸低聚物，然后以 $SnCl_2$ 和对甲苯磺酸为催化剂，在结晶温度下进行固相聚合，得到了分子量超过 50 万的聚乳酸，为直接合成聚乳酸开辟了新的途径，其合成路线为

$$\text{HO-CH(CH}_3\text{)-COOH} \xrightarrow[150℃]{\triangle} \underset{(l=8)\text{OLLA}}{\text{HO+CH(CH}_3\text{)-CO)}_l\text{OH}} \xrightarrow[180℃]{催化剂}$$

$$\text{HO+CH(CH}_3\text{)-CO)}_m\text{OH} \xrightarrow[T_c]{结晶} \text{HO+CH(CH}_3\text{)-CO)}_n\text{OH}$$

对于固相聚合的机理，Kazuya 进行了研究，如图 7-45 所示，当熔融产物进行固相缩聚时，随着结晶度的不断提高，体系中的低分子物质（催化剂、丙交酯）以及大分子端基（—OH，—COOH）都聚集在无定形区，可以发生进一步的酯化反应，进行相互连接，有利于反应向生成聚合物的方向进行，使得分子链继续增长，得到较高分子量的产物。这些加长的分子链在晶区与无定形区的边缘聚结，又使得聚合物的结晶度增加。

7.6.6 影响固相缩聚的主要因素

1. 原料的配比及单官能团化合物的影响

在异缩聚时，两种单体等当量比时所得产物分子量最高。但由于扩散因素起主导作用，故具体情况又与其他缩聚不同，如图 7-46 所示。

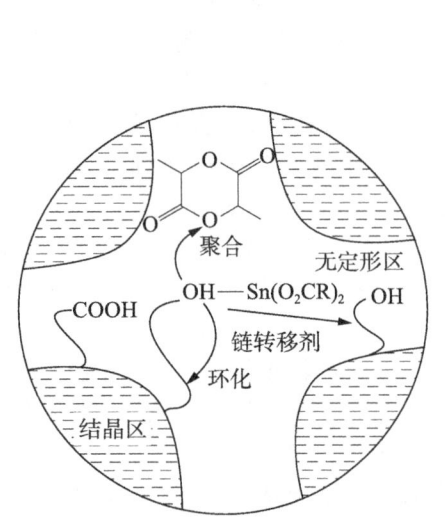

图 7-45 聚乳酸固相聚合的机理

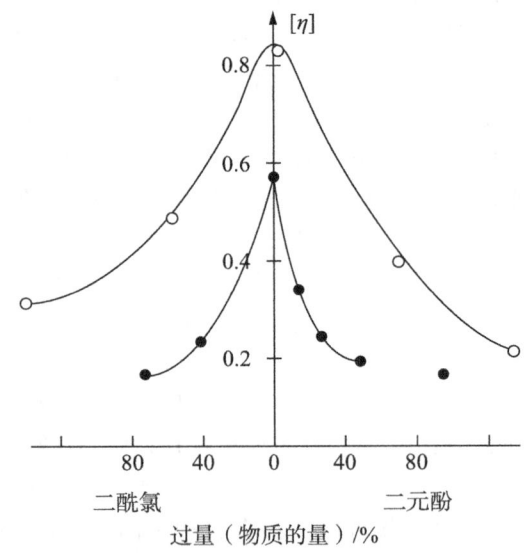

图 7-46 固相缩聚产物的黏度与原料配比的关系
〇—固相缩聚；●—溶液或熔融缩聚

而单官能团化合物会使产物分子量下降，如醋酸会使氨基庚酸固相缩聚产物的分子量下降，此外，TiO_2 也会使产物分子量下降。单官能团化合物使分子量下降的原因有两个：一是使反应官能团丧失活性（遮蔽作用），另一个是阻碍单体间的相互扩散。

2. 反应程度的影响

与一般缩聚反应一样，固相缩聚产物的分子量随反应程度的增加而提高。采用抽真空的方法排除低分子副产物可显著提高固相缩聚产物的分子量。例如乙酰氧基苯甲酸固相缩聚时，在常压下反应程度只能达到 42%,而当残压为 $0.2×10^4$ Pa 时,反应程度可达 96%。另外,由对苯二甲酸或六氢化对苯二甲酸与烷撑二胺的盐制备聚酰胺时,随着反应程度的提高聚酰胺的特性黏数从 0.3~0.7 增加到 1.3~1.7。

3. 反应温度的影响

固相缩聚的表观活化能很高,因此温度的影响很突出。通常在无催化剂存在下,氨基酸的固相缩聚反应只能在一个很窄的温度范围内进行,即低于单体熔点 15~30 ℃(低于 30 ℃又不能聚合)。如果在低于熔点 1~5 ℃的温度下进行,则实际上有一部分的缩聚反应是在熔体状态下进行的,得到的聚酰胺是块状的。倘若缩聚反应是在低于单体熔点 5~20 ℃下进行,得到的产物是白色疏松的粉末。在二元酸二元胺盐的固相缩聚中也有同样的情况,见表 7-32。固相缩聚的表观活化能与温度有关,当接近单体熔点时,表观活化能迅速增加,如图 7-47 所示。这表明不仅反应温度绝对值的高低对固相缩聚有影响,而且相对温度(即反应温度与单体及聚合物熔点之比)对它也有影响。

表 7-32　二胺与二羟酸盐固相缩聚的起始温度

盐类	温度/℃		
	反应温度	盐的熔点	聚合物熔点
己二胺与己二酸的盐	170	195	260
己二胺与对苯二甲酸的盐	235	280	360

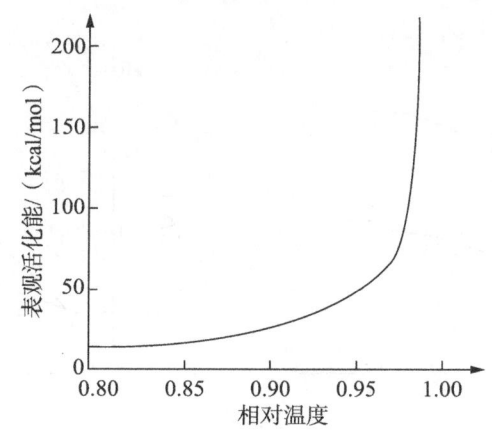

图 7-47　对-氨基乙苯紫草酸固相缩聚表观活化能与相对温度的关系

4. 原料的粒径

固相缩聚反应如同一般的固相反应一样,反应速率通常取决于下述三个条件:化学反应、副产物分子由固相物质中逸出来的扩散速率和气体副产物由聚合物表面反应区移去的速率。而后两者要远比化学反应的速率慢得多,它们决定着整个固相缩聚反应的总速率。在实现固相缩聚反应时通过增大低分子物质的扩散速率,加快缩聚反应的进程。同时也用增大物料的比表面来促进低分子产物的扩散,增大总的反应速率。

在对苯二甲酸双-β-羟乙酯(BHET)低聚体的固相缩聚反应中,其反应速率在很大程度上取决于产物的分散程度。随着原料粒度减小,颗粒比表面增大,缩聚反应速率加快,BHET 固相缩聚中颗粒直径与分子量的关系见表 7-33。

表 7-33 BHET 固相缩聚中颗粒直径与分子量的关系

粒径/mm	平均分子量	粒径/mm	平均分子量
>7	26 000	2~3	33 600
5~7	28 800	≤2	38 600
3~5	30 500	≤1	49 000

注：反应温度 240 ℃，时间 5 h，消耗 N_2 30L/h。

5．添加剂的影响

固相缩聚对添加剂(不论是化学活性物质或化学惰性物质)比较敏感，使反应加速的添加剂可看作催化剂。例如生成聚酰胺的固相缩聚，无机酸类，特别是磷酸，具有显著的催化效应。另外，在氨基庚酸进行固相缩聚时，氧化镁、碳酸钠等有明显的催化效果，见图 7-48。

有一些添加物会阻滞反应，例如二氧化钛会使氨基庚酸固相缩聚的速率下降，可能是它影响了原料的扩散。

6．其他

影响固相缩聚反应的因素还有很多，如惰性气体的流速、原料分子的结构等。己二酸己二铵盐固相缩聚时，惰性气体的种类及流速对分子量的影响见图 7-49。$H_2NCH_2CH_2C_6H_4(CH_2)_nCOOH$ 固相缩聚时，开始聚合温度随 $(CH_2)_n$ 中 n 的不同而变化，其活化能也有区别，见表 7-34。

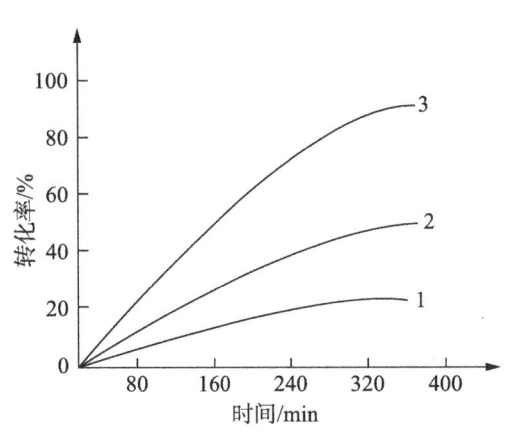

图 7-48 ω-氨基庚酸 175 ℃ 固相缩聚的动力学曲线
1—无催化剂；2—0.2%MgO；3—0.5%MgO

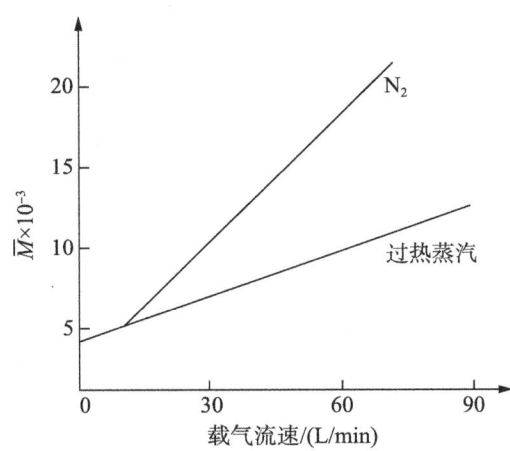

图 7-49 己二酸己二铵盐固相缩聚时惰性气体的种类及流速对分子量的影响

表 7-34 $H_2NCH_2CH_2C_6H_4(CH_2)_nCOOH$ 固相缩聚温度与其化学结构的关系

n	熔点/℃ 单体	熔点/℃ 聚合物	开始聚合温度/℃	ΔT	T_p/T_m	$E/(kJ/mol)$
1	276	280	226	50	0.82	28
2	242	380	200	40	0.83	49
3	223	223	200	20	0.89	71
4	199	274	190	9	0.96	200

7.7 缩聚实施方法比较

熔融缩聚、溶液缩聚、界面缩聚及固相缩聚等四种缩聚实施方法的优缺点及其适用范围比较见表 7-35。

表 7-35 各种缩聚实施方法比较

特点	熔融缩聚	溶液缩聚	界面缩聚	固相缩聚
优点	生产工艺过程简单,生产成本低。可连续法生产直接纺丝。聚合设备的生产能力高	溶剂存在下可降低反应温度,避免单体和产物分解。反应平稳易控制。可与产生的小分子共沸或与之反应而脱除。聚合物溶液可直接用作产品	反应条件缓和,反应是不可逆的,对两种单体的配比要求不严格	反应温度低于熔融缩聚温度,反应条件缓和
缺点	反应温度高,要求单体和缩聚物在反应温度下不分解,单体配比要求严格,反应物料黏度高,小分子不易脱除。局部过热可能产生副反应,对聚合设备密封性要求高	溶剂可能有毒,易燃,提高了成本。增加了缩聚物分离、精制、溶剂回收等工序,生产高分子量产品时须将溶剂蒸出后进行熔融缩聚	必须使用高活性单体,如酰氯,需要大量溶剂,产品不易精制	原料需充分混合,要求达一定细度,反应速率低,小分子不易脱除
适用范围	广泛用于大品种缩聚物,如聚酯、聚酰胺的生产	适用于单体或缩聚物熔融后易分解的产品生产,主要是芳香族聚合物、芳杂环聚合物等的生产	适用于气-液相、液-液相界面缩聚和芳香族酰氯生产芳酰胺等特种性能聚合物	适用于提高已生产的缩聚物如聚酯、聚酰胺等的分子量以及难溶的芳族聚合物的生产

第8章 逐步加成聚合工艺

8.1 概述

某些单体分子的官能团可按逐步反应的机理相互加成而获得聚合物，但又不析出小分子副产物，这种反应称为逐步加成聚合反应(Step-Growth Addition Polymerization)，兼有加聚与缩聚两种反应的某些性质。相应的产物，可称为逐步加成聚合物。就逐步加成反应机理而言，这类反应属于官能团间反应，并服从缩聚反应的一些规律：大分子链逐步增长，每步反应后都能得到稳定的中间加成产物；聚合物分子量随反应时间增长而增高；单体的等物质的量之比是获得高分子量聚合物的必要条件，否则一种单体过量，会造成另一种单体过早耗尽，从而导致大分子链增长终止；加入单官能团化合物（如一元醇或一元胺等）可控制聚合物分子量；生成聚合物的大分子主链，是由C、O、N、S等原子所组成的杂链。但是，在逐步加成聚合过程中无低分子副产物析出，故生成聚合物的化学组成与所用单体的化学组成相同。这一性质与加聚反应相似。典型的逐步加成聚合反应见表8-1。

表8-1 典型的逐步加成聚合反应

反应物	生成的特征基团	产物
二异氰酸酯+二元醇	$-O-\overset{O}{\underset{}{C}}-\overset{H}{\underset{}{N}}-$	聚氨酯
二异氰酸酯+二元胺	$-\overset{H}{\underset{}{N}}-\overset{O}{\underset{}{C}}-\overset{H}{\underset{}{N}}-$	聚脲
二硫异氰酸酯+二元胺	$-\overset{H}{\underset{}{N}}-\overset{S}{\underset{}{C}}-\overset{H}{\underset{}{N}}-$	聚硫脲
二异氰酸酯+双环氧化合物	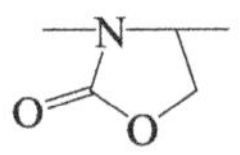 噁唑烷酮环	聚-2-噁唑烷酮
二硫醇+非共轭二烯烃	$-CH_2-CH_2-S-$	聚多硫化合物
二腈+二元醇	$-\overset{H}{\underset{}{N}}-\overset{O}{\underset{}{C}}-$	聚酰胺
二乙烯基砜+二元醇	$-O-CH_2-CH_2-SO_2-$	聚砜
共轭双二烯烃+双亲二烯烃	各种结构	如 Diels-Alder 型梯型聚合物

现今工业生产的逐步加成聚合物品种不多,仅有表 8-1 中所列的聚氨酯、聚脲及环氧树脂三大类。其中聚氨酯发展最快,产量也最大。由狄尔斯-阿尔德反应(Diels-Alder Reaction)可合成特殊的梯型结构聚合物,具有独特的耐高温和耐氧化性能,在耐高温聚合物研究领域中已为人们所重视。

1937 年首先合成了第一种聚氨酯材料 Durthane U,它是一种可以代替尼龙的热塑性塑料,随后出现了合成纤维贝纶 U(Perlon U)和混炼型橡胶。20 世纪 50 年代出现了浇注型和热塑性聚氨酯弹性体,还开发了聚氨酯弹性纤维与泡沫塑料。到 60 年代起其应用领域更扩大至涂料和黏合剂等各个方面。聚氨酯分子中具有重复的强极性氨基甲酸酯基团,在大分子之间存在氢键,所以聚合物具有很高强度、耐磨、耐溶剂等特性;而且可通过改变多羟基化合物的结构、分子量等,在很大范围内调节聚氨酯的性能,使之在塑料(特别是泡沫塑料)、橡胶、涂料、黏合剂、合成纤维等领域中有着广泛应用。在逐步加成聚合物中,聚氨酯不仅品种最多,且其产量亦最大,用途亦最广。因此,本章以聚氨酯为典型,重点讨论其合成原理、结构与性能,以及各种聚氨酯材料的生产方法与应用。

8.2 聚氨酯的合成原料

聚氨酯的合成原料主要有多异氰酸酯、多元醇、扩链剂、催化剂及各种助剂等。

8.2.1 异氰酸酯

异氰酸(O=C=NH)分子中的氢原子被烃基(或芳基)取代的衍生物(O=C=NR)叫做异氰酸酯。应用于聚氨酯树脂的有机多元异氰酸酯,按—NCO 基团的数目可分为二元异氰酸酯、三元异氰酸酯及聚合型异氰酸酯三大类。若按异氰酸上取代基团 R 的性质可分为脂肪族及芳香族两大类。

1. 异氰酸酯种类

1) 芳香族二异氰酸脂

(1) 甲苯二异氰酸酯(TDI)　甲苯二异氰酸酯(TDI)是使用最广、耗量最大的一种异氰酸酯。异氰酸酯在苯环上可采取 2,4-取代和 2,6-取代。工业产品主要有 TDI-100、TDI-80 及 TDI-65(产品代号后的数字代表 2,4 取代物的百分比),混合物中 2,4 取代物和 2,6 取代物的质量比例称为异构比。由于 2,4-位 TDI 的反应活性大于 2,6-位的,所以 TDI-100 活性最大;TDI-80 活性适中,供应最普遍;TDI-65 活性最小,凝固点亦低,冬天不需熔化,使用方便。采用 TDI 所制得的聚氨酯制品物理性能较好,但其沸点低,蒸气压高、毒性大,是 TDI 最主要的缺点。TDI 的主要规格见表 8-2。

表 8-2　甲苯二异氰酸酯的主要规格

规格	指标		
	TDI-100	TDI-80	TDI-65
2,4-位含量	≥97.5%	(80±2)%	(65±2)%
2,6-位含量	≤2.5%	(20±2)%	(35±2)%
纯度	≥99.5	≥99.5	≥99.5

续表

规格	指标		
	TDI-100	TDI-80	TDI-65
凝固温度/℃	≥21	12.5~14.5	4.0~6.0
沸点(10 mmHg)/℃	120	120	120
沸点(760 mmHg)/℃	246~247	246~247	246~247
折射率 n_D^{25}	1.565 4	1.566 3	1.566 6
密度(20℃)/(g/cm³)	1.22	1.22	1.22
外观	透明到黄色的液体		

(2) 4,4'-二苯基甲烷二异氰酸酯(MDI)　MDI易二聚,凝固点37~41℃,使用时需熔化。市售MDI有粗制级、纤维级和橡胶级三种规格的产品。粗制级MDI主要用于生产泡沫塑料、涂料和黏合剂。

(3) 多亚甲基多苯基多异氰酸酯(PAPI)　PAPI分子量大,蒸气压为TDI的1%,毒性低。其合成反应为

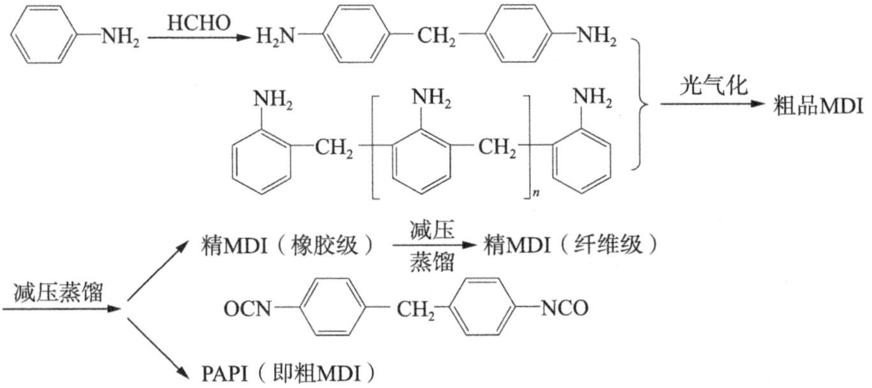

PAPI是褐色透明状液体,实际上它是含有不同官能度的多异氰酸酯混合物。目前国内外许多厂家又称其为聚合MDI或粗品MDI。通常要求MDI应占混合物总量的50%左右。因分子中含有较多的异氰酸酯基团,制得的聚合物交联密度较高,链段的刚性也较大。PAPI价格低,反应活性小,主要用于制备聚氨酯硬质泡沫塑料、防水材料等制品。

(4) 对苯二异氰酸酯(PPDI)　PPDI目前的价格较贵,但它是制备高性能浇注型和热塑性聚氨酯弹性体的重要异氰酸酯。它可使生成的聚氨酯比传统聚氨酯具有更高的耐磨性,更好的机械力学性能,更优秀的耐温、耐溶剂、耐水性能以及十分突出的回弹性能。

(5) 间苯二亚甲基二异氰酸酯(XDI)　XDI在异氰酸酯原料中属非黄变型异氰酸酯,这是由于分子中的亚甲基(—CH₂—)阻断了—NCO基团与苯环,故具有较好的光稳定性。XDI主要用来制备户外用聚氨酯材料,如涂料、黏合剂、弹性体等非黄变型聚氨酯产品。

(6) 萘-1,5-二异氰酸酯(NDI)　用于制造高弹性和高硬度的聚氨酯弹性体,如有特殊要求的CPU制件。NDI的预聚体牌号为Vulkollan。这种弹性体具有优异的动态性能和耐热耐油性能。但因NDI是一种极其活泼的化合物,所以合成的预聚物贮存稳定性不好,目前生产NDI的公司只有Bayer和日本三井东亚等个别公司,且售价很高。

2) 脂肪族二异氰酸酯

含有芳环的异氰酸酯,在光照下会变黄,为此开发了脂肪族异氰酸酯,如HDI、LDI等。由

HDI合成的聚氨酯,耐光、耐温、耐皂化性能均好,可直接或经改性后用于制作纤维或配制油漆和涂料。脂肪族二异氰酸酯的另一重要品种是异佛尔酮二异氰酸酯(IPDI),其制成的聚氨酯树脂具有优秀的耐光学稳定性和耐化学药品性,一般用于制造高档的聚氨酯树脂。另外,也可将 TDI 及 MDI 等氢化,使芳香环加氢饱和成脂肪环,制成不变黄的 HTDI 及 HMDI,其结构如下所示。

HTDI:

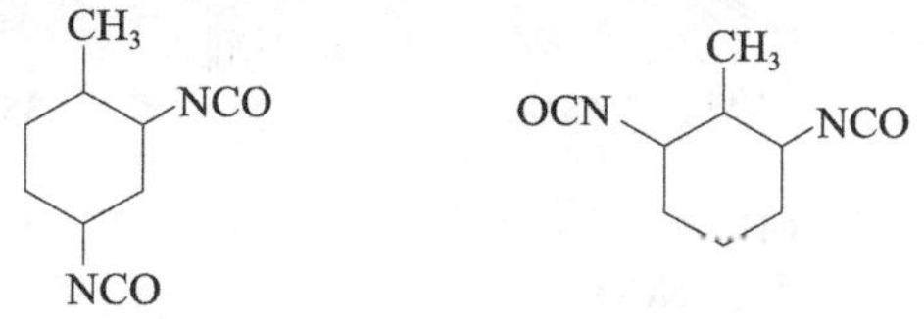

HMDI:

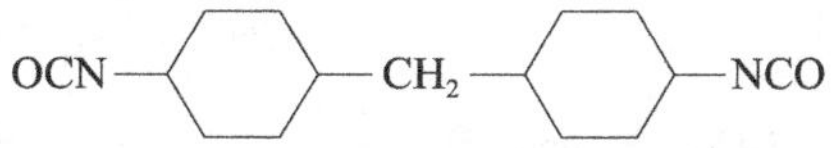

3) 其他类型的异氰酸酯

(1) 聚合型异氰酸酯 由二异氰酸酯衍生而得的化合物,可称为聚合型异氰酸酯。TDI 反应所得的三聚体,或 TDI 与三羟甲基丙烷(TMP)生成的三元异氰酸酯的结构式各为

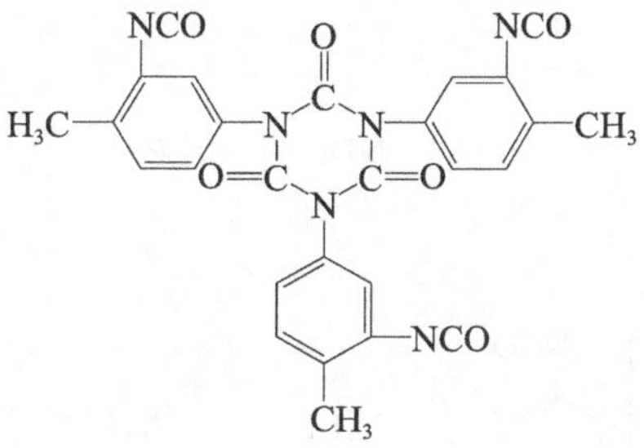

TDI三聚体 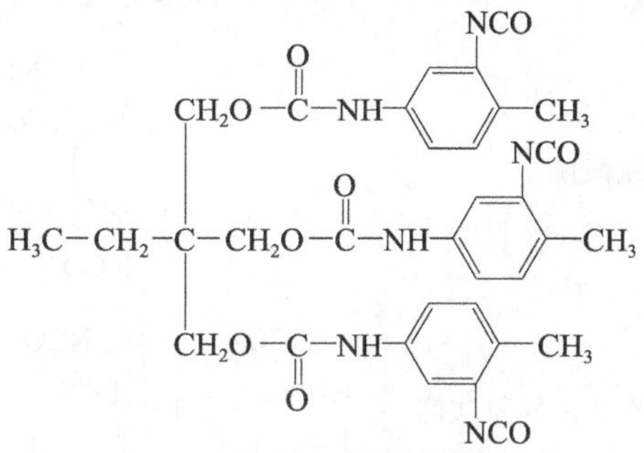   TDI和TMP的加成物

它们的官能度较大,可提高聚氨酯材料的支化及交联度,借以改善制品的性能,而这类化合物的毒性又小,较安全。

(2) 隐蔽型异氰酸酯 因为异氰酸酯活性很大,不易贮存。运输时不稳定,使用操作时工作寿命较短。如果将多元异氰酸酯与苯酚反应,则生成氨基甲酸苯酯类化合物,即

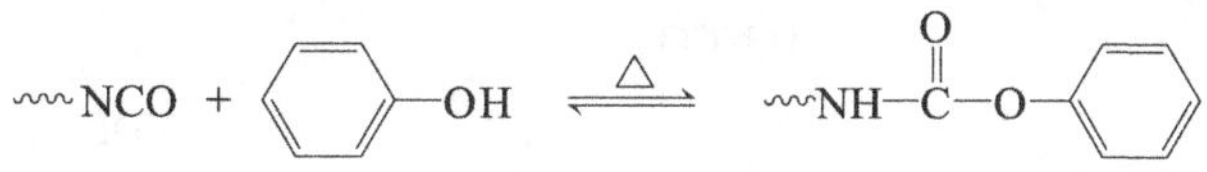

～NCO + ⌬—OH ⇌ ～NH—C(=O)—O—⌬

平时它是惰性的,加热下却可释出异氰酸酯,这类化合物称为隐蔽型异氰酸酯。亚硫酸氢钠、乙酰丙酮等皆可起着类似于苯酚的作用,隐蔽的方法很多,不一一详述。

(3) 特殊类型的异氰酸酯 特殊类型的异氰酸酯是供特殊需要所用,如阻燃型异氰酸酯(引入了磷或卤素原子)、液化 MDI 和大分子二异氰酸酯等。

常用各种异氰酸酯的名称、结构、简称及其用途参见表 8-3。

表 8-3 常用异氰酸酯的名称、结构及其用途

名称	化学结构	简称	主要用途[①]
甲苯-2,4-二异氰酸酯	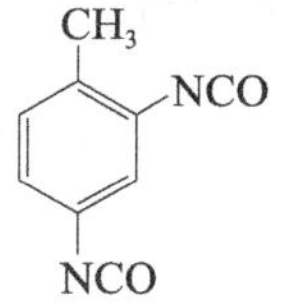	TDI-100	A,E,F,P,R

续表

名称	化学结构	简称	主要用途[①]
65/35-甲苯异氰酸酯	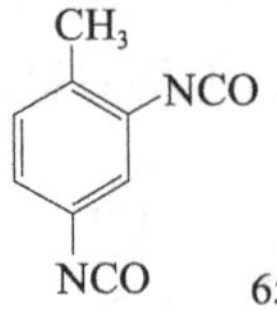 (结构式) 65%, 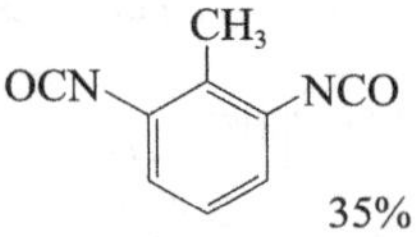 35%	TDI-65	A,E,F,P,R
80/20-甲苯二异氰酸酯	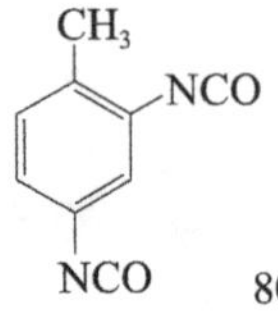 (结构式) 80%, 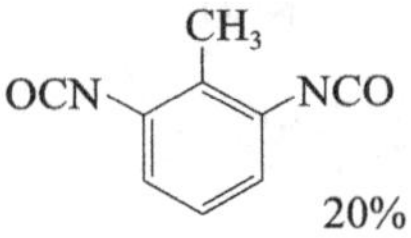 20%	TDI-80	A,E,F,P,R
4,4'-二苯基甲烷二异氰酸酯	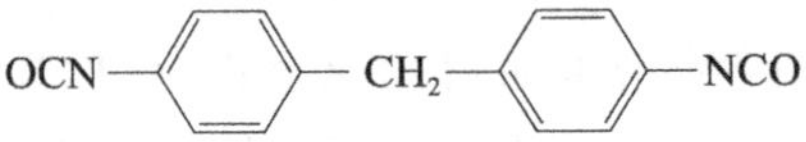 OCN—C$_6$H$_4$—CH$_2$—C$_6$H$_4$—NCO	MDI	A,E,F,P,R,S
己二异氰酸酯	OCN—(CH$_2$)$_6$—NCO	HDI	E,P,R,S
1,5-萘二异氰酸酯	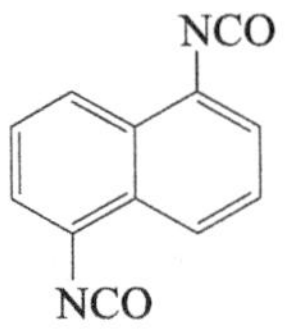 (萘环结构)	NDI	R
多亚甲基多苯基多异氰酸酯	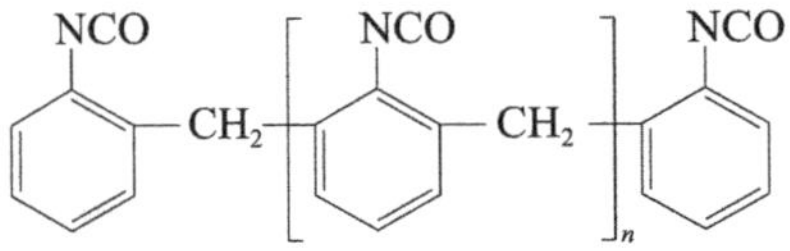 (结构式)$_n$	PAPI	A,F,P
3,3'-二甲氧基-4,4-联苯二异氰酸酯	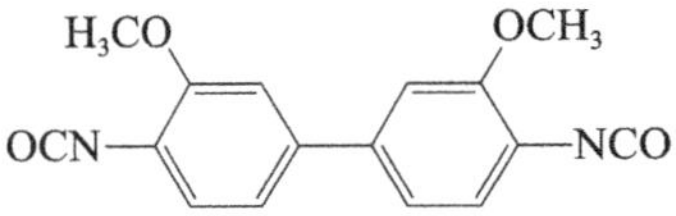 (结构式)	DADI	A,E,P,R
间苯二亚甲基二异氰酸酯	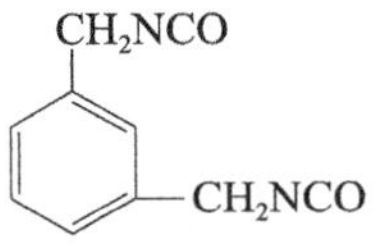 (结构式)	XDI	A,E,F,P,R
4,4',4''-三苯基甲烷三异氰酸酯	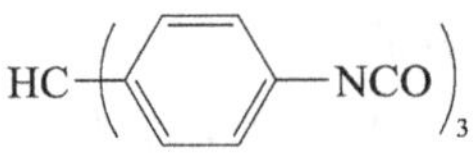 HC—(C$_6$H$_4$—NCO)$_3$	TTI	A
异佛尔酮二异氰酸酯	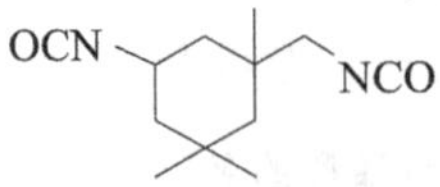 (结构式)	IPDI	A,E,F,P,R
2,6-二异氰酸酯基己酸甲酯	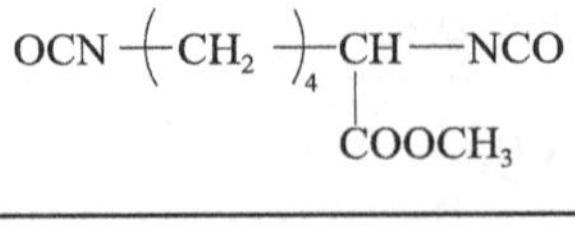 OCN—(CH$_2$)$_4$—CH(COOCH$_3$)—NCO	LDI	P

① A—黏合剂；E—合成革；F—泡沫塑料；P—涂料；R—橡胶；S—纤维。

2. 异氰酸酯的化学活性

1) 异氰酸酯与含活泼氢化合物的反应

异氰酸酯化合物中的—N≡C≡O基团是一个高度不饱和的基团,电子云分布极不均匀,其中氮原子和氧原子上的电子云密度较大,反之,碳原子的电子云密度很低,故 N、O 和 C 三种原子各自显示出不同的反应活性。当异氰酸酯与含有活泼氢的化合物反应时,就是活泼氢化合物分子中的亲核中心攻击了正电性的碳原子,所以多元异氰酸酯与多元醇生成聚氨酯树脂的反应是一种亲核加成的聚合反应。

异氰酸酯与醇的反应,常常采用碱性催化剂(也可用酸性催化剂,但效果较差)。若不用催化剂时,反应的醇化合物本身也具有催化剂的作用。无催化剂参与下的反应机理如下:

$$R-NCO + R'OH \rightleftharpoons [R-N=C-\overset{\ominus}{\ddot{O}}:] \xrightarrow{R'OH}$$
$$H-\ddot{O}-R'^{\oplus}$$

$$\left[\begin{array}{c} H-O-R' \\ \vdots \\ R-N=C-\overset{\ominus}{\ddot{O}}: \\ \vdots \\ H-O-R'^{\oplus} \end{array}\right] \longrightarrow R-NH-\overset{O}{\overset{\|}{C}}-OR' + R'OH$$

醇与异氰酸酯基先形成一个中间络合物,后者与另一个醇分子反应生成氨基甲酸酯。

由此机理可推知,若与—NCO 连接的 R 为吸电子基团,能使碳原子的正电性更强,有利于亲核试剂醇分子的进攻,即提高了此异氰酸酯的反应活性,R 为推电子基团,则效果相反。按亲核性的强弱,羟基化合物与异氰酸酯的反应活性顺序如下:

$$CH_3OH > H_2O > \text{C}_6\text{H}_5-OH > CH_3SH$$
$$伯—OH > 仲—OH > 叔—OH$$

若 R 为苯环等共轭基团,也能提高活性,故芳香族异氰酸酯的活性大于脂肪族异氰酸酯。通常有下列活性次序:

$$O_2N-\text{C}_6\text{H}_4-NCO > \text{C}_6\text{H}_4-NCO > H_3C-\text{C}_6\text{H}_4-NCO > CH_3O-\text{C}_6\text{H}_4-NCO$$
$$\text{C}_6\text{H}_5-NCO \gg C_nH_{2n+1}NCO$$

其他各类含活泼氢化合物活性的次序为:

$$RNH_2 > ROH > H_2O > \text{C}_6\text{H}_5-OH > RSH > RNH-\overset{O}{\overset{\|}{C}}-NHR' \approx RCOOH$$
$$RNH-\overset{O}{\overset{\|}{C}}-R' > RNH-\overset{O}{\overset{\|}{C}}-OR'$$

常用的二元芳香族异氰酸酯中,在芳环不同位置上—NCO 基团的反应活性也不尽相同,而芳香族的反应活性又大于脂肪族的;另外,当第一个—NCO 反应后,会使第二个—NCO 基团的活性降低。常用异氰酸酯与含活泼氢化合物反应的相对反应速率及速率常数见表 8-4 和表 8-5。因此可利用不同异氰酸酯的反应活性来调节此聚合反应的速率和聚合物结构等。

表 8-4 异氰酸酯和各种活性氢化合物在 80℃ 时的相对反应速率
（以二氧六环为溶剂，反应物物质的量之比为 1:1）

活性氢化合物	反应速率（无催化剂） $K\times10^4/(\text{mol}\cdot\text{s})$	相对反应速率
苯胺基甲酸正丁酯	0.02±0.02	1
正丁酰基苯胺	0.28±0.05	14
二苯脲	1.48±0.60	74
正丁酸	1.56±0.33	78
水	5.89	295
正丁醇	27.5	1 375

表 8-5 芳香族异氰酸酯在不同反应温度下的一级反应速率常数
（与过量 2-乙基己醇反应时测得）

异氰酸酯	$k\times10^{-4}/\text{s}^{-1}$		
	10%	50%	90%
苯异氰酸酯	1.1	1.1	1.1
间苯二异氰酸酯	6.0	4.4	2.5
对苯二异氰酸酯	5.7	3.7	1.6
邻甲苯异氰酸酯	0.088	0.088	0.088
对甲苯异氰酸酯	0.66	0.66	0.66
2,4-甲苯二异氰酸酯	2.0	1.2	0.22
2,6-甲苯二异氰酸酯	0.8	0.32	0.12
1-氯-2,4-苯二异氰酸酯	13.0	9.1	4.3
4,4′-二异氰酸基二苯甲烷	1.7	1.3	0.9
3,3′-二甲基-4,4′-二异氰酸基二苯甲烷	0.11	0.11	0.10

异氰酸酯与含活泼氢化合物间的反应很多，现将其重要的列举如下：

$$R-NCO \begin{cases} \xrightarrow{H_2O} R-\underset{H}{N}-\underset{\|}{\overset{O}{C}}-OH \longrightarrow R-NH_2 + CO_2\uparrow \text{ 氨基甲酸} \\ \xrightarrow{R'-OH} R-\underset{H}{N}-\underset{\|}{\overset{O}{C}}-OR' \text{ 氨基甲酸酯} \\ \xrightarrow{ArOH} R-\underset{H}{N}-\underset{\|}{\overset{O}{C}}-OAr \text{ 氨基甲酸芳基酯} \\ \xrightarrow{R'-NH_2} R-\underset{H}{N}-\underset{\|}{\overset{O}{C}}-NH-R' \text{ 脲} \\ \xrightarrow{R'-COOH} R-\underset{H}{N}-\underset{\|}{\overset{O}{C}}-O-\underset{\|}{\overset{O}{C}}-R' \longrightarrow R-\underset{H}{N}-\underset{\|}{\overset{O}{C}}-R' + CO_2\uparrow \\ \qquad\qquad\qquad \text{混合酸酐} \qquad\qquad\qquad \text{酰胺} \\ \qquad\qquad \downarrow \\ R-\underset{H}{N}-\underset{\|}{\overset{O}{C}}-O-\underset{\|}{\overset{O}{C}}-\underset{H}{N}-R + R'-\underset{\|}{\overset{O}{C}}-O-\underset{\|}{\overset{O}{C}}-R' \\ \qquad\qquad \downarrow \\ R-\underset{H}{N}-\underset{\|}{\overset{O}{C}}-NH-R \text{ 脲} \\ \xrightarrow{R'-H} R-\underset{H}{N}-\underset{\|}{\overset{O}{C}}-R' + CO_2\uparrow \text{ 酰胺} \end{cases}$$

上述反应中 R、R′为脂肪族或芳香族基团；Ar 则专指芳香族基团，如苯环。

根据亲核性的不同，异氰酸酯与伯、仲、叔醇的反应能力存在明显差异。异氰酸酯与伯醇反应，即使没有催化剂在室温下也能进行；与仲醇反应较慢，只为伯醇反应速率的 30%，但在加热及催化剂存在的场合，亦会顺利完成；与叔醇反应很慢，仅为伯醇反应速率的 0.5%，产物极不稳定，甚至在室温下亦会分解成烯烃、胺与二氧化碳。

异氰酸酯与水的反应活性相当于它与仲醇反应。在与水反应时，先生成一种不稳定加成物，后立即分解为胺与二氧化碳。这个反应在制取泡沫塑料时是十分重要的，因为可通过生成的二氧化碳气体来达到发泡的目的。因此，异氰酸酯在贮存时要求严格密封，以免受潮而变质，在使用时亦应防止水分带入。异氰酸酯与羧酸的反应活性略低于其与伯醇或水的反应活性。

上述各个反应产物（如氨基甲酸酯及脲等）中仍含有活泼氢原子，可与过量的异氰酸酯进一步发生反应。

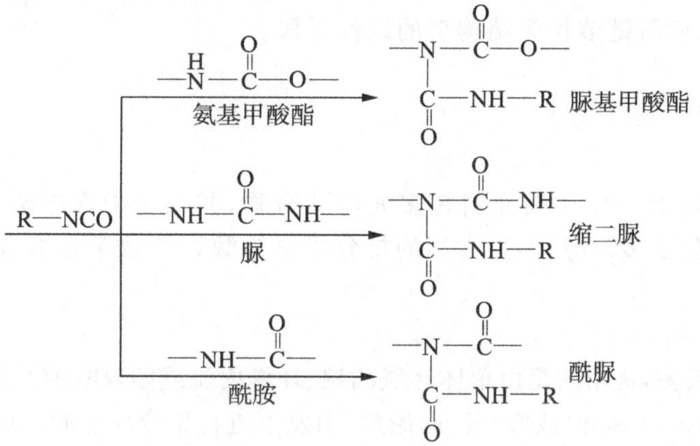

人们常把异氰酸酯与水、醇、胺和酸等发生的加成反应称为初级反应，而把以上三式所示的反应称为次级反应。后一类反应的活性较小，不及前一类活泼，但在碱性及高温条件下仍可发生，能形成支化或交联的产物，是合成非线型聚氨酯材料的基本反应。

2）异氰酸酯的环化反应

异氰酸酯在长期贮存过程中或在催化剂（如吡啶、三烷基膦、辛酸钠、苯甲酸钾等）作用下会发生二聚与三聚环化反应：

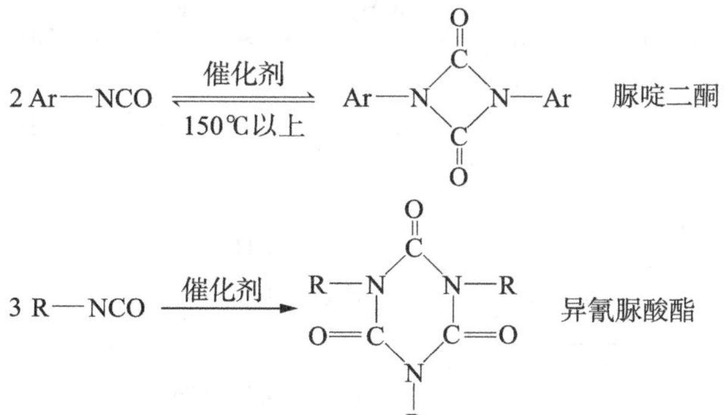

二聚体受热时又分解为初始单体，如 TDI 的二聚体在加热到 175℃，就是在无催化剂的条件下，也能分解成 TDI 单体，而在三烷基膦催化剂存在的条件下，在 80℃即可在苯溶液中 100%分解。此外异氰酸酯二聚体还能和活性氢化合物直接反应，其所用催化剂和单体异氰酸酯所用催化

剂基本相同。

三聚反应在聚氨酯反应中是较为重要的,其主要原因是异氰酸酯三聚环化后形成的异氰脲酸酯链节,对热和大部分化学药品都比较稳定,同时三聚反应还可作为高聚物交联反应的手段。异氰脲酸酯链节具有优异的耐温性和尺寸稳定性,近年来由聚氨酯派生出异氰脲酸酯高聚物,其泡沫塑料可在150℃下长期使用,热变形温度高,耐火焰贯穿性好,燃烧发烟量低,受到人们的重视。

3) 异氰酸酯的自缩合反应

某些异氰酸酯在高温或以2,4,6(二乙醇胺基)对称三嗪为催化剂作用下会发生自缩合反应,生成碳化二亚胺结构化合物并释放二氧化碳:

$$2R-NCO \longrightarrow R-N=C=N-R + CO_2 \uparrow$$
碳化二亚胺

利用这个反应可将固态的MDI制成含有碳化二亚胺的液态MDI。由液态MDI制备的聚氨酯产品具有良好的耐焰性和低发烟密度。碳化二亚胺还能提高聚酯型聚氨酯的耐水汽性,因此根据需要,可以引入碳化二亚胺链节作为结构型的改性手段。

8.2.2 多元醇

合成聚氨酯树脂的另一个主要原料是多元醇化合物,其分子中含有两个或两个以上的羟基。它们可以是一般的低分子多元醇,而更常用的是分子量为数百至数千含有羟基的脂肪族聚醚或聚酯多元醇。

1. 聚醚多元醇

聚醚多元醇品种很多,常用的是由单体环氧乙烷、环氧丙烷或四氢呋喃开环聚合而成。工业生产中是采用碱性催化剂KOH和醇(或胺)等"起始剂"引发下进行聚合反应的。现列举三个反应如下:

$$HO(CH_2)_4OH + (n_1+n_2) \triangleright O \longrightarrow \begin{array}{c} [O-CH_2-CH_2]_{n_1}OH \\ (CH_2)_4 \\ [O-CH_2-CH_2]_{n_2}OH \end{array}$$

$$\begin{array}{c} CH_2-OH \\ CH-OH \\ CH_2-OH \end{array} + (n_1+n_2+n_3) \overset{CH_3}{\underset{O}{\triangleright}} \longrightarrow \begin{array}{c} CH_2(O-CH_2-CH(CH_3))_{n_1}OH \\ CH(O-CH_2-CH(CH_3))_{n_2}OH \\ CH_2(O-CH_2-CH(CH_3))_{n_3}OH \end{array}$$

$$H_2N-CH_2-CH_2-NH_2 \xrightarrow{(n_1+n_2+n_3+n_4)\overset{CH_3}{\underset{O}{\triangleright}}} \begin{array}{c} H(O-CH(CH_3)-CH_2)_{n_1} \\ N-CH_2-CH_2-N \\ H(O-CH(CH_3)-CH_2)_{n_2} \end{array} \begin{array}{c} (CH_2-CH(CH_3)-O)_{n_3}H \\ \\ (CH_2-CH(CH_3)-O)_{n_4}H \end{array}$$

由上面三个反应式可知聚醚多元醇分子中端羟基数与起始剂醇分子中的羟基数(或胺分子中的活泼氢原子数)相等。此外,一个起始剂分子产生一个聚醚多元醇大分子。在消耗同等物质的量的单体时,若加入的起始剂量越多,生成的聚醚多元醇大分子数越多,使获得聚醚多元醇的分子量越低。所以选定起始剂的结构（即其分子中所含的羟基数或活泼氢原子数）及用量，便可控制和调节产物聚醚多元醇的端羟基数和它的分子量。表 8-6 中列入了一些常用的聚醚多元醇的种类和其用途。

表 8-6 所列举的品种中，用量最大的是聚氧化丙烯三元醇（即环氧丙烷单体-三元醇合成的聚醚三元醇），分子量为 3 000 左右，羟值 56（羟值即每克试样中羟基含量相当的氢氧化钾毫克数）。若采用官能度较高的起始剂可得到多官能度聚醚，从而可制成尺寸稳定性好、强度高、耐温性好及高负荷的泡沫塑料。

表 8-6 常用聚醚多元醇的种类和用途

官能度	起始剂	单体①	分子量	用途
2	水，丙二醇，乙二醇，一缩二乙二醇等	EO，PO，PO/EO，THF/PO	2 000~4 000	弹性体，涂料，黏合剂，纤维合成革及软泡沫塑料等
3	甘油，三羟甲基丙烷，三乙醇胺等	PO，PO/EO	400~6 000	弹性体，黏合剂，防水材料，软泡沫塑料等
4	季戊四醇，乙二胺，芳香族二胺等	PO，PO/EO	400~800	软、半硬及硬泡沫塑料
5	木糖醇，二乙烯三胺等	PO，PO/EO	500~800	硬泡沫塑料
6	甘露醇，山梨醇等	PO，PO/EO	1 000 以下	硬泡沫塑料
8	蔗糖	PO，PO/EO	500~1 500	软及硬泡沫塑料

① EO—环氧乙烷；PO—环氧丙烷；THF—四氢呋喃；PO/EO—指两种单体的共聚物。

以端羟基结构来说，由环氧乙烷所合成的聚醚多元醇的端基为伯羟基，由环氧丙烷所合成的聚醚多元醇为仲羟基。已知伯羟基的活性大于仲羟基，为了提高后者的活性，在合成过程中先让环氧丙烷聚合，然后加入环氧乙烷进行嵌段共聚和封端，其反应式可简写如下：

$$R\text{---}(OH)_x + n\,\underset{O}{\overset{CH_3}{\triangle}} \xrightarrow{K^+} R\text{---}(CH_2\text{---}CH(CH_3)\text{---}O)_n)_x H$$

$$\xrightarrow[K^+]{m\,\underset{O}{\triangle}} R\text{---}(CH_2\text{---}CH(CH_3)\text{---}O)_n(CH_2\text{---}CH_2\text{---}O)_m)_x H$$

这种聚醚称为高活性嵌段型聚氧化丙烯-氧化乙烯多元醇，其平均分子量为 4 000~6 000，而伯羟基含量可高达 40%~80%。

由单体环氧乙烷或环氧丙烷在聚醚中构成的链节结构各为—CH_2—CH_2—O—、—CH_2—$CH(CH_3)$—O—，前者亲水性较好，后者较差。如果要合成水溶性较好的聚醚多元醇，可以采用两种单体进行无规共聚，其中环氧乙烷可占单体总量的 80% 以上。因此，利用此法可调节聚醚多元醇的水溶性。

此外，利用化学反应引入磷、卤等元素可制备磷酸酯型聚醚多元醇，可用来制备具有阻燃性能的聚氨酯材料，反应如下所示。

$$O=P\equiv C(Cl)_3 + \begin{array}{l}CH_2\text{---}OH\\CH\text{---}OH\\CH_2\text{---}OH\end{array} + \underset{O}{\overset{CH_3}{\triangle}} \longrightarrow \begin{array}{l}\text{Cl}\\H_3C\text{---}CH\text{---}CH_2\text{---}O\end{array}\overset{O}{\underset{OH}{P}}\begin{array}{l}O\text{---}CH_2\text{---}CH\text{---}CH_2\text{---}O\text{---}(CH_2\text{---}CH(CH_3)\text{---}O)_n\\OH\end{array}$$

2. 聚酯多元醇

含有端羟基的聚酯多元醇，通常由二元酸与过量的多元醇反应而成，它与高分子工业中普通的醇酸树脂、不饱和聚酯或聚酯树脂等的不同之处在于聚氨酯树脂中所使用的聚酯多元醇分子量低，一般为 1 000～3 000。

线型结构的聚酯二醇由过量的二元醇与二元酸反应而成，其结构式为

$$H\!-\!\!\left[\!O\!-\!R\!-\!O\!-\!\overset{O}{\overset{\|}{C}}\!-\!R'\!-\!\overset{O}{\overset{\|}{C}}\!\right]_n\!\!-\!O\!-\!R\!-\!OH$$

也可采用混合二元醇与二元酸反应以调节聚酯多元醇的链结构，可改变与控制最终聚氨酯材料的性能。

二元羧酸主要有饱和脂肪酸：乙二酸（草酸）、丁二酸、戊二酸、己二酸、庚二酸、辛二酸（栓酸）、壬二酸、癸二酸、异癸二酸等；不饱和脂肪酸：顺丁烯二酸、反丁烯二酸等；芳香酸：对苯二甲酸、间苯二甲酸、邻苯二甲酸或酐。

多元醇主要有二元醇：乙二醇、一缩二乙二醇、二缩三乙二醇、丙二醇、丁二醇等；三元醇：三羟甲基丙烷、甘油、三羟甲基乙烷、己三醇等；其他醇：山梨醇、季戊四醇等。

通过以上两种醇酸化合物的不同调配，可分别合成各种各样的具有不同支化度与分子量的聚酯多元醇，以满足对聚氨酯树脂最终制品物性的要求。

聚氨酯树脂用的聚酯多元醇种类一般是以羧酸分类的，通常有以下几种。

1) 己二酸系聚酯多元醇

己二酸系聚酯多元醇是以己二酸与其他二醇、三醇化合物经缩聚反应而合成的，线型聚酯多元醇分子式可表示为

$$H\!-\!\!\left[\!O\!-\!R\!-\!O\!-\!R\!-\!O\!-\!\overset{O}{\overset{\|}{C}}\!\!\left(CH_2\right)_4\!\overset{O}{\overset{\|}{C}}\right]_n\!\!-\!O\!-\!R\!-\!O\!-\!R\!-\!OH$$

$$R=\!-\!CH_2\!-\!CH_2\!-$$

这类聚合物在聚氨酯树脂中用途最广，其平均分子量为 2000 的线型聚合物主要用于生产弹性体、纤维等；有少量支化度的聚酯多元醇主要用于软泡与涂料；具有高支化度的聚酯则用于硬泡及化学稳定性好的涂料或黏合剂。

线型聚酯多元醇的性能随所用二元醇的不同而有所差别，选用二元醇的原则是以最终产品的黏度、凝固点，制品的机械性能、耐油性、耐水性、耐磨、耐低温性等性能为依据的。常用的二醇有乙二醇、丙二醇、1,4-丁二醇、一缩二乙二醇、一缩二丙二醇等。

2) 醇酸系聚酯多元醇

醇酸系聚酯多元醇是属醇酸聚酯树脂的一种，它是在己二酸系聚酯多元醇基础上发展起来的。一般是在己二酸系聚酯配方中引入邻苯二甲酸酐、马来酸酐、二聚酸等以提高聚合物主链的刚性、耐温性及耐油性等。

这类聚酯多元醇化合物多用于聚氨酯涂料、黏合剂及硬质泡沫塑料等。如用于聚氨酯耐油、耐水涂料的多羟基聚酯树脂，就是种典型的醇酸系聚酯多元醇，这种树脂由邻苯二酸酐、己二酸、三羟甲基丙烷、十一烯酸等反应制得。

3) 己内酯系聚酯多元醇

己内酯系聚酯多元醇是由内酯开环聚合而成的化合物。它与己二酸系、醇酸系聚酯多元醇的差别是，以它为原料合成的聚氨酯树脂具有优异的耐热性，耐水解性以及低温性能。己内酯系聚酯多元醇主要用于制造聚氨酯泡沫塑料、弹性体、纤维、人造革等。

4）丙烯酸系聚酯多元醇

丙烯酸聚酯多元醇是在丙烯酸类聚合物或共聚物中引入羟基。它与己二酸系、醇酸系及己内酯聚酯多元醇不同的是，丙烯酸聚酯多元醇是由含羟烷基丙烯酸酯与其他单体共聚而成，而前面几种聚酯多元醇均是缩聚产品。

丙烯酸系聚酯多元醇最近在涂料工业中获得大量应用，由丙烯酸聚酯多元醇制得的聚氨酯涂料，因具有聚氨酯与丙烯酸聚合物的两种特性，其漆膜具有良好的密着性、耐气候和耐药品性，快干、光泽丰满、黏合力强等性能。一般都用作各种材料的表面装饰涂层，很受汽车、造船、航空、家具、建筑等行业部门欢迎。

另外，这类多元醇也可应用于制备光敏性聚氨酯涂料和聚氨酯硬质泡沫塑料。丙烯酸系聚酯多元醇可使硬质聚氨酯泡沫塑料具有较高的抗压缩负荷、高强度、高模数、耐溶剂等优异性能。各种聚酯系多元醇的物性与用途列于表8-7。

表8-7 聚酯多元醇的物性与用途

聚酯多元醇的组成	链的形状	物性				用途
		羟值 /(mgKOH/g)	酸度 /(mgKOH/g)	水分 /%	黏度×10³ /(Pa·s)	
己二酸，二、三元醇	—⊥—	55～65	<2	<0.1	925～1 075(75℃)	软泡
己二酸，苯二甲酸，二、三元醇	——⊥	205～221	<4	<0.1	600～700(75℃)	软泡，合成革
己二酸，二元醇	——	35～45	<2	<0.1	700～800(75℃)	软泡，黏合剂
己二酸，二元醇	——	50～60	<2	0.1～0.2	500～700(75℃)	弹性体、纤维、泡沫
己二酸，二、三元醇	—⊥—	55～65	<1.2	<0.1		弹性体，合成革
己二酸，苯二甲酸，三元醇	⊥⊥	300～500	2～3	<0.15	800～1 000	硬泡，半硬泡
己二酸，苯二甲酸，三元醇	⊥—⊥	305～325	<4	<0.15	2 300～2 700(75℃)	硬泡
己二酸，苯二甲酸，三元醇	⊥—⊥	280～297	<5	<0.1	2 200～3 800(75℃)	涂料
苯二甲酸，二、三元醇	⊥⊥⊥	380～400	<2	<0.2	800～1 100（20℃，70%固）	涂料
己二酸，二元醇	——	35～45	<2	<0.1	700～800	黏合剂
己内酯、季戊四醇	—⊥	450～500	<1	0.1		硬泡
己内酯、二元醇	——	50～60	<1	<0.1		软泡、弹性体、合成革

由表8-7可看出，聚氨酯软泡、弹性体所要求的聚酯羟值在35～65 mg KOH/g，硬泡的聚酯羟值在300～500 mg KOH/g，涂料等制品的聚酯羟值在160～300 mgKOH/g。

3. 聚醚多元醇与聚酯多元醇的比较

这两类多元醇是聚氨酯材料工业中最重要的原料,由它们合成的聚酯型与聚醚型聚氨酯树脂在性能及应用上存在显著差异,参见表 8-8。

表 8-8 聚酯多元醇与聚醚多元醇的比较

特点	聚酯多元醇	聚醚多元醇
发展特点	在煤化学基础上发展的	以石油化工为基础而发展的
结构	分子主链中含羰基,极性大	含有醚键,主链柔软
制得材料的性能	耐温、耐磨及耐油性较好,机械强度较高,耐低温性、水解性差	制品较柔软,水解性、回弹性及耐低温性较好,机械强度、氧化稳定性较差
合成工艺及原料	合成工艺较复杂,原料不充分,价格贵	原料来源丰富,成本低廉
应用范围	合成革、橡胶及鞋类制品中应用较广	大量用于聚氨酯泡沫塑料

4. 油脂类

在聚氨酯生产中,尤其是涂料的生产,常采用蓖麻油、豆油、亚麻仁油、椰子油等作为多羟基化合物与异氰酸酯反应,其中尤以蓖麻油的应用最广泛。

蓖麻油是脂肪酸的三甘油酯,存在于蓖麻的种子里,其含量为 35%~57%,利用榨取或溶剂萃取方法制得蓖麻油。脂肪酸中含有 90% 的蓖麻油酸(9-烯基-12-羟基十八酸),还有 10% 不含羟基的油酸和亚油酸。分子结构式如下:

$$
\begin{array}{l}
CH_2-O-\overset{O}{\overset{\|}{C}}-(CH_2)_7-CH=CH-CH_2-\overset{OH}{\overset{|}{CH}}-(CH_2)_5-CH_3 \\
CH-O-\overset{O}{\overset{\|}{C}}-(CH_2)_7-CH=CH-CH_2-\overset{OH}{\overset{|}{CH}}-(CH_2)_5-CH_3 \\
CH_2-O-\overset{O}{\overset{\|}{C}}-(CH_2)_7-CH=CH-CH_2-\overset{OH}{\overset{|}{CH}}-(CH_2)_5-CH_3
\end{array}
$$

蓖麻油的羟值为 163 mgKOH/g,羟基含量为 4.94%,羟基摩尔质量为 345。按羟值推算,可认为蓖麻油是含 70% 三官能度和 30% 二官能度的物质。羟基平均官能度为 2.7。用蓖麻油来制造聚氨酯时,需土漂或精漂,所制备的涂料在低温性能、耐水性以及绝缘性能方面较佳。

除蓖麻油外,应用得较多的还有亚麻仁油和大豆油。亚麻仁油又称胡麻油,是一种干性油,主要成分是亚麻酸酯,为十八碳三烯酸三甘油酯。主要利用它来制造聚氨酯改性油涂料,但因亚麻仁油泛黄性大,不宜制户外浅色漆,主要用来制室内木器漆。该漆干燥快、光泽高、漆膜柔性佳。大豆油主要用于制造聚氨酯双组分涂料以及油改性聚氨酯单组分涂料。

8.2.3 扩链剂

扩链剂是聚氨酯树脂生产中仅次于异氰酸酯和聚多元醇的重要原料之一。它们与预聚体反应使分子链扩展而增大,并在聚氨酯大分子链中成为硬段。常见的扩链剂也是一些含活泼氢的化合物,可分为两个大类。

1. 二元醇类

一般为低分子量的脂肪族和芳香族的二元醇,如乙二醇、1,4-丁二醇、三羟甲基丙烷和对苯二酚二羟乙基醚等。还有一些含叔氮原子的芳香二醇,如 N,N-双羟乙基苯胺。

2. 二元胺类

常用的是芳香族胺类,如联苯胺、$3,3'$-二氯联苯二胺和 $3,3'$-二氯-$4,4'$-二苯基甲烷二胺(商品名 MOCA)等,其中 MOCA 是合成聚氨酯橡胶时最重要的扩链剂。也有使用混合胺类的,如间苯二胺和异丙基苯二胺混合物。现今认为 MOCA 有致癌作用,故已研究和合成了许多新型无毒的二元胺类扩链剂。

8.2.4 催化剂

聚氨酯树脂生产中最重要的两种催化剂是叔胺类和有机锡类化合物。

1. 叔胺类

如三乙胺、三乙醇胺、三亚乙基二胺、丙二胺、N,N-二甲基苯胺及 N-烷基吗啉等。这些胺类化合物皆具有碱性,其催化机理即叔胺分子 R_3N 起着第一个醇分子 $R'OH$ 相似的作用,发生亲核反应,而与 $R-NCO$ 生成络合物,在第二个醇分子攻击下生成聚氨酯并释放出催化剂分子,由此可知,若叔胺化合物的碱性越强,其催化能力也越强(在相同的主体位阻效应下)。

2. 有机锡类化合物

如二丁基锡二月桂酸酯、辛酸亚锡及油酸亚锡等,其中以前两种最为重要(因催化活性高,应用面较广)。

这两类催化剂对各种异氰酸酯反应的催化能力不尽相同(表 8-9)。从表 8-9 中列出的相对活性数据可知叔胺类催化剂对"—NCO~ROH"反应的催化活性不及有机锡类催化剂,但是在"—NCO~H_2O"反应中则活性次序相反。前一个反应即为异氰酸酯与聚多元醇之间的链增长反应,后一个反应为异氰酸酯与水之间产生 CO_2 的反应。生产泡沫塑料时,若用水作为发泡剂产生 CO_2 来发泡时,可采用"胺-有机锡"混合催化剂,以此来调节链增长反应(凝胶速率)与发泡反应两者的速率,有利于整个反应的完成,并制得性能优良的泡沫塑料。另外,混合催化剂能产生"协同效应",其催化效果比单一的催化剂要提高很多倍。

表 8-9 两类催化剂的相对活性

催化剂	浓度/%	对—NCO~ROH 反应的相对活性	对—NCO~H_2O 反应的相对活性
无	—	1.0	0
四甲基丁二胺	0.1	56	1.6
三亚乙基二胺	0.1	130	27
二丁基锡二月桂酸酯	0.1	210	1.3
辛酸亚锡	0.1	540	1.0

8.2.5 其他助剂

聚氨酯材料生产中所采用的助剂品种很多,如制备泡沫塑料中需要发泡剂,泡沫稳定剂及防老剂等;聚氨酯弹性体中需要表面活性剂、填充剂及硫化剂等;制备黏合剂、涂料与纤维等也各有其专门的助剂。这些助剂的品种、作用与选择将在下面分类说明。

8.3 聚氨酯的合成原理

在大分子主链上含有重复氨基甲酸酯基团的高聚物称为聚氨基甲酸酯,常简称为聚氨酯。它由多异氰酸酯与多羟基化合物通过逐步加成聚合反应而制得。聚氨酯树脂的起始原料是二元(或多元)异氰酸酯和二元(或多元)醇(后者又称多羟基化合物)。采用各种不同结构的原料,可得到性能各异的树脂,供各种用途的需要。聚氨酯分子结构大致分为线型、支链型与体型。体型结构聚氨酯又因交联密度不同,则有软质、半硬质与硬质的。但其合成方法或制造工艺过程可分为两大类,即一步法和两步法,后者又称预聚体法,现分类讨论如下。

8.3.1 一步法

由异氰酸酯和醇类化合物直接进行逐步加成聚合反应以合成聚氨酯的方法,称为一步法。如己二异氰酸酯和1,4-丁二醇反应:

$$n\text{OCN}-\text{CH}_2-\text{NCO} + n\text{HO}(\text{CH}_2)_4\text{OH} \longrightarrow$$

$$\left[\overset{O}{\overset{\|}{C}}-\text{NH}(\text{CH}_2)_4\text{NH}-\overset{O}{\overset{\|}{C}}-\text{O}(\text{CH}_2)_4\text{O}\right]_n$$

由此聚合物所纺得的纤维,即为贝纶 U(Perlon U)。

又如2,4-甲苯二异氰酸酯和带有三个端羟基的支化型聚酯(可由己二酸、1,3-丁二醇及三羟甲基丙烷合成)混合后反应,即可合成交联型聚氨酯树脂。

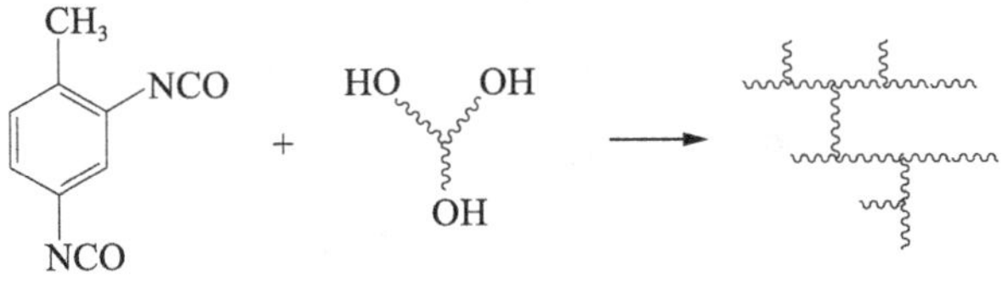

这个反应相当于缩聚反应中的2~3官能度体系,可直接获得交联产物。如双组分的聚氨酯黏合剂,在施工现场中将两个组分混合后进行反应,涂布和胶接,生成的聚氨酯即产生粘接作用。聚氨酯泡沫塑料也可由一步法直接合成而制得。

8.3.2 两步法(预聚体法)

两步法合成聚氨酯整个过程可以分为两个步骤,即首先合成低分子量的预聚体,然后再对预聚体进行扩链反应来提高聚合物的分子量。若制备交联型的聚合物,可对扩链产物进行进一步的交联反应。

1. 合成预聚体

跟缩聚反应一样,逐步聚合反应产物的分子量也强烈地依赖于两组分的当量比。通过调节二元醇和二元异氰酸酯的当量比(异氰酸酯过量),可合成分子量较低的、以-NCO基团封端的线型聚氨酯,反应式如下:

$$2\,OCH-R-NCO + HO-R'-OH \longrightarrow OCN-R-NH-\overset{O}{\underset{\|}{C}}-O-R'-O-\overset{O}{\underset{\|}{C}}-NH-R-NCO$$

（端基为 NCO 的预聚体）

上式中的线型聚氨酯,由于分子量较低,称为预聚体。由于预聚体的两个端基是具有反应活性的异氰酸酯,根据 Flory 等活性原则(官能团的活性跟其分子链长无关),可以把预聚体看作是可以进一步用来做聚合反应的单体。上式反应中,除采用二元醇外,更常用的是含有端羟基的聚醚、聚酯或聚烯烃树脂。因而预聚体分子量的大小,取决于聚醚或聚酯等树脂的分子量。预聚体的分子量不宜过大,通常为数百至数千。

2. 预聚体进行扩链反应和交联反应

通常用扩链反应将分子量不高的预聚体转化为高分子量的聚氨酯树脂。如生产热塑性聚氨酯弹性体,就是先合成预聚体,再经扩链反应得到高分子量的产物。而在生产聚氨酯橡胶、泡沫塑料、涂料或黏合剂时,一般还要将扩链后的聚合物再进行交联以生成交联结构的聚氨酯。

1) 扩链反应

分子量不高的聚合物,通过末端活性基团的反应(或其他方法)使分子相互联结而增大分子量的过程,称为扩链,相应的反应称为扩链反应。在聚氨酯树脂合成过程中,就是将分子量较低并带有－NCO 端基的预聚体与水、二元醇、二元胺或氨基醇等反应,经扩链而生成高聚物。用来和预聚体进行扩链反应的的二元醇、水及二元胺等通常称为扩链剂。

以 OCN~~~NCO 代表预聚体分子,其与二元醇的扩链反应可简写为:

$$2\,OCN\sim NCO + HO-R'-OH \longrightarrow OCN\sim NH-\overset{O}{\underset{\|}{C}}-O-R'-O-\overset{O}{\underset{\|}{C}}-NH\sim NCO$$

（氨基甲酸酯）

用二元胺扩链,分子链中将产生取代脲链节:

$$2\,OCN\sim NCO + H_2N-R''-NH_2 \longrightarrow OCN\sim NH-\overset{O}{\underset{\|}{C}}-NH-R''-NH-\overset{O}{\underset{\|}{C}}-NH\sim NCO$$

（取代脲）

以水扩链时,除产生脲链节外,反应还释放出 CO_2 气体:

$$2\,OCN\sim NCO + H_2O \longrightarrow OCN\sim NH-\overset{O}{\underset{\|}{C}}-NH\sim NCO + CO_2\uparrow$$

（取代脲）

比较上述各式,它们都是—NCO 与含活泼氢化合物的反应。除了生成的主链结构不同外,这些反应与缩聚反应中的 2-2 官能度体系相似,所以在合成预聚体时也可能有扩链反应发生。

已知 2-2 官能度缩聚反应中,两种官能团的物质的量之比决定了缩聚产物分子量的大小及端基的结构。上述反应也是 2-2 官能度体系,故其产物取决于异氰酸酯基团和羟基两者物质的量的比值 R,即

$$R = \frac{-NCO\ 物质的量}{-OH\ 物质的量}$$

此 R 值称为异氰酸酯指数。R 值大小的影响如下:

$0 < R < 1$　　　　分子扩链,端基为—OH;

$R = 1$　　　　　　分子无限扩链,端基为—NCO 及—OH;

$1 < R < 2$ 　　　　分子扩链，端基为—NCO；
$R = 2$ 　　　　　分子不扩链，端基为—NCO；
$R > 2$ 　　　　　分子不扩链，端基为—NCO，且存留有未反应的异氰酸酯。

由此可知，在合成预聚体时，由 R 值的大小控制了预聚体的分子量与端基的结构，也控制了扩链反应的发生与否。

扩链时生成的氨基甲酸酯和取代脲链节，极性很大，构成了聚氨酯大分子链中的"刚性链段"，对最终产品的性能具有很大的影响。

扩链产物如直接作为成品使用，可通过调节 R 值制备高分子量的产物。如扩链产物只是作为中间体使用，通常分子量仍不宜过高。

2) 交联反应

聚氨酯大分子的交联（聚氨酯橡胶合成时又称硫化）可以有多种方法。一般可分为三种：交联剂交联；加热交联；利用聚氨酯分子自身结构中的"氢键"交联。但是生产中都是采用既加交联剂又加热的方法进行交联。现将各种方法中发生的化学反应简述如下。

(1) 用多元醇类作交联剂的交联反应

将带有—NCO 端基的预聚体或扩链聚合物与多元醇（带有三个或三个以上端羟基的单体或聚合物）反应，在加热下即可交联。这个反应与一步法中二元异氰酸酯与三元醇的反应相似。

$$3\ OCN{\sim}{\sim}NCO + HO{-}\underset{OH}{\overset{OH}{C}}{-}OH \longrightarrow OCN{\sim}{\sim}NH{-}\underset{O}{\overset{O}{C}}{-}O{-}\underset{\underset{\underset{OCN{\sim}{\sim}NH{-}\overset{O}{C}=O}{|}}{O}}{C}{-}O{-}\overset{O}{C}{-}NH{\sim}{\sim}NCO$$

（氨基甲酸酯基）

(2) 利用过量二异氰酸酯的交联反应

$${\sim}NCO + {\sim}NH{-}\overset{O}{C}{-}O{\sim} \xrightarrow{\Delta} \begin{matrix}{\sim}N{-}\overset{O}{C}{-}O{\sim}\\|\\C=O\\|\\{\sim}NH\end{matrix}$$ 　脲基甲酸酯基交联

$${\sim}NCO + {\sim}NH{-}\overset{O}{C}{-}NH{\sim} \xrightarrow{\Delta} \begin{matrix}{\sim}N{-}\overset{O}{C}{-}NH{\sim}\\|\\C=O\\|\\{\sim}NH\end{matrix}$$ 　缩二脲基交联

$${\sim}NCO + {\sim}NH{-}\overset{O}{C}{-} \xrightarrow{\Delta} \begin{matrix}{\sim}N{-}\overset{O}{C}{-}\\|\\C=O\\|\\{\sim}NH\end{matrix}$$ 　酰脲基交联

在合成预聚体时，通常都是异氰酸酯过量。这部分过量的—NCO 基团可以与预聚体分子或扩链后聚合物分子中的氨基甲酸酯、脲基及酰胺基上的氢原子发生交联反应，各自生成脲基甲酸酯基、缩二脲基及酰脲基三种交联键。

因为氨基甲酸、脲及酰胺这三种基团的反应活性较小，必须加热至 $125\ ℃ \sim 150\ ℃$ 才能进行，故此法又称加热交联法。

如果原先合成的预聚体或扩链后的聚合物分子两端带有的基团是羟基,则在交联时必须另行加入适量的异氰酸酯作为交联剂以进行交联反应。

(3) 采用其他交联剂的交联反应

因为聚氨酯大分子主链中含有许多种能起反应的活性点,故可采用其他类型的交联剂。如带有酰胺基、亚甲基或不饱和侧链的,就可用甲醛、过氧化合物或硫磺来进行交联。三种交联反应如下所示。

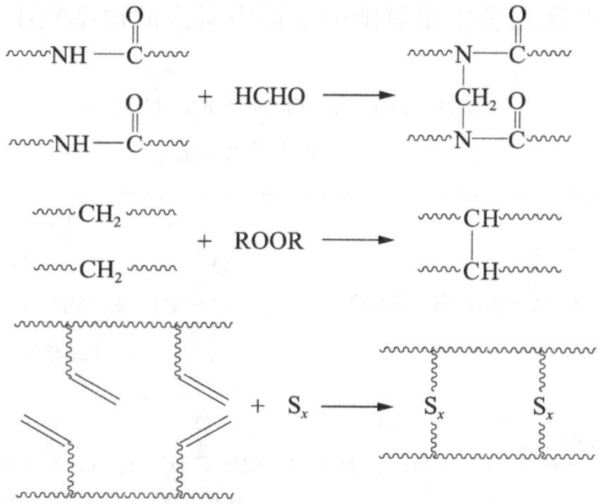

(4) "氢键"型交联

在聚氨酯大分子中含有多种内聚能很大的极性基团,如氨基甲酸酯及脲基等,所以一个大分子链中的羰基可与另一个大分子链上的氢原子形成氢键(这种氢键与聚酰胺类大分子链间的氢键相类似),它同样可束缚分子链的自由运动。

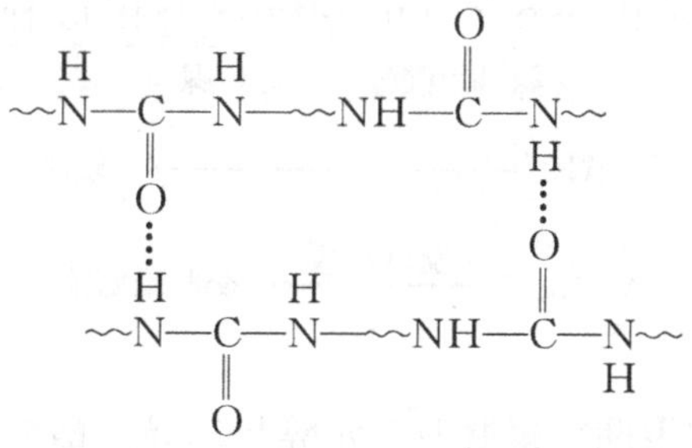

从上述讨论中可知,聚氨酯树脂交联后所生成的交联键种类很多,但可归纳为两种类型。一种是通过氨基甲酸酯基、脲基甲酸酯基或缩二脲基等化学键所形成的交联,它们是不可逆的和稳定的,键能都较大,常称为一级交联。另一种是可逆的氢键交联,键能较小,很不稳定。加热下即能"断裂",称为二级交联。在交联的聚氨酯树脂中,可同时存在有各种类型的交联,它们的数量及相对含量对聚氨酯材料的性能都有很大的影响。

8.4 聚氨酯的结构与性能

8.4.1 聚氨酯的结构

由于合成聚氨酯的原料众多,聚合反应又可根据 R 值(异氰酸酯指数)来调节(一步法还是分段进行),导致聚氨酯的分子链结构变化范围很宽。现以二元异氰酸酯和二元醇(聚酯或聚醚)的反应为例来说明,合成路线如下所示。

1. 线型聚氨酯

如下式中线路 1 所示,用二元异氰酸酯与短链二元醇反应,反应时调节适当的 R 值,一步法合成硬质的热塑性线型聚氨酯。如己二异氰酸酯与 1,4-丁二醇的反应,生成的树脂非常坚韧,与结晶性的聚酰胺相似,可制纤维及鬃丝等。此类聚氨酯材料现已逐步淘汰。

线路 1 中,若使用长链二元醇来进行反应,可得到软性的、橡胶状高聚物,这是由二元醇的链长所决定的,导致氨基甲酸酯基团在整个聚氨酯分子链中所占的比率较小,链间的作用力主要由聚酯或聚醚的长链所承担。

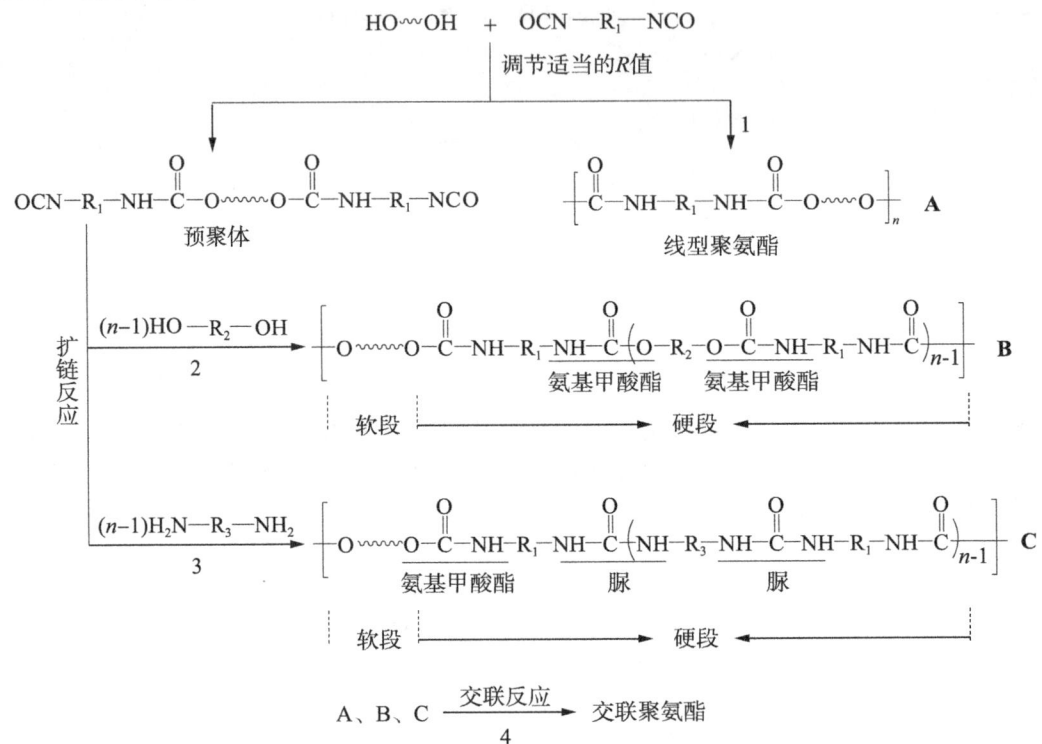

2. 嵌段型聚氨酯

如线路 2 所示,利用长链的聚酯或聚醚型二元醇与二异氰酸酯反应,先生成预聚体,再采用二元醇 $HO-R_2-OH$ 或作为扩链剂对其进行扩链反应,则得到聚酯或聚醚型嵌段的聚氨酯大分子。线路 3 以二元胺 $H_2N-R_3-NH_2$ 作为扩链剂。

产物 A 和 B 中的硬段为氨基甲酸酯,产物 C 中的硬段除氨基甲酸酯外,还有脲基链节。

因此,可以通过控制 R 值的大小,R_1、R_2 及 R_3 的结构来调节聚氨酯分子链中软硬链段的种类和比例、嵌段结构、分子量等,制备适用于目标用途的聚合物。

3. 交联型聚氨酯

如线路 4 所示,线型聚氨酯产物 A、B 和 C 都可以进行进一步的交联反应以制取交联结构的聚氨酯。当然,也可在合成时采用多元醇或多元异氰酸酯直接生成交联结构的聚氨酯。交联密度的大小、交联基团的类型与产物的性能密切相关。

8.4.2 聚氨酯的结构与性能的关系

1. 聚氨酯中各基团对性能的影响

聚氨酯是一种由各种基团组成的高聚物,而各种基团对分子内引力相应的影响可以用组分中各种不同基团在小分子中的分子内聚能来加以表示,数值高的则具有较强的吸引力。表 8-10 列出了聚氨酯中主要基团的内聚能。

从表 8-10 中可以看出脂肪烃和醚基的内聚能最低,氨基甲酸酯和酰胺基较高,脲基在表中虽未列入,然而其分子内聚能较氨基甲酸酯还要高。一般说来,内聚能愈高,结晶度亦愈高,熔点也愈高。通常熔点都是随着强极性基团含量的增加而增加。

表 8-10 几种基团的内聚能

基团	内聚能/(kJ/mol)	基团	内聚能/(kJ/mol)
—CH_2—	2.85	—C_6H_4—	16.32
—O—	4.19	$\overset{O}{\underset{\|}{-C-NH-}}$	35.59
$\overset{O}{\underset{\|}{-C-O-}}$	12.14	$\overset{O}{\underset{\|}{-O-C-NH-}}$	36.59

酯基的影响比较特殊,如在聚酯中,酯基的含量对熔点影响较小。这是由于酯基中存在着较为柔软的 C—O—C 链节,它可以抵消酯基中等强度的内聚能。同样,在等当量结构中,聚氨酯的熔点比聚酰胺低(氨基甲酸酯基有可自由旋转的 C—O—C 链节)。

虽然酯基浓度对聚酯的熔点相对影响较小,然而在聚酯型聚氨酯或聚脲中则发现不同的结果。在这些混合型聚合物中均含有较强的氢给予体基团,它比纯聚酯分享更多的氢键,在聚酯型聚氨酯中增加酯基浓度将提高聚合物的强度,所以聚酯二元醇构成的聚氨酯分子链间的作用力大于聚醚二元醇。相应地前者的耐热性、机械强度高于后者,而后者的耐低温性和柔软性较好。

对于嵌段型聚氨酯而言,由于脲键与氨基甲酸酯基极性较大,故在大分子链中成为硬段。其他极性小的基团则构成软段。因此,嵌段型聚氨酯的 T_g、熔点、弹性、吸湿性等与软硬段的比例密切相关。

C—O—C 基的柔软特性在聚氧乙烯醚的熔点上也有所表示。从表 8-11 就可以看出醚基对聚氨酯熔点的影响。同样是聚氨酯,含有醚键或硫醚键的聚氨酯就比脂肪烃的聚氨酯熔点低。

表 8-11 各种醚键对聚氨酯熔点的影响

二元醇	聚氨酯熔点(与 HDI 反应)/℃	二元醇	聚氨酯熔点(与 HDI 反应)/℃
$HO(CH_2)_5OH$	151	$HO(CH_2)_9OH$	147
$HO(CH_2)_2O(CH_2)_2OH$	120	$HO(CH_2)_4O(CH_2)_4OH$	124
$HO(CH_2)_2S(CH_2)_2OH$	129～134	$HO(CH_2)_4S(CH_2)_4OH$	120～125

然而芳香环的存在与醚键恰恰相反,对聚合物链节的刚性有较大的影响,具体表现在聚合物的熔点提高,增加了聚合物硬度和尺寸稳定性等,例如在聚醚型硬度泡沫塑料中采用芳香族聚醚多元醇或芳香族多异氰酸酯,一般耐温性及尺寸稳定性均较高。芳香环对聚氨酯熔点的影响参见表 8-12。

另外,以脂肪族二异氰酸酯制得的聚氨酯材料光稳定性好,不变黄。而芳香族二异氰酸酯制得的材料则易发生黄变,但其分子链刚性较高。芳香族的分子结构对聚氨酯的性能也有明显影响,如 1,5-萘二异氰酸酯制成的橡胶,其机械强度优于甲苯 2,4-二异氰酸酯的,说明 R_1 基团大小的作用。

表 8-12　芳香环对聚氨酯熔点的影响

聚合物组成		熔点/℃
二异氰酸酯	二元醇	
OCN(CH$_2$)$_6$NCO	HOH$_2$C—C$_6$H$_4$—CH$_2$OH	168
OCN(CH$_2$)$_6$NCO	HO(CH$_2$)$_6$OH	153
m-C$_6$H$_4$(NCO)$_2$	HO(CH$_2$)$_6$OH	230
OCN(CH$_2$)$_4$NCO	HO(CH$_2$)$_6$OH	180

2. 交联键对性能的影响

交联型聚氨酯分子中所含有的交联键类型列在表 8-13 中。由于脲基甲酸酯、缩二脲等强极性基团和它们之间所产生的"氢键"交联,使聚氨酯橡胶具有某些"特性",故而不同于一般的烯烃类橡胶。

表 8-13 中还列入一些模型化合物的热分解温度,表明基团的结构不同会直接影响到聚氨酯材料的耐热性。各基团的耐热性次序为:

酯、醚 ≫ 脲、氨基甲酸酯 ≫ 脲基甲酸酯、缩二脲

表 8-13　模型化合物中各种基团的热分解温度

基团	模型化合物的热分解	差热分析峰温/℃
脲	C$_6$H$_5$—NHCON(C$_2$H$_5$)$_2$ → C$_6$H$_5$—NCO + NH(C$_2$H$_5$)$_2$	260
氨基甲酸酯	C$_6$H$_5$—NHCOOC$_4$H$_9$ → C$_6$H$_5$—NCO + C$_4$H$_9$OH	241
脲基甲酸酯	C$_6$H$_5$—N(COOC$_4$H$_9$)—CO—NH—C$_6$H$_5$ → C$_6$H$_5$—NCO + C$_6$H$_5$—NHCOOC$_4$H$_9$	146
缩二脲	C$_6$H$_5$—N(CONHC$_4$H$_9$)—CO—NH—C$_6$H$_5$ → C$_6$H$_5$—NCO + C$_6$H$_5$—NHCONHC$_4$H$_9$	144

若合成聚氨酯橡胶时采用二元胺来扩链与硫化交联,则获得的聚合物中含有耐热性高的脲基,故制品的热稳定性也较高;若反应中有过量的—NCO 基团存在,与脲反应生成耐热性较低的缩二脲,则其热稳定性就会下降。由此可知,交联剂用量的多少不但与交联密度有关,还与生成交联键的类型有关,从而影响到材料的性能。

交联聚氨酯的交联度的大小也直接影响到产品的性能,而它的大小与使用的原料多元醇和多异氰酸酯的当量及官能团数有关,其中尤以多元醇最为重要,因它不但品种多,选用余地较大而且用量也较多,因而只要调节不同原料的当量和官能团就能控制不同的交联密度,从而可以制得从软

质到硬质不同性能的泡沫制品。

8.5 聚氨酯泡沫塑料

聚氨酯泡沫塑料是聚氨酯树脂的最主要品种。目前聚氨酯泡沫塑料的总产量约占聚氨酯树脂总产量的80%。1947年由德国首先研制成功聚氨酯硬质泡沫塑料,用作轻质高强度夹层航空结构材料,雷达结构的核心材料等。自1952年美国研制成功聚醚型软泡之后,由于聚醚型软泡具有优良的柔软性,高弹性和耐水性,价格又低,原料来源丰富,大大促进了聚氨酯软泡的发展。聚氨酯半硬泡也是同期由美国开发的,当时是用蓖麻油作为第三类含活性氢化合物。自20世纪70年代出现高活性高分子量聚醚多元醇之后,以其为主要原料制备的半硬泡制品,性能优越,尤其是抗冲击、缓冲性能非常突出。

聚氨酯泡沫塑料最大的特点是制品的适应性强,其性能可在很大的范围内调节。如改变原料的化学组成与结构、各种组分的配比、添加各种助剂、合成条件及工艺方法等,可制得不同软硬度,耐化学性、耐温性、耐焰性好及机械强度高的多品种泡沫塑料。

8.5.1 聚氨酯泡沫塑料的分类及应用

1. 聚氨酯泡沫塑料的分类

通常将聚氨酯泡沫塑料分为软质、半硬质(或半软质)及硬质泡沫塑料三类,简称软泡、半硬泡及硬泡。在生产过程中最主要的差别是采用了不同规格的聚合物多元醇。

软泡:多元醇官能度为2~3,分子量为2 000~4 000(一般为3 000,高回弹软泡可为4 500~6 000)。

半硬泡:常采用生产软泡的多元醇,但加有交联剂(低分子量的多元醇)。

硬泡:官能度为3~8,分子量低于1 300(一般为500)。这些差别实质上是反映了泡沫塑料体型结构大分子中交联点间分子量M_c值的大小。

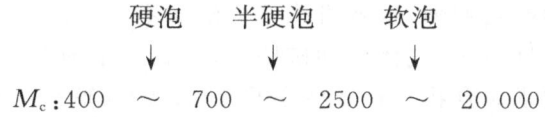

M_c值越小,交联密度越大,则泡沫塑料制品的硬度及机械强度等也越高。但它的柔顺性、回弹性及伸长率也就越差。软泡的M_c值大,其呈现的性能则相反。

在应用上,常按泡沫塑料的特性来分类,如超柔软泡沫塑料,亲水或亲油泡沫塑料、阻燃软泡、高回弹泡沫及高强度复合泡沫塑料等。

2. 聚氨酯泡沫塑料的应用

软泡的密度在0.03~0.04 g/cm³之间,主要用作衬垫材料,可代替泡沫乳胶。广泛应用于家具、火车、汽车及航空、包装、纺织品和各种泡沫衬垫,如坐垫、地毯衬垫及医药卫生、建筑及国防等方面。

硬泡的密度在0.03 g/cm³以上,其比强度高、质量轻、绝热和隔音性能优良,常用作绝热保温与夹心支持的材料。如冷藏设备、管道和贮罐绝热保温夹层,建筑、国防、造船及包装方面的夹层材料。若用长玻璃纤维增强后,还是一种理想的合成木材。

半硬泡具有吸收冲击能的特性,主要用于防震缓冲方面的部件,大量用于车辆、飞机等方面,也可用作密封材料和能量吸收材料。

聚氨酯泡沫塑料的新品种不断出现，应用领域也逐渐扩大。现今在三废治理、农业中作物栽培及宇航工业中耐高温烧蚀材料方面也皆有应用。

8.5.2 聚氨酯泡沫塑料的合成原理

1. 成泡原理

从胶体化学角度来看，聚氨酯的成泡原理应包括泡沫的形成、增长与稳定三个方面。

1) 泡沫的形成

在高速搅拌作用下，物料各组分迅速混合均匀。异氰酸酯与水反应生成 CO_2 气体，物理发泡剂(三氯一氟甲烷、三氯三氟乙烷或二氯甲烷等)受热汽化，从而使物料中的气体浓度增大，很快达到饱和状态，随后气体便由液相逸出而形成微细气泡。这个过程通常称为核化过程。

产生的气泡留在溶液中，使物料变白，其终点是不再产生新气泡。核化过程时间即为乳白期，一般约 10 s。在这段时间内，还发生异氰酸酯与多羟基化合物的逐步加成反应，所以此时反应物料不仅发白，而且亦变稠，所生成的气泡便被该种浓稠液包围，即成为不消失的泡沫。

在大部分发泡配方中均加入某些泡沫成核剂，例如加入某种分散性良好的硅油。这在聚醚型聚氨酯泡沫塑料的发泡过程中效果较为明显。成核剂的作用是在气体过饱和程度较低时，使"核化"能迅速而连续地进行，这样，泡沫塑料的泡孔既致密而又均匀。

此外，在反应物料中预先溶解一定的气体，对发泡来说是有益的，且有利于及早"核化"。例如在工业发泡机的混合头中常注入微量的空气以调节泡孔大小。同样，在混合头装一较大的孔板以使混合头产生负压，或在混合头套筒中增加空隙，空气便于吸入，这样也能改善泡孔。

2) 泡沫的增长

泡沫形成后，物料中仍有新气体不断产生，它由液相渗透到已形成的气泡中，使泡孔膨胀，某些气泡合并亦导致泡孔扩大。此时气泡内压增高，黏稠液层变薄。在无新气体渗入时，泡沫便停止增长。由核化终点到发泡至最大体积所持续的时间称作气泡膨胀期。此段时间随所用配方而异，一般为 60~120 s。

3) 泡沫的稳定

在泡沫增长阶段，气泡壁层变薄，这就可能造成泡沫不稳定。在气泡内气体不断增多与内压逐渐增高时，如果泡壁强度不高，气体将冲破壁膜，导致整个泡沫坍塌。要留住气体，壁膜应保持足够强度，其实就是要求聚合物具有足够分子量和(或)交联度。这对制备中发泡与高发泡塑料尤为重要。因此，随同泡沫的增长，还发生大分子交联反应，即聚合物凝胶化反应。所以在制备聚氨酯泡沫塑料时，一个关键问题就是通过调节胺与锡类催化剂的用量，前者有效地催化—NCO 与 H_2O 反应，加速 CO_2 产生的速率，后者催化—NCO 与聚醚多元醇的反应，促进链增长等反应。必须严格控制泡沫增长与聚合物凝胶化两者反应速率的动态平衡，以保证泡沫稳定增长。凝胶化反应过快或过慢，都可能导致泡沫制品质量下降或使其变为废品。使用适量表面活性剂(如硅油)，降低气泡表面张力，有利于形成微细气泡，减弱气体扩散作用，提高泡壁强度亦能促进泡沫的平稳增长。

2. 泡沫塑料基本配方及各组分的作用

聚氨酯泡沫塑料在实际发泡过程中采用的基本配方可参见表 8-14，以下对各组分的作用作简要描述。

表 8-14　泡沫塑料基本配方

原料名称	主要作用
聚醚、聚酯及其他多元醇	主反应原料
多异氰酸酯（如 TDI、MDI、PAPI 等）	主反应原料
水	链增长剂，同时也是产生 CO_2 气泡的原料来源
催化剂（叔胺及有机锡）	催化发泡及交联反应
泡沫稳定剂	使泡沫稳定，并控制液滴大小及结构
外发泡剂（$CFCl_3$ 或 CH_2Cl_2）	汽化后作为气泡来源并可移去反应热，避免泡沫中心因高温而产生"焦烧"
防老剂	提高热、氧老化、湿老化等性能
颜料	提供各种色泽

1) 多元醇

一般说来，凡硬质泡沫所采用的多元醇大多都是官能团多、羟值高、分子量低的聚醚（或聚酯）多元醇，它和异氰酸酯反应后，其分子结构中网状结构多（即交联点多且稠密），所得泡沫塑料的硬度大、压缩强度较高、尺寸稳定性及耐温性也较好。反之软质泡沫塑料如需要制品具备较好的柔软性和弹性，则常采用官能度较少、羟值较低、分子量较高的多元醇。如分子量为 2 000 的二官能团或分子量为 3 000 的三官能团聚醚或聚酯多元醇等，这样所形成的高聚物分子中交联点之间的平均分子量在 1 000 左右。而硬质泡沫塑料需要多元醇的羟基官能度在 3～8，平均分子量大约在 400～800 之间，其羟值当量在 100 左右（羟基当量＝分子量/羟基数）。这样形成的高聚物分子中的交联点之间的距离平均在 100～150 之间。半硬质泡沫塑料所采用的聚醚或聚酯多元醇，其官能团数及分子量介于上述两者之间或采用上述两种不同羟值多元醇的混合物。

2) 异氰酸酯

在泡沫塑料中常用的异氰酸酯有甲苯二异氰酸酯（TDI）、二苯基甲烷二异氰酸酯（MDI）和多次甲基多苯基异氰酸酯（PAPI）等。这些虽然都是芳香族异氰酸酯，但由于异氰酸基在分子中位置不同，其反应活性也有所不同。以 TDI 来说，它具有两个主要异构体，即 2,4-TDI 和 2,6-TDI。在 40℃ 以下时，4 位上异氰酸基团要比 6 位上异氰酸基团的反应速率快 5～10 倍；当温度升至 100℃ 左右时，两者活性几乎没有什么差别。而在交联反应末期，当聚合物分子量已经增长到一定程度的情况下，这时 2,6-TDI 比 2,4-TDI 更有利于交联反应的完成。这主要是因为 2,6-TDI 分子中官能团的位置显示较有利于生成线型结构，它的活性位置的空间有效性较高，从而有利于更快地凝固。而 2,4-TDI 因空间位阻较大，大分子链不易与它反应所致。在工业生产中，一般不进行 TDI 异构体的分离，而采用两种异构体的混合物（如 TDI-80 或 TDI-65）直接应用于泡沫塑料，其活性主要依靠催化剂来加以调节平衡。

在硬质泡沫塑料中由于制品要求具有较高的刚度和较好的尺寸稳定性，一般采用芳环密度较高的芳香族异氰酸酯，工业上常采用粗制 MDI、PAPI 或 TDI 低聚物。而在软质泡沫塑料中则采用 TDI。

3) 催化剂

在聚氨酯泡沫塑料制备中，催化剂起着重要的作用。催化剂不仅能加快反应速率，而且是发泡工艺的重要控制手段。选择恰当的催化剂体系能使在链增长反应（羟基-异氰酸酯反应）和发泡反应（异氰酸酯-水反应）两者之间建立较好的平衡，使聚合物的形成和气体的发生速率互相协调，在气体释放的同时，泡沫壁具有足够的强度，将气体有效地包裹在泡沫体内。此外还希望在发泡完毕后，聚合物能较好地凝固，使泡沫体不致倒塌和收缩。这种聚合速率和发气速率的调节，很大程度上依靠选择合适的催化体系。

为了选择不同的催化剂，人们做了大量的研究工作。在聚氨酯泡沫塑料中，应用较为普遍的催化剂是叔胺和有机锡化合物。

相对说来，有机锡化合物对异氰酸酯和羟基化合物有较强的催化效果，而叔胺类催化剂则有利于异氰酸酯和水的反应（表 8-9）。因此可以调节有机锡和叔胺两种催化剂的用量比例，就可以调节和控制泡沫塑料的链增长速率（即聚合速率）和发泡速率。

此外，催化剂还可以抑制副反应的生成。例如在上述系统中，当无催化剂时，异氰酸酯分别和醇、水及取代脲的反应速率几乎相等，而采用二丁基锡二月桂酸酯时，其相对活性比约为 50∶8∶1，这样可以大大抑制不必要的支链反应发生（即异氰酸酯和脲的反应）。这对保证泡沫塑料的最终质量是有利的。因而在工业上的一步法发泡体系中，通常选择的催化剂为有机锡和叔胺类化合物的混合体系。

4）发泡剂

泡沫塑料在制备过程中发泡作用一般有两种，利用低沸点卤代烃（三氯一氟甲烷、二氯二氟甲烷等）受热汽化达到发泡目的称为物理起泡。如硬质泡沫塑料的发泡剂。在软质、半硬质泡沫塑料的制备过程中绝大部分是利用水与异氰酸酯之间发生化学反应，产生大量的二氧化碳气体发泡，这种发泡称为化学发泡。此外，也可采用水和卤代烃的混合物作发泡剂。

以水为发泡剂时会形成脲键化合物。脲键化合物极性大，链段较刚性。因此，水量过多，虽然产生的气泡量大，但制得的泡沫塑料密度低，且制品因脲键含量高，手感差，回弹性等也降低。

5）泡沫稳定剂

降低原料各组分的表面张力，增加互溶性及稳定发泡过程，有利于得到均匀的泡沫微孔结构。聚氨酯工业发展初期，采用的是长链脂肪酸盐、磺酸盐及一些非离子型表面活性剂。1958 年合成了效果极佳的有机硅泡沫稳定剂，可分为 Si—O—C 型及 Si—C 型两种，其结构式如下：

$$H_3C-\underset{\underset{CH_3}{|}}{\overset{\overset{CH_3}{|}}{Si}}-O-[\underset{\underset{CH_3}{|}}{\overset{\overset{CH_3}{|}}{Si}}-O]_m-[\underset{\underset{(OCH_2CH_2)_x(OCH_2CH)_yOR}{|}}{\overset{\overset{CH_3}{|}}{Si}}-O]_n-\underset{\underset{CH_3}{|}}{\overset{\overset{CH_3}{|}}{Si}}-CH_3 \qquad H_3C-\underset{\underset{CH_3}{|}}{\overset{\overset{CH_3}{|}}{Si}}-O-[\underset{\underset{CH_3}{|}}{\overset{\overset{CH_3}{|}}{Si}}-O]_m-[\underset{\underset{R'(OCH_2CH_2)_x(OCH_2CH)_yOR}{|}}{\overset{\overset{CH_3}{|}}{Si}}-O]_n-\underset{\underset{CH_3}{|}}{\overset{\overset{CH_3}{|}}{Si}}-CH_3$$

Si—O—C 型　　　　　　　　　　　　　　　Si—C 型

合成时可调节与改变 m、n、x、y 等值，得到不同特性的产品，以适应各种聚氨酯泡沫塑料的要求。其用量不大，一般在 0.5%～5%，但对泡沫塑料的制造及物性影响极大。

6）开孔剂

若泡沫塑料中的气孔是相互连通的，称为开孔型泡沫塑料；气孔单独存在而不连通的，称为闭孔型泡沫塑料。前者具有良好的缓冲和吸音性能，后者则有较低的导热性。软泡、半硬泡的模塑制品中，若闭孔结构过多，会引起收缩。为此须添加适量的直链烃或脂环烃，如聚丙烯、聚丁二烯及液体石蜡等，以增加开孔结构，这类添加物被称为开孔剂。视不同泡沫塑料品种的要求，开孔剂的加入量常为聚合物多元醇的 0.1%～5%。

7）其他组分

为了提高质量或获得某些特性，可加入另外一些辅助原料。如含卤、磷的化合物，以达到阻燃的目的，还可加入防老剂、光稳定剂、水解稳定剂、防震剂、增强剂和着色剂等。表 8-15 及表 8-16 中列入了三个典型的泡沫塑料配方。

表 8-15 典型的聚醚型软泡配方(一步法块状软泡)

组　分	质量份数	组　分	质量份数
聚醚三元醇(分子量3000)	100	有机硅泡沫稳定剂	0.1
TDI-80	46.0	水	3.6
有机锡	0.4	三氯一氟甲烷	0～15
叔胺	0.2		

表 8-16 典型的聚醚硬泡配方

浇注型		喷涂型	
组　分	质量份数	组　分	质量份数
山梨醇聚醚(羟值475～505)	100	含磷聚醚多元醇(羟值500)	100
有机硅泡沫稳定剂	1.5	乙二胺聚醚多元醇(羟值770)	40
二乙基乙醇胺	1.0	三亚乙基二胺(33%)	4～10
有机锡	0.5	有机锡	1～2
三氯一氟甲烷	30	三氯一氟甲烷	50
粗TDI	100	有机硅泡沫稳定剂	4
		三(β-氯乙基)磷酸酯	30
		PAPI	218

8.5.3　聚氨酯泡沫塑料的生产工艺

聚氨酯泡沫塑料生产过程中，一方面发生化学(聚合)反应，另一方面发泡(化学法或物理法，或混合法)成型，两者同时进行。通常是按化学反应的操作过程来分类的。因为发泡成型的方法也很多，故须另行说明。

1. 聚氨酯泡沫塑料生产方法的分类

按化学反应的操作过程可分为两类。

1) 一步法

将各种原料一次混合催化发泡的方法。各种物料在反应过程中同时发生链增长、扩链、交联及发泡等反应。

2) 预聚体法(又称两步法)

将聚醚(或聚酯)多元醇与异氰酸酯先反应生成两端带有—NCO基团的预聚体，然后再加入催化剂、泡沫稳定剂、发泡剂及其他助剂等，进一步反应和发泡成型。

两步法是一种较老的生产工艺，工艺复杂。由于近年来出现了新型的有机硅泡沫稳定剂、有机锡催化剂，以及能精密控制与计量的设备后，才实现了一步法生产工艺。由于一步法的工艺流程简单，制品性能也较好，故此法应用较广，目前在软质泡沫塑料生产中已占主要地位。两种生产方法的比较参见表 8-17。

表 8-17 聚氨酯泡沫塑料生产方法的比较

项目	一步法	预聚体法
化学反应的操作过程	原料各组分一次性混合催化发泡	先合成带有—NCO基团的预聚体,再加入催化剂、发泡剂等组分,然后进一步反应与发泡
优点	工序少,省能量,易输送,设备简单,生产效率高,物料黏度低,投资少	生成预聚体时已放出一部分反应热,故后阶段反应时发热少,温升低,易控制,发泡物黏度大,泡沫稳定,成品率高
缺点	需要高效的泡沫稳定剂、催化剂及精密的计量设备。工艺难度大,不易控制	工艺步骤多,生产过程复杂
应用范围	大量使用于软泡生产	主要用于半硬泡及硬泡的生产

2. 发泡成型工艺

聚氨酯泡沫塑料各组分的混合物经发泡成型后才可制得所需要的泡沫塑料制品。按产品形状、用途及生产操作方式可分为块状发泡法、模塑发泡法、反应注射模塑发泡法、喷涂发泡法、浇铸发泡法、沫状发泡法等。

1) 块状发泡法

这是一种连续的机械浇注发泡工艺,因其成型泡沫体的横截面呈块状,故称为块状发泡法。各种原料组分按配方的比例称量,由计量泵送入混合器,在短时间内充分混合。均匀发泡的混合料倾注到连续运转传送带的纸模上,随即发泡,再加热(70~100℃)使它充分反应(熟化)、切断,可得块状泡沫塑料。

块状发泡的特点是工艺连续,不用模具可得大型制品,操作方便,易自动化,成本低,但成型时放热大,加工时易着火燃烧。另外表面结皮须切去,不宜做坐垫类产品。

2) 模塑发泡法

均匀的发泡混合料定量地注入各种类型的金属模具内进行发泡、预熟化,然后脱模,再行加热充分熟化即得泡沫塑料制品。模塑发泡法适合制备坐垫类及形状复杂的制品,特别是整皮模塑制品。

3) 浇铸发泡法

将混合物料定量注入涂有脱模剂(如硅油)的金属模中,在一定温度(120~140℃)下发泡,经一定时间(20~30min)预熟化后脱模,再经后熟化便得到产品。此法的特点是可制造尺寸标准形状复杂的制品,操作中毒性较小,物料损失少。

4) 喷涂发泡法

将混合物料在外力作用下喷涂于施工物件的表面上进行现场发泡成型。此法的特点是成型反应快,不需模具,可在现场施工直接发泡。另外,泡沫厚度不受限制,特别适用于垂直表面的施工,广泛应用于建筑、化工设备及车辆等的绝缘、保温和隔音材料。但物料损失大,气味大。

5) 反应注射模塑发泡法

反应注射模塑技术(RIM)又称整皮模塑发泡法,此一技术的主要关键是设备问题。它要求材料在氮气压力下贮藏以及输送,在10~20 MPa高压下用计量泵将物料喷射并瞬时混合,注入模具内反应和固化,从注入到脱模共需30~120 s。

由于成型速率快,通常使用伯羟基含量较高的高活性的聚醚多元醇,并配合使用高效催化体系,如二丁基锡二月桂酸酯和三亚乙基二胺等组成的混合催化剂。

RIM法的特点是反应快速、模具压力小、不需加热熟化,生产周期短(一般模塑发泡工艺需几十分钟),制品形状可为复杂、薄壁和大型的。它适用于聚氨酯软泡、半硬泡和硬泡制品,RIM法适用于各种泡沫塑料,甚至于非泡沫材料的成型。

8.6 聚氨酯橡胶

聚氨酯橡胶发展较晚,20世纪50年代才开始工业化。聚氨酯橡胶又称作聚氨酯弹性体,是一类综合性能优良的合成材料,其模量介于普通橡胶与塑料之间。聚氨酯橡胶的优点是在较宽硬度范围(邵氏硬度A10～A75)内保持较高弹性(伸长率达400%甚至1 000%);耐磨性是天然橡胶的2～10倍,有耐磨橡胶的美称;耐油性优于丁腈橡胶;因分子中无不饱和双键,所以耐氧与臭氧性较高;耐疲劳性与抗震动性亦良好。缺点是成本高,水解稳定性差与使用温度范围不宽。

8.6.1 聚氨酯橡胶的合成与生产工艺

聚氨酯橡胶的合成反应与聚氨酯泡沫塑料的相同,即由聚醚(或聚酯)多元醇与二异氰酸酯反应,再经扩链、交联而成。因此按化学反应操作过程也可分为一步法与两步法(即预聚体法)。若按加工的方法通常可分为混炼型、浇注型和热塑型三种。

1. 混炼型聚氨酯橡胶

工业生产中混炼型聚氨酯橡胶主要采用两步法,即将聚醚(或聚酯)多元醇和过量的异氰酸酯先行反应,生成两端皆带有—NCO基团的预聚体(工业中俗称生胶)。然后将此生胶与扩链剂、硫化剂、增强剂及其他助剂,经炼胶机混炼,再在高温下固化(交联)即得。

若预聚体两端皆为—NCO基团时,因—NCO的反应活性太大,不稳定,不易久贮,为此在合成预聚体时可调节异氰酸指数R值,使获得的生胶中大分子的两端皆为—OH基。对于这种生胶,在混炼时必须添加适量的异氰酸酯(除扩链剂及其他助剂外)作为硫化交联剂之用。

1)混炼型聚氨酯橡胶所用的原料

(1)聚合物多元醇:可为聚醚或聚酯型,如聚己二酸乙二醇酯、聚四氢呋喃或聚己二酸乙二醇-丙二醇-α-烯丙基甘油醚混合酯等。

(2)异氰酸酯:常为TDI或MDI。

(3)扩链剂与交联剂(硫化剂):若预聚体两端皆为—OH基时,可用TDI或PAPI来交联;若用MDI作为异氰酸酯组分的主要原料时,大分子主链中含有—CH_2—,则可用过氧化合物作为硫化剂,如过氧化二异丙苯、过氧化二苯甲酰等;若生胶大分子主链中带有α-烯丙基甘油醚链节时,因含有双键,也可用硫磺作交联剂。

(4)硫化活化剂:氧化锌、促进剂M或DM等。

(5)填充剂:炭黑、陶土、碳酸钙、硫酸钡等。

(6)增塑剂:癸二酸二辛酯、亚磷酸三甲酚酯、古马隆树脂等。

(7)脱辊剂:硬脂酸酯等。

(8)防老剂:酚类、胺类、氮杂环类与亚磷酸酯类化合物。

2)混炼工艺

本文以硫磺硫化的不饱和聚酯胶为例,简要阐述混炼工艺。聚氨酯橡胶不需单独塑炼,生胶即可直接与配合剂混炼。为避免发生焦烧,大都采用两步混炼法,即先将生胶与配合剂混炼,混炼均匀后取下料片,放置冷却,然后在回炼时加入硫化剂。

(1) 基本配方

国内生产的不饱和聚酯型聚氨酯混炼胶的典型配方如表 8-18 所示。

表 8-18 不饱和混炼型聚氨酯橡胶的合成配方

原 料	配方编号	
	1	2
不饱和聚酯型聚氨酯生胶	100	100
TDI 二聚体		5
硫磺	2	1.5
促进剂 DM(二硫化二苯并噻唑)	4	4
促进剂 M(2-巯基苯并噻唑)	2	2
硬脂酸镉	1	1
活性剂 NH-1	1	1

注：活性剂 NH-1 为 DM、$ZnCl_2$、$CdCl_2$ 溶于邻二甲苯经回流得到的产物。

(2) 工艺条件

Φ1 000×1 000 炼胶机的混炼工艺如下。

温度：前辊 45±10℃，后辊 50±10℃。

加料顺序：取 100 份生胶与 0.5 份硬脂酸镉混炼 4～5 min，加入活化剂、防老剂、古马隆树脂等再混炼 5 min，然后加入 0.5 份硬脂酸镉、补强剂、填充剂及液体软化剂又混炼 9～10 min，取下料片，放置 2～3 h，然后加入硫化剂回炼 10～13 min，冷却。

混炼型聚氨酯橡胶的生产特点是可以直接采用通用型橡胶的加工设备，所以它是这类橡胶中最早获得工业生产和广泛应用的。但是它的性能不及浇注型和热塑型，现今已不再发展，某些国家已停止生产。目前此法仅用来生产那些用浇注型方法不易加工的橡胶制品，如薄壁和薄膜制品。

2. 浇注型聚氨酯橡胶

浇注型聚氨酯橡胶，俗称液体橡胶。它是利用液体状的原料混合物注入模具中，再经加热熟化交联后制得。浇注型橡胶制品的制法分一步与两步法（预聚法）。浇注方法可分为常压浇注成型、浇注模压成型、旋转成型、离心成型及真空注模法数种。如果采用高活性的多羟基化合物时，也可使用反应注射成型方法（RIM），其特点是设备体积小，结构简单，能在很短的时间内制得性能良好的大型制品。

生产浇注型橡胶所用的原料是：常用的异氰酸酯有 TDI 与 MDI；聚酯有聚己二酸乙二酯、聚ε-己内酯等；聚醚有聚四氢呋喃、四氢呋喃-环氧丙烷共聚醚等；扩链剂有丁二醇、芳香族二醇及二胺如 3,3′-二氯-4,4′-二苯基甲烷二胺（MOCA）等。

浇注型聚氨酯橡胶的生产工艺可分为一步法和两步法。一步法是由聚酯或聚醚、硫化剂、催化剂等组成低黏度液体组分，与二异氰酸酯混合并通过密闭间歇式浇注机，一步成型为橡胶制品。此法特点是不需要制备预聚物，因此能量与原料都较节省；浇注设备体积小；自动化程度与生产效率高；工艺操作易于掌握；还可与纤维、金属等制成复合型产品。所以一步浇注法近年来有较大发展。

两步法生产工艺过程分为三个阶段：预聚物的合成，预聚物的扩链与浇注料的硫化。

两步法工艺流程方框图见图 8-1。

工艺条件

(1) 低聚物多元醇的含水量为 0.05%～0.10%，最好低于 0.05%。

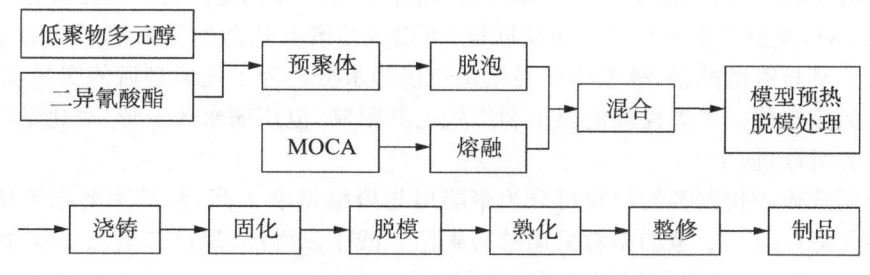

图 8-1 浇注型聚氨酯橡胶两步法生产流程方框图

(2) 反应物料呈酸性有利于链增长反应,易制得低黏度预聚物;碱性则促进支化反应甚至交联反应,从而使预聚物黏度增高。因此,低聚物多元醇要求中和,以去除碱性杂质,二异氰酸酯的含氯量不低于 0.01%,否则应以二酰氯调节。

(3) 预聚反应温度高(>100℃),会发生支化与交联;反应温度低,所制橡胶产品性能良好,但所需反应时间很长。因此预聚温度为 80~100℃,预聚时间由预聚物黏度判断,约为 3~5 h。

(4) 预聚物与扩链剂的混合温度为 70~80℃,混合温度提高,有利于缩短固化期,但温度超过 120℃,橡胶的物理性能下降。混合时间为 1~2 min。

(5) 硫化温度为 100~120℃,时间为 3~5 h。提高硫化温度,会缩短固化时间,加速脱模周期,这是好的一方面。但在 140℃以上时,橡胶性能急剧下降。

(6) 熟化:浇注型橡胶通常在固化之后物理性能并不能马上达到一定值,而需经室温一周左右的停放熟化,然后才开始呈现最终物性值。

浇注型聚氨酯橡胶在生产过程中,原料的流动性较好,故能制成几何形状复杂的零件,或很厚、很大的制品。而且制品硬度的调节范围较大,重现性好,设备投资少,所以这种生产方法发展较快。在聚氨酯橡胶产量中,它的产量最大,约占 70%。

浇注型橡胶也可用喷涂方法加工,在各种基材上制取涂层和覆盖层,还可以制取泡沫弹性体,用作防震橡胶。

3. 热塑型聚氨酯橡胶

热塑型聚氨酯橡胶基本上是一种线型结构的聚合物,由于可采用一般塑料加工方法加工,故能制备各种复杂的零部件,并且其物理性能同混炼、浇注型聚氨酯橡胶近似,因此获得迅速发展,广泛用于制造人造革、弹性纤维、橡胶等制品。

热塑型聚氨酯橡胶是一种$(AB)_n$型嵌段线型共聚物,A 代表高分子量的聚酯或聚醚(分子量为 1 000~6 000),称为长链,B 代表含 2~12 个直链碳原子的二元醇,称为短链。AB 链段间用二异氰酸酯与之反应形成的氨基甲酸酯键相连接。常用的二异氰酸酯是 MDI,其缩聚反应式如下:

$$2n\ OCN-R-NCO + n\ HO-R_1-OH + n\ HO-R_2-OH \longrightarrow$$

二异氰酸酯   A(聚酯或聚醚)   (小分子二醇)

$$-\!\!\left[O-\overset{O}{\underset{\|}{C}}-NH-R-NH-\overset{O}{\underset{\|}{C}}-\underbrace{O-R_1-O}_{A}-\overset{O}{\underset{\|}{C}}-NH-R-NH-\overset{O}{\underset{\|}{C}}-\underbrace{O-R_2-O}_{B}\right]_n-$$

上式结构中,A 链段具有柔韧与软的特性,使聚氨酯有延伸性。而 B 链段具有刚与硬的性质,因而可调节 A 与 B 之间不同的物质的量之比,可制成不同机械性能的热塑型聚氨酯橡胶。

1) 品种

热塑型聚氨酯橡胶分为两类:一类是异氰酸酯的指数(R 值)等于 1,即没有一级交联键,完全热塑性的聚合物。其颗粒贮存稳定性良好,成型时稳定可再生使用,固化后橡胶的机械强度优良,但因不存在一级交联键,故压缩永久变形非常大,耐化学药品性也差。另一类是异氰酸酯的指数大于 1(1.01～1.05),成型后生成少量一级交联键,可以说是既有热塑性又有热固性的聚合物。其颗粒中由于存在少量异氰酸酯基,故贮存中必须避免接触水分。为了使成型后的交联反应趋于完全,必须对其进行加热熟化。这类橡胶的再生利用就受到限制,但压缩永久变形,耐化学药品性等物理性能比前一种有所改进。

热塑型聚氨酯橡胶按制备的原料可分为聚酯型与聚醚型两大品种,其主要在于使用的是哪种类型的长链多元醇(A段)。聚酯型常采用的有聚己二酸丁二醇酯、聚己二酸乙二醇-丙二醇酯和聚 ε-己内酯;聚酯型常采用的有聚四氢呋喃醚及聚环氧丙烷类。(AB)$_n$ 结构中的 B 段(短链二元醇)主要有 1,4-丁二醇、丙二醇等。

2) 制备

工业生产中,主要是采用一步法来合成。该法的反应过程简单,速率快,大分子局部结构易结晶,故产物性能好,熔点较高,强度与硬度也较好。两步法(即预聚体法)合成时反应较平稳,但产物的性能不及一步法。图 8-2 是常见的一步法熔融连续生产工艺方框流程图。异氰酸酯和低聚物二元醇(包括扩链剂二元醇)先计量,高速搅拌下混合后注入熟化炉内的传送带上,100℃下反应。物料反应完毕后,依次经粉碎、挤出及切粒,得到粒状产品。此粒料可供进一步加工成型之用。

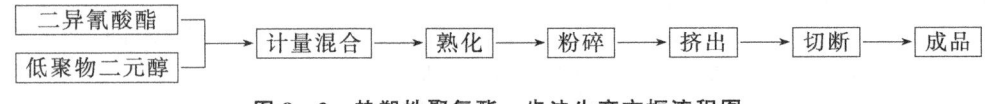

图 8-2 热塑性聚氨酯一步法生产方框流程图

(1) 聚酯型热塑型聚氨酯橡胶生产实例

在一个内壁和搅拌器都涂有四氟乙烯的铁制反应器中,称取 0.1 mol 的聚己二酸乙二醇-丙二醇酯和 0.1 mol 1,4-丁二醇扩链剂,开动搅拌,升温至一定的起始反应温度,迅速加入已预热到 80℃的 0.2 mol MDI,激烈搅拌 1～3 min,倒入已预热的涂有硅油的铝盘中,于 100～150℃焙烘 3 h,造粒后得浅黄色半透明产品。

(2) 聚醚型热塑型聚氨酯橡胶生产实例

聚四氢呋喃醚 100 份(羟值 106,分子量为 1 060),将该聚醚预先经 120℃减压脱水 1 h。加 MDI 48 份,搅拌反应 10 min 后,加入苯二甲醇(扩链剂)10.76 份,再经搅拌 15 min 后即成高黏度稠状聚合体,倒入预先涂过硅油的容器内,放于 180℃烘箱中 8 h 后,成为热塑性橡胶。取适量的以上制备的热塑胶于铁模子内(预先涂有脱模剂),在热压机上加热到 160℃,于 10 MPa 压力下,压制 15 min 后,冷到 100℃以下,取出成型制品,供测定物理性能用。

一步法生产工艺中,也可加入有机溶剂,使反应在溶液中进行。其特点是反应平稳、易于控制、产品性能优良。但因采用溶剂时,溶剂易挥发,需要回收等步骤,不太经济。又因溶剂毒性较大,涉及防毒及安全等,故此法较少应用。近来已有报道用双螺杆挤出反应机进行一步法来制造。从挤出机出来的物料可直接造粒,也可直接挤出制成各种模制品,成为一种高度连续化的生产方法。

3) 结构与性能的关系

(1) 软硬链段的比例对性能的影响

在制备热塑胶中采用分子量基本相同的聚酯或聚醚的情况下,热塑胶的硬度、机械强度、使用温度等随硬链段比例的增加而提高,而伸长率随之减小。这是因为增加硬链段比例就是增加氢键密度,也就相当于增加了交联点密度。但硬链段的比例也不能无限制增加,否则会使热塑橡胶失去弹性,而使加工变得相当困难。

同理,在软、硬链段比例一定的条件下,增加柔性链段的长度,如增大聚酯或聚醚的分子量,也即相当于降低了硬链段的比例。因此,在生产过程中,当聚酯或聚醚分子量不同时,可以通过调节软、硬链段的比例制得同样性能的热塑胶。

(2) 柔性链段与扩链剂的化学结构对性能的影响

当柔性链段的分子结构与扩链剂的结构比较相似时,则聚氨酯链的结构规整性较好,从而提高了氢键结合力,使热塑胶的性能提高。而当柔性链段或扩链剂的结构中存在侧链时,影响链的规整性,热塑胶的性能较差。

(3) 热塑胶制备方法对性能的影响

一步法制得的热塑胶物理性能通常较预聚法好。这是因为在一步法中,二元醇和二异氰酸酯反应所得的中间体在未发生扩链之前较易活动,有利于有序结构的建立,这些有序结构好似交联行为,增加了一步法热塑胶的物理机械性能。而在预聚法中,当用二元醇扩链时,分子量以很高的速度增长,分子在有序排列之前就纠缠在一起,不易活动,因此规整性较差,影响了物理性能。另外,由于在预聚法中,二异氰酸酯在高温停留的时间较长,由此而引起聚氨酯链的支化也是一个原因。

8.6.2 聚氨酯橡胶的性能与应用

1. 聚氨酯橡胶的性能

从化学结构与组成来看,聚氨酯橡胶大分子链中含有极性很高的基团,如氨基甲酸酯、脲基、酰胺基及缩二脲等。大量高极性基团的存在,使聚氨酯橡胶的性能介于常见的塑料与橡胶之间,其硬度较高,但仍具有一定的弹性。而且耐磨性特别优良、机械强度、耐油及耐氧老化等性能也很好。从另一个角度来看,太多的极性基团,使聚氨酯大分子易发生水解,交变应力下的滞后内耗大,产生的热量较大。因为某些交联键易于受热裂解,故耐热老化的性能也较差。

热塑型聚氨酯橡胶大分子中虽含有少量的交联键而仍能显示其热塑性,这是因为热塑型聚氨酯橡胶的分子间力是可逆的,在室温分子链间的作用力很强。在熔融状态或溶液中,这种键并不是很牢固地结合在一起,冷却后又恢复到原有固体的性能。因此这种热塑胶可采用高速热塑工艺来成型,无需混炼与硫化工艺,可节约能量,而且制品可回收再利用。

从热塑胶化学结构上看,其交联键有下列平衡,当热塑胶在加工的温度下,平衡向右,使胶具有流动性,可以加工成型;当冷却时,平衡向左,生成交联脲键结构,并具有橡胶的性能,如下式所示。

$$\begin{array}{c} \text{O} \\ \| \\ \sim\!\!\text{N}\!\!-\!\!\text{C}\!\!-\!\!\text{O}\!\!\sim \\ | \\ \text{O}\!\!=\!\!\text{C}\!\!-\!\!\text{NH}\!\!\sim \end{array} \underset{\text{冷却}}{\overset{\text{加热}}{\rightleftharpoons}} \sim\!\!\text{NH}\!\!-\!\!\overset{\text{O}}{\overset{\|}{\text{C}}}\!\!-\!\!\text{O}\!\!\sim \qquad \text{脲基甲酸酯的平衡反应}$$

$$\begin{array}{c} \text{O} \\ \| \\ \sim\!\!\text{N}\!\!-\!\!\text{C}\!\!-\!\!\text{NH}\!\!\sim \\ | \\ \text{O}\!\!=\!\!\text{C}\!\!-\!\!\text{NH}\!\!\sim \end{array} \underset{\text{冷却}}{\overset{\text{加热}}{\rightleftharpoons}} \sim\!\!\text{NH}\!\!-\!\!\overset{\text{O}}{\overset{\|}{\text{C}}}\!\!-\!\!\text{NH}\!\!\sim \qquad \text{缩二脲的平衡反应}$$

脲基甲酸酯和缩二脲两种交联键在150℃以上的加工温度即可破坏(而氨基甲酸酯和脲键则需较高的反应温度),所以在高温加工前后可发生这种化学反应。

同样,聚氨酯热塑胶制品由于氢键(二级交联)的形成,在室温下一般具有较高的拉伸强度,当温度升至70~80℃时,胶的性能降至室温时的一半。

2. 聚氨酯橡胶的应用

三种不同类型的聚氨酯橡胶各有其适宜的应用范围。浇注型宜用作大型和结构复杂的制品;热塑型宜生产量大而复杂的小件制品;而混炼型可利用通用橡胶的设备来生产,宜于制取薄片形状的制品。下面按聚氨酯橡胶的性能来分别说明它们的用途。

(1) 耐磨性能的应用　聚氨酯橡胶的耐磨性比其他橡胶优越,与钢相比,在干摩擦条件下,它的体积损耗约比钢高 6～7 倍,但是,如果在聚氨酯橡胶与接触物之间加上润滑剂,例如水、油或其他液体,使工作条件改变为润滑摩擦,则聚氨酯橡胶的耐磨性比钢还要好,其耐磨性能的应用主要有实心轮胎;钢铁、造纸、纺织、印刷、辗米等工业用的胶辊;摩擦胶带、运输带等。另外,还可用作污水泵体及球磨机衬里,其效果比用特殊合金要好得多。

(2) 耐油性能的应用　利用聚氨酯橡胶耐油性好的特点可用于制作印刷胶辊、油封、油圈和阀垫等,也可以用于制造 O 形密封圈、U 形密封圈、V 形密封圈及其他氯丁胶、聚四氟乙烯和天然胶等所不能使用的用途。但有时油中的添加剂可能对于聚氨酯胶有侵蚀作用,故使用前应先做试验。

(3) 缓冲性能的应用　聚氨酯橡胶作为缓冲材料已在民品及军品上广泛使用。聚氨酯橡胶在 $-20℃\sim30℃$ 时弹性模量上升最快,震幅最高。在这个温度范围内,聚氨酯橡胶作为动态缓冲材料,经受应力作用后,橡胶制件能迅速升温并恢复弹性。主要应用有缓冲器、减震器及各种机械的缓冲垫。

(4) 低摩擦系数的应用　聚氨酯橡胶的摩擦系数一般偏高,但添加二硫化钼或硅油等助剂后便会大大降低,而耐磨耗性则进一步提高,成为一种具有自润滑性的材料。此种聚氨酯橡胶对于振动或滑动极为有用,可用于马达联轴节及汽车轴承密封,升降机的滑动轮和传动件等。用聚氨酯橡胶制成矿山筛选矿石的橡胶筛滤器,这种筛滤器能承受很大的摩擦应力,因此比钢丝编成的筛滤器耐磨,使用寿命长,并且噪音小。

(5) 电性能的应用　聚氨酯橡胶具有相当好的绝缘性能,可用于电线与电缆的护套,其电性能与低温性能均较好。聚氨酯橡胶还普遍用于电器件及电缆端的嵌埋。当所要求的电性能甚高时,可采用在浇注型预聚体中加入环氧树脂并以二元酸将其固化的方法。

(6) 生物相容性的应用　经嵌段共聚、接枝共聚等方法进行改性的聚氨酯弹性材料,具有优异的生物相容性与血液相容性,并且保持原来的耐磨、弹性、耐挠曲等特点。在医学上利用聚氨酯弹性材料这种特性,制作人工心脏、人工心脏瓣膜、人造血管、主动脉内反搏气囊、助搏器血囊、血泵、脑膜以及抗血栓材料等。聚氨酯弹性材料在外科上已用于制作绷带、人造软骨、假牙、胃镜软管、输血管、输尿管、人造皮等。

8.7　聚氨酯涂料

聚氨酯涂料于 20 世纪 40 年代首先由德国开始工业化生产,60 年代后各国都相继投入生产,并发展了聚氨酯涂料的品种,我国是 1958 年开始发展聚氨酯涂料的。20 世纪 60 年代以前,聚氨酯涂料所用的异氰酸酯几乎都是以 TDI 为原料,这种聚氨酯涂料的综合性能好,产量大、品种多、应用广,但有一个严重的缺点,就是受太阳光照射后要变黄,不宜作耐候性的高级装饰性涂料。在 HDI、XDI 等异氰酸酯原料出现后,泛黄问题得到了解决,同时又发展了聚氨酯涂料的品种,扩大了应用范围。

1. 聚氨酯涂料的分类

聚氨酯涂料习惯上按固化机理可分为五类:氧固化聚氨酯改性油(单组分)、羟基固化型聚氨酯涂料(双组分)、催化固化型聚氨酯涂料(双组分)、封闭型聚氨酯涂料(单组分)、湿固化型聚氨酯涂料(单组分)。此外还有聚氨酯沥青,聚氨酯弹性涂料,水性聚氨酯涂料等品种。此处单组分是指涂料在使用过程中能够在室温或加热的条件下固化,不需要额外添加其他成分或助剂,如改性油、封闭型及湿固化型。双组分是指在施工时需将两组分混合调匀,才可使用,如羟基固化型和催化固化型。

按涂料干燥过程,聚氨酯涂料可分为固化型和挥发型两种。按所用异氰酸酯的品种,可分为芳香族聚氨酯漆和脂肪族聚氨酯漆。按分散介质的不同,可分为溶剂型、无溶剂型、水分散型、粉末型等。作为工业产品,习惯上还是以包装来分类。

2. 溶剂

聚氨酯合成的主要原料在前面都已做过详细介绍,因此本节不再赘述。因聚氨酯涂料生产中,通常都要使用到溶剂,这里做一简单介绍。

聚氨酯涂料对溶剂的要求较高,除了考虑溶解度、挥发速率等溶剂的共性以外,还要考虑涂料中异氰酸酯基(—NCO)的特点。选择聚氨酯涂料的溶剂,应从以下几方面考虑。

1)溶剂中不应含有与异氰酸酯基反应的物质

聚氨酯涂料所用的溶剂如果含有与异氰酸酯基反应的物质,则将使聚氨酯涂料变质而不能使用,所以醇、醚类溶剂都不能采用。普通工业级溶剂实际上多少含有水分,因为溶剂和水之间具有一定的溶解度。聚氨酯涂料生产中,溶剂所含的水分带到异氰酸酯组分中会产生凝胶,使漆膜产生小泡和针孔,这主要是由于溶剂中的水分与异氰酸酯反应,生成脲与缩二脲,而消耗了不少异氰酸酯的缘故。因此,不论是在树脂制造过程中,还是在稀释过程中,都必须用无水的溶剂。

2)溶剂对异氰酸酯基活性的影响

通常溶剂的极性愈大,异氰酸酯与羟基的反应愈慢。甲苯与甲乙酮之间相差 24 倍,这是因为溶剂分子极性大,能与醇中的羟基形成氢键而发生缔合,使反应变慢。在制备聚氨酯涂料的过程中,若用烃类溶剂(如二甲苯)则反应速率比用酯、酮类溶剂快。但若采用双组分配漆方法,则酯、酮类溶剂的施工期限要长些。经涂布后,溶剂挥发造成的影响不大。

制备涂料时宜选用氨酯级的溶剂(杂质含量极少,适合制备聚氨酯涂料的溶剂)以保证贮存的稳定性,不过,施工期间的临时性少量稀释,往往用普通级溶剂,因溶剂在涂布后迅速挥发,影响不大。

3)溶剂表面张力的影响

溶剂本身的表面张力对聚氨酯涂料成膜也有影响。聚氨酯漆配制不良或施工失宜时,漆膜往往会产生微小的气泡,损害美观和保护力,尤其以湿固化型为甚。研究结果表明,涂料的表面张力超过 0.035 N/m 时,就不易起泡。部分溶剂对聚氨酯涂料表面张力的关系见表 8-19。

表 8-19 部分溶剂与聚氨酯涂料表面张力的关系　　　　　　单位:N/m

不挥发成分含量/%	溶剂			
	环己酮	二甲苯	乙酸溶纤剂	乙酸丁酯
60	0.040 4	0.037 9	0.037 8	0.033 3
50	0.042 3	0.034 7	0.037 9	0.033 4
40	0.042 0	0.035 5	0.035 9	0.032 1

目前聚氨酯涂料合成时主要采用的溶剂有酯类,如乙酸乙酯、乙酸丁酯,特别是乙酸溶纤剂,它们的溶解能力最强,挥发速率适宜;酮类如甲乙酮和环己酮等,但其气味较大,不及酯类普遍;烃类溶剂虽稳定,但其溶解能力低,一般可与其他溶剂并用,而醇类溶剂则不能采用。

8.7.1　氧固化聚氨酯改性油

氧固化聚氨酯改性油是最早研究成功的聚氨酯单组分涂料,简称氨酯油。它是由干性油与多元醇进行酯交换,再与二异氰酸酯反应,加入钴、铅、锰等催干剂制备而成的涂料。

1. 反应机理

干性油与甘油之类的多元醇发生酯交换反应而生成甘油二酸酯,甘油二酸酯再与二异氰酸酯反应制成氨酯油,其主要反应机理如下式所示,式中的 R 为含不饱和双键油脂分子的基团。

$$\begin{array}{c}H_2C-O-C-R\\|\quad\quad\parallel\\\quad\quad O\\HC-O-C-R\\|\quad\quad\parallel\\\quad\quad O\\H_2C-O-C-R\\\parallel\\O\end{array}\xrightarrow{\text{甘油}}\begin{array}{c}H_2C-OH\\|\\HC-O-C-R\\|\quad\quad\parallel\\\quad\quad O\\H_2C-O-C-R\\\parallel\\O\end{array}\xrightarrow{\text{OCNR'NCO}}\begin{array}{c}H_2C-O-C-N-R'-N-C-O-CH_2\\\parallel\quad\quad\quad H\quad\quad H\quad\parallel\\O\quad\quad\quad\quad\quad\quad\quad\quad O\\HC-O-C-R\quad\quad\quad R-C-O-CH\\|\quad\quad\parallel\quad\quad\quad\quad\quad\parallel\\\quad\quad O\quad\quad\quad\quad\quad\quad O\\H_2C-O-C-R\quad\quad R-C-O-CH_2\\\parallel\quad\quad\quad\quad\quad\quad\parallel\\O\quad\quad\quad\quad\quad\quad O\end{array}$$

2. 制备方法

1) 酯交换

将干性油、多元醇、催化剂加入反应釜中,在氮气保护下于230~250℃反应1~2 h,使干性油与多元醇进行酯交换(醇解反应),待醇解符合指标后(测定其甲醇容忍度),分析羟值与酯值,根据分析结果可计算出甲苯二异氰酸酯的用量。然后加入溶剂共沸脱水,将反应液冷却到50℃。

2) 缩聚反应

将 TDI 于50℃下加入醇解后的产物(甘油酯)中,此时反应温度保持在60~65℃,TDI 加完后,充分搅拌30 min,将温度升至80~90℃,并加入催化剂,使异氰酸酯充分反应并完全消失。冷却至50~55℃时,添加少量甲醇作为反应终止剂以消除异氰酸酯基,避免贮存时产生凝胶。另外还添加一定量的溶剂,抗结皮剂及催干剂。

一般投料比(—NCO/—OH)控制在0.9~1.0,太高则成品不稳定,太低则残留羟基多,耐水解性能差,所以必须准确称量。氨酯油的油度较高,一般约为60%~70%,用亚麻油、大豆油等干性油作溶剂。若配方中的不挥发成分中含 TDI 较多,超过26%时,就要用芳烃溶剂;若含 TDI 较少,就用石油系溶剂。

3. 物理性能

氨酯油中带有干性油的不饱和双键,在空气中经氧化交联生成漆膜。由于聚氨酯结构中的极性基团可在大分子键间形成氢键,所以此种改性油与醇酸树脂漆相比,具有干得快、耐磨又耐水解的优点。另外,氨酯油中不含游离的异氰酸酯基,所以其贮藏稳定性良好,而且制造色漆的手续简单,施工应用方便,价格也较低廉。

8.7.2 羟基固化型聚氨酯涂料

这类涂料也分为两个组分,工业品包装称为甲、乙两组分。甲组分为异氰酸酯化合物,乙组分为聚醚或聚酯多元醇。施工时按一定比例混合后涂布,两种基团相互反应形成聚氨酯漆膜。

对于甲组分,要求它易与乙组分或其他树脂混溶,且不易挥发,所以不直接采用 TDI,常为 TDI 与三羟甲基丙烷(TMP)的加成物、TDI 的三聚体或缩二脲二异氰酸酯等。对于乙组分,除了采用前面介绍的聚醚或聚酯多元醇外,亦可采用环氧树脂、蓖麻油或丙烯酸树脂。前两者含有羟基,后者是由含羟基的丙烯酸酯单体聚合而成,也含有羟基(约为2%~4%)。

1. 双组分配制的控制因素

1) —NCO/—OH

若多异氰酸酯组分加入量太少,不足以与羟基发应,则漆膜发软或发黏,耐水解、耐化学药品等性能都降低。若多异氰酸酯组分加入量太多,则多余的—NCO 基就吸收空气中的湿气转化成脲,增加交联密度和耐溶剂性,但漆膜较脆,不耐冲击。因此—NCO/—OH 的最佳比例要通过试验来确定。一般—NCO/—OH 为 1.1~1.2。为了满足某些特殊要求,—NCO/—OH 可达 0.9~1.5。多余的—NCO 提供了与湿气反应的足够的量,还可与漆中的—OH 基充分反应。

2) 多异氰酸酯组分的选择

多异氰酸酯组分的性质对聚氨酯涂料的性能有着重要的影响,常用多异氰酸酯对涂料性能及用途的影响见表 8-20。

表 8-20 多异氰酸酯种类与涂料性能及用途的关系

多异氰酸酯种类	性能及用途
TDI 的加成物	价廉,最常用,但泛黄、不耐候,宜作各种室内涂料
TDI 三聚体	干性好,但操作使用期短,宜作快干木器清漆,不宜作色漆
TDI/HDI 三聚体	干性好,泛黄性和耐候性较佳,但可使用期短,用于磁漆
HDI 缩二脲	不泛黄,保光泽,用于户外高级涂料,但成本较高
XDI 加成物	不泛黄,耐候性比 TDI 好,比 HDI 稍差,成本比 HDI 缩二脲低
IPDI 加成物	不泛黄,保光泽,反应活性慢,可使用期长

3) 含羟基组分的选择

耐户外曝晒可选用聚丙烯酸酯、聚酯或醇酸树脂;耐高温可选用对苯二甲酸聚酯(耐溶剂性方面,聚酯比聚醚好),耐化学腐蚀可选用环氧、聚醚等;要使表面干得快,可选用纤维素衍生物。

除了品种选择外,聚酯的支化程度、聚醚的聚合度、丙烯酸树脂的内增塑程度、羟基含量等都能调节漆膜的柔韧性和硬度。此外还可掺合不含羟基的树脂(如过氯乙烯等)、紫外线吸收剂等以满足不同的需要。

2. 典型配方

1) 聚酯型聚氨酯防护漆

按表 8-21 所列配方制备的聚酯型聚氨酯防腐蚀漆,对铁及非金属表面均有保护功效。

表 8-21 聚酯型聚氨酯防腐蚀漆基本配方

组分	物料	用量		
		底漆	中层漆	面漆
含羟基组分	1100 号聚酯	100	100	100
	800 号聚酯		100	100
	溶剂	140	320	340
	铁红	18	380	200
	锌黄	84		
	滑石粉	78		
	乙酸丁酸纤维素(10%溶液)	10	20	20
异氰酸酯组分	TDI 加成物(75%溶液)	80	240	320
	—NCO/—OH	0.65	0.89	1.1

2) 聚醚酯固化聚氨酯漆

配方参见表8-22,聚醚氨酯由1 mol N-204聚醚(环氧丙烷二元醇聚醚)与2 mol TDI先制成预聚体,再与1.6 mol 三羟甲基丙烷(TMP)和0.4 mol 三乙醇胺反应制成。油醚预聚体由1 mol N-303聚醚(环氧丙烷三元醇聚醚)和3 mol 醇解蓖麻油,以及12 mol TDI制成。此漆由于存在大量的氨酯键而酯键甚少,故漆膜非常坚韧且耐酸碱,由于结构中有叔胺的自催化作用在常温下能迅速固化。缺点是对溶剂的要求较高,成本也较高。制成的自干涂层对比检验表明,耐化工废气(湿气、热气、氯气、氨气)性能超过聚酯型聚氨酯漆和过氯乙烯漆,而与环氧酚醛烘漆同级。

表8-22 聚醚酯固化聚氨酯漆基本配方

组分	物料	用量(质量分数)/%	
		面漆	底漆
含羟基组分	聚醚氨酯(50%环己酮溶液)	33.5	22.5
	钛白	10.7	
	石墨	2.2	
	滑石粉	2.7	
	云母粉	1.9	3.0
	高岭土	2.7	3.0
	铁红		24.1
	环己酮∶甲苯＝2∶1	20	30.1
异氰酸酯组分	油醚TDI预聚体(50%甲苯溶液)		
	固含量/%	50	50
	—NCO/—OH(当量比)	1.2	1.2
	颜料/树脂(质量份数)	4/6	6/4

8.7.3 湿固化型聚氨酯涂料

湿固化型聚氨酯涂料是含—NCO基的预聚物,通过与空气中的湿气反应生成脲键而固化成膜。这种涂料的优点是性能良好,使用方便,不像双组分涂料那样,需要临时调配,不会使配好多余的涂料过期报废,也不会发生计量的差错而影响质量。因依靠空气中的水分来固化,反应较慢,释放出的CO_2能从漆膜中缓慢地扩散逸出,故不会使漆膜产生气泡。但是湿固化型涂料的干燥速度受空气中湿度的影响,湿度太低则干得慢。尤其在冬季,温度与湿度都低,导致固化速度太慢。另外,配制有色涂料困难,贮存期限较短。

制造湿固化型聚氨酯涂料的预聚物的分子量要足够大、不需加入其他配合剂,就能单独迅速干燥,并有满意的机械性能。

1. 预聚物的制备

分子量较低的二元或三元的聚醚与二异氰酸酯反应,—NCO/—OH 低于2,一般为1.2～1.8,在异氰酸酯封端的同时,使预聚物的分子量提高。由于聚醚链段中间嵌入了氨酯键,有利于提高膜的机械强度,并保证涂层迅速干燥。这种方法目前已广泛采用。通常湿固化聚氨酯涂料,大多数指的就是这类,不需加催化剂就能迅速固化。制备实例如下。

将2 mol聚醚N-303投入反应釜,加入5%苯脱水,冷却到35℃,加入TDI,在氮气保护下升温至 60~70℃反应,加入 10%的甲苯调节黏度,然后加入二元聚醚 N-204(预先用苯脱水),升温至 80~90℃,保温 2~3 h,终点可抽样以二丁胺测—NCO 的含量。然后加入溶剂、流平剂(乙酸丁酸纤维素,占全重的 0.5%,预先配成溶液)、抗氧剂(二叔丁基对甲酚,占全重的 0.9%),包装备用。产品—NCO 的含量为 7%,—NCO/—OH 投料比为 1.5。

2. 典型配方

湿固化型聚氨酯涂料的典型配方参见表 8-23。

表 8-23 湿固化型聚氨酯涂料配方

物料	质量分数/%	
	底漆	面漆
醇解蓖麻油预聚物(70%二甲苯溶液)	35.80	42.9
铁红	5.25	
云母粉	10.5	2.5
高岭土	9.25	
钛白		13.75
滑石粉		3.75
二甲苯	39.20	37.1
固含量/%	50	50
颜料/树脂(质量份数)	1/1	2/3

8.7.4 催化固化型聚氨酯涂料

此类涂料与湿固化型相似,由于后者固化太慢,采用催干剂加快固化速度。生产上都采用双包装。一个组分是端基为—NCO 的预聚体(含成时取异氰酸指数 $R \approx 2$),另一个组分是催干剂,常用的有环烷酸铝、钴及二甲基乙醇胺等。

使用时,将两组分温和混合,在催化剂作用下,预聚体的—NCO 基与空气中的水分发生反应而成膜。此时除了水分引起的固化反应外,还可产生三聚异氰酸酯和脲基甲酸酯。尤其是使用醇胺类催干剂时,其中的叔胺基团起催化作用,羟基还可与—NCO 反应结合在漆膜中,且不会被溶剂所萃取。由于催化作用,固化反应不受外界温湿度的影响。

因两个组分平时不能混合,必须分别贮藏。施工现场混合调配后即可涂布。但混合时物料用量必须准确,否则会影响漆膜的性能。如胺量少,固化慢;太多,则固化太快,使用期过短,影响漆膜的耐水解性等,又可造成多余物料的损失。

8.7.5 封闭型聚氨酯涂料

封闭型聚氨酯涂料的成膜原料与双组分涂料类似,也是由多异氰酸酯组分和含羟基组分两部分组成,所不同的是多异氰酸酯被含单一活性氢原子的封闭剂暂时封闭。因此其可与聚醚(或聚酯)多元醇合装而不发生反应,成为单组分涂料,并具有良好的贮藏稳定性。使用时将漆膜烘烤到 170~180℃,封闭剂随可逆反应逸出,重现的—NCO 基与聚醚或聚酯中的羟基反应,使漆膜坚固。此种涂料毒性小,贮存稳定性好,可配成色漆。

常用的封闭剂主要有苯酚、丙二酸酯、己内酰胺等。各种封闭剂与异氰酸酯的反应如下:

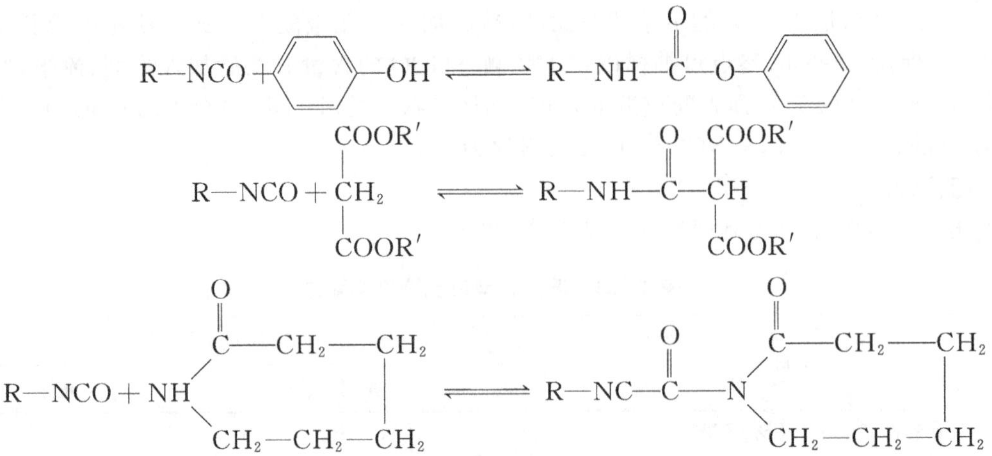

$$R-NCO + \underset{}{\bigcirc}-OH \rightleftharpoons R-NH-\overset{O}{\underset{\parallel}{C}}-O-\bigcirc$$

$$R-NCO + CH_2 \underset{COOR'}{\overset{COOR'}{\diagup}} \rightleftharpoons R-NH-\overset{O}{\underset{\parallel}{C}}-CH \underset{COOR'}{\overset{COOR'}{\diagup}}$$

$$R-NCO + HN \underset{CH_2-CH_2}{\overset{\overset{O}{\overset{\parallel}{C}}-CH_2-CH_2}{\diagup}} \rightleftharpoons R-N=\overset{O}{\underset{\parallel}{C}}-N \underset{CH_2-CH_2}{\overset{\overset{O}{\overset{\parallel}{C}}-CH_2-CH_2}{\diagup}}$$

封闭型涂料的异氰酸酯组分，目前用得最多的是苯酚封闭 TDI 的加成物，它是由三分子 TDI 与一分子三羟甲基丙烷合成，再以三分子苯酚或甲酚封闭而制得，反应式如下：

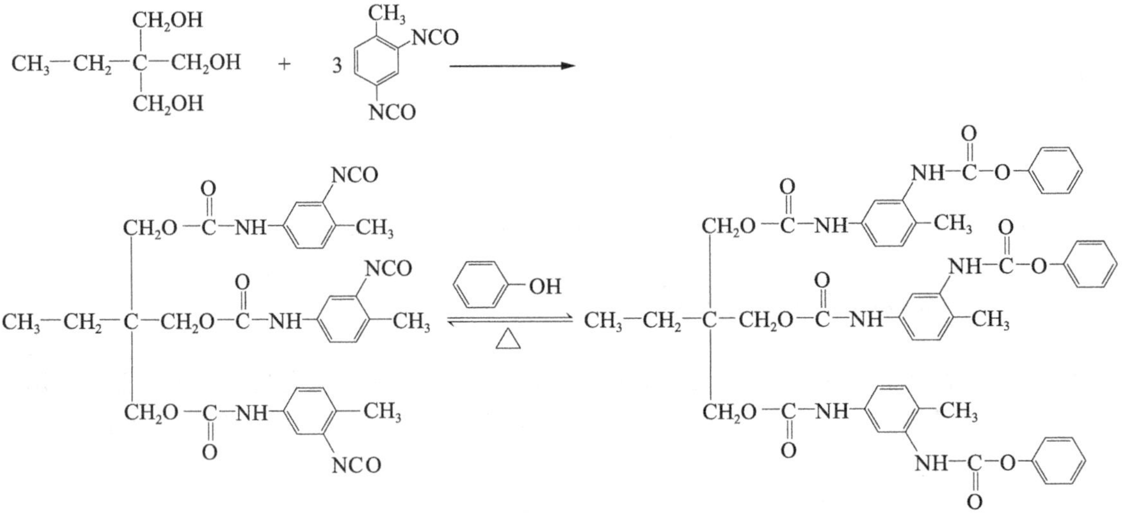

[化学反应结构式：三羟甲基丙烷与3分子TDI反应，再与苯酚反应生成封闭型加成物]

封闭型聚氨酯涂料具有优良的绝缘性，耐溶剂和耐水解性也好，工业上主要是用作电绝缘漆。

8.7.6 聚氨酯弹性涂料

聚氨酯涂料大多用于涂覆刚性底材，涂膜一般较坚硬。对于纺织品、皮革、橡胶、泡沫塑料等柔软底材，则需使用高弹性涂料，以适应变形扭曲。聚氨酯弹性涂料伸长率可达 300%～600%，漆膜玻璃化温度很低，所以它在常温下处于高弹态。此种涂料的结构是由线型长链大分子组成。线型分子间有较弱作用力或存在少量交联键，其链段在常温下能够移动或转动，是柔顺无规则的线团结构。

聚氨酯弹性涂料分固化型与挥发型两种。固化型可用长链低支化度聚酯与多异氰酸酯、长链预聚物与芳胺、长链聚酯-氨酯二醇与多异氰酸酯的反应来制备。挥发型则用长链预聚物与二醇或二胺进行扩链来制备。

1. 固化型聚氨酯弹性涂料

此类涂料品种亦多，其用途各有所异。现介绍一种橡胶导线保护用的弹性涂料制备与使用。

（1）醇解物的制备　将一缩二乙二醇8.7份、蓖麻油（土漂）89.5份、环烷酸钙1.8份投入反应釜中搅拌,加热至 200℃ 并保温 30 min,升温至 220℃ 保持 30 min,再升温至 235～240℃ 保持 30 min,降温出料。向醇解物中加入 50% 质量二甲苯与苯的混合液(2∶1,质量比),搅拌 10 min,缓慢升温至 80℃,蒸出苯水混合物,降温备用。固含量为 60%,羟值 180。

(2) 预聚物的制备　将 31 份 2,4-TDI 和 21 份二甲苯先后投入反应釜,搅拌并缓慢加入醇解物,升温到 80℃,保温 2 h,测 NCO 基含量,当达到 7% 时降至常温包装。

(3) 色浆与配漆　将醇解物与颜料如大红粉、氧化铬绿、中铬黄与碳黑等按 91∶9、80∶20、80∶20 与 96.5∶3.5 配比,在三辊磨上研磨成浆,细度控制在 25μm 以下,用无水二甲苯稀释至固含量 60%。此种聚氨酯弹性涂料由上述预聚物、浆料及固化剂(如二乙醇胺)所组成。三者配比为 80∶20∶2.5。可用刷涂、喷涂或浸涂等方法施工。该涂料在施工时现用现配,若涂料变稠,可以无水二甲苯稀释,使用期限 8 h。

2. 挥发型聚氨酯弹性涂料(双包装)

此种弹性涂料的甲组分是由聚酯二醇、1,4-丁二醇与 MDI 或 TDI 反应所得的预聚物;乙组分则是催化剂如辛酸亚锡。施工时将两组分混匀,并加入二甲基甲酰胺与丁酮(1∶1)混合溶剂,配成固含量为 25% 的涂料,适宜涂布人造革、防雨布、汽车坐垫、充气船等。MDI 易泛黄,所以在制备装饰性涂料时,可用 HMDI 代替 MDI。

8.7.7　水性聚氨酯涂料

溶剂型聚氨酯涂料已得到广泛的应用,但随着环境保护的要求日益严格,低 VOC 或零 VOC 的聚氨酯涂料的研究已得到广泛的关注,国内外工业界和科研单位已开展了大量的工作,出现了大量的专利,并先后投入商业生产,这其中水性聚氨酯涂料不含或只含极少的有机溶剂,对环境几乎没有污染,因而更受人们的青睐。

水性聚氨酯即聚氨酯水分散体,它主要是以水作为溶剂进行施工的。早期的水性聚氨酯存在着许多的缺点,其一是产品造价高,制作工艺复杂;其二是产品性能差,不如溶剂型产品的性能。但自从 20 世纪 70 年代以来,水性聚氨酯有了长足的发展,开发出的有些产品的优异性能已达到甚至超过了溶剂型聚氨酯,表现出极为诱人的发展前景。

1. 水性聚氨酯涂料的种类

水性聚氨酯涂料主要分三类,即单组分聚氨酯、双组分聚氨酯和改性聚氨酯。水性单组分聚氨酯具有很高的断裂延伸率(可达 800%)和适当的强度(可达 20MPa),并能常温干燥,但其耐水性和耐溶剂性很差。改性聚氨酯涂料主要是改善涂料的某方面性能。例如,在聚丙烯酸酯乳胶中加入适量的聚氨酯乳胶,可以使其黏结强度显著提高。用水性聚氨酯改性聚醋酸乙烯乳胶,也得到同样的效果。近年来,许多公司和科研单位开展了大量的相关工作,成功开发出了水性双组分聚氨酯涂料,其 VOC 显著降低,性能优于或等同溶剂型双组分聚氨酯涂料。

2. 原料

1) 水性多元醇体系

一般来说,聚醚型聚氨酯在低温下柔顺性好,耐水性亦佳。聚酯多元醇分散体配制的双组分涂料具有良好的流动性,涂膜光泽较高,对颜料的润湿性好,特别适用于配制高光泽色漆。但聚酯的耐水性相对比聚醚的差,因而采用其制得的水性聚氨酯储存稳定性差。

丙烯酸多元醇分散体具有较低的分子量,较高的羟基官能度,涂膜交联密度高,且具有良好的耐溶剂性、耐化学品性和耐候性。与丙烯酸乳液多元醇相比,丙烯酸分散体多元醇配制的涂料流变性好,涂膜光泽高,但干燥速度慢。

聚氨酯多元醇分散体配制的双组分涂料具有良好的综合性能,涂膜外观好,具有优异的物理机械性、耐化学品性能和耐磨性，以及良好的颜料润湿性，可通过调整氨基甲酸酯键的浓度来确定涂膜性能。因此，聚氨酯多元醇分散体是理想的双组分聚氨酯涂料的羟基组分。

2）多异氰酸酯体系

为了提高多异氰酸酯固化剂在水中的分散性，常采用亲水基团对其进行改性，亲水组分分为离子型或非离子型两类，这些亲水组分与多异氰酸酯具有良好的相溶性，作为内乳化剂有助于异氰酸酯组分分散在水相中，降低体系的混合剪切能耗。但是其缺点在于亲水改性消耗了固化剂的部分—NCO基，降低了固化剂的官能度。

3）亲水性扩链剂

在扩链剂方面，可分为阴离子（二羟甲基丙酸，酒石酸，磺酸丁二醇，乙二胺基乙磺酸钠，丙三醇和顺酐合成的半酯）、阳离子（甲基二乙醇胺，三乙醇胺）和非离子（端羟基聚环氧乙烷）三类。

阴离子的引入将导致自由体积缩小，玻璃化温度提高。非离子亲水剂如聚环氧乙烷，必须含量很高才能使分散体稳定。阳离子产物大多具有较好的强度指标，而阴离子产物综合性能较好。用羟基聚氧乙烯醚作为亲水基团制成的水性聚氨酯树脂，耐电解质很好，但成膜耐水性极差，不实用。乙二胺丙烯酸钠加合物作为亲水基化合物使整个反应体系呈碱性，不仅有—NH$_2$与—NCO的快速反应，还伴有—NCO与—NHCOO—的反应，所以反应难以控制，容易凝胶，并且制成的乳液颗粒粗，成膜耐水性差。二羟甲基丙酸是制备水性聚氨酯树脂最好的亲水基化合物。在氨基甲酸酯合成过程中，它使反应体系呈酸性，在酸性条件下，—NCO与—OH反应温和，而—NHCOO—不参与反应，不会造成凝胶。另外，二羟甲基丙酸还起扩链剂作用，使亲水基（即羧基）位于大分子链段中，用叔胺作为中和剂可以制成稳定性极好，成膜耐水耐溶剂性能极佳的水性聚氨酯树脂。

4）水和溶剂

水是水性聚氨酯的主要介质，一般采用的水是去离子水，水除了作为分散介质之外，还是重要的反应原料。水在体系中的反应主要是充当扩链剂的作用，使得体系形成脲键，而脲键的耐水性能比氨酯键的好。反应体系中有时黏性太大，为了降低黏度，利于分散，可适当加入一些溶剂降黏。丙酮是最常用的降黏剂，此外还有甲乙酮、N-甲基吡咯烷酮等有机溶剂，这类溶剂一般在体系中呈惰性，且易于除去。

5）其他添加剂

除了上述原料以外，还有乳化剂、交联剂、封闭剂等，加入这些添加剂的目的都是为了改善性能、降低成本。

3．水性双组分聚氨酯涂料的制备

1）丙酮法

丙酮法是由德国Bayer公司研究成功的。此法是先制得含—NCO端基的高黏度预聚体，加入丙酮、丁酮或四氢呋喃等低沸点、与水互溶易于回收的溶剂，以降低黏度，增加分散性，同时充当油性基和水性基的媒介。反应过程可根据情况来确定加入溶剂的量，然后用亲水单体进行扩链，在高速搅拌下加入水中，通过强力剪切作用使之分散于水中，乳化后减压蒸馏回收溶剂，即可制得PU水分散体系。反应的整个过程中，关键的是加入丙酮等溶剂以达到降低体系黏度的目的。由于丙酮对PU的合成反应表现为惰性，与水可混溶且沸点低，因此在此法中多用丙酮作溶剂，故名"丙酮法"。溶剂法合成反应在均相体系中进行，易于控制，适用性广，结构及粒子大小可变范围大（0.03～100 μm），产品质量好，容易获得所需性质的PU。因此丙酮法是目前应用得最多的制备方法之一。但此法耗用大量有机溶剂，工艺复杂，成本高，效率低，不够经济，且安全性差，不利于工业化生产。

2）预聚体混合法

预聚体混合法是近年来发展起来的。它是将水性单体引入到预聚物链中，制成亲水性的聚合物链。当含—NCO 端基的预聚物的分子量不太高、黏度较小时,可不加或加少量的溶剂,直接用亲水性单体将其部分扩链,高速搅拌下分散于水中。然后再用反应活性高的二胺或三胺在水中进行扩链,生成高分子量的水性聚氨酯-聚脲。

预聚体黏度的控制十分重要,否则分散将很困难。此方法适合于低黏度预聚体,即由脂肪族和脂环族多异氰酸酯制备的预聚体。该方法也可以得到稳定的自乳化聚氨酯乳液,且该方法的工艺简单,无需耗费大量的丙酮。

3) 熔融分散缩聚法

熔融分散缩聚法又称熔体分散法,是一种制备水性聚氨酯的无溶剂分散法。与预聚体混合法不同,熔融分散缩聚法先合成的是带有离子基团和—NCO 端基的预聚物,经中和、季铵化或羟甲基化处理后,在熔融状态下分散于水中制成 PU 乳液。例如,将聚酯多元醇、聚醚多元醇或含叔胺基团、离子基团的二元醇与二异氰酸酯反应,—NCO/—OH 的物质的量之比为 1.2～1.8,得到的含—NCO 端基的预聚物与尿素或氨在本体中反应,生成聚氨酯双缩二脲或含离子基团的端脲基低聚物。前者加入氯代酰胺在高温熔融状态继续季铵化,由于所得的高聚物具有亲水性,在酸性介质中再与甲醛反应进行羟甲基化,含羟甲基的聚氨酯-双缩二脲能在 50～130℃与水形成稳定乳液,当体系 pH 值调低时,能在分散相中进行缩聚反应而生成高分子量的 PU;后者则直接在熔融状态乳化于水,再加甲醛水溶液进行羟甲基化及扩链反应。

熔融分散法不需要有机溶剂,工艺简单,易于控制,配方可变化性较大,不需特殊设备即能进行工业化生产颇有发展前途。但分散过程需要特别大功率的搅拌器,缩聚反应温度高,生成的水分散体为支链结构,分子量较低。

4) 酮亚胺和酮连氮法

酮亚胺和酮连氮法与预聚体混合法类似,不同之处在于此法中封闭二胺和封闭联胺被用作潜在的扩链剂加到亲水性—NCO 官能封端预聚物中,二胺和联胺与酮类反应分别得到酮亚胺和酮连氮。两者不会发生作用,当水分散该混合物时,由于酮亚胺的水解速率比—NCO 与水的反应速率快,释放出二元胺与预聚物反应,生成扩链的聚氨酯-脲。本法适宜于由芳香族异氰酸酯制备的水性 PU 分散体,它结合了丙酮法的高品质及泛用性与预聚物混合法的简单、经济的长处,且该法制备的涂膜较好。酮连氮法大致上和酮亚胺法相同,只是以酮连氮、醛连氮、腙等代替酮亚胺而已。

4. 水性双组分聚氨酯涂料制备的关键因素

从原理上讲,水性双组分聚氨酯涂料的制备是可行的,但要得到有实用价值的涂料,还有以下几个关键的因素要注意。

(1) 含羟基的组分应该具有相当的乳化能力,从而保证两个组分混合后,很容易地把不具亲水性的固化剂组分(特别是固化剂组分未进行亲水改性时)乳化。同时,含羟基的组分本身粒径要尽可能小,以便于在水中扩散。

(2) 固化剂组分的黏度要尽可能小,从而减少有机溶剂的用量,或根本不用有机溶剂。同时又能保证与含羟基的组分很好地混合。

(3) 选择与水反应较慢的脂肪族或脂环族异氰酸酯或它的加成物,如己二异氰酸酯三聚体、缩二脲及异佛尔酮二异氰酸酯等。

5. 水性双组分聚氨酯涂料的成膜机理

在溶剂型聚氨酯涂料中,人们总是千方百计地除去水分,因为水会与异氰酸酯反应,生成脲和二氧化碳,脲继续与异氰酸酯反应,使异氰酸酯大量消耗,同时二氧化碳逸出,在漆膜表面形成气泡,导致漆膜性能很差。

而水性双组分聚氨酯涂料的成膜过程不同于溶剂型体系,成膜初期为物理干燥过程,随着水分的蒸发,分散体或乳液粒子凝聚,聚合物链相互扩散使多异氰酸酯和水及多元醇发生反应。这个过程本身比较复杂，当两组分接触时，两者不在一相内，搅拌后，多元醇作为乳化剂将多异氰酸酯分散在水中才能成为一相，从而进行反应；同时还有水和羟基与异氰酸酯的竞争反应发生。通常分子量较大的聚合物乳液具有较高的剪切模量和较差的凝聚性，其物理成膜性能差；小粒径乳液有利于凝聚，但乳液具有低固含量和高黏度，粒子达到凝聚状况必须蒸发较多的水分，影响物理成膜过程。

化学干燥过程比较复杂，涉及固化剂的异氰酸酯基与多元醇的羟基、水和稳定聚合物粒子的羧基等基团间的反应，反应速率取决于施工环境的温度、湿度、反应体系中催化剂含量和基团的反应活性等。施工以后，可挥发物开始挥发，使粒子更紧密接触。粒子的凝结，使异氰酸酯与羟基的反应大大增强。涂层在室温下水分的蒸发相对较快，30 min 内在涂膜中的水含量下降到 2%～3%，最终的平衡水含量为 1% 左右。涂膜中的—NCO 基浓度降低速率较慢，只有 6% 的—NCO 基参与了反应，24 h 后参与反应的—NCO 基增大到 90%，完全反应需要几天。环境湿度和温度对干燥过程有重要作用，室温固化过程约有 60% 的—NCO 基与水反应形成脲，而 130℃ 干燥 30 min 与水反应的—NCO 基含量降低到 10%。随着固化温度升高，生成氨基甲酸酯的含量越多，同时高温下—NCO基与羧基反应形成的酰胺有利于改善涂膜性能。

8.7.8 聚氨酯涂料的性能和用途

聚氨酯涂料中，除含有氨基甲酸酯键外，还含有许多酯键或油脂的不饱和双键。因此，从结构上就决定了聚氨酯涂料具有多种优异的性能，归纳起来主要有以下几个特点。

（1）涂膜耐磨与黏附力强。聚氨酯涂膜具有优良的物理机械性能，涂膜坚硬、柔韧、光亮，尤其是耐磨性、黏附力特别好，因此广泛地用于地板漆、甲板漆以及金属、水泥、橡胶、塑料等。

（2）涂膜防腐性能优良，能耐油、耐酸、碱、盐等化学药品和工业废气。

（3）施工温度范围广，聚氨酯涂料能在室温固化，也能加热固化，甚至在 0℃ 也能正常固化。因此，施工适应季节长，特别有利于大型物件的施工。

（4）调整聚氨酯涂料配方，可获得所要求的涂料性能，可以从坚硬的调节到柔韧的，而一般涂料不具备高弹性。

（5）优良的电气性能。适合于制作漆包线用漆，制成的聚氨酯漆包线具有自焊、自黏的特性，宜作电讯及仪表线圈。

（6）能与多种树脂混用。聚氨酯树脂能与聚酯、聚醚、环氧、醇酸、有机硅、丙烯酸酯、纤维素、氯醋共聚等树脂以及沥青、干性油等混用，因而可以根据不同要求配成许多新的涂料品种。

（7）装饰与保护性能好。涂料中有些品种如环氧、氯化橡胶等保护性能好而装饰性能差，有些品种如硝基漆等，则装饰性能好而保护性能差。聚氨酯涂料不仅具有优越的保护性能，而且具有美观的装饰性，所以高级木器、钢琴、大型客机等都采用聚氨酯涂料。

（8）耐温性能好。聚氨酯涂料可制成耐-40℃ 低温的品种。异氰酸酯与偏苯三甲酸酐等配合使用，则可制成耐高温绝缘漆，性能接近于聚酰亚胺。涂膜的耐高、低温性可根据需要进行调节。

8.8 聚氨酯黏合剂

聚氨酯黏合剂是发展得较晚的一种黏合剂，因其性能优越，故近年来发展很快，应用范围日趋广泛，其主要特性有以下 5 个方面。

(1) 黏合剂分子中含有许多高极性的基团,黏结性强,几乎能黏合所有的材料,如木材、塑料、橡胶、皮革、玻璃和各种织物等非金属材料,以及钢铁、铝和铜等金属材料。它还能用于金属和非金属材料之间的黏合。

(2) 很易调节其组成、结构及使用配方,可方便地改变其性能,以适合不同材料黏合的需要。

(3) 可在室温下固化,也可加热固化,故黏合工艺很方便。

(4) 固化时不生成副产物,在黏合层中不易产生缺陷。

(5) 除了黏结强度较高,还具有较好的耐油、耐臭氧、耐化学药品及耐低温等性能。

8.8.1 多异氰酸酯黏合剂

主要是由异氰酸酯单体制成的黏合剂,其特点是由于分子体积较小,容易渗透到一些多孔性的材料中去。另外异氰酸酯能与吸附在被黏合材料表面上的水分发生反应,亦能在碱性材料(如玻璃)的表面上发生聚合反应,导致在被黏合的界面上产生化学键,因而提高其黏合强度。该黏合剂主要用于橡胶与金属的粘接,因为不但黏合强度高,而且黏合层的耐疲劳性特别优越。

多异氰酸酯黏合剂在被粘材料的界面上很容易生成交联结构,这种交联结构的胶层具有很高的内聚力,因此,多异氰酸酯黏合剂的粘接强度非常高。当用来黏接金属时,金属表面的水分可与黏合剂分子中的—NCO 基团反应生成脲键,然后与表面上的金属氧化物生成氢键而牢固地黏合,其反应式如下:

$$R-NCO \xrightarrow{H_2O} R-NH-\overset{O}{\underset{\|}{C}}-NH-R \xrightarrow{2O=Me} \begin{matrix} & & N-H\cdots O=Me \\ & & | \\ O=C & & \\ & & | \\ & & N-H\cdots O=Me \\ & & | \\ & & R \end{matrix}$$

式中,Me 代表金属原子。用于粘接橡胶时,它可渗入橡胶大分子内部,发生反应形成相互穿透的聚合物网络结构。纤维素分子中极性基团—OH 可与—NCO 反应而交联,又可生成氢键。对于一般的塑料,也可用相似的原理说明。至于聚烯烃类,因为是非极性的,不易粘接。但是采用表面处理的方法,如表面上涂二苯甲酮类光敏剂,紫外线照射后使表面活化,然后用多异氰酸酯黏合,即可获得优异的粘接强度。

1. 三苯基甲烷三异氰酸酯黏合剂

一般是将三苯基甲烷-4,4′,4″-三异氰酸酯配成 20% 的二氯甲烷溶液,其中溶剂也可用二氯乙烷或氯苯,国产牌号为 JQ-1 的均为 20% 三苯基甲烷-4,4′,4″-三异氰酸酯的氯苯溶液,密度 1.32 g/cm³,异氰酸酯基含量为 19% 左右,氯苯中不溶物小于 0.1%。黏合剂溶液的颜色可以从绿黄色到红棕色,然后再转成暗紫色,这种变色现象不影响黏合剂的质量。该黏合剂需在密封的容器中于 0~20℃ 温度下保存,贮存期为 1~1.5 年。为了增加黏合剂胶液的稳定性,可以添加 1% 的三氯化磷或五氯化磷。

三苯基甲烷三异氰酸酯黏合剂可用刷涂、浸涂、喷涂三种方法进行。如果黏合剂黏度太大,可用乙酸乙酯(无水及不含乙醇)等溶剂稀释,然后进行操作。喷涂方法适合于大面积部件的黏合。

2. 硫逐磷酸三(4-苯基异氰酸酯)黏合剂

硫逐磷酸三(4-苯基异氰酸酯)的性质与三苯基甲烷-4,4′,4″-三异氰酸酯近似,也是用二氯甲烷为溶剂配成黏合剂。密度为 1.32 g/cm³,是带有浅棕黄色的清晰液体,对阳光稳定性较好,无变色现象,溶于二氯甲烷、三氯乙烯、乙酸乙酯、苯及甲苯等溶剂。比三苯基甲烷-4,4′,4″-三异氰酸

酯更易溶于极性溶剂,硫逐磷酸三(4-苯基异氰酸酯)的化学结构如下:

$$\text{OCN}-\text{C}_6\text{H}_4-\text{O}-\underset{\underset{\text{S}}{\|}}{\text{P}}(-\text{O}-\text{C}_6\text{H}_4-\text{NCO})_2$$

硫逐磷酸三(4-苯基异氰酸酯)

除了上述两种异氰酸酯黏合剂外,还有 MDI、TDI、HDI、PAPI、二甲氧基联苯二异氰酸酯、甲撑-双苯基(4-苯基甲酸酯)等异氰酸酯均可配成黏合剂,其性质与用途均相同。

8.8.2 双组分聚氨酯黏合剂

双组分聚氨酯黏合剂是聚氨酯黏合剂中十分重要的一个品种,属于结构型黏合剂,特点是起始黏合强度大。该黏合剂是甲乙双组分组成的,甲组分是聚酯、聚醚等多羟基化合物以及胺类固化剂或经异氰酸酯改性的聚酯、聚醚,其端基为—OH 或—NH$_2$ 基团。乙组分是异氰酸酯与羟基化合物的加成物,其端基为—NCO 基团。

双组分聚氨酯黏合剂的制备与聚氨酯橡胶及涂料的制备相似,而聚氨酯黏合剂主要是用聚酯树脂作为原料,近来还发展采用聚 ε-己内酯树脂制得的性能优越的黏合剂。而聚醚则较少被用作黏合剂的原料,但若通过嵌段、接枝等方法进行改性,也能制得性能较好的黏合剂。

1. 聚酯树脂(甲组分)的制备

聚酯树脂(甲组分)通常是用己二酸、邻苯二甲酸酯、乙二醇、一缩乙二醇、丁二醇、三羟甲基丙烷反应后而制得,其分子量根据原料用量而不等,一般为 800~2 000,最高可达 3 000~6 000。为了降低黏度,还添加一定比例的无水溶剂加以稀释,例如乙酸乙酯、丙酮等。聚酯树脂的合成配方参见表 8-24。

表 8-24 甲组分聚酯树脂的合成配方

聚酯树脂牌号	配方/mol				
	己二酸	邻苯二甲酸酐	三羟甲基丙烷	1,4-丁二醇	1,3-丁二醇
♯200	1.5	1.5	4	—	—
♯800	2.5	0.5	4.1	—	—
♯900	3	—	4.2	—	—
♯1100	3	—	2.0	3.0	—
♯1200	3	—	1.0	—	3.0

2. 异氰酸酯(乙组分)的制备

一般异氰酸酯都经过改性,例如 TDI 用三羟甲基丙烷改性,制成加成物,这样可减少 TDI 的毒性,使反应容易控制。

3. 双组分黏合剂的制备

双组分聚氨酯黏合剂的配方参见表 8-25。

表 8-25 典型双组分黏合剂的配方

组分配方		固化条件	用途
甲组分	乙组分		
#900 聚酯(75%乙酸乙酯溶液)40 份	HDI(3 mol)与丙三醇(1 mol)加成物(75%乙酸乙酯溶液)100 份	室温 24 h,可用三乙胺为催化剂	木材、胶合板黏合、木材与金属黏合
#900 聚酯(75%乙酸乙酯溶液)40 份	2,4-TDI(3 mol)与丙三醇(1 mol)加成物 100 份	室温 10 h,可用尿素为催化剂	木材、胶合板黏合、木材与金属黏合
#800 聚酯(75%乙酸乙酯溶液)200 份	TDI-65,100 份	室温或在 170℃加热 1 h	金属、陶瓷、塑料等的黏合以及金属与塑料的黏合
#1200 聚酯(80%乙酸乙酯溶液)300 份	TDI-65,100 份	室温 24 h,90~100℃ 2 h,150℃ 0.5 h	金属、陶瓷、塑料等的黏合以及金属与塑料的黏合,耐冲性良好
#800 聚酯 200 份	HDI,50 份	室温	金属、玻璃的黏合

8.8.3 封闭型聚氨酯黏合剂

这种黏合剂的合成原理与封闭型涂料相似,它主要用于合成纤维织物与橡胶的黏合。现举一实例说明。

将 104 份 2,4-TDI 与 30 份甲苯投入反应釜,升温至 100~110℃,缓慢加入 100 份聚酯(88 份己二酸、36 份乙二醇、13 份三羟甲基丙烷缩聚而成,羟值 320),保温 90 min 后再加 33 份间甲酚,反应 6 h 即成封闭型预聚物。称取 100 份预聚物,400 份水,1 份聚氧乙烯辛酚,1 份磷酸二氢钠放入容器中搅拌均匀,即制成封闭型聚氨酯乳液。

12.5 份间苯二酚、18.4 份甲醛(37%)、2.5 份氢氧化钠、271 份水混合反应而得间苯二酚-甲醛胶乳(RFL),再与 295 份丁吡胶乳(70 份丁二烯、15 份苯乙烯、15 份乙烯吡啶共聚而成,固含量为 40%)混合即制得 RFL-丁吡胶乳。

将封闭型聚氨酯乳液与 RFL-丁吡胶乳按各种比例混合,便配制出四种封闭型聚氨酯黏合剂。用这些黏合剂浸渍聚酯轮胎帘子线,于 180℃烘 15min,然后与天然橡胶料黏合,其黏合力如表 8-26 所示。

表 8-26 用封闭型聚氨酯粘接聚酯-橡胶的黏合力

封闭型聚氨酯乳液:RFL-丁吡胶乳	1:4	1:3	1:2	1:1	2:1
帘线上黏附黏合剂的质量分数/%	7.5	7.4	6.8	8.1	7.1
黏合力/kg	7.86	8.45	8.02	7.56	6.53

8.8.4 泡沫型聚氨酯黏合剂

这种黏合剂大都用于塑料(尤其是泡沫塑料)与金属的黏合,以提高低温设备与管道的保温效果。发泡型聚氨酯黏合剂有单与双组分两种。

(1) 双组分发泡型聚氨酯黏合剂　甲组分是由聚醚与过量异氰酸酯合成的预聚物;乙组分是

聚醚、发泡剂与催化剂的混合物。施工时,甲乙两组分按一定配比混合,涂布在金属表面上,在室温(20℃)下晾置 20 min,然后与泡沫塑料黏合。用此种黏合剂制作贮槽、冷冻机、冰箱的隔热层其保温效果较好。

(2) 单组分发泡型聚氨酯黏合剂　这是种现用现配的黏合剂。实例：将 100 份聚醚（羟值 380）、1.5 份硅油、0.1 份二月桂酸二丁基锡、4 份氟利昂、100 份 PAPI 与 10 份环己酮混合均匀,涂布在钢管内侧与（或）硬聚氯乙烯管外侧,将聚氯乙烯管插入钢管中,用 100℃ 热风加热钢管,使黏合层发泡并固化,便制出优质复合管,其黏合强度为 2.45 MPa。

8.8.5　乳液型聚氨酯黏合剂

乳液型聚氨酯黏合剂因不使用溶剂,无毒无害,所以发展很快,目前已有许多品种。按树脂结构分为聚氨酯乳液（聚酯型与聚醚型）、异氰酸酯乳液（MDI 乳液、预聚物乳液）与乙烯类聚氨酯乳液；按乳化体系分为内乳化型（或自乳化型）与外乳化型；按电荷分为阳离子型、阴离子型、非离子型与两性型。

1. 聚氨酯乳液

自乳化法是往聚氨酯树脂骨架中引入亲水性基团,使树脂分散于水中而形成乳液。当引入羧酸型或磺酸型基团时,则乳液为阴离子型,若引入叔胺基团,则乳液为阳离子型。例如,使聚醚或聚酯、异氰酸酯与二羟甲基丙酸反应,制得 NCO 封端的预聚物,将其分散至水相中,加入碱性化合物（NaOH、NH$_2$—NH$_2$）而成盐,即制得阴离子型乳液。其反应式如下：

$$HO-R-OH \ + \ OCN-R'-NCO \ + \ HO-CH_2-\underset{\underset{COOH}{|}}{\overset{\overset{CH_3}{|}}{C}}-CH_2-OH \longrightarrow$$

$$OCN-R'-NH-\underset{O}{\overset{\|}{C}}-O-R-O-\underset{O}{\overset{\|}{C}}-NH-R'-NH-\underset{O}{\overset{\|}{C}}-O-CH_2-\underset{\underset{COOH}{|}}{\overset{\overset{CH_3}{|}}{C}}-CH_2-O-\underset{O}{\overset{\|}{C}}-NH-R'-NCO$$

$$\downarrow H_2O + NaOH$$

$$-NH-\underset{O}{\overset{\|}{C}}-NH-R'-NH-\underset{O}{\overset{\|}{C}}-O-R-O-\underset{O}{\overset{\|}{C}}-NH-R'-NH-\underset{O}{\overset{\|}{C}}-O-CH_2-\underset{\underset{COONa}{|}}{\overset{\overset{CH_3}{|}}{C}}-CH_2-O-\underset{O}{\overset{\|}{C}}-NH-R'-NH-\underset{O}{\overset{\|}{C}}-NH- \ + \ CO_2$$

又如,使异氰酸酯与 N-甲基二乙醇胺反应,再加入碘甲烷进行季铵化,即制得阳离子型乳液,其反应式如下：

$$OCN-R'-NCO \ + \ HO-CH_2-CH_2-\underset{\underset{CH_3}{|}}{N}-CH_2-CH_2-OH \longrightarrow$$

$$-HN-\underset{O}{\overset{\|}{C}}-O-CH_2-CH_2-\underset{\underset{CH_3}{|}}{N}-CH_2-CH_2-O-\underset{O}{\overset{\|}{C}}-NH-$$

$$\downarrow CH_3I$$

$$-NH-\underset{O}{\overset{\|}{C}}-O-CH_2-CH_2-\underset{\underset{CH_3I^{\ominus}}{|}}{\overset{\overset{CH_3}{|}}{N^{\oplus}}}-CH_2-CH_2-O-\underset{O}{\overset{\|}{C}}-NH-$$

外乳化法是使聚醚或聚酯与异氰酸酯反应,制成聚氨酯树脂,分散于水中,加入乳化剂,经高速剪切力作用后,即得到稳定的乳液。常用的乳化剂为烷基硫酸钠、烷基苯磺酸钠等阴离子型表面活性剂,季铵盐类阳离子表面活性剂以及烷基酚聚氧乙烯醚类非离子型表面活性剂。

聚氨酯乳液制备工艺复杂,成本高,但性能优异,适合制作高档产品。例如用它作织物与皮革的整理剂,织物耐洗、挺括手感舒适,皮革耐磨、耐柔曲且使用寿命增长。

2. 异氰酸酯乳液

使 MDI 与 PAPI,水经各自可变计量泵,按比例进入静态混合器,即得黏度低的水包油型乳液,机械稳定性好,使用期 2~3 h。还可使 MDI 与聚醚或聚酯反应,制备 NCO 封端的预聚物,然后加水配成乳液,其固含量为 50%,聚醚型乳液使用期为 40 min,而聚酯型则为 2 h。

上述异氰酸酯乳液适宜用作刨花板、胶合板与纤维板的黏合剂,虽然其成本比酚醛与脲醛黏合剂高,但能简化木材处理工序,节省黏合剂用量,提高黏合强度与使用寿命,从而受到重视。此类乳液还可作水泥、石棉、砂岩等的表面装饰剂,混凝土与纸张的增强剂以及木材的防腐剂。

3. 乙烯类聚氨酯乳液

在含一定量聚乙烯醇的聚乙酸乙烯酯乳液中,加入异氰酸酯、助溶剂(如邻苯二甲酸酯类)、增塑剂(如淀粉)与填料(陶土),制成耐水解性能优良的交联型乳液。此乳液称为乙烯类聚氨酯乳液,用于制造胶合板,其涂胶量为 325 g/m²,先以 0.98 MPa 冷压 20 min,再于 120℃ 热压 1 min,黏合强度达 1.5 MPa。施工时有异氰酸酯逸出,应注意安全。

8.8.6 聚氨酯厌氧胶

厌氧胶是一种在空气中稳定的室温固化黏合剂,一旦与空气(氧气)隔绝即行固化,将零件牢固粘接。典型厌氧胶是由双甲基丙烯酸三缩四乙二醇酯或双甲基丙烯酸乙二醇酯、过氧化物(催化剂)、对苯二酚(阻聚剂)与邻磺酸苯酰亚胺(促进剂)制成。这种厌氧胶适用于各种机械零件尤其是振动零件的粘接,汽车、拖拉机、船舶、机床等螺钉与螺栓的紧固、轴套装配以及管接头密封等。然而上述两种厌氧胶脆性较大,所以使用受到限制。若在丙烯酸树脂的骨架中引入聚氨酯链段,便能提高厌氧胶层的冲击与剪切强度,耐低温与耐水解性能。下面介绍两种由丙烯酸酯与异氰酸酯制备丙烯酸脂-聚氨酯树脂的实例。

1. 甲基丙烯酸羟丙酯- TDI 树脂的制备(1# 树脂)

将 270 份甲基丙烯酸羟丙酯,0.2 份对苯二酚及 3 份冰乙酸加入反应器中。开动搅拌器,加入 121 份 TDI,在室温下进行反应。温度将自行上升到 100℃ 以上,注意适当冷却,但不要让温度低于 95℃,待温度不再上升时,再于 95~100℃ 下反应 1.5 h。开始取样测定异氰酸酯基含量,以后每隔 30 min 测一次。当异氰酸酯基含量降到 0.5% 以下时,停止反应,趁热出料,避光保存。

2. 甲基丙烯酸羟丙酯-聚醚- TDI(4# 树脂)

将 250 份聚醚(分子量为 2 000 的聚丙二醇)和 43 份 TDI 加入反应器中。开动搅拌器,升温至 80~85℃ 反应 3 h,再加入 77 份甲基丙烯酸羟丙酯,3.7 份冰乙酸(催化剂),0.3 份对苯二酚,升温至 100±2℃,反应 2 h 后,开始取样测定异氰酸酯基含量,以后每隔 30 min 测一次。当异氰酸酯基含量降到 0.5% 以下时,停止反应,趁热出料,避光保存。

从合成原料中可看出,1# 树脂是刚性链段结构的树脂,4# 树脂是刚性-柔性混合链段结构的树脂。用两种树脂按不同配比制出四种厌氧胶,它们的配方如表 8 - 27 所示,其剪切强度参见表 8 - 28。

表 8-27 厌氧胶的配方(质量份数)

原料名称	配方编号			
	1	2	3	4
甲基丙烯酸羟丙酯	30	26	30	30
1#树脂	20	30	36	40
4#树脂	50	40	36	25
过氧化异丙苯	3	3	3	3
N,N-二甲基苯胺	0.5	0.5	0.5	0.5
邻苯甲酰磺酰亚胺	1	1	1	1
丙烯酸	2	2	2	2
对苯二酚	0.02	0.02	0.02	0.02

表 8-28 厌氧胶的剪切强度

被黏合材料及其表面处理	固化条件(18 h)/℃	测试条件(45 min 后测定)	剪切强度/MPa			
			配方 1	配方 2	配方 3	配方 4
45#钢经喷砂处理	25～27	常温	17	19	26	29
		+50℃黏合	12	14	17	21
		-40℃黏合	23	16	22	9

由表 8-28 看出,1#树脂用量增多,黏合层的常温与高温剪切强度增大,而低温剪切强度则降低。4#树脂用量增多,即柔性链段增多,黏合层的常温与低温剪切强度增大,高温剪切强度则下降。

8.8.7 聚氨酯热熔胶

热熔胶具有黏合速度快,无毒、黏合工艺简单,黏合强度与柔韧性良好等优点,在制鞋、书籍装订,包装封口以及织物黏合等方面获得广泛应用。但乙烯-乙酸乙烯酯共聚物(EVA)与聚酯类热熔胶的强度与弹性不高,聚酰胺类热熔胶的熔点与硬度较高,因此它们的使用都受到一定限制。目前已开发出聚己二酸丁二酯-MDI、聚己二酸乙二醇酯-1,4-丁二醇-MDI 与聚己二酸己二醇-新戊二醇酯-HDI 三种热熔胶,其强度、弹性、耐溶解性均很高,它们是织物与玻璃的理想黏合剂,亦适用于电子仪器的液晶盒胶接。

8.8.8 聚氨酯压敏胶

压敏胶主要用于制作压敏胶带。压敏胶带分单面胶带、双面胶带与可转移胶带三种。压敏胶带长时间保持黏附性,使用方便,且无公害,因此广泛应用于包装、医疗、标记、绝缘、密封以及防腐等领域。

压敏胶的主要原料是橡胶与树脂,而树脂以丙烯酸酯为主。近年又发展到用聚氨酯树脂制作压敏胶的时代。聚氨酯压敏胶的合成不用溶剂,避开环境污染与回收溶剂难题,且制备工艺亦较简单。聚氨酯压敏胶的突出特点是在潮湿材料表面上亦能黏合,并能成功地在水中实施黏合。聚氨酯压敏胶的配方较多,下面介绍一种压敏胶的制法。

使 1 mol TDI 与 0.5 mol 低分子量聚醚二醇在 85±5℃下反应 4 h,加入 0.3 mol 高分子量聚醚二醇,在 90±5℃下反应 8 h,即制得压敏胶。将此胶液涂布在织物上而制出水下用压敏胶带。若将胶液冷却至室温加入适量丙酮,即成为溶剂型压敏胶,使用时,先使溶剂挥发,再进行涂布。

聚氨酯压敏胶用于干燥面与潮湿面黏合。在船舶修补与打捞作业中,聚氨酯压敏胶可操作时间(适用期)为 7.5 h。胶液与胶带的使用期为 0.5～1 年。海水浸泡 10 个月,其黏合强度不变。

8.9 聚氨酯弹性纤维

聚氨酯弹性纤维是由含质量分数 85%以上的线型聚氨基甲酸酯高聚物加工制成的,它是一种由嵌段共聚物制成的纤维,该共聚物由软段和硬段两种链段构成。1937 年 O. Bayer 和 H. Rinke 首先用六亚甲基二异氰酸酯(HDI)和 1,4-丁二醇合成了聚氨酯弹性纤维,牌号为贝纶 U。贝纶 U 的特点是具有刚性与低吸湿性,可制成鬃丝与纤维,但未能工业化生产。1959 年美国杜邦公司 R. J. Ater 报道了以聚四氢呋喃(PTMEG)和 TDI 制取聚氨酯弹性纤维的技术,开始实现了工业化生产,商品名为 Lycra(莱卡)。从 20 世纪 60 年代开始,欧洲、日本及世界各地陆续建立起不少生产装置。20 世纪 90 年代末,由于市场需求迅速增加,使氨纶生产进入了快速发展阶段,平均年增长率超过 10%。

氨纶性能优良,素有"类味精型"纤维的美誉,在织物中只要加入少许氨纶(质量分数 2%～25%),足以改善织物性能,使织物的档次大为提高。氨纶自身的弹性优点与其他纤维的固有特性有机结合,相得益彰。

8.9.1 原料

1. 多元醇

在聚氨酯弹性纤维的制备过程中,一般使用不易结晶的中等分子量的聚酯或聚醚多元醇组成软段,它们构成连续相,其玻璃化转变温度低,分子内旋转好,常温下处于高弹状态,受到应力后很容易发生形变,从而赋予纤维类似橡胶的弹性。相比之下由聚醚组成的软段内旋转比聚酯的好,因而聚醚型氨纶的柔软性及弹性比聚酯型好。软段链长增加时,纤维的柔韧性及弹性会随之提高,但若其分子量过大,会使大分子的结晶倾向增加,反而影响氨纶的使用性能,所以分子量为 1 500～4 000。

(1)聚醚二元醇　聚醚二元醇中主要使用 PTMEG,分子量为 800～3 000,熔点<50℃,用它制备的氨纶有极好的抗水解性和耐碱性,低温性能也很好,但对光、氧和其他氧化剂敏感,需加稳定剂。目前大多数氨纶用 PTMEG 作软段,因此 PTMEG 基氨纶又称标准纤维;其次是四氢呋喃和 3-甲基四氢呋喃共聚,分子量为 3 000～4 000,用摩尔分数为 4%～20%的 3-甲基四氢呋喃共聚醚制备的氨纶柔软性好;第 3 种是环氧乙烷与四氢呋喃共聚醚,一般环氧乙烷摩尔分数为 15%～30%,适合制备低温压缩永久变形小和松弛力低的氨纶。

(2)聚酯二醇　聚酯二醇主要采用己二酸和混合二醇的共聚物,如聚己二酸己二醇-丙二醇酯、聚己二酸丁二醇-戊二醇酯和聚己二酸-1,6-己二醇/2,2-二甲基丙二醇等。但由于分子内有酯键存在,产品耐水解性、回弹性和耐低温性较差。用聚 ε-己内酯二醇制备的氨纶有极好的回弹性和耐水解性,强度高,耐热性好。美国橡胶公司于1960年开始生产的产品Vyrene是一种典型的聚酯型弹性纤维。

2. 异氰酸酯

二异氰酸酯与低分子二羟基或二胺基化合物反应制得高熔点易结晶的"硬段"。在常温下,若干链节的硬段聚集成簇或形成"缚结点"区域,这样就在软段相区内形成不连续的"岛相",可形成大分子的横向交联,防止大分子链间滑移,并为软段大幅度伸长和回复提供了必要结点,从而使聚合物分子成为三维网状结构,这样便赋予氨纶以高弹特性,可在形变后起到恢复分子链的作用,并与邻近分子链的氨基甲酸酯和脲键之间形成较强的氢键,改善耐热性能。早期制备氨纶曾使用高纯度TDI,因其挥发性强,毒性大,且缺乏定向性,现在已很少使用。目前主要使用MDI,使生成的聚合物排列更加规整,热稳定性好。在生产中,氨纶使用的MDI要求质量分数>99.5%。有时也用少量HDI,主要是改善氨纶产品的耐黄变性能。

3. 扩链剂

通常扩链剂为低分子二胺或羟基化合物,如乙二胺、1,3-环己基二胺、1,2-丙二胺、2-甲基-1,5-戊二胺和1,3-戊二胺等。工业生产中使用较多的是乙二胺和1,2-丙二胺。

4. 添加剂

氨纶使用的添加剂较多,包括链终止剂(如二乙胺)、抗氧剂(如苯酚)、光稳定剂、消光剂(如二氧化钛)和颜料等各种添加剂。

8.9.2 聚氨酯弹性纤维的制备

1. 物理交联型聚氨酯弹性纤维的制备

物理交联型聚氨酯弹性纤维是通过硬链段间的紧密敛集以产生结晶,从而使大分子间发生横向连接。其制备方法与其他聚氨酯材料的两步法合成类似,即先使1 mol聚酯或聚醚和2 mol芳香族二异氰酸酯反应,合成异氰酸酯基封端的预聚物。然后再以其预聚物和低分子量的含有活泼氢的双官能团化合物(如二元胺或二元醇)进行扩链反应制备线型嵌段共聚物。

将线型嵌段共聚物溶解在二甲基甲酰胺(DMF)或二甲基乙酰胺(DMAc)中,配成一定浓度的纺丝原液,用干法或湿法纺制成纤维。

目前聚氨酯弹性纤维80%以上的产品是由干纺法生产的,干纺时纺丝速度约200~600 m/min;湿纺的速度较慢,凝固浴为溶剂的水溶液;熔体纺丝只能适用于那些热稳定性良好的聚氨酯嵌段共聚物,如由MDI和1,4-丁二醇缩聚所获得的聚氨酯嵌段共聚物等。

2. 化学交联型聚氨酯弹性纤维的制备

此法直接利用预聚物在有机溶剂中的溶液为纺丝原液,成形按湿纺法进行,同时在凝固浴中加有一定量的扩链剂。因此,当纺丝液细流在凝固浴中凝固的同时,预聚物的链随之发生增长,形成嵌段共聚物的长链。因此,此法也称为反应纺丝。同时,大分子之间也会产生一定程度的横向交联,从而形成网状结构的高分子。

由于凝固浴从纤维表层向内部渗透是逐步进行的,往往当纤维表层已充分反应而硬化时,纤维的内层尚未充分反应。因此,在得到初生纤维以后,还应将它在加压的水中进行硬化处理,使纤维内层未起反应的异氰酸酯基封端的预聚物在大分子间以脲键的形式进行横向连接,从而转变为具有三维结构的聚氨酯嵌段共聚物。整个过程的化学反应式如下:

$$\text{OCN}-\text{R}_1-\text{NH}-\overset{\text{O}}{\underset{\|}{\text{C}}}-\text{O}\sim\sim\sim\text{O}-\overset{\text{O}}{\underset{\|}{\text{C}}}-\text{NH}-\text{R}_1-\text{NCO}$$

NCO封端的预聚物

$\downarrow$ $\text{H}_2\text{N}-\text{R}_2-\text{NH}_2$ 反应纺丝（扩链）

$$\underset{\underset{\underset{\sim}{\text{NH}}}{\text{R}_2}}{\text{NH}}-\overset{\text{O}}{\underset{\|}{\text{C}}}-\text{NH}-\text{R}_1-\overset{\text{O}}{\underset{\|}{\text{C}}}-\text{NH}-\text{O}\sim\sim\sim\text{O}-\overset{\text{O}}{\underset{\|}{\text{C}}}-\text{NH}-\text{R}_1-\text{NH}-\overset{\text{O}}{\underset{\|}{\text{C}}}-\underset{\underset{\underset{\sim}{\text{NH}}}{\text{R}_2}}{\text{NH}}$$

$\downarrow$ H_2O 加压硬化处理

（交联网状结构示意）

8.9.3 聚氨酯弹性纤维的性能和用途

1. 聚氨酯弹性纤维的性能

氨纶的伸长弹性＞400%，甚至可高达800%，比一般的高弹锦纶丝（～300%）大；另外，它的回弹率也比锦纶弹力丝好，伸长500%时，其回弹率为95%～99%。一般说来，氨纶的分子结构中，软段部分的分子量越大，纤维的伸长弹性和回弹率越高。化学交联型聚氨酯弹性纤维的回弹能力较物理交联型的更好。聚醚型氨纶比聚酯型氨纶伸长弹性的回弹率高。聚氨酯弹性纤维的物理机械性能参见表8-29。

表8-29 两种聚氨酯弹性纤维的性能

项 目	纤 维	
	Lycra（聚醚型）	Vyrene（聚酯型）
断裂强度/(cN/dtex)	0.618～0.794	0.485～0.574
伸长率/%	480～550	650～700
回弹率/%	95（伸长750%）	98（伸长600%）
弹性模量/(cN/dtex)	0.11	—
密度/(g/cm³)	1.21	1.20
回潮率/%	1.3	0.3
耐热性	150℃发黄，175℃发黏	150℃有热塑性，190℃强度下降
耐酸碱性	在稀盐酸和硫酸中变黄	耐冷稀酸，在热碱中快速水解
耐溶剂性	良好	良好
耐候性	暴露于日光下强度有下降	暴露于日光下强度有下降并变色
耐磨性	良好	良好

2. 聚氨酯弹性纤维的用途

聚氨酯弹性纤维通常是采用纯纺、混纺与芯纺等方法加工成各种织物，其用途主要有以下四类。

(1) 妇女内衣类：氨纶产量的 70% 应用于制作妇女紧身制品如文胸和束腰带等。

(2) 袜类：男女短袜与儿童袜的松紧口，吊袜松紧带，妇女护腿与护身连裤袜等。

(3) 带类：民用的松紧带、腰带；汽车及飞机等用安全带；钟表与仪表行业小型轻便机床上的皮带或传动带；医疗用弹性绷带，外科手术缝线，烫伤病员的护带与护罩等。

(4) 服装类：游泳衣、滑雪裤、体操与举重等运动员的紧身衣，飞行服与宇航服的紧身部分等。

此外，氨纶由于耐化学药品性尤其是耐油耐溶剂性良好，所以还可制作劳保手套。

第 9 章 离子聚合工艺

9.1 阴离子聚合工艺

9.1.1 概述

阴离子聚合是以阴离子为活性中心而进行的链式加成聚合反应,其反应通式可表示如下:

$$A^{\oplus}B^{\ominus} + M \longrightarrow BM^{\ominus}A^{\oplus} \cdots\cdots \xrightarrow{M} -M_n-$$

式中,$B^{\ominus}$ 表示阴离子活性中心,一般由亲核试剂提供;$A^{\oplus}$ 为反离子,一般是金属离子。活性中心可以是自由离子、离子对或是处于缔合状态的阴离子活性种。

阴离子聚合也属于连锁聚合反应,所以也可以分为链引发、链增长和链终止三个步骤,阴离子聚合机理的特点是快引发、慢增长、无终止。无终止的阴离子活性聚合具有以下特点。

(1) 合成聚合物的平均分子量与引发剂浓度、单体浓度有关,可以化学计量控制,这类聚合可称为化学计量聚合;

(2) 可制得分子量分布接近单分散的聚合物;

(3) 通过把不同的单体按顺序加入,可以合成特定结构的嵌段聚合物;

(4) 在活性聚合的末期,有目的地加入适当的试剂(如 CO_2、环氧乙烷、二异氰酸酯等)使活性聚合物终止,可以合成具有特定功能端基的聚合物。

因此,阴离子聚合可以用于合成特定结构的嵌段聚合物、支化聚合物和末端带有功能性基团的遥爪聚合物,并可以同时对聚合物的分子结构、分子量和分子量分布进行控制,从而控制聚合物的性能,充分体现了分子设计的概念。阴离子聚合给合成高分子工业和分子设计提供了一种合成和控制分子结构的精巧有效的方法。

目前,人们已经掌握了阴离子聚合的工业生产技术,并生产出许多产品,其中最具商业重要性的产品有:三嵌段热塑性弹性体如苯乙烯-丁二烯-苯乙烯(SBS)和苯乙烯-异戊二烯-苯乙烯(SIS)、低顺式聚丁二烯橡胶(LCBR)、中乙烯基聚丁二烯橡胶(MVBR)、高乙烯基聚丁二烯橡胶(HVBR)、溶聚丁苯橡胶(SSBR)、K 树脂等。阴离子聚合在高分子合成工业中正显示出日益重要的作用。

9.1.2 阴离子聚合体系

阴离子聚合的引发剂是电子给体,亲核试剂。可以作为阴离子聚合引发剂的有:碱金属;有机金属化合物,主要有金属胺基化合物(如 $NaNH_2$、KNH_2 等)、金属烷基化合物(如丁基锂)、格利雅试剂 RMgX 等；其他亲核试剂，如 R_3P、R_3N、ROH 等。

烯类、羰基化合物、含氧三元环以及含氮杂环都有可能成为阴离子聚合的单体。已经用来进行阴离子型聚合的单体主要可以分为以下三种类型。

（1）带有氰基、硝基和羧基类吸电子取代基的乙烯基类单体；

（2）具有 π–π 共轭体系的烯类单体，如苯乙烯、丁二烯、异戊二烯；

（3）杂环化合物，其负电荷能够离域至电负性大于碳的原子上，如环氧化合物、环硫化合物、环酯、环酰胺、环硅、硅氧烷环状化合物等。

值得指出的是，随着科学技术的发展，可被阴离子聚合采用的单体日益增加。例如过去认为乙烯单体以丁基锂引发，难以制取高分子量的聚合物，而现在采用四甲基乙二胺为活化剂，在一定的温度和压力下，可制得分子量为 140000，结晶度大于 90% 的聚乙烯。但是，阴离子聚合单体和引发剂活性各不相同，只有某些引发剂才能用以引发某些单体，即单体对引发剂具有强烈的选择性。

可将引发剂活性按由强到弱，单体聚合活性由弱到强的次序排列成表 9-1，并以箭头表示引发剂和单体相互间的反应关系。在表 9-1 中，a 组的碱金属及金属烷基化合物的碱性极强，聚合活性最大，可以引发各种单体的阴离子聚合；b 组是中强碱，已不能使那些极性最弱的 A 组聚合，只能使极性较强的 B、C 和 D 组单体聚合；c 组是较 b 组还弱的碱，只能引发极性更强的 C 和 D 组单体聚合；d 组是最弱的碱，它只能引发聚合活性最强的 D 组单体。如其中的 α-氰基丙烯酸酯类单体，遇水就发生聚合，在保存时需加 SO_2 作阻聚剂。

表 9-1 阴离子聚合单体与引发剂的反应活性

引发剂		单体
SrR_2, CaR_2; Na, NaR; Li, LiR （a）	A：α-甲基苯乙烯；苯乙烯；丁二烯	$CH_2=C(CH_3)C_6H_5$；$CH_2=CHC_6H_5$；$CH_2=CHCH=CH_2$
RMgX; t-ROLi （b）	B：丙烯酸甲酯；甲基丙烯酸甲酯	$CH_2=CHCOOCH_3$；$CH_2=C(CH_3)COOCH_3$
ROK; ROLi; 强碱 （c）	C：丙烯腈；甲基丙烯腈；甲基乙烯酮	$CH_2=CHCN$；$CH_2=C(CH_3)CN$；$CH_2=CHCOCH_3$
吡啶; NR_3; 弱碱; ROR; H_2O （d）	D：硝基乙烯；亚甲基丙二酸二乙酯；α-氰基丙烯酸乙酯；α-氰基-2,4-己二烯酸乙酯；偏二氰基乙烯	$CH_2=CHNO_2$；$CH_2=C(COOC_2H_5)_2$；$CH_2=C(CN)COOC_2H_5$；$CH_3CH=CHCH=C(CN)COOC_2H_5$；$CH_2=C(CN)_2$

溶剂也是构成阴离子聚合体系的重要组分，不同的溶剂可能对引发剂的缔合与解缔、活性中心离子对的形态和结构及聚合机理产生重要的影响。阴离子聚合广泛采用非极性的烃类（烷烃和芳

烃)作为溶剂,如正己烷、环己烷、苯、甲苯等,但也常采用极性溶剂如四氢呋喃、二氧六环和液氨等。然而,阴离子聚合不能采用含有质子的化合物如无机酸、醋酸、三氯乙酸、水、醇等,其他溶剂中含有这类化合物,它们的含量也必须控制在 10～15 $\mu L/L$ 以下。因为这类物质易与增长着的阴离子反应,使链终止。

在采用烃类化合物作溶剂时,为了增加反应速率,常常加入少量含氧、硫、氮等原子的极性有机物作为添加剂。这些物质都是给电子能力较强的化合物,如四缩乙二醇二甲醚、四甲基乙二胺、四氢呋喃、乙醚或络合能力极强的冠醚及穴醚等,这些化合物能够促进紧离子对分开形成松离子对,从而使反应速率增加。

9.1.3 阴离子聚合机理

阴离子聚合也包含链引发、链增长和链终止等基元反应,同时伴随着链转移反应。

1. 链引发

按引发机理,又可分为电子转移引发和阴离子引发。

1) 电子转移引发

碱金属原子最外层只有一个价电子,容易转移给单体或其他物质。如果价电子直接转移给单体,生成单体自由基-阴离子,其中自由基末端很快偶合终止,生成双阴离子,而后引发聚合。

$$M^{\cdot} + CH_2{=}\underset{\displaystyle X}{\underset{|}{CH}} \longrightarrow M^{\oplus\ominus}\ CH_2-\underset{\displaystyle X}{\underset{|}{CH^{\cdot}}} \longleftrightarrow M^{\oplus\ominus}\underset{\displaystyle X}{\underset{|}{CH}}-CH_2^{\cdot}$$

$$2\ M^{\oplus\ominus}\underset{\displaystyle X}{\underset{|}{CH}}-CH_2^{\cdot} \longrightarrow M^{\oplus\ominus}\underset{\displaystyle X}{\underset{|}{CH}}-CH2-CH_2-\underset{\displaystyle X}{\underset{|}{CH}}{}^{\ominus\oplus}M$$

金属钠引发丁二烯聚合是电子直接转移引发聚合的例子,聚合物称为丁钠橡胶,在第二次世界大战时曾经大量生产,但性能不好,目前已淘汰。但碱金属一般不溶于单体和溶剂,因此聚合反应是在碱金属细粒表面进行,引发剂利用效率较低。

碱金属也可以把电子转移给中间体,使中间体变为自由基-阴离子,然后再把活性转移给单体。萘钠络合物对于苯乙烯的引发是电子间接转移引发的典型例子,其反应历程可以表示如下:

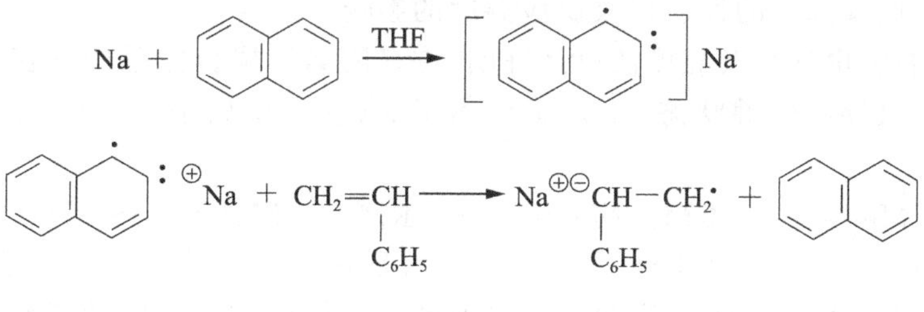

$$2\ Na^{\oplus\ominus}\underset{\displaystyle C_6H_5}{\underset{|}{CH}}-CH_2^{\cdot} \longrightarrow Na^{\oplus\ominus}\underset{\displaystyle C_6H_5}{\underset{|}{CH}}-CH_2-CH_2-\underset{\displaystyle C_6H_5}{\underset{|}{CH}}{}^{\ominus\oplus}Na$$

萘和钠在适当的溶剂中很容易生成萘钠,金属钠把最外层电子转移到萘的最低空轨道上,形成自由基-阴离子。这一自由基-阴离子与 Na^+ 形成离子对,并显棕色。在生成的萘钠络合物的溶液中加入苯乙烯,则生成苯乙烯的自由基-阴离子。新生成的自由基-阴离子迅速发生二聚反应生成双阴离子。溶液显现苯乙烯负碳离子的红色,接踵而来的是链两端的增长反应。反应中萘的作用如一媒介,它从钠的外层获得电子,再转移给苯乙烯,让后者形成自由基负离子,而自身重新析出。

由于聚合是在均相溶液中进行的,因而提高了碱金属的利用率。

Li-液氨也是电子间接转移引发体系,生成由液氨溶剂化的电子引发体系。

$$Li + NH_3 \longrightarrow Li^{\oplus}(NH_3) + e(NH_3)$$
$$\text{深蓝色}$$

$$e + CH_2=\underset{\underset{CN}{|}}{\overset{\overset{CH_3}{|}}{C}} \longrightarrow \cdot CH_2-\underset{\underset{CN}{|}}{\overset{\overset{CH_3}{|}}{C}}{}^{\ominus} \longrightarrow {}^{\ominus}\underset{\underset{CN}{|}}{\overset{\overset{CH_3}{|}}{C}}-CH_2-CH_2-\underset{\underset{CN}{|}}{\overset{\overset{CH_3}{|}}{C}}{}^{\ominus}$$

2) 阴离子引发

阴离子引发常常涉及亲核试剂对单体的加成,其中烷基锂是最常用的引发剂,其特点是能够溶于烃类溶剂,而其他碱金属的烷基或芳基化合物在烃类溶剂中则溶解不足。丁基锂引发苯乙烯的反应可示意如下:

$$BuLi + CH_2=CH-\phi \longrightarrow BuCH_2-CH^{\ominus}(\phi) \, Li^{\oplus}$$

但是,发现烷基锂在非极性溶剂如苯、甲苯、己烷、环己烷中存在缔合现象,而缔合分子无引发活性,烷基锂的缔合现象使聚合速率明显降低。例如丁基锂在苯中引发苯乙烯聚合,速率比相应的萘钠体系要低好几个数量级。直链烷基锂一般以六缔合体存在,而带有支链的烷基锂如 sec-BuLi 和 t-BuLi 在烃类溶剂中均缔合成四聚体。因此,引发过程常需烷基锂的缔合体首先解缔合,形成单分子再和单体反应。

2. 链增长

引发阶段形成的活性中心,如果继续与单体加成,则可以发生链增长,链增长是聚合物生成过程中主要的基元反应。

$$RM^{\ominus}Me^{\oplus} + M \xrightarrow{K_p} RMM^{\ominus}Me^{\oplus} \longrightarrow \longrightarrow \longrightarrow R[M]_nM^{\ominus}Me^{\oplus}$$

随着单体插入离子对中,聚合度增加,负碳离子不断向后转移,如果体系中没有杂质存在,增长活性中心难以终止,结果生成"活"的聚合物。由于链增长是通过单体插入离子对中而进行的,离子对的形态对聚合反应速率、聚合物的立构规整性及聚合物的分子量具有重要的影响。而离子对自身的状态又受到溶剂、反离子的性质以及反应温度的影响。

由动力学、光谱法、电导法及黏度法已经证明,许多阴离子聚合体系中存在多种离子对共存的情况,即存在一个从极端共价键状态(Ⅰ)、紧密离子对(Ⅱ),松离子对(Ⅲ)到自由离子对(Ⅳ)的平衡。

$$\sim\sim\sim RM_nMe \rightleftharpoons \sim\sim\sim RM_n^{\ominus}Me^{\oplus} \rightleftharpoons \sim\sim\sim RM_n^{\ominus}//Me^{\oplus} \rightleftharpoons \sim\sim\sim RM_n^{\ominus} + Me^{\oplus}$$
$$(Ⅰ) \qquad\qquad (Ⅱ) \qquad\qquad (Ⅲ) \qquad\qquad (Ⅳ)$$

链增长反应可以以离子对的方式、自由离子对的方式或以几种不同的活性中心同时存在的方式进行。如果离子对以共价键存在,则无聚合反应能力。紧密离子对和松离子对的增长速率较慢,但由于单体加成时受到反离子的影响,使加成方向受到限制,可以控制聚合物的构型。而自由离子增长速率最快,单体加成方向和自由基聚合相似,不受反离子的限制,所得的产物一般为无规立构聚合物。

3. 链终止

阴离子聚合的终止反应是单分子反应,较难发生。但在特定条件下,阴离子活性链仍有可能失去活性而终止,链终止反应一般可分为下列三种情况。

1) 链转移终止

当增长活性中心由链转移反应被转变成更加稳定的阴离子时,这一条活性链就会被终止,如果后者没有足够的能力继续引发单体进行反应,则可导致动力学链的终止。当体系中存在少量的水、酸、醇等能够释放出质子的物质或 O_2、CO_2、卤化物等时,就会发生这种终止反应。

$$\sim\sim\sim CH_2-CH^{\ominus}Li^{\oplus} + H_2O \longrightarrow \sim\sim\sim CH_2-CH_2 + LiOH$$
（苯基取代）

$$\sim\sim\sim CH_2-CH^{\ominus}Li^{\oplus} + RCOOH \longrightarrow \sim\sim\sim CH_2-CH_2 + RCOOLi$$

$$\sim\sim\sim CH_2-CH^{\ominus}Li^{\oplus} + ROH \longrightarrow \sim\sim\sim CH_2-CH_2 + ROLi$$

$$\sim\sim\sim CH_2-CH^{\ominus}Li^{\oplus} + CH_3I \longrightarrow \sim\sim\sim CH_2-CH-CH_3 + LiI$$

$$\sim\sim\sim CH_2-CH^{\ominus}Li^{\oplus} + O_2 \longrightarrow \sim\sim\sim CH_2-CHOOLi$$

某些分子中含有活泼氢的极性单体(如丙烯腈)在较高的聚合温度下,活性中心也可以向单体转移而使活性链终止。

$$\sim\sim\sim CH_2-CH^{\ominus}\,Me^{\oplus} + CH_2=CH \longrightarrow \sim\sim\sim CH_2-CH_2 + CH_2=C^{\ominus}Me^{\oplus}$$
$$\quad\quad\ \ |\quad\quad\quad\quad\quad\quad\ \ \ |\quad\quad\quad\quad\quad\quad\quad\ |\quad\quad\quad\quad\ |$$
$$\quad\quad CN\quad\quad\quad\quad\quad\quad CN\quad\quad\quad\quad\quad\quad CN\quad\quad\quad CN$$

2) 活性聚合物链端基异构化

即使在完全消除杂质影响的条件下,某些阴离子活性中心在放置较长时间后仍有可能失去活性,这往往是由于增长中心发生了异构化反应引起的。例如用烷基锂引发的 α-甲基苯乙烯聚合中,聚 α-甲基苯乙烯基锂在苯溶液中会逐渐消除氢化锂而失活。

$$\sim\sim\sim CH_2-\underset{\underset{Ph}{|}}{\overset{\overset{CH_3}{|}}{C}}{}^{\ominus}Li^{\oplus} + CH_2=\underset{\underset{Ph}{|}}{\overset{\overset{CH_3}{|}}{C}} \longrightarrow \sim\sim\sim CH_2-\underset{\underset{Ph}{|}}{\overset{\overset{CH_3}{|}}{C}}-CH_2-\underset{\underset{Ph}{|}}{\overset{\overset{CH_3}{|}}{C}}{}^{\ominus}Li^{\oplus}$$

$$\longrightarrow \sim\sim\sim CH_2-\underset{H_2C}{\overset{CH_3}{C}}\underset{\underset{CH_3}{C}-Ph}{}\ \ + LiH$$
（环化结构）

3) 极性单体的终止反应

对极性单体来说，还可能发生活性端基在分子内部的转移而失活。已知的这类终止反应发生在甲基丙烯酸甲酯和丙烯腈的阴离子聚合体系中。活性中心转移的结果是活性较大的烷基锂被转变成活性较低的醇盐或生成比碳阴离子更为稳定的羧基阴离子，而不能再与单体发生增长反应。

$$\sim\!\!\text{CH}_2-\underset{\text{COOCH}_3}{\overset{\text{CH}_3}{\text{C}}}-\text{CH}_2-\underset{\text{COOCH}_3}{\overset{\text{CH}_3}{\text{C}}}-\text{CH}_2-\underset{\text{COOCH}_3}{\overset{\text{CH}_3}{\text{C}^{\ominus}}}\text{Li}^{\oplus} \rightleftharpoons \sim\!\!\text{CH}_2-\text{C(环状结构)} + \text{CH}_3\text{OLi}$$

或

$$\sim\!\!\text{CH}_2-\underset{\text{COOCH}_3}{\overset{\text{CH}_3}{\text{C}}}-\text{CH}_2-\underset{\text{COOCH}_3}{\overset{\text{CH}_3}{\text{C}}}-\text{CH}_2-\underset{\text{COO}^{\ominus}\text{Li}^{\oplus}}{\overset{\text{CH}_3}{\text{C}}}-\text{CH}_3$$

9.1.4 活性阴离子聚合及其反应动力学

阴离子聚合，尤其是非极性共轭烯烃（如苯乙烯、1,3-丁二烯），链转移都不容易，成为无终止聚合，形成"活"的聚合物，这种不终止的聚合物阴离子叫做活性聚合物。活性聚合物的存在可以通过溶液中碳阴离子的颜色而得到证实，直到单体的转化率达到100%，碳阴离子的颜色仍不改变或消失。

典型的活性阴离子聚合有下列特征。

① 引发剂全部迅速地转变成活性中心，如萘钠形成双阴离子、丁基锂则为单阴离子；
② 如聚合体系搅拌良好，单体分布均匀，则所有增长链同时开始，各链的增长概率相等；
③ 无链转移和终止反应；
④ 解聚可以忽略。

1. 阴离子活性聚合速率

在阴离子活性聚合中，链引发速率远远大于增长速率，因此阴离子活性聚合的速率可简单地用链增长速率表示。

$$R_p = k_p[\text{M}^-][\text{M}] \tag{9-1}$$

式中，$[\text{M}^-]$为阴离子增长中心的总浓度，在无终止体系中即为活性聚合物或引发剂浓度$[\text{C}]$；$[\text{M}]$为单体浓度；k_p为增长速率常数；R_p为链增长速率。因为阴离子聚合中可以同时存在几种不同形态的活性中心，且各种活性中心的聚合速率常数相差很大，所以R_p是各种活性中心增长速率的总和。

阴离子聚合的k_p与自由基聚合的k_p基本相当，但阴离子聚合时链活性中心浓度远大于自由基聚合。通常，自由基聚合的活性中心浓度为$10^{-9} \sim 10^{-7}$ mol/L，而阴离子聚合的活性中心浓度可高达$10^{-3} \sim 10^{-2}$ mol/L。因此，阴离子的聚合速率比自由基聚合要大$10^4 \sim 10^7$倍。

2. 阴离子活性聚合物的聚合度

当单体转化率为100%时，如果体系只有一种活性中心，它的引发速率很快，活性聚合物的聚合度应该等于每个活性中心上加成的单体数，即单体浓度与活性中心之比。因此，平均聚合度$\overline{X}_n$可以简单地表示为

$$\overline{X}_n = \frac{[M]}{[M^-]} = \frac{[M]}{[C]} \qquad (9-2)$$

当聚合以双阴离子活性中心进行时,平均数均聚合度可用式(9-3)表示。

$$\overline{X}_n = \frac{2[M]}{[C]} \qquad (9-3)$$

在离子对和自由离子共存的情况下,聚合度仍以 $\overline{X}_n = \frac{[M]}{[C]}$ 计算,但是它的分子量分布无疑会加宽。

在无终止反应体系中,如果链引发速率远远超过增长速率,而解聚可忽略,反应物间充分混合,所有活性中心几乎同时开始增长。在此条件下,生成的聚合物分子量分布很窄,接近于 Poisson 分布,如式(9-4)所示。

$$\frac{\overline{X}_w}{\overline{X}_n} = 1 + \frac{\overline{X}_n}{(\overline{X}_n + 1)^2} \approx 1 + \frac{1}{\overline{X}_n} \qquad (9-4)$$

当 $\overline{X}_n$ 很大时,$\overline{X}_w / \overline{X}_n$ 接近于 1,即分子量分布呈单分散状态。例如用萘钠引发苯乙烯聚合得到的聚苯乙烯,$\overline{X}_w / \overline{X}_n = 1.06 \sim 1.12$,接近单分散。

9.1.5 活性阴离子聚合的应用

自从 1956 年 Szwarc 提出活性聚合概念以来,阴离子活性聚合引起化学工作者以及高分子工业界的高度重视和极大兴趣。由于阴离子聚合过程中可以产生活性增长链,因此它为高分子提供了特殊的合成方法。可以通过活性阴离子聚合得到由分子设计设定结构的聚合物,如具有预定结构的嵌段共聚物、接枝共聚物和大分子单体等。

1. 合成窄分子量分布聚合物

尽管近年来已有多种活性/可控聚合方法问世,但阴离子活性聚合仍是制备窄分子量分布聚合物的最好方法。通过阴离子活性聚合,可以制备得到接近于均一分子量分布的聚合物,这为研究聚合物分子量与性能之间的关系提供了有利的物质基础,也为凝胶渗透色谱(GPC)测定其他聚合物的分子量提供了可靠的依据。

2. 合成嵌段、星型和梳状聚合物

1) 嵌段共聚物的合成

嵌段共聚物的制备是活性阴离子聚合技术应用的典型例子。用引发剂使确定量的单体 A 完全聚合,达到预定的序列长度后,活性链仍具有与引发剂相当的活性,此时如果把计量好的另一单体 B 加入到体系中,活性链将结合单体 B 而使链继续增长。当 B 达到确定链长以后,可再一次加入单体 A,使之定量聚合,从而得到三嵌段共聚物 ABA。最后可以加入终止剂,并将共聚物 ABA 分离出来。

合成嵌段共聚物,除了按适当顺序加料、计量聚合以外,还需 A 和 B 的增长碳阴离子能够相互引发对方的单体。由某一单体所形成的活性聚合中心能否引发另一种单体,取决于两者的相对碱性强度,这可以从单体的还原电位进行判断(表 9-2)。显然,容易进行阴离子聚合的单体,其形成的碳阴离子引发能力较差。由此可推知一个给定碳阴离子的活性中心,能引发表 9-2 中低于它本身的所有单体的聚合,却一般不能引发位于它之上的单体,除非那些单体的还原电位与它非常接近,其活性中心的碱性强度相差不大。

表9-2 某些有机化合物的还原电位

单体	半波电位($-E_{1/2}$)	多环芳烃	半波电位($-E_{1/2}$)
乙烯基苯基醚	3	苯	3.6
异戊二烯	2.7	联苯	2.6(2.7)
丁二烯	2.6	萘	2.5
二氢-1,2-萘	2.57	菲	2.45
α-甲基苯乙烯	2.39(2.54)	芘	2.10
苯乙烯	2.35(2.39)	蒽	1.94
1,1-二苯基乙烯	2.14(2.26)		
甲基丙烯酸甲酯	约为2		
丙烯腈	—		

2）由活性聚合物偶联形成星型聚合物

利用活性聚合物与偶联剂作用，根据偶联剂结合活性聚合物的数目的不同，可以得到三臂、四臂、甚至多臂的星型聚合物。

三臂　　　　　　四臂　　　　　　多臂

例如，可以利用多功能偶联剂如四氯化硅合成星型聚合物：

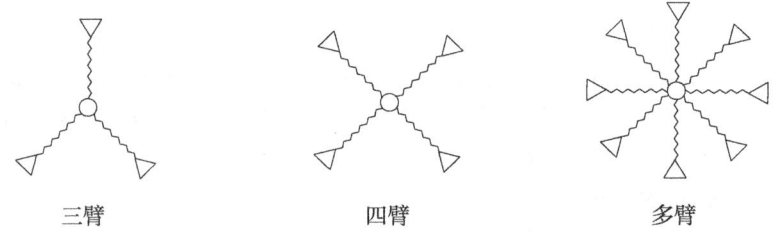

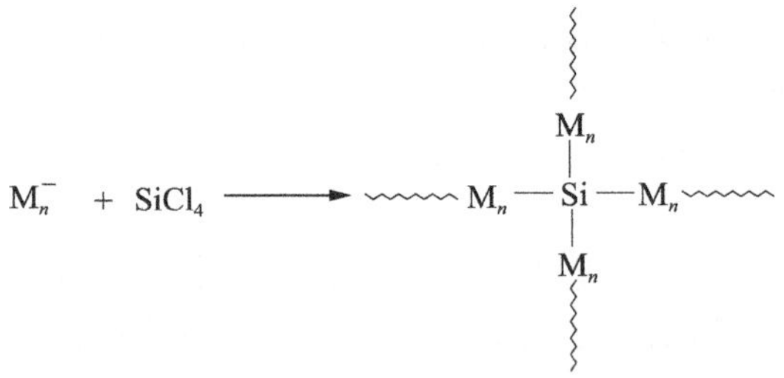

星型聚合物的最显著特点是熔体黏度与聚合物的总分子量无关，仅取决于每个臂的分子量大小。因此，如果总的分子量相同，则星型聚合物的黏度要远小于同类型的线型聚合物，加工性能良好。

3）梳状聚合物的合成

借助于阴离子活性聚合也可合成结构确定的梳状聚合物。如在活性聚苯乙烯体系中加入聚甲基丙烯酸酯，活性聚苯乙烯就会与聚甲基丙烯酸酯的酯基反应，将活性链"挂在"聚甲基丙烯酸酯的主链上，形成梳状聚合物。

$$\sim\!\!\left[CH_2-\underset{\underset{OCH_3}{|}}{\overset{\overset{CH_3}{|}}{\underset{C=O}{C}}}\right]_m\!\!\sim \quad + \quad R-[CH_2-\underset{\underset{C_6H_5}{|}}{CH}]_{n-1}-CH_2-\underset{\underset{C_6H_5}{|}}{\overset{\ominus}{CH}}Li^{\oplus} \longrightarrow$$

$$\sim\!\!\left[CH_2-\underset{\underset{C=O}{|}}{\overset{\overset{CH_3}{|}}{C}}\right]_m\!\!\sim$$
$$\underset{\underset{C_6H_5}{|}}{CH}-CH_2-[\underset{\underset{C_6H_5}{|}}{CH}-CH_2]_{n-1}-R$$

3. 制备大分子单体

凡含有可反应活性基团的聚合物称为大分子单体。大分子单体能够进一步参与反应，具有像普通单体那样能生成结构更为复杂的聚合物的能力。遥爪聚合物就可以归为一类大分子单体。

大分子单体可以通过阴离子活性聚合物链末端的转换而得到，即首先采用普通阴离子聚合的方法获得预定分子量的齐聚物或高聚物，再加入不同的试剂使其终止，制得各种具有特定官能团端基的活性聚合物。某些重要大分子单体的合成路线可示意如下：

$$\sim\!\!CH_2^{\ominus}Li^{\oplus} \begin{cases} \xrightarrow{CO_2} \sim\!\!CH_2COOLi \xrightarrow{H^+} \sim\!\!CH_2COOH \\ \xrightarrow{CH_2\text{-}CH_2 \atop \diagdown O \diagup} \sim\!\!CH_2CH_2CH_2LiO \xrightarrow{H^+} \sim\!\!CH_2CH_2CH_2OH \\ \xrightarrow{CH_2\text{-}CH_2 \atop \diagdown S \diagup} \sim\!\!CH_2CH_2CH_2SLi \\ \xrightarrow{COCl_2} \sim\!\!\underset{O}{\overset{\|}{C}}\text{-}Cl \begin{cases} \xrightarrow{RNH_2} \sim\!\!\underset{O}{\overset{\|}{C}}\text{-}NHR \\ \xrightarrow{RSH} \sim\!\!\underset{O}{\overset{\|}{C}}\text{-}SR \\ \xrightarrow{ROH} \sim\!\!\underset{O}{\overset{\|}{C}}\text{-}OR \end{cases} \\ \xrightarrow{CNCl} \sim\!\!CH_2CN \\ \xrightarrow{Cl\text{-}CH_2\text{-}CH=CH_2} \sim\!\!CH_2CH=CH_2 \\ \xrightarrow{Y\text{-}N=N\text{-}Y} \sim\!\!CH_2\text{-}N=N\text{-}CH_2\!\!\sim \end{cases}$$

9.1.6 SBS 热塑性弹性体

苯乙烯类热塑性弹性体（SDS）是以苯乙烯和共轭二烯为原料，通过无终止阴离子聚合方法合成的。按照其化学组成可分为苯乙烯-丁二烯-苯乙烯三嵌段共聚物（SBS）、苯乙烯-异戊二烯-苯乙烯三嵌段共聚物（SIS）和 SBS 选择加氢的产物 SEBS 等。按照其分子结构，也可分为三嵌段对称性共聚物 ABA 和非对称性共聚物 ABC 及星型共聚物等。这些热塑性弹性体可用标准的热塑性塑料的加工设备和工艺加工成型,广泛用于塑料改性、电缆、胶带、黏合剂、鞋底、离子交换树脂、净化水的薄膜等各个方面。

自从 1965 年,美国壳牌公司推出工业化生产的 SBS、SIS 以来,SDS 生产技术发展很快。由于国内巨大的市场需求,热塑性弹性体在我国也具有非常乐观的发展前景。

1. 线型 SBS 的生产工艺路线

1) 采用单官能团引发剂的三步加料法

以烷基锂为引发剂,采用还原电位接近的苯乙烯(S)和丁二烯(B)按以下顺序加入两种单体:

$$x\text{S} \xrightarrow{\text{RLi}} (\text{SSS}\cdots)_{x-1}\text{S}^- \xrightarrow{y\text{B}} (\text{SSS}\cdots)_x(\text{BBB}\cdots)_{y-1}\text{B}^- \xrightarrow{x\text{S}} (\text{SSS}\cdots)_x(\text{BBB}\cdots)_y(\text{SSS}\cdots)_x$$

三步加料法虽然能够制备质量较好的 SBS,但由于单体分批加入步骤较多,引入有害杂质的机会也较多。如当第二阶段加入丁二烯单体时引入有害杂质,将会使聚苯乙烯部分终止而生成聚苯乙烯均聚物;如果在第三阶段加入苯乙烯单体时带入杂质则会导致生成 SB 二嵌段共聚物。苯乙烯的均聚物和 SB 二嵌段共聚物混在 SBS 中都会影响最终产物的物理性质。特别是 SB 二嵌段共聚物,即使含量不多($\geqslant 2\%$),也会对产物的物理性质产生严重的影响。因此,用该方法生产的 SBS 产品质量取决于产品中包含苯乙烯均聚物和 SB 二嵌段共聚物的含量。

2) 二步混合加料法

与三步加料法相比,此种工艺路线节省了一次加料步骤,即在第二步加入丁二烯的同时,把另一半苯乙烯也加入聚合釜。

$$x\text{S} \xrightarrow{\text{RLi}} (\text{SSS}\cdots)_{x-1}\text{S}^- \xrightarrow{y\text{B}+x\text{S}} (\text{SSS}\cdots)_x(\text{BBB}\cdots)_{y-x}(\text{SBSBSB}\cdots)_{x+m}(\text{SSS}\cdots)_{x-m}$$

由于减少了单体的加料次数,这也降低了杂质进入聚合体系的机会。但是在丁二烯和苯乙烯作为单体同时存在时,难免有少量的苯乙烯单体可能与丁二烯共聚,尤其是在丁二烯聚合的后期,当丁二烯的浓度比率随着聚合的进行不断降低,而苯乙烯的浓度比率逐渐上升时更为突出。

3) 采用双官能团引发剂的两段加料法

这种工艺路线是先采用双官能团引发剂来生产聚丁二烯的中心嵌段 B,再加入苯乙烯以增长两边 S 嵌段的方法。

$$x\text{B}+\text{LiRLi} \longrightarrow \text{B}^-(\text{BBB}\cdots)_{[(x/2)-1]}\text{R}(\text{BBB}\cdots)_{[(x/2)-1]}\text{B}^- \xrightarrow{2y\text{S}} (\text{SSS}\cdots\text{S})_y(\text{BBB}\cdots\text{B})_x(\text{SSS}\cdots\text{S})_y$$

用此法合成线型 SBS 时,由于双锂引发剂在非极性的烃类溶剂中溶解度很小,需要加入部分极性溶剂。但极性溶剂的引入会对聚丁二烯的微观结构产生一定的影响,随着选用溶剂的种类不同,链段的微观结构也不同。

2. 线型 SBS 的生产工艺

1) 原料规格及典型工艺条件

三步加料法生产 SBS 的主要原料有苯乙烯、丁二烯、环己烷、己烷、异戊烷、加氢汽油及引发剂烷基锂等。助剂有分散剂、稳定剂及微量杂质去除剂等。主要原料规格列于表 9-3 中。

表 9-3 主要原料规格

原料	规格	原料	规格
苯乙烯	>99.4%	丁二烯	>99.6%
环己烷	>99.5%	水	<15 μL/L
乙腈	<5 μL/L	炔类杂质	<10 μL/L
丁烷	<5 μL/L	二乙烯基苯	<50 μL/L
甲乙苯	<30 μL/L	乙苯	<2 000 μL/L
苯	<3 000 μL/L		

表 9-4 列出了 SBS 的典型配方和工艺条件。

表 9-4 SBS 的典型配方及工艺条件

配方(质量分数)/%	通用型 1	通用型 2	充油型
丁二烯	70	60	60
苯乙烯	30	40	40
环己烷	500~800	—	500~700
己烷	—	—	—
苯	—	600~800	—
引发剂	0.1~0.3	0.1~0.3	0.07~0.25
稳定剂	1~2	1~2	1~2
加氢催化剂	—	—	—
环烷油	—	—	30~50
其他助剂	0.5~1.5	0.5~1.5	0.5~1.5
聚合温度/℃	40~80	40~80	40~80
反应时间/h	2~8	2~8	2~8

2) 三步加料法制取 SBS 的工艺过程

三步加料法生产 SBS 包括原料精制、三嵌段共聚物的制备、SBS 的脱气及橡胶造粒包装等四个重要工序，其流程见图 9-1。将精制过的单体苯乙烯及丁二烯、引发剂、溶剂分别溢流至计量

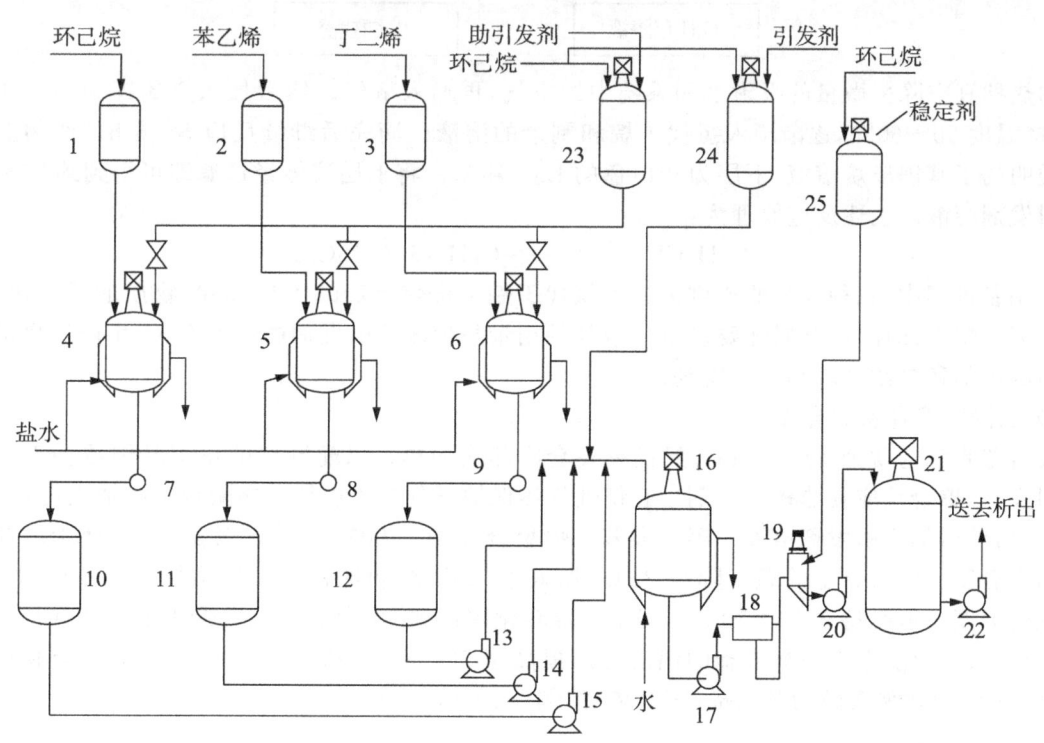

图 9-1 三步加料法制备 SBS 的工艺过程

1、2、3、10、11、12—计量槽；4、5、6—滴定槽；7、8、9—视镜；13、14、15、17、20、22—泵；16—聚合釜；18—过滤器；19—强化混合器；21—中间贮槽；23、24—引发剂制备槽；25—稳定剂制备槽

槽,再用泵按三步加料法的顺序打入聚合釜并在釜内加入配制好的有机锂溶液。在聚合反应中,严格控制加料顺序和聚合反应的温度。反应结束后,共聚物溶液经过过滤器再与加有防老剂的环己烷溶液强化混合,经中和送至脱气干燥段。脱气干燥后,共聚物溶液再经过一系列后处理干燥包装入库。

(1) 原料的精制

SBS 的生产过程对杂质敏感,聚合过程中要避免水、醇、酸、胺、空气和微量氧等杂质,要求其含量最多不超过 0.05%。单体及溶剂中普通的杂质要严格地除去,单体和溶剂的纯化一般可采取精馏或其他净化方法(如采用硅胶、活性碳、γ-氧化铝和分子筛等除去杂质和水分)。通过三步加料法生产 SBS 时,经过纯化处理后的溶剂和单体须用烷基锂溶液滴定,其滴定终点可以通过观察溶液呈淡棕色来确定。

(2) 引发剂的配制

丁基锂引发剂的配制过程示意如下:

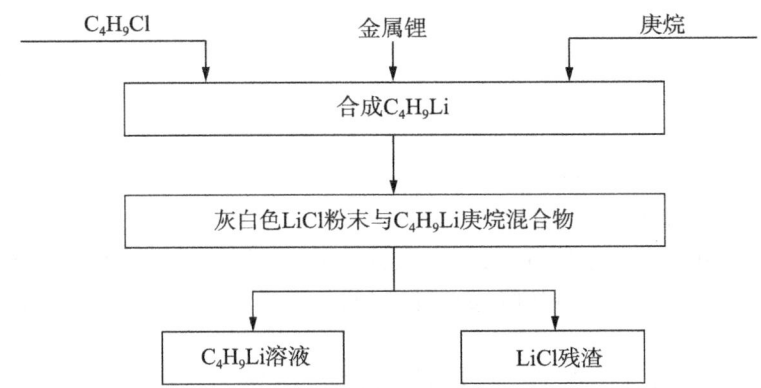

加热抽真空除去微量的吸附水和系统中的空气,再通入氩气。然后加入金属锂和约 1/3 的溶剂,保持温度 50~60℃,逐渐滴入氯代丁烷和剩余的溶液。滴完后继续反应 5~6 h。产物上层为无色透明的丁基锂庚烷溶液,下层为灰白色的 LiCl 粉末。将上层液体经过滤即可得到约 70% 的烷基锂引发剂溶液。上述反应原理为:

$$C_4H_9Cl + 2Li \longrightarrow C_4H_9Li + LiCl$$

在制备过程中,三种成分的比例为锂∶氯代丁烷∶庚烷=2.05∶1∶580(物质的量之比)。为了保证氯丁烷全部耗尽,金属锂要过量。溶剂的用量与生成的引发剂的浓度有关,生产时也可以加入纯净的溶剂稀释浓度较高的引发剂。

3) 三嵌段聚合物的合成

聚合釜容积通常为 10~30 m^3,配置有夹套冷却或加热。以配制好的正丁基锂或仲丁基锂溶液为引发剂,聚合反应在非极性溶剂中在惰性气体保护下分三步进行。向聚合釜中加入占总量 1/2 的苯乙烯,然后加入引发剂溶液。第一段苯乙烯聚合在 40~50℃下反应 0.5~1 h,使苯乙烯全部转化为聚合物。将聚合釜的温度降至 35℃,加入丁二烯,控制加料速度以确保釜温不超过 60℃。此段聚合温度一般维持在 50~70℃。当丁二烯转化率达到 90% 以上时,将剩下的苯乙烯加入。为促使单体全部转化,第三段聚合釜的温度可以提高至 70~80℃,并维持 1 h,得到的聚合物溶液浓度约为 20%,其比例大致为苯乙烯/丁二烯/溶剂=6∶14∶80。

4) SBS 的脱气

SBS 的脱气段实际上是脱除溶剂,可采用干法脱气和湿法脱气两种方式。

(1) 干法脱气

浓度约 20% 的 SBS 胶液首先进入蒸气夹套加热,并在装有搅拌装置的卧式浓缩器中浓缩至聚合物含量约26%。然后进入双辊脱气箱,该箱分为上下两室,当共聚物胶液落到热辊上后,即均匀地分布在整个辊上,从而在脱气箱上室中初步脱除溶剂,而在下室的工作辊上彻底脱气。干法脱气的流程示于图9-2中。

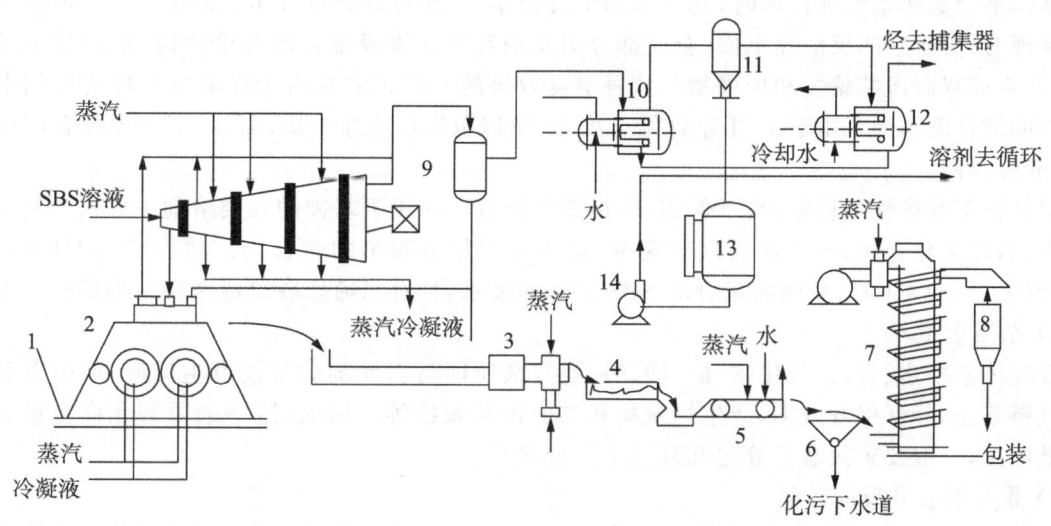

图9-2 SBS胶液干法后处理工艺流程

1—卧式浓缩器;2—干式脱气塔;3—螺杆挤压机;4—螺杆输送机;5—造粒机;6—振动筛;7—振动提升机;
8—定量加料装置;9、10—分离器;11、12—冷凝器;13—中间槽;14—泵

(2) 湿法脱气

将来自聚合段的胶液加入热水中进行凝聚,凝聚胶粒经振动筛除去水分,再经挤压脱水机和挤压膨胀机等机械干燥装置脱水干燥。干燥后的胶粒经振动提升机提升到包装机,称重包装,溶剂再经精制回收。湿法脱气工艺流程示于图9-3中。

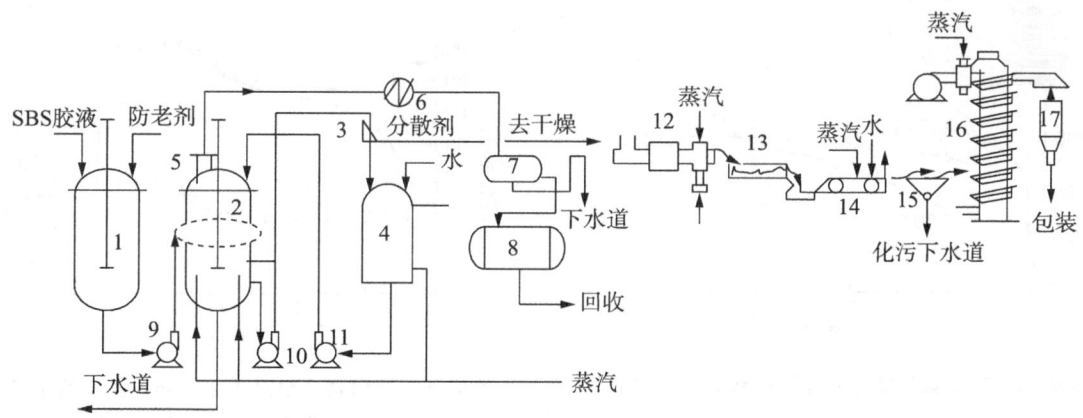

图9-3 SBS胶液湿法后处理工艺流程

1—胶乳贮槽;2—凝聚釜;3、15—振动筛;4—热水槽;5—过滤器;6—冷凝器;7—油水分离器;8—含水环己烷;9—胶液泵;
10—胶粒泵;11—热水泵;12—螺杆挤出机;13—螺杆干燥机;14—造粒机;16—振动提升机;17—定量加料装置

5) 橡胶的造粒和包装

脱气后的橡胶由脱气箱经工作辊和密封辊间歇引出,用刀割下并收集在漏斗内。橡胶由脱气箱的料斗进入螺杆挤压机,并用螺杆输送机送至装有造粒机的另一螺杆挤压机。在喷头出口温度150~180℃下制成颗粒,胶粒进入振动提升机,通入加热空气除去胶粒表面的水分,然后包装入库。

3. SBS 的生产控制因素

1) 引发剂

工业上制备 SBS 常用的引发剂是丁基锂,不同分子结构的丁基锂有不同的引发效果。当采用仲丁基锂来合成热塑性弹性体时,具有高的引发速率,可获得分子量分布窄的聚合物。但是当采用正丁基锂时,由于它的反应速率慢,会使部分引发剂残存在嵌段聚合的各个阶段,造成分子量分布加宽,并生成双嵌段共聚物和均聚物。这种引发效果的不同主要是由于在非极性烃类溶剂中不同丁基锂的缔合度不同。由于 s-丁基锂缔合度小,所以引发反应速率快;而 n-丁基锂缔合度相对较大,反应速率慢。

但是正丁基锂性能稳定,易于保存,价格相对便宜。在正丁基锂的烃类溶剂中加入少量活化剂如醚类、叔胺类化合物,便可提高反应速率,获得分子量分布窄的聚合物。如控制 $[THF]/n\text{-}BuLi$ 用量为 $(0.5\sim2):1$ 时,就能满足合成 SBS 的速率要求,且对二烯烃嵌段链微观结构影响不大。

2) 杂质含量

反应体系中水、氧、二氧化碳、醇、酸、醛、酮等杂质能与引发剂烷基锂发生反应,使引发剂失活或活性链终止,降低引发效率,产生均聚物和二嵌段共聚物等。因此,这些杂质的允许含量必须降至最低限度,一般要求只有万分之几甚至十万分之几。

3) 聚合温度和反应时间

一般来讲,升高温度可以加快聚合速率,却对活性聚合物的稳定不利,得不到单分散性的高聚物。体系的聚合温度应根据不同的单体、溶剂、引发剂及反应转化率等因素来决定。

在制备 SBS 过程中,较难控制的步骤是由聚苯乙烯基锂引发丁二烯聚合生成聚苯乙烯-聚丁二烯(SB)链段。此时丁二烯的转化率与温度和时间的关系如图 9-4 所示。

图 9-5 为压力≤0.98 MPa 和相应的聚合温度条件下,丁二烯和苯乙烯单体转化率-反应时间关系曲线。由图 9-5 可见,单体在开始浓度较大的情况下反应较快,放热较多,所以此时反应温度应控制较低(约 50℃),0.5 h 后逐渐升温至 55℃,再经过约 2 h,丁二烯基本上全部转化。此时加入苯乙烯,然后升温至 70~80℃,以加快聚合反应,此段聚苯乙烯的形成只需要 0.5~1 h。

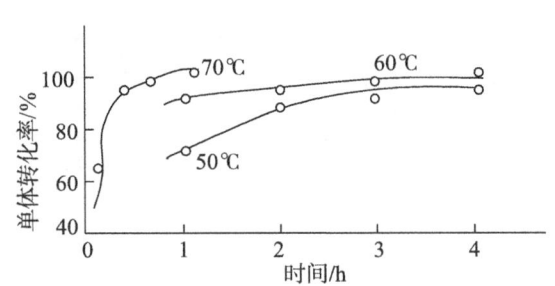

图 9-4 丁二烯的转化率与温度和时间的关系

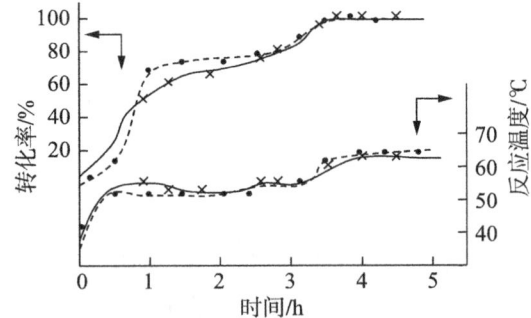

图 9-5 不同聚合温度下丁二烯和第三段苯乙烯单体转化率-反应时间关系曲线

4) 溶剂和极性添加剂

溶剂和极性添加剂对 SBS 聚合的影响主要包括对引发剂烷基锂在非极性溶剂中缔合的影响和对嵌段共聚物微观结构的影响。有机锂在非极性溶剂中容易产生缔合现象。

$$(R^-Li^+)_n \rightleftharpoons (R^-Li^+)_{n-1} + R^-Li^+$$

对于不同分子结构的丁基锂,缔合数 n 不同,当 n 增大时,引发效率降低。而极性溶剂能够破坏缔合离子对。如四氢呋喃(THF)的电子给予指数高,金属锂原子的最外层轨道接受 THF 中氢原子的电子对形成络合物。这样,由于有相当的自由阴离子存在,聚合速率极快。但是,溶剂对 SBS 嵌段链的微观结构影响较大。溶剂极性大小和极性溶剂添加量对 SBS 中聚丁二烯嵌段微观结构的影响如表 9-5 和表 9-6 所示。一般极性溶剂只作为添加剂,少量地加入烃类溶剂中,以加快聚合反应的进行。

表 9-5 溶剂对聚丁二烯嵌段微观结构的影响

引发剂浓度/(mol/L)	溶剂	温度/℃	微观结构含量			引发剂浓度/(mol/L)	溶剂	温度/℃	微观结构含量		
			反式-1,4	顺式-1,4	1,2-链节				反式-1,4	顺式-1,4	1,2-链节
5×10^{-1}	苯	20	62		38	5×10^{-3}	环己烷	20	93	93	7
5×10^{-2}	苯	20	83		17	5×10^{-5}	苯	20	52	36	12
5×10^{-3}	苯	20	93		7	5×10^{-5}	环己烷	20	68	28	4
5×10^{-1}	环己烷	20	53		47	5×10^{-2}	己烷	20	30	62	8
5×10^{-2}	环己烷	20	90		10	5×10^{-5}	己烷	20	56	37	7

表 9-6 极性添加剂和温度对聚丁二烯嵌段 1,2-结构含量的影响

添加剂种类	[添加剂]/[RLi]	1,2-结构含量/%			添加剂种类	[添加剂]/[RLi]	1,2-结构含量/%		
		30℃	50℃	70℃			30℃	50℃	70℃
三乙胺	270	37	33	25	TMEDA	85	73	49	46
乙醚	12	22	16	14	TMEDA	91.14	76	61	46
乙醚	96	36	26	23	DPE	1	99	68	31
四氢呋喃	5	44	25	20	DPE	10	99	95	34

4. 星型 SBS 的生产

1) 制备原理

偶联法生产星型 SBS 的机理如下:

$$S \xrightarrow{RLi} RS^-Li^+$$

$$RS^-Li^+ + nS \xrightarrow[加热]{溶剂} R[SSS\cdots\cdots]_nS^-Li^+$$

$$R[SSS\cdots\cdots]_nS^-Li^+ + mB \xrightarrow[加热]{溶剂} R[SSS\cdots\cdots]_nS[BBBBBB\cdots\cdots]_{m-1}B^-Li^+$$

$$R[SSS\cdots\cdots]_nS[BBB\cdots\cdots]_{m-1}B^-Li^+ + SiCl_4 \xrightarrow[加热]{溶剂} [R[SSS\cdots\cdots]_nS[BBB\cdots\cdots]_{m-1}B]_4Si + 4LiCl\downarrow$$

式中,R 表示丁基;S 表示苯乙烯;B 表示丁二烯。

2) 原料、配方及生产工艺

(1) 原料

除偶联剂外,制备星型 SBS 的原料及规格与制备线型 SBS 大部分相同。

偶联剂的选择对星型 SBS 的生产特别重要。选择偶联剂首先要考虑偶联效率,以保证得到预定结构的聚合物。这是因为在制备对称放射型 SBS 时,实际情况比理论复杂得多,偶联剂的各个官能团的反应活性并不都相等。如 $SiCl_4$ 中虽然第一、二个氯原子与活性聚合物的反应只需在

室温下相互混合即可完成,但是进一步的偶联则要慢得多。第三个氯原子需要几个小时,而第四个氯原子则要在50℃加热几十个小时才能完成偶联反应。随着聚合物分子量的提高,最后两个氯原子逐渐变得难以偶合。常用偶联剂的偶联效率如表9-7所示,偶联剂四氯化硅的规格见表9-8。

表9-7 常用双官能团偶联剂及其偶联效率

偶联剂	偶联效率/%	偶联度	偶联剂	偶联效率/%	偶联度
α,α-二溴对二甲苯	94	2.0	乙酸乙酯	90	2.0
α,α-二氯对二甲苯	94	2.0	对苯二醚	90	2.0
二(氯代甲基)乙醚	95	2.0	蒽醌	83	2.0
二碘甲烷	94	2.0	1,2-二氯乙烷		2.0
碘	93	2.0	1,1-二氯二甲基硅烷		2.0
1,4-二溴-2-丁烯	91	2.0	1,2-二溴乙烷		2.0
1,4-二氯-2-丁烯	90	2.0			

表9-8 四氯硅烷的规格

项目	品级 I	品级 II	项目	品级 I	品级 II
四氯化硅含量(质量)/%	>99.5	>98	游离氯含量(质量)/%	无	合格
熔点/℃	−70	−70	铁含量(质量)/%	$<2\times10^{-6}$	<0.001
沸点/℃	59	59	钙氯含量(质量)/%	$<6\times10^{-7}$	不控制
折射率 n_D^{20}	1.412	1.412			

星型SBS的制备基础配方及工艺条件列于表9-9中。

表9-9 星型SBS的制备基础配方及工艺条件 单位:质量份

组分	配方Ⅰ	配方Ⅱ	配方Ⅲ	组分	配方Ⅰ	配方Ⅱ	配方Ⅲ
丁二烯	70	60	70	稳定剂	0.5~1.5	0.5~1.5	0.5~1.5
苯乙烯	30	40	30	其他助剂	1~2	1~2	1~2
环己烷	250~300	500~700	500~700	工艺条件			
异戊烷	250~300	—	—	聚合温度/℃	60~80	40~70	40~70
引发剂	变量	变量	0.1~0.3	反应时间/h	2~4	2~8	2~8
偶联剂	变量	变量	变量				

(2) 生产工艺流程

先用单锂引发剂制成双嵌段SBLi,再加入偶联剂制成星型多臂SBS,其工艺流程如图9-6所示。

将苯乙烯和环己烷先送入聚合釜中,待苯乙烯反应完毕后再加入丁二烯与环己烷,制成二嵌段活性种,合成的两嵌段聚合物通过强化混合器与偶联剂混合进入偶联釜,制成的星型多臂SBS或线型三嵌段共聚物送去脱气干燥后处理。

5. 充油SBS

线型SBS和星型SBS都可以填充油品以降低成本、改善热塑性弹性体的加工性能和使用性

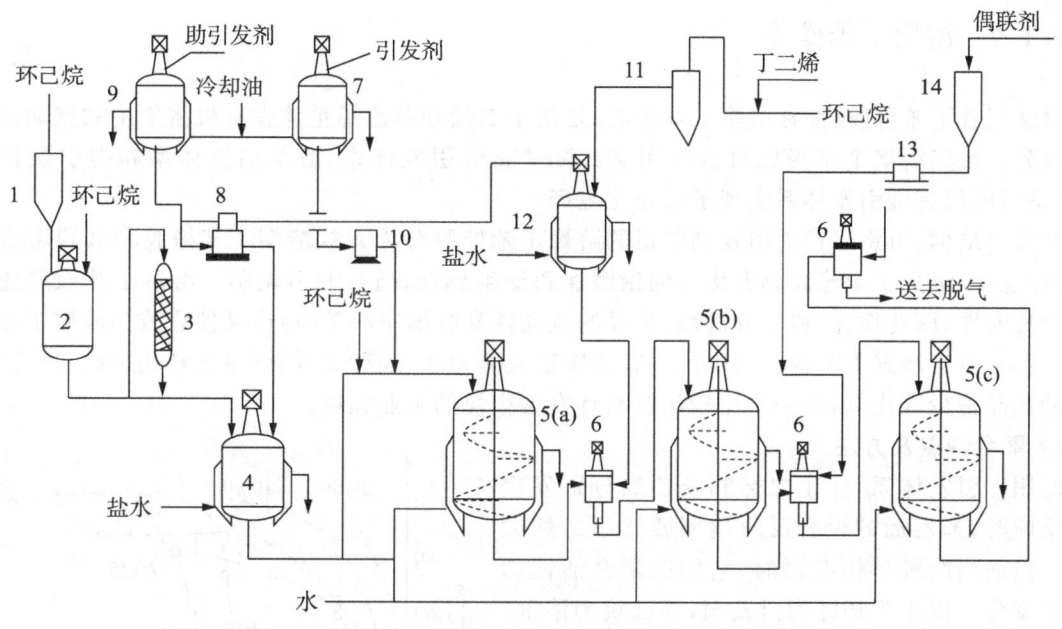

图 9-6 偶联法制取 SBS 聚合流程图

1、11—计量槽;2—混合器;3—干燥器;4、12—滴定槽;5(a、b)—聚合釜;5(c)—偶联釜;
6—强化混合器;7—有机锂溶液配制槽;8、10、13—计量泵;9—助引发剂配制槽;14—偶联剂配制槽

能,扩大其应用范围。一般来说,充油可以使 SBS 的流动性、耐挠曲性、回弹性增加,却使硬度、抗张强度显著降低,耐磨性下降。要使充油 SBS 获得平衡的综合性能,填充油品的选择十分重要。

SBS 选用的油品要求色浅、闪点高、挥发度低、与之相容性好等。由于聚苯乙烯的微区在 SBS 中起着交联和补强的重要作用,所以在选择油品时还需考虑油品对聚苯乙烯微区的影响。若选用油品的溶解度参数与聚苯乙烯太接近,则填充油将进入聚苯乙烯微区,大大降低 SBS 的刚性和强度。充油 SBS 的典型配方列于表 9-10 中。

表 9-10 充油 SBS 的典型配方

组分	配方Ⅰ	配方Ⅱ	配方Ⅲ	配方Ⅳ	组分	配方Ⅰ	配方Ⅱ	配方Ⅲ	配方Ⅳ
SBS	100	100	100	100	白垩粉	—	80	—	80
充油量	50	50	50	50	钛白粉	10	10	—	10
聚苯乙烯	60	变量	50	60	硬脂酸	—	3	—	—
聚茚树脂	—	20	—	20	其他助剂	2.5	—	—	5.0
环烷油	40	50	—	50	总计	317.5	>313	225	370
轻质碳酸钙	55	—	20	—					

可以采取在 SBS 聚合物溶液凝聚前将油品与之混合,或将油品与 SBS 干胶一起混炼的工艺进行 SBS 的充油。充油 SBS 的加工可采用开炼机、密炼机和螺杆挤出机进行,其加工工艺与线型 SBS 相似。

9.1.7 溶聚丁苯橡胶

溶液聚合丁苯橡胶(简称溶聚丁苯橡胶)是指丁二烯和苯乙烯单体在有机溶剂中共聚而制得的丁苯橡胶。虽然溶聚丁苯橡胶可以采用 Ziegler-Natta 引发体系、醇烯引发体系和锂引发体系制得,但是目前仅有锂引发体系实现了工业化生产。

按分子结构,可将以锂为引发剂制得的溶聚丁苯橡胶分为无规溶聚丁苯橡胶和嵌段溶聚丁苯橡胶两大类。溶聚丁苯橡胶具有优异的耐磨性和低生热性,适合制造轮胎。溶聚丁苯橡胶还具有良好的透明性、压花性、颜料易分散性、优异的流动性和收缩率小等特点,又使它成为胶鞋工业理想的原材料。由于溶聚丁苯橡胶的生产具有装置适应能力强、胶种多样化、单体转化率高、排污量小、聚合助剂品种少等优点,是一个比较年轻而且发展很快的工业领域。

1. 聚合特点及方法

使用锂引发体系,让丁二烯和苯乙烯分别发生均聚反应时,苯乙烯的聚合反应速率要比丁二烯大得多。然而当两种单体共聚时,它们的聚合活性却发生了变化。以正丁基锂为引发剂,环己烷为溶剂,不同比率的丁二烯和苯乙烯在 50℃下的共聚反应显示出相同的倾向:即转化率达到某一比率后,其曲线又一度升高,直到反应完毕。实验证明:这首先是大量的丁二烯和极少量的苯乙烯共聚,当丁二烯被消耗掉以后,剩下的苯乙烯才开始聚合,此时聚合反应基本上是以苯乙烯的均聚速率进行的。因为苯乙烯均聚速率比丁二烯大,当由丁二烯转向苯乙烯聚合时出现自加速现象,如图9-7所示。

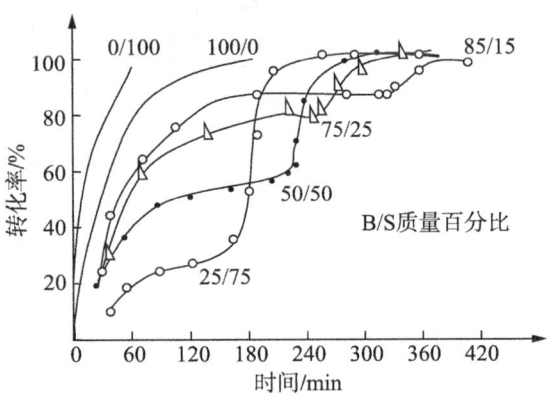

图 9-7 BuLi 引发丁二烯与苯乙烯在环己烷中 50℃下聚合单体转化率-时间关系曲线

因此,丁二烯与苯乙烯共聚基本上只能生成嵌段结构的共聚物。然而,作为一种通用橡胶,丁苯橡胶中苯乙烯在大分子链上的分布必须是无规的,若苯乙烯以嵌段的方式进入聚合物分子则会降低硫化效果,使硫化网络不均匀,硫化不完全。从而导致硫化胶的强度、弹性和耐磨性降低,生热增加。为了制得无规溶聚丁苯橡胶,必须对溶聚丁苯的聚合体系进行某些改变。获得无规溶聚丁苯橡胶的方法有以下 4 种。

1)控制加料速度

利用锂系引发体系活性聚合的特点,控制加料速度低于聚合反应速率。这样,当加入的少量丁二烯被聚合后,反应活性较差的苯乙烯也得到完全聚合。当加入体系中的两种单体都消耗完后,再追加少量单体,使反应继续,以此保证苯乙烯能够较为均匀地分布在大分子链上,最终形成无规共聚物。为了缩短加料时间,加快聚合速率,常采用 100~150℃ 的高温反应。通过这种方法得到的产物仅含 1%~1.5% 的苯乙烯嵌段链,丁二烯的 1,2 结构含量低,且高温聚合使产物产生支化结构,分子量分布加宽,改善了加工性能。但准确地控制单体的加入速度不易,限制了此法的应用。

2)添加极性物质——无规试剂法

添加少量极性物质如醚类、硫醚、叔胺和磷的化合物等到溶聚丁苯的共聚体系中,通过这些极性物质与活性增长中心的离子对络合,可以改变两种单体聚合时的相对活性,使苯乙烯聚合活性提高,在反应初期就能与丁二烯共聚得到无规共聚物,并使反应速率加快,这些极性物质即为无规试剂。但是无规试剂的加入也能使聚丁二烯立构规整性下降,减少 1,4 结构的含量,使 1,2 结构增加,而且无规试剂的分离和回收比较困难。

3）控制单体浓度比恒定法

人为地控制丁二烯的浓度保持在一个较低的水平，而苯乙烯的浓度大得足以在反应初期就能进入共聚物中，并不断补充消耗的丁二烯的量，保持丁二烯与苯乙烯单体浓度比始终恒定，则可获得无规聚合的丁苯橡胶。单体浓度的比率可以由它们在共聚组成中的比例来确定。如图9-8所示，若要保持共聚物中苯乙烯的含量在15%～25%，则需将单体中苯乙烯的浓度控制在相应的55.7%～70.2%。此法制得的聚丁二烯1,2结构含量低，但是由于需要很精确地调节系统中的单体浓度比，使得聚合过程难于操作。

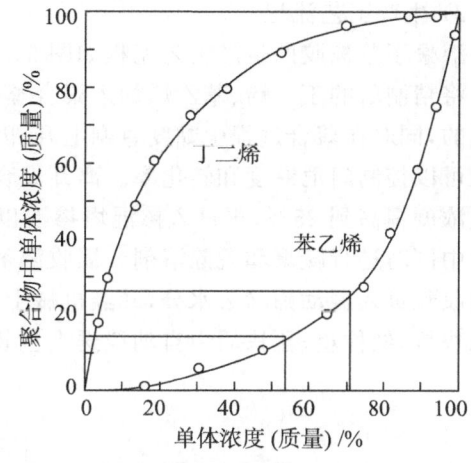

图9-8　正丁基锂催化下的丁二烯-苯乙烯的共聚性

4）高温聚合

常温下，锂系引发剂引发的丁二烯与苯乙烯共聚体系中，反应速率常数 $K_{SB} \gg K_{BS}$，$K_{BB} > K_{BS}$。但是在130～160℃的高温下共聚时，苯乙烯的相对活性增加，其共聚速率常数与丁二烯接近，三个速率常数之间的差距显著缩小，从而可以实现无规共聚。此法既可间歇进行，也可连续进行。

高温下共聚反应速率快，单体转化率高，产品分子量分布加宽，有利于成型加工，而且使橡胶的冷流性能变好，但也易因支化过度而产生凝胶。

比较上述的四种方法，控制加料法和控制单体浓度比率恒定法均在生产控制上比较麻烦，难于操作，且高温下阴离子聚合活性种又不稳定。因此，制备无规溶聚丁苯橡胶最简便和最重要的方法是通过加入无规试剂改变活性种的性质来调节单体竞聚率。

2. 溶聚丁苯橡胶的生产工艺

1）典型的生产配方及工艺条件

生产溶聚丁苯橡胶的典型配方及工艺条件列于表9-11中。

表9-11　溶聚丁苯橡胶的典型配方及工艺条件

原料及辅助材料		例1	例2
单体	丁二烯	76	75
	苯乙烯	24	25
溶剂	正己烷	400	—
	环己烷	—	500
引发剂	n-BuLi	0.6	0.064
无规试剂	THF	—	1.6
偶联剂	$SnCl_4$	—	0.039
反应条件	反应温度/℃		40～120
	压力/(N/cm²)		29.4～98
	反应时间/h		1～6
	聚合物浓度(质量)/%		15～20
	转化率/%		80～100

2) 生产工艺流程

溶聚丁苯橡胶的生产工艺流程如图9-9所示。

将精制后的丁二烯、苯乙烯加入聚合釜,再加入配制好的引发剂、无规试剂进行聚合。反应是放热的,同时在聚合过程中黏度急剧上升,因此传热和搅拌是聚合反应的关键。调节催化剂用量和配比可以控制门尼黏度和转化率。离开聚合釜的胶液进入闪蒸塔,除去未反应单体和部分溶剂,使胶液浓度提高到25%,再进入掺混塔掺混以获得希望的门尼黏度。掺混好的胶液进入凝聚塔,在热水中同时进行凝聚和脱除溶剂。回收溶剂经分层罐除去大量的水后,返回溶剂精制工序。凝聚后的胶粒进入振动筛除去水分,并经机械干燥机除去余下的水分。干燥后的胶粒经提升机提升到达压块机,经称重、压块后由自动线送去包装得到成品。

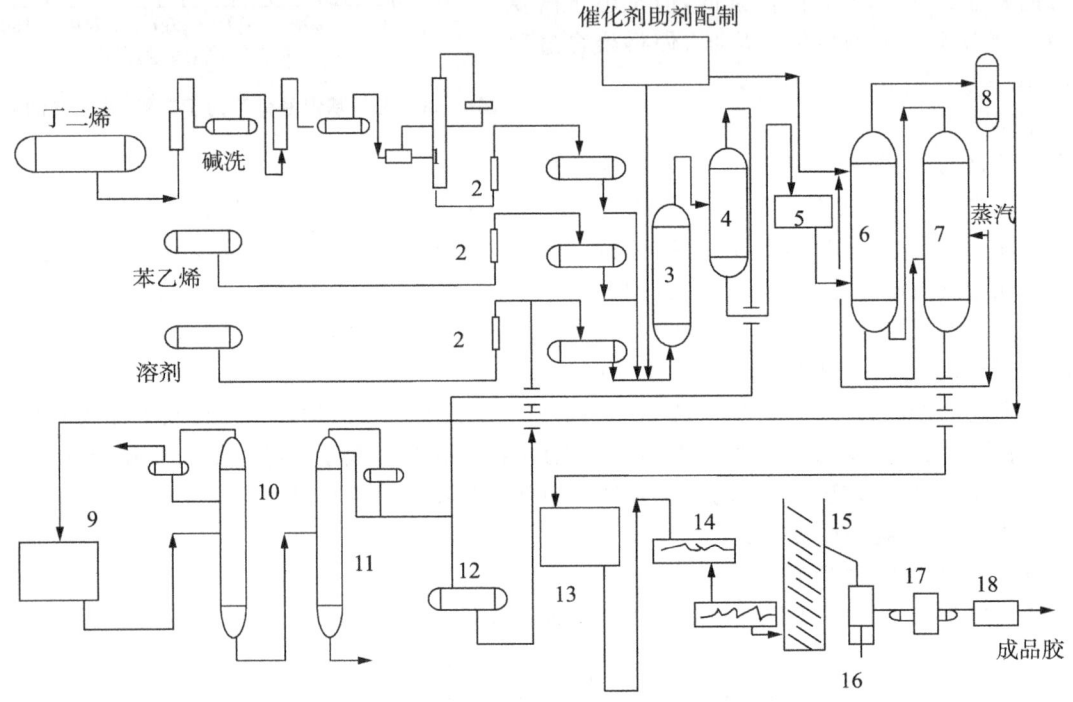

图9-9 溶聚丁苯橡胶的生产工艺流程

1—精馏塔;2—干燥塔;3—聚合釜;4—闪蒸塔;5—掺混塔;6,7—第一、第二凝聚塔;8—滗析塔;9—湿试剂罐;10、11—脱轻、重组分塔;12—干溶剂罐;13—淤浆罐;14—振动筛;15—提升机;16—称重压块机;17—金属检测器;18—包装机

3) 重要工序及设备

(1) 原料的准备

① 单体和引发剂

溶聚丁苯橡胶的生产是锂系引发剂引发的阴离子聚合,所以对原料纯度要求很高,对生产溶聚丁苯橡胶的主要原料丁二烯、苯乙烯、环己烷和正庚烷的规格要求列于表9-12中。

表9-12 主要原料规格

原料	规格	原料	规格
1,3-丁二烯	>99.5%	硫	<10 μg/g
苯乙烯	>99.6%	腈	<5 μg/g
环己烷	>98%	过氧化物	<10 μg/g

续表

原料	规格	原料	规格
水	<50 μg/g	双烯烃(丙二酸,1,2-丁二烯)	<110 μg/g
醇类	<15 μg/g		
炔烃总量	<100 μg/g		

引发剂正(仲)丁基锂用正(仲)丁烷与金属锂在氩气保护下,以环己烷为溶剂直接反应制得。

② 无规试剂

添加无规试剂是工业上生产溶聚丁苯橡胶常用的方法。常用的无规试剂分为给电子试剂和碱金属烷氧基化合物两大类。给电子试剂有醚类、胺类、含磷化合物类、混合吡啶等,碱金属烷氧基化合物有叔丁氧基钾、叔丁氧基钠等。两类无规试剂的加入都可以改变单体丁二烯和苯乙烯的相对反应活性,得到无规聚合物。同时聚合机理的改变也会影响聚丁二烯的微观结构,使1,2-结构随无规试剂的种类和添加量而变化。

③ 偶联剂

溶聚丁苯橡胶分子量分布窄、无支化度的结构特点虽然赋予它一些优良的性能,但也造成对其成型加工的不利。通过加入带有多官能团的偶联剂到活性聚合物体系中,让它与活性锂封端的聚合物相联结,可以使部分分子链的分子量倍增,从而加宽分子量分布或提高分子链的支化度,改善溶聚丁苯橡胶的加工性能和冷流性。工业上常用的偶联剂是一些带有多官能团的化合物,如二乙烯基苯、二乙烯基萘、四氯化硅、己二酸二乙酯等,其中以 $SnCl_4$ 最为普遍。各种偶联剂对硫化胶性能的影响如表9-13所示。

表9-13 偶联剂对硫化胶性能的影响

偶联剂	门尼黏度($ML_{1+4}^{100℃}$) 母体聚合物	门尼黏度($ML_{1+4}^{100℃}$) 偶联聚合物	胶料门尼黏度($ML_{1+4}^{100℃}$)	300%定伸应力/MPa	拉伸强度/MPa	扯断伸长率/%	回弹率(70℃)/%	$\tan\delta$(50℃,159Hz)
无	54	—	93	16.7	22.3	400	67	0.121
二乙烯基苯	—	51	70	15.7	22.5	400	68	0.125
己二酸二乙酯	20	47	74	14.7	21.6	410	69	0.126
四氯化硅	23	57	89	16.7	23.5	400	70	0.126
三氯化甲基硅	36	54	90	16.4	22.5	420	69	0.130
四氯化锡	26	57	76	17.3	25.0	400	72	0.096
SBR1500	53	—	70	15.6	27.0	490	66	0.157

④ 防老剂

为防止橡胶老化,在凝聚前常加入防老剂。常用的防老剂有污染型和非污染型两类,前一类如苯基-β-萘胺(防老剂丁),后一类如2,6-二叔丁基-4-甲基苯酚(防老剂264)。

(2) 聚合

溶聚丁苯橡胶的聚合过程分为间歇聚合和连续聚合。溶液聚合的丁苯橡胶的反应速率一般比丁二烯橡胶大,几乎只需要1h即能完成反应,而且可以达到很高的转化率。随着聚合反应的进行,聚合物的分子量不断增大,溶液黏度随之增高,一旦产生局部过热则很容易产生凝胶化。为此聚合物的浓度不能过高,一般为12%~15%,而且分子量不能过大,须将胶液黏度控制在10~20 Pa·s。为保证高黏度溶液的均匀混合和传热效率,釜内需设置强有力的高效螺带式或透平式搅拌器。聚合热可采用夹套冷却排出或在聚合釜内设置回流或非回流式内冷管导出。

单釜间歇操作时加料顺序较为关键,一般需按单体、无规试剂的顺序加入,最后加入引发剂。

聚合反应既可等温操作,也可以绝热操作。聚合的关键设备是聚合釜。聚合釜由碳钢制成(内壁不需要进行特殊处理)。聚合釜容积一般为18~30 m³,个别为50 m³。

(3) 凝聚、分离、回收

凝聚一般采用双塔流程。在第一凝聚塔中,进入的胶液在分散剂的存在下被喷到被蒸气加热的温水中并从中析出胶粒。大部分的水和溶剂从塔顶蒸出,经分离,油相去溶剂精制工序,水相则返回第一凝聚塔循环使用。胶料从塔底导出进入第二凝聚塔。通入蒸气将剩余溶剂蒸出,溶剂和水汽从塔顶逸出进入第一凝聚塔下部。脱除溶剂的胶料从第二凝聚塔进入贮槽,然后送去脱水干燥工序。

凝聚釜容积50~70 m³,材质为不锈钢,凝聚釜内设有挡板,带搅拌器。胶液经多点进入,胶水比5%~10%。第一凝聚塔操作温度85℃,第二凝聚塔为95~105℃。无规试剂必须在回收系统中尽量没有损失地分离回收。

(4) 后处理

溶聚丁苯橡胶的后处理可采用凝聚干燥法和直接干燥法。溶聚丁苯中使用的锂系催化剂即使残留在橡胶中,对橡胶性能也没有明显的影响,所以后处理工序可采用直接干燥法进行。例如将闪蒸浓缩后的聚合物进入双螺杆挤出式干燥机,以及采用4台辊式干燥机并联运转等。

4) 生产控制因素

(1) 杂质

同所有阴离子聚合反应一样,溶聚丁苯橡胶的聚合反应对原料纯度的要求非常高。痕量的水、空气中的氧或二氧化碳都能与烷基锂反应生成羟基负离子、过氧化物或羧基负离子。这一类负离子一般没有足够的反应活性来继续进行增长反应。此外,由原料带入和体系中残存的其他杂质如丙二酸、过氧化物、腈类和锂系化合物也能通过破坏引发剂而对聚合反应乃至反应产物产生很大的影响。

(2) 单体浓度和溶剂

在溶聚丁苯橡胶的聚合体系中,增长反应速率与单体浓度呈一级反应。所以单体浓度增加,共聚反应速率增加。当单体浓度过大时,随着聚合物分子量增大,溶液黏度急剧增高,因此可能在除去反应热、搅拌、送料等方面发生问题,所以单体浓度不能太高。溶聚丁苯可采用芳香烃和脂肪烃作溶剂,其共聚速率按己烷、环己烷、苯、甲苯而递增,但是在芳香烃中生成的聚合物,其1,2-链节的含量占12%~14%,比在脂肪烃中的生成物的1,2-链节的含量(8%~9%)高。

(3) 引发剂浓度

在锂系溶聚丁苯体系中,若添加一定量的无规试剂A,则体系中至少存在以下几种活性种:

缔合体　　　　　　$(\sim BLi)_m, (\sim SLi)_2$

单量体　　　　　　$\sim BLi, \sim SLi$

一络合体　　　　　$\sim BLi \cdot A, \sim SLi \cdot A$

二络合体　　　　　$\sim BLi \cdot 2A, \sim SLi \cdot 2A$

各种活性种处于动态平衡之中。一般来说,引发剂浓度高,共聚反应速率快。如在固定温度和单体配比的溶聚丁苯体系中加入较高浓度的无规试剂四氢呋喃(THF),且保持不变,表观速率常数与正丁基锂浓度的关系如图9-10所示。表观聚合速率K_S、K_B均与初始有效引发剂浓度成正比。在 THF 加入量较低时，引发剂浓度对共聚体系中单量体与缔合体活性种的比例影响较大。而不同活性种对生成丁二烯-1,2-结构的贡献也不相同。引发剂浓度低时，体系中单量体活性种比例高，有利于生成顺式-1,4-结构，而引发剂浓度高时，则缔合体活性种比例相应增加，有利于生成 1,2-结构。

（4）无规试剂及添加量

溶聚丁苯中聚丁二烯的微观结构和共聚反应速率与无规试剂的种类和用量关系很大。在溶聚丁苯体系中加入醚类，可以使苯乙烯在整个分子链上的无规分布增加，其顺序为：

乙醚＜二氧六环＜四氢呋喃＜一缩乙二醇二甲醚（1G）＜二缩乙二醇二甲醚（2G）

在反应体系中加入 0.05～0.10 mol/L 二氧六环或四氢呋喃，聚苯乙烯嵌段量下降 20%。但是共聚物中聚丁二烯 1,2 链节的含量相应增加：30℃左右时乙醚存在下为 28%～32%，四氢呋喃存在下为 60% 以上，而二乙二醇二甲醚存在下为 70% 以上。无规试剂的添加量对 1,2-结构也有影响。例如在 30℃ 下，当 [THF]/n-BuLi 物质的量之比为 25 和 85 时，共聚物中 1,2-结构的含量分别为 44% 和 73%。添加极性物质以后，改变了原来体系中聚合活性种，共聚反应速率显然也和无规试剂的加入量有关。如图 9-11 所示，在 2G/n-BuLi 的物质的量之比在 4 以下时，聚合速率随 2G 添加量的增加而增加，但是超过 4 以后，反应速率趋于平稳，不再随 2G 量的增加而增加。其他无规试剂对共聚反应速率的影响也有类似的规律。

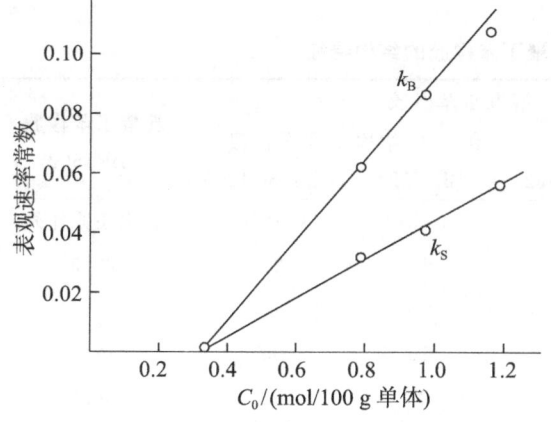

图 9-10　表观速率常数与正丁基锂浓度的关系
聚合条件：[THF]＝20 mmol/100 g 单体，B/S＝75:25, 50℃

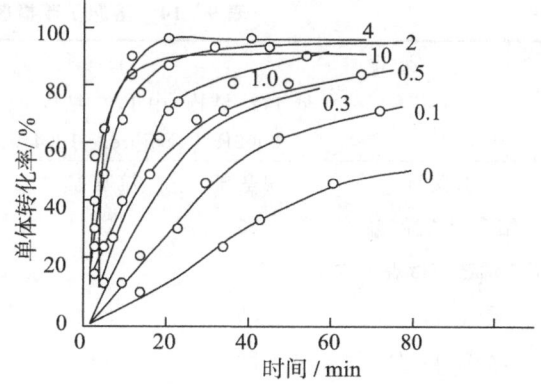

图 9-11　n-LiBu 引发丁二烯与苯乙烯在环己烷中共聚速率与 2G 添加量的关系

（5）聚合温度

在溶聚丁苯体系中，如图 9-12 所示，随着聚合温度的提高，自由碳负离子的浓度增加，活性中心的增长速率常数提高，所以表观聚合速率随温度的升高而明显加快。但是如图 9-13 和图 9-14 所示，丁苯共聚物中 1,2-结构的含量和结合苯乙烯的含量却随聚合温度的降低而增加。这是因为极性添加剂与活性链端的金属离子的络合是放热过程，低温有利于络合，而络合体活性种更容易生成聚丁二烯的 1,2-结构。同时络合体活性种对于丁二烯和苯乙烯的相对

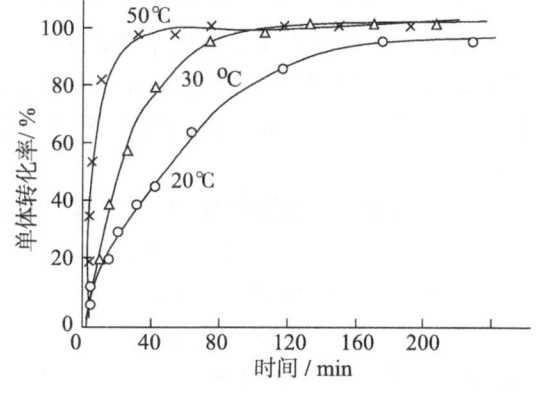

图 9-12　温度对聚合速率的影响

反应活性的差异造成苯乙烯结合量随温度的下降而上升。

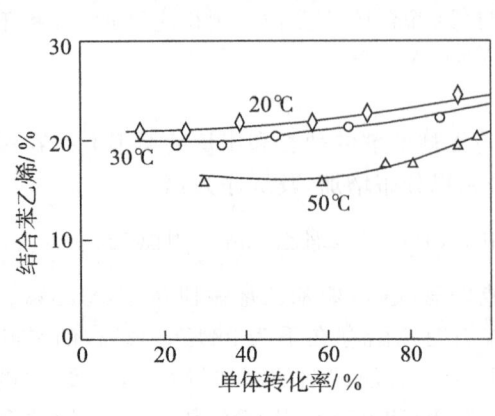

图 9-13 温度对结合苯乙烯的影响

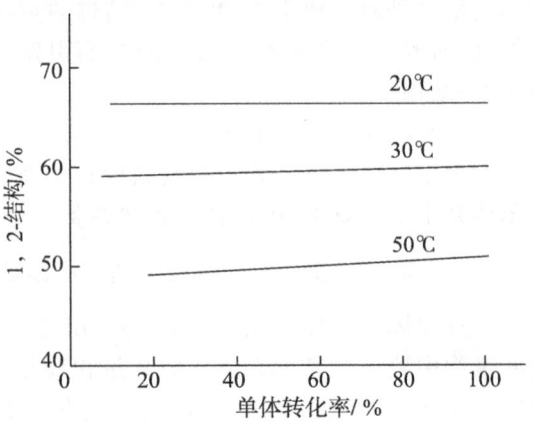

图 9-14 温度对 1,2-结构含量的影响

3. 溶聚丁苯橡胶的结构、性能及应用

溶聚丁苯橡胶结构与乳聚丁苯橡胶均是无规结构，但由于两者聚合工艺不同而具有不同的结构特征，见表 9-14。

表 9-14 溶聚丁苯橡胶和乳聚丁苯橡胶的结构特征

类型 项目	溶聚丁苯橡胶					乳聚丁苯橡胶 SBR1502
	低 1,2-结构 2000R	中 1,2-结构 Solprene 1204	SL-552	高 1,2-结构 SL-574	部分嵌段 Solprene 1205	
引发剂	烷基锂	烷基锂	烷基锂	烷基锂	烷基锂	氧化还原体系
结合苯乙烯/%	25	25	24	15	25	23.5
丁二烯链节微观结构						
顺式-1,4/%	35	24	20	16	35	12
反式-1,4/%	52	40.5	40	27	52	68.5
1,2-结构/%	13	35.5	40	57	13	19.5
苯乙烯单元嵌段率/%	0	0	0	0	17	0
分子量分布特征	窄	双峰	双峰	双峰	窄	宽
玻璃化温度 T_g/℃	约-70	约-50	-64	-55	约-65	约-60

溶聚丁苯橡胶中丁二烯链节的顺-1,4 含量明显高于乳聚丁苯橡胶，而乳聚丁苯橡胶反-1,4 含量较高。同时，溶聚丁苯橡胶的分子量分布窄，分散指数一般小于 2，而乳聚丁苯橡胶则可达到 4 以上。在结合苯乙烯量相同的情况下，溶聚丁苯的玻璃化温度 T_g 随 1,2-结构含量的增加在一定范围内增加。

由于溶聚丁苯橡胶的结构特点，使它具有优异的性能。如橡胶低分子量级分少，做成轮胎后滚动阻力小，耐磨性提高。同时，聚合物链的高线型结构，使它在填充大量的工业炭黑和油以后其物理机械性能仍不发生明显变化，且胶料硫化时收缩率很小。T_g 虽然稍有提高，但是做成的轮胎在冬季并不出现沟纹龟裂。这种特征是聚丁二烯橡胶中 1,2-结构含量高，链段结合苯乙烯量有所增加，聚合物分子量呈双峰所致。若以含有丁二烯基阴离子的聚合物链端与四氯化锡偶联后形成具有一定支化度的橡胶,则在轮胎性能测试时表现出其滚动阻力比乳聚丁苯橡胶降低30%,抗湿滑性提高3%,耐磨性提高约10%。

此外,溶聚丁苯橡胶为非污染性白色橡胶,其非橡胶成分含量很低,一般为1%~2%,而普通丁苯为7%~8%。溶聚丁苯共聚物的灰分含量为0.05%~0.1%,而乳聚丁苯为0.4%~0.6%,这些性质使它在硫化时达到最佳性能所需要的硫磺和促进剂的量比乳聚丁苯低,而且硫化速度快。

溶聚丁苯可作为通用型橡胶,用于轮胎、胶鞋、胶管等各类制品,也可以与其他橡胶并用。

9.1.8 锂系聚异戊二烯橡胶

异戊二烯橡胶由异戊二烯单体经溶液聚合制得。根据采用的引发体系的不同,异戊二烯橡胶可分为以锂为引发剂聚合的锂系异戊橡胶,其顺-1,4含量一般为92%左右;以钛为基础的引发剂聚合得到钛系聚异戊二烯橡胶,其顺-1,4含量为98%左右;以稀土元素为基础的引发剂聚合得到稀土异戊橡胶,其顺-1,4含量为95%左右。按微观结构不同,异戊橡胶也可分为顺-1,4-聚异戊二烯、反-1,4-聚异戊二烯、3,4-聚异戊二烯和1,2-聚异戊二烯等4种异构体。按其顺式结构的含量还可以将顺-1,4聚异戊二烯分为高顺式聚异戊二烯和低顺式聚异戊二烯。

锂系引发体系对杂质含量十分敏感,对聚合控制条件要求相当严格,所得的产物顺-1,4含量相对较低。但是,由锂系引发体系合成聚异戊二烯橡胶也有很多优点,特别是其引发体系呈均相、活性高、用量少,省去了单体回收和脱除残余引发剂的工序等,这使它在经济上具有一定的竞争力。锂系聚异戊二烯橡胶主要用于食品、药用品和一般轮胎橡胶制品。

1. 锂系聚异戊二烯橡胶的生产工艺过程

生产聚异戊二烯橡胶采用单釜间歇聚合的工艺流程如图9-15所示。

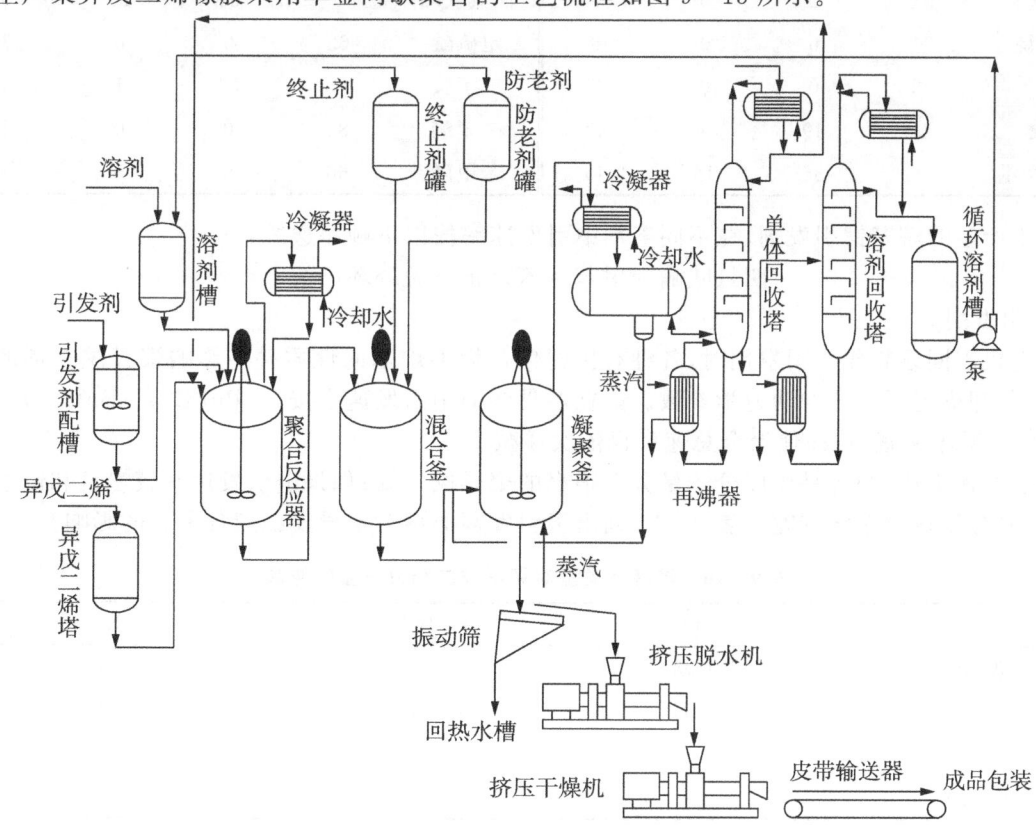

图9-15 异戊二烯橡胶单釜间歇聚合的生产工艺流程

将戊烷溶剂和仲丁基锂引发剂及单体异戊二烯按比例送入聚合反应器,在50~70℃下聚合2~3 h,转化率达到95%以上。聚合后物料进入混合釜,充分搅拌达到质量均化的目的,同时加入甲醇终止剂和防老剂。从混合釜中出来的胶液进入凝聚釜,用蒸汽蒸出溶剂和少量未反应单体,经过回收后循环使用。胶液送去后处理,经挤压脱水和挤压干燥,成品去包装。

2. 生产控制因素

1) 单体

锂系聚合体系对单体异戊二烯的纯度要求很高,其规格如下:

异戊二烯	>99.6%	间戊二烯	<80 $\mu L/L$
α-烯烃	<0.4%	β-烯烃	<0.4%
炔烃	<50 $\mu L/L$	羰基化合物	<5 $\mu L/L$
水	<10 $\mu L/L$	环戊二烯	<1 $\mu L/L$

此外,对于氧、含氧、含硫及含氮的化合物也须严格控制。

2) 溶剂

溶剂是影响异戊二烯聚合的重要因素之一,它不仅影响反应速率而且影响聚合物的微观结构。具有供电子性质的物质即使含量很少,也会降低聚合物的立构规整性。如表9-15所示,若在供电子介质中聚合,则聚异戊二烯中无顺式-1,4链节。

表9-15 溶剂对聚异戊二烯微观结构的影响

溶剂	微观结构/%				溶剂	微观结构/%			
	顺式-1,4	反式-1,4	1,2-链节	3,4-链节		顺式-1,4	反式-1,4	1,2-链节	3,4-链节
正庚烷	93	0	0	7	四氢呋喃	0	30	16	54
环己烷	94	0	0	6	定硫醚	62	0	0	38
苯	93	0	0	7	三丁胺	0	55	1	44
乙醚	0	49	4	47	二苯醚	82	0	0	18
二氧六环	0	35	16	49	苯甲醚	66	0	0	34

对于给定的烷基锂引发剂,在不同溶剂中引发速率按以下顺序递减:

四氢呋喃>甲苯>苯>正己烷>环己烷

3) 引发剂

以有机锂同系物作为引发剂时,各种有机锂化合物中烷基的性质并不影响聚异戊二烯的微观结构,但是却决定了聚合的动力学参数。如在烃类溶剂中引发速率按 $s-BuLi>i-BuLi>t-BuLi>n-BuLi$ 顺序递减,从而使聚合总速率也依次递减。

若引发速率快,则容易生成分子量分布很窄的聚异戊二烯;如果链引发速率较慢且和链增长速率相当,则分子量分布将变宽。表9-16列出了引发剂类型对聚异戊二烯分子量的影响。

表9-16 烷基锂类型对聚异戊二烯分子量的影响

参数	$n-BuLi$	$s-BuLi$	$t-BuLi$
K_i/K_p	0.03	1.2	0.7
M_w/M_n	1.35	1.13	1.18
$M_k \times 10^{-4}$*	3.6	4.1	3.3
$M_n \times 10^{-4}$			3.12

* M_k 为动力学分子量。

烷基锂的浓度对聚异戊二烯的微观结构影响也很大,当烷基锂浓度很低时,反应具有立构选择性高的特点,且使分子量增大。表9-17列出了烷基锂浓度对聚异戊二烯微观结构的影响。

表9-17 烷基锂浓度对聚异戊二烯微观结构的影响

n-BuLi浓度/(mmol/L)	微观结构/%		
	顺式-1,4	反式-1,4	3,4-链节
61.2	74	18	8
1.0	78	17	5
0.1	84	11	5
0.008	97	0	3

4) 聚合温度

锂系引发剂引发聚异戊二烯的另一个特点是聚合温度对于分子量和微观结构的影响都较小,而反应速率随聚合温度的提高而提高。一般温度升高10℃,反应速率增加4倍,所以聚合反应可以在较高的温度下进行。

3. 锂系聚异戊二烯的结构、性能和改性

当聚异戊二烯单体聚合时,若单体间都以头-尾相连,则可能生成四种类型的链节:顺式-1,4-聚异戊二烯、反式-1,4-聚异戊二烯、1,2-聚异戊二烯和3,4-聚异戊二烯。其中,3,4-结构和1,2-结构的聚异戊二烯的侧取代基还可能有全同立构和间同立构。此外,在由顺式-或反式-1,4链节构成聚合物中,异戊二烯的分子还可以按照"头—尾"、"头—头"或"尾—尾"的方式连接。

表9-18列出了由各种催化剂制得的聚异戊二烯橡胶的特征。

微观结构对聚异戊二烯的性能有决定性的影响,如聚异戊二烯的T_g随其1,2-结构和3,4-结构的含量增加而上升。这类结构对聚异戊二烯T_g的影响可以用如下经验式表示。

$$T_g = -0.74 \times (100 - C)$$

式中,C为1,2-和3,4-结构的百分含量。

由于锂系聚异戊二烯顺-1,4-结构的含量在92%左右,而3,4-结构的含量≥6%,所以其T_g为-69~-66℃,而天然橡胶顺-1,4-链节的含量≥98%,而3,4-结构含量<2%,所以T_g较低,为-72~-70℃。

表9-18 钛系、锂系聚异戊二烯及天然橡胶的特征

		天然橡胶(NR)	聚异戊二烯	
			钛系引发剂	锂系引发剂
微观结构	顺式-1,4含量/%	98.2	96~98	92.6
	反式-1,4含量/%	0	—	—
	1,2含量/%	0	—	—
	3,4含量/%	1.8	4~2	7.4
	凝胶含量/%	20~45	5~20	0
	门尼黏度($ML_{1+4}^{100℃}$)	90	70~90	55~56
	灰分/%	0.3~0.4	0.3~0.4	0.05
	密度/(g/cm³)	0.92	0.92	0.92

聚异戊二烯的结晶度与其大分子链的规整性关系很大,仅头—尾加成的顺式-,反式-1,4-聚异戊二烯具有结晶行为,3,4-聚异戊二烯呈无定形。顺式-1,4-结构含量下降会使结晶速率和结晶度明显下降;当顺式-1,4-结构含量在30%~70%,聚合物就不结晶。若以 A 表示聚异戊二烯的结晶度,则它与顺式-1,4链节含量的关系可表示为

$$A=2.7\ln[C/(100-C)]$$

式中,C 表示顺式-1,4-链节的含量。在顺-1,4-链节含量相等的条件下,3,4-链节的插入改变了"头—尾"、"尾—头"的连接方式,使主链的立构规整性降低,并使聚异戊二烯橡胶晶格中链段失去了紧密排列的可能性,从而导致结晶速率变慢,结晶度降低,T_m 降低。天然橡胶的顺式-1,4-结构的链节≥98%,呈"头—尾"排列;而锂系聚异戊二烯"头—头"连接占1%~2%,"尾—尾"连接约占2%,其3,4-结构的含量≥6%,所以天然橡胶不仅在较小形变下,而且在室温和室温以下就会结晶,而锂系聚异戊二烯在非变形条件下不结晶,即使在拉伸条件下,结晶能力也很小,只是在相对伸长较大时才能观察到明显的结晶。

分子量、分子量分布、支化和交联度是决定聚合物加工性能的重要工艺参数。天然橡胶分子量分布宽且无低分子量级分,而锂系聚异戊二烯分子量分布窄($M_w/M_n=1.05\sim1.15$),这使它不经改进难以在轮胎工业中应用。

综上所述,与天然橡胶相比,锂系聚异戊二烯熔融温度低,玻璃化温度稍高,加工性能较差。这主要是由于其微观结构不完善及分子量分布窄等缺陷造成的。因此,对于锂系聚异戊二烯橡胶的性能改进,主要围绕着提高其顺式-1,4-链节含量而进行。在锂系引发剂中加入其他活性成分如乙腈、二硫化碳、酯类、卤化苯或芳基醚等来改性锂系引发剂,可使顺式-1,4含量提高到96%甚至更高。如在正丁基锂中添加间二溴苯和三苯基胺,可使顺式结构达到98%,若在丁基锂中添加含磷化合物,可以使锂系异戊橡胶的性能得到明显改进。此外,用不溶性烷基锂或双锂有机引发剂可以减少水分、氧等杂质对聚合过程的干扰和影响,而利用"活性高分子"的性能在聚合中或聚合后加入偶联剂如甲基三氯硅烷、二甲基酞酸盐等可以加宽锂系聚异戊二烯的分子量分布。

9.1.9 锂系聚丁二烯橡胶

由丁二烯单体合成的橡胶如低顺-1,4-聚丁二烯橡胶(LCBR)、中-1,2-聚丁二烯橡胶(MVBR)、高-1,2-聚丁二烯橡胶(HVBR)、丁羟胶和丁羧胶等近年来发展很快,它们都采用了锂系引发体系。从生产工艺上来看,锂系引发体系具有以下特点:引发剂制造简便,用量少,一般仅为单体量的 $3\times10^{-5}\sim3\times10^{-4}$,且活性高、寿命长、聚合反应速率快、转化率高,既适宜于间歇生产又适宜于连续生产。一套锂系聚合生产装置,无需做大的改动或只增加极少的设备就可以灵活机动地交替生产几种锂系聚合物,非常适应市场变化的要求。由于残留在聚合物中的引发剂不影响产品性能,所以锂系聚合物可以实现干法处理,从而缩短了工艺流程。

1. 低顺-1,4-聚丁二烯橡胶(LCBR)

低顺-1,4-聚丁二烯橡胶(简称低顺丁橡胶)是以烷基锂为引发剂,烃类为溶剂,在室温下聚合得到的产物。其顺式-1,4含量为36%~44%,反式-1,4含量为48%~50%,1,2-结构为8%~10%。

低顺丁橡胶最早于1961年由美国Firestore轮胎与橡胶公司实现工业化生产。由于低顺丁橡胶的聚合体系具有聚合反应容易控制,产品不含凝胶,色浅等锂系引发体系的聚合特点,而且产物具有高耐磨、高回弹性和高拉伸强度等优点,所以发展较快。其用途主要在两方面:一是与天然橡胶和丁苯橡胶并用,其并用胶具有优良的加工性能,可使低顺丁橡胶的优点得以发挥,二是作为塑

料抗冲击改性剂，如利用低顺丁橡胶凝胶含量低、在苯乙烯溶液中黏度小的特点，可制得高性能、高光泽度的高抗冲的聚苯乙烯。后一种用途进一步地推动了低顺丁橡胶的发展。

低顺丁橡胶的典型配方及生产工艺条件如表 9-19 所示。

表 9-19 低顺丁橡胶的典型配方和生产工艺条件

原料及辅料		例 1	例 2	例 3	例 4
丁二烯		100	100	100	100
引发剂 I		0.1~0.3	—	0.1~0.3	0.11~0.3
引发剂 II		—	0.1~0.3	—	—
助引发剂		变量	变量	变量	变量
己烷		500~800			
环己烷			500~700	500~700	
加氢汽油					500~800
活化剂		0.3~1.5	—	0.3~1.5	0.3~1.5
反应条件	反应温度/℃ 50~100				
	反应压力 反应温度下单体与溶剂的蒸气压				
	反应时间/h 2~4				
	单体浓度（质量）/% 10~20				
	转化率/% 80~100				

在低顺式聚丁二烯合成中，工艺控制关键是聚合物的分子量及分子量分布。低顺丁二烯的分子量对产物性能有很大影响，特别是单独使用时，若分子量低则冷流现象严重。如果单纯提高分子量，虽然冷流状况可以得到某种改善，但将大幅度降低加工性能。目前，解决这一矛盾的主要方法是改变分子量分布以及使聚合物分子支化。

加宽分子量分布可以采用选择引发速率较慢的引发剂，使单体的引发和增长同步进行；也可采用按程序脉动式加入引发剂的方法；还可以采用连续聚合法。在连续聚合法中，所有的物料不断地加入到反应釜中，同时产物以相同速率连续不断地从聚合体系中分离出来。

脉动式加料法和连续聚合法虽然可以通过分子量分布的加宽使产物的加工性能得到很大改善，但是冷流问题仍然不能得到解决。降低聚合物冷流的一个有效方法是使聚合物分子支化。支化可采取加入微量交联剂的方法，以及采用多官能团偶联剂使线型活性聚合物支化的方法。

2. 中-1,2-聚丁二烯橡胶(MVBR)

中-1,2-聚丁二烯橡胶是指 1,2-链节含量为 35%~65% 的聚丁二烯橡胶。该橡胶不仅保持了顺丁橡胶的某些优点，而且在抗湿滑性、抗热老化性及生热性等方面得到了很大的改善，可单独用于汽车轮胎和各种橡胶制品，也可以和其他橡胶并用。在用作胎面胶时，与顺丁橡胶和乳聚丁苯橡胶的并用胶在撕裂强度、抗湿滑性和低生热性方面水平相当。另外，由于中-1,2-聚丁二烯橡胶具有很好的耐老化性、耐挠屈性、耐磨且透明度高，也很适合制备黑色或透明鞋底。

中-1,2-聚丁二烯橡胶于 1973 年由英国 ISR 公司首先实现工业化生产。工业上合成中-1,2-聚丁二烯的方法是采用改性锂系引发体系，以烃类为溶剂，生产可在低顺丁橡胶的工业生产装置上进行，其典型配方和工艺条件如表 9-20 所示。

表 9-20　中-1,2-聚丁二烯橡胶的典型配方和工艺条件

组分及聚合条件	配方 1	配方 2	配方 3
丁二烯	100	100	100
溶剂	400~800	500~800	600~800
引发剂	0.1~0.3	0.1~0.3	0.1~0.3
助引发剂	变量	变量	变量
四氢呋喃	10~20	—	—
四氢呋喃+乙醚	—	5~15	—
二甘醇二甲醚	—	—	0.1~0.3
温度/℃		40~80	
时间/h		2~4	
压力/MPa		0.098~0.49	

中-1,2-聚丁二烯聚合的工艺条件与顺丁橡胶没有较大的差别。不同的是需要着重控制聚合物中 1,2-结构的含量。为此需加计量的极性给电子亲核试剂如醚类、胺类等作为结构调节剂，这些给电子亲核试剂的碱性越强，对产物 1,2-结构的调节效果越好，用量越少。

9.2　阳离子聚合工艺

9.2.1　概　述

阳离子聚合是以阳离子为活性中心而进行的链式加成聚合反应，其反应通式可表示为

$$A^{\oplus}B^{\ominus} + M \longrightarrow AM^{\oplus}B^{\ominus} \cdots \xrightarrow{M} \sim\!\sim\!\sim M_n \sim\!\sim\!\sim$$

式中，$A^{\oplus}$ 表示阳离子活性中心，可以是碳阳离子，也可以是氧鎓离子；$B^{\ominus}$ 是紧靠阳离子活性中心的引发剂碎片，所带电荷相反，称为反离子或抗衡离子。

阳离子具有很高的活性，极快的反应速率，同时也对微量的助催化剂和杂质非常敏感，极易发生各种副反应。为获得高分子量的聚合物，不得不使反应在溶剂中进行，通过溶剂化效应来调节聚合反应过程，或在较低的温度（如 -100℃）下反应，以减少各种副反应和异构化反应的发生。这就决定了在高分子合成工业中，阳离子聚合往往采取低固含量的溶液聚合方法及原料和产物多级冷凝的低温聚合工艺。但是，因为阳离子聚合体系具有动力学链不终止，催化剂种类多，选择范围广和单体的聚合活性可随催化剂和溶剂变化等特点，从高分子合成的角度来看，可变化因素多，是一种具有相当潜力、备受瞩目的聚合方法。

目前，采用阳离子聚合并大规模工业化生产的产品有丁基橡胶和聚异丁烯、聚甲醛和氯化聚醚等。由于阳离子聚合容易形成低聚物，近年来也常利用这一特点生产某些性能特殊、对结构规整性要求不高的低聚物。

9.2.2 阳离子聚合体系

1. 阳离子聚合的单体

阳离子聚合的单体须具有这样的特性：单体必须是亲核性的，易与质子（阳离子）相结合而被引发。但被引发的阳离子自身却比较稳定，不易发生各种副反应失去活性而易与亲核性强的自身单体加成，即单体易于被阳离子引发，并持续增长，不易终止。具有这些特性的单体有：① 双键上带有强供电子取代基的 α-烯烃；② 具有共轭效应基团的单体；③ 含氧、氮杂原子的不饱和化合物或环状化合物（甲醛、四氢呋喃、乙烯基醚、环戊二烯）等。

2. 阳离子聚合的催化剂

阳离子聚合的引发剂都是亲电试剂，常用的有以下几种。

1）质子酸

如 $HClO_4$、H_2SO_4、H_3PO_4、Cl_3CCOOH 及 $HX(X=Cl、Br)$ 等。烯烃和质子酸 HA 之间的反应一般写为

$$HA \rightleftharpoons H^+ + A^-$$

$$H^+ + A^- + CH_2=C\begin{smallmatrix}R\\R'\end{smallmatrix} \longrightarrow CH_3-C^{\oplus}\begin{smallmatrix}R\\R'\end{smallmatrix} \quad A^{\ominus}$$

对于实际的聚合反应来说，质子酸的酸根亲核性不能太强，以免与中心碳离子结合生成共价键，终止聚合反应而形成低分子量的齐聚物。

2）Lewis 酸

$AlCl_3$、BF_3、$SnCl_4$、$ZnCl_2$、$TiBr_4$ 等 Lewis 酸（Friedel-Crafts 催化剂）是应用最为普遍的一类阳离子聚合催化剂。绝大多数 Lewis 酸都需要共引发剂作为质子或碳阳离子的供给体，才能引发阳离子聚合。典型的共引发剂有水、醇(ROH)、醚(ROR)、氢卤酸(HX)或卤代烷(RX)等。这些共引发剂能与金属卤化物作用，生成不稳定的络合物。生成的络合物进一步分解，产生氢质子 H^+ 或碳正离子 R^+，H^+ 和 R^+ 作为活性中心与单体作用导致引发反应发生。例如：以 BF_3、$TiCl_4$ 和 $SnCl_4$ 为引发剂，它们与各种共引发剂的作用可以表示如下。

引发剂	共引发剂	不稳定络合物	负离子分解物	阳离子活性中心
BF_3 + H_2O	$\longrightarrow$	$F_3B\cdots O\begin{smallmatrix}H\\H\end{smallmatrix}$	$\rightleftharpoons F_3B\cdots O^{\ominus}\!-\!H$	$+ H^{\oplus}$
BF_3 + ROR	$\longrightarrow$	$F_3B\cdots O\begin{smallmatrix}R\\R\end{smallmatrix}$	$\rightleftharpoons F_3B\cdots O^{\ominus}\!-\!R$	$+ R^{\oplus}$
BF_3 + HOR	$\longrightarrow$	$F_3B\cdots O\begin{smallmatrix}R\\H\end{smallmatrix}$	$\rightleftharpoons F_3B\cdots O^{\ominus}\!-\!R$	$+ H^{\oplus}$
$TiCl_4$ + HX	$\longrightarrow$	$Cl_4Ti\cdots O\begin{smallmatrix}H\\X\end{smallmatrix}$	$\rightleftharpoons Cl_4Ti\cdots O^{\ominus}\!-\!X$	$+ H^{\oplus}$
$SnCl_4$ + RCl	$\longrightarrow$	$Cl_4Sn\cdots ClR$	$\rightleftharpoons Cl_4SnCl^{\ominus}$	$+ R^{\oplus}$

引发剂和共引发剂络合物的活性取决于它析出质子或正离子的能力。例如异丁烯聚合时，由不同的 Lewis 酸与水生成的络合物有不同的效果。用 BF_3-H_2O，$[H^+]$ 太高，反应太快，且阴离子 $[BF_3OH]^-$ 碱性弱，不易与活性增长链作用而终止，所以分子量可达百万。而用 $SnCl_4$-H_2O 时，

生成的[H^+]低,反应慢,产率低,聚合物分子量也小,故工业上一般采用 $AlCl_3-H_2O$ 作为催化剂。

3) 稳定的有机正离子盐类

在某些有机正离子的结晶盐类如 $PH_3C^+SbF_6^-$、$C_7H_7^+SbF_6^-$、$Et_4N^+SbCl_6^-$ 及 $n-C_4H_9EtN^+SbCl_6^-$ 中,其碳正离子犹如无机盐中的金属离子那样,原已存在于这些有机正离子盐中。缺电子的碳与烯烃或芳香基团与具有未共享的电子对(O、N、S)的原子共轭,使正电荷分散在较大的区域内,使碳正离子的稳定性提高。但由于这种碳阳离子的活性过小,只能引发较活泼的单体,如大多数芳香族类、N-乙烯基咔唑与乙烯基醚类等。

用这种有机正离子盐类引发时,在极性非亲核溶剂中,碳正离子可以离解出来,直接用来引发单体聚合,免去了生成 R^+ 的反应和许多副反应。所以利用该催化体系可以简化增长动力学和正离子聚合反应过程中其他过程的研究。此外,碘、二价铜正离子、氯化烷基铝在不同的配合条件下也可以作阳离子聚合的催化剂。

3. 阳离子聚合的溶剂

阳离子聚合常用的溶剂有卤代烷如四氯化碳、氯仿和二氯乙烷,烃类化合物如甲苯和己烷及硝基化合物、硝基甲烷和硝基苯。

在阳离子聚合体系中,活性中心可以以紧密离子对、松离子对和被溶剂隔开的自由离子对存在。反应介质通过改变自由离子对和离子对的相对浓度和离子对存在的形式,给聚合反应带来很大的影响。当反应介质的溶剂化能力提高时,离子对由紧密离子对变为由溶剂隔开的离子对,而自由离子的增长速率比离子对增长速率快。

表 9-21 列举了苯乙烯 25℃下以高氯酸为引发剂发生阳离子聚合时,溶剂介电常数 ε 对表观速率常数 K_p 的影响。

表 9-21 溶剂介电常数 ε 对苯乙烯阳离子聚合表观速率常数 K_p 的影响

溶剂	ε	K_p
CH_2Cl_2	9.72	17.0
$CH_2Cl_2/CCl_4=3:1$	7.0	3.17
$CH_2Cl_2/CCl_4=1:1$	5.16	0.40
CCl_4	2.3	0.0012

从表 9-21 中可以看出:由介电常数最高的二氯甲烷($\varepsilon=9.72$)到介电常数最低的四氯化碳($\varepsilon=2.3$),表观速率常数降低了 3 个数量级。

某些容易和阳离子活性增长中心发生副反应的溶剂不适宜用于阳离子聚合。如芳香烃能够和增长阳离子发生亲电取代反应,不是阳离子聚合的理想溶剂。而碱性溶剂如水、醚、酮、醋酸乙酯和二甲基甲酰胺等容易和增长阳离子发生反应,起到抑制反应的作用。

9.2.3 阳离子聚合反应机理

阳离子聚合反应也由链引发、链增长、链终止和链转移等基元反应组成。

1. 链引发

随所采用的催化剂不同,阳离子聚合催化引发的机理有所不同。质子酸和稳定的碳阳离子的引发是 H^+ 或 C^+ 对 C=C 的直接加成。引发的难易取决于 H^+ 或 C^+ 对 C=C 的亲合力,引发形成的 C^+ 能否增长取决于该 C^+ 的稳定性和反离子的亲核性。

阳离子聚合用得最多的引发剂是 Lewis 酸，其引发通常是由 Lewis 酸和助催化剂相互作用所生成的质子（或碳正离子）来完成的。首先由 Lewis 酸与共引发剂形成络合物，络合物再与单体反应生成伴有反离子（负离子）的碳正离子。引发体系中起引发作用的质子（或碳正离子）都是由共引发剂产生的。因此，Lewis 酸类引发剂中真正的引发剂主体应是 H_2O 或 RX，而 Lewis 酸仅起着降低反离子亲核性的作用。

2. 链增长

引发阶段形成的碳阳离子活性中心和反离子形成离子对，单体分子不断地插到碳阳离子和反离子中间而增长，其通式可以写为

$$HM_n^{\oplus}(CR)^{\ominus} + M \xrightarrow{K_p} HM_nM^{\oplus}(CR)^{\ominus}$$

阳离子聚合的增长反应有以下几个特点。

① 增长反应速率快，活化能低，与自由基聚合增长活化能属同一数量级，$E_p = 8.4 \sim 21$ kJ/mol。

② 由于增长反应可以看作是单体插入到碳正离子及其反离子之间而进行的，因此反离子的结构和反应介质的溶剂化能力将决定离子对存在的形式，直接影响到反应机理、反应速率及聚合物的分子量。阳离子在一般溶剂中进行聚合时，活性中心主要为自由离子。然而，在烃类等低介电常数的介质中，离子对将支配反应的进行。

③ 增长过程中有的伴有分子内重排反应。增长碳阳离子可能脱去 $H:^-$ 或碳负离子 $R:^-$，异构成更稳定的结构。如 3-甲基-1-丁烯在增长中的重排反应为：

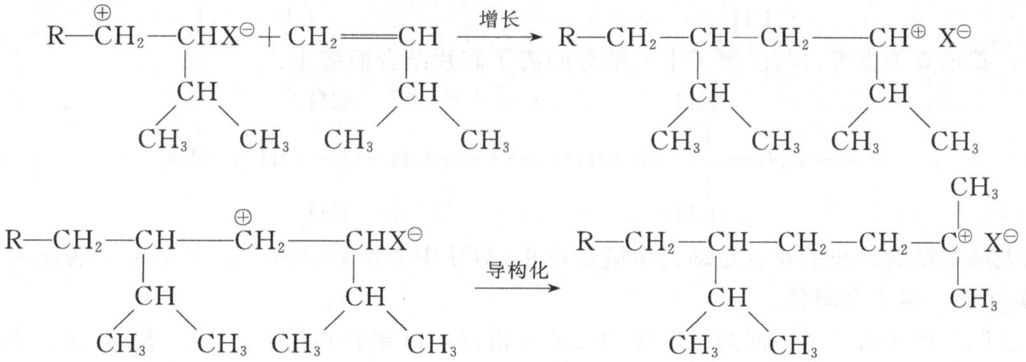

碳正离子增长过程中的重排反应的程度取决于增长正碳离子和重排正碳离子的相对稳定性（伯碳正离子＜仲碳正离子＜叔碳正离子）以及增长和重排反应的相对速率。除 3-甲基-1-丁烯以外，其他能发生异构化的单体有：1-丁烯、5-甲基-1-己烯、6-甲基-1-庚烯、4,4-二甲基-1-戊烯、α-蒎烯和 β-蒎烯等。

3. 链终止和链转移

有很多种反应能够导致正离子聚合反应中生长链的终止。但是，终止反应与发生动力学链的终止是一个重要的差别。

1) 动力学链不终止的反应

对于许多阳离子聚合，向单体转移是终止聚合物链的主要方式。向单体转移可以以如下两种方式进行。

（1）在终止过程中，活性链把质子转移给单体分子，同时在聚合物分子的末端形成不饱和结构

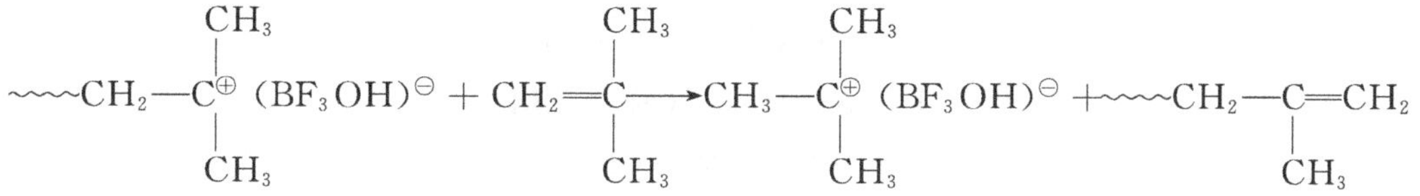

(2) 增长活性链夺取单体中的氢负离子形成终止链

$$\sim\sim CH_2-\overset{CH_3}{\underset{CH_3}{\overset{|}{C}}}{}^{\oplus}(BF_3OH)^{\ominus} + CH_2=\overset{CH_3}{\underset{|}{C}}-\sim\sim \longrightarrow \sim\sim CH_2-\overset{CH_3}{\underset{CH_3}{\overset{|}{C}}}-H + CH_2=\overset{CH_3}{\underset{|}{C}}-CH_2^{\oplus}(BF_3OH)^{\ominus}$$

这两类向单体转移产生聚合物链终止的反应，一类产生不饱和端基，另一类产生饱和端基，但是这两种终止方式在终止聚合物链的同时，都生成了新的增长中心，动力学链并没有终止。

在自发终止或向反离子转移终止的终止方式中，络合活性中心向反离子转移，导致催化络合物再生，形成聚合物链的终止。

$$\sim\sim CH_2-\overset{CH_3}{\underset{CH_3}{\overset{|}{C}}}{}^{\oplus}(BF_3OH)^{\ominus} \longrightarrow \sim\sim CH_2-\overset{CH_3}{\underset{|}{C}}=CH_2 + H^{\oplus}(BF_3OH)^{\ominus}$$

单体分子自发终止的结果是动力学链并未被终止。

2) 动力学链终止

当反离子有足够的亲核性时，增长碳正离子与反离子结合，形成共价键而终止：

$$\sim\sim CH_2-\overset{CH_3}{\underset{CH_3}{\overset{|}{C}}}{}^{\oplus}(TiCl_4CCl_3COO)^{\ominus} \longrightarrow \sim\sim CH_2-\overset{CH_3}{\underset{CH_3}{\overset{|}{C}}}-O-\overset{O}{\underset{}{\overset{\|}{C}}}-CCl_3$$

增长碳正离子也可以与反离子中一部分阴离子碎片结合而终止：

$$\sim\sim CH_2-\overset{CH_3}{\underset{CH_3}{\overset{|}{C}}}{}^{\oplus}(BF_3OH)^{\ominus} \longrightarrow \sim\sim CH_2-\overset{CH_3}{\underset{CH_3}{\overset{|}{C}}}-OH + BF_3$$

以上两类结合终止的特点是动力学链被终止，活性中心的数目减少。但是由于活性中心浓度降低，分子量一般不会降低。

在实际生产中常加入不同的链转移剂（XA），借以控制聚合物的分子量。水、醇、酸、酯和醚以及胺都有不同的链转移的能力，若转移后产物的化学稳定性较高，即产生了动力学链终止的作用。

$$HM_nM^{\oplus}(CR)^{\ominus} + XA \longrightarrow HM_nMA + X(CR)$$

9.2.4 阳离子聚合动力学

阳离子聚合反应体系往往是非均相，聚合速率快，共引发剂、微量杂质对聚合速率影响很大，实验重复性差，且其反应比自由基或阴离子的链增长反应更多样化，机理更为复杂。但若考虑特定的反应条件（主要是链引发、链终止方式），借助于自由基聚合建立动力学方程式的方法，也可以根据具体情况推导出这一类体系阳离子聚合的动力学方程式。

在Lewis酸引发的阳离子聚合体系中，若以增长离子与反离子结合终止，其链引发、链增长和链终止的基元反应可用式（9-5）、式（9-6）和式（9-7）来表示。

$$R_i = KK_i[C][RH][M] \tag{9-5}$$

$$R_p = K_p[HM^+(CR)^-][M] \tag{9-6}$$

$$R_t = K_t[HM^+(CR)^-] \tag{9-7}$$

式中,R_i、R_p、R_t 分别为链引发、链增长和链终止的反应速率;K_i、K_p、K_t 分别为链引发、链增长和链终止的速率常数;K 为引发剂-共引发剂络合平衡常数;$[HM^+(CR)^-]$ 为所有增长离子对的总浓度。

假设在稳态条件下,$R_i=R_t$,$d[HM^+(CR)^-]/dt=0$,即增长活性中心浓度始终不变,可以得到所有增长离子对的总浓度,如式(9-8)所示。

$$[HM^+(CR)^-]=\frac{KK_i[C][RH][M]}{K_t} \tag{9-8}$$

结合式(9-6)和式(9-8)得到聚合反应的速率方程式(9-9)。

$$R_p=\frac{KK_iK_p[C][RH][M]^2}{K_t} \tag{9-9}$$

数均聚合度是增长速率与终止速率之比,如式(9-9)所示。

$$X_n=\frac{R_p}{R_t}=\frac{K_p}{K_t}[M] \tag{9-10}$$

除与反离子结合终止以外,向单体转移终止和自发终止而生成大分子也是普遍的终止方式。由于向单体转移并不影响活性中心的浓度及反应速率,其动力学方程式仍与式(9-9)一致。但是,这些断链反应降低了聚合度,其数均聚合度可表示为式(9-11)。

$$X_n=\frac{K_p}{K_t+K_{trm}} \tag{9-11}$$

当单体链转移为主要终止方式时,则上式可简化为式(9-12)。

$$X_n=\frac{1}{C_m} \tag{9-12}$$

式中,C_m 为单体链转移常数。

9.2.5 丁基橡胶

丁基橡胶是由异丁烯和少量异戊二烯合成的共聚物。1941 年由美国标准石油公司首先实现工业合成以后,丁基橡胶的生产在世界各国发展很快。丁基橡胶的产品可划分为各种品级,不同的品级在分子量和不饱和度上有所区别。丁基橡胶有两种分子量的产品:M_w 约 $3×10^5 \sim 4×10^5$、特性黏数约 1.2 和 M_w 约 $5×10^5 \sim 6×10^5$,特性黏数约 1.6,分别对应于工业上的门尼黏度值($ML_8^{100℃}$)40~50 和约 70~80。高分子量的产品硫化前易成形且硫化橡胶性能优良,而低分子量产品则可采用混合、挤出和模塑等方法进行加工。另一个是不饱和度的不同。从低不饱和度(0.5%~1%,物质的量)的丁基橡胶,可得到低模数、高伸长率和良好耐臭氧性的硫化橡胶。当不饱和度增加时,硫化速率和交联程度增加。通用丁基橡胶品级约含 1.5%(物质的量)的不饱和度。

阳离子聚合工业化的品种相对较少,只有丁基橡胶、聚异丁烯、聚乙烯基醚、石油树脂等,其中丁基橡胶是阳离子聚合中规模最大的工业化产品,且该体系的性质决定了聚合反应需要在 -100℃ 条件下进行。因此,丁基橡胶的生产工艺在阳离子聚合工业中具有重要的典型意义。

1. 生产丁基橡胶的原料及规格

合成丁基橡胶的主要原料是:单体异丁烯及异戊二烯、溶剂氯甲烷和催化剂 $AlCl_3$。
主要原料纯度的规格为:

异丁烯	>99.5%	异戊二烯	>96.5%
氯甲烷	>99.8%	三氯化铝	>99.8%

要求杂质含量为：

烯、炔烃	<0.5%	醇类	<0.005%
水	<0.005%	环戊二烯	<1%
过氧化物(以 H_2O_2 计)	<10 μL/L	硫化物(以硫计)	<500 μL/L
羰基含量(以丙酮计)	<500 μL/L		

2. 丁基橡胶的生产配方及工艺条件

丁基橡胶的生产配方及工艺条件列于表 9-22 中。

表 9-22　丁基橡胶的生产配方及典型工艺条件

原料名称	配比(质量)/%	原料名称	配比(质量)/%
异丁烯	97 30～35	氯甲烷	70～65
异戊二烯	3.0	三氯化铝(引发剂/单体)	0.05～0.03
典型生产工艺			
聚合温度/℃			-100～-96
釜内操作压力/kPa			240～380
单体浓度/%			30～35
单体转化率/%			70～80

3. 丁基橡胶聚合反应的特点

以 $AlCl_3$ 为引发剂，生产丁基橡胶的聚合反应可以简单地表示为

$$CH_3-\underset{CH_3}{\overset{|}{C}}=CH_2 + CH_2=\underset{CH_3}{\overset{|}{C}}-CH=CH_2 \xrightarrow[-100℃]{AlCl_3+0.002\%H_2O}$$

$$\left[\left(\underset{CH_3}{\overset{CH_3}{\overset{|}{\underset{|}{C}}}}-CH_2\right)_{98.4\%}\left(CH_2-\underset{CH_3}{\overset{|}{C}}=CH-CH_2\right)_{1.6\%}\right]_n$$

由于异丁烯分子中有两个供电子的甲基使其端基= CH_2 的亲核性增加，反应速率极快，可在不到 1 s 的时间内发生爆炸性的聚合。在一般情况下，可在 1 min 左右即完成放热反应，因此聚合反应必须在-100℃左右，快速搅拌下进行。

异丁烯[M_1]与异戊二烯[M_2]的共聚遵循一般共聚组成的方程式：

$$\frac{d[M_1]}{d[M_2]}=\frac{[M_1]}{[M_2]}\frac{r_1[M_1]+[M_2]}{r_2[M_2]+[M_1]}$$

在-100℃下，以三氯化铝为引发剂时，异丁烯和异戊二烯的 r_1 与 r_2 分别为 2.5±0.5 和 0.4±0.1。因此在间歇聚合釜中，必须控制转化率≤60%，在连续聚合釜中必须及时添加异丁烯才能保持设定聚合物的组成。

在氯代甲烷溶剂中，异丁烯和异戊二烯的聚合反应是一种沉淀聚合反应。在聚合条件下，单体溶于氯代烷中，但是聚合产生的聚合物却不溶于溶剂，会呈细小颗粒状迅速从溶液中析出，使整个聚合系统呈淤浆状。这种淤浆状态给聚合体系带来很多优点：如体系黏度低，聚合热可以很方便地移出，且便于聚合物物料的强制循环和输送。此外，沉淀聚合有利于加快反应速率，使反应迅速地达到所需要的平衡，确保聚合物具有较为理想的分子量和分子量分布。

4. 丁基橡胶的生产工艺

丁基橡胶的工业生产常采用淤浆聚合法，其流程如图 9-16 所示。

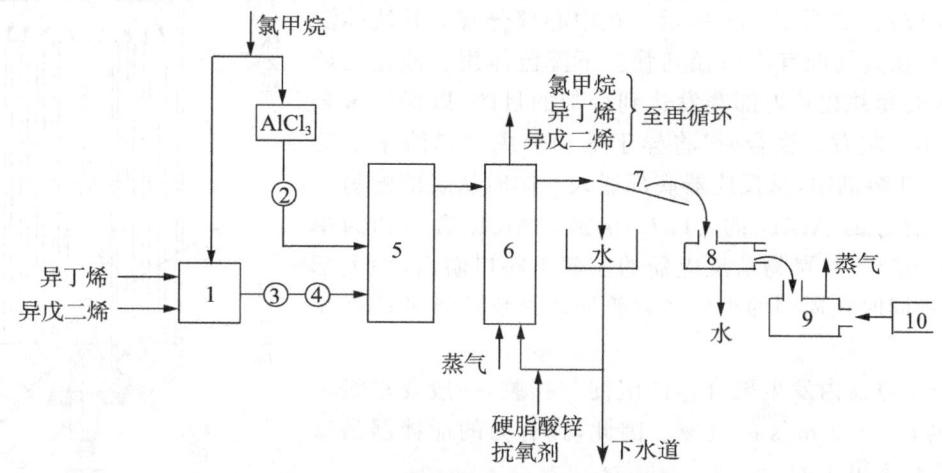

图 9-16　丁基橡胶制造过程简化流程图

1—进料混合；2,4—C_2H_4 冷却器；3—NH_3 冷却器；5—反应器；
6—闪蒸罐；7—过滤器；8—脱水挤出机；9—干燥挤出机；10—打包机

将粗异丁烯和氯甲烷分别在脱水塔和精馏塔进行脱水和精制以后，与异戊二烯在混合槽中按一定的比例混合。混合液在冷却器里冷却到 -100℃，然后送入反应器。同时配制好引发剂溶液并冷却。聚合反应在 -98℃ 左右进行，几乎瞬时完成。聚合物在氯甲烷中沉淀形成颗粒状浆液。聚合后的淤浆液从反应器中溢流出来进入盛有热水的闪蒸罐，蒸发出溶剂氯甲烷和未反应单体。橡胶的水淤浆液用泵送到挤出干燥系统，干燥后包装为成品。闪蒸罐出来的蒸气经活性氧化铝干燥、分馏后送到进料和催化剂配制系统循环使用。

1) 引发剂的配制

配制引发剂时，先把一部分溶剂直接加到固体 $AlCl_3$ 的容器中，调制成含 $AlCl_3$ 为 4%～5% 的溶液，然后再稀释到 1% 左右并冷至 -90～-95℃ 后送入聚合反应器。引发剂的配制可采取常温配制法和低温配制法两种。低温配制法如图 9-17 所示。

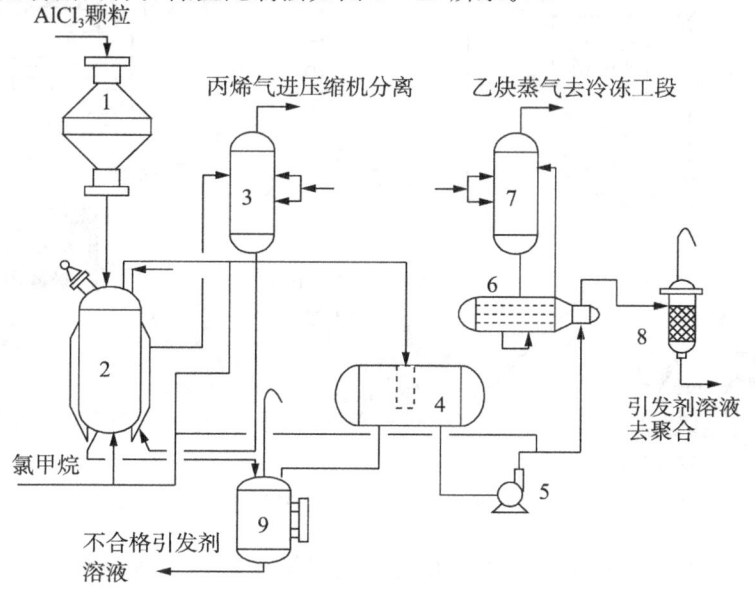

图 9-17　引发剂溶液配制流程

1—漏斗；2—浓引发剂溶液槽；3、7—分离器；4—贮槽；5—泵；6—冷却器；8—过滤器；9—不合格溶液贮槽

2) 聚合

丁基橡胶的聚合反应器是一种热交换器型的强制循环多管式聚合反应器,如图9-18所示。在中心部分有上升流体流动的筒管,而在其周围有小口径列管供下降流体用。液化乙烯从下部通入夹套并在其内部蒸发达到冷却的目的,以保持聚合温度在-100℃左右。聚合时,将异丁烯和异戊二烯溶于3倍体积的CH_3Cl溶剂中,从反应器底部通入。同时从底部的另一管道通入配制好的$AlCl_3$的CH_3Cl溶液。$AlCl_3$含量约为单体含量的0.02%,共聚物从反应器的上部出料口溢出,而大部分CH_3Cl则同时从周围的小口径列管回流至反应器的底部循环使用。

为防止反应器内发生聚合物的沉淀与挂胶,一般要求淤浆在反应器内有2～5 m/s的流速。因此,强有力的搅拌器是这一聚合体系必不可少的。

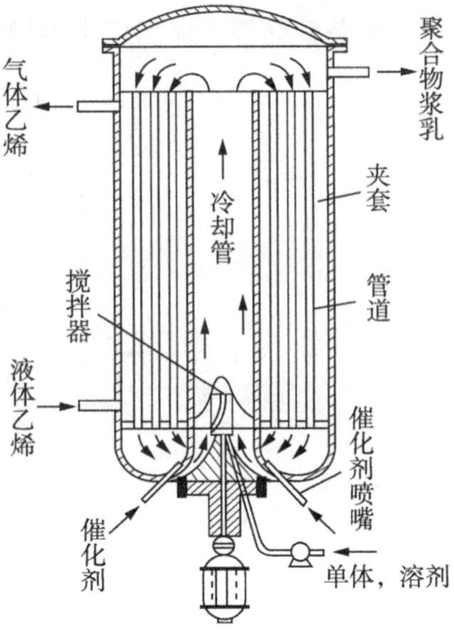

3) 分离后处理

丁基橡胶的分离是从溶液淤浆到水淤浆经过一次凝聚后进行脱水干燥的过程,如图9-19所示。

图9-18 丁基橡胶聚合反应器结构

闪蒸塔内装有立式和斜向搅拌器,搅拌速度适中,以控制胶粒大小。聚合物的淤浆液被喷到闪蒸塔的热水中,变成颗粒而分散,溶剂与未反应单体被蒸发出来。闪蒸时的工艺条件为:温度65～75℃,操作压力140～150 kPa,胶液与热水体积比为1:(8～10),pH约为7～9。为防止橡胶粒子互相粘接和老化,可加入橡胶量1%的金属硬脂酸盐和0.2%左右的防老剂。

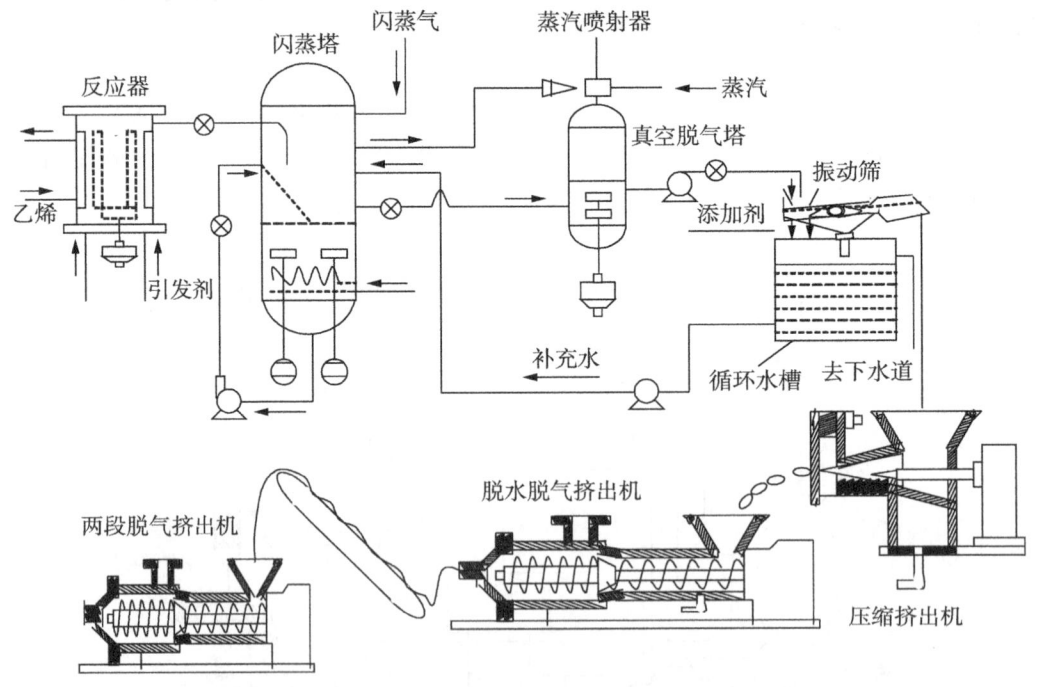

图9-19 采用脱水膨胀干燥机组的丁基橡胶生产工艺流程

进一步脱除残留的氯甲烷和单体异丁烯在真空气提塔中进行。汽提塔内装有搅拌器,操作真空度为30 kPa,汽提温度50～60℃。

闪蒸后的橡胶颗粒经振动筛除去大部分夹带的水后,可采取挤压膨胀干燥机或输送式热风箱进行干燥。

4) 回收

从闪蒸塔出来的闪蒸气经过冷凝、压缩、分离之后,一般含烯类单体5%左右,水含量约2 000~3 000 μL/L。工业上的闪蒸气脱水干燥可兼用乙二醇吸收和固体吸附干燥两种方法。

乙二醇干燥脱水的流程为:在操作压力170~340 kPa(表压)、温度40~50℃下,乙二醇吸收闪蒸气中大部分的水和部分有毒物及少量氯甲烷并从塔底排出解析再生。而塔顶出来的物料含水量小于50 μL/L,送往固体吸附干燥塔进一步脱水。固体吸附干燥塔采用活性氧化铝或沸石、分子筛作为吸附剂。

来自干燥系统的未反应单体和溶剂进入精馏分离系统,如图9-20所示。第一精馏塔塔板数约120块,塔顶蒸出烯烃含量＜50 μL/L的氯甲烷。塔底引出的异丁烯、异戊二烯和残余的氯甲烷被送入第二蒸馏塔。从第二蒸馏塔顶部得到含3%~10%异丁烯的氯甲烷可再作为进料使用,从塔的底部得到异丁烯和异戊二烯,经过精制系统,可作原料用。

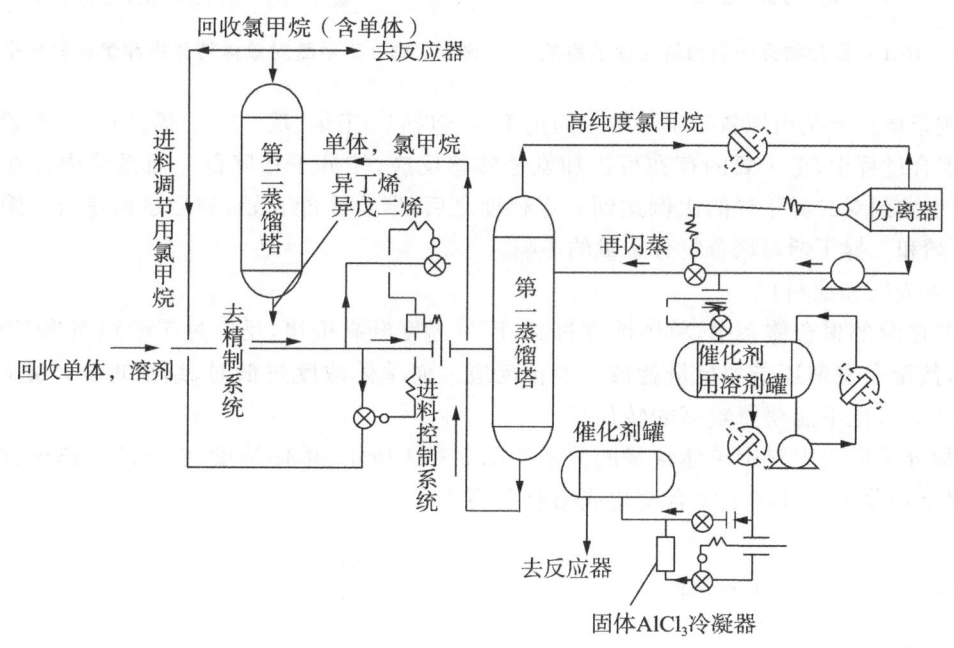

图9-20 回收系统工艺流程

5. 生产控制因素

1) 杂质

在丁基橡胶的聚合体系中,由原料、惰性气体、聚合反应器、管道都可能带来杂质。按照作用原理,杂质可以分为给电子体和烯烃两大类。给电子体如水、甲醇、氯化氢、二甲醚、二氧化硫和氨等,分子中均含有未共用的电子对,而催化剂 $AlCl_3$ 则有未排满的电子层,因而这些杂质均可与 $AlCl_3$ 反应生成络合物。

若杂质与 $AlCl_3$ 反应生成物活性不高,会导致转化率降低。这些杂质还具有链转移作用,当它们超过一定量时,则会致使聚合物分子量明显降低。分子量降低的程度与杂质和 $AlCl_3$ 反应生成的络合物的离解度的大小有关,离解度越大,能够进行链转移的负离子浓度越高,聚合物的分子量越小;也与杂质-$AlCl_3$ 络合物的浓度有关,浓度越高,分子量越小。如图9-21所示,随着系统中氯化氢含量增加,生成的聚合物分子量剧降,聚合物的转化率基本上没有变化。聚合系统中二甲醚对聚合物分子量和单体转化率的影响如图 9-22 所示,二甲醚不仅能使聚合物分子量急剧降低,而且也能使转化率明显降低。当存在氨、胺类杂质时,也可以观察到聚合物的转化率和分子量下降。

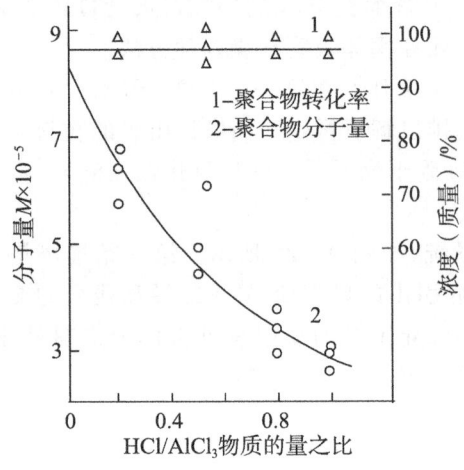

图 9-21　HCl 对聚合物分子量和转化率的影响　　图 9-22　二甲醚对单体转化率和聚合物分子量的影响

烯烃类杂质主要是由原料异丁烯带入的正丁烯,包括 1-丁烯、反-2-丁烯、顺-2-丁烯和异戊二烯等。在聚合过程中,正丁烯的存在可以加剧链转移反应,使分子量降低。而系统内存在二异丁烯时,只有当引发剂对二异丁烯的比例达到一定程度之后,聚合才能开始,随后迅速进行。图 9-23 显示了 1-丁烯和二异丁烯对聚合物分子量的影响。

2) 单体浓度和配料比

在丁基橡胶的聚合体系中,单体浓度过高,反应温度升高很快,反应过于激烈而难于控制,容易导致结块,甚至引发剂还未加足量就被迫停止反应。而单体浓度过低时,结冰现象严重(CH_3Cl 冰点为 $-97.7℃$),也不能获得较高的转化率。

聚合物分子量与配料中单体含量的关系如图 9-24 所示,单体浓度在 15%～45%(体积)范围内改变,聚合物分子量基本上没有变化或略有升高。

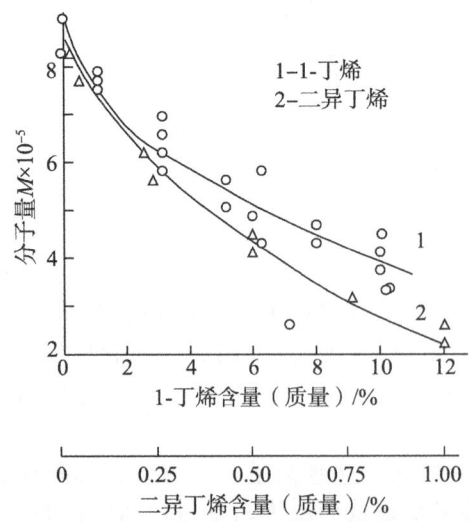
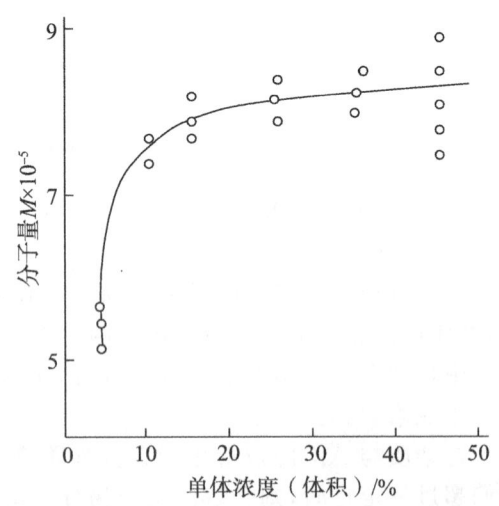

图 9-23　丁基橡胶分子量与异丁烯中　　　　图 9-24　聚合体系单体浓度与丁基橡胶分子量的关系
　1-丁烯和二异丁烯含量的关系　　　　　　　　(单体转化率 75%～85%,聚合温度 -100℃)

根据异丁烯与异戊二烯、异丁烯与丁二烯在 $-100℃$ 下的竞聚率 ($r_1=2.5\pm0.5$, $r_2=0.4\pm0.1$), ($r'_1=115\pm15$, $r'_2=0.1\pm0.01$),双烯烃在异丁烯共聚物中的含量(橡胶的不饱和度)可通过调节双烯烃与异丁烯单体的比来实现。若单体中含有 $1\%\sim7\%$(体积)的异戊二烯,在聚合物中就可达 $0.3\%\sim3\%$(物质的量),而用丁二烯时,单体中含 30%(体积)聚合物中才达到 $3\%\sim5\%$(物质的量)。一般地说,双烯烃在单体中含量越多,聚合物的不饱和度越大。但是随着转化率提高,双烯烃和异丁烯单体的相对比率发生变化,共聚物中异戊二烯的积分体积和微分体积均有升高,如图 9-25 所示。这是由于随着单体转化率的提高,异戊二烯积累增大所致。当配料比中引发剂和单体浓度不变时,单体转化率与异戊二烯含量成反比,如图 9-26 所示,且随着异戊二烯含量的增加,聚合物分子量下降。

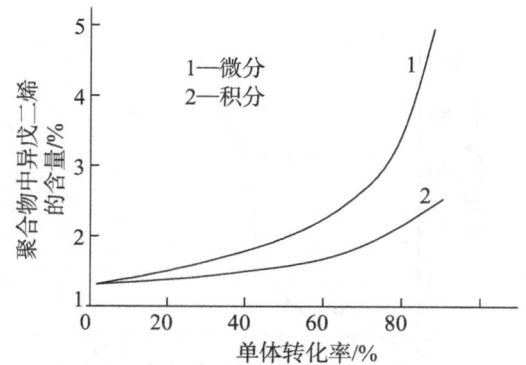

图 9-25 异丁烯和异戊二烯聚合过程中异戊二烯的微分和积分含量与单体转化率的关系

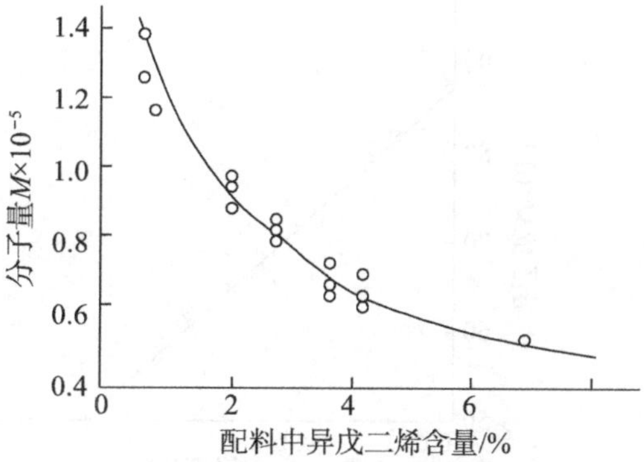

图 9-26 单体中异戊二烯含量对分子量的影响

由上述可见,随着单体中异戊二烯含量增加,聚合速率、转化率和分子量均会降低。这是由于当异丁烯聚合时,反应系统中的活性中心全是尾端为异丁烯链节的烃基正碳离子,而在有异戊二烯存在的共聚系统中,反应活性中心除该种烃的正离子外,还有尾端为二烯类链节的阳离子。

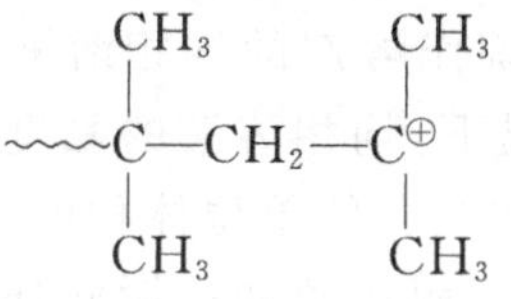

异丁烯链节碳阳离子 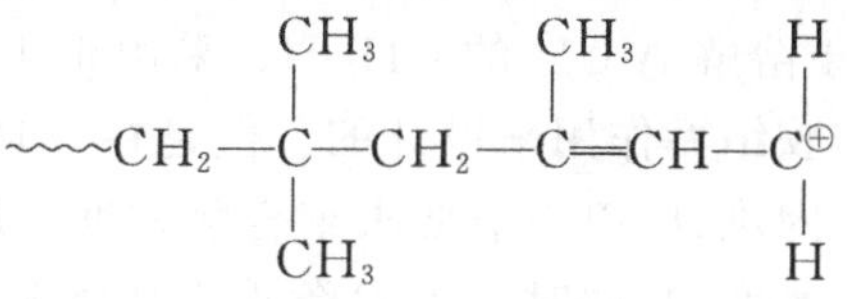　　　　二烯类链节碳阳离子

二烯类链节碳阳离子中双键使末端正碳离子的正电性减弱,其活性降低。在同样的引发条件下,活性中心的总数不变,但不活泼的二烯类链节碳阳离子存在,使聚合总速率降低,转化率降低,链终止的可能性相应增加。

3)聚合温度

随着聚合温度的提高,聚合物的分子量直线下降,如图 9-27 所示。这是因为单体链转移活化能 ΔE_t 总是比链增长活化能 ΔE_P 大 $17.56\sim19.23\ \text{kJ/mol}$,因此低温能够抑制单体的链转移,从而有利于分子量的增大。需要指出的是,降低温度也有可能提高聚合速率,有利于生成高分子量的聚异丁烯,因为催化体系的实际能力与下列平衡有关:

$$A^+B^- \rightleftharpoons A^+ + B^-$$

离子对与自由离子对对单体的引发具有不同的活性,因此有两种链生长:

$$\sim\sim\sim M^+ + M \longrightarrow [\sim\sim\sim M^{\delta+} \cdots\cdots M^{\delta+}] \xrightarrow{K_{p1}} \sim\sim\sim MM^+$$

$$\sim\sim\sim M^+ \ + \ M_1 \longrightarrow [\cdots\cdots M^{\delta+} \sim\sim\sim M^{\delta+}] \xrightarrow{K_{p2}} \sim\sim\sim MM^+ X^-$$
$$X^- \qquad\qquad\qquad\qquad X^-$$

已经证明 K_{p1} 远较 K_{p2} 大,而降低温度有利于平衡向右移动,也就是增加自由离子的浓度,有利于按 K_{p1} 方式进行,聚合速率和分子量都将增加。提高溶剂的极性有利于自由离子的存在,因此也有类似降低温度的效应。

4) 引发剂

从图 9-28 看出,引发剂用量少时,单体转化率低,用量大,转化率高。$a \sim b$ 段由于引发剂用量少而且杂质消耗了部分引发剂,总的活性引发剂的量相对较少,故转化率较低。在 $b \sim c$ 段,引发剂用量已经超过杂质消耗的低限,所以随着引发剂用量增加,转化率迅速上升。当引发剂用量达到一定程度时,聚合反应已经达到一定的程度。单体浓度大大降低,引发效率降低,这就是图中转化率上升很慢的 $c \sim d$ 段。工业生产中引发剂一般为单体的 0.02%～0.05%。

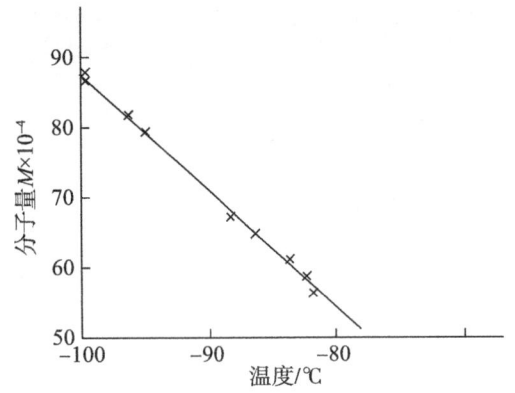

图 9-27 聚合温度对丁基橡胶分子量的影响

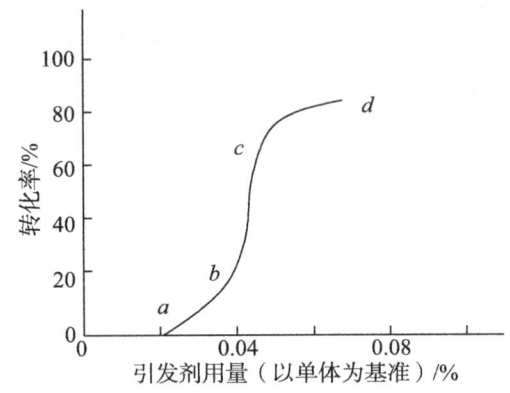

图 9-28 引发剂用量对转化率的影响

5) 溶剂

溶剂决定了生成的聚合物的溶解度。丁基橡胶均相溶液聚合法或非均相溶液淤浆聚合法所采用的溶剂是不同的。用于淤浆聚合的溶剂要求沸点低于 -100℃,不溶解聚合物,对引发剂是惰性的,通常使用易于溶解 $AlCl_3$ 的 CH_3Cl。采用正丁烷和异戊烷作溶剂的均相溶液聚合,最早是从减轻聚合物的挂胶结垢作用来设计的。但是在 -100℃ 的低温下,均相溶液的黏度非常大,给传质传热带来很大的困难,所以一般要求聚合物浓度不超过 4%～5%。使单位体积的聚合物溶剂和未反应单体的回收量增加,同时也大大降低了聚合物的生产能力,而挂胶和结垢同样不可避免,所以工业上普遍采用氯甲烷为溶剂。

6. 丁基橡胶的结构、性能及应用

未经硫化的丁基橡胶为线型结构,其中异丁烯按头尾连接,异戊二烯按 1,4-连接,异戊二烯在共聚物中呈无规分布。当分子量达 100 万以上,线型丁基橡胶呈固态,为无定形结构。未经硫化的丁基橡胶易产生冷流和蠕变,所以丁基橡胶须经过交联形成网络结构,才能制成橡胶制品。

由于异戊二烯链节仅占主链的 0.3%～0.6%,所以丁基橡胶分子链具有高度的饱和性。同时,由于丁基橡胶分子链中甲基密集排列,降低了链的柔顺性。这些结构特征使丁基橡胶具有优良的耐候性、耐热性、耐碱性,特别是具有气密性好,粘接能力强,阻尼大易于吸收能量等性能特征。丁基橡胶在汽车轮胎的内胎、探空气球、防辐射手套及其他气密性密封材料、防水涂层、化工防腐衬里、电绝缘层、蒸气橡皮管及耐热传送带、蒸气胶管及防震材料等各方面获得了广泛的应用。

7. 丁基橡胶的改性及技术进展

1) 丁基橡胶改性

(1) 卤化丁基橡胶

丁基橡胶的高度不饱和性和化学稳定性在赋予它很多优异性能的同时,也带来硫化速度慢,需要在较高温度且较长时间和高活性硫化促进剂作用下才能充分硫化的缺点,而且它不能与天然橡胶和丁苯橡胶并用,使其应用受到限制。通过在丁基橡胶的分子中引入卤素形成卤化丁基橡胶,可以从根本上克服高度不饱和结构对于丁基橡胶硫化的阻碍作用。卤素的存在不仅使硫化时双键活性提高,而且增加了活性中心。使丁基橡胶对多种硫化剂的反应能力大大提高,硫化速度明显加快,也使丁基橡胶更容易与其他橡胶甚至高度不饱和的硫化胶掺混,共硫化,牢固地粘接制成理想性能的并用胶。

卤化丁基橡胶可分为氯化丁基橡胶和溴化丁基橡胶两类,氯化丁基橡胶约含1.1%～1.3%的氯,而溴化丁基橡胶约含2%的溴。卤化丁基橡胶是通过氯化或溴化丁基橡胶的大分子反应而制得的。氯化丁基橡胶和溴化丁基橡胶已经实现了工业化。

(2) 交联丁基橡胶

交联丁基橡胶是异丁烯、异戊二烯与二乙烯基苯的三元共聚物。由于二乙烯基苯的引入,使聚合物有一定程度的交联。这种材料具有提高生胶强度、回弹性及抗凹陷、抗湍流等性能,主要用作密封材料。

此外,还可用三氯乙酸对丁基橡胶进行改性或对丁基橡胶进行磺化,磺化丁基橡胶具有较好粘接性及抗老化性。

2) 丁基橡胶的技术进展

传统氯甲烷-三氯化铝低温淤浆聚合工艺虽然技术成熟,但聚合温度低、能耗高、聚合连续运转时间短,导致生产成本高,其成品胶价格高于一般通用橡胶,为此出现许多改进工艺。

(1) 采用烃类溶剂的溶液聚合工艺 原苏联以烷基氯化铝与水的络合物作引发剂,在烃类溶剂如异戊烷中于−90～−70℃下聚合,据称工艺过程经济性较好。其特点是可减轻聚合釜挂胶,延长运转周期,胶液中冷量便于回收,无需溶剂转换,脱除未反应单体后即可直接进行卤化,可采用一般溶液聚合过程回收聚合物,避免采用氯甲烷引起设备腐蚀及环境污染等问题。

(2) 添加界面活性剂改进淤浆的稳定性 以苯乙烯与氯代乙烯基苯(后者为单体总量的1%)在甲苯中的自由基共聚合产物为稳定剂源,按常规丁基橡胶淤浆聚合工艺,由于异丁烯聚合活性链向稳定剂源链转移从而形成嵌段共聚物(即稳定剂)。该嵌段共聚物的亲液部分能溶于氯甲烷,憎液部分不溶于氯甲烷而与丁基橡胶混溶或吸附在丁基橡胶的表面上,由此使橡胶粒子即使碰撞也不聚结。由于改进了聚合淤浆的稳定性,可使聚合物浓度从28%提高到35%,从而提高生产能力15%,且降低能耗30%,使聚合釜运转周期延长,这是淤浆聚合工艺的重要突破。

9.2.6 聚异丁烯

聚异丁烯是异丁烯单体通过阳离子聚合,在低温下聚合制得的一种高分子化合物。工业生产的聚异丁烯按照分子量的不同有多种品级。低分子量品级的聚异丁烯($M_n < 5 \times 10^4$)是黏性液体或很黏的半固体,可以用于黏合剂、填缝剂、密封剂和燃料油的添加剂。高分子品级的聚异丁烯($M_n = 5 \times 10^4 \sim 5 \times 10^6$)是一种橡胶状的固体,其耐热耐寒性、气密性和绝缘性好,易与多种橡胶、塑料相容且能与各种矿物颜料共混,这些特点使它可单独或与天然橡胶、合成橡胶和塑料并用,或与填料组成复合材料等,用作橡胶制品、树脂制品、改性剂、密封材料和绝缘材料等,也可以用作黏合剂。

异丁烯聚合物没有双键,不能用硫磺硫化,但是在一定的条件下,过氧化物硫化体系能使其交联生成硫化胶。聚异丁烯硫化胶的热稳定性、耐臭氧性、防水性和气密性都较好,所以常用来制作斗篷、防水布、防腐材料、耐酸软管、胶管、输送带等。

目前工业生产聚丁烯主要技术是以BF_3为催化剂、液体乙烯为溶剂的溶液聚合法和以$AlCl_3$为催化剂、CH_3Cl为溶剂的淤浆聚合法。

1. 生产聚异丁烯的主要原料及规格

生产聚异丁烯的主要原料有：单体异丁烯，溶剂液体乙烯、氯甲烷，催化剂 BF_3 和 $AlCl_3$ 等。它们的纯度要求为：

异丁烯＞99%、乙烯＞95%、氯甲烷＞99%、BF_3 99.0%～99.6%

杂质含量需按以下条件控制：

正丁烯	＜1%	水分	＜30 μL/L
乙炔	＜1%～3%	丙烯	＜3%
二氧化硫	＜0.3%	四氟化硅	＜0.5%
二甲醚	＜0.5%		

2. 聚合配方及工艺条件

两种引发体系的典型配方如表 9-23 和表 9-24 所示。

表 9-23　以 BF_3 为引发剂的异丁烯低温聚合典型配方

单体浓度(体积)/%	20～30	共引发剂用量/%	0.06～0.08
乙烯浓度(体积)/%	80～70	异丁烯用量/%	100
引发剂用量/%	0.6～0.9	调节剂用量/%	0～0.04
助剂用量/%	0.5～0.7	稳定剂用量/%	0.04～0.06

表 9-24　以 $AlCl_3$ 为引发剂的异丁烯低温聚合典型配方

单体浓度(体积)/%	18～20	2,4,4-三甲基-1-戊烯 (对单体质量)/(μL/L)	100～2 200
引发剂溶液浓度/[g($AlCl_3$)/100mL(CH_3Cl)]	0.02～0.06	聚合温度/℃	－110～－95
引发剂用量(对单体质量)/%	0.1～0.4		

3. 聚异丁烯的生产工艺过程

工业上制取聚异丁烯有两种方法：以 BF_3 为催化剂，液体乙烯为溶剂的溶液聚合法和以 $AlCl_3$ 为催化剂在氯甲烷中进行聚合的淤浆聚合法。后一种工艺与丁基橡胶相似，此处着重介绍前一种方法。

以 BF_3 为催化剂的溶液聚合方法生产聚异丁烯的工艺流程如图 9-29 所示。将一定量的聚合速率调节剂和分子量调节剂预先加入精制异丁烯中，加入量以保证聚合时间为 10～20 s，聚合物分子量能达到规定范围为准。再将异丁烯的配料预冷到－30～－40 ℃，送至蛇管冷却器，通过液体乙烯部分蒸发而最后冷却到－90 ℃。在进入聚合装置以前，将异丁烯与液体乙烯按 1∶1 比例混合，然后再将混合物送至链式聚合反应器。催化剂 BF_3 定量加入液体乙烯中冷却后也送至链式聚合反应器。聚合反应在链式聚合反应器中完成。此种聚合反应器是一条连续运转的环形不锈钢带，宽 35 cm、长 16～18 cm，用两根滚轴从两头将钢带拉紧，前轴由电动机带动，绕滚轴转动的钢带与水平面成 50°倾斜，钢带上部有 10 cm 深槽以防液体从链上溢出。为防止气体损失，整个装置置于封闭箱内。箱体末端下面有一开口为双辊塑炼机的进口，未脱气的聚合物由此送入塑炼机。当连续添加的两股物料在转动的钢带上相互混合时，聚合反应立刻剧烈发生，几乎瞬时完成并放出大量的热，热量由液体乙烯蒸发而除去。为了预防聚合物在脱气和加工过程中降解，由计量槽将稳定剂溶液连续滴至随钢带移动的聚合物上。

稳定后的聚合物从刚带上切下，推到用蒸气加热的挤出机上，将其混匀并脱除残留的乙烯和 BF_3 杂质。从挤出机出来的聚异丁烯经切块冷却后即可包装出厂。未聚合的异丁烯蒸气、乙烯和残余的 BF_3 由聚合装置送至吸收塔吸收 BF_3，含少量异丁烯杂质的乙烯则送去蒸馏。

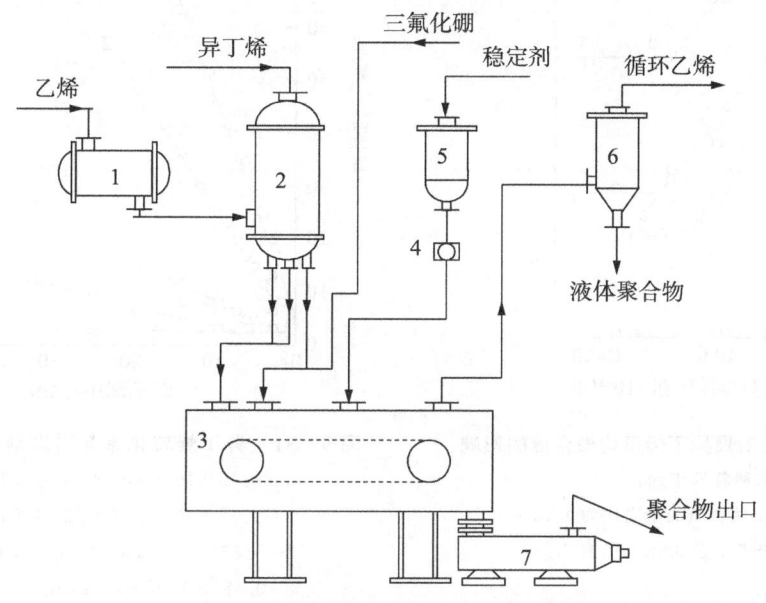

图 9-29　以 BF_3 为催化剂的溶液聚合方法生产聚异丁烯的工艺流程
1—液体乙烯收集器；2—蛇形冷却器；3—聚合装置；4—视镜；
5—稳定剂计量槽；6—吸附塔；7—混炼-塑炼机

4. 生产控制因素

1) 引发剂和共引发剂

虽然有许多阳离子聚合的引发剂可以引起异丁烯进行聚合，但是工业上实际应用的只有 BF_3 和 $AlCl_3$，两者都可以引起异丁烯非常迅速地聚合。降低温度并不降低聚合速率，采用 BF_3 时甚至在 -140 ℃ 的温度下反应也几乎是自发的。用 $AlCl_3$ 时，即使在 -180 ℃ 的低温下聚合反应仍然极为迅速。

以 BF_3 为引发剂的异丁烯的聚合反应必须在共引发剂存在下才能够进行。BF_3 的共引发剂有水、乙醇及叔丁基苯酚硫化物。在其中加入适量的对叔丁基苯酚硫化物，不仅能调节聚异丁烯的聚合速率，而且能够将聚合物的分子量调整稳定到一定的范围内。在 $AlCl_3$ 催化异丁烯聚合时，可以不加共引发剂，但是共引发剂能增加聚合速率。已经证明 $AlCl_3$ 的两种类型的共引发剂是含有 —OH 的物质，如水或三氯乙酸和氯特丁烷等卤代烷。图 9-30 和图 9-31 分别显示了聚异丁烯分子量随 $AlCl_3$ 用量变化和引发剂浓度对聚合反应速率及分子量的影响。

图 9-32、图 9-33 表明了助引发剂醇类和酚类浓度对于聚异丁烯转化率和分子量的影响。

2) 分子量调节剂

支化的 α-烯烃可以调节聚异丁烯的分子量。二异丁烯是一种链转移剂，当其进入聚合物的增长链时，则造成有空间位阻的正碳离子使之不能继续增长。

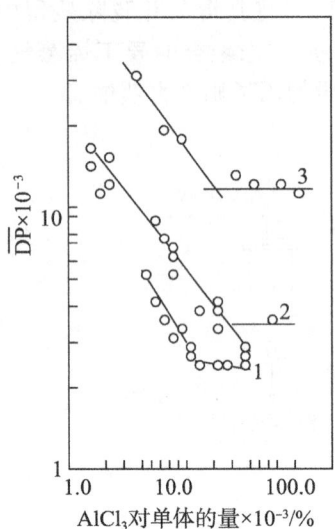

图 9-30 引发剂用量对聚异丁烯平均聚合度的影响

1—未稀释异丁烯；
2—异丁烯与氯甲烷物质的量之比为 1.8；
3—异丁烯与氯甲烷物质的量之比为 0.33

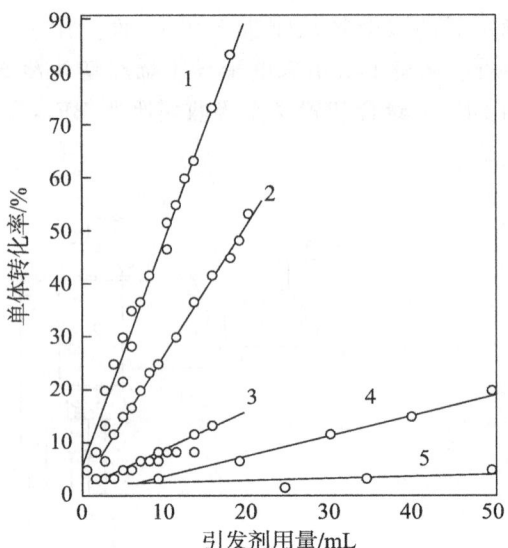

图 9-31 异丁烯转化率与引发剂用量的关系

1—4.13×10^{-2} mol $AlCl_3$/L CH_3Cl；
2—2.25×10^{-2} mol $AlCl_3$/L CH_3Cl；
3—0.827×10^{-2} mol $AlCl_3$/L CH_3Cl；
4—0.451×10^{-2} mol $AlCl_3$/L CH_3Cl；
5—0.225×10^{-2} mol $AlCl_3$/L CH_3Cl

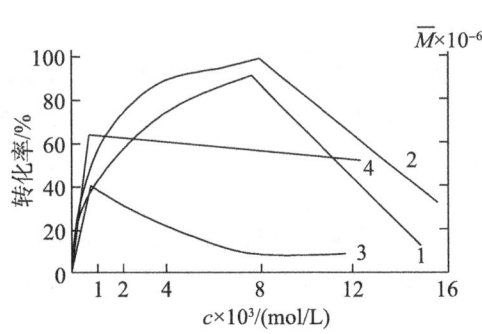

图 9-32 异丁烯转化率(1、2)和聚合物分子量 (3、4)与醇类浓度的关系

1、3—甲醇；2、4—3-甲基-1-丁醇

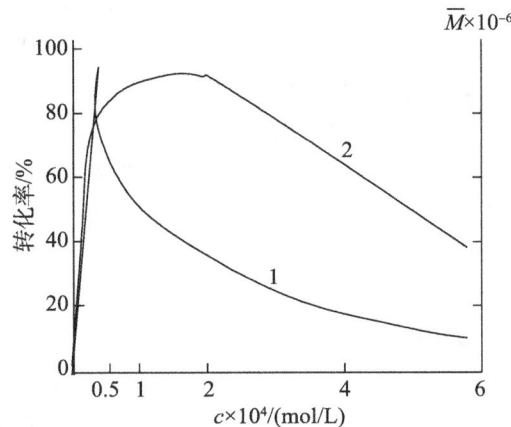

图 9-33 异丁烯转化率(1)和聚合物分子量(2) 与苯酚浓度的关系

链终止过程可能伴有质子再生，而引发新的链。

3）单体的浓度

单体浓度对聚异丁烯的分子量也有一定的影响，而且不同的溶剂系统影响也不同。在 $AlCl_3$ 催化体系中曾观察到聚异丁烯的分子量随单体浓度的增加而降低，这被解释为由单体浓度增加带来的增长速率比此种情况下质子与反离子结合的速率慢。一般认为，当单体浓度为 15％ 时为一个转折点，异丁烯单体浓度增加或减少都会导致聚合物分子量的降低。

研究还表明聚异丁烯分子量对单体浓度的依赖性与体系的转化率、转化温度（T_i）有关。当聚合温度 $T=T_i$ 时，聚异丁烯分子量与单体浓度无关；当 $T>T_i$ 时，聚异丁烯分子量与单体浓度成正比；当 $T<T_i$ 时，聚异丁烯的分子量与单体浓度成反比。不同的溶剂系统有不同的 T_i，例如氯甲烷溶剂系统，$T_i=42℃$。

4）聚合反应温度

图 9-34 显示了温度对于聚异丁烯平均聚合度的影响。随着聚合温度降低，聚合物分子量急剧升高。在低温下聚合速率快，活化能低，制得的聚合物分子量高。控制聚异丁烯分子量的主要方式正是通过采用不同的聚合温度来实现的。聚异丁烯低分子量品级的产品是在 0~40℃ 制得的，而高分子量品级的产品则是在 -100℃ 制得的。

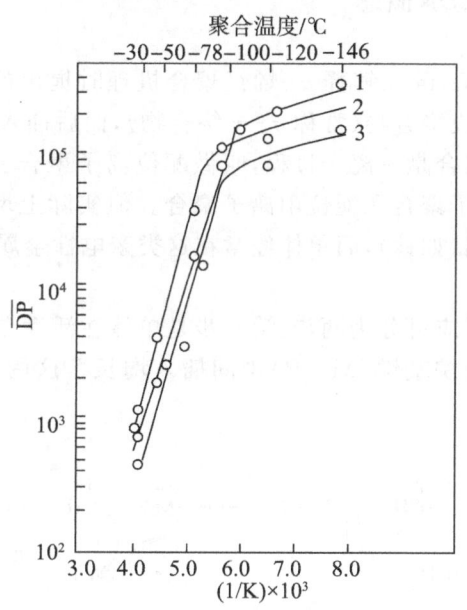

图 9-34 聚合温度对聚异丁烯平均聚合度的影响

1—BF_3 引发体系；2—$AlEtCl_2$ 引发体系；3—$AlCl_3$ 引发体系

5）杂质

因为异丁烯聚合为阳离子催化体系，聚合反应对杂质如水、氯化氢、二甲醚、苯甲醚、正丁烯、α-二异丁烯、醇、醛和酮等多种化合物非常敏感，它们均能降低聚异丁烯的分子量和转化率。

第 10 章 配位聚合工艺

10.1 配位聚合简介

10.1.1 配位聚合的基本概念

配位聚合的概念最初是 Natta 在解释 α-烯烃聚合机理时提出的。配位聚合是指单体分子首先在活性种的空位上配位，形成络合物（常称 σ-π 络合物），而后插入的聚合反应，故又可称作络合引发聚合或插入聚合。配位聚合是一离子过程，叫做配位离子聚合更为明确。按增长链端的荷电性质，原则上可分为配位阴离子聚合和配位阳离子聚合。但实际上增长的活性链端所带的反离子经常是金属（如锂）或过渡金属（如钛），而单体经常在这类亲电性金属原子上配位，因此配位聚合大多属阴离子型。

配位阴离子聚合的增长反应可分为两步：第一步是单体在活性点（例如空位）上配位而活化，第二步是活化后的单体在金属—烷基键（M—R）中间插入增长。这两步反应反复进行，就形成大分子长链。其反应式示意如下：

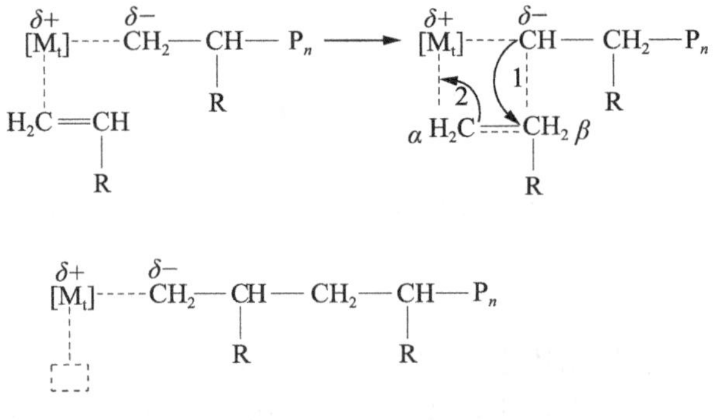

$$[M_t]^{\delta+}\text{-----}CH_2-CH(R)-P_n \;+\; H_2C=CH(R) \longrightarrow [M_t]^{\delta+}\text{-----}CH(R)-CH_2-P_n \;/\; {}_\alpha H_2C-CH_2{}_\beta(R)$$

$$[M_t]^{\delta+}\text{-----}CH_2-CH(R)-CH_2-CH(R)-P_n$$

式中，$[M_t]$ 为过渡金属；虚方框为空位；P_n 为增长链。

上述配位聚合具有如下特点。

1. 单体首先在亲电性反离子或金属上配位

2. 反应具有阴离子性质

能证明这一性质的证据是 α-烯烃的聚合速率随烷基 R 的增长而降低，即：

$$CH_2=CH_2 > CH_2=CH-CH_3 > CH_2=CH-C_2H_5$$

3. 反应是经四元环(或称四中心)的插入过程

插入包括两个同时进行的反应：一是增长链端阴离子对 C=C 双键的 β-碳的亲核进攻(反应1)，二是阳离子 $M_t^{\delta+}$ 对烯烃 π 键的亲电进攻(反应2)。

4. 单体的插入可能有两种途径

一是 α-碳带负电荷和反离子 M_t 相连，这称为一级插入；二是 β-碳带负电荷和 M_t 相连，这称为二级插入。其反应为：

$$P_n\!-\!\overset{\delta-}{C}\!H\!-\!\overset{\delta+}{C}H_2\!-\!M_t + CH_2\!=\!CH \longrightarrow P_n\!-\!CH\!-\!CH_2\!-\!\overset{\delta-}{C}H\!-\!\overset{\delta+}{C}H_2\!-\!M_t$$
$$\quad\quad\quad R\quad\quad\quad\quad\quad\quad R\quad\quad\quad\quad R\quad\quad\quad\quad R$$

$$P_n\!-\!\overset{\delta-}{C}H_2\!-\!\overset{\delta+}{C}H\!-\!M_t + CH_2\!=\!CH \longrightarrow P_n\!-\!CH_2\!-\!CH\!-\!\overset{\delta-}{C}H_2\!-\!\overset{\delta+}{C}H\!-\!M_t$$
$$\quad\quad\quad\quad R\quad\quad\quad\quad\quad\quad R\quad\quad\quad\quad\quad\quad R\quad\quad\quad\quad R$$

虽然这两种插入所形成的聚合物的结构完全相同，但用 IR 和 ^{13}C-NMR 对聚合物的端基分析证明，丙烯全同聚合为一级插入，而间同聚合为二级插入。

10.1.2 配位聚合的立构规化能力

配位阴离子聚合的特点是有可能制得立构规整聚合物，但其立构规化的能力取决于引发体系的类型、其中各组分的配合和比例、单体种类、聚合条件等因素。

1. 引发剂的类型和作用

配位阴离子聚合引发剂主要有三类：一是 Ziegler-Natta 型，这类数量最多，用得也最广；二是 π-烯丙基镍型(π-C_3H_5NiX)；三是烷基锂类。

配位引发剂的作用一是提供活性种，二是引发剂残余部分(金属反离子)紧邻引发中心，使单体定位，以一定构型进入增长链，起着模板的作用。

2. 引发体系的组合和单体的类型

配位阴离子聚合引发体系各组分之间以及引发剂-单体之间的特定配合，对能否获得立构规整聚合物极为重要。一般说来，Ziegler-Natta 型引发剂既可使 α-烯烃，又可使二烯烃、环烯烃定向聚合，而 π-烯丙基镍型引发剂则专供引发丁二烯的顺式-1,4 和反式-1,4 聚合，烷基锂可在均相溶液体系中引发二烯烃和极性单体，形成立构规整聚合物。

Ziegler-Natta 引发体系两组分的选择和组合，以及与单体的匹配，对立构规化有很大的影响。例如钛-铝引发体系同时可使 α-烯烃和二烯烃定向聚合，但钴-铝或镍-铝体系容易使丁二烯聚合，却不能使乙烯或 α-烯烃聚合。α-TiCl$_3$-AlR 可使乙烯、丙烯聚合，并可制得全同聚丙烯。但用于丁二烯聚合时，却只获得反式-1,4-聚丁二烯。对于 α-烯烃聚合有活性的引发剂，对乙烯聚合也有高活性；但对乙烯聚合有活性的，对 α-烯烃聚合却未必有活性。

3. 单体的极性和聚合体系的相态

单体极性对其配位能力颇有影响，从而进一步影响到聚合物的立构规整性。α-烯烃不带有极性基团，配位能力差，需用立构规化能力强的非均相 Ziegler-Natta 引发剂，才能使单体定位，发生全同聚合。采用均相引发剂时，除少数产生间同聚合物外，大多形成无规物。(甲基)丙烯酸酯类等极性单体有很强的配位能力，采用均相引发剂就可获得全同聚合物。苯乙烯和 1,3-二烯烃等极性不大的共轭单体对聚合的要求则介于上述两类单体之间，不论用均相还是非均相引发剂，均可获得立构规整聚合物。

10.1.3 配位聚合的发展历程

20世纪50年代初,Ziegler-Natta催化剂与配位聚合的出现,开创了高分子合成的新纪元,为乙烯、丙烯的定向聚合工业奠定了基础。60年代,相继用配位聚合及配位共聚合合成了顺式-1,4-聚丁二烯橡胶、乙丙橡胶及异戊橡胶,继乳液法合成丁苯橡胶、氯丁橡胶、丁腈橡胶,阳离子聚合合成丁基橡胶之后,合成橡胶工业体系已臻于完善。70年代初,出现了高效催化剂,使乙烯的低压聚合法引起了巨大的变革,且开辟出第三代聚乙烯——线型低密度聚乙烯。70年代中期,工业上出现丙烯聚合的高效载体催化剂和丙烯本体聚合工艺,给丙烯的聚合带来新的活力。

近些年来,高效催化剂一直是研究和发展的重点,其中茂金属催化剂是聚合工艺上的重要进展之一。80年代初Kaminashy发现的二氯化茂锆和铝氢烷(Cp_2ZrCl_2-MAO)均相超高活性催化体系,由于它具有超高活性,每克锆可得2亿克以上的聚乙烯,并可由乙烯合成几乎所有类型的聚乙烯产品。茂金属催化剂可合成塑料级聚丙烯、纺丝级聚丙烯、弹性均聚丙烯(此结构中含全同立构PP和无规结构PP)。目前茂金属催化剂已在聚乙烯、聚丙烯工业上获得成功的应用。当今影响茂金属催化剂发展的主要障碍是生产能力受限、成本高、加工方面尚存在一定的问题。这些问题都可通过研究逐渐解决。由于茂金属催化剂生产的树脂可以代替工程塑料渗入到一些特殊的领域,因此茂金属催化剂具有广阔的发展前景。

随着烯烃配位聚合的蓬勃发展,在催化剂、聚合方法和聚合工艺等各个领域都取得了突飞猛进的进步,其中有一些科学技术问题已经得到很好的解决,并在工业生产中实现了其巨大的价值。但是,有关配位聚合机理的问题还没有很好地解决。还有如新的催化剂的合成,新的聚合方法的建立等,新问题不断出现,这正符合科学发展的规律。烯烃配位聚合已经走过坚实的50多个年头,可以预见,随着基础研究的不断深入,新技术的不断应用,聚烯烃工业还将继续蓬勃发展。

10.2 聚乙烯的配位聚合生产

聚乙烯按树脂合成工艺的不同,可分为低密度聚乙烯(LDPE),1937年首先工业化生产;高密度聚乙烯(HDPE),1965年工业化生产;同时美国菲利浦石油公司开发了中密度聚乙烯(MDPE)。20世纪70年代中期实现了线型低密度聚乙烯(LLDPE)的工业化生产。

聚乙烯主要是制成板材、管、薄膜、贮槽和容器,用于工业、农业及日常生活用品。聚乙烯中约有70%是LDPE,而其中的70%用来制作薄膜(包装、建筑、农用等),大约10%用做注射制品,其余用于其他方面(如电线、电缆包覆、中空制品);HDPE的3/4用于注射及吹塑中空制品(如玩具、工业容器、壳体、家用电器等);LLDPE这个被称为第三代聚乙烯的新塑料主要用于薄膜代替LDPE,这种薄膜冲击强度、拉伸强度和延伸性很高,可以做得很薄。

10.2.1 聚合体系主要组成

1. 乙烯的主要技术指标

乙烯配位聚合时,溶液聚合级乙烯的纯度见表10-1。

表 10-1　乙烯的主要技术指标

项目	指标	项目	指标
乙烯(体积)/%	>99	氨/(μL/L)	<5
丙烯(体积)/%	<0.02	氧化氮(NO、NO_2)/(μL/L)	<5
乙烷及甲烷(体积)/%	<1.0	总硫量/(μL/L)	<2
丁二烯/(μL/L)	<20	水/(μL/L)	<5
乙炔/(μL/L)	<10	O_2/(μL/L)	<5
丙酮/(μL/L)	<5	CO/(μL/L)	<5
甲醇/(μL/L)	<5	CO_2/(μL/L)	<2

2. 聚合催化剂体系

1) 钛系催化剂

(1) 常规的 Ziegler-Natta 催化剂

第一代常规 Ziegler-Natta 催化剂的主催化剂是 $TiCl_4$，常用的助催化剂是 $Al(C_2H_5)_3$、$Al(i-Bu)_3$、$Al(C_2H_5)_2Cl$ 及 $Al_3(C_2H_5)_3Cl_3$。其主要作用是将 $TiCl_4$ 还原成 β-$TiCl_3$，对 β-$TiCl_3$ 进行烷基化形成 Ti—Cl 键活性中心。

$$TiCl_4 + Al(C_2H_5)_3 \longrightarrow C_2H_5TiCl_3 + Al(C_2H_5)_2Cl$$

$$C_2H_5TiCl_3 \longrightarrow \cdot C_2H_5 + \beta\text{-}TiCl_3$$

$$2\cdot C_2H_5 \longrightarrow \begin{cases} C_2H_4 + C_2H_6 \\ C_4H_{10} \end{cases}$$

常规的 Ziegler-Natta 催化剂的催化效率只有 3000~4000 g PE/g Ti。由于催化效率低聚合物须经繁琐的脱除催化剂工序，使聚乙烯含钛量低于 10 μg/g。

(2) 高效钛系催化剂

以索尔维高效催化剂为代表的第二代催化剂的研制成功，是高密度聚乙烯 20 世纪 70 年代在技术上的重大突破。所谓高效催化剂就是至少要比常规 Ziegler-Natta 催化剂的效率提高几十倍，达 10^5 g PE/g Ti 以上。高效催化剂研制成功的主要途径是催化剂载体化，扩大催化剂的表面积、增加活性组分的有效活性中心。

对高效催化剂要求为：活性中心数多，保持长效，催化效率要提高几十倍到上百倍，可省去聚合物的后处理(即脱除催化剂)工序；具多功能性，可调节聚合物的分子量、分子量分布及侧链支化等性能；具有一定的结构形态和粒度，可以提高聚合物的堆砌密度、颗粒均匀度，省去造粒工序，降低能耗。

高效催化剂的研究主要集中在选制超高活性载体、选制多配位基的主催化剂及选择具有较高活性的特殊有机铝化合物。钛系高效催化剂常用载体为镁的化合物，例如 $MgCl_2$、$Mg(OH)Cl$、$Mg(OH)_2$、MgO、$MgCO_3$、$Mg(OC_2H_5)_2$ 等镁化物，有的还用有机镁化物，如 MgR_2、$RMgX$ 等。

钛系高效催化剂的制备方法通常有两种：一是将 $TiCl_4$ 负载于镁化物(如 $MgCl_2$)上，负载的方法有悬浮浸渍和共研磨法；二是以 MgR_2 或 $RMgX$ 为促进剂与 $TiCl_4$ 反应，使之完全溶于溶剂中成分子级分散，后者也可看成是一种载体催化剂，因 $RMgX$ 与 $TiCl_4$ 可以发生交换反应生成 $MgCl_2$，$MgCl_2$ 起载体作用，反应式为

$$TiCl_4 + RMgX \longrightarrow RTiCl_2X + MgCl_2$$

高效催化剂采用载体是尽可能将 $TiCl_4$ 分散在载体表面上使之一旦与烷基铝反应时，生成

β-TiCl$_3$也可尽能分散,并被烷基化而产生更多的活性中心。β-TiCl$_3$是晶型结构,其微晶成一束状,每一个线型结构的β-[TiCl$_3$]$_x$的长短不一,催化剂的活性中心只能是潜在长短不一的线型结构两端的Ti原子上,其他位于中间的各个Ti原子都不能作为活性中心。常规Ziegler-Natta催化剂中β-[TiCl$_3$]$_x$为束状结构,x数值都比较大,能成为活性中心的数目很少,一般仅占总体钛量的1%左右。如果钛离子负载于载体表面上,其利用率就大大提高。用少量TiCl$_4$汽油溶液与MgCl$_2$载体振磨,在振磨过程中,MgCl$_2$的层状结构沿着(001)面错开,晶粒变小,同时TiCl$_4$中的Ti与Mg原子半径相近,可以形成共晶体,Mg与Ti通过Cl桥负载于MgCl$_2$微晶粒上。

因Mg的电负性小于Ti,Mg的推电子效应可使活性中心钛的电子密度增加,并削弱Ti—C键,从而有利于单体乙烯向活性中心Ti的配位,又有利于Ti—C键上的碳长链与单体之间的移位和插入反应。由此可降低链增长的活化能和提高催化剂的链增长反应活性。

在高效催化剂中,载体MgCl$_2$不仅起物理分散作用使活性点增多,而且由于活性中心化学结合使活性中心更稳定,达到催化剂高活性长效的目的。

MgO、Mg(OH)Cl、碳酸盐表面都有少量—OH基,TiCl$_4$可以化学负载其上。

$$TiCl_4 + Mg(OH)Cl \longrightarrow ClMg(OTiCl_3) + HCl$$

由于载体表面—OH基的均匀分布,所以TiCl$_4$能均匀负载于表面上,由于催化剂的活性表面增多,因此导致催化剂高效。

催化剂负载的方式有悬浮浸渍法和共研磨法。

悬浮浸渍法是在氮气存在下,将经研细的载体悬浮于过量的液态纯主催化剂(如TiCl$_4$)或其烃类溶剂中,回流反应一定时间,过滤,用烃类溶剂洗涤,将未结合的主催化剂全部洗去,然后加以干燥,即制成载体催化剂。此法的优点是催化剂颗粒较均匀,活性较高,但操作较复杂,且耗费较多的主催化剂。

共研磨法是在氮气保护下,使载体与一定量的主催化剂在振动磨或回转式球磨机中进行研磨或与预处理剂一同进行研磨。通常是载体(或与其他组分)研磨一定时间后再加入主催化剂一道研磨。研磨既是主催化剂分散在载体上的物理过程,也是主催化剂、载体或其他组分相互之间进行化学结合的过程。加料顺序、研磨时间等对催化剂的性能都有很大的影响。此法操作简单,主催化剂用量少,不需洗涤,基本无三废。

高效载体催化剂类型很多,表10-2是有代表性的聚乙烯钛系高效催化剂。

表10-2 聚乙烯高效催化剂类型

工艺类别	生产方法	催化剂类型	催化剂效率
淤浆聚合	索尔维	TiX$_n$-MgO(或其他镁块)-AlR$_3$	~600 000
	蒙埃	TiX$_n$-MgCO$_3$(或其他镁块)-AlR$_3$	150 000~300 000
	三井石化	TiX$_n$-MgO(或其他镁块)-ROH-AlR$_3$	50 000~600 000
	赫希斯特	TiX$_n$-[或Ti(OR)$_4$]-Mg(OR)$_2$-AlR$_3$	20 000~680 000
	旭化成	TiX$_n$-特种有机铝-有机硅	
	瓦科尔	TiX$_n$-有机硅-AlCl$_3$-载体	
溶液聚合	塔斯米卡邦	TiX$_n$-有机镁-AlR$_3$	50 000~125 000

2) 铬系高效催化剂

中压法生产高密度聚乙烯,压力为2~10 MPa,催化剂为载于载体上的金属氧化物组成。常用是CrO$_3$载于SiO$_2$-Al$_2$O$_3$上,CrO$_3$含量为载体量的2%~3%,SiO$_2$与Al$_2$O$_3$的比为9:1,用此催化剂体系生产聚乙烯方法常称为菲利浦法。若用 MoO_3 载于 $\gamma-Al_2O_3$ 上,常称美孚法。由以上催化剂制得聚乙烯产率较低,催化效率为 2 000~3 000g 聚乙烯/g 铬或钼。以后改进了铬催化剂,加入烷基铝组分,催化效率提高十分显著,见表 10-3。

表 10-3 聚乙烯铬系高效催化剂的催化效率

工艺类别	生产方法	催化剂类型	催化剂效率
新淤浆法	菲利浦	CrO_3-SiO_2-第三组分(如 AlR_3)	~500 000
新淤浆法	三菱化成	CrO_3-有机硅,铝-Al_2O_3(或 SiO_2)	100 000~500 000
气相聚合	联合碳化物	有机铬-SiO_2(或分子筛)-AlR_3	~600 000

3) 钒、钼、稀土催化剂

(1) 钒系催化剂

此类催化剂常用钒化物为 $VOCl_3$、VCl_4、烷基钒酸盐等,而常用助催化剂为 $AlEt_3$、$AlEt_2Cl$、$AlEtCl_2$、$Al(i-Bu)_3$ 等。钒系催化剂聚合机理与 Ti 系相似。可用于乙烯、丙烯等 α-烯烃及二烯烃均聚及共聚,其聚合活性很高,催化效率可达 300 000~600 000 g 聚乙烯/g 钒。

(2) 钼系催化剂

钼系催化剂主要工业用例是美石油法用于生产高密度聚乙烯,此法为溶液法。催化剂体系为 $MoO_2-\gamma-Al_2O_3-CaH_2$。这种催化剂经使用后可在 490℃下把催化剂上的沉积物烧掉,然后用氢活化。

(3) 稀土催化剂

稀土催化剂主要用于二烯烃定向聚合。在钛系高效催化剂中加入部分稀土化合物代替钛化物,对乙烯聚合有更高的催化活性。

4) 金属茂-铝氧烷均相催化剂

此类催化剂是 α-烯烃配位聚合的一种新型催化剂,且是均相催化剂。以 Cp_2ZrCl_2-MAO 的催化活性最高,催化效率可达 5×10^6 g 聚乙烯/g 金属。

金属茂-铝氧烷催化剂的配位基有茂基(Cp)、茚基(Ind);助催化剂为铝氧烷(MAO),它是 $Al(CH_3)_3$ 与水的反应产物:

$$(n+1)Al(CH_3)_3 + nH_2O \longrightarrow \left[\begin{array}{c} CH_3 \\ OAl \end{array} \right]_n CH_3 + 2nCH_4$$

式中,n 为线型分子时,$n=2\sim20$;n 为环状分子时,$n=2\sim20$。

金属茂-铝氧烷催化剂合成聚乙烯分子量分布窄,$M_w/M_n=2.9$,每 1 000 个碳原子有 0.9~1.2 个甲基,0.1~1.8 个乙烯基和 0.2 个反式烯基。聚合物分子量可通过改变聚合温度、金属茂浓度及加入少量氢气来调节。

这种催化剂可谓超高活性催化剂。可生产超高密度到超低密度聚乙烯,也可生产分子量分布均一、链长均匀的聚乙烯和组成分布窄的乙烯共聚物。这一催化剂在工业上的大量应用将使聚乙烯生产大为改观。

由于锆化物较钛化物难得,价格也贵,因此在通用聚乙烯生产中还是使用钛催化剂。

10.2.2 聚乙烯的配位聚合生产工艺

1. 高密度聚乙烯(HDPE)的生产方法

HDPE 的生产方法有气相流化床法、中压溶液法、搅拌釜重稀释法及环管反应器法。

1) 气相流化床法

此法是将乙烯在流化床中聚合,生产过程是连续的。这种方法的特点是产品的费用指数最低,但单独一个反应器中生产多牌号产品将使成本大为增加。

2) 中压溶液法

将乙烯溶解于环己烷溶剂中,加压至 10 MPa,将反应混合液预热到 60℃,送入反应器,在配位催化剂作用下于 300℃进行聚合,聚合是在高温下绝热操作。聚合热通过冷溶剂进料液加热至反应温度而被吸收,可通过调节进料预热器出口的单体-溶剂的温度对反应温度进行控制。单体转化率可达 95%,催化剂残渣是否脱除依据产品而定。在反应器出口处加入催化剂脱活剂(如乙醇、乙酸丙酮)以终止反应,聚合物溶液流经铝床层将残余催化剂吸收,经二段闪蒸将未反应单体中溶剂从聚合物中分离出来,蒸馏后循环使用,聚合物熔体进行造粒即可得产品。

这种方法不仅能生产 HDPE,也能生产 LLDPE,与气相本体法比较,中压溶液法其牌号变更转变成本是所有工艺方法中最低的。Dupont 公司技术就属此类。

3) 搅拌釜重稀释法

搅拌釜重稀释法是上一代聚乙烯溶液淤浆法发展而来的。目前已在世界许多生产厂家所采用。

将聚合级乙烯与大部分正己烷组成循环稀释剂物流送入内部有冷却盘管、外壳有流经覆盖整个筒形壁的半圆冷却盘管的高强度搅拌器立式圆筒聚合反应器中,在载体上的 Ti/Mg、Al(Et)$_3$ 助催化剂所组成催化作用下,于 90℃、压力为 1.8 MPa 下进行聚合,反应器在充满液体情况下操作,聚合反应形成聚乙烯固体颗粒,其颗粒基本上不溶于稀释剂中。聚合物流经连续两个相类似的反应器,单体转化率达 97%后,用离心机将聚合物淤浆从稀释剂中分离,然后进行干燥和造粒。此法的生产成本与其他各法相当,但费用指数是各法中最高的。

4) 环管反应器法

环管反应器法是属浆液法,仅反应器形式不同而已。

乙烯及异丁烷稀释剂(单体质量浓度 3.3%)连续注入环管反应器中,在负载 Cr_2O_3 催化剂作用下,于温度 106.7℃、压力 3.9 MPa(绝)—使乙烯聚合物料停留 65 min 后,采用特定方法可使乙烯转化率达 98%~99%。环管反应器控制温度极为方便,可用温度作为控制聚合物分子量的主要参数。

聚合后的聚合物淤浆离开反应器后进行闪蒸和造粒。闪蒸出异丁烷经精制后返回反应器。这种方法理论上可生产 LLDPE,但现在主要生产 HDPE。

2. 气相流化床法生产 HDPE 工艺

乙烯气相流化床法又称气相本体法,这一方法为美国联合碳化物公司(U.C.C.)开发。

1) 聚合工艺参数

气相流化床法生产 HDPE 的工艺参数如下。

催化剂:以特殊铬化物负载于脱水硅胶或其他载体上

催化效率:$(4\sim10)\times10^5$ g 聚乙烯/g 铬

反应器进料原料:乙烯、氢气等

聚合温度:95~105℃

聚合压力:2.1 MPa

停留时间:3~5 h

聚乙烯密度:0.94~0.966 g/cm^3

2) 气相流化床法工艺流程

U.C.C.高密度聚乙烯气相聚合工艺流程见图 10-1。

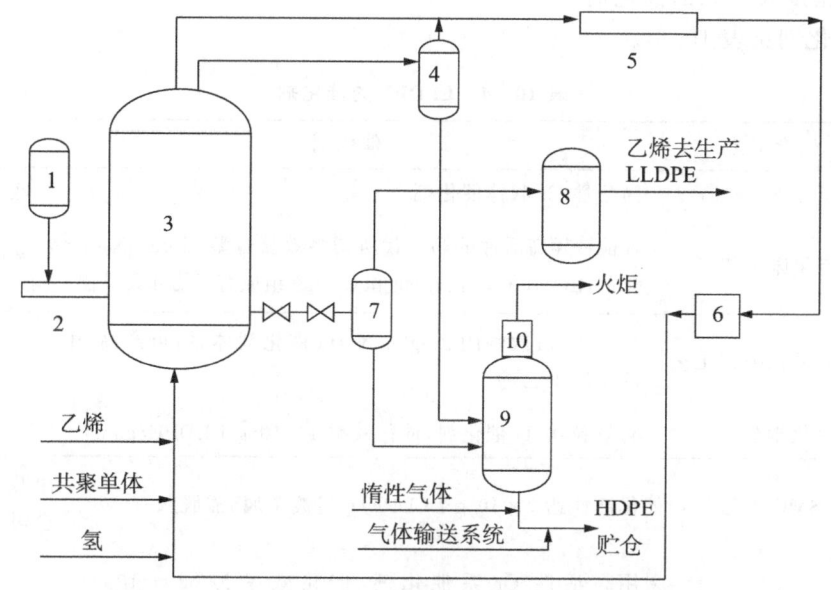

图 10-1 美国 U.C.C. 高密度聚乙烯的气相聚合流程
1—催化剂转移器;2—催化剂加料器;3—流化床反应器;4—多级旋风分离器;5—空气冷却器;
6—压缩机;7—产品排出器;8—出口缓冲罐;9—产品净化器;10—过滤器

经纯化并压缩到要求压力的乙烯、氢气和干燥后的催化剂加到流化床反应器中,聚合反应在 2.1 MPa、95~105℃下进行,进入的大量冷气体使反应器底部固体反应物料流态化,反应热作为气流显热被带走。未反应的乙烯经反应器上部膨胀段使流速降低,气体中夹带的粒子减少。此气体离开反应器顶部,通过多级旋风分离器除净聚乙烯粉末,之后空气冷却,压缩后返回到反应器。

聚乙烯经两个顺序操作阀门取出,通过产品排出器分离掉所含乙烯(可循环使用或生产 LDPE),尚含 1% 左右乙烯的聚乙烯粉末从产品排出器经气流输送到产品净化器,用惰性气体除去聚乙烯空隙中的乙烯,然后送至贮仓,经造粒或直接包装得产品。

气相流化床工艺因采用高效载体催化剂,省去溶剂循环、回收和脱除催化剂工序,因此工艺过程简短,生产成本降低。气相流化床工艺也可用 Ziegler-Natta 催化剂,但因两种催化剂相互干扰,更换催化剂要花一定时间。

气相流化床工艺存在的主要问题是反应热导出较为困难,乙烯单程转化率仅为 2% 左右,因此增加了乙烯压缩、循环的费用。

3. 线型低密度聚乙烯生产

1) 线型低密度聚乙烯的生产方法

LLDPE 的生产方法与 HDPE 大体类似,其生产方法有低压气相法(包括气相流化床工艺和搅拌床反应器工艺)、溶液法工艺、浆液法工艺(分环管式和釜式两种工艺)及高压法工艺(与乙烯高压自由基本体聚合工艺相似)。

生产 LLDPE 的方法有多种,各法特点相异。低压气相法工艺简单、技术成熟、经济效益突出,适宜大规模工业生产。溶液法生产历史长,技术也较成熟,但工艺过程复杂,不宜生产低熔体指数、分子量高的 LLDPE,但产品性能好,具有较高的竞争力。浆液法虽然采用低沸点溶剂解决了聚合中树脂的溶解和溶胀问题,但溶剂来源有限,不利于工业化生产。高压法生产 LLDPE 采用配位催化剂代替传统高压法用过氧化物引发剂进行自由基聚合,发挥了乙烯高压本体聚合不需要溶剂,引发剂用量少,聚合物不需后处理等优点,这有利于用一套装置既可产 LDPE,也可生产 LLDPE,做到一机多能、一机多用的效果。

2) 线型低密度聚乙烯的催化剂

LLDPE 催化剂见表 10-4。

表 10-4 LLDPE 的催化剂

聚合方法	生产工艺	催化剂	公司
气相法	Unipol 工艺	高活性 Cr 载体催化剂	联碳公司
	B.P 流化床工艺	性能特异高活性的第三代所谓多效复合型 Ziegler-Natta 催化剂,由 Ti,Al,V,Cr,Mg 和 Cl 元素组成有机物和无机物	英国石油化学公司
溶液法	加拿大杜邦公司工艺	采用 V-Ti 改性的 Ziegler-Natta 催化剂体系,可产高、中、低密度聚乙烯	
	美国道化学公司	高效粒状 Ti 催化剂,催化效率 1×10^6 g LLDPE/gTi	
浆液法	荷兰 SMC 工艺	催化活性达 7×10^4 g LLDPE/g 过渡金属,需脱灰	隶属荷兰国家矿业公司
	环管反应器工艺	采用高活性 Cr 系催化剂,催化效率为 $(3\sim10)\times10^5$ gLLDPE/gCr	美国菲利浦石油公司
	埃尔帕索工艺	Ti-Al 催化剂,催化效率达 1×10^6 gLLDPE/gTi	索埃公司和埃尔帕公司合作开发
高压法		独特的 Ziegler-Natta 催化剂	法国煤化学公司

由表 10-4 可见,采用 Ziegler-Natta 催化剂生产 LLDPE,催化效率比生产高密度聚乙烯高。

3) 溶液法线型低密度聚乙烯生产过程

美国 Dow 化学公司溶液法工艺是采用一种高活性的 Ziegler-Natta 催化剂,这种催化剂是由卤化钛的络合物(如乙醇中的三氯化钛)、有机镁组分(如二烃基镁+烷基铝)和卤化物(卤化氢与烷基铝的卤化物)反应制备的,催化效率达 $(5\sim10)\times10^5$ g LLDPE/g Ti。使用一种浓溶液,它是由一种饱和异链烷烃与 $C_8\sim C_9$ 组成的混合物,共聚单体为 1-辛烯。聚合反应采用两个串联反应器,其操作压力为 2.07~5.17 MPa,最高操作温度 180~250℃,乙烯单程转化率可达 90% 以上。聚合工艺流程见图 10-2。

将纯化新鲜乙烯和循环乙烯吸收成为一种含有共聚单体和溶剂的液体,冷却至 0℃,泵送往两个串联聚合反应器,经短暂停留时间,乙烯单程转化率可达 90% 以上。之后聚合熔融溶液经预热送往脱挥发性组分工序,回收单体、溶剂作循环使用。脱挥发物后的熔融物则由齿轮泵或挤出机送去切粒、干燥和包装即得成品。

4. 高分子量和超高分子量聚乙烯

高分子量和超高分子量聚乙烯分子结构与高密度聚乙烯完全相同。通常将分子量为 25~50 万之间的 HDPE 称为高分子量聚乙烯(简称 HMWHDPE),而将分子量在 150 万以上聚乙烯称为超高分子量聚乙烯(简称 UHMWPE)。超高分子量聚乙烯具有极佳的耐磨性,很高的抗冲强度,良好的自润滑性,是一种性能优异的工程塑料。

高分子量聚乙烯可用钛系高效载体催化剂或 SiO_2/Al_2O_3 负载氧化铬催化剂通过采用多个反应器,调节工艺生产出具有双峰分子量分布的高分子量聚乙烯。

超高分子量聚乙烯多采用 Ziegler-Natta 高效催化剂的低压浆液法、Phillips 高效负载催化剂的新浆液法和美国 U.C.C. 的 Unipol 流化床气相法,适当提高浆液浓度和降低聚合温度。

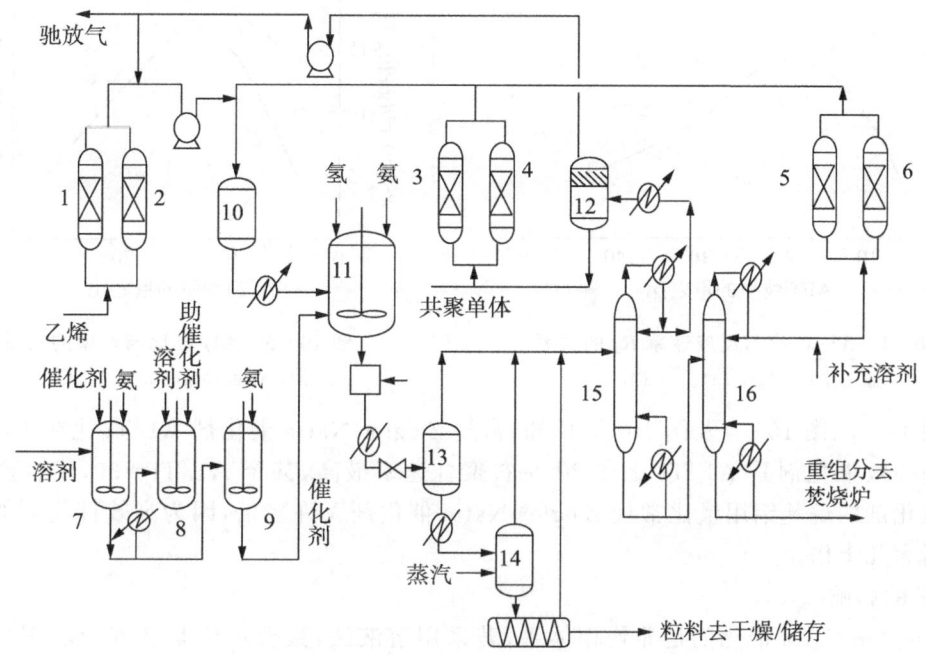

图 10-2 Dow 化学公司溶液法生产 LLDPE 的工艺流程
1~6—过滤器；7~9—催化剂制备罐；10—进料缓冲罐；11—聚合反应器；12—分离罐；
13—闪蒸罐；14—脱溶剂罐；15—再沸器；16—溶剂抽提塔

由于高分子量聚乙烯具有良好的韧性、耐磨性、耐应力开裂性、冲击强度和拉伸强度高,对高湿气体阻隔性好等特点,可用于生产超薄薄膜、汽车燃油箱和大型吹塑容器等。

超高分子量聚乙烯是分子极长的线性聚合物,由于分子链极长,分子链间产生缠结,从而引起聚集态变化,因此它具有许多优异的性能。耐磨性优于其他所有塑料和许多金属;抗冲击强度比聚碳酸酯高 3~5 倍,居各种工程塑料之首;滑动摩擦系数可和聚四氟乙烯相媲美,此外还具有优异的耐低温性和化学稳定性。因此它广泛用在纺织工业、造纸工业、化学工业、食品工业、农业及军工等领域制造许多耐磨自润滑零部件、防腐蚀制品及高强度制品。

10.2.3 聚合反应的主要影响因素

1. 影响聚合反应速率的因素

1) Al/Ti 比的影响

Ziegler-Natta 催化剂体系不同,其 Al/Ti 比对聚合速率及催化效率的影响也不同,分别如图 10-3、图 10-4、图 10-5 所示。

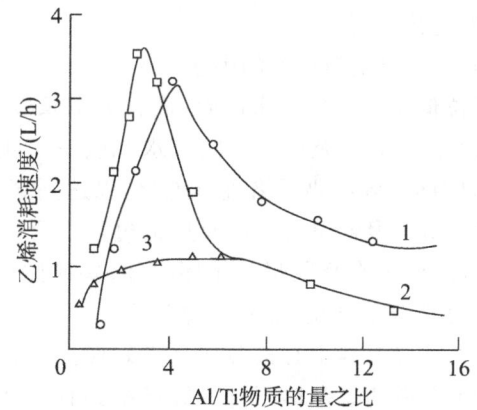

图 10-3 第一小时乙烯的消耗与催化剂 Al/Ti 比的关系
1—$AlEt_3$,20℃,$[TiCl_4]$=0.024 mol/L；2—除 50℃ 外其余条件同 1；3—$AlEt_2Cl$,50℃,$[TiCl_4]$=0.045mol/L

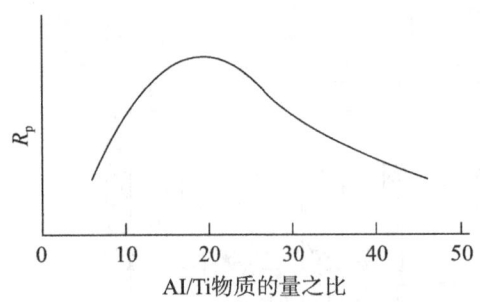 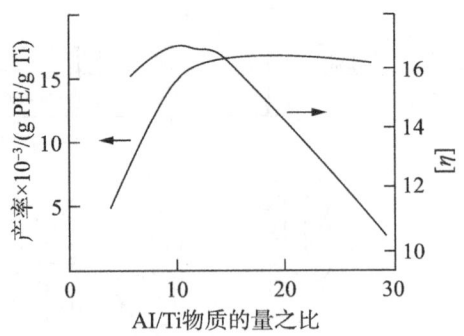

图 10-4　Al/Ti 比与反应速率 R_p 的关系
催化体系：$Mg(OEt)_2 - TiCl_4$

图 10-5　Al/Ti 比与产率的关系
催化体系：$Mg(OEt)_2 - TiCl_4$

比较图 10-3、图 10-4 及图 10-5 可知：常规 Ziegler-Natta 催化剂 Al/Ti 比在 4 左右聚合速率最高。而高效催化剂其 Al/Ti 比在 20 左右聚合速率最高，甚至 Al/Ti=30，聚合产率仍然较高。高效催化剂的烷基铝用量比常规 Ziegler-Natta 催化剂大许多倍，因为高效催化剂的活性中心浓度比后者大几十倍。

2) 扩散的影响

多数 Ziegler-Natta 催化剂是非均相体系，若采用溶液法，聚合反应是在气、液、固三相组成的复杂系统中进行的。在非均相反应中，反应步骤包括以下几步。

(1) 单体乙烯向溶剂液面扩散和溶解，溶解的单体在液相中向固体催化剂表面扩散；

(2) 单体分子在催化剂表面上吸附或络合；

(3) 吸附的单体插入过渡金属—碳键，引起聚合链的增长；

(4) 聚合链的终止或转移，聚合物脱离催化剂表面；

(5) 最后聚合物向溶剂扩散。

非均相反应中，总的反应速率由最慢的反应步骤所控制，当传递速率(1)、(2)两步远大于反应速率(2)、(3)、(4)时，总的反应速率决定于反应速率，即所谓动力学控制，这时活化能一般较大；当传递速率远小于反应速率时，总的反应速率决定于传递速率，即所谓的扩散控制，这时活化能一般比较小。乙烯等聚合物的生成量能影响反应速率，这可能是由聚合物阻碍单体向催化剂扩散或聚合物从催化剂表面上解脱而向溶剂扩散导致而成。因此传质的影响不可忽视，生产上适当提高搅拌，可促进传质、传热。

3) 影响催化剂长效的因素

配位催化剂不仅要求高效，而且力求长效。要保持催化剂长效，可采取以下措施。

(1) 消除有害杂质的影响　水、氧、一氧化碳、二氧化碳以及某些含活泼氢的物质均是有害杂质，所以单体、溶剂要严格进行纯化，以达到聚合的要求。

(2) 防止聚合温度过高及局部过热　可采用管式反应器以扩大传热面，单体外循环冷却，稀释剂回流冷却、聚合物浆料外循环冷却，快速搅拌促进传递，减轻聚合釜结块等。采用负载催化剂可大大减轻聚合釜结块，改善散热效果。

(3) 减轻活性中心被包埋　良好搅拌、散热可减轻活性中心包埋，保持催化剂长效。

(4) 合适的烷基铝用量　烷基铝具有多种功能，可起链转移作用，使增长着的聚合链向烷基铝转移而形成新的活性中心。在反应中要保证烷基铝有一个合适用量即是找到合适的 Al/Ti 比。

2. 影响分子量的因素

从聚乙烯平均聚合度关系式可看出影响分子量的因素有单体浓度[M]、反应时间 t、各链转移剂浓度及各速率常数 K 等，这些因素不是孤立的，而是相互依存相互影响的。

1) 单体浓度

单体浓度对聚合物分子量的影响见图 10-6 和图 10-7。

由图 10-6 可见:常规 Ziegler-Natta 催化剂的聚合速率随乙烯压力的增加几乎成直线关系,而特性黏数近乎不变。但用高效催化剂时,由于催化剂活性高,聚合速率快,相对地向单体链转移速率小,可忽略不计,这时,随单体浓度增加,分子量也增加(图 10-7)。但当氢作调节剂时,按聚乙烯聚合度关系式,分子量应随单体浓度增加而增加,由于氢调分子量随聚合压力升高而降低,所以聚合压力改变对产物分子量的影响实质上是不明显的。

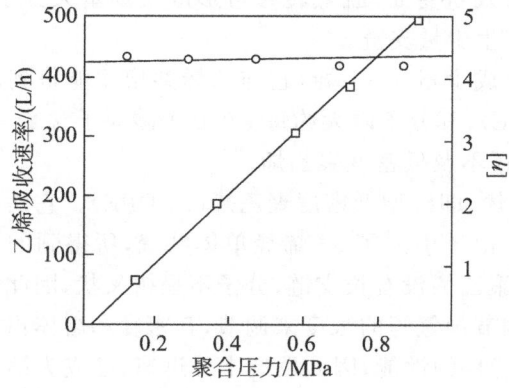

图 10-6 反应压力对聚合速率和特性黏度的影响
催化体系:$TiCl_4$-$AlEt_2Cl$-乙烯

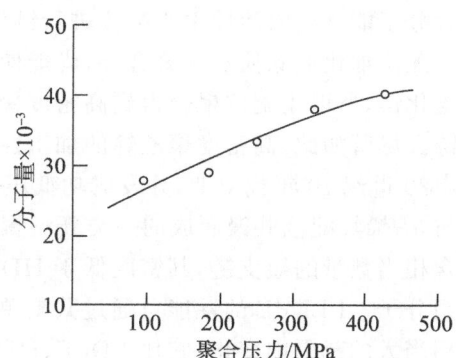

图 10-7 聚合压力与分子量的关系
催化体系:CrO_3-SiO_2-乙烯

2) 反应时间

聚乙烯聚合度随时间的增长而增加,通常聚合反应 2 h 后分子量趋于恒定。分子量与聚合时间的关系与增长着的聚合链的平均寿命相关。反应条件不同,其平均寿命也不尽相同,因此分子量与时间关系曲线也有一定差异。

3) 链转移剂

在 Al-Ti 催化体系中,AlR_3 虽能调节聚合物分子量,但调节范围有限,工业上大都用氢作分子量调节剂(氢的链转移常数是单体链转移常数的近 200 倍)。在 $MgCl_2$-$TiCl_4$-$AlEt_2Cl$ 催化体系中,氢的用量和聚合温度对聚乙烯分子量都有很大的影响。温度升高,链转移常数增大的幅度超过链增长速率常数,所以温度升高,聚乙烯分子量下降。但如氢调,加入量较大,在实际生产中氢的分压达总压力的 20%~40%,导致乙烯浓度的降低。因此可用较高效力的调节剂,用 $ZnCl_2$ 作调节剂可取得明显的效果。

3. 影响分子量分布的主要因素

由配位聚合机理及链转移反应可知,聚乙烯分子的生成过程与活性中心的结构及链转移种类有关,因此活性中心结构及链转移种类也影响聚合物分子量分布。

常规 Ziegler-Natta 催化剂 $TiCl_4$ 与 AlR_2Cl 反应生成 β-$TiCl_3$,β-$TiCl_3$ 面-面结合便得 β-$(TiCl_3)_x$ 线型结构,其线型结构的 β-$(TiCl_3)_x$ 的长短不一,催化剂活性中心只能潜在长短不一的线型结构两端 Ti 原子上(约占总 Ti 的 1%),位于中间的 Ti 原子都不能作为活性中心,由于活性中心的 Ti 原子周围环境不一致,即结构不同,其增长链能力也有区别,且活性不高,链转移和链终止容易发生,因此采用常规钛体系催化剂合成的聚乙烯分子量低,分子量分布也宽。

高效钛体系催化剂(如 $MgCl_2$-$TiCl_4$-AlR_3),其 $TiCl_4$ 高度分散在 $MgCl_2$ 载体上,经还原生成的 β-$(TiCl_3)_x$ 的聚合度 x 很小,不可能形成长短不一的线性结构,可认为活性中心的周围环境近乎一致。由于反应速率高,在未外加链转移剂的情况下,所得为超高分子量聚乙烯。当以氢调分子量时,其他的链转移及链终止相对很小,可以忽略。氢的链转移能力可看成是均等的。活性中心的均一性,链转移的单一性,导致高效钛系催化剂合成的聚乙烯分子量分布较窄。

聚合物的分子量分布窄将会影响加工性能,因此可采取一系列措施,如复合催化剂、复合助催化剂、复合载体、复合链转移剂,环管反应器中改变各部位的聚合温度,采用多段聚合工艺(双釜或多釜聚合)及将分子量不同的聚乙烯共混等措施使分子量分布适度变宽,以获取具有良好的加工性能和力学性能的聚乙烯。

4. 影响支化的因素

乙烯配位聚合中,由于活性大分子链向单体转移及自身 α-脱氢转移可形成端烯基大分子,这种大分子能继续向活性中心配位进行链增长,因而产生少量支链。

配位催化剂除使乙烯聚合外,尚能使乙烯二聚生成少量1-丁烯,它与乙烯共聚便能得到乙烯基支化链,所以用配位聚合得到高密度聚乙烯(HDPE),其分子内大约每1 000个碳原子含2~3个支链。尽管如此,高密度聚乙烯的加工性能、透明度还不及低密度聚乙烯。

20世纪70年代中期,开发成功低压低密度聚乙烯,即线型低密度聚乙烯(LLDPE)。它是由乙烯与 α-烯烃配位共聚而成的一类新型聚乙烯树脂。由于引入了 α-烯烃单体共聚,所得到的大分子含相当数量的短支链,其密度低于HDPE,但所得聚乙烯没有长支链,分子不呈树叉状,因此仍属线型分子。LLDPE的性能可通过共聚单体、用量、调节剂氢等的浓度来调节,其密度和熔体指数可在相当大的范围内变化,它比 LDPE、HDPE 具有更优良的性能,因此发展十分迅速,已成为第三代聚乙烯新型树脂。

LLDPE 以乙烯为主单体,共聚改性单体为 α-烯烃,如 1-丁烯、1-戊烯、1-己烯、4-甲基-1-戊烯等。表10-5列出以 $TiCl_4$ 与 AlR_3 为催化剂,乙烯与部分 α-烯烃共聚时的单体竞聚率。

表10-5 乙烯与有关 α-烯烃单体对共聚反应的竞聚率

单体乙烯(M_1)	共聚单体(M_2)	助催化剂	r_1	r_2
乙烯	丙烯	$AlEt_3$	9.0	0.10
乙烯	1-丁烯	$AlEt_3$	60	0.025
乙烯	1-戊烯	$AlEt_3$	33.2	0.0145
乙烯	4-甲基-1-戊烯	$AlEt_2Cl$	195	0.0025

研究表明,乙烯与 α-烯烃配位共聚时,采用负载型催化剂,无论 Cr 系或 Ti 系催化剂,其催化剂的催化效率比同条件下乙烯均聚要高。

10.3 聚丙烯的配位聚合生产

聚丙烯自1957年意大利 Montecatini 公司首先生产以来,已成为发展速度最快的塑料品种,其产量仅次于 PE、PVC 和 PS 而位居第四位。聚丙烯生产均采用 Ziegler-Natta 催化剂,其聚合工艺基本上与低压聚乙烯相同。聚合过程中有5%~7%的无规聚丙烯,可用己烷、庚烷溶剂进行萃取分离。目前生产的聚丙烯95%皆为等规聚丙烯。无规聚丙烯是生产等规聚丙烯的副产物。而间规聚丙烯是采用特殊 Zeigler 催化剂在低温下聚合而得。

聚丙烯宜采用注射、挤出吹塑等方法成型加工,用途广泛,主要用于制造薄膜、电绝缘体、容器、包装品等,还可用作机械零件如法兰、接头、汽车零件、管道等,可用做家用电器如电视机、收录机外壳,洗衣机内衬等。由于其无毒且具有一定的耐热性,广泛用于医药工业如注射器及药品包装、食品包装等,并且聚丙烯可拉丝成纤维,用于制作地毯及编织袋等。

10.3.1 聚丙烯的聚合体系组成

1. 丙烯的规格

聚合级丙烯的主要技术规格见表10-6。

表10-6 聚合级丙烯的主要技术规格

成分	含量	成分	含量
丙烯(物质的量)/%	>99.6	硫/(μL/L)	<1
烷烃(物质的量)/%	<0.4	氧/(μL/L)	<4
乙烯/(μL/L)	<10	CO/(μL/L)	<5
乙炔/(μL/L)	<1	CO_2/(μL/L)	<5
甲基乙炔/(μL/L)	<5	H_2/(μL/L)	<5
丁二烯/(μL/L)	<1	H_2O/(μL/L)	<2.5
丁烯/(μL/L)	<1	甲醇/(μL/L)	<5

反应系统中,O_2、H_2O、CO、CO_2、含氧化合物、含硫化合物等的存在将使催化剂破坏,其他烯烃和炔烃会影响产品的等规度和结晶形态,因此,原料乙烯必须达到聚合级的要求。

2. 聚合催化剂体系

1) 常规 Ziegler-Natta 催化剂

常规 Ziegler-Natta 催化剂可谓第一代催化剂。它是由 r-$TiCl_3$ 或 β-$TiCl_3$ 与 $AlEt_2Cl$、$AlEt_3$ 组成的丙烯聚合的催化剂体系。此催化剂体系比表面积为 20~40 m^2/g 催化列,催化效率 800 g 聚丙烯/g 催化剂,通常含灰分大于 1 000 μL/L,含无规物大于 10%,为了提高产品质量,工艺上必须脱灰、去除无规物。

在常规催化剂的基础上,在制造催化剂时加入有机物,如醚、酯类等,以改进催化剂的微观结构,活性达 1 500 g 聚丙烯/g 催化剂,比表面积达 40~70 m^2/g 催化列,聚合物的等规度为 95%。

2) 第二代聚丙烯催化剂

20世纪60年代末,比利时索尔维公司开发的高效催化剂,将 $AlEt_2Cl$ 还原 $TiCl_4$ 得到还原固体物 $TiCl_3$ 与异戊醚络合,最后再用 $TiCl_4$ 处理得到紫色的 $TiCl_3$ 络合催化剂,此催化剂被称为络合型催化剂,络合型催化剂的比表面积可达 100~200 m^2/g 催化剂,催化效率比常规催化剂提高 5~6 倍,催化剂的效率达 20 000 g 聚丙烯/g 催化剂。可省去脱催化剂残渣工序,成本降低 20%,聚合物的等规度为 95%~96%,表观密度为 0.45~0.55 g/cm^3,熔体指数可调范围(0.3~30)g/10 min,产品流动性好。这种催化剂是丙烯聚合的第二代催化剂。

3) 第三代高效载体催化剂

由蒙埃-三井油化1976年开发的 Hy-HS-Ⅰ 催化剂,是由 $TiCl_3$-$MgCl_2$-$AlEt_3$-酯-醚等组成的高效载体催化剂。催化效率达 8 000~10 000 g 聚丙烯/g 催化剂,实现不脱灰处理,产品含钛仅 1~2 μL/L,但聚合物的等规度只有 93%~95%,仍需进行脱无规物处理。

1984年底,一种产品质量和生产成本均占优势的第三代聚丙烯生产工艺在日本三井油化千叶厂投入工业化生产,实现聚丙烯制造法的重大革新。

这种催化剂（Hy-HS-Ⅱ催化剂）是由极细的 $MgCl_2$ 粒子上负载的 $TiCl_4$ 与适当的电子给予体 EB（苯甲酸乙酯）的 $MgCl_2$-$TiCl_4$-EB 型固体催化剂及三乙基铝和 EB 组成的催化体系。这种催化剂的催化效率为第一代催化剂的 250～750 倍，为索尔维催化效率的 30～100 倍，且等规度达 98%。

这种催化剂采用 $MgCl_2$ 作为载体，增大了活性中心的数目，以期达到提高活性的目的。加入 EB（苯甲酸乙酯）第三组分，无规物生成量减少，等规物大幅度增加。这种催化体系可称为第三代超高活性催化剂。这种催化剂具有长效、高活性、高定向能力等特点。它具有常规催化剂所不可具备的特性，能生产高熔融流动性的聚丙烯。由于催化剂形态技术的确立，聚合粉末的粒度极其均匀，成型加工性良好，这种催化剂可谓一种独特的催化剂。

此外还有三井油化 TK 和海蒙特的 GF_{2A} 高效、高选择性载体催化剂。这种催化剂是将 $TiCl_3$ 负载于载体上，配制使用时加入 $AlEt_3$ 和第三组分（二苯基二甲氧基硅烷），催化活性高达 20 000 g 聚丙烯/g 催化剂，聚合物的等规度达 97%～99%，产品含钛 1 μL/L，实现其不脱灰、不脱无规物的新工艺。

10.3.2 聚丙烯的配位聚合生产工艺

1. 丙烯配位聚合的生产方法

丙烯配位聚合有三种方法：浆液聚合法、液相本体聚合法和气相本体聚合法。

1）浆液聚合法

用常规或高效 Ziegler-Natta 催化剂，丙烯在烷烃如乙烷、庚烷、抽余油等稀释剂中聚合，由于生成等规聚丙烯即使在稀释剂沸点温度下也不溶解，所以称其为浆液聚合法或淤浆聚合法。在 20 世纪 70 年代前大都采用浆液聚合法生产聚丙烯。这种方法若用常规 Ziegler-Natta 催化剂需要进行脱除催化剂及分离无规物，因此流程较长、成本较高。近年来由于许多公司采用液相本体聚合法、气相本体聚合法，浆液聚合法应用逐渐减少。许多厂大都采用高效、高选择性载体催化剂，简化工艺流程、不脱灰、不脱无规物，溶剂不担负溶解无规物的作用，可以直接循环使用，质量提高，生产成本降低，因此，这种生产方法还在持续。

2）液相本体聚合法

丙烯液相本体聚合实际上是以液态丙烯为稀释剂的浆液聚合法。聚合后，只需闪蒸未聚合的丙烯即可得到产品。由于采用高效催化剂，无规物含量大为降低，不必脱除催化剂残渣。该工艺特点是流程短，设备少，投资省，经济效益显著，且基本消除三废。液相本体聚合法呈上升趋势。

3）气相本体聚合法

1969 年德国巴斯夫公司首先实现气相法聚丙烯工业化。此法是利用丙烯气流强烈搅拌来增大丙烯分子与催化剂接触的机会，从而提高催化剂效率。这种方法生成的一小部分聚丙烯作为催化剂的载体，在反应器内使丙烯气流形成流动床。该法传热情况良好、反应温度均匀，调节进气的速度及压力，可以控制聚合反应速率和温度，所以反应快，使设备生产能力提高。且可实现一套装置生产多种聚烯烃产品。气相本体聚合法操作技术要求高，循环丙烯所耗动力大。若能使丙烯单程转化率及等规度提高，这一方法更有前景。

2. 聚合配方及工艺参数

现代或被称改进的浆液法工艺一般仍沿用第二代催化剂，其聚合配方及工艺参数如下。

催化剂	$TiCl_3$-异戊醚-$TiCl_4$-$AlEt_2Cl$（第二代催化剂）
Al/Ti/mol	2～6
催化剂效率/（g 聚丙烯/g 钛）	70 000

催化剂用量	据催化剂活性和聚合物浓度计算
丙烯转化率/%	60
聚合物浓度/%	35
溶剂	正庚烷或抽余油
调节剂	H_2（据熔体指数决定其用量）
聚合温度/℃	50～60
聚合压力/MPa	1.1～1.2
聚合物等规度/%	95～96
无规物/%	4～5

浆液聚合法工艺不同，工艺条件也不尽相同。

3. 丙烯聚合工艺过程

丙烯聚合工艺过程包括原料精制、催化剂配制、聚合、分离与干燥及溶剂回收、造粒与包装等工序。

现代或称改进的浆液法工艺一般仍沿用第二代催化剂，免除脱灰工序，并使无规物含量降低。图 10-8 是改进的浆液法聚合工艺流程图，该流程可生产均聚、无规共聚和抗冲共聚产品。

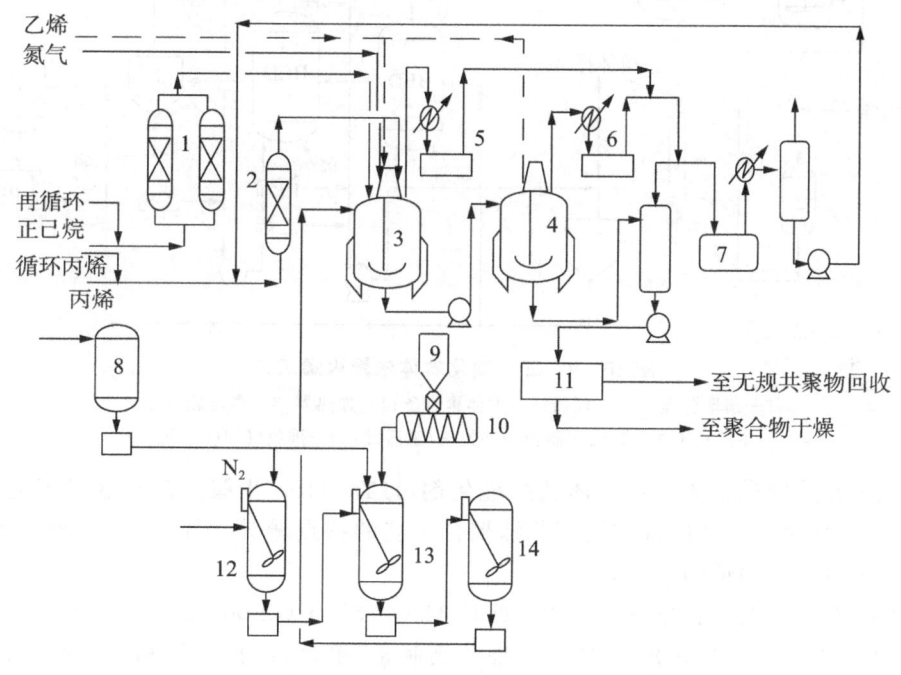

图 10-8 浆液法生产聚丙烯的工艺流程

1—己烷干燥器；2—丙烯干燥器；3、4—聚合反应器；5、6—反应器回流罐；7—丙烯循环压缩机；8—溶剂缓冲器；9—催化剂料斗；10—催化剂计量进料器；11—聚合物离心分离机；12—助催化剂混合罐；13—催化剂浆液混合罐；14—催化剂进料罐

新鲜的聚合级丙烯与丙烯回收压缩机返回的循环丙烯混合，经分子筛干燥器脱除杂质后，与配制的催化剂浆液、溶剂（如正己烷或庚烷）、调节剂氢分别相继进入两台串联反应器，于 60℃、1.2 MPa 条件下进行聚合，其聚合热由反应物料进入时吸收部分显热及冷凝回流、冷却夹套、冷却挡板来排除。溶剂加入速度维持反应器出口浆液中聚合物浓度为 35%，经一定停留时间，丙烯转化率达 60%。浆液聚合工艺不同，反应条件也有差异。

离开第二反应器浆液连续排到压力为 0.14 MPa 的闪蒸罐中，脱除出的部分溶剂与未聚合的丙烯经压缩、冷凝循环进入反应器。

闪蒸罐中的浆液混合物经离心,含溶剂无规物的离心液经脱除无规物、精馏,其溶剂循环使用,而无规物以作副产品综合应用。离心滤饼约含20%液体,在由二级流化床系统等组成的干燥工序进行脱除并回收。滤饼干燥后即成聚丙烯粉末而连续输送入粉料仓,经掺混、挤压造粒、包装即得成品聚丙烯。

20世纪70年代后,随着高效、高选择性催化剂的使用,将实现不脱灰、不脱无规处理的新工艺。三井油化的丙烯液相本体法就是这一新工艺的代表。该工艺包括催化剂进料系统,反应器系统、单体闪蒸、循环、聚合物脱气和后处理等。图10-9所示为三井油化本体法聚丙烯工艺流程图。

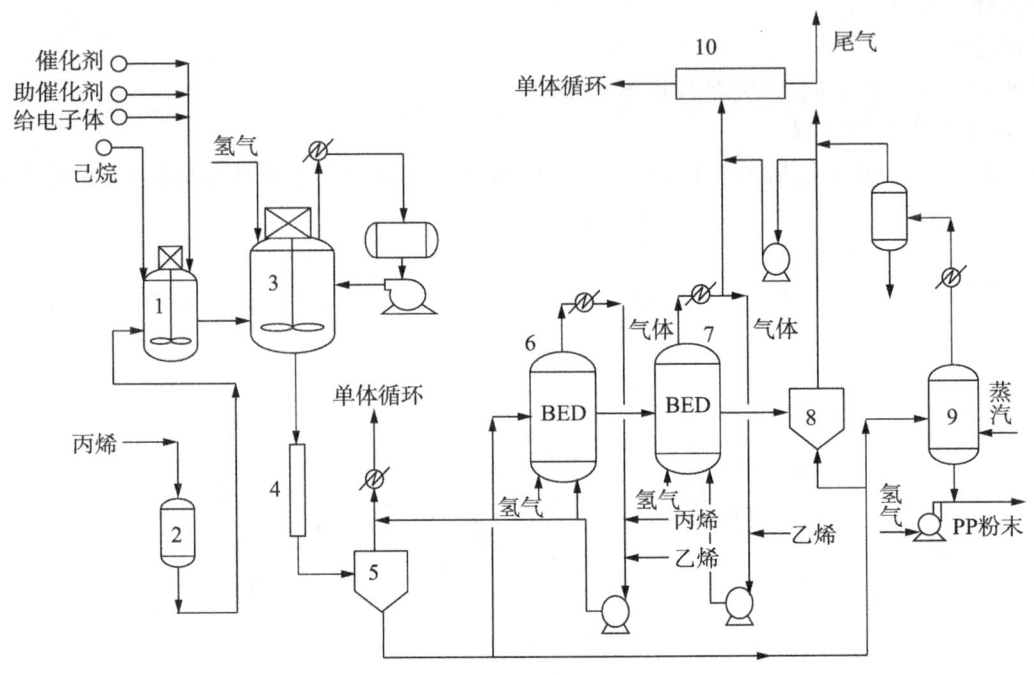

图10-9 三井油化本体法聚丙烯工艺
1—预聚合釜;2—处理器;3—本体聚合釜;4—加热器;5—高压脱气罐;
6,7—气体共聚反应器;8,9—脱气/脱活罐;10—排放气回收系统

三井油化工艺采用最新的高效立体选择催化剂(HY-HS-Ⅱ催化剂),这种工艺是多级聚合工艺,将溶剂法丙烯聚合工艺的优点同气相法聚合工艺的特点融为一体,它是一种不脱灰、不脱无规物能生产多种牌号聚丙烯的工艺。

此外还有很有前景的气相聚丙烯工艺,如U.C.C./Shee Unipol工艺。该工艺使用超高活性催化剂,等规度达98%,其主要由原料精制、催化剂制备、聚合、树脂脱气和尾气回收,造粒及包装等工序组成。Unipol气体流化床聚丙烯工艺见图10-10。

在聚合工序中,第一反应器用SHAC超高活性催化剂生产PP均聚物和无规共聚物。第二反应器中一旦加入助催化剂T_2即可生产抗冲共聚物。

4. 聚合物质量控制

(1) 分子量及其分布　在聚合反应中,控制聚合物性能的主要方法是催化剂,但调节剂的加入量及共聚反应中乙烯的加入量及后处理的降解均可调整分子量及其分布。

(2) MFR(熔体流动速度)　MFR是表征树脂可加工性能的重要特性之一。该值可通过改变聚合反应中氢气浓度来进行控制,H_2/C_3比例增大,PP分子量相应减小,而MFR相应增大,加工性能得到改善。

(3) 等规度　聚丙烯的等规度愈高,结晶度就愈大,刚度也上升。当等规度降低,不仅降低产

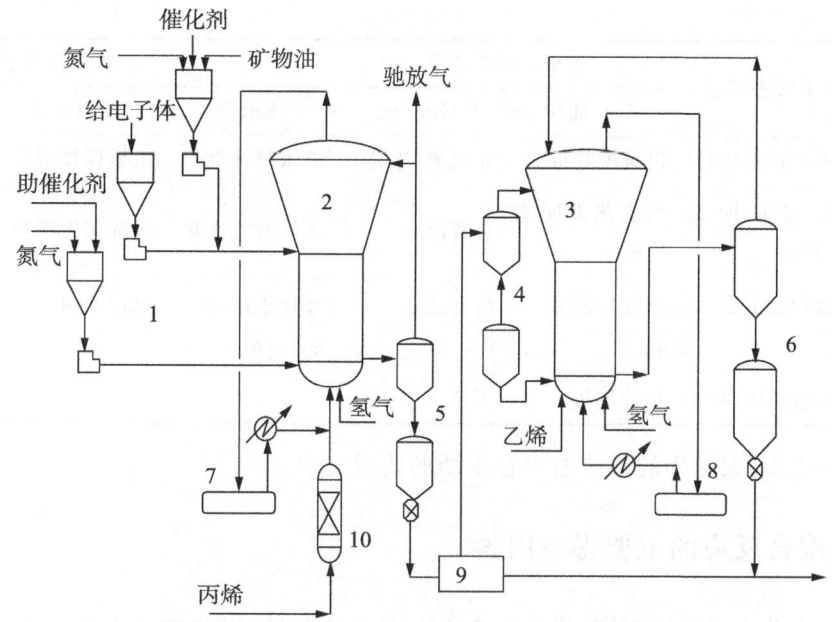

图 10-10 Unipol 气体流化床生产聚丙烯的工艺流程
1—催化剂进料系统；2—聚合反应器；3—共聚反应器；4—输送罐；5、6—分离器；
7—循环压缩机；8—循环鼓风机；9—输送站；10—干燥器

品刚度，同时由于无规物转移到丙烯溶剂中而造成浆液黏度增大，从而导致工艺操作困难。在某些工艺中，采用使催化剂略过量将等规度稳定在一个稍高的水平，以免操作过程误使浆液黏度增大导致无法控制。采用第三代高效载体催化剂可将等规度提高到一个新的水平。

（4）刚度　刚度是衡量树脂机械强度即拉伸屈服应力和弯曲模量的重要指标之一。聚丙烯树脂的刚度是由结晶度来确定的，因此提高等规度即可使刚度增加。刚度也可通过添加成核剂以此增加结晶度来改善。

（5）灰分含量　聚丙烯合成中，若催化剂用量大，最终将使聚合物灰分增加，由此可能使聚合物颜色加深，影响产品质量。为了减少灰分含量，可通过控制聚合条件来提高催化剂活性及采用第三代超高活性载体催化剂，从而减少催化剂消耗量。

5. 反应热的去除

丙烯的聚合热为 1.947×10^3 kJ/kg。工业上使用大型聚合反应器时，采用的散热方式有夹套冷却、挡板冷却、盘管冷却、单体及溶剂回流冷却、淤浆釜外循环去除反应热等。

在两釜连续聚丙烯生产装置中，采用散热方式为：第一釜，夹套和列管回流冷凝器除热；第二釜，装有夹套和导管式淤浆冷却器及挡板冷却器。

此外，聚合釜必须十分光洁，以防止聚合物粘壁，利于传热。

6. 反应器

聚丙烯工艺不同，其聚合设备也不尽相同，见表 10-7。

表 10-7　聚丙烯不同工艺的反应器比较

反应器类型	浆液法工艺	液相本体法工艺		气相本体法工艺		
		三井油化	Himont	BASF	AMOCO	UCC
反应器类型	釜式搅拌器	釜式搅拌反应器	双管反应器	立式搅拌床	卧式搅拌床	沸腾床

续表

	浆液法工艺	液相本体法工艺		气相本体法工艺		
		三井油化	Himont	BASF	AMOCO	UCC
混合	机械搅拌混合	机械搅拌混合	非机械(液体)	机械搅拌混合	机械搅拌混合	非机械(气体)
聚合热移出方式	夹套和回流冷凝	丙烯蒸发回流冷凝	套管冷却	丙烯蒸发潜热	丙烯蒸发潜热	丙烯蒸发潜热
流型	近理想混合	近理想混合	活塞流	近理想混合	近活塞流	全混活塞流
转化率/%	60	50	55～65	80(均聚)		
材质	搪瓷或不锈钢	复合钢板	不锈钢			

随着技术的进步,聚丙烯的反应器也在不断的改进之中。

10.3.3 聚合反应的主要影响因素

丙烯配位聚合其实施方法不同,影响因素也有很大的差异,以浆液聚合法为例,影响聚合反应的主要因素如下。

1. 催化剂用量

由丙烯配位聚合反应动力学公式可知,聚合反应速率与 $TiCl_3$ 用量成正比,而与 $AlEt_2Cl$ 用量无关。但若烷基铝用量过大,因其引起链终止,将使聚合物的分子量降低。在连续聚合中,$TiCl_3$ 用量根据催化剂的活性和浆液中固体物的浓度进行计算。

2. 催化剂配比

Al/Ti 比对聚合反应速率影响较小(图 10-11),对等规度影响也不大,其主要对反应的持续时间有影响。Al/Ti 比大,聚合反应有效时间长。Al/Ti=2～3,对反应速率无影响;Al/Ti=1,则会引起聚合度下降。

在实际生产中,为确保 Al/Ti 的活性,可适当提高 Al/Ti 比。过量的 $AlEt_2Cl$ 是考虑溶剂,单体中微量水及含氧化合物等会消耗一部分 $AlEt_2Cl$。因此,一般 Al/Ti 比控制在 2～6。

3. 助催化剂

聚合速率通常与 $AlEt_2Cl$ 的用量无关,但若用量过小,不能使 $TiCl_3$ 全部络合,则影响反应速率。因 $AlEt_2Cl$ 或 $AlEt_3$ 是链转移剂,若其用量增加,则使聚合物分子量降低。

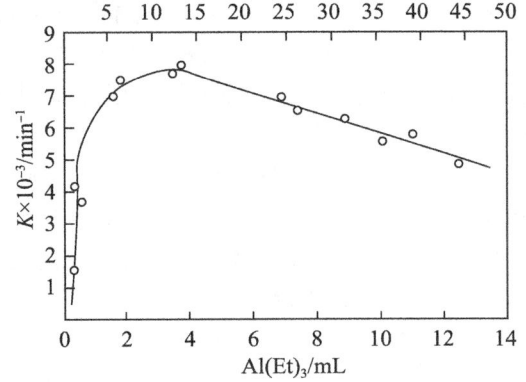

图 10-11 Al/Ti 比与反应速率的关系
丙烯浓度 2.33mol/L;$TiCl_3$ 浓度 0.77g/L

4. 丙烯的分压

在 $TiCl_3$-$AlEt_3$ 催化体系中,丙烯分压越大,反应速率越快。丙烯浓度与丙烯分压成正比。若丙烯浓度过高,则造成反应体系物料过浓,影响聚合热排除,反应产物转移困难。生产上一般采用丙烯的浓度为 300 g/L 溶剂,转化率达 90% 左右即可。

5. 溶剂

丙烯配位聚合,国外大多用正庚烷、正己烷为溶剂。国内多采用铂重整抽余油(沸程 80～120℃)作溶剂。丙烯聚合用溶剂除要求分散催化剂,丙烯在其中的溶解度大、无毒、促进传热外,还有萃取无规物的作用,可使无规物与等规物分离,使聚丙烯成品的等规度达到95%～97%,并且溶剂对结晶部分无膨润作用。现大多采用高效、高选择性催化剂,无规物大为降低,所以溶剂作用主要起分散催化剂溶解丙烯及促进传热作用。

6. 反应温度

温度对反应速率的影响很复杂。升高温度对络合物的活化和链增长有利,但不利于络合物的形成和单体的吸附,因此要综合考虑温度的影响。与一般聚合反应相同,聚合速率随温度上升而增加,但温度上升,链转移和链终止的速率较链增长快,因而平均分子量降低。随反应温度的升高,规整性降低,要得到80%～85%不溶于庚烷的聚合物,一般温度控制在70℃以下,若超过70℃,会引起快速的连锁反应,产生低分子量的无规物。

7. 反应压力

压力增高,丙烯溶解度加大,单体浓度增高,反应速率加快,聚合物分子量增大。在一定压力范围内,压力增大对产物分子量无很大的影响。反应压力过高,设备要求复杂,操作困难,目前聚合压力一般控制在0.71～1.22 MPa(表压)。实际此压力是溶剂造成的液体压力。在此条件下,丙烯已完全溶解在溶剂中,对提高单程转化率有利。如果压力小于0.71 MPa,丙烯不能很好地溶解在溶剂中,釜内存在气相,丙烯气体窜入最后一釜,造成大量的尾气,这样就降低了丙烯的单程转化率。

8. 反应时间

丙烯聚合反应有一诱导期,反应初期,反应速率随时间的延长而逐渐增加。诱导期以后,反应速率随催化剂浓度及丙烯浓度降低而有所降低。提高$TiCl_3$细度、增加丙烯的分压、提高反应温度,均有利于缩短诱导期。聚合时间增长对分子量影响不大,而能增加聚合物产率;但反应时间过长,固体物浓度过大,不利于聚合反应的均匀进行及物料输送转移,所以一般进行到聚合物浆液中固体物含量达到20%～35%,即停止反应进行后处理。

9. 搅拌速度

聚丙烯浆液聚合系多相体系,最佳的搅拌效果有利于单体和催化剂的均匀扩散和充分接触,有利于反应热的传递和聚合物颗粒的转移。搅拌速度和搅拌器形式都能影响搅拌效果。目前大多采用斜桨式分层(2～3层)搅拌,转速视釜容积而定,小釜一般为80～120 r/min,大釜通常为50～65 r/min。

10. 调节剂

工业上,丙烯聚合常用氢作链转移剂来控制分子量,氢的分压与聚合物分子量的关系如表10-8所示。

表10-8 氢的分压与聚丙烯分子量的关系

氢的分压	0	0.2	0.5	1.0
M_w	480 000	110 000	72 000	60 000

在聚合系统中,若加入$(C_6H_5)_3CH$、C_2H_5Br、$Zn(C_2H_5)_2$等可使分子量降低,而加入$Ni(C_4H_9)_2$、$(C_6H_5)_2TiCl$等可使分子量增高,添加剂的加入增加了催化剂络合物的稳定性。

11. 第三组分

给电子有机化合物特别是叔胺类化合物作催化剂配制的第三组分时,能提高聚丙烯的等规度,但使聚合速率下降。但有的第三组分如含氧有机化合物,不仅使聚丙烯的等规度提高,且使催化效率也升高。

10.4 顺丁橡胶的配位聚合生产

聚丁二烯的单体为丁二烯，随聚合不同可分顺式聚1,4-丁烯、反式聚1,4-丁二烯和乙烯基丁二烯橡胶。自 Ziegler-Natta 催化剂使用后，可得规整性好的二烯类橡胶。按聚合方法不同，可分为溶聚丁二烯橡胶、乳聚丁二烯橡胶以及苯酮聚合的丁钠橡胶。按分子结构可分成顺式聚丁二烯和反式聚丁二烯。在聚合过程中采用不同的催化剂可制成高顺式丁二烯橡胶、中顺式丁二烯橡胶、低顺式丁二烯橡胶和反式聚丁二烯橡胶不同的品种。

目前世界上顺丁橡胶的产量仅次于丁苯橡胶居第2位。而聚合的方法一般以镍、钴体系的 Zeigler-Natta 催化体系，溶液聚合法为主。聚丁二烯橡胶中最重要的品种是溶聚高顺式丁二烯橡胶。其性能特点是：弹性高，是当前橡胶中弹性最高的一种；耐寒性好，其 T_g 为 $-105℃$，是通用橡胶中耐低温性能最好的一种；耐磨性能优异；滞后损失小；耐屈挠性好；与其他橡胶相容性好。其缺点是拉伸强度和抗撕裂强度低于天然橡胶和丁苯橡胶，用于轮胎在湿路面上易打滑，另外加工性能差，高顺式聚丁二烯橡胶主要用于制造轮胎、胶鞋、胶带、胶辊等耐磨制品。

10.4.1 顺丁橡胶的聚合体系组成

1. 单体、溶剂的规格

单体丁二烯纯度≥99%，水值<20 μL/L，顺、反-2-丁烯≤1%。

溶剂为抽余油，外观无色透明，相对密度 $d_4^{20}=0.68$，水值<20 μL/L（脱水后），碘值<0.1。若用甲苯、庚烷作溶剂，也须达到顺丁橡胶聚合溶剂规格。

2. 聚合催化剂体系

1）钛系催化剂

由 $TiCl_4 - AlR_3$，$TiCl_4 - AlR_3 - I_2$（R 是乙基或异丁基）构成的钛系催化剂是顺丁橡胶工业化最早的催化剂。其优点是产品凝胶含量较低，充油和充碳黑量较多。但催化剂价高，不可溶，产品分子量分布窄，冷流倾向较大，加工性能不如钴系和镍系催化剂。

2）钴系催化剂

可溶性钴催化剂是一种多功能催化剂。一般情况下，丁二烯聚合可合成高顺式-1,4-聚丁二烯，而对异戊二烯聚合只能得到顺式-1,4-含量在65%左右的聚合物。如果不用含卤素的 AlR_3 作助催化剂，则可制得1,2-聚丁二烯；如果加入给电子试剂，又能合成高反式-1,4-聚丁二烯。

钴系催化剂是由主催化剂二价钴化合物（氯化物、氧化物、有机酸盐和吡啶络合物等）和助催化剂（AlR_2Cl、$AlCl_3$、$Al_2Et_3Cl_3$ 等）组成。为提高催化剂的活性还加入第三组分，如水、有机过氧化物、卤素、醇等。

钴系催化剂的特点是：采用 $CoX_2 - AlEt_2Cl$ 非均相催化体系时，需加入活化剂，加入量一般为 $AlEt_2Cl$ 的10%~20%（物质的量）；采用辛酸钴 $Co(otc)_2$、$Co(naph)_2$、$Co(acac)_2$ 或 $CoX_2 \cdot 2py$ 时可形成均相引发体系，活性大为提高，产率可达 10^5 g 聚合物/g 钴化合物；在体系中加入少量给电子试剂如醚类、有机胺时，能改善催化剂在烃类溶剂中的溶解度，不影响聚合物的微观结构，但用量不能太高，否则易生成高反式-1,4-聚丁二烯；配制催化剂时，若加入二烯烃，易形成 π 络合物。可使催化剂的稳定性提高；钴催化剂体系可制取顺式-1,4含量达90%，分子量为 $(1\sim100)\times10^4$ 的高聚物。

钴催化剂体系的主要缺点是分子量大,易产生凝胶,产品加工性能不太好,因聚合物的规整性高,影响聚合物的结晶倾向,降低橡胶的弹性,此外,提高聚合反应温度也导致聚合物中顺式-1,4含量的降低。

3) 镍系催化剂

镍系催化剂是属均相催化剂,一般由以下三组分构成。

(1) 有机酸镍　有机酸镍有环烷酸镍、辛酸镍、硬脂酸镍、乙酸丙酮镍、苯甲酸镍等。该组分是组成催化剂活性中心的核心,主要起定向作用,且具有高顺式-1,4定向能力。其选择条件是在溶剂中有足够的溶解能力,一般选用环烷酸镍盐。

(2) 三氟化硼与醚类的络合物　路易斯酸皆可作为镍系三组元催化剂中的一个组分,但以氟化物为佳。所用氟化物可选用碳原子数为1~20的醚络合的三氟化硼,该组分的作用是与烷基铝共同提供催化剂的活性和提高聚合物的分子量,能使聚合物产率提高,凝胶含量降低。一般选用三氟化硼乙醚络合物。

(3) 烷基铝　烷基铝为助催化剂,主要用作镍的还原剂,且有清除杂质的作用。一般选用还原性强和烷基化能力高的烷基铝,如三乙基铝($AlEt_3$)、三异丁基铝[$Al(i-Bu)_3$]等。$Al(i-Bu)_3$在制备与安全方面较$AlEt_3$方便有利,但$AlEt_3$活性较$Al(i-Bu)_3$高。

在镍系催化剂配制中,在环烷酸镍与烷基铝反应前,可加入少量丁二烯,以此提高催化剂的稳定性及聚合物的分子量。

镍系催化剂的特点是:顺式-1,4含量高,一般可达96%;催化剂体系活性高,性能稳定,用量少,单程转化率高,聚合速率易于控制;提高单体浓度对所得聚合物无不利影响,可节省溶剂的回收费用;定向能力高,即使工艺条件变化,聚丁二烯的微观结构也基本不变;聚合反应在较高温度(<80℃)下进行也不影响聚合物的质量及顺式-1,4含量;镍系催化剂可溶于芳烃及脂肪族溶剂中,所生成聚合物凝胶含量少、支链少,分子量分布宽,产品在加工性方面比钛系和钴系优越。

4) 稀土体系

稀土催化剂由三部分组成:即三价稀土(Pr,Nd,Ce等)化合物,如稀土卤化物、羧酸盐或螯合物;烷基卤化铝,其中以Cl,Br,I卤素离子最适合;具有还原能力或烷基化能力的试剂如三烷基铝。稀土胶与钛胶相比,具有分子量分布较宽,挂胶少,冷流性较小及催化剂资源丰富等特点。采用稀土催化剂可制得顺式-1,4含量大于97%的顺丁橡胶。

10.4.2　顺丁橡胶的配位聚合生产工艺

1. 聚合配方及工艺条件

Ni,Al,B,[丁]分别表示环烷酸镍、三异丁基铝、三氟化硼乙醚络合物及单体丁二烯,则顺丁橡胶的参考配方及工艺条件见表10-9。

表10-9　顺丁橡胶的聚合配方及工艺条件

聚合配方	聚合条件
[丁]=8~15g/100mL	聚合温度50~80℃
Ni/丁(物质的量之比)=(1.0~1.5)×10^{-4}	聚合系统压力≤0.6MPa
Al/丁(物质的量之比)=(1.0~1.75)×10^{-3}	聚合反应时间3~4h
B/丁(物质的量之比)=(1.0~1.3)×10^{-3}	聚合转化率≥80%
Ni、Al中的丁二烯,丁/Ni=6(物质的量)	门尼黏度45±5

聚合配方	聚合条件
调节剂 ROH/Al=0.9(物质的量)	
终止剂 CH_3CH_2OH/Al=9.0(mmol)	
防老剂 264 按转化率 80%、干胶质量的 2%计算	
催化剂加料顺序 Ni、Al 混合 B 单加	

2. 催化剂的配制

催化剂的配制可间断配制和连续配制。工业上一般用连续配制。

若以抽余油为溶剂,催化剂加料顺序采用[丁]-Ni-Al 配制,B 经抽余油配制成一定浓度后而单独加入首釜中。

在催化剂的配制中,陈化型催化剂浓度得配制适当。如果浓度太低,将使催化剂配制设备容积增大,这样不经济。若浓度太高,将使体系的温度急剧上升,从而影响催化剂的活性。

3. 聚合

1) 顺丁橡胶生产工艺过程

顺丁橡胶的生产包括原料精制、催化剂配制、聚合、分离、回收、后处理等工序。图 10-12 是顺丁橡胶生产工艺流程图。

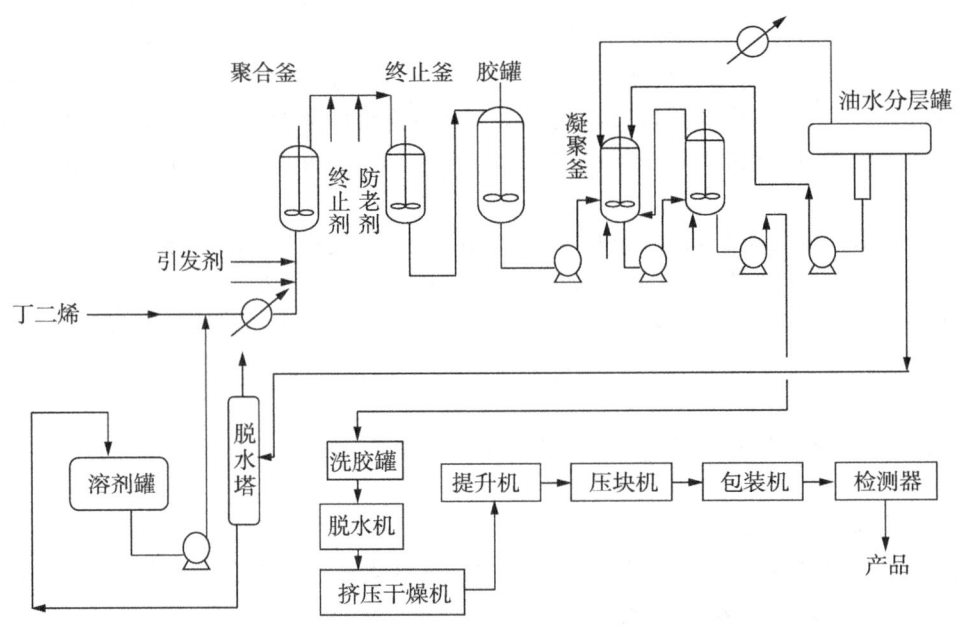

图 10-12 燕山石油化工公司的顺丁橡胶生产流程

经精制的单体和溶剂以一定比例与催化剂混合后连续加至 3~4 个串联带夹套压力釜内(聚合系统在聚合前须经脱氧、脱水处理),依次釜底进料,釜顶出料,于 50~80℃,聚合系统压力小于 0.6 MPa 下,反应 3~4 h,即得胶液浓度为 10%~15%的聚合物溶液,在终止釜中加入终止剂、防老剂送入混合槽混批。

经混批后胶液喷入由蒸汽加热的热水中,在蒸去溶剂单体的同时,橡胶溶液凝聚成小颗粒。经凝聚除去溶剂后的橡胶粒淤浆,送至后处理。经过滤除水后所得含水橡胶用挤压机脱水、挤压膨胀、干燥机干燥后,成型、包装即得产品。

2) 聚合条件控制

合适的聚合条件是保证生产合格顺丁橡胶的关键。在聚合中必须对聚合温度、胶液的动力黏度等进行适当的调节。

(1) 温度控制

在生产中可用下述几种方法来调节温度。

调节预热器的温度;增减丁-溶剂进料量;增减催化剂进料量;聚合釜内通冷溶剂;聚合釜夹套加热或冷却。

(2) 转化率的控制

在生产过程中,为了控制聚合反应,需要测定胶液的黏度来了解聚合进行的情况。因聚合液黏度反映了聚合反应转化率的大小和顺丁橡胶平均分子量的高低。转化率增加,动力黏度也增加。在同样转化率的条件下,顺丁橡胶的平均分子量越大,动力黏度也越大。由此可见,只有一个动力黏度的数据不能同时确定转化率和产品的性能。

在聚合过程中,控制首釜的动力黏度非常重要,因为首釜的动力黏度值最容易反映出聚合反应进行的好坏。首釜动力黏度控制范围随聚合配方,丁二烯浓度,溶剂种类,聚合工艺条件不同而不同,一般以实践经验而定,若动力黏度出现偏差,则可采取相应的对策。

(3) 质量控制

表 10-10 是顺丁橡胶产品质量控制指标。一般情况下,催化剂体系确定后,顺丁橡胶的微观结构就无多大的变化,而产品质量指标中关键的就是胶的门尼黏度。因胶的门尼黏度是和分子量与分子量分布有关的,它是反映胶的加工性能的一项重要指标,一般来说,随门尼黏度的升高,力学性能变好,加工性能变差,门尼黏度在 55 以后,力学性能变化不大,但加工性能显著变坏。顺丁橡胶的门尼值一般控制在 45~55 之间,在此范围内,顺丁橡胶的力学性能和加工性能都较好。

表 10-10 顺丁橡胶产品质量控制指标

项目	中国	日本	项目	中国	日本
生胶性质			硫化胶性能		
门尼黏度($ML_{1-4}^{100℃}$)	45~55	45	拉伸强度/MPa	17.7	18.9
顺式-1,4/%	96	96	300%定伸应力/MPa	8.9	8.5
重均分子量$\overline{M}_w \times 10^{-4}$	20~30	49.5	扯断伸长率/%	510	530
分子量分布	宽	宽	邵氏 A 硬度	60	60
玻璃化转变温度/℃	-120	-120	回弹性/%		68

通常也生产一定量的高门尼黏度的顺丁橡胶,用 66~70 门尼黏度的顺丁橡胶,在胶液凝聚前按 100 kg 胶充 37.5~50 kg 的烷烃油、环烷烃油或芳烃油,可制得门尼黏度为 30~35 的充油顺丁橡胶,其物性和加工性能得到改善,产量得到大幅度提高。

在生产中,可通过调节陈化温度,加分子量调节剂,调整催化剂中 Al/B(物质的量)比,B 剂的加入量等方法来控制门尼黏度。

(4) 聚合液黏度

溶液聚合中较为突出的问题是黏度。随聚合反应的进行,单体转化率不断增加,溶液黏度也随之上升,给搅拌、传热带来困难。随聚合的进行,橡胶浓度增加后,黏度增加很快。分子量越大,溶液黏度增加更大。为了提高聚合物分子量使门尼黏度增加时,黏度也急剧上升。工业上生产门尼黏度为 100、50、20 的顺丁橡胶时,相应聚合液浓度各自为 7%、14% 及 20%。

（5）热的排除

丁二烯的聚合是放热反应，其聚合热为 1 398.4 kJ/kg，聚合中放热量是很大的。在搅拌中也要放出大量的搅拌热，加之在溶液聚合中，随转化率的升高，溶液黏度急剧上升，因此搅拌和散热是聚合反应的关键问题。

聚合釜内安有搅拌器，使反应物均匀混合，并协助散热。在热的排除方面一般采用夹套通冷冻盐水或液氨和由釜底通冷溶剂来散热。也有利用低沸点溶剂和单体蒸发冷凝回流导出聚合热。

（6）挂胶

挂胶是溶液聚合法合成橡胶时普遍存在的问题，它不仅影响反应热传递及产品质量，严重时甚至影响生产的正常进行，堵塞管道。

丁二烯在镍催化体系中进行聚合是一个无终止的反应过程，在溶解良好的条件下体系是均相状态，未终止活性中心只能使单体聚合。如果溶解不好，有线性聚合物沉析出来，留在其中的活性中心会使线性分子中的 2~3 位置的 π 键打开而交联形成凝胶，这种凝胶沉积于管壁、釜壁及其他死角就形成挂胶。

产生挂胶的原因很多，如溶剂类型、催化剂浓度、聚合温度、原材料纯度、聚合釜结构、搅拌器型式等。

为减轻挂胶，可采用以下措施。

① 以苯、甲苯、甲苯和庚烷混合液代替溶解能力较差的抽余油。
② 提高催化剂活性，减少其用量。
③ 稳定操作，防止温度起伏过大。
④ 脱除二氟化硼乙醚络合物中的水分，减少"黑油"产生。
⑤ 用预混釜使单体、溶剂和催化剂在加入聚合釜前预混，使催化剂分散均匀。
⑥ 采用搪瓷玻璃反应器或用不锈钢制造，且用特殊的抛光技术进行加工也可减轻挂胶。

为解决传热、挂胶问题，在聚合方法上可采用悬浮聚合法。溶剂选择要求对聚丁二烯只能轻微溶胀而不溶解的分散介质，如丁烷、异戊烷等脂肪烃及二异丙基醚之类的惰性烃类溶剂。随聚合的进行生成聚丁二烯不断以细微的溶胀体呈悬浮状析出。在悬浮聚合过程中，反应体系黏度上升缓慢，可有效排除反应热，且具有聚合液浓度高（20%~30%），悬浮体易于输送，脱除溶剂方便，聚合物活性不减，顺式-1,4 含量基本不变，不含凝胶，分子量较大等特点。

4. 聚合物的后处理

聚合终止后的胶液经过凝聚、脱水、干燥等处理过程，最后成型包装，得到成品顺丁橡胶。

1）胶液凝聚

目前合成橡胶生产中，由于聚合工艺和产品的不同，所采用的凝聚方法也不相同，常用的方法有：盐析法、蒸发法、冷冻法和水析法。溶液聚合合成橡胶品种，如顺丁橡胶、异戊橡胶、乙丙橡胶一般都采用水析法凝聚。

（1）水析凝聚原理

在胶液中，含有大量的溶剂和部分未聚合的单体以及少量的未反应的终止剂和催化剂。由于它们的沸点相差很远，均低于 100℃，胶液喷入沸腾的水中，胶液中的溶剂和单体均受热而迅速挥发，并与水汽一起被蒸出，最后，橡胶呈固体状态在水中悬浮析出，由于胶液颗粒表面结成一层有孔的胶膜，随悬浮胶液颗粒与沸水继续接触，颗粒内部的溶剂和单体逐渐被蒸发出来，最后成为橡胶颗粒。同时，胶粒所含催化剂不断被水冲洗到水中。

（2）凝聚工艺的比较

凝聚时，须考虑喷胶时颗粒的大小，胶液中橡胶含量，分子量的大小，胶液在釜中停留时间，凝聚温度，水胶比，搅拌，分散剂等因素，确定其工艺条件，以便达到凝聚的要求：挥发分含量低，灰分含量少,溶剂的回产率高,能量消耗低,生产率高和操作安全等。

水析法凝聚工艺条件如表 10-11 所示。

表 10-11 凝聚的工艺条件

水析法类型	凝聚温度/℃	水与胶液体积比	胶粒停留时间/min	热水循环量×10^3/(kg/h)	蒸汽耗量×10^3/(kg/t)	胶粒中溶剂含量/%	干胶产率/(kg/h)
塔式	98±2	—	2.5	41~44	—	较高	60~70
单釜	100	10~20	13	30~33	18~23	0.4~1.3	150~300
双釜(釜 1#)	92±2						
双釜(釜 2#)	115±1	10~20	20	30~33	14.8~16	0.4~0.85	150~300

由表 10-11 可见,塔式凝聚的缺点较多,主要是凝聚温度低,胶粒在热水中停留时间短,胶粒中溶剂含量高,溶剂损失大,热量利用率低和操作不安全等,但设备投资较少,鉴于此情况,现广泛采用釜式凝聚。釜式凝聚优点是胶粒在釜内停留时间长,胶粒中挥发分和杂质易除去,提高了热量利用率和产品的质量,其缺点是设备投资费高。

双釜凝聚和单釜凝聚相比较,双釜凝聚的优点是胶粒在釜内停留时间长,处理量大,热量利用率高,操作安全;其缺点是设备投资费高,操作较复杂。和双釜凝聚相比,单釜凝聚的优点是投资费低,易操作。但是,胶粒在釜内停留时间短,釜温低,热量利用率不高。

2) 干燥

溶液聚合法合成顺丁橡胶干燥的方法有两种,即凝聚干燥法和直接干燥法。工业生产上大量采用的是凝聚干燥法。

用凝聚法分离得到的顺丁橡胶含有大量的水,必须进行脱水干燥。

经凝聚后的胶粒借助于振动筛将大部分自由水排掉。含水 50%~60% 的胶粒连续进入挤压脱水机加料斗中,胶粒经加料螺旋送入挤压脱水机,经螺旋逐步压缩,依靠机械力的作用,将胶粒中大部分水经窄膛的间隙排出,使胶粒含水量达 10% 左右,其挤压出的水流入下水池。

经挤压脱水后含水约 10% 的胶粒直接送入膨胀干燥机,橡胶在机中受到的最高压力为 4.6 MPa,由于挤压捏合时产生的机械能及夹套中的蒸汽加热,使胶粒达到预定的温度,同时在设计时,要使作用于橡胶的挤压力始终大于橡胶中水分所产生的压力。于是这种水分沿着膨胀干燥机的长度,始终保持液态,这种夹套中的热量就能均匀地传给橡胶。挤压膨胀干燥机出口处橡胶温度为 180~190℃,橡胶在此温度下停留时间为 1~1.5 s,然后从多孔板挤出,在较高的温度下由于压力突然降低,橡胶内的水分很快地闪蒸,此时橡胶变成条状物或海绵状颗粒,直径为 12~15 mm,挤压后的橡胶落到热空气干燥器的振动输送带上进一步除去冷凝在橡胶表面上的水分,使胶的含水量降至 0.5% 以下。

目前,除聚丁二烯橡胶外,热敏性小的橡胶,如异戊二烯橡胶、乙丙橡胶、溶液丁苯橡胶等也用凝聚干燥法干燥。

3) 单体、溶剂的回收

未反应的单体和溶剂须进行回收。此操作一般在精馏塔内进行。

由凝聚釜蒸出的溶剂和未反应的单体经冷凝、油水分离器分离去水后分别进入溶剂干燥塔、溶剂脱重组分塔及丁二烯蒸出塔,回收的丁二烯、溶剂经精制回原料系统循环使用,高沸物作废物处理或作锅炉燃料。

5. 顺丁橡胶生产的主要设备

1) 聚合反应釜

聚合反应是在聚合釜中进行的,我国一般用 12 m³ 聚合釜。它由四个主要构件组合而成:釜体、搅拌器、减速机及电动机。

釜体内径 1 800 mm,筒体高度 4 500 mm,釜体外有夹套,夹套间隙约 54 mm。聚合釜使用的材质多为不锈钢或不锈钢复合钢板,而釜体外夹套则可用普通碳钢。

夹套中通冷冻盐水以便带走聚合反应热和搅拌热,釜的传热面积约 30 m²。

釜内安有搅拌器,搅拌器由 55 kW 电动机经减速机变速后带动,转速为 59 r/min。

搅拌器有多种型式,其型式可根据聚合液的黏度选用相应的搅拌器。一般首釜是偏框式,对物料主要起径向搅拌作用。后几釜是螺带式,使釜内物料在径向和轴向均有较大的搅动,这种型式适合于高黏度介质的搅拌。

此外,对聚合釜的材质和设计加工要有一定的要求,在聚合釜的选择上应要求材料强度高,导热系数大,不易被沾污,工业上一般选用碳素钢或不锈钢聚合釜。在聚合釜的设计和加工中,应尽量避免死角,清除凸缘,并要求釜壁表面光滑,以减少或防止凝胶的沉积。聚合釜的容积以前都较小,随着工艺的改变,生产能力的提高,其容积有不断扩大的趋势,由 12 m³ 扩大到 20 m³、25 m³、40 m³,甚至 60 m³。

2) 凝聚釜

凝聚釜是凝聚过程中最主要的设备,胶液的凝聚在釜内进行。凝聚釜主要由电动机、减速箱、釜体及搅拌器组成。釜的容积为 12~13 m³,釜体尺寸 Φ 1 800 mm×4 500 mm,以 5 mm 的普通碳钢卷压成型后焊接而成,内壁衬以 3 mm 的不锈钢板衬里。喷胶管孔径为 3 mm、4 mm、5 mm、6 mm 四种,孔数 5~7 个。分散剂管用 20 mm 管弯成 50 mm 的圆周,上面钻了两排 2 mm 的小孔,孔心距为 10 mm。

电动机经无级变速箱变速后带动搅拌轴转动,转数为 130 r/min,用 25 kW 电动机带动。搅拌轴上有三个叶轮,除机械搅拌外,还有蒸汽搅拌,在釜底有两个带缩口的管子,通一定压力蒸汽鼓泡,鼓击胶粒在釜内翻滚。根据实践证明,蒸汽进口,搅拌轴上下面的叶轮和喷嘴都对准在一个点上较好,搅拌的作用是使胶粒在热水中不断运动,以迅速蒸去溶剂、单体并不致使胶粒结块。

在釜的壁上焊有四块宽 150 mm、长 1 200 mm 的挡板,使按一个方向运动的液体受到阻力,避免形成旋涡,增加搅拌效果。

为了使蒸出的溶剂、单体和水蒸气不带出胶粒,造成冷凝系统的堵塞,在溶剂的出口管处焊有一挡板,防止胶粒被带走。

为了适应工艺过程的需要和操作上的方便,釜侧和顶部装有若干视镜,便于观察釜内情况和液面,另外还有供检修使用的人孔。

此外还有供脱水、干燥用的挤压脱水机和膨胀干燥机。

10.4.3 聚合反应的主要影响因素

二烯烃定向聚合是一个复杂的反应过程其影响因素很多,主要有以下几个方面。

1. 催化剂配比及用量

1) Al/Ni 物质的量比

对 Ni-B-Al 三催化体系,由图 10-13 可见:在 B 固定的条件下,转化率随 Al/Ni 比升高而上升,分子量则随 Al/Ni 比升高而下降。当 Al/Ni 比在 10 左右时,

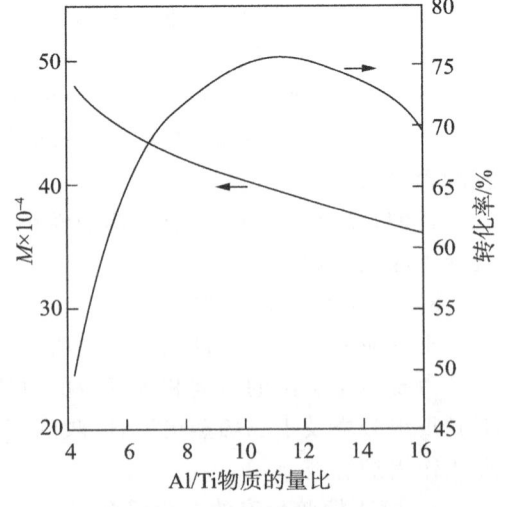

图 10-13 Al/Ni 比与转化率、分子量的关系

催化活性最好,转化率可达 75%,分子量在 30~40 万之间,凝胶含量小于 0.5%。

2) Al/B 物质的量之比

在 Ni-B-Al 三元催化剂体系中,以汽油为溶剂聚合时,在一定的条件下,Al/B=0.3~0.7 时,催化活性最高。此时,改变 B 用量和 Al 用量是调节分子量的有效手段。

在生产中,常固定催化剂 Al、Ni 的用量而变更 B 的用量来控制门尼黏度,B 的用量减少,门尼黏度升高,这是控制门尼黏度的一个重要因素。当条件发生变化,最佳的 Al/B 比范围也随之而变化。以芳烃为溶剂时,Al/B 比在 0.7~1.0 活性最高。

3) Ni 用量

在温度、Al/丁比、B/丁比和丁二烯浓度固定的条件下,一般随 Ni 用量的增加,聚合速率增大而分子量降低。因 Ni 是活性络合物的组成部分,Ni 用量少,活性中心少,必然影响聚合速率和分子量。通常 Ni/丁比控制在 $(1~1.5)\times10^{-4}$(物质的量之比)。

2. 催化剂的陈化方式及条件

催化剂在进入聚合釜前,需用溶剂稀释到一定的浓度,然后按一定方式进行陈化,陈化的目的在于催化剂在所需控制的条件下有利于生成定向聚合活性中心的反应充分进行,不利于生成活性中心的副反应尽量抑制。

1) 陈化方式

陈化方式有二元陈化和三元陈化两种。

(1) 二元陈化

二元陈化包括四种陈化方式:Ni-Al,Al-B 双二元陈化;B-Al 陈化,Ni 单加;Ni-B 陈化,Al 单加;Ni-Al 陈化,B 单加。

B-Al 陈化,Ni 单加易产生沉淀和生成无活性的组分,应力求避免。Ni-B 陈化,Al 单加在提高活性方面效果不明显。

以抽余油为溶剂时,为克服 B 在溶剂中难于溶解而成所谓"黑油"易产生凝胶、挂胶弊病,可采用双二元陈化及 Ni-Al 陈化稀 B 单加。

双二元陈化是将 Al 分成两部分,一部分 Al 与 Ni 在少量丁二烯存在下还原 Ni,称 Ni-Al 陈化液;另一部分 Al 用于溶解 B,故称双二元陈化。这种陈化方式聚合引发时间短、初期聚合速率快,可通过 Al/B 比调节分子量。但双二元陈化聚合反应初期速率很快,操作不易控制、较繁琐,首釜易于挂胶,在中国顺丁橡胶生产前期曾广泛采用双二元陈化。

B 中的水及含氧化合物对产生"黑油"起很大的作用,若将 B 中水分含量降到 0.1% 以下,1 mL 能溶解于 250 mL 抽余油中,这就解决了 B 的溶解问题。Ni-Al-丁(少量)陈化将稀 B 直接加入首釜与 Ni-Al-丁陈化液混合物作用即可生成络合物,不仅克服了输送催化剂管线的堵塞问题,而且活性也高,中国现有顺丁橡胶生产大都采用稀 B 单加工艺。

(2) 三元陈化

常在 Ni 三元催化体系中加入第四组分丁二烯(Bd)。三元陈化有以下形式。

Ni-Bd-B-Al 顺序陈化引发剂呈桔黄色透明液,稳定性好,放置较长时间也不产生沉淀物和胶状物,活性稍低,但所得聚合物凝胶含量少,反应易于控制。

Ni-Bd-Al-B 顺序陈化催化活性高,稳定性稍差,聚合物分子量稍低,陈化时间长,则易产生沉淀。

Al-B-Bd-Ni 顺序陈化催化聚合活性较低、聚合物分子量较高,但稳定性较差,陈化时间长,易产生沉淀和生成凝胶。

目前世界各国工业生产的镍系顺丁橡胶大多用苯、甲苯或甲苯-庚烷为溶剂,认为 Ni-B-AL 这一加料顺序较好。而中国采用资源比较丰富的抽余油为溶剂,经研究认为 Ni-B-Al 三元陈化方式催化剂的活性不如稀 B 单加,但比 Al-B-Ni 好。经研究认为,无论用芳烃还是用抽余油为溶剂,Ni-Al-B 加料顺序的聚合活性均较高,但是聚合物的平均分子量较低。之所以 Ni-B-Al 比 Ni-Al-B 方式差,是由于 Ni-B 混合时,Ni 与 B 形成化学键或络合键,妨碍了 Ni 的还原,与此同时 Al 与 B 还会起反应,导致损失一部分助催化剂。

2) 陈化条件

催化剂陈化条件,包括陈化时间与陈化温度。三元陈化虽然可用陈化时间调节聚合物分子量,但在生产上催化剂的配制和陈化是连续的,陈化罐容积已定,其调节余地不大,所以用陈化时间调节门尼黏度一般不经常采用,通常陈化时间为 0.5~7 h,最宜为 1 h 左右。

以苯和甲苯作溶剂的聚合反应中,陈化温度对产品的质量起到控制门尼黏度的作用。催化剂通过陈化反应生成配位络合物,陈化温度高,副反应增加,活性下降,活性中心也减少,因此使聚合速率降低,分子量增大,凝胶含量增多。一般采用低温下陈化,据报道,陈化温度通常为 -50~80℃,而以 -5~40℃ 为好。

3. 丁二烯浓度

丁二烯浓度提高,有两种不同情况,一种是丁二烯浓度提高,催化剂加入量不变,即 Ni/丁、Al/丁、B/丁物质的量之比降低,聚合速率快,但分子量变化不大。这是因为生成催化剂活性络合物的数目不变,但在催化剂活性络合物周围的丁二烯分子数目增加,所以聚合速率加快。

另一种情况是丁二烯浓度提高,要保持 Ni/丁、Al/丁、B/丁物质的量之比不变,则要增加催化剂各组分的量,结果聚合速率加快,而分子量降低。这是因为在聚合液中,丁二烯分子和催化剂活性中心数同时增加的缘故。

丁二烯浓度太低,对工业生产不利,因浓度降低,溶剂量将增大,必然使设备利用率降低和溶剂回收负荷增加,但是丁二烯浓度太高,对生产也有影响。因浓度升高,聚合速率加快,转化率增大,胶液黏度显著上升,造成搅拌、散热和胶液输送的困难。故目前生产中丁二烯质量分数浓度一般是 10%~15%,但采用一些新工艺(如悬浮聚合)后,丁二烯浓度可提高到 20%~30%。

4. 聚合温度

Ni-B-Al 三元体系催化剂中,在 30~90℃ 都可使丁二烯聚合,聚合转化率随温度升高而增大,但聚合物微观结构变化较小。温度与聚合速率关系服从阿伦尼乌斯方程,温度升高,诱导期缩短,反应速率常数增大。同时,在一定温度范围内,温度升高,提高了催化剂的活性,也加快了催化剂活性中心的再生,所以聚合速率加快,但却使分子量降低。若温度过高,反而降低催化剂的活性,影响聚合反应。因此选择适宜的聚合温度,可以降低催化剂的用量,对减轻挂胶有益。

在生产中,由于单体浓度不断降低,聚合速率下降,为提高转化率,后釜的温度一般比前釜高。

5. 聚合时间

聚合反应的时间是以转化率而定的,当转化率达到 30% 以后,聚合反应时间继续延长,则转化率的增长就缓慢了,这是由于聚合液中,大多数的单体已聚合,丁二烯浓度降低,进一步再聚合,生成的聚合物分子量低,使分子量分布变宽,影响橡胶的强度。所以单纯要求延长聚合时间而达到高转比率相应是降低了生产率和胶的质量,设计上采用 80% 左右的转化率,相应的聚合时间是 5~6 h。

6. 调节剂

在以芳烃为溶剂的 Ni 系催化剂中,聚合物的分子量不高,通常可添加醇类来提高聚合物的分子量。添加醇类对分子量的调节作用,可能是由于羟基中的 H 所引起的。

众所周知,HOR 遇到 AlR_3 将发生剧烈的醇解作用,反应速率随 H^+ 活泼性增加而加快。

$$ROH + Al(i\text{-}Bu)_3 \longrightarrow Al(OR)(i\text{-}Bu)_2 + (i\text{-}Bu)H$$

这样烷基铝遇到破坏,相对减少了活性中心数目,致分子量显著上升。

调节分子量常用的醇是饱和醇,如甲醇、乙醇、辛醇和异辛醇等。

在制造充油顺丁橡胶时,有必要制备高分子量的顺式-1,4-聚丁二烯,在采用 Ni 系催化剂时,加入四乙酸乙二胺或其金属盐类可以顺利获得高分子量的聚合物。

7. 溶剂

顺丁橡胶聚合用溶剂可用脂肪烃、脂环烃、芳烃和混合烃之类溶剂。溶剂通常的选择原则是溶剂对聚合物的溶解性好、来源广、毒性低、易于分离回收等。

一般聚合物的溶解度参数 δ_P 与溶剂的溶解度参数 δ_S 越近越好。经验证明,当 $\delta_P - \delta_S = 1 \sim 1.3$,两者即为互溶体。

国外镍系催化剂体系大都采用苯、甲苯或甲苯与庚烷混合物(其质量比为 7/3)作溶剂,优点是溶解性好、挂胶少、运转周期长。中国抽余油来源较丰富、价廉、毒性低,多数顺丁橡胶生产厂采用加氢汽油(60~90℃抽余油)为溶剂,由于溶解性比苯、甲苯差,因此易于挂胶。为了减轻挂胶,可在配方、工艺上采取一定的措施。

8. 不纯物

在单体、溶剂、氮和聚合过程中存在的杂质对催化剂作用很敏感,它会影响聚合速率、分子量及聚合物微观结构,其结果影响产品的质量。

单体中杂质与原料路线有关:由丁烯氧化脱氢和用乙腈萃取精馏的单体中,含有乙腈和多种含氧化合物,尤以乙腈、醛类、丙烯影响最大,它能与 Ni 催化剂形成稳定络合物,破坏活性中心的形成,从而降低转化率,使分子量升高。单体中含丁二烯二聚物有阻聚作用,含量多时,使聚合速率下降,分子量降低,并影响聚合物的结构,生成支链甚至网状结构,使凝胶含量增加。炔类化合物也会降低转化率及分子量。

聚合系统中水分能水解烷基铝和三氟化硼乙醚络合物,生成白色沉淀,破坏催化剂,从而影响聚合反应的正常进行。聚合系统中氧能与烷基铝发生氧化反应,氧含量增加,使聚合转化率降低,分子量升高。

所以单体、溶剂、惰性气体氮必须用硅胶、分子筛、氧化铝进行严格纯化,将杂质降低到允许含量。

10.5 异戊橡胶的配位聚合生产

因顺式聚 1,4-异戊二烯分子结构和性能与天然橡胶相似,所以对其研究既有学术价值,又有工业意义,故也称之为合成天然橡胶。异戊橡胶是由异戊二烯单体在催化剂作用下,经溶液聚合而制得的顺式聚 1,4-异戊二烯。

异戊橡胶是一种综合性能最好的通用合成橡胶,具有优良的弹性、耐磨性、耐热性、抗撕裂及低温挠屈性。与天然橡胶比,又具有生热小、抗龟裂的特性,且吸水性、电绝缘性及耐老化性能好。但其硫化速度较天然橡胶慢,此外炼胶时易粘辊,成型时黏度大而且价格贵,其主要用于制作轮胎、医疗制品、胶管、胶鞋、胶带、运动器材等。

10.5.1 异戊橡胶的聚合体系组成

1. 主要原料及规格

高顺式-1,4-聚异戊二烯的主要原料为异戊二烯和溶剂,辅助原材料包括催化剂、终止剂、防老剂等。异戊橡胶聚合级单体规格见表 10-12。

表 10-12 异戊橡胶用异戊二烯单体规格

组分	含量/%	组分	含量/%
异戊二烯	>99	间戊二烯/(μL/L)	<0.4
戊烷和异戊烷	<0.6	炔烃/(μL/L)	<0.4
羰基化合物/(μL/L)	<9	硫醇/(μL/L)	<5
水/(μL/L)	<10	环戊二烯/(μL/L)	<5
胺类/(μL/L)	<10		

注：此表为异戊橡胶 CKU-3 的单体规格。

异戊橡胶工业生产中常采用饱和烃（如异戊烷、己烷、抽余油）和芳烃（如苯、甲苯）作溶剂，己烷的规格见表 10-13。

表 10-13 己烷的规格

组分	芳烃/%	羰基（丙酮）/(μL/L)	硫/(μL/L)	溴值	沸程/℃
指标	<0.3	100	<2	0.15	66.5～69.9

2. 聚合催化剂体系

1) $TiCl_4$-AlR_3 催化体系

$TiCl_4$-AlR_3 催化体系属于非均相，AlR_3 可用 $Al(C_2H_5)_3$、$Al(C_3H_7)_3$、$Al(i-C_4H_9)_3$ 等。目前工业上大多采用 $Al(i-C_4H_9)_3$。

为提高 $TiCl_4$-AlR_3 催化体系的活性和改进聚合物的质量，大多向体系中加入第三组分给电子体，如醚类（脂肪醚、芳香醚等），胺类（脂肪胺、芳胺等）或两者的混合物。加入第三组分具有协同效应，可提高聚合反应速率，降低聚合物中的凝胶含量，提高聚合物的分子量。第三组分添加量随种类不同而异。

$TiCl_4$-AlR_3 体系的特点是异戊胶的顺式-1,4 含量高，综合性能好。其缺点是催化剂用量较大，回收困难，不利于后处理。产品分子量较低，凝胶含量较大，对杂质敏感，要求单体纯度较高。加入第三组分可使这些缺点得到一定的改善。

2) $TiCl_4$-聚亚胺基铝烷

这种催化剂是意大利公司开发成功的，1971 年投入工业生产，其生产能力为 2.8 万吨/年。聚合催化体系采用 $TiCl_4$-聚亚胺基铝烷，聚亚胺基铝烷的通式为

$$\left[\begin{array}{c} Al-N \\ | \quad | \\ H \quad R \end{array} \right]_n$$

式中，R 为异丙基；$n=4$～10。催化剂 Al/Ti 物质的量之比为 0.65～1.0，溶剂采用己烷，采用溶液聚合。

此催化体系似乎和 Ziegler-Natta 催化剂相似，但相对于具有 C—Al 键的 Ziegler-Natta 催化剂还原剂来说，此催化体系没有 C-Al 键，属改良型 $TiCl_4$-AlR_3 催化体系。

聚亚胺基铝烷是由氯化铝在乙醚中与氢氧化铝和异丙胺反应制得。这种催化剂的特点是所用聚亚胺基铝烷在空气中不着火，遇水不爆炸，而活性又较高，顺式-1,4 含量高于 96%，所得产物分子量较大（$[\eta]=5.08$～6.14 dL/g），凝胶含量低于 1%，在生产上使用方便，此催化剂也属非均相体系。

3) 稀土催化剂体系

1964年我国首先用稀土催化剂合成了顺式-1,4-结构含量为93%~95%的异戊胶,在国内外受到重视。近年来国际上十分重视稀土催化剂的研究和开发工作。

稀土催化剂体系一般由稀土化合物与烷基铝组成二元体系或加入第三组分卤化物组成三元体系。主催化剂的稀土化合物有环烷酸稀土盐 $Ln(naph)_3$,氯化稀土 $RECl_3·6H_2O$,脂肪酸稀土盐 $Ln(RCOO)_3$(脂肪酸包括硬脂酸、辛酸、异辛酸及 C_5~C_9 混合酸)等。在稀土元素中以钕的活性最高。

烷基铝有三甲基铝、三乙基铝、三异丁基铝及其氢化物等。

第三组分含卤化合物有 $Et_3Al_2Cl_3$,Et_2AlX(X 为 F,Cl,Br,I)及 $SnCl_4$,$SbCl_5$ 等。第三组分能明显提高催化剂的活性。

稀土异戊胶的特点是催化活性高,用量少,易于均匀分散,聚合物分子量高,分布较窄,凝胶含量低,灰分含量少,无需水洗脱灰,三废处理量少,聚合物性能受温度影响小,由于采用较高反应温度,有利于聚合釜导热。

此外,稀土催化剂配制比铁系简便,对杂质抗干扰能力强,聚合引发速率快,诱导期极短,转化率高,聚合物分子量及其分布主要取决于催化剂配方,随单体转化率变化小,生产上可采用连续聚合。

该催化剂体系生产异戊胶顺式-1,4 含量略低于钛系异戊胶,硫化胶强度稍低,聚合中胶液动力黏度大。

稀土催化剂可用于生产中顺式聚异戊二烯,在用作轮胎胶时可部分代替天然橡胶。

4) 锂系催化剂

用丁基锂催化剂使异戊二烯在烷烃或苯溶剂中进行溶液聚合,所合成异戊橡胶顺式-1,4-结构含量较低,一般在92%左右,系中顺式异戊二烯橡胶,其聚合机理是阴离子聚合。

10.5.2 异戊橡胶的配位聚合生产工艺

1. 聚合配方及工艺条件

异戊二烯在 $TiCl_4$-AlR_3 催化剂体系下聚合的典型配方及工艺条件见表10-14。

表10-14 聚合配方及工艺条件

聚合配方		工艺条件	
单体浓度(质量)/%	15~25	聚合温度/℃	0~50
Al/Ti(物质的量之比)	1.0	单体转化率/%	70~80
Ti 用量×10^5(mol/g 单体)	2.5~4.0	聚合时间/h	3~5
N/Al(物质的量)	0.04~0.05	门尼黏度	70~90
O/Al(物质的量)	0.15~0.20		
防老剂 264/(g/100g 干胶)	1		
终止剂(乙醇或水),水/胶(体积)	3		

2. 异戊橡胶的生产过程

目前,采用 Ziegler-Natta 催化剂的异戊二烯聚合都采用连续溶液聚合工艺,其生产过程与顺丁橡胶相似,但由于催化剂用量大,所以增加了脱催化剂工艺。异戊橡胶的生产过程包括六个部分,即催化剂的制备、聚合、催化剂的脱除、胶液凝聚、干燥及单体溶剂的回收与精制。异戊橡胶的生产工艺流程见图10-14。

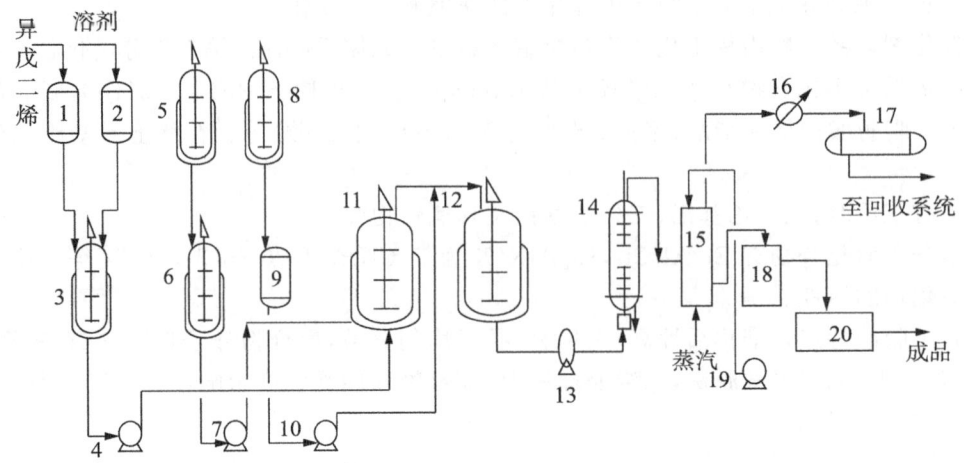

图10-14 异戊二烯橡胶生产流程示意图

1—异戊二烯计量罐;2—溶剂计量罐;3—单体溶剂配制釜;4—单体溶剂输送泵;
5—催化剂配制釜;6—催化剂陈化釜;7—催化剂计量泵;8—防老剂、终止剂配制釜;9—防老剂、终止剂计量罐;
10—防老剂、终止剂计量泵;11—聚合釜(串联两个釜);12—终止釜;13—齿轮泵;14—脱灰器;15—凝聚釜;
16—冷凝器;17—油水分离器;18—洗胶振动筛;19—热水泵;20—挤压脱水、挤压干燥机

催化剂按配方及配制条件配制,经陈化后由聚合釜的下侧进入聚合釜。精制干燥后的异戊二烯和溶剂(己烷)在管中混合后自首釜的底部进入釜中。聚合液由首釜出来,依次通过串联的三个聚合釜,聚合温度30~35℃,聚合4 h左右后,进入终止釜,加入终止剂和防老剂。经终止后的胶液进入脱灰器(脱除催化剂的装置),在脱灰器中,温度维持35~40℃,胶液:水=1:3(体积比),采用逆流塔式水洗,经停留1 h后,胶液和水进入内有挡板溢流的胶水分离罐中分离,洗浆水放入下水道,胶液经齿轮泵输送到凝聚釜中凝聚,其原理和顺丁橡胶凝聚一样,采用水析凝聚。胶液经凝聚脱除溶剂和未反应的单体。蒸出的溶剂及单体经冷凝、冷却,在分离罐中分离掉水、水循环使用,凝液与脱灰器中挥发出来的单体的冷凝液并合,进入溶剂及单体回收系统,回收溶剂及未反应的单体。回收溶剂,单体经精制提纯,可循环使用。

在凝聚釜中,凝聚出的胶粒用颗粒泵连续抽出,胶粒和水经振动筛脱去水,热水循环至凝聚釜中,而胶粒经挤压脱水、挤压膨胀干燥、包装及后处理系统得异戊橡胶成品。

1) 催化剂的制备

催化剂的配制是将稀释到一定浓度的 $TiCl_4$(通常稀钛浓度 2×10^{-4} mol/mL 溶液)、$Al(i-C_4H_9)_3$(通常稀铝浓度为 2×10^{-4} mol/mL 溶液)按Al-第三组分加到Ti中的顺序配制,有时可加少量异戊二烯(为单体总量的3%~4%)到催化剂中以便增加其稳定性。配制后的催化剂经-20~-30℃陈化30min,其分散良好而呈褐色悬浮液,然后注入反应釜中。由于Al/Ti体系是非均相,在配制催化剂时应严格操作,加强搅拌,使催化剂形成较细的颗粒,且悬浮均匀,这对管中输送、计量泵计量是有益的。

2) 聚合

异戊二烯聚合过程与顺丁橡胶一样,伴随聚合反应的进行,聚合液的黏度增大。溶液聚合的黏度由所生成的聚合物分子量所决定。通常异戊橡胶比顺丁橡胶要求更高分子量的聚合物作制品。对Al-Ti体系,门尼黏度为70~90,相应分子量为80万(顺丁橡胶门尼黏度通常为40~50,相应分子量为 30 万～40 万）。由于分子量的增大，在同一橡胶浓度下，聚合体系的溶液黏度异戊胶远比顺丁橡胶高，这给传热、输送及搅拌带来不利。

异戊二烯的聚合反应热为 $1.047×10^3$ kJ/kg，丁二烯的聚合热为 $1.398×10^3$ kJ/kg，所以聚合热除去方面，异戊橡胶有利，但因是高黏度，所以反应热排除问题上还是一样的。

异戊橡胶与顺丁橡胶在聚合工艺控制、质量控制、热的排除、减轻挂胶、聚合釜的结构形式、搅拌装置等方面仍是相似的。

3）终止及脱除残留催化剂

聚合反应结束，即加入终止剂，既终止聚合反应，又使残留催化剂转化成易溶于用水脱除的化合物，从而防止聚合物在加工过程中结构化、异构化和降解倾向。最常用的终止剂为甲醇、胺类化合物，但因甲醇、胺类混入溶剂回收系统使分离变得困难，因此可用软水作终止剂。

在加入终止剂的同时，加入防老剂。通常加入胺类或酚类防老剂，且以烃溶液或水乳液的形式加入。也可加入混溶性良好的高分子防老剂（如亚硝基胺基封端的异戊二烯二聚物等），可防止防老剂在后处理过程中损失或在制品使用过程中逐渐迁移出来。

异戊橡胶合成时，因催化剂用量大，而且呈深褐色的非均相体系，一旦催化剂残留在聚合物中，不仅使聚合物着色，且影响橡胶的老化性能。工业上一般采用水洗的方法除去催化剂，也可在水中加入少量非离子表面活性剂，能增加洗涤效果，且对生胶的性能无特别的影响。由于催化剂等的脱除，可使橡胶的灰分含量大为降低。

4）凝聚

异戊橡胶胶液与顺丁橡胶一样通常采用热水凝聚法从胶液中分离出橡胶，而脱除单体，溶剂经冷凝后加以回收。为降低蒸汽消耗量及胶粒中残留溶剂和单体含量，常采用双釜凝聚工艺，凝聚工艺条件见表 10-15。

表 10-15 胶液凝聚脱气的工艺条件

项目	第一凝聚釜	第二凝聚釜	项目	第一凝聚釜	第二凝聚釜
塔顶温度/℃	98～100	130～132	塔顶压力/MPa	0.245	0.294
塔釜温度/℃	130～132	138～140	塔釜压力/MPa	0.294	0.343

此外，还有采用转子-螺旋型设备、转子-薄膜蒸发设备和高温液-液萃取分离法从溶液中分离橡胶的干式脱气法。

5）脱水和干燥

凝聚后的胶粒经振动筛分离出水后，送入螺杆挤压机脱水，脱水后的胶粒含水达 8%～18%，可在膨胀干燥机或多程（或单程）输送式热风干燥机中干燥。此外，胶液也可不经凝聚用双螺杆挤压机和双鼓式干燥机直接干燥。干燥后胶粒经压块、成型、包装即得成品。

6）单体、溶剂回收精制

由凝聚脱气出来的溶剂和单体凝液一般采用精馏的方法进行回收。回收工艺随生产用溶剂种类不同而异，但基本过程大体相同。

由溶剂回收系统送来的回收溶剂（包括新鲜溶剂）以及原料异戊二烯（包括回收单体）分别经 $\gamma-Al_2O_3$ 和分子筛精制后送往聚合，精制的目的是通过固体吸附作用以除去对聚合有害的杂质。有时要求单体和溶剂还用 CaH_2 脱水，然后用 AlR_3 洗涤，单体、溶剂经这样处理后其纯度相当高。

在异戊二烯聚合过程中，惰性气体为 N_2，在使用前，也需纯化除去微量水分及其杂质。

3. 聚合釜

异戊橡胶生产的主要设备有聚合釜、凝聚釜、挤压脱水机、闪蒸膨胀干燥机等，类同顺丁橡胶。

异戊橡胶合成反应釜容积一般为 20～50 m³ 时，聚合釜筒体材质一般为不锈钢。为了防止结垢挂胶，也可用碳钢衬玻璃。

由于异戊二烯聚合反应物料系统是高黏度、非牛顿流体，且含有一定的凝胶，为了保证良好的传质传热，聚合釜一般都有夹套和内冷装置，并装有刮壁装置的搅拌器。

10.5.3 聚合反应的主要影响因素

1. Al/Ti 物质的量之比

Ziegler-Natta 催化剂的活性主要决定于催化剂中两组分的配比，即 Al/Ti 比。实践表明，聚合反应速率、聚合物分子量、凝胶含量及聚合物的微观结构随 Al/Ti 比而变化，一般 Al/Ti 物质的量之比为 1.0 时，催化剂活性最佳，聚合转化率最高(图10-15)，其聚合物 80% 以上可溶于苯中，其顺式-1,4-结构含量为 95%～96%。

随 Al/Ti 物质的量之比变化，反应速率也急剧改变，Al/Ti(物质的量之比)<1 时，反应速率迅速降低，凝胶含量增加。若 Al/Ti(物质的量之比)=0.2～0.3，所得产品几乎是不溶于苯的交联物，其中含有大量的反式-1,4-结构。

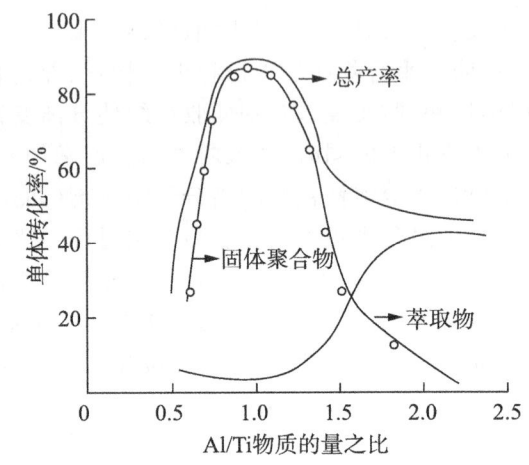

图 10-15　Al/Ti 物质的量之比与异戊二烯单体转化率的关系
催化剂是由 Al 加到 Ti 中于 20℃下预先配制

在较高的 Al/Ti 物质的量之比时，聚合物微观结构变化较小，但聚合物产率迅速下降，且生成低分子的油状物。因此，对 Al-Ti 催化体系，只有很窄的 Al/Ti 物质的量之比范围内 $TiCl-AlR_3$ 才具有高的活性和空间定向性。这个配比范围是符合 $\beta-TiCl_3$ 的形成，由 $\beta-TiCl_3$ 与卤化烷基铝即可形成催化活性中心。一般情况下，最适宜的 Al/Ti 物质的量之比为 1。

2. 烷基铝类型

反应速率也因 AlR_3 的烷基种类而异。研究将铝的烷基化物加到 $TiCl_4$ 的庚烷溶液中得到的预制催化剂的三烷基铝的一系列行为，发现对所有烷基铝来讲，Al/Ti 物质的量之比的较佳范围不随烷基铝类型而变，除对有较低活性而需要更高的 Al/Ti 物质的量之比的三甲基铝而外，最佳的 Al/Ti 物质的量之比大约是 0.9～1.0。

当烷基铝的烷基由 C_1 增加到 C_8 时，发现催化剂的活性略微增加，$Al(i-C_4H_9)_3$ 的活性比 $Al(C_2H_5)_3$ 大。在较佳的 Al/Ti 物质的量之比时，由含有大体积或者支链烷基铝的催化剂(即三乙基铝或二异丁基氢铝)得到的聚合物产率较高。然而不同的烷基铝所得聚合物的物性是相似的。

3. 催化剂的制备方法及条件

1) 加料顺序

在配制催化剂时，将三异丁基铝、四氯化钛稀释到所需浓度，然后按以下顺序加料：

(1) AlR_3 加到 $TiCl_4$ 溶液中；

(2) 把 $TiCl_4$ 加到 AlR_3 溶液中；

(3) 将 AlR_3、$TiCl_4$ 两种试剂同时加到聚合溶剂中。

按以上三种顺序加料都能完成催化剂的制备。但是一般提出是按(1)方式加料，如果按(2)方式加料，则制备的催化剂活性较低，产生较高的凝胶含量。

2) 催化剂用量

催化剂用量增大,催化活性中心增多,聚合物产率升高,但特性黏数有所降低,如表10-16所示。催化剂量通常对聚合物微观结构无影响。在异戊橡胶合成中,催化剂用量不宜过大,否则,后处理中催化剂的残留物去除困难,这些残留物在聚合物中将影响产品质量。一般情况下 $TiCl_4$ 用量为1.52g/100 g 异戊二烯。随着催化剂活性的提高,其用量大幅降低。

表10-16 催化剂用量对聚合的影响

催化剂用量×10^{-4} /(mol 钛/g 单体)	固体聚合物产率/%			$[\eta]$/(dL/g)			凝胶量/g		
	(a)	(b)	(c)	(a)	(b)	(c)	(a)	(b)	(c)
0.5	46	4	27	5.7	—	5.2	13	—	27
1.35	60	7	43	5.5	—	5.2	18	—	12
1.80	76	10	57	4.8	—	4.7	12	—	7
4.90	87	71	74	3.9	3.7	4.0	19	7	10
9.00	77	50	—	3.4	2.9	—	10	8	

注:(a)无单体存在时将 AlR_3 加至 $TiCl_4$ 中;(b)有单体存在时将 AlR_3 加至 $TiCl_4$ 中;(c)同(b),但将 $TiCl_4$ 加到 AlR_3 中。

3) 催化剂的制备温度

由于 $TiCl_4$ 与 AlR_3 之间的反应是放热反应,反应热为 $2.64×10^2$ kJ/mol,催化剂的活性通常随制备温度的降低而提高。催化剂的制备温度也影响催化剂的 Al/Ti 物质的量之比及聚合物的某些性能。随催化剂制备温度的升高,较佳的 Al/Ti 物质的量之比降低,特性黏数升高,微观结构变化不大。

4) 催化剂的陈化时间

一般认为,催化剂配制后,放置一段时间,其催化剂的活性增大,一般经适当时间陈化的催化剂,才能得到较高的特性黏数。

4. 单体浓度

由图10-16可见:单体浓度增大,聚合速率加快,分子量上升。此时聚合物胶液黏度明显增高。若单体浓度超过15%,胶液动力黏度可达 100 Pa·s 以上,给传热和胶液输送带来困难。综合考虑聚合液黏度、热的排除、溶剂回收等因素,单体浓度一般控制在 100 g 异戊二烯/L 聚合液左右。

5. 聚合温度

聚合温度将影响聚合反应速率及聚合物分子量。由图10-17可见:随聚合温度升高,聚合速率加快,分子量明显降低。

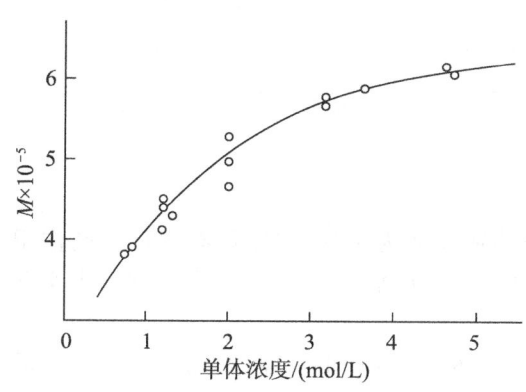

图10-16 单体浓度对异戊橡胶平均分子量的影响

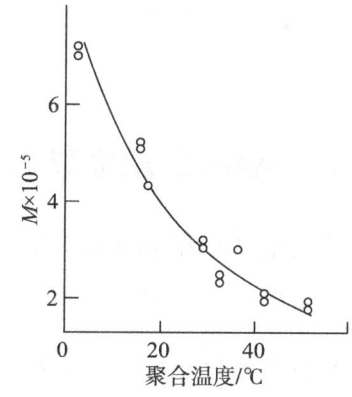

图10-17 聚合温度对异戊橡胶平均分子量的影响

聚合温度并不影响聚合物的微观结构。事实上,具有95%的顺式-1,4-结构的聚异戊二烯能够在-30～70℃聚合温度内获得。但采用过低聚合温度时,转化率很低,且在低温下,聚合物不能溶解,依附于催化剂上,阻碍聚合反应进行,同时还会增加冷冻消耗量。因此Al-Ti体系一般采用聚合温度为30～35℃。

在连续聚合反应中,因单体浓度逐渐降低,为使反应更好进行,一般后釜温度较前釜温度高。

6. 聚合反应时间

聚合时间因转化率而定,一般以达到80%转化率时的时间即可。如果反应时间太长,不但使聚合物性能下降,而且使设备利用率降低。

7. 溶剂

异戊二烯的溶液聚合可在烷烃(如戊烷、己烷、庚烷、环戊烷、环己烷、加氢汽油等饱和烃)和芳烃(如苯、甲苯等)中进行。在烷烃溶剂中聚合,凝胶含量较高,通常在20%～25%左右,而且凝胶结构紧密。在芳烃中聚合,得到聚合物凝胶含量不大,且具有疏松结构。由于Al-Ti催化体系是非均相,所以对溶剂的选择除应考虑溶剂对异戊橡胶有较好的溶解性外,其他方面不如顺丁橡胶那样严格。考虑溶剂来源、价格、毒性、回收难易及对环境的影响,通常使用戊烷、庚烷及加氢汽油作溶剂。

8. 第三组分

针对Al-Ti体系的异戊胶存在的问题,常采用在催化剂中添加第三组分,以增大催化剂的活性,提高聚合物的分子量,降低凝胶含量,改进性能。

第三组分的种类很多,但一般都是给电子化合物,常采用添加醚类(如丙醚、丁醚、二苯醚、苯甲醚、聚2,6-二甲基苯醚等)、胺类[如二丁基胺、二(2-乙基己基)胺]等,或将两者混用。偶氮化合物和肼撑化合物、硅酸脂、有机卤化物、单卤醚等也可作第三组分。

第三组分不同,对聚合的影响也不相同,例如,加入$N(n-C_4H_9)_3$,可大大提高反应速率,抑制凝胶的生成;加入聚2,6-二甲基苯醚,可在聚合活性和聚合物微观结构不受影响的前提下,降低凝胶含量,提高分子量。生产上以胺类、醚类化合物应用最为普遍。

9. 单体及溶剂中的杂质

$TiCl_4$-AlR_3催化剂体系对氧、水及其他杂质非常敏感,某些杂质将影响聚合物产率、分子量及分子结构。

氧、水将与AlR_3反应而使其破环。环戊二烯一旦含量达7 μL/L,聚合过程即出现明显诱导期,聚合速率减慢;含量约800 μL/L时,则催化剂将遭到破坏。炔烃和丙二烯化合物将降低聚合物的顺式-1,4-结构含量,使分子量稍有下降。

由于单体及溶剂中含有有害杂质,所以异戊二烯、聚合溶剂需用硅胶、氧化铝、分子筛进行纯化。

10.6 乙丙橡胶的配位聚合生产

乙丙橡胶是以乙烯、丙烯或乙烯、丙烯及少量非共轭双烯为单体,在立体有规催化剂作用下制得的无规共聚物,是一种介于通用橡胶和特种橡胶之间的合成橡胶。1957年意大利首先实现二元乙丙橡胶工业化生产。

乙丙橡胶主要分为二元乙丙橡胶(EPM)和三元乙丙橡胶(EPDM)两大类。三元乙丙橡胶按第三单体种类不同又分为双环戊二烯、乙叉降冰片烯和1,4-己二烯三元乙丙橡胶三类。

乙丙橡胶基本上是一种饱和橡胶,因此具有独特性能,其耐老化性能是通用橡胶中最好的一种。乙丙橡胶主要用于汽车零件、电气制品、建筑材料、橡胶工业制品及家庭用品,如汽车轮胎胎侧、内胎及散热器胶管,高、中压电缆绝缘材料,代替沥青的屋顶防水材料,耐热输送带,橡胶辊,耐酸、碱介质的罐衬里材料及冰箱用磁性橡胶等。

10.6.1 乙丙橡胶的聚合体系组成

1. 单体

1) 乙烯、丙烯

乙烯、丙烯是乙丙橡胶合成时的主单体。乙烯、丙烯通常是由气体烃或液体石油馏分经裂解和深冷分离法提供聚合级乙烯和丙烯,其纯度可满足乙丙橡胶聚合的要求。

2) 第三单体

乙丙橡胶加入非共轭二烯烃作为第三单体,是为获得用硫磺硫化所需的不饱和度。非共轭双烯烃活性较高,一个双键参与聚合反应而成为乙丙橡胶分子链的一部分,另一剩余双键位于侧链上作为成型加工时硫化的交联点。工业上用的第三单体通常有乙叉降冰片烯、双环戊二烯。

(1) 乙叉降冰片烯

乙叉降冰片烯,其结构式为

是乙丙橡胶所有第三单体中硫化速度最快,实际应用最多的一种。

(2) 双环戊二烯

双环戊二烯的结构式为

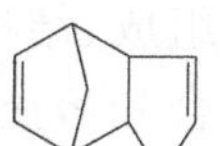

是最早用作三元乙丙橡胶的第三单体。其优点是来源方便,价格较低,但制得的三元乙丙橡胶硫化速度较慢。

(3) 1,4-己二烯

1,4-己二烯作乙丙橡胶的第三单体仅美国杜邦公司使用,其硫化速度比乙叉降冰片烯的乙丙橡胶慢,但比双环戊二烯的快。

乙丙橡胶合成用单体,乙烯、丙烯、乙叉降冰片烯纯度(体积)均为99%以上,须达到聚合级标准。

2. 聚合催化剂体系

1) 经典 V-Al 催化剂体系

二组分催化体系是乙丙共聚反应的基本催化体系,即经典的 V-Al 催化体系。

乙丙共聚反应催化剂体系是由过渡金属钒化合物和烷基铝所组成。钒化合物主要有钒的卤化物、卤氧化合物和有机钒化合物。生产应用较多的过渡金属钒化物主要有 VCl_4、$VOCl_3$、$V(acac)_3$ 及乙酰丙酮钒等。

烷基铝化合物应用较多的是烷基氯化铝,如 $Al(C_2H_5)_2Cl$、$1/2Al_2(C_2H_5)_3Cl_3$、$Al(i-C_4H_9)_2Cl$ 等或 $AlEt_3$。目前乙丙橡胶工业生产中应用最广泛的 V-Al 催化剂为 $VOCl_3$(或 VCl_4)、$1/2Al_2(C_2H_5)_3Cl_3$[或 $Al(C_2H_5)_2Cl$]。

烷基铝为助催化剂,其主要作用是将主催化剂钒化合物中的钒还原为 $VRCl_2$ 型的 V^{3+} 聚合活性状态,烷基铝的还原能力是随碳原子数的增加而降低;当碳原子数相同时,还原能力随卤原子数的增加而降低。

2) 第二代 V-Al 催化体系

为了增加催化剂活性,各国于20世纪60年代初开始在 V-Al 二组分中引入第三组分(称活化剂),即 V-Al-活化剂便构成第二代 V-Al 催化体系。

V-Al 催化体系的活性较低,添加活化剂可使聚合过程中失去活性的 V^{2+} 络合物重新形成具有聚合活性的 V^{3+} 配位中心,再次发生链引发、链增长等反应,具有增加活性和降低分子量的作用。

用于乙丙橡胶的活化剂是一些含有多卤取代的氧、硫、磷和氮等孤对电子的给电子化合物。其中效果较好的是三氯乙酸乙酯、三氯乙酸烷基溶纤剂酯、全氯巴豆酸酯或酰卤、卤代烷基-β-内酯、氯代钒酸酯、钛酸烷基酯等。

3) 乙丙橡胶第三代催化体系(载体催化剂)

乙丙橡胶是率先引入载体催化剂的合成橡胶品种。载体催化剂的最大特点是具有极高的聚合反应活性,在乙丙橡胶合成中,载体催化剂的效率已提高到经典 V-Al 催化剂的 50~100 倍,为 V-Al-活化剂催化体系的 5~10 倍。

载体催化剂是由负载于固体无机化合物或有机高分子化合物上的主催化剂所形成的载体络合物和助催化剂烷基铝组成。其类型主要有载体-Ti-Al 体系、载体-V-Al 体系和载体-Ti-V-Al 体系。

作为载体的无机化合物主要是镁、铝、硅的氧化物或卤化物。有机高分子载体则为含氧、硫、磷、氮等给电子基团且其中含不饱和键能溶胀于而不溶解于聚合反应介质中的凝胶状聚合物。为改变载体物性,在制备载体络合物时,常加入一种能与载体部分或完全结合的物质,即称改进剂。用作改进剂的物质有 Lewis 碱或其他给电子体,如苯甲酸酯、苯腈、乙腈、三乙胺、磷酰氯等。最常用的主催化剂、助催化剂、载体分别为 $TiCl_4$、$Al(C_2H_5)_3$ 及 $MgCl_2$。

载体催化剂的活性取决于载体络合物的组成、结构及制备条件等。载体催化剂常用浸渍法、研磨法制备。载体催化剂对乙丙橡胶的悬浮聚合和溶液聚合都适用。

3. 溶剂

乙丙共聚合反应一般按溶解度参数选择溶剂。通常是脂肪族饱和烃,如环戊烷、环己烷;芳烃,如苯、甲苯等。乙丙橡胶工业生产中大多采用己烷作溶剂。正庚烷常用于实验室乙丙共聚合反应的研究。苯、甲苯专用于催化的稀释剂,而环己烷则用作测定特性黏数 $[\eta]$ 的溶剂。

乙丙橡胶生产中,常用的溶剂为己烷,其杂质限量通常为:水分<10 μL/L,硫化合物<3 μL/L,氮化合物<3 μL/L,氧化合物<5 μL/L,氯化物<5 μL/L,炔烃<1 μL/L,烯烃总量<25 μL/L。

4. 其他辅助原料

乙丙橡胶工业生产中,除单体、溶剂外,还需一些辅料,通常用烷基锌作分子量调节剂;非离子表面活性剂作转相法脱除催化剂残留物的乳化剂,2245 和 264 用作防老剂。环烷系油和石蜡系油作乙丙橡胶的填充油,它们与乙丙橡胶的溶解度参数相近,混溶性好,且硫化胶的力学性能也较好。

10.6.2 乙丙橡胶的配位聚合生产工艺

1. 溶液法合成乙丙橡胶

溶液聚合法合成乙丙橡胶于1963年实现工业化,现仍是广泛采用的工业生产方法。

1) 聚合配方及工艺条件

乙丙三元橡胶的聚合配方及工艺条件见表 10-17。

表 10-17　乙丙三元橡胶的聚合配方及工艺条件

聚合配方	工艺条件
催化剂　$VOCl_3 - Al_2(C_2H_5)_3Cl_3$ -活化剂	聚合反应温度/℃　38～60
丙烯/乙烯/mol　1.5～5.5	聚合压力(表压)/Mpa　1.4～1.75
双烯浓度/(mmol/L)　15～70	停留时间/min　30～60
Al/V(物质的量)　20	
溶剂　己烷	
调节剂 H　适量	
活化剂　适量	
聚合物浓度(质量)/%　8～13	

2) 聚合工艺过程

国内外乙丙橡胶溶液聚合的基本路线是相同的，但各自有其独特的工艺。图 10-18 是美国 Uniroyal 公司乙丙橡胶溶液聚合工艺流程。聚合反应在带有搅拌器的 5 级串联釜式反应器中进行。各种物料(配制)计量后于混合器中混合均一进入各级反应器中进行聚合反应，得到黏稠的乙丙橡胶胶液。聚合热由聚合反应器夹套中致冷剂来移除。聚合反应液离开末级反应器在加入稳定剂后依次进入高压闪蒸器和低压闪蒸器脱除未反应的乙烯和丙烯，进行回收循环使用。在高压闪蒸器中，胶液压力由聚合压力降至 0.27 MPa(表压)，于低压闪蒸器中又进一步降到 7.07 kPa。经闪蒸后的胶液进入洗涤釜用热水脱除催化剂。洗涤混入填充油后进入凝聚釜，以直接蒸汽加热以脱除溶剂与未反应的双烯，同时胶液凝聚成含水胶粒，经振动筛分离游离水，含水胶粒经挤压脱水、挤压闪蒸膨胀干燥、成型、包装，即获商品乙丙橡胶。

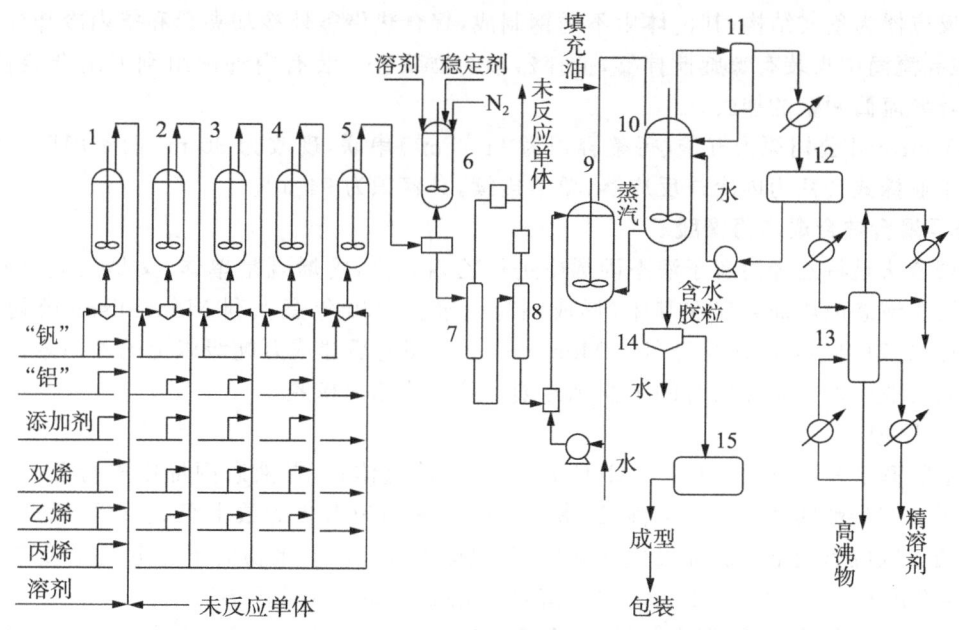

图 10-18　Uniroyal 公司乙丙橡胶溶液聚合工艺流程

1～5—聚合釜；6—贮槽；7—高压闪蒸器；8—低压闪蒸器；9—催化剂洗涤釜；
10—凝聚釜；11—分离器；12—倾析槽；13—蒸馏塔；14—振动筛；15—挤压机

由凝聚釜脱除溶剂和双烯冷凝后，由倾析槽进入蒸馏塔。回收溶剂采用共沸精馏法脱除水分，得到含水<10 μL/L 精制溶剂,返回循环使用,塔釜重组分双烯经浓缩和提纯后重复使用。

3) 催化剂的脱除

聚合物残存催化剂的脱除方法有多种,包括转相法、过热水洗涤法,工业上最先进的方法为转相法,其原理如图 10-19 所示。

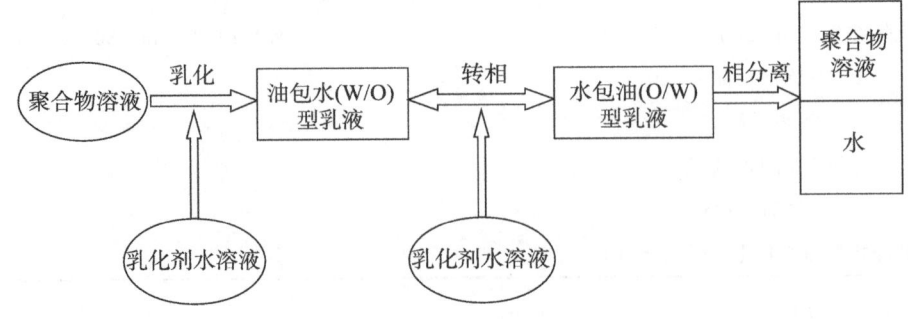

图 10-19 转相法脱除残留催化剂的基本原理

先向脱除单体的乙丙胶液(油相)中加入如烷基苯酚聚氧乙烯醚之类的非离子表面活性剂水溶液(水相),强烈搅拌,使之成为油包水(W/O)型乳液,催化剂即从油相转入水相,继续搅拌一定时间后,再补加一定量的表面活性剂水溶液,在强烈搅拌下转相形成水包油(O/W)型乳液。停止搅拌,静置分层,下部为含催化剂的水油作为污水排放,上部油相即为脱除催化剂的聚合物己烷溶液,进入凝聚过程。

转相法须控制表面活性剂的用量、水油比、搅拌速度、搅拌时间等。经转相法处理后的 V_2O_5 含量<20 μL/L,Al_2O_3 含量<100 μL/L。

4) 聚合反应器

由于乙丙橡胶合成是气液相接触,且聚合热大,因此对聚合反应器有一定的要求。

聚合反应器为釜式结构,其筒体由不锈钢制成,聚合热借釜外冷却夹套和釜内冷却导流筒壁冷却移除,在导流筒中央装有螺旋搅拌器,搅拌器轴的框架上安装有内外两组刮刀组合装置,用以清除釜内壁及导流筒两壁的挂胶。

美国 Uniroyal 公司原为五釜(每釜容积为 11.4 m³)串联,现改为 30 m³ 两釜串联。日本三井石油化学工业株式会社为内冷式反应器,单釜连续,其容积为 94 m³。

2. 悬浮聚合法合成乙丙橡胶

悬浮聚合法是将乙烯溶解于液态丙烯中进行乙丙共聚,丙烯既是单体,又是反应介质,生成的共聚物不溶于液态丙烯而悬浮在其中,形成细粒淤浆。1960 年意大利 Montedison 公司提出悬浮聚合的原理,1971 年,Goodrich 公司和 Montedison 公司先后建成万吨级以上的乙丙悬浮聚合生产装置并投入工业生产。悬浮聚合的工业化开创了第二代乙丙橡胶。

1) 基本原理

(1) 竞聚率原理 采用 $VlCl_3 - Al(C_2H_5)_{3-n}Cl_n$ 催化体系,在液态丙烯中进行乙丙共聚反应,乙烯和丙烯具有悬殊的共聚反应活性,通常乙烯的竞聚率为丙烯的数十至数百倍,因此,丙烯只能在乙烯的诱导效应影响下与乙烯发生共聚反应,仅能生成乙丙共聚物而不能生成丙烯的均聚物。

(2) 溶解度参数原理 根据聚合物-溶剂对溶解度的"相似相溶"原理,若溶解度参数之差 $\Delta\delta > 3.07 (J/cm^3)^{1/2}$,则互不相溶。乙丙橡胶 $\delta_p = 16.36 \pm 0.41 (J/cm^3)^{1/2}$,液态丙烯 $\delta_s = 12.31 \pm 0.41 (J/cm^3)^{1/2}$,$\Delta\delta = \delta_p - \delta_s > 3.07 (J/cm^3)^{1/2}$。因此,乙丙共聚物不溶于丙烯介质而呈淤浆状态。

(3) 相律原理 在二元或三元乙丙悬浮聚合反应体系中,由于生成的聚合物为固体,第三单体为液体,故决定乙烯、丙烯液相互溶体系的状态参数只有温度、压力和乙烯-丙烯平衡组成。按相律原理,其中两个参数为自变量,另一个为因变量,可通过任意两个参数控制、决定第三个参数。因此,可以通过乙烯、丙烯液相平衡体系的温度-压力-组成($T-P-X$)关系,对其中温度、压力两个参数进行控制,实现对单体组成的控制,从而控制聚合物的组成。

(4) 自冷原理　在悬浮工艺中,为控制三个状态参数的平衡关系,关键在于控制反应温度。工业上采用一种以反应体系中部分单体蒸发潜热的形式移除聚合反应热的方法,即自冷法。这是以温度和压力为主要控制参数,并以此决定反应体系中乙烯丙烯平衡组成的一种有效方法。

2) 聚合配方及工艺条件

在三元乙丙悬浮聚合体系中,催化剂体系为 VAc_3-烷基铝-活化剂,其活化剂是三氯乙酸乙酯,用苯或甲苯作 VAc_3 的稀释剂,以 $Zn(C_2H_5)_2$ 为分子量调节剂,丁烷作改进剂,其聚合基本配方见表 10-18。

表 10-18　三元乙丙悬浮聚合的聚合配方及工艺条件

基本配方	工艺条件
液相中乙烯浓度(物质的量)/%　2~15	反应温度/℃　25~60
乙叉降冰片烯/(mmol/L)　50~200	反应压力/MPa　0.3~1.8
VAc_3 浓度/(mmol/L)　0.05~0.2	反应时间/min　20~120
Al/V/(mol/mol)　20~50	催化剂数效率/[kg 产品/(g·V)]　20~50
三氯乙酸乙酯/(mmol/L)　不超过烷基铝	
聚合物浓度/%　25~30	

3) 工艺过程

在 V-Al 催化剂体系下,乙丙橡胶悬浮聚合工艺由原材料精制、配制、聚合、聚合物后处理、单体和溶剂的回收及橡胶脱水干燥、成品包装等单元组成,其流程如图 10-20 所示。

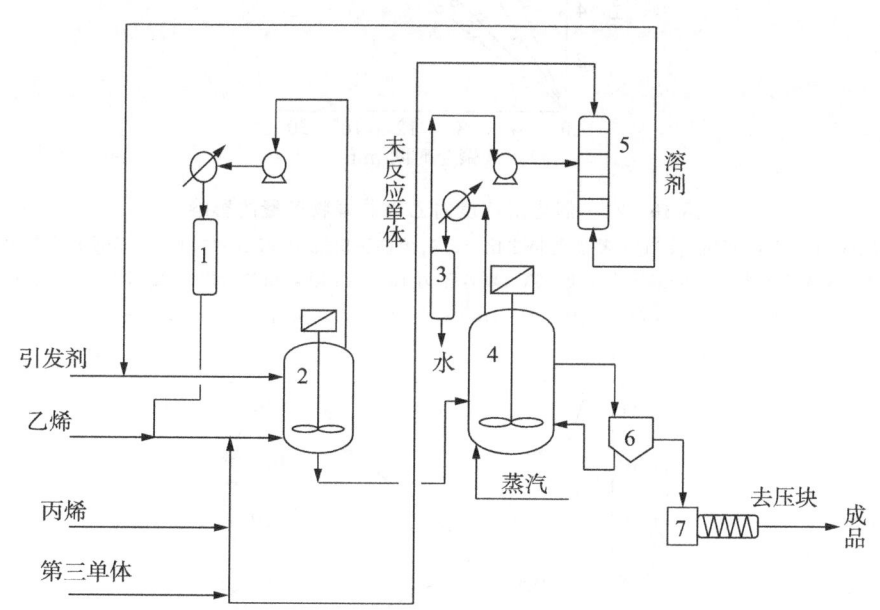

图 10-20　意大利 Montedison 公司的乙丙橡胶悬浮聚合工艺流程

1,3—分离器;2—聚合反应器;4—汽提器;5—蒸馏塔;6—水分离器;7—螺旋挤压机

聚合反应在附有多桨式搅拌器的单台高压釜内进行。反应物料按配方以适宜方式加入反应釜中,在预定工艺条件下进行聚合。生成的聚合物-丙烯淤浆间歇地以 10~15 次/h 导入汽提器中进行处理。整个聚合反应过程通过温度控制系统、压力控制系统、液面控制系统维持高度的热平衡和

物料平衡,确保生成的聚合物具有要求的产量和质量。

聚合物-丙烯淤浆进入以蒸汽为加热介质的单级(二元乙丙橡胶用)或多级(三元乙丙橡胶用)汽提器中,在强烈的搅拌下脱除丙烯、少量溶剂和第三单体,脱除的这些组分分别经脱水、干燥等精制处理后循环使用。

从汽提器出来的聚合物颗粒淤浆经振动筛脱水、螺旋挤压机脱水、挤压闪蒸膨胀干燥机干燥,再经螺旋提升机输送、称量、压块和包装,即成为成品。

悬浮聚合具有反应体系黏度低、热传递容易、可控制反应器内温度、催化剂效率高、聚合物浓度大、单位聚合釜生产能力大、工艺流程简短、减少原材料消耗、降低产品成本、提高产品质量等特点。目前,乙丙橡胶悬浮聚合是一种比较先进的生产工艺,但聚合需要精密调节工艺参数,配置相应的现代化控制系统。

10.6.3 聚合反应的主要影响因素

1. 催化剂对聚合反应的影响

1) 催化剂浓度

催化剂浓度对聚合反应的影响如图 10-21 和图 10-22 所示。

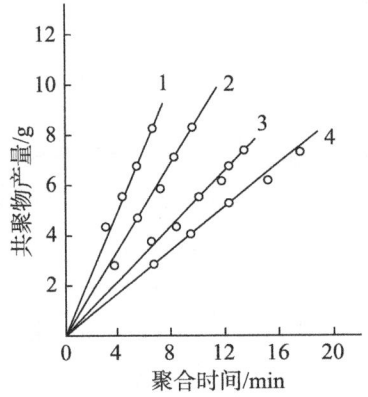

图 10-21 催化剂浓度对乙丙共聚物产量的影响

催化剂 VCl_4 - $Al(C_6H_{13})_3$;Al/V 物质的量之比=2.5;溶剂正庚烷 40mL;C_3^{2-}/C_2^{2-}(物质的量)=2.0;
乙烯、丙烯总量为 2 L/min;聚合温度 25℃;聚合压力 101.325 kPa;钒浓度以 VCl_4 中钒原子质量计
1—[V]=0.0674;2—[V]=0.049 9;3—[V]=0.029 9;4—[V]=0.019 9

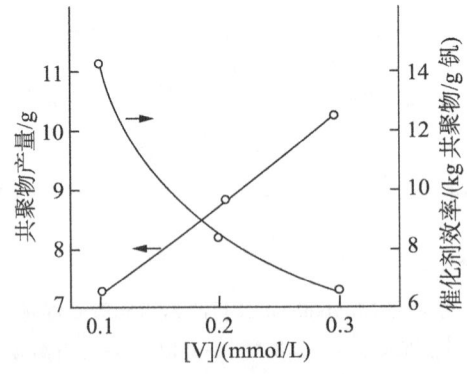

图 10-22 催化剂浓度对其效率的影响

催化剂脂族羧酸钒- $AlEt_{1.5}$-$Cl_{1.5}$-三氯乙酸乙酯;C_3^{2-}/C_2^{2-}(物质的量)=2.0±0.05;
Al/V=最佳物质的量之比;聚合温度 20℃;聚合时间 50min

由图 10-21 及图 10-22 可见：在乙烯-丙烯二元共聚反应中，随着主催化剂 VCl_4 浓度的提高，由于催化活性中心增多，共聚反应速率、共聚物产量增大，但催化剂效率下降，共聚物的分子量随之降低，而共聚物组成不变。

2) Al/V 物质的量之比

通常，Al/V 比增加到一定数值时催化剂的活性达峰值，超过峰值，则迅速下降。Al/V 物质的量之比与催化剂体系有关，对某些催化剂体系[如 $VOCl_3 - Al(C_2H_5)_2Cl$]，Al/V 物质的量之比影响较小。因此，Al/V 物质的量之比的选择应以聚合时活性达最高或趋于稳定值为宜。Al/V 物质的量之比对共聚物组成无影响。烷基铝用量要恰当控制，由于 AlR_3 或 AlR_2X 与聚合物增长链发生交换反应，因此呈现降低分子量的作用。

3) 催化剂陈化

在乙烯、丙烯二元共聚反应中，主催化剂、助催化剂需预先陈化短暂时间（数秒到数分钟）再加至反应系统，可以得到平衡的反应速率。在间歇聚合中，有利于初期聚合温度平稳，但也损失了部分活性较高的活性中心，使反应速率、共聚物产率和催化效率降低。在连续聚合反应中，则应将主催化剂、助催化剂分别加入聚合釜下侧，力求避免两组分预先接触。

4) 催化剂加入方式

催化剂加入方式有一次加入、分批及连续均匀加入方式。这些加料方式对聚合反应速率、聚合物产率、分子量及分子量分布会产生不同的结果，但对共聚物组成无影响。如一次加入，在反应过程中催化剂的活性不稳定，初期高，逐渐衰减。在工业生产中，通常采用连续加入或在多级串联釜式反应器的各级反应釜中分别连续加入的方式。

5) 活化剂

若以六氯环戊二烯为活化剂，因活化剂可保持钒的有效活性价态，延长催化剂的寿命，从而提高催化剂的效率。但加入方式不同，其效果亦不同。间歇聚合时，活化剂在反应一定时间后加入，连续聚合反应时，活化剂与主催化剂应同时加入。

2. 单体浓度与比例

一般聚合反应速率与反应相中单体总浓度或气相中单体分压总和成正比，但共聚物组成与单体浓度无关。当单体总浓度一定时，共聚合反应速率、共聚物产率、催化剂效率、共聚物分子量和共聚物中乙烯含量均随单体混合物中乙烯配比的增加而提高，反之亦然。反应体系中单体比例对乙丙共聚物组成的影响见图 10-23。在实际共聚反应中，控制乙烯、丙烯比例可以得到所要求的共聚物单体组成，是产品质量控制中最重要的环节。

3. 聚合压力

乙烯、丙烯单体在反应相中的浓度与反应压力密切相关。由于乙烯、丙烯液相

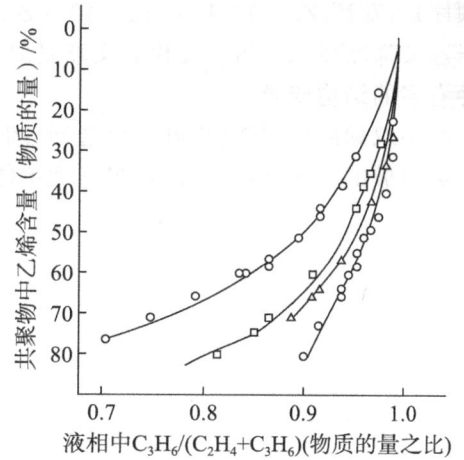

图 10-23 乙丙共聚物中乙烯含量与液相中单体比例的关系
1—$VOCl_3 - Al(C_6H_{13})_3$；2—$VCl_4 - Al(C_6H_{13})_3$；
3—$VAc_3 - Al(C_2H_5)Cl$；4—$TiCl_3 - Al(C_6H_{13})_3$

浓度随压力提高的增加程度不同，乙烯比丙烯更快，因此，随聚合压力的增加，共聚物中丙烯含量降低，但反应釜生产强度提高，乙丙二元共聚物的特性粘数 $[\eta]$ 增加。因此，在工业生产中，乙丙共聚物常采取加压聚合，通常压力为 1.0 MPa（表压）左右。

4. 聚合温度

在 Al-V 催化剂体系中,乙丙共聚合反应速率常数也符合阿伦尼乌斯方程,即随温度升高,反应速率增大。但在较高温度下,活性中心的稳定性降低,导致催化剂效率降低(图 10-24)。从总的效果看,乙丙二元共聚时,随反应温度的提高,共聚反应速率、共聚物的产率、催化剂的效率均呈降低的趋势。通常聚合温度较低(以 0℃ 以下为佳),而某些催化剂体系也不超过 70℃。

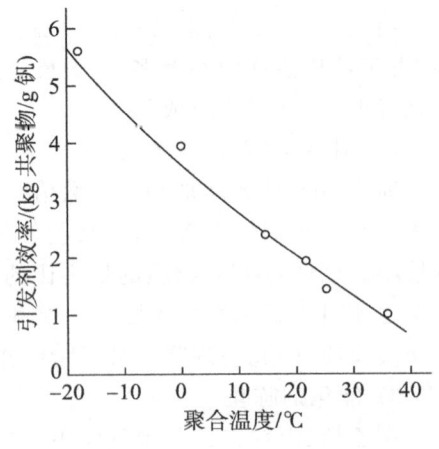

图 10-24 聚合温度对催化效率的影响
催化剂 VAc-AlEt$_2$Cl;[VAc$_3$]=0.25mmol/L

5. 反应时间

乙丙共聚物产量与聚合反应时间成正比,表明活性分子链在共聚合反应中并不终止,主要按链转移机理进行;但随聚合时间增长,反应体系的黏度上升,催化剂活性逐渐衰减,因此,通常溶液聚合达到反应相中产物浓度为 8% 左右,也仅需 30~40 min 即可。

6. 分子量调节

氢、二烷基锌、二烷基镉等常作分子量调节剂。由于分子量调节按链转移机理进行,因此不使聚合速率降低。但由于分子量调节剂可使增长的分子链终止,因此可导致聚合物分子量降低。通常分子量调节剂在液相中浓度愈大,共聚物分子量也愈低。

乙烯、丙烯、非共轭双烯三元共聚合反应除双烯的抑制效应外,其聚合反应规律与乙丙二元共聚合相同或相似。

由于双烯具有供电性,其供电性远比丙烯强,因此乙丙三元共聚的共聚反应速率、催化剂效率、共聚物的分子量、共聚物中的丙烯含量等均随双烯含量的增加而降低。共聚物中的不饱和度则随双烯加入量的增加而提高,且支化和交联的倾向随分子链中双烯含量的增大而加剧。易形成支化交联的顺序是:双环戊二烯>1,4-己二烯>乙叉降冰片烯。在相近的反应条件下,双环戊二烯的支化高于乙叉降冰片烯 7.5 倍。支化和交联是对分子链中有效不饱和度的消耗,在任何情况下,交联均是一种有害的结构变异。

为了减小双烯的抑制效应,可采取选择抑制效应小的乙叉降冰片烯作第三单体的措施,或者制备某种丙烯组成的三元共聚物时,适当增大单体比例中的丙烯含量。

第 11 章 特种高分子合成工艺

特种高分子材料是指高分子链上含有 Si、O、P、S、F、Cl 等元素的大分子,由这些元素构成的高分子品种较多,包括塑料、纤维、橡胶、油漆、涂料、黏合剂等,从结构性能以及合成方法来看,有代表性的是特种合成弹性体,本章将根据不同的合成方法介绍一些性能优异的特种高分子材料的合成工艺。

11.1 自由基悬浮聚合在特种高分子合成中的应用

聚四氟乙烯简称 PTFE 或 F4。聚四氟乙烯具有优良的密封性、高润滑不粘性、电绝缘性、化学稳定性、耐腐蚀性和良好的抗老化耐力。聚四氟乙烯可采用压缩模塑成型、挤出成型、涂覆成型。聚四氟乙烯可填充改性,常用填料包括无机填料、金属粉填料、聚合物填料等。聚四氟乙烯用途广泛,在密封制品中用作填料函垫圈、缓冲环、阀座及活塞、骨架油封,在电气方面是良好的绝缘材料、高频电缆、电机沟槽、电容器绝缘,机械方面作各种部件,如管子软管、阀门隔膜、伸缩接头等。多孔聚四氟乙烯板可用作防腐过滤介质。此外,聚四氟乙烯在医疗卫生及航空、航天工业上,交通、石油、化工等工业部门均有广泛的用途。

聚四氟乙烯采用自由基聚合得到,合成反应式为

$$n\,CF_2=CF_2 \xrightarrow{\text{引发剂}} +CF_2-CF_2+_n$$

工业生产中四氟乙烯采用的悬浮聚合法,与常见的悬浮聚合法不完全相同,聚合时,单体以气相状态逐步压入反应釜中,所以这种方法又称单体压入法,聚合所得的聚四氟乙烯不溶析出,以颗粒状悬浮于水中。

不锈钢聚合釜中,先投入去离子水和引发剂过硫酸铵,单体四氟乙烯以气相压入,使釜内压力在 $(5\sim7)\times10^5$ Pa,加入盐酸(工业中称为活化剂),以调节水相的 pH 值。聚合开始后,釜内压力下降,可不断补充压入气体单体,但压力仍需维持在上述范围内,聚合温度不超过 50℃,反应结束,聚合物经捣碎、洗涤、研磨和干燥,即得粉状产品。

在这个方法中可调节气相单体压入的速度和数量来控制聚合速率,所以易于预防爆炸事故,而且釜内压力较低,设备简单,因而这个方法是工业生产中的主要方法。

除聚四氟乙烯外,工业上氟橡胶也有采用自由基悬浮聚合方法生产的,但氟橡胶的生产以自由基乳液法为多,该方法将在下面介绍。

11.2 自由基乳液聚合在特种高分子合成中的应用

11.2.1 氟橡胶

氟橡胶(fluororubber)是指主链或侧链的碳原子上含有氟原子的合成高分子弹性体。主要有四类:氟烯烃类共聚橡胶、全氟醚类氟橡胶、亚硝基类氟橡胶、氟化磷腈类氟橡胶。氟橡胶耐高温性优异、耐老化性能好、真空性能极佳、机械性能优良、电性能好、透气性小、化学稳定性佳,但低温性能不好、耐辐射性能较差。氟橡胶的用途主要有五个方面:氟橡胶制品,如各种垫片、油封、胶管、O形圈及其他密封圈等;氟橡胶密封剂;氟橡胶胶乳;氟橡胶涂料;氟橡胶海绵制品。

六氟丙烯-偏氟乙烯共聚或四氟乙烯-六氟丙烯以及四氟乙烯-偏氟乙烯共聚反应可以采用乳液聚合法,以水为介质,过硫酸盐为引发剂,也可用过硫酸盐-亚硫酸氢钠氧化还原体系作引发剂,用全氟羧酸盐作分散剂,反应温度为 90~130℃,反应压力为 4~6 MPa,同样可在低压下进行聚合。聚合过程用丙二酸二乙酯作链转移剂控制分子结构,制得非离子端基的乳胶,聚合反应中可用单釜或双釜连续聚合,氯仿或氟里昂等化合物作分子量调节剂。还可采用种子乳液聚合法,反应分两步,第一步用无机过氧化物作引发剂,具有引发快的特点;第二步是把第一步合成的共聚物作种子,选用有机过氧化物和过氧化二碳酸二乙丙酯作为引发剂,也可制得非离子端基聚合物。六氟丙烯和偏氟乙烯共聚时,单体经过剂量混合后加入反应器中,同时将引发剂和分散剂水溶液经过计量泵加入反应器,用惰性气体经过压力阀控制反应压力保持恒定。当压力超过规定压力时,允许聚合胶乳从反应器中流出,进入收料桶。在连续聚合反应中可以交替进行高分子量橡胶和低分子量橡胶的制备。制备高分子量的橡胶时不加链转移剂,在制备低分子量橡胶时要加入一定量的链转移剂,反应速率可通过引发剂的用量来控制。生产工艺过程如图 11-1 所示。

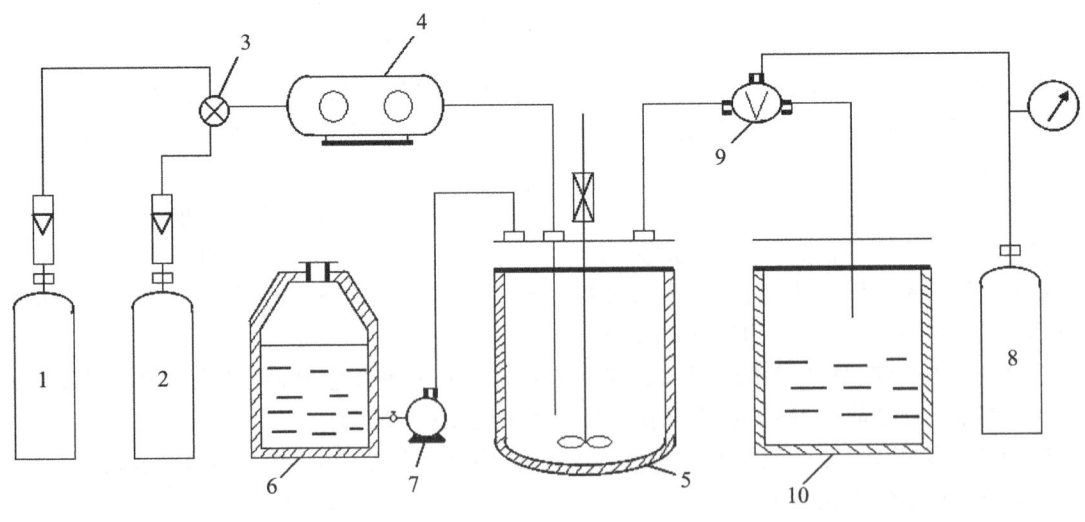

图 11-1 连续聚合工艺流程

1、2、8—钢瓶;3—自动计量装置;4—压缩机;5—反应釜;6—贮槽;7—计量泵;9—压力控制阀;10—收料桶

制得的胶乳进行后处理,其方法与其他合成胶乳处理方法相似,用凝聚剂盐析使聚合物从胶乳

中分出。凝聚剂用盐酸、硫酸铝盐、氯化镁、氯化铵及三乙烯胺等化合物。凝聚后的氟橡胶成淤浆状,为了防止凝胶,可加入适量的 $C_1 \sim C_5$ 脂肪醇,如变性酒精等。制得的固体淤浆,在通有水蒸气的热水洗涤槽中洗涤。水温保持 80℃,洗涤后氟橡胶用离心机或其他分离方法除去大部分水,再进行干燥。

其他氟橡胶如四丙氟橡胶由四氟乙烯同丙烯共聚而成,氟橡胶 23 由偏氟乙烯与三氟氯乙烯共聚而成,氟硅橡胶是 γ-三氟丙甲基聚硅氧烷的聚合物,其合成方法类似。

11.2.2 聚丙烯酸酯橡胶

聚丙烯酸酯橡胶也称丙烯酸酯橡胶。聚丙烯酸酯橡胶具有极好的耐温、耐油、耐紫外光、耐臭氧及耐老化性能,但耐寒和耐水性能较差,且加工中粘辊,加工性能不好。聚丙烯酸酯橡胶塑炼时间短,炼胶温度不能高,硫化剂的选择决定于活性单体,与其他合成橡胶有所不同。聚丙烯酸酯橡胶适宜制作耐油的橡胶零部件及制品,主要用于汽车油封,特别适宜于作液压油系统内的油封,也适合制成耐臭耐候的橡胶零件。

1. 合成工艺

在丙烯酸酯聚合反应中,随单体结构不同反应的速率虽有差别,但由于自加速效应,总的反应速率很快,在乳液聚合体系中反应进行 20~30 min,转化率可达 70%~80%,所以反应中放热量较大。为了控制反应温度,必须控制反应加料速度,否则引起爆聚或由于温度升得过快引起冲料。引发剂可用水溶性过氧化物,也可用油溶性引发剂。在进行共聚时,必须根据丙烯酸酯与共聚单体的竞聚率调整共聚反应条件及加料方式。

丙烯酸酯橡胶的聚合配方中包括主要单体、活性单体以及其他共聚单体,配方的确定依据分子设计的原理,从产品的分子结构、性能及加工应用出发,目前国际上都以丙烯酸丁酯或丙烯酸乙酯为主要单体,前者偏于制取耐寒性能的橡胶,后者偏于制取耐热、耐油性能的橡胶,活性单体在分子中主要能为硫化时提供活性点。由于配方设计中活性单体不同,制取的生胶硫化体系加工配方也不同,会形成不同的品种。配方中引发剂过硫酸盐用量为 0.05%~0.4%,乳化剂用量为 2%~4%,聚合随品种而异,可在 50~90℃ 进行乳液聚合。为了控制反应温度通常采用分批加料,亦可连续滴加单体和引发剂,聚合开始后,温度上升较快,通过部分单体挥发用回流冷凝方法将反应热带走,也能有效控制反应温度。

聚合反应用搪瓷反应釜易于清洗,用不锈钢反应器也可,但洗涤麻烦,因丙烯酸酯聚合物本身对金属有良好的黏结性。配制好的单体先加入 1/5~1/3 左右在反应器中和水乳液混合,升至规定聚合温度后,加入引发剂进行聚合。其余单体在 2~3 h 内加完,同时滴加引发剂,加完料后,保温继续反应 1~1.5 h,反应后期可提高温度到 80℃ 以上,有利于提高转化率,降低残留单体,最终转化率可达 95% 以上。聚合完后注意调节乳液的 pH 值在 7~9,如 pH 值太高易引起丙烯酸酯的皂化水解。

聚合反应中搅拌的速度一般控制在 80~100 r/min,搅拌速度不仅影响聚合速率,而且还影响胶粒的大小及分布,搅拌速度加快,使聚合速率减低。

丙烯酸酯橡胶聚合工艺流程如图 11-2 所示。

制得的丙烯酸酯胶乳分散液加入电解质凝聚,通常用氯化钠、氯化钙和硫酸铝、无机酸等电解质水溶液作凝聚剂,也可用聚丙烯酸钠水溶液或醇类凝聚。凝聚前要脱除残留的丙烯酸酯单体,可在 80~90℃ 减压脱出或用蒸汽吹除,体系中残留单体量不多,容易脱出。凝聚盐水溶液浓度决定于电解质的类型,一般为 10%~20% 即可使橡胶凝聚,由于丙烯酸酯聚合物黏性好,凝聚时易粘成块,不利于洗涤和干燥,加入聚丙烯酸钠类高分子作絮凝剂可防止结成块,凝聚前用 2~4 倍的水稀

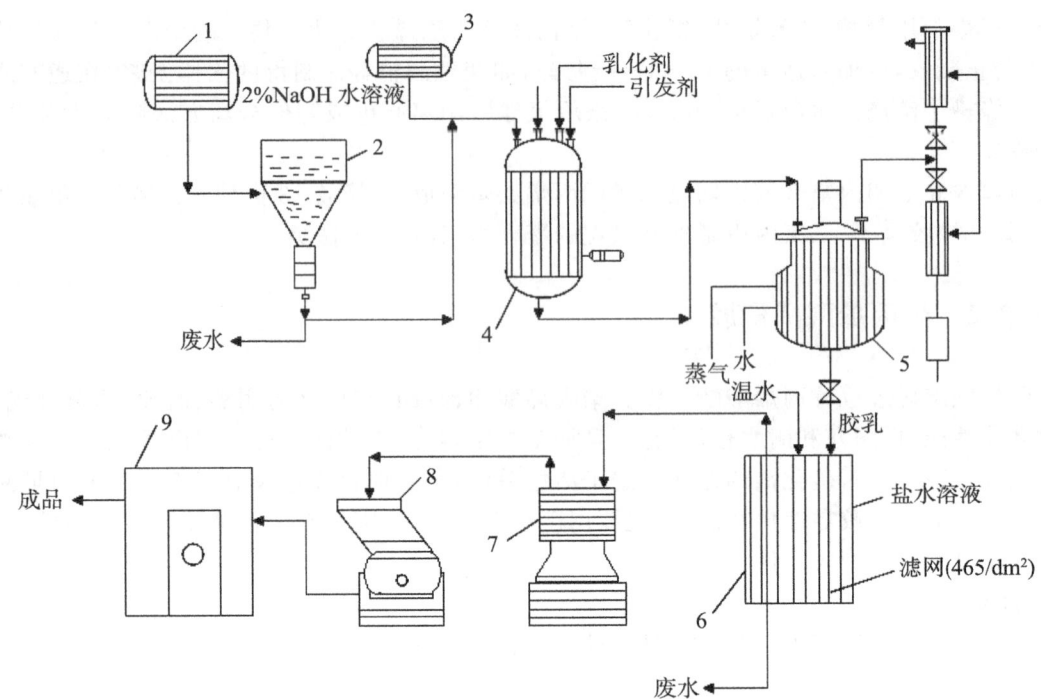

图 11-2 聚丙烯酸酯橡胶的生产流程图
1—原料单体槽(含阻聚剂);2—洗涤槽;3—丙烯腈贮槽;4—物料配制槽;
5—聚合釜;6—凝聚水洗槽;7—离心分离机;8—锤磨机;9—干燥器

释乳胶后,再加入聚丙烯酸钠和盐酸溶液。为了防止起泡,需加入消泡剂,在80～90℃强烈搅拌下,会凝聚出粒径为1～3 mm的胶粒,凝聚的胶粒用水洗至不显酸性。

凝聚洗涤后橡胶粒子进行脱水干燥,即为产品,得到产品进行分析测试。

2. 丙烯酸酯橡胶聚合过程中的工艺影响因素

1) 单体的选择和用量

丙烯酸酯共聚所用单体主要为丙烯酸丁酯和乙酯,要求纯度在98%以上,用前除去阻聚剂,其他单体及活性单体的选择很重要,因为不同活性单体交联体系不同,如环氧丙烯酸单体用胺类硫化体系,控制不好会引起早期硫化,聚合时温度高容易生成大量凝胶,含氯活性单体的纯化及含氯量不仅影响聚合,而且生胶加工时易腐蚀模具,用碳键长的酯类不仅降低耐油性能,而且使加工性能变坏,在选择单体和用量比时必须采用分子设计方法考虑性能之间的平衡,即耐高温、耐低温、耐油、耐老化、强度压缩形变等技术指标的综合要求。同时考虑加工性能,因为丙烯酸酯类聚合物对温度很敏感,耐寒好的橡胶,加工性能差,耐油性下降,活性大的单体作交联活性点时,易引起早期交联。丙烯酸酯共聚物中单体组分的用量不同,直接影响产品的性能指标。随烷基侧链的增加,聚合物的内聚能密度降低,耐寒性增高,耐油性下降。在丙烯酸酯的侧链内引入氧醚和硫醚提高聚合物的极性,在此情况下其耐寒性能也不受影响。为了合成耐寒耐油的橡胶,可采用丙烯酸乙氧基乙酯作为共聚单体。为了提高丙烯酸酯聚合物的反应能力和极性,可加入丙烯酸β-氯乙酯或丙烯酸氯代乙酸乙酯,以及乙烯类单体的衍生物、烯丙基缩水甘油醚,或丙烯酸缩水甘油醚,此外也可用丙烯腈,含有羟基、羧基或其他活性基团的单体作为交联活性点。总之单体的选择是丙烯酸酯橡胶分子设计的核心。

2) 乳化剂的影响

乳化剂的选择也是共聚反应中的重要因素。乳化剂一般选用偏酸性的阴离子乳化剂,如碱性乳化剂体系易引起酯键的皂化和交换，在乳液聚合中多选用烷基硫酸盐或磺酸盐。根据动力学公式乳化剂对反应速率有一定影响，而且影响聚合物的分子量及体系的稳定性。为了控制乳液体系的稳定性，可以加入一定量的缓冲剂。乳化剂对聚合物粒子大小分布都有影响，也影响乳液的稳定。乳化剂用量增加可以增加稳定性，对分子量提高有利，但乳化剂过量，增加了橡胶凝聚和洗涤的麻烦，如洗涤不好残留在橡胶中乳化剂对加工设备有腐蚀作用。如果生产配方中加入由丙烯酸或其他聚合型的单体，在适当pH值情况下也有乳化及稳定作用，可适当减少乳化剂用量。乳化剂的用量也与单体的极性和水中溶解度有关，对极性大和水中溶解度大的单体多数是均相成核。在水相成核后生成带极性端基的齐聚物自由基，齐聚物自由基达到临界链长后，生成聚合物-单体粒子，以后在粒子中继续反应，对水溶性大的单体形成的乳液体系稳定性增加。稳定性也与生成聚合物的表面活性有关，亲水性强的聚合物由于它与水相中水和乳化剂的界面能低一些，在热力学上有利于体系的稳定，所以不同配方选用乳化剂的类型及其用量是有区别的。丙烯酸酯弹性体的反应机理是：采用水溶性引发剂过硫酸盐引发丙烯酸烷基酯的聚合，水溶液中生成的齐聚物自由基聚集起来，生成初级粒子，初级粒子的聚集程度，取决于所建立表面上电荷的临界密度和齐聚物本身的表面活性，初级粒子表面保护程度不足，是初级粒子形成絮凝缔合物的原因，加入乳化剂后在粒子极性表面上有平衡吸附过程，达到吸附平衡的速率与单体的极性和乳化剂性质有关，并决定着初级粒子部分絮凝成结构复杂的次粒子，这些次粒子继续在粒子中反应，形成最终粒子。为了增加反应初期的粒子数，可提高乳化剂浓度，通过强化搅拌可使液滴更好分散。丙烯酸聚合过程中聚合物自由基以恒速按均相成核机理形成，直到单体转化率达到相当的程度，单体才进入形成的聚合物-单体粒子中反应。极性单体的乳液聚合体系乳化剂的作用比在非极性乳液体系中可变因素多一些。

3) 引发剂的影响

根据极性单体乳液聚合的特性和动力学的关系式，引发剂用量增加，反应速率加快，分子量降低。为了提高丙烯酸酯橡胶的分子量，一般情况下引发剂用量偏低能提高聚合物的性能，引发剂分解形成自由基与单体作用，形成的齐聚物大分子端基有—SO_4^- 或—OH^- 存在，对乳液聚合物体系的稳定性有利，无疑引发剂用量增加，对乳液稳定性增加有利，当乳化剂用量能保持体系稳定性时，引发剂用量宜减少，如单体中不纯物较多，影响引发剂作用的情况下，或不纯物易与引发剂的自由基反应，消耗掉大量引发剂，就适当增加用量，或将单体进行纯化处理。

在丙烯酸酯乳液聚合中用水溶性过氧化物，如 $K_2S_2O_8$、$(NH_4)_2S_2O_8$ 等，对某些单体在低温时可用过氧-还原引发体系，如过氧化氢-铁的络合物及雕白块，或用硫酸亚铁-过硫酸盐体系进行低温聚合。

4) 加料方式的影响

丙烯酸酯类共聚过程中，反应速率很快，一旦引发后，在较短时间内反应转化率可达70%~80%，有大量的热放出，反应体系温度急剧上升，易造成大量冲料，共聚中如有低沸点单体，可产生大量回流，部分单体冲出反应体系，散发在空气中不仅造成环境污染，也可能产生其他事故。由低沸点的大量挥发造成单体配比的变化，影响共聚物的组成和结构，影响产品性能。由于反应速度很快的特点，丙烯酸酯类单体加料方式可采取一次性法、分批加料法、半连续和连续加料法。一次性加料容易产生冲料，温度不易控制，即使是低温聚合，也不易控温，所以生产中多用分批加料或半连续和连续法加料。单体可采用分批或连续法加料，一般多采用分批法，也可用连续法，这决定于反应中单体的性能及反应条件，加料方式对乳胶粒子的大小、分布以及分子量分布均有一定的影响。

用过氧化物引发剂聚合一般可在 50~90℃ 反应，如用氧化-还原引发体系，可在 40℃ 以下的温度进行聚合，低温下聚合可制得分子量高的聚合物。

丙烯酸酯聚合中为了调节分子量可加入少量调节剂，如十二碳硫醇，以制取低门尼黏度橡胶。要制取结构化的橡胶时可加入结构化剂（少量交联结构），一般加入双官能团和三官能团的单体，如二乙烯苯、二甲基丙烯酸乙二醇酯、三甲基丙烯酸三乙醇胺基酯等。

11.2.3 聚四氟乙烯

聚四氟乙烯的乳液聚合又称分散聚合,它与一般乙烯烃类单体的乳液聚合法不同:首先,单体四氟乙烯也是以气相状态逐步压入聚合釜中进行聚合的(与悬浮聚合法中的单体压入法相似);其次,必须采用含氟量很高的长链脂肪酸(如全氟辛酸钠)作乳化剂。

聚合时以水作为反应介质,过硫酸钾和"$NaHSO_3 + FeSO_4$"构成的氧化还原体系作引发剂。引发聚合后,不断压入气相单体,使釜内压力保持在 $19.6×10^5$ Pa[也有采用$(5\sim7.8)×10^5$ Pa 的],反应温度不超过 60℃,聚合完毕后所得乳液可直接使用,或凝聚后取得粉状树脂(称分散树脂)。

11.3 熔融缩聚在特种高分子合成中的应用

11.3.1 聚碳酸酯

聚碳酸酯(Polycarbonate,PC)无色透明、耐热、耐寒、吸水率低、抗冲击、透光率高、加工性能好、阻燃性能较好。聚碳酸酯耐酸、耐油,不耐紫外光,不耐强碱。PC 可注塑、挤出、模压、吹塑、热成型、印刷、粘接、涂覆和机械加工,最重要的加工方法是注塑。PC 可与不同聚合物形成合金或共混物,以提高材料性能,具体有 PC/ABS 合金、PC/ASA 合金、PC/PBT 合金、PC/PET 合金、PC/PET/弹性体共混物、PC/MBS 共混物、PC/PTFE 合金、PC/PA 合金等,可结合两种材料的性能优点,并降低成本。由于其无色透明和优异的抗冲击性,日常的应用有光碟、眼镜片、水瓶、防弹玻璃、护目镜、车头灯等。

1. 合成工艺

酯交换法合成聚碳酸酯是在催化剂存在下,高温高真空条件下产生酯交换的缩聚反应,即利用双酚 A 和碳酸二苯酯为原料,经酯交换生成高聚物,典型工艺配方参见表 11-1,反应方程式如下:

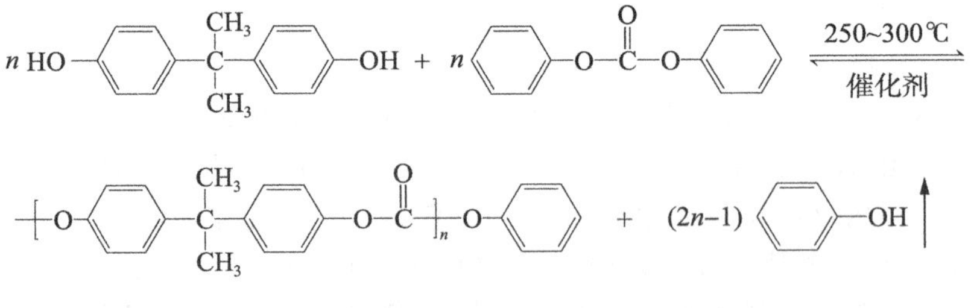

表 11-1 熔融缩聚制备聚碳酸酯的典型工艺配方

原料名称	分子量	物质的量之比	质量/kg	投料量/kg
双酚 A	228.29	1.0	228.3	100
碳酸二苯酯	214.2	1.05	225.0	98.6
四苯硼酸	342		4.5 g	2.0 g
磷酸氢钙			11.4 g	5.0 g

聚碳酸酯的熔融缩聚工艺流程如图 11-3 所示。

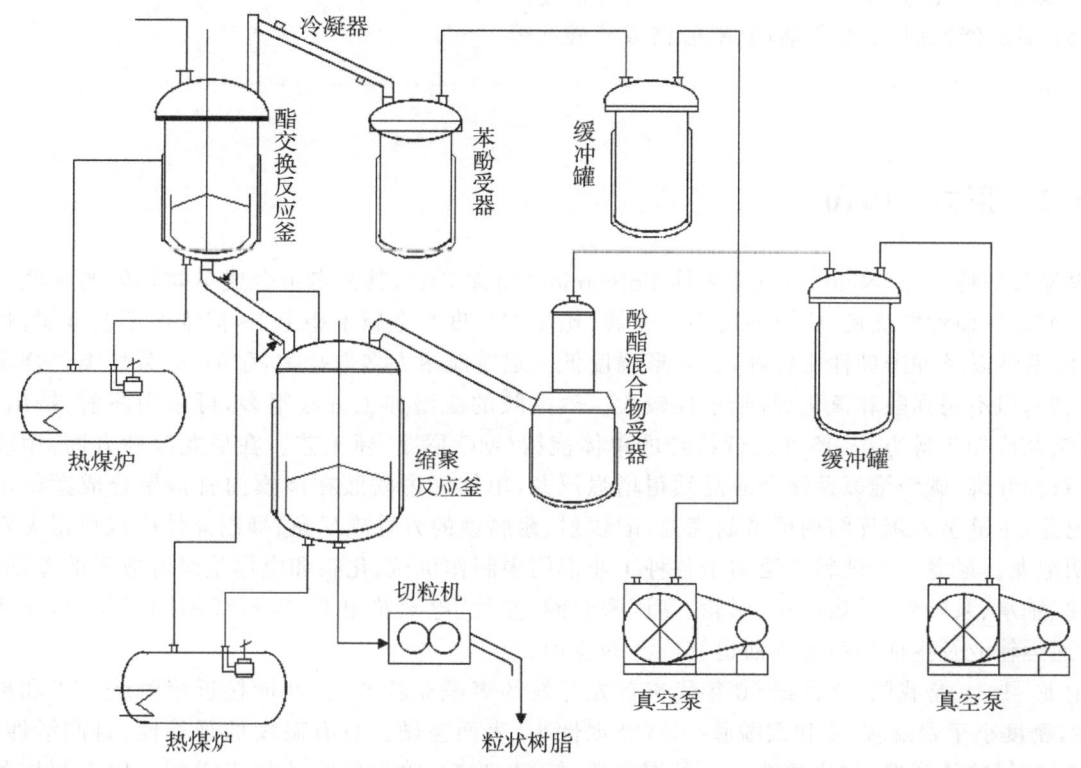

图 11-3　聚碳酸酯合成中的酯交换及缩聚工艺流程

将 260 L 不锈钢镀铬的反应锅预热到 240℃，加入精碳酸二苯酯 98.6 kg，待其熔化后加入精双酚 A 100 kg，等熔化完毕后温度为 125℃。加入四苯硼钠催化剂 2.0 g，关闭加料孔，抽真空至 6.6 kPa 余压，内温为 170～180℃ 进行反应；蒸出苯酚，待馏出管温度下降 3～5℃，为第一阶段结束。进行第二阶段，真空提至 5.3 kPa 余压，同时升温到 220～230℃。待馏出管温度再下降 3～5℃ 为第二阶段结束，进行第三阶段反应，再提高真空到 1.3 kPa 余压，温度为 240～250℃，保持 15 min 为酯交换结束，用 99.95% 氮气消除真空，压入缩聚反应釜待聚合。

聚合釜为 220 L 不锈钢镀铬夹套热油循环预热至 280～290℃，压入酯交换反应料在 50 min 内抽至 133 Pa 余压以下进行聚合反应，夹套温度控制在 300℃，当电动机电流上升到 15～16 A 或内温自行上升到 310～312℃ 为聚合终点，用 0.59～0.784 MPa 氮气压料，聚碳酸酯经水冷却槽至切粒机，切粒。

切粒后的聚碳酸酯进烘箱烘干，温度控制在 95～100℃，经 4～6 h 后冷却，用塑料袋包装入木桶，每桶 50 kg，取样分析。

此法的优点是不需要溶剂，聚合物也容易处理。缺点是：设备复杂（高温、高真空）；物料的黏度高，物料的混合及热交换困难；产物分子量不高；反应中的副产物使产品呈黄色。采用此法生产的聚碳酸酯，其产量仅占总量的 10% 以下。

2. 熔融缩聚合成聚碳酸酯的主要工艺控制

(1) 反应温度要高，使物料能熔化，并有利于苯酚逸出。

(2) 因双酚 A 在 180℃ 以上分解，故初期控制在 180℃ 以下，使双酚 A 已转化成低聚物后再逐步升温。

(3) 为了有利于苯酚逸出，需抽高真空，使反应向右进行，残余压力最低可至 133 Pa 以下。

(4) 碳酸二苯酯的沸点较低,为了防止逸出而破坏原料反应物的物质的量之比,一般取碳酸二苯酯与双酚 A 的比值为(1.05～1.1)∶1,前者稍过量。

(5) 需加催化剂,如苯甲酸钠、醋酸铬或醋酸锂等。

11.3.2 尼龙-1010

聚酰胺俗称尼龙(Nylon),英文名称 Polyamide(简称 PA),其命名由合成单体具体的碳原子数而定。尼龙机械性能优良,比拉强度高于金属,比压缩强度与金属不相上下,但刚性不及金属,耐磨性、自润滑性以及冲击韧性比较好,热变形温度低。尼龙能耐大多数盐类,耐油、耐芳烃类化合物方面也较好,但不耐强酸和氧化剂,吸水性较大。聚酰胺的成型加工方法很多,可采用注射、挤出、吹塑、烧结及冷加工等方法,还可进行特殊的单体浇铸(MC 尼龙)新工艺。在尼龙改性方面:用玻璃纤维、石棉纤维、碳纤维以及钛金属晶须得增强尼龙,单体己内酰胺在浇模内直接聚合成型得单体浇铸尼龙,主链引入苯环结构可得耐高温、耐辐射、耐腐蚀的芳香族尼龙,抑制晶体生成可得无定形的透明尼龙。尼龙工程塑料广泛用于各种工业部门中制作机械、化工和电器绝缘等方面的零部件,如齿轮、轴承、泵叶轮、风扇叶片、涡轮、高压密封圈、垫片、电池箱电缆、电器线圈和接头等,在建筑业、交通运输业及生活用品等方面也有广泛的应用。

尼龙-1010 是我国 20 世纪 50 年代末首先开发的聚酰亚胺产品,性能接近聚酰胺-11 和聚酰胺-12,密度小于聚酰胺-6 和聚酰胺-66,吸水性小,表面坚硬。具有高度的延伸性、自润滑性,高耐磨性,良好的消音性,耐化学性好。可用注塑、挤塑、吹塑、喷涂等方法加工成型。用于制作各种机电、仪表、纺织器材的零部件,如齿轮和轴套等。

尼龙-1010 是尼龙-1010 盐在一定温度压力下脱水缩聚而成,其反应方程式如下所示,典型工艺配方参见表 11-2。

$$n\ ^+H_3N(CH_2)_{10}NH_3^+ \cdot {}^-OOC(CH_2)_8COO^- \rightleftharpoons \ [NH(CH_2)_{10}NHCO(CH_2)_8CO]_n + (2n-1)H_2O$$

表 11-2 熔融缩聚制备尼龙-1010 的典型工艺配方

原料名称	分子量	物质的量之比	质量/kg	投料量/kg
尼龙-1010 盐	394.56	1.0	374.56	100
冰醋酸	60.05	1.78×10^{-2}	1.068	0.25
亚磷酸	82.00	1.37×10^{-3}	0.112	0.03

尼龙-1010 的熔融缩聚工艺流程如图 11-4 所示。

按配方计量把尼龙-1010 盐 100 kg,分子量调节剂冰醋酸 0.25 kg,稳定剂亚磷酸 30 g 等利用真空抽入到 250 L 的缩聚釜中,然后继续抽真空 10 min,真空余压约为 2.67 kPa,除去釜内空气。充入二氧化碳气体,压力达 50 kPa 左右,其目的是使反应始终在惰性气体保护下进行。电感应加热至 180℃,尼龙-1010 盐熔化。当温度升至 220℃,釜内压力也升至 120 kPa 左右,维持 1 h 后开始放气脱水,随脱水反应逐渐趋向终点,釜内压力也渐渐下降至常压。到反应结束时,釜内温度可加热至 240℃。为了尽量使脱水完成,在 240℃ 下常压放空,直至没有尾气逸出,整个反应约需 5～6 h。出料前先将缩聚釜底部的保温炉升至 200～220℃,用高压二氧化碳气体充入釜中,将物料压出。经冷却水槽凝成条带,再切粒、干燥和包装,即得粒状的尼龙-1010。

上述生产工艺是间歇式单釜生产方法,特点是设备简单,操作方便,产品黏度易于控制。

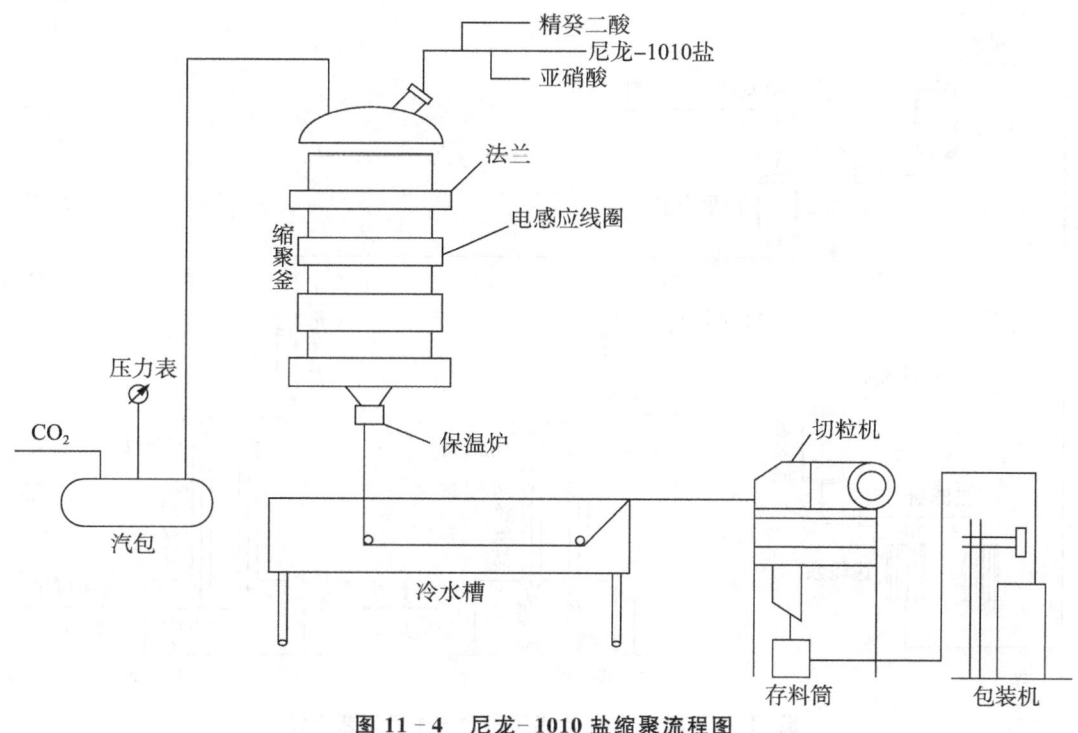

图 11-4 尼龙-1010 盐缩聚流程图

11.3.3 尼龙-6

尼龙-6 也称聚己内酰胺,为最常用的聚酰胺树脂,是己内酰胺单体在碱性介质存在下进行阴离子开环聚合的成品,通过改性可改善其阻燃、耐磨、耐热等性能。作为工程塑料,用于制造塑料制件。

1. 合成工艺

尼龙-6 由己内酰胺开环缩聚制得,纯己内酰胺不易开环聚合,通常需在一定的引发剂和反应条件下进行,根据引发剂的不同,它可按三类不同的反应进行聚合,即阳离子、阴离子及水解聚合。己内酰胺在水、醇、酸存在下引发的聚合反应,称水解聚合,一般需在 250~270℃下反应几十个小时,可获得分子量为 15 000~23 000 的聚合物,其反应方程式如下所示。

$$n\ (CH_2)_5\underset{NH}{\overset{CO}{\diagup}} \xrightarrow{H_2O} H\text{—}[N\text{—}(CH_2)_5\text{—}\underset{}{\overset{O}{C}}]_n\text{—}OH$$

由反应式可知聚合物是由水、单体环状低聚物及不同聚合度线型聚合物所组成的平衡体系,其中水、单体及环状物对纺丝过程及纤维性能都有影响,聚合后必须处理以限制其含量。熔融缩聚制备尼龙-6 的典型工艺配方参见表 11-3,其工艺流程如图 11-5 所示。

表 11-3 熔融缩聚制备尼龙-6 的典型工艺配方

原料名称	分子量	物质的量之比	质量/kg	投料量/kg
己内酰胺	113.16	1.0	113.16	100
蒸馏水	18.02	0.377	6.8	6
己二酸	146.14	1.94×10^{-3}	0.28	0.25

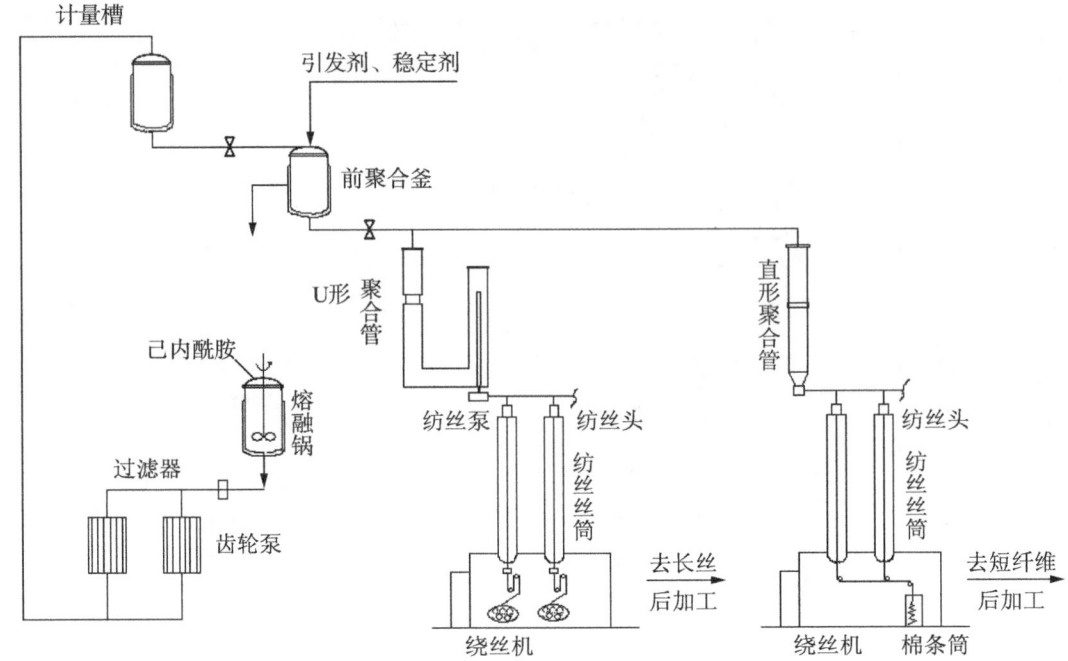

图 11-5　尼龙-6 常压连续聚合法生产工艺流程

按配方计量，将己内酰胺、蒸馏水和稳定剂己二酸投入溶解釜中，温度控制在 85～98℃，用二氧化碳的压力将溶解的己内酰胺通过过滤器送到贮存桶，过滤器与贮存桶管道均应保温，设备管道夹套水蒸气压力控制为 49～98 kPa，贮存桶的温度控制为 95～98℃，溶解釜、过滤器、贮存桶均用惰性气体保护，使溶液不与氧气接触。

用计量泵把贮存桶的料打入直形聚合管道进行聚合，直形聚合管反应温度控制分为三段，即上、中、下三段，一般上段温度控制为 275℃ 左右，中段为 245℃，下段为 230℃ 左右。夹套内通联苯载热体加热，外层用电感应加热，聚合时间为三十多小时连续生产，用以上配方及工艺可制得分子量为 14 500 左右的聚合物。

用计量泵或螺杆把聚合后的熔体打入注带头，经过不锈钢滤网压入注带板（注带板是打有圆孔或其他形状的小孔不锈钢板），通过注带孔注带切粒。

从注带板压出的熔体进入注带槽（槽内贮放软水）中冷却凝固成固体聚合物也称为带条，把带条喂入切片机切成粒子。

2. 影响尼龙-6 熔融缩聚的主要因素

（1）原料纯度　己内酰胺环状分子中相应有一个羧基和一个羟基，所以不必考虑官能团物质的量之比的问题，但工业生产的己内酰胺中，由于副反应或提纯不净等原因，可能残留有酸性或碱性杂质，或还原性、氧化性杂质，皆不利于聚合，故必须提纯。

（2）引发剂　己内酰胺水解聚合所用的引发剂水，工业上称活化剂。反应初期，水越多，聚合速率越快；到后期，由于水解平衡，水量过多会引起聚合物水解而使分子量下降，一般用量为己内酰胺量的 1%～3%。除水之外，也可用醇来代替水，效果相同，无明显优点。也可用 ω-氨基己酸或尼龙-66 盐来代替水，且聚合速率明显加快。但尼龙-66 盐不能太多，否则会形成尼龙-6 及尼龙-66 的共聚物，降低熔点。生产中除了水外，常加入 1%～2% 的 ω-氨基己酸或尼龙-66 盐，可使聚合周期缩短 1/4 左右。

（3）聚合温度与聚合时间　己内酰胺水解聚合是一个平衡反应，随聚合温度上升，聚合速率提高,平衡向生成低分子物的方向移动,但欲减少低分子物含量,则温度低是较为有利的。

(4) 分子量稳定剂　常用的分子量稳定剂有脂肪族的一元酸或二元酸,也可用胺类化合物,工业上最常用的是醋酸或己二酸,稳定剂实际加入量较理论计算量要少,因为体系中有残留水分,或存在其他副反应。

(5) 尼龙-6 树脂中单体及低聚物含量问题　尼龙-6 中含有单体及环状低聚物,其含量与聚合温度有关,约为 8%～10%。这些水溶性低分子化合物的存在会影响纺丝过程及成品纤维强度等性能。如果是聚合后直接纺丝制取的纤维,则可将纤维进行水压洗(一定的水压下),使纤维中低分子化合物含量降低至 1% 以下;如果聚合后将熔体注带切片得到粒状树脂,则可将这种切片去水洗,使含量降至 0.5%～1.5%(视以后纺丝的方法而定)。水洗的切片经纺丝后,其含量又可回升至 1.5%～4%。

11.3.4　硅橡胶

硅橡胶按所用单体的不同,可分为甲基乙烯基硅橡胶、甲基苯基乙烯基硅橡胶、氟硅橡胶、腈硅橡胶等。硅橡胶富有弹性,有耐低温和耐高温的特性,电绝缘性优良,但机械强度差。硅橡胶耐臭氧、耐氧老化、耐光、耐候性均较好,它本身无臭无毒,具有优良的生物医学性能,但耐化学酸碱及有机溶剂能力较差,并且硫化交联较为困难。硅橡胶是宇航及高科技等尖端领域中必不可少的材料,在汽车、电子及电气工业中用作密封垫圈、薄膜、胶管、电线电缆方面的绝缘材料,电子、电气零件的灌封材料和建筑业中密封材料,在医疗上用途极广,在纺织、食品、化妆品及造纸领域也有很广泛的应用。

有机硅橡胶生产方法常用有机氯硅烷进行水解或醇解,反应方程式如下所示,其生产工艺流程参见图 11-6。

$$R_2SiHCl_2 + H_2O \longrightarrow R_2Si(OH)_2 + 2HCl$$

$$nR_2Si(OH)_2 \xrightarrow{缩合} \left[\begin{array}{c} R \\ | \\ Si-O \\ | \\ R \end{array}\right]_n + nH_2O$$

首先将干燥的硅粉加入流化床反应器,同时加入催化剂(铜粉或铜盐)和助催化剂(锌、锑等),干燥后氯甲烷由反应器底部通入,反应后的合成气从反应器顶部排出,其中约有 2/3 的未反应的氯甲烷,硅烷约占 1/3。反应合成气中夹带的废催化剂和碳粉尘经过旋风分离器和袋滤器除去,除尘后的合成气经过冷凝器 4 使氯硅烷冷凝,而未反应的氯甲烷大部分在气相,冷凝的混合物液体进入脱氯甲烷贮藏,经蒸发后进入反应器 1 使用。氯甲烷采用连续法加料,催化剂分批补加,加入的速度决定于反应进行的程度和床内触媒中铜的含量。反应物中氯硅烷的分离一般采用四个塔的工艺,除去氯仿后的粗硅烷首先进入脱高沸物塔 6 中除去沸点高于 70℃ 的组分,然后进入脱低沸物塔 7 中,除去沸点低于 66℃ 的组分,进入贮存罐 8 中,塔底流出物为二甲基二氯硅烷和甲基三氯硅烷的混合物,此混合物进入二甲基二氯硅烷提纯塔 10 中,塔底为高纯度的 $(CH_3)_2SiCl_2$,塔顶为甲基三氯硅烷。贮罐 8 中低沸物主要含 $SiHCl_3$、CH_3SiHCl_2、$(CH_3)_3SiCl$、$SiCl_4$ 等,送入低沸物分离塔 9 进行分离,塔顶为 $SiHCl_3$ 和 CH_3SiHCl_2,塔底为以 $(CH_3)_3SiCl$ 和 $SiCl_4$ 为主的共沸物(沸点 54.7～63.2℃),共沸物加入乙腈或其他溶剂在分离塔中分离,制得的高纯度的 $(CH_3)_2SiCl_2$ 进行水解,使氯硅烷转化为聚硅氧烷,水解物进入蒸馏塔 17,将其中的环氧烷与线型低分子聚硅氧烷进行分离。蒸馏塔采用在真空下操作,塔顶冷凝器不宜用温度太低的水进行冷却,以防止低环物结晶堵塞管路,环状物进入接受器 18 中,不定期排出沉降的水,环硅氧烷放入贮罐 19 中,塔底流出的为

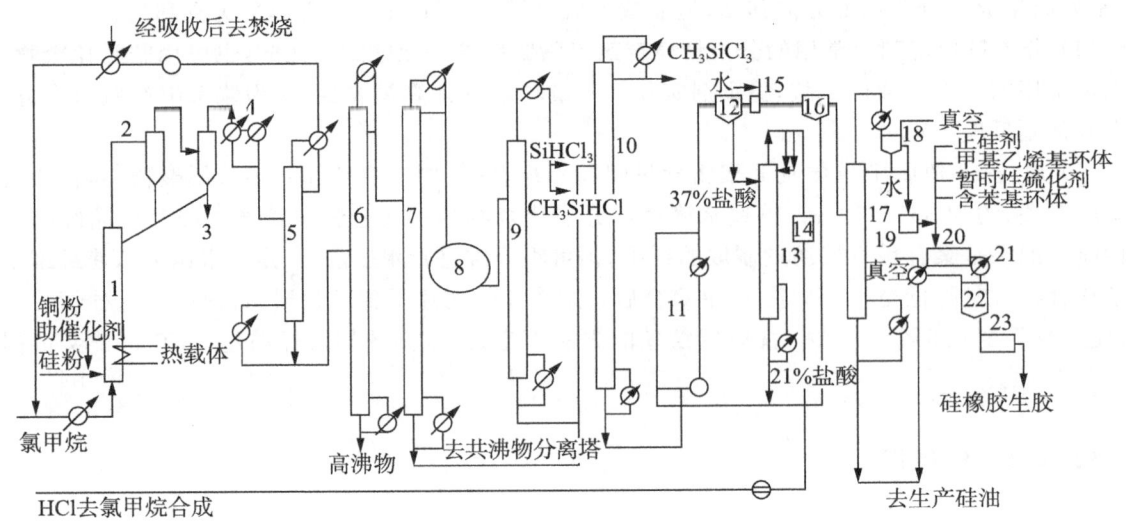

图 11-6 氯硅烷水解法生产硅橡胶的工艺流程

1—流化床反应器；2—旋风分离器；3—袋滤器；4—冷凝器；5—脱氯甲烷塔；6—脱高沸物塔；7—脱低沸物塔；8—低沸物贮罐；9—低沸物分离塔；10—二甲基二氯硅烷提纯塔；11—水解泵；12—沉降槽；13—HCl分离塔；14—净化器；15—水洗器；16—沉降槽；17—水解物蒸馏塔；18—环硅氧烷接受器；19—贮罐；20—聚合反应器；21—加热器；22—脱挥发分装置；23—生胶挤出机

线型低分子聚硅氧烷及高环物，送往硅油生产车间，与[(CH$_3$)$_2$Si]$_2$O重排生成二甲基硅油，水解也可用碱催化剂进行减压解聚，得到纯环状物的聚硅氧烷。制得的甲基硅氧烷与止链剂甲基乙烯基环硅氧烷，催化剂（四甲基氢氧化胺等）用泵送入聚合反应器20，各种物料均应先脱水干燥处理，在100~110℃进行平衡聚合反应，制得甲基乙烯基硅橡胶。反应器有刮壁式搅拌器和加热夹套，亦可用其他类型反应器。聚合物中催化剂经加热器21在高温下分解失活，聚合物中低分子聚硅氧烷在脱挥发组分装置22中真空脱出，挥发分含有D4、D5、D6等环状物。

醇解法工艺不同于水解法，制得低分子聚硅氧烷的同时制得氯甲烷，省去了回收HCl以及由HCl合成氯甲烷等工艺过程，制得的产物为端羟基聚硅氧烷，如用聚氯化磷腈（PNCl$_2$)$_{3\sim6}$为催化剂，进行平衡缩聚，可在同一聚合设备中生产各种HTV橡胶和RTV橡胶。

11.4 溶液缩聚在特种高分子合成中的应用

11.4.1 聚砜

聚砜（PSF或PSU）有普通双酚A型聚砜、聚芳砜和聚醚砜三种。聚砜力学性能优异，刚性大，耐磨，强度高，即使在高温下也能保持优良的机械性能，但耐疲劳强度差。聚砜化学稳定性好，除浓硝酸、浓硫酸、卤代烃外，能耐一般酸、碱、盐，在酮、酯中溶胀，并且无毒、耐辐射、耐燃，但耐紫外线和耐候性较差。PSF可进行注塑、模压、挤出、热成型、吹塑等成型加工，可做成精密尺寸制品。聚砜用玻璃纤维增强可得到玻璃纤维增强聚砜及聚醚砜，与MMA、ABS等共混制得聚砜高分子合金可使成型温度降低，混入四氟乙烯可得耐磨耗聚醚砜。聚砜广泛用于电子电气、食品和日用品、汽车、航空、医疗和一般工业等部门。

1. 合成工艺

聚砜的生产是由双酚 A 钠盐与 4,4′-二氯二苯砜进行缩聚反应生成线型高分子,大分子结构中含有砜基,同时含有醚键,主链上有芳香苯环,统称聚芳砜,不同于脂肪族砜类化合物,缩聚反应如下:

$$n\text{ NaO}-\phi-\text{C(CH}_3\text{)}_2-\phi-\text{ONa} + n\text{ Cl}-\phi-\text{SO}_2-\phi-\text{Cl} \longrightarrow$$

$$[-\phi-\text{C(CH}_3\text{)}_2-\phi-\text{O}-\phi-\text{SO}_2-\phi-\text{O}-]_n + 2n\text{ NaCl}$$

式中,n 为分子链节数,一般来说 n 为 50~80。缩聚反应过程中采用常压法要控制单体的物质的量之比,在氮气保护下通入干燥的 4,4′-二氯二苯砜和溶剂二甲基亚砜同双酚 A 钠盐反应,反应温度为 135~140℃,反应时间为 4~6 h。缩聚产物放出呈细条状进入冷水槽冷却后,进行热水洗涤,除去盐类和溶剂,缩聚物粉碎、干燥、造粒即为产品。主要技术要求为比黏度 0.42~0.70,比重 1.24,吸水率小于 0.25%。

生产过程中首先将双酚 A、二甲基亚砜和二甲苯加入反应器中,开动搅拌后加入氢氧化钠,用蒸气加热,升温至 105℃时进行回流,利用甲苯带去水,反应温度不断上升,最后升温至 150℃将水除尽,经过 5 h 成盐结束,蒸出二甲苯,蒸完二甲苯后降温至 120℃,在氮气保护下,加入 4,4′-二氯二苯砜,开动搅拌,升温至 150~160℃进行缩合反应。反应 3 h 左右,用气压出料,将热树脂压入水槽中,为白色条状树脂,再用热水煮洗,除去盐类及溶剂,粉碎、干燥、造粒则制得聚砜树脂产品。

2. 典型配方及操作步骤

1) 配方

典型工艺配方参见表 11-4。

表 11-4 溶液缩聚合成聚砜的典型工艺配方

原料名称	分子量	物质的量之比	质量/kg	投料量/kg
二甲亚砜(溶剂)	78.13	9.0	703.2	420
双酚 A	228.29	1.0	228.3	137.0
甲苯(溶剂)	92.13		333.0	200
NaOH	40.0	2.0	268.0(30%)	160.8(30%)
4,4′-二氯二苯基砜	287	1.01	289.9	174.0

2) 操作步骤

将 420 kg 二甲基亚砜加入反应釜内,通氮气搅拌,加入双酚 A 137 kg,甲苯 200 kg,氢氧化钠(30%)160.8 kg,升温反应,90℃开始共沸脱水,130℃脱水结束,同时通氮气,蒸除甲苯。

温度升到 160℃,甲苯蒸出后,便得到双酚 A 钠盐二甲基亚砜溶液,当上述双酚 A 钠盐的二甲基亚砜溶液温度冷却到 120℃时通氮气,加入 4,4′-二氯二苯基砜 174.0 kg,加热逐步升温,反应经历溶解、变色、发热、沸腾几个变化过程,即出现黏性,于 170℃左右维持缩聚 5 h 后出料,加水沉析,即得白色条状聚合体。

聚合体经粉碎后,水煮除盐,干净后干燥,真空挤出造粒为聚砜塑料。

11.4.2 聚苯硫醚

聚苯硫醚简称 PPS。聚苯硫醚硬而脆、结晶度高、机械强度高、耐高温、热稳定性好、电性能优良。聚苯硫醚阻燃性好、耐化学药品性能强。聚苯硫醚熔融后黏度太小,除了用于喷涂外,无法直接进行模压成型,经过热氧化或化学交联后可用于注射、压制、挤出包覆或沸腾床喷涂成型。聚苯硫醚可与尼龙、聚碳酸酯、聚苯醚、聚酰亚胺等进行共混改性。聚苯硫醚广泛用于电子、汽车、机械、化工领域。

聚苯硫醚的合成方法有四种,最成功的工业生产方法是由芳香族多卤化合物(如对二氯苯)与碱金属硫化物(Na_2S)在强极性溶剂中缩聚而成的方法,其反应式如下:

$$n\,Cl-\!\!\left\langle\bigcirc\right\rangle\!\!-Cl + n\,Na_2S \xrightarrow{\text{溶剂}} \left[\!\left\langle\bigcirc\right\rangle\!-S\right]_n + 2n\,NaCl$$

采用的溶剂中以 N-甲基吡咯烷酮及六甲基磷酰三胺最为合适,反应温度为 170~350 ℃,压力可为常压至 1.96 MPa,而两种原料的物质的量之比 1/1。

此法的原料易得、价廉、工艺路线短、产品质量稳定、产率可超过 90%,产物的平均分子量为 4 000~5 000,结晶度为 75%。

11.4.3 聚苯醚

聚苯醚(PPO)又称聚苯撑氧。聚苯醚透明、相对密度小,具有优良的机械强度、抗蠕变性、耐热性、耐水性、耐水蒸气性、尺寸稳定性、耐应力松弛,电性能好,但熔融流动性差。聚苯醚难燃、有自熄性,耐无机酸、碱,但耐芳香烃、卤代烃、油类等性能差,易溶胀。聚苯醚处理或改性后可采用注塑、挤出、吹塑等成型方法加工,也可采用机械加工、焊接、热成型和电镀等。聚苯醚可与聚苯乙烯、弹性体共混改性,也可与苯乙烯接枝改性。聚苯醚在工业各个部门都有广泛应用,特别适合于潮湿、有负荷,同时要求电绝缘、机械和尺寸稳定等性能较高的场合,此外在医药工业上也有广泛的应用。

1. 合成工艺

2,6-二甲酚的聚合反应是在苯、氯苯、吡啶和乙醇、异丙醇等混合溶剂中进行的,以铜-胺络合物作催化剂,通入氧,在 30 ℃ 进行反应,可以是均相缩聚,也可用沉淀缩聚。如溶剂用苯、氯苯或吡啶为反应介质在催化剂作用下,通入氧产生缩聚,生成的聚合物溶液黏度与分子量有关。当达到规定的黏度即可终止缩聚反应,加入沉淀剂甲醇或异丙醇所得聚合物即沉淀出来,在此法中,必须加入一定量脱水剂,除去缩聚反应生成的水,不会影响催化剂的活性。

如果反应介质用甲苯、吡啶和醇类的混合物,在铜-胺络合物存在下,通氧产生缩聚反应生成聚合物达到一定分子量后,将会从介质中沉淀出来,而生成的水不足以破坏催化剂的活性,工业上多采用此法进行生产。催化剂-胺物质的量之比为 1∶4,缩聚反应放出大量热,需用冷冻盐水控制温度在 30~33 ℃,当反应温度超过 50 ℃ 以上生成的不是聚苯醚,而是低分子醌类化合物。

在缩聚反应中控制好单体纯度是重要的,单体中的不纯物对聚合物质量有较大的影响,如邻甲酚含量太高时,难以制得高分子产物,反应介质(混合介质)的配比要适当,溶剂和沉淀剂混合比例不当,影响聚合物的沉淀和体系的黏度,反应所得聚合物黏稠液放入离心机中,分离母液和高分子树脂,所得树脂经过洗涤,除去催化剂,脱色后进行干燥,制得树脂产品测分子量,聚苯醚的缩聚反应如下:

$$n\text{H}\underset{\underset{\text{CH}_3}{}}{\overset{\overset{\text{CH}_3}{}}{\underset{}{\bigcirc}}}\text{OH} + \frac{n}{2}\text{O}_2 \longrightarrow \left[\underset{\underset{\text{CH}_3}{}}{\overset{\overset{\text{CH}_3}{}}{\underset{}{\bigcirc}}}\text{O}\right]_n + n\text{H}_2\text{O}$$

生产过程中,单体从贮槽送至单体配制槽,催化剂加入催化剂配制槽,混合溶剂加入配制槽,从配置槽将单体、催化剂、溶剂加入缩聚反应釜,同时通入氧气,反应产物从釜底放入离心机进行分离,分出的母液可循环使用,高聚物送入酸洗槽,洗后树脂经过离心机脱除酸液,再进入碱液洗涤槽,分离后用中性水洗涤,经过旋风干燥器脱出水分,干燥后的树脂经过挤出造粒即为产品。

在合成聚苯醚的缩聚反应中,必须严格控制有关反应条件,才能保证制得高黏度树脂,有高的转化率。通氧的方式甚为重要,氧气通入量,气泡大小,氧与反应物料的接触时间等都会影响聚合物的分子量、黏度及转化率。氧气分散大、均匀、接触时间长对反应有利。反应温度开始低,升至最高平衡温度过程要控制平衡升温,一般选择 30℃ 左右为最佳缩聚温度。制得的聚苯醚树脂的外观为白色粉末,分子量(光散射法)为 60 000~75 000,熔点高于 300℃。

2. 典型配方及操作步骤

1) 配方

典型工艺配方参见表 11-5。

表 11-5 溶液缩聚合成聚苯醚的典型工艺配方

原料名称	分子量	物质的量之比	质量/kg	投料量/kg
2,6-二甲苯	122.16	2.0	244.32	90
氧气	32.00	1.0	32.00	11.79
纯苯	78.11		1 495.2(L)	550.8(L)
无水乙醇	46.07		703.6(L)	259.2(L)
二甲胺	45.08	0.166	7.47	2.75
CuCl	99.0	4.66×10^{-2}	4.61	1.70

2) 操作步骤

(1) 配制铜胺络合物溶液。将含二甲胺 0.25 kg/L 的苯、无水乙醇溶液(乙醇:苯=32:68)配制成 11 L,放入配制釜中,开动搅拌,将冷冻盐水通入夹套冷却。将 1.7 kg 氯化亚铜徐徐投入配料釜中,加完氯化亚铜后,搅拌 0.5 h,关掉搅拌和冷冻盐水,制得铜胺络合物溶液,待用。

(2) 将 550.8 L 纯苯(水分≤0.06%)和 259.2 L 无水乙醇(水分≤0.08%),制成 810 L 混合溶液。取出 135 L 混合液加入 90 kg 2,6-二甲酚,制成单体溶液,置于滴加容器中。将其余 675 L 混合液投入带有夹套、搅拌、通氧管、防爆管、放空管和静电排除装置的反应釜中,在搅拌下,投入预制的铜胺络合物溶液,然后通入氧气(65 L/min),滴加单体溶液开始反应。在 25~30 min 内加完预制的单体溶液,并通入 -30℃ 冷冻盐水夹套,控制反应锅温度,从反应开始通氧 40 min 后,调节通氧为 45 L/min,从反应开始通氧 1 h 后,调节通氧为 15 L/min,从反应开始 45 min 内,反应锅内最高温度不得超过 35℃,45 min 以后反应锅内温度控制在 30℃,直至反应结束。总反应时间(包括滴加单体溶液的时间在内)共 2.25 h。反应结束,停止通氧,出料,并停止搅拌,开动离心机,将反应后的混合物分批投入离心机内,分出母液,并用含硫酸 5%~6% 的 95% 乙醇溶液冲洗以破坏、洗除部分催化剂,并洗除部分苯,甩干,即得粗产物。

(3) 将粗产物投入装有 480 L 含硫酸 5%~6% 的 95% 乙醇溶液的反应釜中,开动搅拌。开蒸气进夹套加热，进行蒸苯。当塔顶温度上升到78.3℃并检测馏出液中无苯时，进行冷却降温至釜内温度40℃左右，出料，停止搅拌。将蒸苯后的混合物分批投入离心机，分去乙醇。然后用50℃去离子水冲洗聚合体，洗涤至聚合体呈中性（pH值为7）。然后取出聚合体，把它投入装有浓度为50%的600 L乙醇水溶液中。开动搅拌，加入少量氢氧化钠溶液，调节pH值为9～10。在50℃下保温15 min后，立即冷却至40℃，然后出料并停止搅拌。将碱洗后的混合物分批投入离心机内，分去碱性乙醇水溶液，然后用50℃去离子水冲洗聚合体，洗涤至中性并无乙醇气味，然后将含湿率为35%～40%的聚合体取出，送往干燥工序，在110～120℃热风中进行旋风干燥，使树脂含湿率在0.1%以下，得产品。

11.4.4 聚甲醛

聚甲醛（POM）学名为聚氧化亚甲基。聚甲醛是一种坚韧有弹性的材料，即使在低温下仍有很好的抗蠕变特性、几何稳定性和抗冲击特性。聚甲醛具有良好的耐溶剂性，特别是耐有机溶剂，耐酸碱性差一些。聚甲醛的加工可采用挤出法、注塑法等成型加工，也可以进行二次加工，或进行机械加工、熔接、机械连接、粘接、涂饰、印刷、金属化等进行使用，也可采用吹塑加工制成容器。聚甲醛用玻璃纤维、玻璃球或碳纤维可制得增强聚甲醛，添加聚四氟乙烯、二硫化钼、石墨、二甲基硅油、润滑油等可制得高润滑聚甲醛，表面电镀制得电镀聚甲醛，此外通过加助剂可制得防静电、导电、耐光或耐气候等新品种。聚甲醛可替代有色金属及合金，在汽车、机械、电气、化工、仪表、农机等行业加工各种制品。

1. 合成工艺

聚甲醛一般用三聚甲醛的单体，催化剂通常是亲电子试剂，即所谓Friedel-Crafts及其络合物、四价氧化物、重氮化合物、无机酸及络合物、有机酸，以及卤族化合物等。工业上通常选用三氟化硼乙醚络合物为催化剂，生产的聚甲醛有两类产品，即甲醛均聚物和共聚物，由于共聚物性能较好，一般多生产共聚物，它们的反应方程式如下：

均聚物的聚合反应

$$(n+2)CH_2O + H_2O \xrightarrow{催化剂} HO-CH_2O\!-\!(CH_2O)_n\!-\!CH_2OH$$

$$\xrightarrow{乙酰化} H_3C-\underset{\underset{O}{\|}}{C}-O-CH_2O\!-\!(CH_2O)_n\!-\!CH_2O-\underset{\underset{O}{\|}}{C}-CH_3$$

共聚物的聚合反应

$$n\,\underset{\underset{CH_2-O}{}}{\overset{\overset{CH_2-O}{}}{O}}\!\!\!\diagdown CH_2 + m\,X \xrightarrow[稳定化处理]{催化剂} HO-X\!-\!\![(CH_2O)_{3n-1}X_{m-2}]\!-\!CH_2O-XH$$

式中，X代表二氧五环共聚单体。共聚合反应可以用溶液聚合和本体聚合，本体聚合生产工艺过程简单，产品质量较好，主要缺点是传热困难、分子量不稳定、聚合体粉碎困难。工业上多采用溶液法，其合成反应稳定、分子量较均匀、易传热、操作控制较好，缺点是耗溶剂多、分子量低、产品表观色泽较差。

共聚单体较多，采用二氧五环共聚，制得的分子量高，产品产率较好，共聚合所用溶剂可用庚烷，或其他烷烃、加氢汽油、环己烷、石油醚等，我国采用加氢汽油或环己烷，共聚单体二氧五环用量为单体的3%～5%，催化剂用量为单体的0.025%～0.030%，反应温度为65～70℃，反应时间约2 h，生产工艺流程如图11-7所示。

将三聚甲醛与共聚单体二氧五环分别加入板框压滤式反应釜中，在搅拌情况下加入适量的用

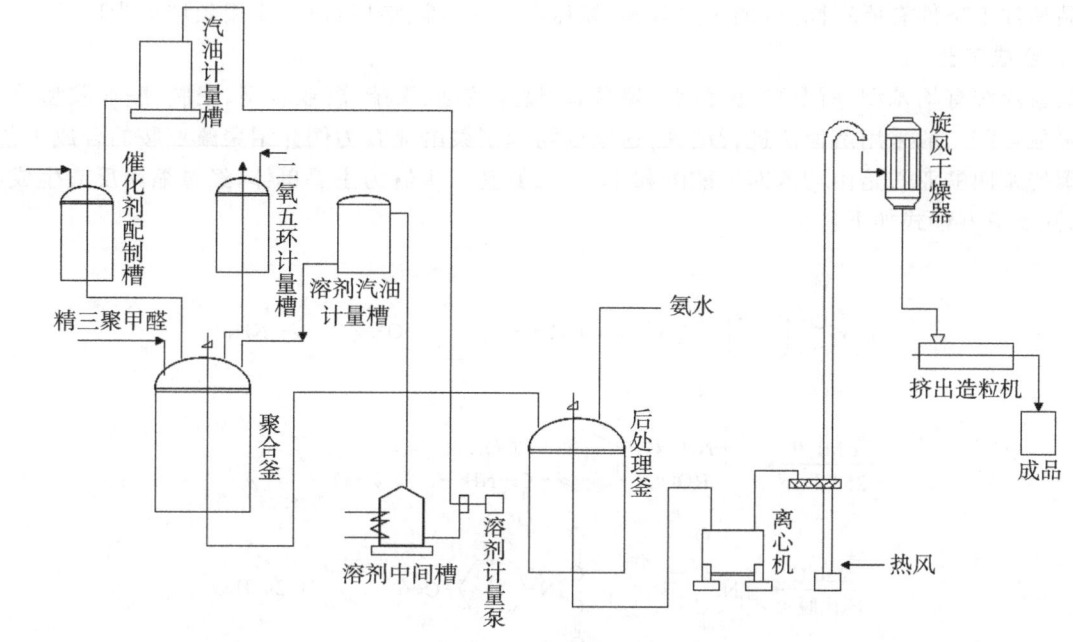

图 11-7 聚甲醛生产流程

汽油配制的催化剂（三氟化硼乙醚络合物）溶液，升温至 65℃ 引发聚合反应。反应最后 2 h 待快要固化时，停止搅拌，通冷水冷却 2 h 即可制得白色块状聚甲醛，转化率达 60%～70%，然后将聚合物粉碎、研磨，进行后处理，即洗涤和干燥，挤出颗粒状的聚甲醛成品。

制得的聚甲醛大分子末端带有半缩醛基团，在加工时易产生降解，在解聚时析出甲醛，引起副反应，影响了聚合物及制品的物理机械性能，所以制得的聚甲醛必须经过后处理，后处理方法有氨水处理法、醇处理法以及熔融处理法等。工业上较便利的方法即氨水处理，是在聚甲醛溶液中加入 4% 左右的氨水，在 146℃ 左右处理 3 h。对本体聚合的聚甲醛加入 4% 左右的氨水，在 144～148℃ 处理 1.5 h。氨水处理工艺简单，成本较低，操作安全，使用性能好，所制得聚甲醛的分子量为 30 000～45 000，特性黏数为 1.2～1.4，熔点为 153～160℃，结晶度为 75%，白色粉末。

2. 典型配方及操作步骤

1）聚合

250 kg 三聚甲醛投入恒温水 65℃ 保温的聚合板框中，加入 5% 的二氧五环(13.16 kg)搅匀后，加入催化剂三氟化硼乙醚络合物的石油醚溶液，用量为 18 mg/kg 左右，单体聚合开始后，适当冷却，在 60～65℃ 保温 1.5 h，常温水冷却 1 h，总历时 3 h，出料得白色块状聚合物。

2）胺处理

共聚物在颚式破碎机中破碎成 15～20 mm 的碎块，在万能磨粉机中磨成粉末（筛孔 1.5 mm），然后与 3:1 的氨水(5%)一同在胺处理釜中于 138℃ 左右处理 3 h，压力为 0.5 MPa。冷却、放料、抽滤、洗涤抽干后，投入沸腾床干燥器中干燥，风温 120℃，时间因料量而定，一般为数小时。干粉与抗氧剂（代号 2246，0.5%）及吸醛剂双氰胺(0.1%)在捏合机中加热混合，然后挤出、造粒。

11.4.5 聚酰亚胺

聚酰亚胺简称 PI，其耐热性好，力学性能、耐疲劳性能、难燃性、尺寸稳定性、电性能都好，成型收缩率小，有优良的耐摩擦、磨耗性能。聚酰亚胺耐油、一般酸和有机溶剂，不耐碱。聚酰亚胺根据不同品种加工条件有所不同,可加工成薄膜、模压制品、纤维、涂层材料,应用领域极为广泛。

1. 合成工艺

聚酰亚胺有均苯型、醚酐型、酮酐型、聚酰胺-酰亚胺型、聚酯-酰亚胺型、聚胺-酰亚胺型等。均苯型聚酰亚胺一般采用溶液法进行缩聚,这里以均苯型聚酰亚胺为例介绍聚酰亚胺的合成工艺。

聚均苯四酰亚胺是由均苯四甲酸酐和4,4'-二氨基二苯醚为主要单体,经过缩聚反应生成的高分子,其反应方程式如下:

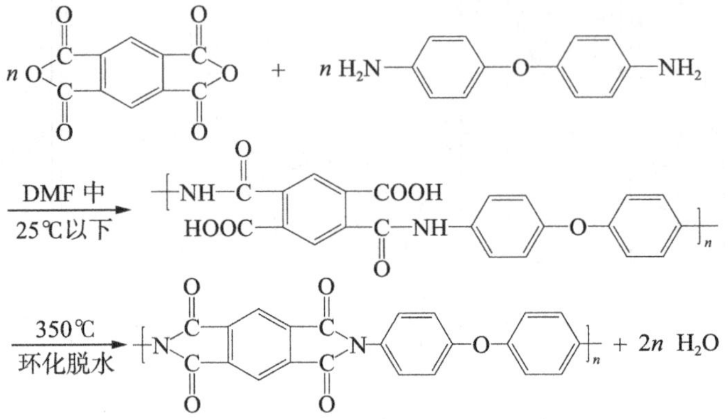

聚酰胺酸的性质为淡黄色透明黏稠液体,能成膜、纺丝,但不稳定、易水解,水解的原因是通过自由存在的羧基的作用引起的。生产中可以使溶液严格地与水分隔绝,但却不能阻止通过局部的亚胺化而随时产生的微量水。一般将聚酰胺酸贮存于干燥和低温(0~4℃)的地方,以缓解水解。

聚酰胺酸脱水环化可采用物理脱水和化学脱水法两种。物理脱水法是在真空或氮气中加热(一般从200℃升温到300℃)即可,温度高所需时间则短。化学脱水法是加入乙酸酐、吡啶(三乙胺、三甲胺)脱水剂脱水。

2. 合成聚酰亚胺的影响因素

(1) 配料比　与所有溶液缩聚一样原料比等物质的量,若考虑溶剂的影响,一般酸酐稍过量。

(2) 温度　属低温溶液缩聚,不得超过40℃,一般在20℃左右。

(3) 加料顺序及加料速度　先将二元胺溶于溶剂中,再逐渐加入酸酐,称正加料法,此法所得产物分子量大,反之称反加料法,产物分子量小。一般采用正加料法,酸酐的加料宜速度慢、多批、少量。

(4) 溶剂的影响　采用不同的溶剂,所得产物的分子量也不同,溶剂不仅影响所得产物的分子量,还影响聚酰胺酸的贮存稳定性。

(5) 溶液浓度　浓度太大使溶液黏度大,反应后期加入的酸酐不易参加反应,若太小易产生环化等副反应,且贮存稳定性差。

(6) 原料的纯度及含水量　原料必须尽可能纯净和干燥,否则影响物质的量之比,若酸酐已潮解变成了酸,则其反应能力将大大降低,有时甚至反应几天也不能获得足够分子量的产物。

3. 典型配方及操作步骤

1) 配方

典型工艺配方参见表11-6。

表11-6　聚酰胺酸合成的典型工艺配方

原料名称	分子量	物质的量	质量/kg	投料量/kg
均苯四甲酸酐	218.11	1.0	218.11	31.29
4,4'-二氨基二苯醚	200.23	1.0	200.23	28.71
二甲基乙酰胺	87.12	27.2	2371.0	340

2) 操作步骤

将 340 kg 二甲基乙酰胺和 28.71 kg 4,4′-二氨基联苯醚投入反应釜中,待基本溶解后(约 0.5 h),加入均苯四酸二酐(理论量为 31.29 kg,需过量少量二酐以控制黏度),反应温度控制在 50℃左右,黏度控制到下一道工序所需茹氏管秒数后(一般为 3~5 s),停止反应得到中间体聚酰胺酸。再以三乙胺为吸酸剂,在 50℃左右用乙酸酐对前道合成的聚酰胺酸进行脱水环化,即得聚酰亚胺。

11.4.6 聚硫橡胶

聚硫橡胶是含有硫原子的特种合成橡胶的总称。聚硫橡胶不透气、不透水,长期贮存性及使用的稳定性良好。聚硫橡胶耐油、耐溶剂、耐候稳定性很好,耐寒性良好,尤其耐油性在橡胶中是最好的。聚硫橡胶的加工同普通橡胶一样,用炼胶机加工,与其他橡胶并用也制成母炼胶和聚硫橡胶共混炼。通常固体聚硫橡胶用以制造耐油、耐芳香烃胶管、油库里衬、耐臭氧制品,印刷工业中制油墨胶辊,地下和水下电缆的包复层等。聚硫胶乳在石油工业及建筑工业中用作耐油涂层、防腐涂层和密封填料。液体聚硫橡胶广泛用于密封胶、黏结剂、防腐材料和涂层等。

1. 合成工艺

有机二氯化物同多硫化钠的缩聚反应是亲核反应,单体分子中的氯原子被取代而产生链引发反应,其反应式如下:

$$m\text{ClRCl} + m\text{Na}_2\text{S}_n \longrightarrow \text{\textpm}\text{RS}_n\text{\textpm}_m + 2n\text{NaCl}$$

反应过程中,聚合物链端有氯原子,也有硫钠端基。从理论上讲此类反应同一般缩聚反应一样,当两者的物质的量之比为 1∶1 时,才能制得高分子量的产物,而实际相反,只有在多硫化物过量时,才能制得高分子量的缩聚物,这是由于反应体系中水解产生的羟基进攻氯原子,可能形成 HOROH 分子,它不能参与多硫化钠的反应,如形成含有一个羟基的分子 ClROH,它将使缩聚产物的端基上有羟基,即产生终止反应。过多的硫化物能保证制得含端基 $S_n\text{Na}$ 的聚合物,而 $S_n\text{Na}$ 的分子间相互作用使聚合物分子量增大。在缩聚反应过程中生成的大分子链中含—S_n—键,多硫键稳定性差,容易断裂,产生交换反应,由于分子链间交换反应,产生含羟基的分子链段,它是链增长的抑制剂。反应体系中多硫化物过量也会导致与带羟基的分子量低的分子产生交换反应,反应主要是端基,会使带端基链节的小分子分散在水相中,保留了具有反应能力的链端基,可发生链增长反应,使反应物的分子量增加。制得的缩聚反应物进行洗涤,除去 NaS_nROH 小分子化合物,有利于增加分子量,洗去过量的 Na_2S_n,也有利于向生成高分子量产物方向进行。

2. 典型配方及操作步骤

1) 配方

典型工艺配方参见表 11-7。

表 11-7 合成聚硫橡胶的典型工艺配方

原料名称	用量×10^{-3}/mol	质量/kg
二氯乙基缩甲醛	0.98	169.600
三氯丙烷	0.02	3.430
多硫化钠	1.20	141.600
氢氧化镁	0.04	2.330
丁基萘磺酸钠		0.114

2) 操作步骤

将浓度为 2 mol/L 的多硫化钠水溶液加入反应器中,搅拌升温至 50~70℃,加入 5%的丁基萘磺酸钠水溶液和 50%的氢氧化钠水溶液,然后在 15~20 min 内加入 25%氯化镁水溶液,制成氢氧化镁分散体,当温度升至 80~90℃时,在 2 h 内加入二氯乙基缩甲醛和三氯丙烷的混合物,在此温度下反应 1 h,结束反应。制得的胶乳用水洗,缩聚的胶乳易沉入洗槽的下部,用倾析法洗涤,除去副产物氯化钠和多硫化钠等盐类,如分子量太小,则用多硫化钠再处理,使分子量增加,确保硫基产物有足够的短硫基官能度。再处理方法是将水洗好的胶乳重新加入反应器中搅拌,升温至 85℃,每摩尔单体聚合物加入 0.2 mol 多硫化钠。

将水洗好的胶乳加入裂解反应器中,搅拌,升温至 80℃时,加入 0.55 kg/mol 的亚硫酸和 0.1 kg/mol 的硫氢化钠,反应 1 h,即可制得分子量为 4 000~5 000 的液体橡胶。控制亚硫酸钠和硫氢化钠的用量比,可调节聚合物的分子量。

裂解的胶乳,仍用倾析法水洗,然后用稀硫酸或乙酸凝聚,当 pH 值为 4~5 时,凝聚出液体胶,再用水洗至中性,然后真空干燥,干燥温度不超过 80℃。

3. 影响缩聚反应的主要因素

有机二卤化物与多硫化物的缩聚反应与单体结构、环化物、反应介质、反应温度和压力,以及单体同多硫化物的物质的量之比有密切关系。

单体结构对反应影响较大,伯氯化物容易同多硫化物反应,仲、叔氯化物单体则不易和多硫化钠反应,反应过程中往往形成环化物,使产率下降,并有刺鼻带臭气味,多硫环化物容易发生开环聚合,单环化合物影响缩聚反应,环化物形成的反应如下:

$$Na_2S_n + Cl(CH_2)_nCl \longrightarrow (CH_2)_nS + S_{n-1}^0 + 2NaCl$$

式中,n 为 4~5 的单体,易形成环化物,如二氯甲烷与浓度为 2 mol/L 的二硫化钠反应时,形成的单硫环化物可达 83%,多硫化物含硫原子少的易成环。

反应介质为多硫化物水溶液,加入一定的有机溶剂如甲醇、乙醇可增加单体的溶解度,使反应速率加快,也有利于提高聚合度。反应温度和压力的增加,有助于缩聚反应进行,对难缩聚的单体,可提高反应温度和压力。

此外,聚芳酯的生产工业上也有采用溶液缩聚方法的,但由于界面缩聚法反应条件温和,聚合速率快,工业上多采用界面缩聚法,该法将在下面介绍。

11.5 界面缩聚在特种高分子合成中的应用

11.5.1 聚碳酸酯

1. 合成工艺

常温常压下,由光气和双酚 A 反应生成聚碳酸酯,以溶解有双酚 A 钠盐的氢氧化钠水溶液为水相,惰性溶剂(如二氯甲烷、氯仿或氯苯)为有机相,在常温下通入光气反应即得,其工艺流程参见图 11-8。

用氮气将双酚 A 钠盐压入光气化反应釜,然后加入二氯甲烷,开动搅拌,釜内温度降至 20℃通入光气反应,用冷却水维持釜温不超过 25℃,当反应介质的 pH 值降至 7~8 时,停止通光气,反应

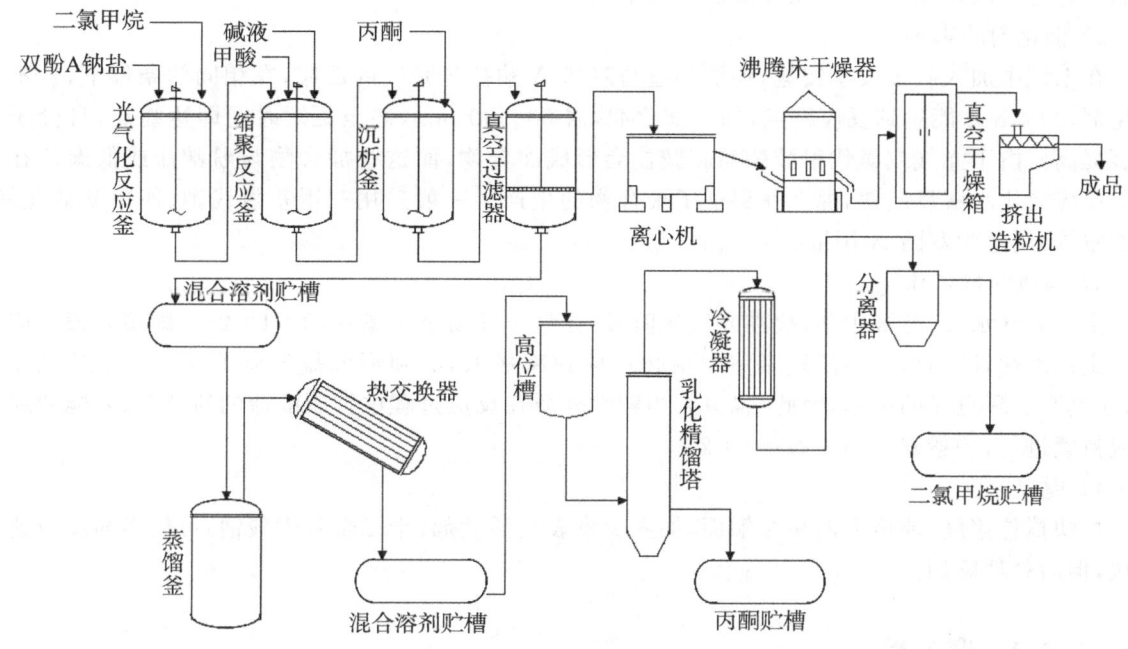

图 11-8 光气化法合成聚碳酸酯生产流程图

结束,此时釜内还留有单体及生成的 A、B 和 C 三种齐聚物。上述产物转入缩聚釜,按配比加入计量的 25% 碱液和催化剂三甲基苄基氯化铵、分子量调节剂苯酚,在 25～30℃下反应 3～4 h,反应结束后,静置,分去上层碱液,再加 5% 甲酸中和至 pH=3～5,分去上层水液。此时树脂溶液中还存在有盐及低分子量级分,盐分由水除去,然后加入沉淀剂丙酮,使低分子量级分留在溶液中,而聚碳酸酯以粉状或粒状析出,经过滤、水洗、干燥和造粒得粒状成品。工业品常为 $\Phi 3 \text{ mm} \times 3 \text{ mm}$ 淡黄色至无色透明颗粒,分子量一般为 $(3\sim10)\times10^4$。

此法的优点是对反应设备的要求不高,聚合转化率可达 90% 以上,且聚合物分子量可调节的范围较宽(30 000～200 000),缺点是光气及有机溶剂的毒性大,又需增加溶剂回收和后处理工序,但此法仍是国外生产聚碳酸酯的主要方法,占总量的 90% 以上。

2. 界面缩聚合成聚碳酸酯的主要影响因素

1) 有机相的选择

选择适当的有机溶剂很重要,因为它决定着一系列的重要因素,如反应物在两相中的分配系数,扩散速率以及反应速率等,必须满足以下两个要求:对聚碳酸酯必须有良好的溶解性或充分的溶胀性,否则得不到高分子量的树脂,因为反应过程中生成的树脂在尚未达到较高的聚合度前就沉淀析出,限制了反应物的扩散及链段的活动,使链增长反应受到阻碍,因此,采用溶解性或溶胀性不好的溶剂作为有机相,只能得到分子量较低的产物;对光气有良好的溶解性能,但与水不互溶,对碱是稳定的惰性溶剂,这样光气通入反应系统后便溶解在惰性溶剂中,并在界面上与双酚 A 钠盐起反应,同时减少了光气水解。

通常使用的有二氯甲烷、二氯乙烷、三氯甲烷等,二氯甲烷对树脂的溶解能力比二氯乙烷大,且不燃,但沸点低,所有溶剂中都不能含甲醇等杂质。

在一定范围内,产物分子量随溶剂用量的减少而增高,这是由于反应开始后,有机相内聚体浓度较高,因而两相界面简聚体酚盐端基的密度也相应增大,这使低聚物分子间作用的概率(氯代甲酸酯与酚盐端基)有所提高,而氯代甲酸酯端基于相面水解的概率相对降低,当然就有利于分子量的提高,在生产中,减少溶剂用量,既能提高设备利用率,又降低了成本,但用量过少,则由于有机相不能很好地分散在碱液中,对反应及后处理不利。

2) 催化剂的影响

在系统中加入叔胺或季铵盐,均能加速与双酚 A 钠盐与光气的反应,在相同的条件下,若不加催化剂,约 4 h 才能达到反应终点,加入催化剂,需 60~90 min,甚至更短时间即达终点,且分子量显著提高。由于光气或氯代甲酸酯与叔胺盐会形成加合物,而这些加合物与酚钠盐或低聚体在界面上反应要比水解反应快,那么就保证了聚合物的生产。一般采用三甲基氯代钠、四甲基氯化铵、三乙胺等,用量为双酚 A 用量的 0.4%~1%。

3) 物质的量之比

由于光气水解,碱被中和,故在光气化阶段,光气:双酚 A:碱＝12:1:25。缩聚阶段也应保持一定的碱性,因为简聚体的酚基室温酰化反应速率极低,必须形成盐负离子与氯代甲酸酯作用时,才具有实际意义的速率,因此,也只有当碱性介质在反应过程中抑制酚盐的酸解时,才能使缩聚反应持续进行,一般双酚 A:碱＝1:2。

4) 搅拌速度

加快搅拌速度,能增大两相接触面,加入少量表面活性剂(十二烷基磺酸钠)可使界面反应速率加快,但后处理麻烦。

11.5.2 聚芳酯

聚芳酯(PAR)是主链上带有芳香环和酯键这类聚合物的通称。它的机械性能和电性能优异,有突出的耐冲击性(特别是厚度较大的制品)和回弹性。对一般有机药品、油脂类稳定,也能耐一般稀酸,但不耐氨水、浓硫酸及碱,易溶于卤代烃及酚类,难燃,耐候性好。聚芳酯可方便地采用注射、挤出、吹塑等加热熔融的加工方法。采用玻璃纤维增强以提高聚芳酯的耐热性,用碳纤维改性其耐药品性,与聚四氟乙烯共混提高其耐磨耗性,以特殊的无机填充可制得高反射遮光的聚芳酯,此外还开发了高屏蔽和高透明的聚芳酯新品种。聚芳酯主要用于耐高温的电气、电子和汽车工业方面的元件和零部件,也常用作医疗器械,它可在溶液中成膜和纺丝,制成薄膜及纤维,可挤出成型抽板材和管材,也可应用于日常生活品方面。

聚芳酯的合成采用对位和间位的对苯二甲酸混合物与双酚 A 缩聚,得到的聚芳酯综合性能优良,如采用单一的对苯二甲酸或间苯二甲酸与双酚 A 缩聚,得到的聚芳酯熔点及玻璃化温度较高。其反应方程式如下所示。

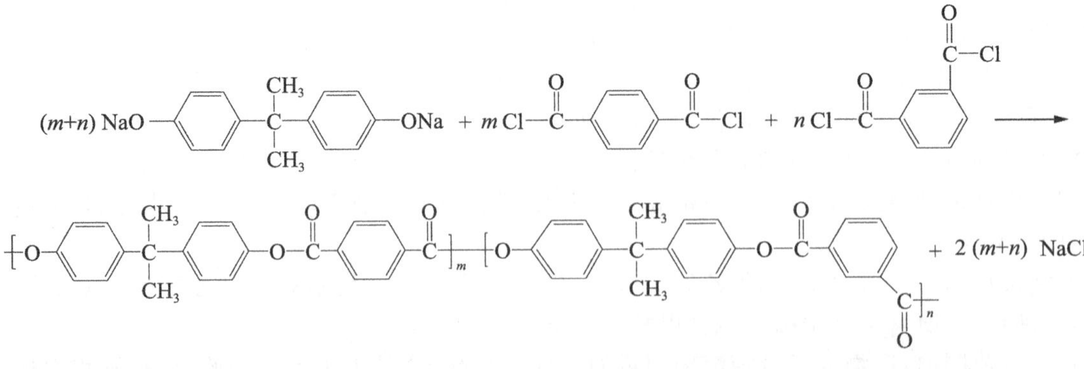

将一定配比的对苯二甲酰氯和间苯二甲酰氯溶于氯仿中成有机相,而将双酚 A 加入 NaOH 水溶液中生成双酚 A 钠盐水相,再将一定比例的水相加入有机相中在反应器中搅拌,以铵类为催化剂于 20~30℃下缩聚反应数分钟到数十分钟即达终点,然后放出水相、水洗有机相,再用沸水水析

法或非溶剂沉淀法析出树脂,干燥而得粉状聚芳酯。

11.6 开环聚合在特种高分子合成中的应用

11.6.1 氯化聚醚

氯化聚醚化学名称为聚 3,3'-双(氯甲基)丁氧环。氯化聚醚有较高的耐热性,耐磨性优良,吸水性小,具有较高的机械性能,对金属有很强的粘接力。氯化聚醚耐化学腐蚀性极为优良,耐大多数酸、碱、盐、醇类、油类、烃类。氯化聚醚可用注射法、挤出法、模型法成型,由于它有好的粘接性能,有时用喷涂法成型,制品可以进行机械加工,与木材和金属加工相似,制品可以粘接和焊接。氯化聚醚单体可与其他单体进行开环共聚以提高综合性能。氯化聚醚可作为容器、管道阀门、泵、滤布、反应设备的衬里材料,还可加工成轴承、齿轮、轴套等。

1. 合成工艺

3,3'-双(氯甲基)丁氧环是一种环状化合物,采用阳离子催化剂进行开环聚合,生成线型高分子,常用催化剂为三氟化硼络合物(如乙醚、乙腈、醋酸络合物),有机铝化合物如烷基铝、烷氧基铝,以及其他开环聚合所用催化剂,聚合反应式为

$$n \begin{matrix} ClH_2C \\ ClH_2C \end{matrix} \begin{matrix} CH_2 \\ \diagdown \\ \diagup \\ CH_2 \end{matrix} O \xrightarrow{\text{催化剂}} \left[O-CH_2-C \begin{matrix} CH_2Cl \\ \diagdown \\ \diagup \\ CH_2Cl \end{matrix} CH_2 \right]_n$$

可以采用溶液法聚合和本体聚合,本体聚合温度高,排热困难,易产生爆聚,不易控制和操作,溶液法聚合用三氟化硼或它的络合物作催化剂,用低沸点的卤化烷烃或液体二氧化硫作溶剂,在低温进行聚合,这种聚合法需要冷冻设备,工业化也有一定困难。

实际生产中多采用有机铝化合物为催化剂,氯仿作溶剂,或用三异丁基铝为催化剂,二甲苯基甲烷和二氯乙烷为溶剂进行溶液聚合。也可用氯苯作溶剂,将单体和氯苯按一定的配比加入反应器中,然后加入催化剂,用真空泵排出空气,聚合时反应器内用氮气保护,因为 $Al(i-C_4H_9)_3$ 催化剂对空气中的极性化合物水、一氧化碳、二氧化碳、氧气敏感,容易中毒,所以在反应釜加入物料和催化剂之前抽真空,用纯氮气保护聚合,物料及催化剂在反应器中聚合后,进入混合槽,由混合槽用计量泵送入管式反应器继续聚合,反应器第一段为预聚区,第二段为聚合区,第三段为降温区。反应产物为黏稠状聚合物,进入蒸发挤出器,蒸出氯苯,而聚合物由螺旋输送器挤成条状,经水冷却卷绕切粒,聚合颗粒中含有未反应单体及氯苯,再经过汽提器用蒸汽和适量蒸馏水蒸出残留在聚合物中的氯苯及单体,氯苯回收使用,树脂颗粒送去干燥,干燥的产品为乳白色,颗粒大小通过 60 目筛,灰分含量小于 0.2%,特性黏数为 1.0~2.0。聚合方法不同,产品的技术指标不完全一样。

2. 典型工艺配方

典型工艺配方参见表 11-8。

表 11-8 氯化聚醚合成的典型工艺配方

原料名称	分子量	物质的量之比	质量/kg	投料量/kg
3,3'-二氯甲基环氧丙烷	155.0	1.0	155	1 000.0
$Al(C_2H_5)_2Cl$	120.5	7.0×10^{-3}	0.85	5.5
氯苯(溶剂)	112.56	1.067	120(相对密度1.107)	700L

注:配比单体:催化剂=1:0.005 5(质量比);单体:溶剂=1:0.7(体积比)。

11.6.2 环氧丙烷橡胶

环氧丙烷橡胶为环氧丙烷开环聚合物。环氧丙烷橡胶低温性能与动态性能良好,耐磨性和耐热性较好。环氧丙烷橡胶对水和臭氧有高度的稳定性,耐油性中等。环氧丙烷橡胶加工性能良好,可用硫和过氧化物硫化。环氧丙烷橡胶共聚可改进硫化性能,如环氧丙烷与6%烯丙基失水甘油醚共聚,有极佳的硫化性能。环氧丙烷橡胶有许多性能接近天然橡胶,可用于各种工业橡胶制品、涂胶布及耐臭涂层方面的制品。

环氧丙烷在催化剂作用下,聚合后即为橡胶均聚物,当聚合时加入其他单体制得共聚物,如共聚物中含有2%烯丙基缩水甘油醚,为用硫磺硫化创造了可能性,环氧丙烷聚合反应方程式如下。

$$n CH_3-CH-CH_2 \xrightarrow{\text{催化剂}} +CH_2-CH-O+_n$$
$$\qquad\qquad\backslash O / \qquad\qquad\qquad\qquad | \qquad$$
$$\qquad\qquad\qquad\qquad\qquad\qquad\qquad\qquad CH_3$$

这种高聚物主链上有醚键,侧链有甲基,反应所用引发剂体系有二乙基锌和三乙基铝等,不同引发体系的聚合工艺基本上相同,引发体系的组成可有三苯基磷、强磷酸、三丁基磷化合物等,烷基铝络合物用于环氧丙烷聚合,是由于AlR_3发生水解后形成活性基$Al-O-Al$的烷基铝氧丙环,为了建立水解最佳条件,加入醚化物,使水解反应变得温和,促使烷基铝氧丙烷的形成。向体系中加入高效络合剂乙酰丙酮,生成乙酰丙酮铝,成为螯合剂活性中心。催化体系加入水,有助于形成铝络合物,实验证明,体系中无水时,活性极低,除水外,甲醇或硝基甲烷等也可与烷基锌组成环氧丙烷聚合的引发体系,两者分子比为7:8,引发反应慢,引发效率随聚合转化率的增加而提高,将二乙基锌-硝基甲烷的分子比例调至1:0.6时,在100℃陈化1 h,可制得高分子量的环氧丙烷聚合物。用氯化铁-环氧丙烷为引发剂时制得的橡胶分子量分布较宽,用乙基铝系作催化剂时,其特性黏数(分子量)为8.9,略高于用三异丁基铝体系催化剂的特性黏数(7.1),乙酰丙酮的加入,加速聚合,抑制低分子聚合物的形成,提高形成高分子聚合物的选择性,因此,乙酰丙酮可能是环氧丙烷聚合的调节剂,而且还对聚合物结构的规整性有影响。

环氧丙烷橡胶的合成采用溶液聚合法生产,用烷基金属作引发体系,体系中水和醇醚等均严重影响分子量和转化率,而以双金属氧联醇化物为引发剂时,氧无影响,但醛、醇、酸等杂质会降低分子量及转化率。用异丙醇与乙基锌反应所制得的双金属氧联醇化物的聚合工艺如下:引发剂用量增加,活性中心增加,导致每一活性中心所分配的单体数目相对减少,使聚合物分子量下降。单体浓度为15%~20%时分子量最高,引发剂用量为2%,单体浓度增加转化率增大,但聚合物规整度的变化不大。溶剂用石油醚或甲苯,但在石油醚中聚合速率比在甲苯中快,而且分子量较高,聚合温度在60℃时,聚合速率较平稳,随反应时间的增加,单体转化率增高,反应初期速率增加较快,而后变化不大。当温度为80℃时,聚合物中含氧链节及环氧单体竞相与活性中心反应,从而造成聚合物降解。环氧丙烷橡胶聚合用石油醚为溶剂,引发剂用量为单体的2%,单体浓度为20%,反应温度为60℃,反应时间为19 h,转化率高于90%。聚合物分子量以[η]表示为10.0,规整度约为30%,聚合反应速率对单体浓度和引发剂浓度均为一级关系,聚合活化能为10.5 kcal/mol。

11.6.3 环氧氯丙烷橡胶

环氧氯丙烷橡胶是由环氧氯丙烷开环聚合而成,也称氯醇橡胶或氯醚橡胶。环氧氯丙烷橡胶黏合性好,耐热老化和耐臭氧性能好,耐油、耐溶剂、耐燃烧、透气性低。环氧氯丙烷橡胶需在硫脲或二胺作用下才能硫化,如用烯丙基缩水甘油醚共聚,则可用硫黄硫化。环氧氯丙烷橡胶如加入环氧乙烷共聚,则增加了不带极性侧基的氧乙烯单元,能改善弹性和低温挠曲性,同时降低了耐油和耐透气性。环氧氯丙烷橡胶是一种综合性能较好的特种橡胶,用途广泛,可用作飞机、汽车等的配件,如O形圈、垫圈、密封圈等,也可用作耐油的印刷胶辊、耐油胶管及一些充气制品,配以氧化镁等,可制燃料胶料,也可用作海绵等制品。

聚合物的合成通常以苯、甲苯、氯苯等为溶剂,其中含的杂质有水、噻吩、二硫化碳、硫醇和硫醚等。而水在100 μL/L以下,对聚合反应没有大的影响。噻吩和二硫化碳对反应影响不大。当两者含量分别增至三异丁基铝分子数的4倍时,聚合转化率及分子量均无变化,而正丁醇、乙硫醚对聚合影响较大。硫醇在聚合中起终止作用,硫醚使催化络合物毒化,降低活性中心,使转化率下降,对分子量的影响不明显,说明它不起链终止作用。因此甲苯中杂质对聚合影响的顺序为:硫醚和硫醇>水>噻吩和二硫化碳。

引发体系目前文献报道有以下几类:首先由美国Vandenberg最早发现的烷基铝-水络合剂体系。1970年Ueno报道了将烷基铝-磷酸-第三组分用于开环聚合体系,以后又有人提出用烷基铝-含氮化合物体系(乙基脲、乙酰脲等),以及含锡化合物引发体系。无论哪种引发体系,催化剂的用量都大于其他合成橡胶所用络合催化剂的用量。

工业生产中所用引发体系主要是烷基铝-水-乙酰乙酮,生产要求所用催化剂必须高效、稳定,可调节聚合物分子量及结晶度,以及催化剂易分离、残留催化剂对聚合物性能无不良影响。

在配制催化剂时,必须在无水和无氧条件下进行,并要按一定顺序严格控制加料,不然配制的催化剂活性很低。催化剂用量以单体为基准,如铝-水体系的用量为单体的4%~8%,铝-磷酸体系用量多为1.0%,聚合物的分子量约为60万。

聚合的条件随催化剂而不同,用三异丁基铝加入三苯基磷的氯苯溶液中,然后与1,2-亚乙基脲混合形成均相溶液,在60~70℃陈化2 h,活性很高,聚合温度在20~70℃,可在室温聚合,催化剂用量增加转化率上升,反应初期速率很快,4 h后转化率接近最高,反应时间对分子量无影响。

聚合前单体及溶液经蒸馏和纯化,按一定配比用泵打入贮罐中,通过分子筛脱水后,连续进入反应混合釜中,混合物料再连续送入聚合釜中,控制好反应温度、加料速度及物料在反应釜中停留的时间。反应结束前加入终止剂,胶液由终止釜再进入胶液贮罐,然后过滤、送入凝聚塔。凝聚塔内有搅拌装置,凝聚后胶粒分散在热水中,再进入汽提塔,除去残留溶剂及单体。最后依次经过振动筛、挤压脱水及热风干燥即得产品。

制得的氯醚橡胶,强度约为13 MPa,门尼黏度为32.5~40,100%拉伸强度为2~3 MPa,断裂伸长率为350%~450%。

第 12 章 聚合反应设备

12.1 概述

合成高分子材料的出现，开辟了化学的新纪元。近代的化学工业，特别是石油化学工业的巨大发展，就是与合成树脂、合成橡胶及合成纤维这三大合成材料的发展分不开的。合成材料由于其优良的机械物理性能以及耐腐蚀性而获得广泛的应用，目前已深入到国民经济的各个部门。因此，作为化学反应工程的一个新兴分支，即聚合反应工程发展十分迅速成为目前最活跃的领域之一。

12.1.1 聚合物合成的特点

综观聚合物的合成，有如下一些特点。

(1) 聚合物品种极其多样化，聚合的方法也多种多样，聚合物的性能各不相同，这些都反映了聚合化学过程的复杂性。

(2) 与一般低分子物不同，它除了单体转化率这一指标外，还多了平均分子量和分子量分布问题，它们都直接影响到产品的性能而必须加以控制，这些反映出聚合在动力学方面的复杂性。

(3) 多数高聚物体系黏度都是很高的，有的则是多相体系。它们的流动、混合以及传热、传质等都与低分子体系有很大的不同，而且根据物系特性和产品的要求，反应装置的结构往往也需要一些专门的考虑，反映出聚合反应装置中传递过程的复杂性。

(4) 由于聚合物品种与牌号很多，分子量又不均一，而且还常常有溶剂等其他物质并存，因此体系中的各种物性数据都很缺乏，使得反应装置的设计困难很大。

12.1.2 聚合物反应器的特性

聚合物生产过程中，聚合反应工序是关键工序，聚合物合成设备是关键设备。聚合反应工程的一个重要任务是使所设计的反应器能够满足预定聚合物质量和产量的要求。这将涉及反应器的操作特性、选择性、稳定性和安全性问题。

1. 反应器操作特性

聚合反应器的操作特性与聚合动力学、黏度、反应器种类、停留时间分布、混合状况和离集度等多种因素有关。

实际聚合动力学总是偏离理想状况，特别是要注意自动加速作用的偏离程度，应设法减弱和控制。

在聚合过程中，体系黏度将随转化率而增加，本体和溶液体系可能增加 3~5 个数量级，乳液体系可能增加 1~2 个数量级。悬浮体系黏度虽然变化不大，但到达临界体积分率时会剧增而使操作失控。

聚合体系黏度的增加对动力学和传递两方面都有影响。一般将使传热系数降低并使搅拌功率增加，从而使冷却能力减弱，引起反应器稳定性和控制问题。另一方面使分子扩散和传质速率降低,使得要达到相同的混匀程度,需要较长的混合时间,同时使宏观和微观混合程度降低,并影响到停留时间分布。这些将综合影响到转化率和聚合物质量。因此在聚合反应器放大设计时,要考虑反应器类型、搅拌桨型、稳定性和安全装置、控制系统等。

聚合操作条件随时间和反应器内不同结构而变,这与反应器种类有关。一般先研究理想反应器的流动模型,非理想反应器则作近似分析。聚合反应是体积收缩过程,收缩率约 10%～40%。低转化时,可以忽略体积收缩的影响;但高转化时,单体浓度、引发剂浓度、速率诸项均须作体积收缩修正。

2. 反应器的选择性

反应器设计的一个重要目标是要优化聚合选择性,即达到预定控制目标。聚合物分子结构和性能不仅决定于聚合机理,还受浓度梯度、温度梯度、进料情况、停留时间分布等反应工程参数的影响。

3. 反应器的稳定性和安全性

稳定性和安全性的概念并不相同。实际上,如控制得当,可在非稳定点进行安全操作。相反,广范围的稳定并不能保证安全操作。间歇聚合釜的最终操作状态总是稳定的,但遇放热情况,则会影响到安全操作。放热速率增加、反应体积增加、黏度增加、传热困难等都使得反应器的稳定性和安全性问题更加突出。许多工业聚合反应器往往在接近不稳定操作点处工作。在低转化和低温下的稳定操作是不经济的;相反,如果冷却能力有限和黏度较高则不考虑高转化操作。因此,取中等转化率而可能在不稳定的情况下操作,选择合适的操作参数和控制系统使反应处于预定操作点下工作。

聚合反应设备种类很多,按结构分类,有釜式聚合反应器、管式聚合反应器、塔式聚合反应器、流化床聚合反应器以及其他特殊型式的聚合反应器(如板框式聚合装置、表面更新型反应器等)。其中以釜式反应器使用最普遍,塔式和管式反应器应用较少。其实不论釜式、管式或塔式反应器,实质性的问题是物料的流动和混合情况,与之紧密联系的就是传热问题。聚氯乙烯、乳液丁苯、溶液丁苯、乙丙橡胶、顺丁橡胶等聚合物的合成均用釜式聚合反应器,低密度聚乙烯的生产一般在管式聚合反应器中进行,塔式聚合反应器和流化床聚合反应器分别在苯乙烯本体聚合和丙烯液相本体聚合中得到应用,而许多特殊型式反应器则多用于聚合反应后期。

12.2 釜式反应器

在聚合反应器中,80%以上的聚合反应器是釜式反应器。反应釜分不带搅拌和带搅拌两种,约 80%搅拌釜用作聚合反应器,其他在一般化工、石油化工、精细化工、生物化工等部门也得到广泛的应用。聚合釜是聚合物生产的关键设备,其设计合理与否影响到聚合过程的成败,如生产能力、产品质量、经济效益乃至安全事故。欲使聚合釜设计成功,首先需了解混合对聚合过程的影响。聚合速率等于或快于混匀速度,或伴有传质的聚合反应时要求加快混匀,即要求快速混匀。传热、互溶液体的混合、固体悬浮以及慢反应等对搅拌混合要求则不甚高。

12.2.1 釜式反应器的结构

1. 釜式反应器的基本构造

釜式聚合反应器的总体结构由釜体、换热装置、搅拌装置、密封装置及其他结构等五部分组成,如图 12-1 所示。

1) 容器部分(釜体)

为物料提供反应空间,由圆形筒体和上下封头组成。

2）换热装置

由于有吸热或放热反应,所以需设置换热装置来供给或带走热量。主要结构有夹套传热、内冷件传热及釜外循环传热等。

3）搅拌装置

为釜内物料的流动、混合等提供能量,由搅拌器及搅拌轴组成。搅拌轴的转动通过传动装置的传动来实现。传动装置由电机、减速机通过联轴节组成。釜式聚合反应器内的搅拌装置一般还包括搅拌附件（如挡板、导流筒等）。

4）密封装置

包括在搅拌轴与筒体间的动密封和在釜体法兰与各接管处法兰间的静密封。动密封有机械密封和填料密封两种。

5）其他结构

各种用途的接管、人（手）孔、支座等。

釜式聚合反应器的材质多采用搪玻璃、不锈钢和复合钢板。规格有 7 m³、13.5 m³、14 m³、30 m³、33 m³ 等,最大者可达 250 m³。釜体型式有"瘦长型"（长径比较大）和"矮胖型"（长径比较小）。

搪瓷釜由含硅量高的玻璃釉喷涂在钢制容器表面,经 900℃ 左右的高温灼烧使其密着于金属胎上,形成耐腐蚀的衬里设备,具有玻璃的化学稳定性和钢制容器的承压能力。由于将玻璃釉覆盖在钢板上形成光滑的表面,物料不易粘釜,特别适用于聚氯乙烯、合成橡胶等易粘连的高聚物的合成。

采用不锈钢和碳钢复合不锈钢制作的聚合釜,传热系数较高,应用较广泛。

带有搅拌装置的聚合反应釜,聚合体系不同,其搅拌装置结构也不同如图 12-2 所示。对低黏度的物系,常使用平桨、涡轮桨及螺旋桨。平桨用于搅拌速度低（桨端速度在 3 m/s 以下）的情况；螺旋桨用于高转速（桨端速度 5～15 m/s）的情况；涡轮桨则介于其间。这种搅拌釜可用于均相体系,也可以用于非均相体系,不过在悬浮聚合及乳液聚合中搅拌速度对粒子的分散和反应都有影响,所以比较复杂一些。此外,当液深与釜径之比大于 1.3 时,即瘦长釜型,为加强上下层物料均匀混合,需要使用二级或多级搅拌桨,级间距离约为 1.5～4 倍,视物料黏度而异,对黏度低的此值可取得大一些。

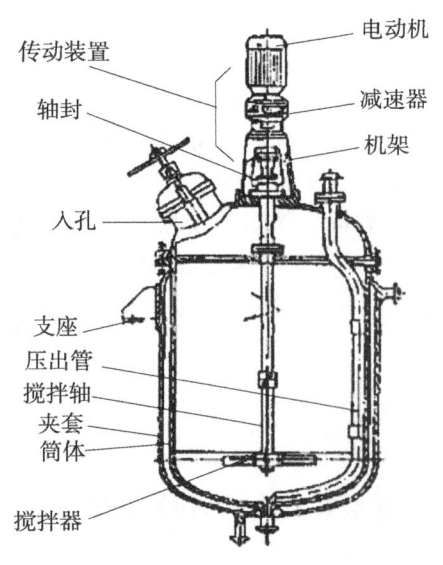

图 12-1 带搅拌釜式聚合反应器结构图

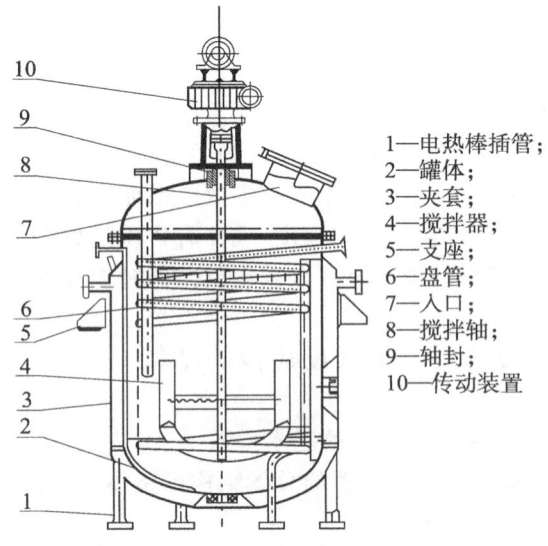

图 12-2 电加热搅拌釜式聚合反应器结构图

釜式聚合反应器以立式最为常见，反应器的搅拌装置一般从釜的顶部伸入，但随着聚合反应器的大型化，例如大型化的悬浮聚合制聚氯乙烯的釜，容积已达 200 m³，甚至还更大。为了减少搅拌轴的振动和提高密封性能，可将顶伸长搅拌装置改为底伸式搅拌装置，如图 12-3 所示。采用三叶后掠式搅拌桨，外形曲线圆滑，在旋转时不仅能使物料同时作径向和轴向流动，而且涡流少，能耗低。桨上搪以玻璃，表面光滑，不易粘料。

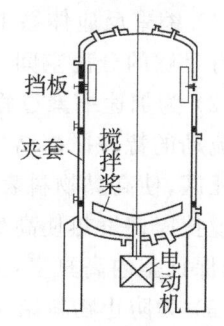

图 12-3 大型聚合釜示意图

对于高黏度的聚合物，往往采用螺轴或螺带型反应器，见图 12-4、图 12-5。螺轴型反应器可用到黏度约为 20Pa·s 的情况。黏度高时，则宜用螺带反应器，它能把物料上下左右搅动起来而得到良好的混合。此外，为了解决物料停留在器壁而使传热能力减小，采用带有刮片的所谓刮壁式反应器，见图 12-6，轴每转一圈，上下的刮片便将器壁上的聚合物刮掉一次，这样传热效率就大大提高了。

搅拌聚合釜内设置挡板图 12-3，挡板主要起两个作用：一是改善釜内物料的混合状况，控制物料流型；二是作为内冷件，增大釜的传热面，改善物料传热效果。

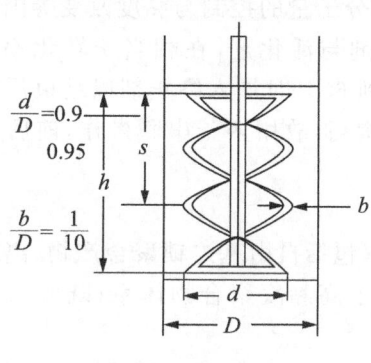

图 12-4 螺带桨

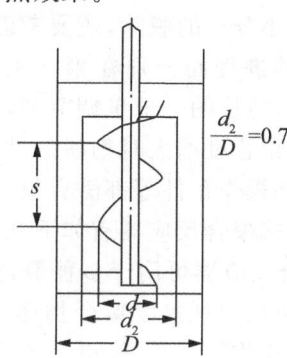

图 12-5 螺柱桨（低速桨）

间歇缩聚反应器结构示意图见图 12-7，该反应器结构具有如下特点。

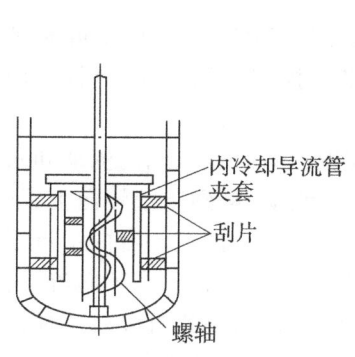

图 12-6 有刮壁式桨的搅拌反应釜

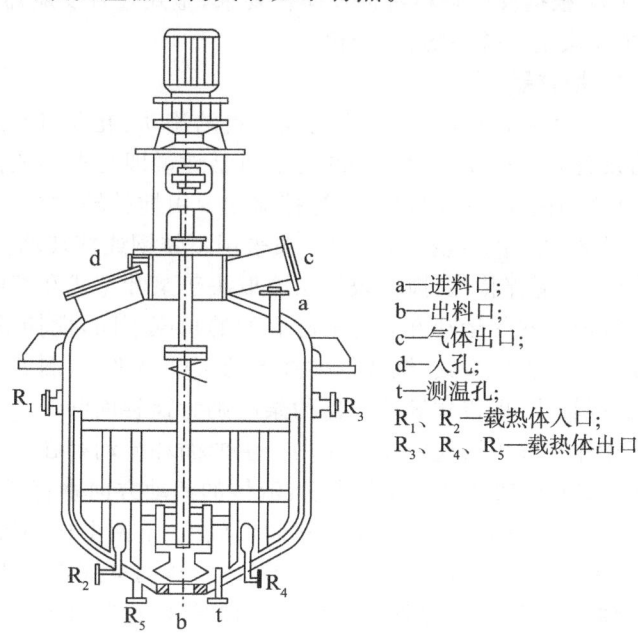

图 12-7 间歇缩聚反应器结构示意图

a—进料口；
b—出料口；
c—气体出口；
d—人孔；
t—测温孔；
R_1、R_2—载热体入口；
R_3、R_4、R_5—载热体出口

(1) 缩聚反应体系由常压经低真空过渡到高真空过程,为防止冲料和抽空气体夹带物料,反应器留有足够的分离空间,通常加料在 1/3 左右,同时为加大蒸发面,聚合釜通常选用低长/径比。

(2) 为加速缩聚过程生成的小分子气体及时从熔体中逸出,必须设计适应于高黏度熔体径轴两向流动的特种搅拌结构;为防止高黏物料粘壁导致降解,搅拌桨叶与釜体间距离应尽量小,避免搅拌死区,使高黏物料表面不断更新;为了适应缩聚过程各阶段物料黏度变化和防止反应后期高粘熔体搅拌摩擦发热使高聚物降解,通常选用双速或变速可调搅拌器,在高真空阶段后期转入低速搅拌;为保证釜内高真空,搅拌采用双端面机械轴封。

(3) 为防止物料结垢,必须确保缩聚釜内表面光洁,加工中需进行表面抛光处理,以保证产品质量。

(4) 为使缩聚初期能迅速升温,加速反应,缩短反应周期,除夹套加热外,釜内通常设有环形加热圈,以增大加热面积。

釜式聚合反应器也可以连续操作,在连续操作时,有用单釜或多釜串联的,视情况而定。如乳液聚合法生产丁苯橡胶,以及溶液聚合法生产顺丁(二烯)橡胶或聚醋酸乙烯等都是多釜串联的。在丁苯聚合中有的甚至串联 12 釜之多。选择一釜或多釜串联操作的原则,不仅要考虑聚合反应的转化率、热效应及小分子的脱除,还要考虑聚合物的分子量的控制与黏度改变等因素。如丁苯聚合中就是根据反应的进程而分别在第一釜加入引发剂与活化剂,在相当于转化率为 15%、30% 与 45% 的各釜中加入适量的分子量调节剂,而在聚合到 60% 时加入终止剂以结束反应。又如溶液聚合制高聚物,由于聚合度增大时物料的黏度亦大幅增高,故用多釜串联操作,前后各釜包括搅拌器在内的结构型式和操作条件等都需有很大的不同。

综上所述,釜式聚合反应器有如下几个特点。

(1) 釜式聚合反应器可用于多种聚合物的生产(包括自由基连锁聚合产物、离子型聚合产物和缩聚产物等);既可用于低黏度聚合物体系,也可用于高黏度聚合物体系;既可用于间歇(分批)操作,又可用于连续操作。

(2) 釜式聚合反应器的基本结构主要包括釜体(含釜底和釜盖)、搅拌装置、搅拌附件(挡板、导流筒)、传热装置(夹套传热和内冷传热等)和密封装置及人(手)孔等。

(3) 根据反应物料特性及操作要求,釜式聚合反应器的釜体具有多种型式,如瘦长型和矮胖型等,主要决定于釜体的长/径比。

2. 搅拌器

在釜式聚合反应器中,为实现物料的流动、混合、传热、传质及表面更新和分散等各种作用,一般均设置有搅拌器。搅拌器的功能概括地说即是提供搅拌过程所需要的能量和适宜的物料流动状态,以达到搅拌过程的目的。搅拌器主要由搅拌轴、搅拌桨叶和联接件构成,几种主要搅拌桨叶的形状见图 12-8。搅拌器材质一般采用不锈钢或搪玻璃。搅拌器的搅拌作用由运动着的搅拌桨叶所产生,其搅拌特性、搅拌效果主要取决于桨叶型式和桨叶尺寸。

按搅拌器的运动方向与桨叶表面的角度不同,搅拌器桨叶形状分为三类,即平叶、折叶和螺旋面叶。如平直透平式、锚式等搅拌器的桨叶是平叶,斜桨和折叶透平等搅拌器的桨叶是斜叶,而推进式、螺轴式、螺带式等搅拌器的桨叶则为螺旋面叶。

流体在釜中由搅拌器的作用产生的循环流动存在三种典型的流况:径向流动、轴向流动和水平环向流动(图 12-9)。径向流动:流体的流动方向垂直搅拌轴,沿径向流动,碰到釜壁转向上、下两股,再回到桨叶端,不穿过桨叶片而形成上、下两个循环流动。轴向流动:流体的流动方向平行于搅拌轴,流体由桨叶推动,使流体向下流动,碰到釜底再翻上,形成上下循环流动。水平环向流动:流体绕轴作旋转运动,也称切线流动,当搅拌转速较高时,液体表面会形成漩涡。轴向流动及径向流动对混合有利,能起混合搅动及悬浮作用,而水平环向流动则对混合不利,需设法消除。

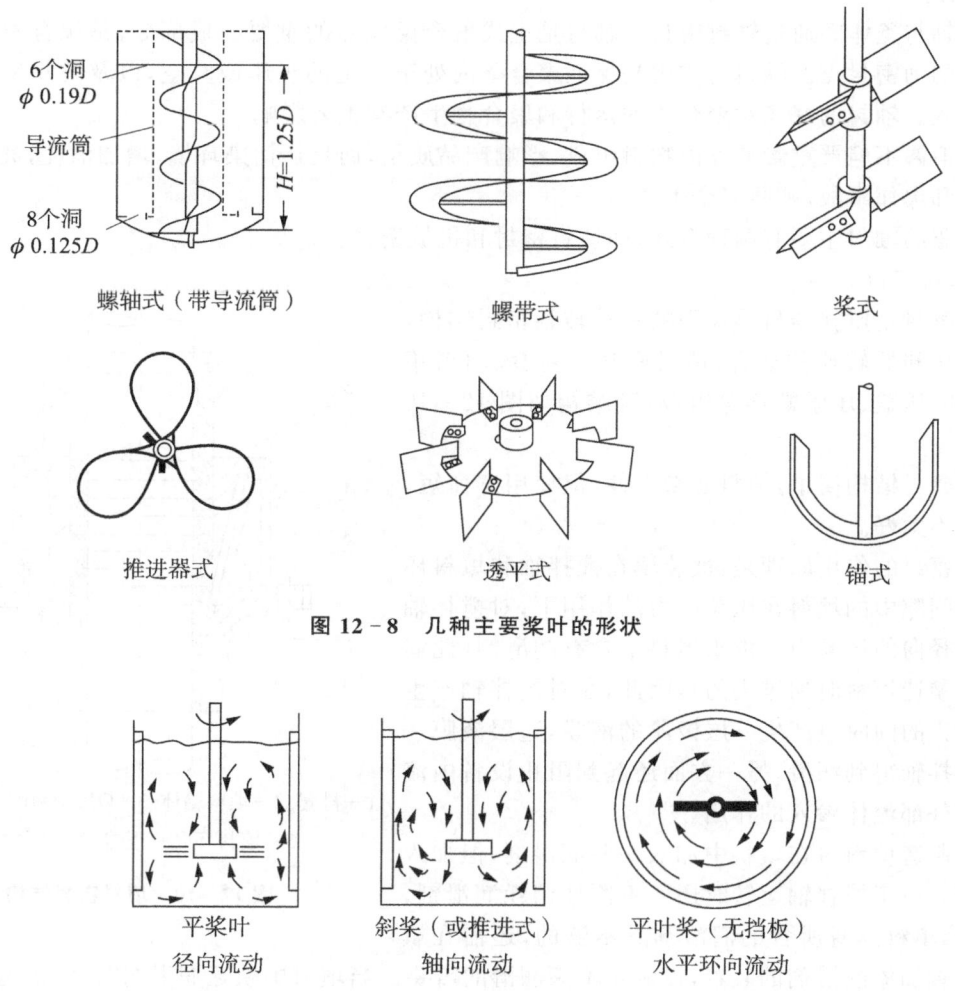

图 12-8 几种主要桨叶的形状

图 12-9 三种典型的循环流动

平叶的桨面与搅拌器运动方向垂直。折叶的桨面与搅拌器运动方向成一个倾斜角 θ，θ 一般为 $45°$ 或 $60°$。螺旋面叶是连续的螺旋面或其一部分，桨叶曲面与搅拌器运动方向的角度逐渐变化，如推进式搅拌器桨叶的根部曲面与搅拌轴运动方向一般可为 $40°\sim70°$，而其桨叶前端曲面与运动方向的角度较小，一般为 $17°$ 左右。由于平叶的运动方向与桨面垂直，所以当桨叶低速运转时，液体的主要流动为水平环向流动。当桨叶转速增大时，液体的径向流动逐渐增大。桨叶转速愈高，由平叶排出的径向流愈强，但平叶造成的轴向流动很弱。折叶由于桨面与运动方向成一定倾斜角 θ，所以在桨叶运动时，除有水平环流外，还有轴向分流，在桨叶转速增大时，还有渐渐增大的径向流；螺旋面叶可以看成是许多折叶的组合，这些折叶的角度逐渐变化，所以螺旋面叶排出液体的流向也有水平环向流、径向流和轴向流，其中以轴向流量最大。

根据桨叶结构型式及尺寸大小，不同搅拌器适用于不同的搅拌体系。桨式（平桨、斜桨）、透平式和推进式搅拌器一般用于低黏度体系的搅拌，桨叶尺寸较小，搅拌转速较高；锚式、螺带式和螺轴式搅拌器一般用于高黏度体系的搅拌，桨叶尺寸较大（螺杆式搅拌器除外），搅拌转速较低；采用螺轴式搅拌器时，一般与螺带式搅拌器或导流筒配合使用；对于黏度极高的体系，还可采用带刮板的螺带式搅拌器等，或采用双层或多层搅拌桨叶，或根据需要采用两种或两种以上桨型的组合。

3. 轴封

搅拌轴与釜体间通过轴封密封。轴封是釜式聚合反应器的重要组成部分,是聚合釜最关键的也是唯一的动密封点。轴封的作用是保证聚合釜内处于一定的正压或真空,以及防止反应物逸出或杂质渗入。轴封的好坏对聚合釜的运行和聚合物生产有重要影响。

轴封泄漏不但严重影响釜内物料组成,影响产品质量,而且还污染环境,增加消耗,甚至有可能造成火灾和爆炸事故,威胁安全生产。

聚合釜的轴封主要有两种型式,即填料密封和机械密封。

1) 填料密封

填料密封是搅拌器最早采用的一种转轴密封结构,适用于低压和低转速的场合,填料密封由衬套、填料箱体、填料环、压盖、压紧螺栓等组成,其结构如图12-10所示。

填料密封结构简单,填料装卸方便,但使用寿命短,密封效果不太好。

填料密封的作用原理是:被装填在搅拌轴和填料环之间环形间隙中的填料在压盖压力的作用下,对搅拌轴表面产生径向的压紧力。由于填料中含有润滑剂(此润滑剂是在制造填料时加进去的),因此,在对搅拌轴产生径向压紧力的同时也产生一层极薄的液膜,这层液膜一方面使搅拌轴得到润滑,另一方面还起到阻止设备内流体流出或外部流体渗入的作用。

虽然制造填料时在填料中加入一些润滑剂,但加入的量有限。由于搅拌轴运转时还要不断地消耗润滑剂,因此,单靠填料本身所含的润滑剂是不够的,还需在填料箱上设置加添润滑剂的装置,以满足不断润滑的需要。

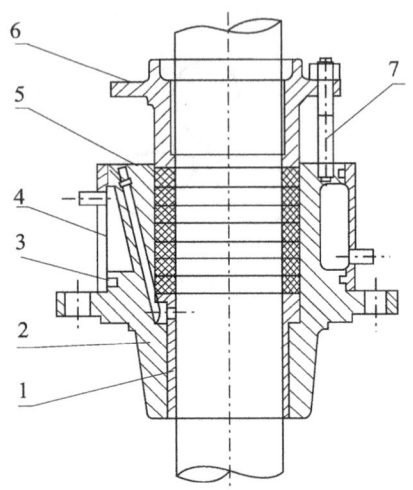

1—衬套; 2—填料箱体; 3—O形密封圈; 4—水夹套;
5—填料环; 6—压盖; 7—压紧螺栓

图12-10 填料密封结构

当填料中缺乏润滑剂时,润滑情况即刻变坏,边界摩擦状态不能维持,使轴和填料之间产生局部固体摩擦,造成发热,使填料和轴急剧磨损,密封面间隙扩大,泄漏增加。实际上,要使填料密封点滴不漏是不可能的。因为要达到点滴不漏,势必要加大填料环压盖的压紧力,使填料紧压于搅拌轴表面。因此,从延长轴及填料的使用寿命出发,应允许填料密封有适当的泄漏量。由于密封填料在使用过程中有磨损,故需经常调整填料压盖的压紧力。

2) 机械密封

用垂直于轴的平面来密封转轴的装置称为机械密封,又叫端面密封。它是一种功耗小,泄漏率低,密封性能可靠,使用寿命较长的转轴密封。搅拌轴运转时摆动大,搅拌速度低,搅拌间歇操作等均利于机械密封。机械密封主要由密封套、密封圈、弹簧及压紧圈等组成,其结构见图12-11。

机械密封的作用原理是:当轴旋转时,设置在垂直于转轴的两个密封面(其中一个安装在轴上随轴转动,另一个安装在静止的机壳上),通过弹簧力的作用,始终保持接触,并作相对运动,使泄漏不致发生。机械密封常因轴的尺寸和使用压力增加而使结构趋于复杂。

机械密封与填料密封的比较如下。

(1) 密封面　填料密封中轴和填料的接触是圆柱形表面,而机械密封中动环与静环接触是环形面,接触面小,阻力小。

(2) 密封力的产生　填料密封中,密封力是靠拧紧螺栓后,使填料在径向胀出而产生的,且在轴的运转过程中,伴随着填料与轴的摩擦,发生了磨损,从而减小了密封力,因此介质容易泄漏。而

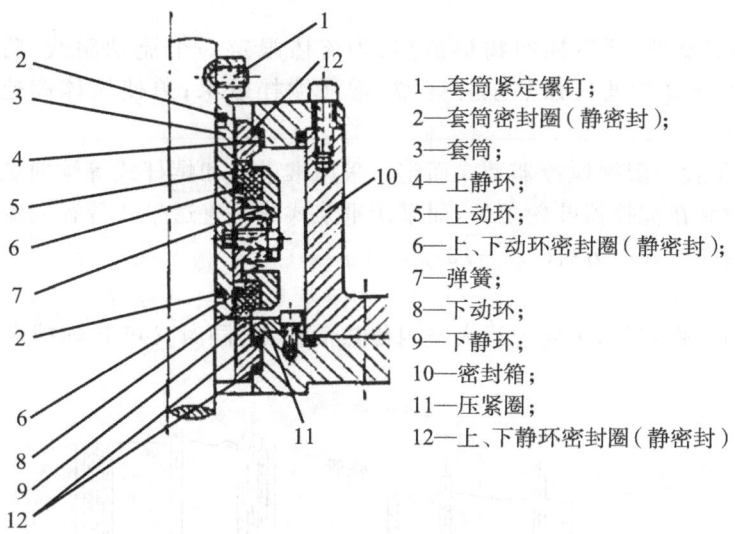

1—套筒紧定镙钉；
2—套筒密封圈（静密封）；
3—套筒；
4—上静环；
5—上动环；
6—上、下动环密封圈（静密封）；
7—弹簧；
8—下动环；
9—下静环；
10—密封箱；
11—压紧圈；
12—上、下静环密封圈（静密封）

图 12-11　机械密封结构

在机械密封中，密封力是依靠弹簧压紧动环与静环而产生的，即使此两环有微小磨损，密封力（弹簧力）仍可保持不变，因此介质不易泄漏。

4. 搅拌附件

搅拌附件主要包括挡板、导流筒、内盘管等。搅拌附件的作用主要是：改变釜内物料流型，增大物料湍动程度，增强搅拌效果，提高桨叶的剪切性能，增大传热面积等。釜式聚合反应器一般均设置有搅拌附件，但采用何种搅拌附件都要与被搅拌体系特性和搅拌器的选型结合起来综合考虑，以达到预期的搅拌流动状态。聚合釜内增设搅拌附件一般会使物料流动阻力增大，导致搅拌功率增加。

1）挡板

挡板一般是指长条形的竖向固定在反应器壁上的板，主要是在湍流状态时为了消除釜中央的"圆柱状回转区"（漩涡）而增设的。挡板结构有平板式挡板、圆管形挡板、扁管式挡板、指形挡板和D形挡板。挡板结构及安装方式见图 12-12。

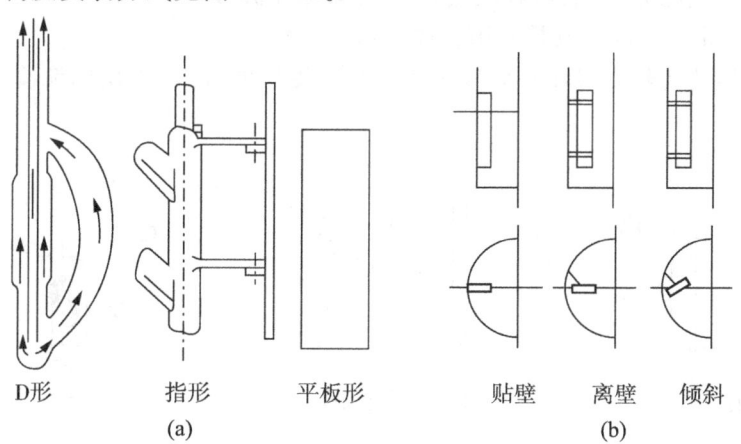

图 12-12　挡板结构(a)及挡板安装方式(b)示意图

2）导流筒

导流筒一般是一个圆筒体，主要用于推进式、螺杆式搅拌器的导流，透平式搅拌器有时也用导流筒。

导流筒的作用主要是:严格控制物料流型;为流体限定一个流动路线,防止短路;获得高速湍流和高倍循环;使流体均通过强烈搅拌区域,增强搅拌效果;迫使流体高速流过传热面,有利于传热。

导流筒的安装位置一般视搅拌器型式而定。采用推进式和螺杆式等轴向流型(或螺旋面叶)搅拌器时,导流筒一般套在搅拌器叶轮之外,而采用平桨式或平直透平式等径向流型(或平叶面)搅拌器时,导流筒一般装在叶片上方(图12-13)。

3) 内冷件

内冷件包括蛇管、列管等,主要起增大釜内传热面作用,同时又可起到挡板作用。内冷件结构示意图见图12-14。

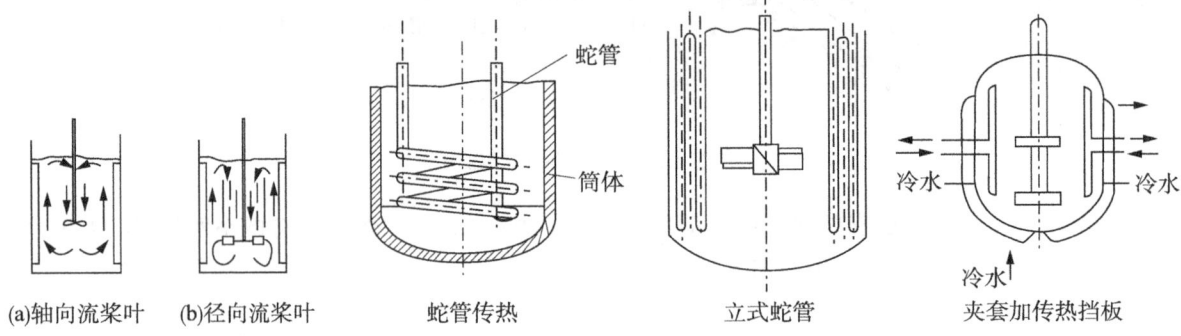

(a)轴向流桨叶　(b)径向流桨叶　　　蛇管传热　　　　立式蛇管　　　夹套加传热挡板

图12-13　导流筒与搅拌器
叶轮的相对位置

图12-14　内冷件结构示意图

5. 夹套

在釜体外侧,以焊接连接或法兰连接的方法装设各种形状的钢结构,使其与釜体的外表面形成密闭的空间,在此空间内通入流体,以加热或冷却物料,维持釜内物料的温度在规定的范围内,这种钢结构件统称为夹套(图12-15)。夹套是聚合釜的重要组成部分,夹套传热是聚合釜的主要传热方式,其比传热面积与釜的构型(即长径比)有关,釜的长径比一般是指釜体直筒部分长度与釜内径之比。为提高夹套传热能力,一般可在夹套内安装螺旋导流板(图12-16),或在夹套的不同高度等距安装挠流喷嘴(图12-17),或是采用切线进水。

釜式聚合反应器的传热方式除夹套传热和内冷件传热外,还可采用回流冷凝器及釜外物料循环传热等。

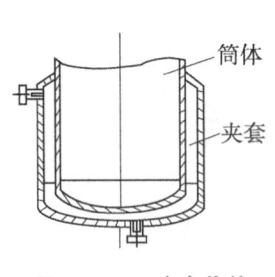 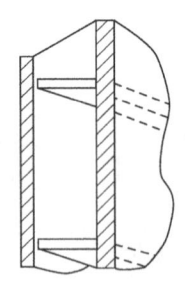 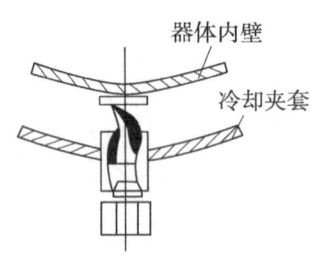

图12-15　夹套传热　　　　图12-16　螺旋导流板　　　　图12-17　挠流喷嘴

12.2.2 釜式聚合反应器的选型

釜式聚合反应器在聚合物生产和化工生产中占有极为重要的地位,这类反应器的制造一般已定型化。根据聚合反应特性及具体产物的生产工艺,可选定型产品,这为新产品、新聚合过程开发提供了极大方便。当然,如果已有的定型反应器不能满足聚合物生产的要求,则可按需要设计反应器;釜式聚合反应器的选型主要包括以下四个方面。

1. 釜的选型

包括釜径、釜高、长径比、釜容积、夹套传热面积、允许工作压力和工作温度、材质等,搪玻璃反应釜我国已系列化、定型化。

2. 搅拌器的选型

包括桨叶结构、型式、桨叶尺寸(桨叶直径、叶片宽度、叶径与釜径之比)、叶轮个数即桨叶层数、材质等。

3. 搅拌附件的选型

包括挡板结构、型式、挡板宽度和数目,导流筒结构、型式、尺寸等。

4. 搅拌电机

反应釜用的搅拌电机一般与减速机配套使用,因此电机的选用一般需与减速机的选用互相配合考虑。

搅拌电机的选用主要包括电机型号、额定功率、输出功率、输出转速、允许搅拌转速等。

12.3 管式聚合反应器

管式聚合反应器由单根连续管或一根以上的管子平行排列构成,它是使反应流体通过细长的管子而进行反应的装置,结构简单,单位体积所具有的传热面较大,适于作高温、高压装置之用。例如高压聚乙烯的生产和尼龙-66的熔融缩聚的前期就是采用这种型式的反应器。据统计,目前全世界高压法聚乙烯中,55%是用管式反应器生产的,其反应装置是采用内径为2.5～5 cm,长径比约为250～12 000等这样一束细长的装有夹套的管子构成的,且管子卷成螺旋状型式。整个反应管由预热、反应、冷却三部分组成,实际上反应器仅占很短一部分,管长中的大部分是用作预热与冷却。图12-18为管式聚合反应器装置示意图。

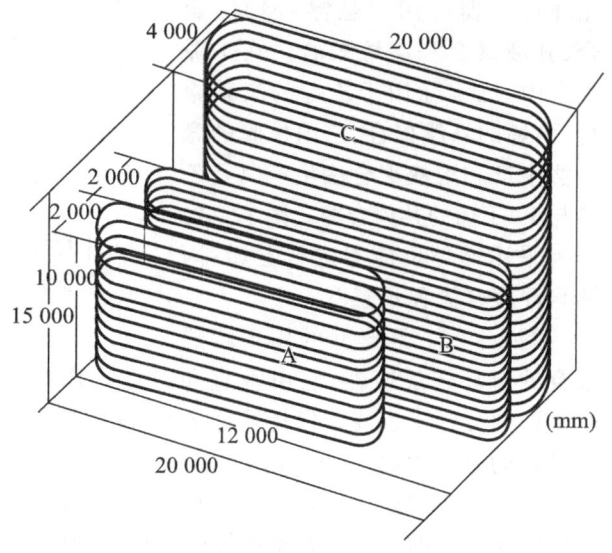

图 12-18 管式聚合反应器结构示意图
A—加热段;B—反应段;C—冷却段

管式聚合反应器采用的操作方式为连续操作,反应物料从反应器的一端进入,产物则从反应器的另一端取出,物料组成沿管程递变,但某一截面上物料组成在时间进程中变化较小。这种反应器中,物料返混很小,物料停留时间分布窄。与釜式聚合反应器相比,达到一定转化率,采用管式聚合反应器所需反应器容积较小,可用平推流模型模拟、设计、计算这类反应器。这类反应器比传热面大,但对慢速反应,管子需很长,压降也大。此外,采用这类反应器生产聚合物时易发生聚合物粘壁现象,造成管子堵塞;当物料的黏度很大时,压力损失也大。由于在管子长度方向上温度、压力、组分浓度等反应参数不能保持一致,故此类反应器在流动方向上产生参数分布。

与管式反应器相似,另一种反应器是环管式反应器,也称循环反应器,它在中压法聚乙烯生产中得到应用。图 12-19 为一种环管式反应器,它是美国菲利浦石油公司最早于1959年首先发明,其后由比利时索尔维公司进一步改进而发展起来的。这种反应器在结构上由两个垂直管段和两个水平管段构成短形封闭环路,或者由两个垂直管段和两个弧形管段构成椭圆形封闭环路。管段之间可由法兰或焊接连接,在环管适当部位有各种物料的进出口及控制位置。循环反应器内壁光滑,除循环泵和挡板外,别无其他障碍物。循环反应器有单环、双环以及三环、四环之分,环路增多主要是为了增加管路总长度,即增加反应器体积。总环路增加,物料压降增大,循环泵功率也相应增大。循环反应器可用于悬浮(淤浆)聚合、乳液聚合和溶液聚合。在工业生产中,已实际用于乙烯的淤浆聚合、丙烯的悬浮聚合、乙丙橡胶的悬浮法生产和溶液聚合法生产以及乙烯与1-丁烯的共聚合等。图 12-20 即为采用循环反应器进行乙烯-丙烯悬浮聚合流程示意图。

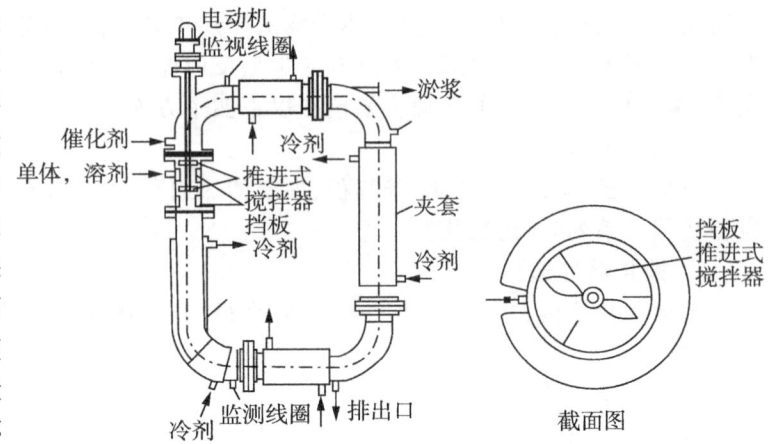

图 12-19 环管式聚合反应器结构

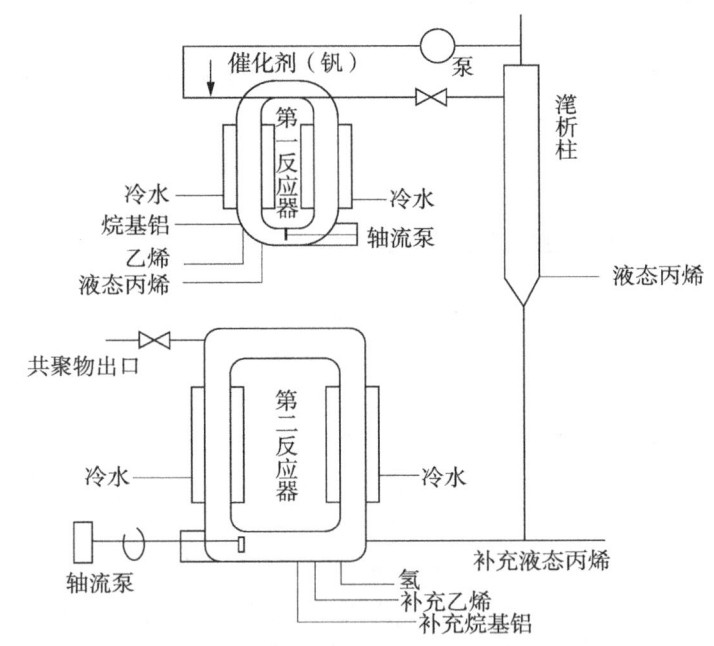

图 12-20 采用循环反应器的乙烯-丙烯悬浮聚合流程

图 12-21 是典型的用于丙烯聚合的双环式反应器,它由垂直和水平两部分管子组成。保持垂直平面,反应器内壁很光滑。反应器由内径为 50 cm 的管子组成,环形管道的总长度约 15 m,反应器体积约 13.7 m³。

环形反应器设计中,温度控制是一个重要因素,管径也有一定限制,管径增大,温度不易控制,易造成聚合物的沉积。在聚丙烯的生产中,环形反应器在 49℃、2.5 MPa 下操作,反应器中物料流动的速度为 6 m/s,以防止聚丙烯固体在器壁上沉积。如何从环形反应器中取出聚合物,是生产中的又一个关键,通常使用沉降腿和螺杆输送器,以减少聚丙烯沉积堵塞。

此外,管式环形连续乳液聚合反应器是连续乳液聚合过程的新技术,英国 Reed 公司已工业化,并用于乙酸乙烯酯均聚物和共聚物乳液的制备,采用循环 2~3 次的方法可制备具有核壳结构的聚合物乳液,能抑制多级串联搅拌釜式反应器(CSTR)流程所存在的聚合反应速率和聚合转化率振荡以及多稳态等不稳定过程。

采用环管式反应器具有如下优点。

(1) 单位体积的传热面较大,可达 $6.5 \sim 7 \text{ m}^2$,只要用冷却水夹套即可满足传热要求,故能耗较低。

(2) 单位体积生产能力高,如一台 66 m^3 双环管反应器年生产能力可达 4.5 万吨左右,高于釜式反应器的生产能力。

(3) 反应物料在高速循环泵的推动下,物料流动线速度可达 8 m/s,可有效地防止聚合物在管壁的沉积,进一步强化传热,并降低聚合物凝胶含量。

(4) 反应单程转化率高,可达 95% 以上,从而减少了单体的循环量。

(5) 物料在反应器内停留时间短,有利于不同牌号聚合物的生产切换。

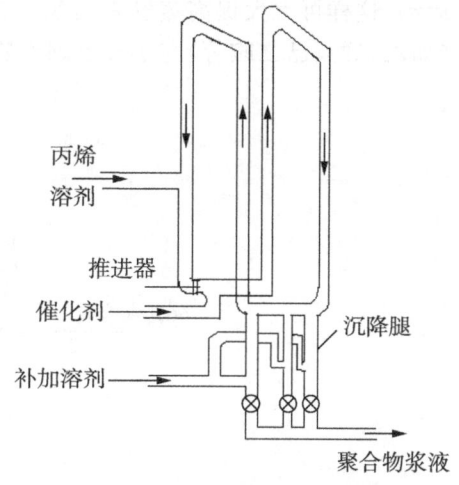

图 12-21 双环式反应器结构

12.4 塔式聚合反应器

与釜式聚合反应器相比,塔式聚合反应器构造简单,型式也较少,是一种长径比较大的垂直圆筒结构,可以是板式或固体填料式,也可以是简单的空塔。根据塔内结构的不同而具有不同的特点。在塔式反应器中,物料的流动接近平推流,返混较小。同时,根据加料速度的快慢,物料在塔内的停留时间可有较大变化,塔内物料温度可沿塔高分段控制。塔式装置多用于连续生产且对物料的停留时间有一定要求的情况。常用于一些缩聚反应,对于本体聚合和溶液聚合也有应用。在合成纤维工业中,塔式聚合反应器所占的比例有 30% 左右。

图 12-22 是生产聚己内酰胺(尼龙-6)的称作 VK 塔的多种型式中的一种(VK 为德文"简单"、"连续"两字的字头,该塔最早由德国开发成功)。单体己内酰胺从顶部加入,这时物料黏度较小。缩聚的初始阶段所产生的水变成蒸汽从顶部逸出,而物料则沿塔下流。由于依靠壁外夹套中的加热,使物料温度不致太高,所以物料得以依靠重力而流动。此外,塔内还装有横向蝶挡板,使物料返混减少,停留时间均一。

图 12-23 是尼龙-66 树脂预缩聚塔结构示意图。整个塔从上到下划分为三个区域:精馏区、蒸发区及预聚区。初缩聚阶段,黏度低,此时可让反应在塔式装置内进行,塔设备内可安装使熔体作薄层运动的特殊结构的塔盘。熔体在塔盘的沟槽内流动,先从塔盘外缘沿沟槽作圆周运动,一圈一圈地流向塔盘中部,在此下降至另一塔盘,在最后一个塔盘内,熔体则沿沟槽一圈一圈地流向塔盘外缘,如此交替地进行,熔体也可沿某些垂直管自上而下作薄层

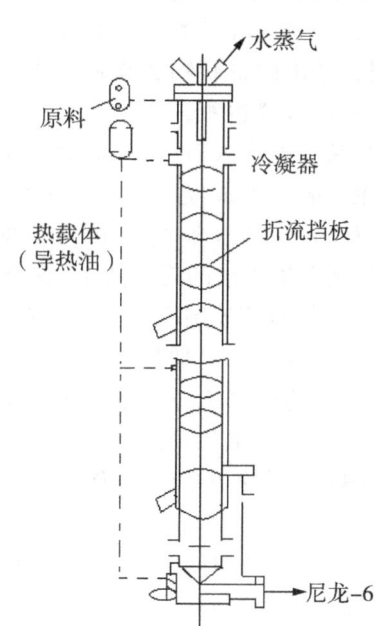

图 12-22 聚己内酰胺用的 VK 塔

运动,这样可大大提高蒸发表面积。在塔的上部安装一段分馏装置,使易挥发的尚未反应的原料(如乙二醇、己二胺等)与小分子副产物(如水等)进行分离,前者又可回流至反应体系内继续反应。

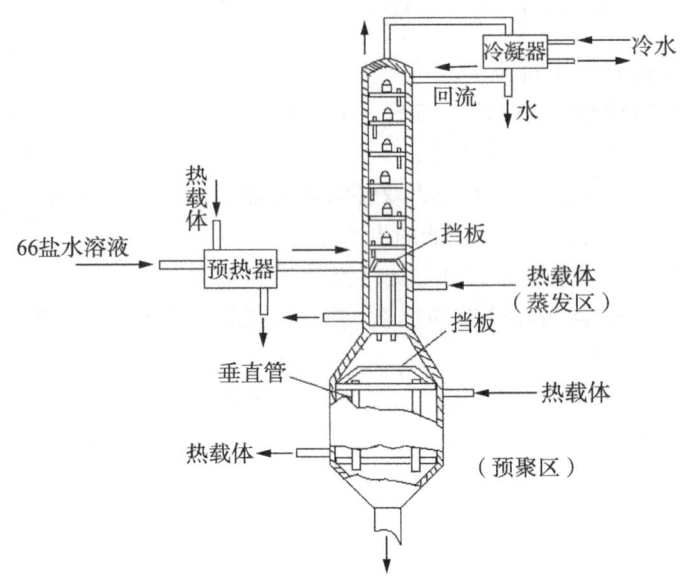

图 12-23 尼龙-66 树脂预聚塔结构

世界上最早的苯乙烯连续本体聚合在一个 8 m 高的单塔内进行。以后普遍采用的工业化的方式则是在塔上再加一预聚釜,如图 12-24 所示。预聚釜内装有通循环水的蛇管调节温度,并装有桨式搅拌器。每一座聚合塔装有两个预聚合釜。聚合塔高 6 m,直径 60 cm,每隔 1 m 为 1 节,共分 6 节,每节外有夹套,最下一段外部装有电加热器。除最上一节外,各节中心都装有 12~15 圈内径为 20~25 cm 的蛇管。塔底装有螺旋挤出机,从机口挤出的带状物放在输送带上,经冷却滚后,进入切粒装置造粒。

向预聚釜内输入氮气,一则防止聚合物粘轴,二则使聚合装置形成氮气封。预聚合釜内保持反应温度为 80±2℃,釜内物料停留时间平均为

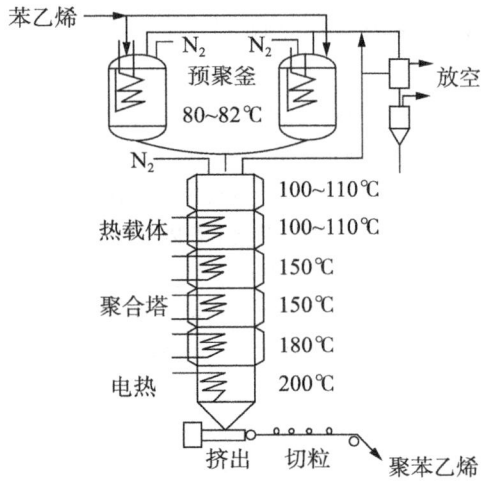

图 12-24 本体法生产聚苯乙烯的塔式聚合装置

64 h。从预聚釜流出的反应液中,聚合物浓度为 33%~35%,由预聚釜底部进入聚合塔。聚合塔由夹套及内部蛇管控制反应温度,塔的各节保持不同温度,从最上节的 100℃ 开始,愈向下温度越高,最后一节外部用电加热到 200℃。物料在塔内平均停留时间为 61 h。最终转化率可达 98% 以上,所得聚合物的平均分子量为 187 000,生产能力为每日一吨。此法早已工业化,但容积效率较低,总的反应时间很长,后期温度高,使低分子量产物增加。这些缺点在近年来的实践中已有改进,如按 BASF 公司的一个流程(图 12-25),预聚釜在较高温度(115℃~120℃)下操作,离开预聚釜时的聚合物浓度约为 50%(质量分数),聚合塔顶温度为 140℃,塔底温度为 200℃,物料在预聚釜及聚合塔内的停留时间分别为 4~5 h 和 3~4 h,此装置的容积效率约为前述小装置的 10 倍。

图 12-26 是进行苯乙烯连续本体聚合所采用的另一种方塔式设备,内有多层搅拌桨以及冷却管和加热管。由于有搅拌,故可使传热效能提高,径向温差减小。在生产中使用三个塔进行串联操作。

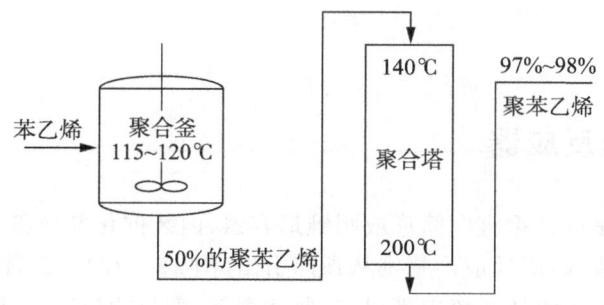

图 12-25　BASF 本体生产聚苯乙烯流程示意图

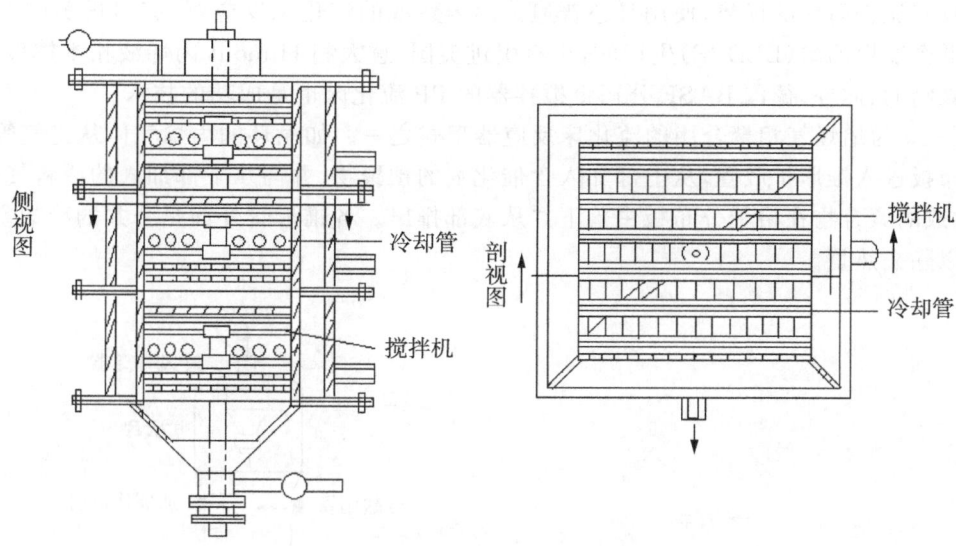

图 12-26　方塔式苯乙烯本体聚合装置

乙酸乙烯酯的溶液法连续聚合亦在两个串联的塔中进行(图 12-27),前一塔装有搅拌器,后一塔中因物料黏度已增大,放热率减小,故采用了无搅拌的空塔。

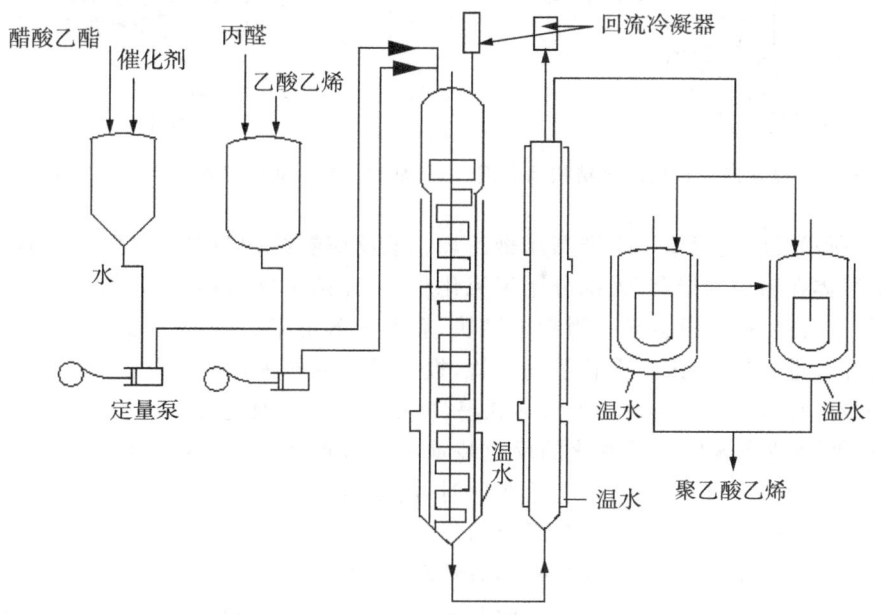

图 12-27　乙酸乙烯的连续溶液聚合装置

12.5 流化床聚合反应器

流化床聚合反应器是一种垂直圆筒形或圆锥形容器,内装催化剂或参与反应的细小固体颗粒,反应流体从反应器底部进入,而反应产物则从顶部引出(图12-28)。流体在器内的流速要控制到固体颗粒在流动中浮动而不致从系统中带出,在此状态下,颗粒床层有如液体沸腾一样。这种反应器传热好,温度均匀且容易控制,但催化剂的磨损大,床内物料返混大,对要求高转化率的反应不利。由于具有流程简单的优势,使用日益普遍。国内建成的流化床反应器,有引进美国UCC技术用以线型低密度聚乙烯(LLDPE)生产的,也有引进美国-意大利Himont丙烯液相本体聚合技术用以生产共聚物的,此外,德国BASF公司带搅拌器的PP流化床也是成功的技术。

图12-29为烯烃气相聚合用的流化床反应器型式之一。如循环的丙烯气体从进气管进入,经过格子分布板进入锥形扩散管,从上部加入含催化剂的预聚物,并与从下部加入的原料气体进行流化接触,生成的聚合物在格子分布板中落下并从底部排出。各锥形管外面是公共的冷却室,通入沸腾的丙烷以除去热量。

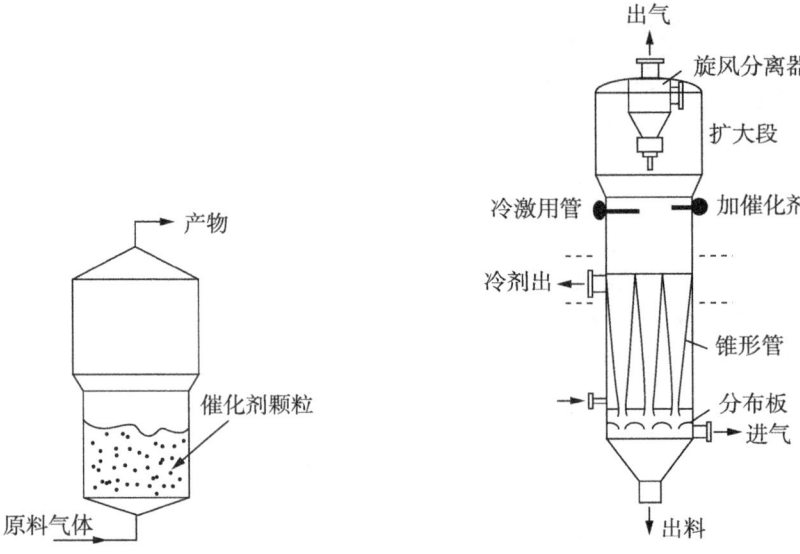

图12-28 流化床聚合反应器结构示意图　　图12-29 烯烃气相聚合用流化床反应器

图12-30所示反应装置用于生产高压聚乙烯。该反应器结构简单,下部为分布器,上部为扩大段。部分乙烯气体在床层内聚合,大部分用于流化粒子,并携走反应热。乙烯进入扩大段后,气速降低,使聚合物粉末沉降,扩大段容易吸附粉末结块,后者脱落至床层后,又导致床层结块,使流化状态恶化。该装置经改进后,流化床内设置了内冷管,提高了传热效率,减少了气体循环量;没有扩大段,避免了粉末的吸附和结块。这类反应器放大较易,但结构还有待改进,以进一步提高传热效率。

图12-31为能适应床层压差变化的反应装置——出光流化床气相聚合反应器,其分布器由活动分布板和固定分布板组成。当床层压差变化时,活动分布板能相对于固定分布板按一定的角度旋转,从而改变分布板压差,使床层物料混合均匀,避免粘釜等问题发生。当两分布板不重叠时,分布板上的小孔被完全堵住。只有两分布板相对转动后,才有部分小孔被堵住,从而使气体得以通过分布器。该分布器的特点是不改变开孔数而改变开孔率。两分布板为同心圆形,活动分布板与搅

拌轴不连接,当压差变化时,通过液压或电动装置,两重齿轮使分布板慢慢转动,最后被固定在某一合适位置,从而达到控制床层流化的效果。

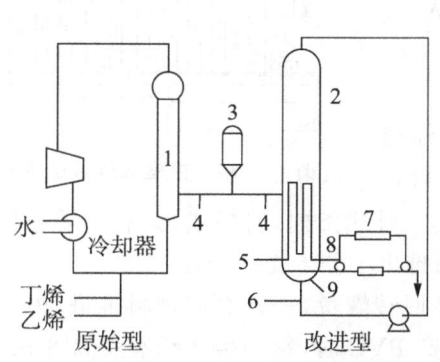

图 12-30　UCC 流化床气相聚合反应装置流程
1—流化床;2—内冷管;3—催化剂加料;4—惰性气体;
5—冷却剂;6—原料气;7—控制器;8—出料;9—分布板

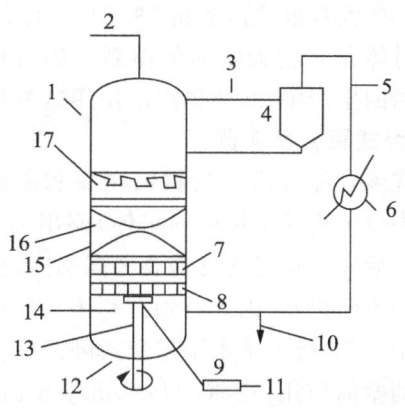

图 12-31　出光流化床气相聚合反应器
1—流化床;2—催化剂导入管;3—气体排出管;4—旋风分离器;
5—气体返回管;6—冷却器;7—固定分布板;8—活动分布板;
9—原料气导管;10—原料气管;11—控制器;12—储气室;13—搅拌轴;14—转动传递夹具;15—排出管;16—搅拌叶;17—聚合室

图 12-32 则是 BASF 流化床气相聚合反应器——一种立式流化床,其气速只有 0.3 m/s,且带有锚式搅拌装置。主要利用搅拌使松散的聚合物粒子保持运动状态。液体丙烯喷入床层,利用其汽化移走反应热。催化剂注入前涂上一层蜡,或以惰性物质的溶液、悬浮液形式注入反应器。

图 12-33 是用于丙烯气相聚合的 Amoco 流化床气相聚合反应器,采用卧式搅拌流化。催化剂通过有液体丙烯冲洗的加料管进入反应器。沿反应器底部有三个循环气喷嘴,沿反应器顶部有等距离的三个液体丙烯急冷管口。反应器上部装有一排气孔,使反应气体经过冷凝器循环使用。由于反应器中的桨叶使反应器的下部隔成几个区,故通过改变各区的温度、催化剂浓度、氢浓度等,即可获得不同分子量分布的聚合物。反应热利用液体丙烯的汽化潜热除去。

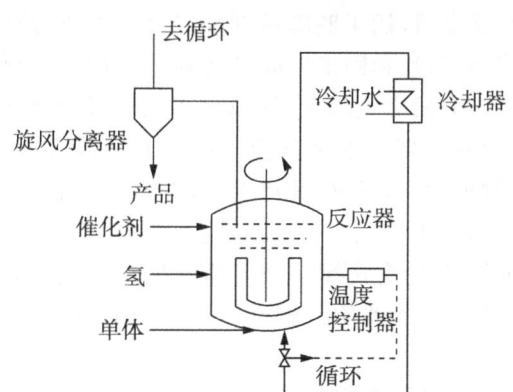

图 12-32　BASF 流化床气相聚合反应器示意图

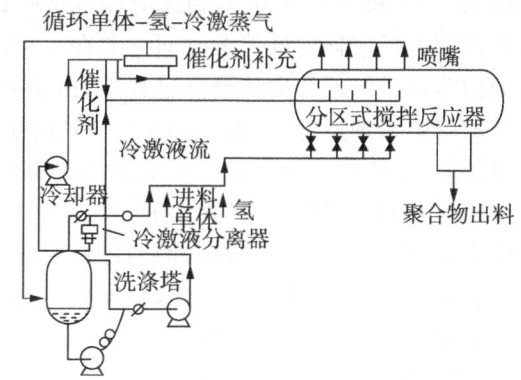

图 12-33　Amoco 流化床气相聚合反应装置示意图

12.6　其他聚合反应器

由于各聚合体系的特殊性和对聚合物的不同要求,除常见的一些聚合装置型式以外,还有许多特殊的型式,主要有下列一些类型。

1. 板框式聚合反应器

如一般的板框式压滤机(图12-34),间隙式操作,主要用于聚合时体积有较大收缩的体系。如有机玻璃(PMMA)及聚苯乙烯的生产中,迄今仍广泛使用这种聚合装置。

2. 卧式聚合反应器

卧式聚合釜常用于物料黏度高和需将小分子物(如缩聚生成的小分子物及未反应的单体)驱出的情况,主要用于聚合

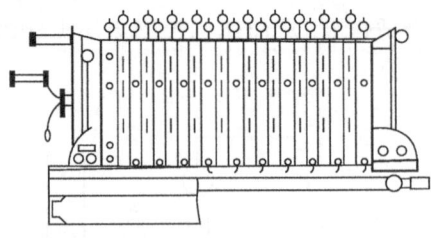

图12-34 板框式聚合反应器

反应的中后期。这时常常需要提高温度,且在真空下操作。卧式釜内,料层浅,又有回转部件可使曝露表面不断更新,因此特别有利于高黏度体系及需不断排出小分子物的场合。

图12-35所示是水平螺带式卧式聚合反应釜。依靠回转螺带,一方面使物料推进,另一方面也起到刮壁的作用。PSG(Pechiney-Sainr Gobain)法生产PVC时,每一生产线有一台8 m³的带快速搅拌的预聚釜,3~4台分批操作的水平螺带釜。通常将一半氯乙烯送入预聚釜,在1 h内转化7%,产生的聚合物粒就成为后聚时的种子;另一半氯乙烯直接加入卧式釜中,在5~9 h内完成聚合。

图12-36是有回转刮板的卧式聚合反应釜。由于在刮板和釜壁之间空隙较小,故物料呈薄膜形式运动。这类装置可用于500~1 000 Pa·s高黏度的情况。

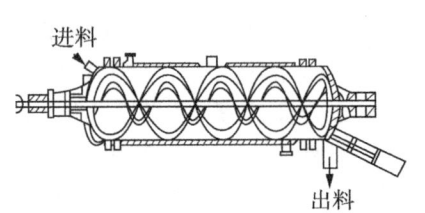

图12-35 有螺带的卧式聚合反应釜

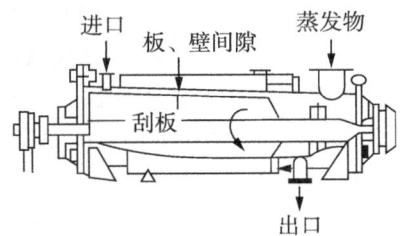

图12-36 带刮板的卧式聚合反应釜

图12-35和图12-36两种反应器也可叫做薄膜型反应器,用于脱除溶剂和未反应单体,反应物料在薄膜型反应器内的停留时间一般在1 h以内,在可动浆叶和固定壁间呈薄膜状,以利于单体和溶剂的蒸发。氯乙烯本体聚合过程中,由于随反应进行,介质黏度增大,所以可采用卧式聚合釜。

卧式熔融缩聚反应釜(图12-37)一般用于缩聚中期和后期。这种釜内一般装有圆盘式或鼠笼式搅拌器,使熔体保持稳定的活塞流动。物料受到搅拌时,熔体表面得到更新,并且部分物料附着在搅拌器表面,可进一步扩大小分子副产物的蒸发面积,利于反应进行。盘式搅拌器可产生较大的熔体表面,但形成的膜层较厚,因而停留时间较长。而采用鼠笼式搅拌器熔体膜层较薄,有利于低分子物质逸出,使缩聚反应加速,物料停留时间较短,此类搅拌器质量较轻,又无中轴,不会出现熔体落在轴上产生黏附的现象。

图12-38及图12-39分别是低、中黏度体系以及高黏度体系用的双轴表面更新型卧式聚合反应釜。依靠装在回转轴上的各种型式的构件,使物料表面不断更新。也曾有单轴式的装置,但高黏度流体只在回转部件和壁之间产生运动,在回转部件以内的范围则是跟着回转而已,形同死区。当用双轴结构时,这一缺点便得以消除。

在聚酯生产中,常使用两台卧式釜串联操作,前一釜中压力为5 mmHg,后一釜中压力更低,为2.5~3 mmHg。

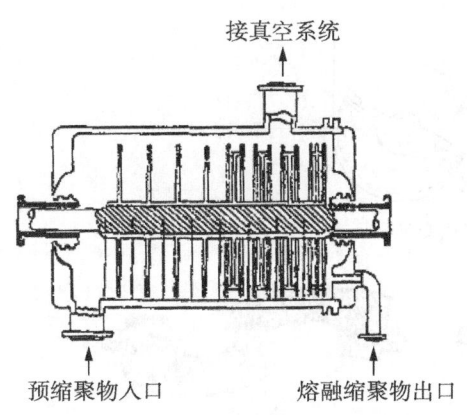

图 12-37 卧式熔融缩聚反应釜

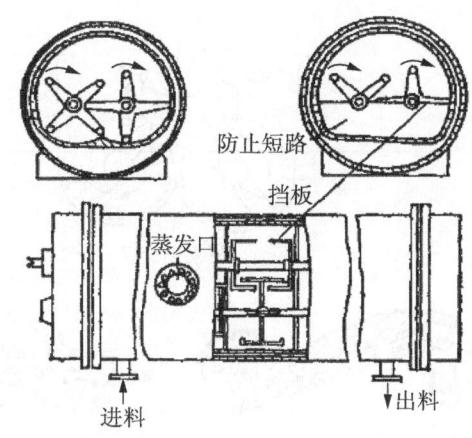

图 12-38 低、中黏度体系用的双轴表面更新型卧式聚合反应釜

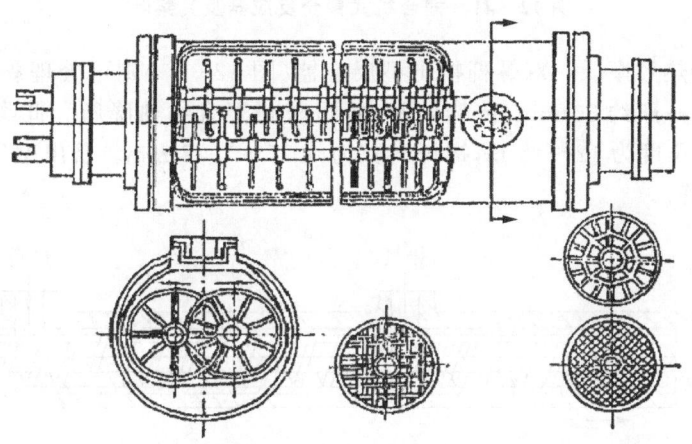

图 12-39 高黏度体系的双轴表面更新卧式聚合反应釜

图 12-40 为本体法氯乙烯聚合流程的示意图，其后聚合采用卧式釜。釜中的温度靠水平夹套中的热载体来维持。

3. 捏和机式聚合反应器

捏和机具有强的剪切作用，用作聚合反应器，可以达到物料捏和及混炼的作用。

图 12-41 (a) 即为两种类型的捏和机，一类是两翼回转时是相切的；另一类则两者有一定的重叠。对于前者，两翼的转速可以独立设定，而后者

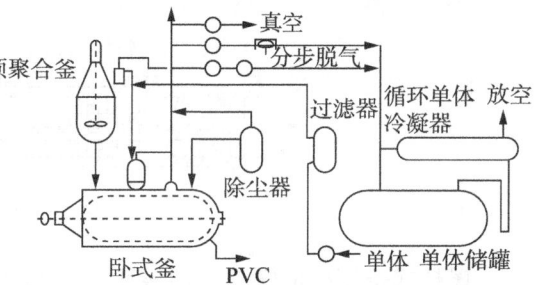

图 12-40 氯乙烯本体聚合流程示意图

则不能。翼的形式有多种，图 12-41 (b) 中举出了常见的三种，其中尤以 Σ 形的最为普遍。如黏度特别高，则以鱼尾形的较为合适。如果聚合前期是固-液系统，而后期为均一的高黏度物系，则捏和机正可发挥其特长。例如制造耐热性聚合物芳香族聚酰亚胺时，原料之一的均苯四酸二酐为固体粉末，而另一原料 4,4′-二氨基二苯醚则为溶于如二甲基甲酰胺等溶剂中的溶液。

4. 挤出型反应器

此类反应器早在 20 世纪 20 年代初即用于合成橡胶生产，30 年代出现于专利文献。挤出型反应器有单螺杆和双螺杆之分。单螺杆挤出型反应器（图 12-42）可处理黏度低于 100 Pa·s 的物

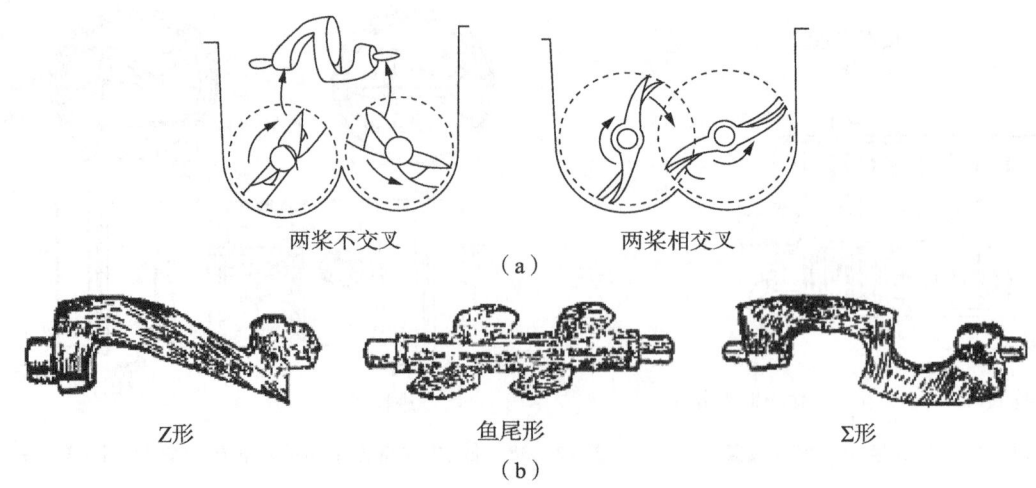

图 12-41 捏合机式聚合反应器及其桨叶

料,停留时间较长,传热效率低。双螺杆挤出型反应器(图 12-43)则可处理黏度高于 1 000 Pa·s 的物料,停留时间短,一般约 30 min,传热效率高,可防止聚合物热降解。此类反应器的螺杆直径为 0.9~1.2 m,螺杆长度为 12~15 m,螺杆间隙为 0.15~1.52 mm。挤出型反应器部件的制造和装配,均要求十分精确。

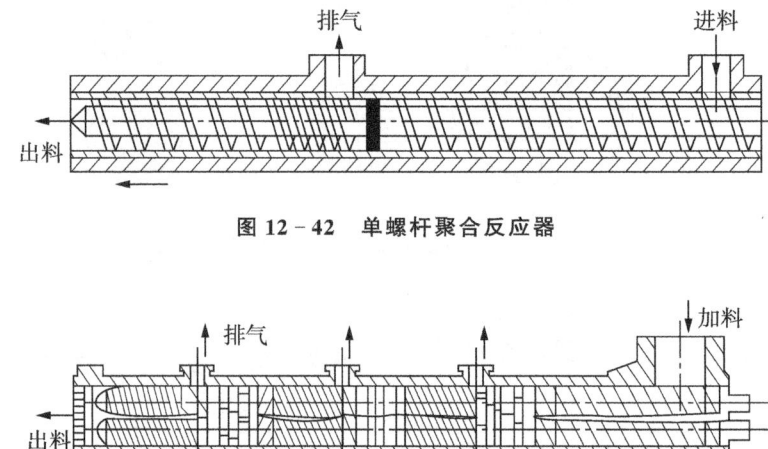

图 12-42 单螺杆聚合反应器

图 12-43 双螺杆聚合反应器

螺杆式挤压机的螺杆上的螺距是分段不相同的。挤压效能较好一些的即是双螺杆式挤压机(图 12-43)。由于两螺杆的螺纹相互啮合,可以更有效地消除死区和返混,使物料均匀性更好。聚碳酸酯的生产就使用了双螺杆式的挤压机作为聚合反应器。近年来有报道用双螺杆式的聚合反应器来进行对苯二甲酸(粉末)与乙二醇(液体)进行直接聚合。

5. 履带式聚合反应器

履带式聚合反应器是成功地应用于生产聚异丁烯橡胶的一种特殊装置,如图 12-44 所示。聚异丁烯橡胶的合成反应是以 BF_3 为催化剂的阳离子聚合,反应温度约 -98 ℃,而且在一瞬间即可反应完毕。为除去如此集中的聚合热,采用了履带式聚合装置。这时,单体及催化剂均以溶于液态乙烯的溶

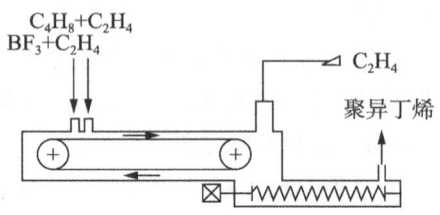

图 12-44 履带式聚合反应器示意图

液分别在不锈钢制的凹槽形履带的起点和其后的某一位置处加入。在反应的一瞬间,大量的聚合热被汽化的乙烯所带走,而乙烯的汽化温度正好使聚合温度得以恒定在-98℃。聚合生成的薄层状聚异丁烯在履带的尽头用刮刀连续刮落,再经螺杆挤压机输出,而履带则循环回去,从而实现了连续生产。

利用类似的传动带的方式,聚氨基甲酸酯的泡沫体亦可以实现连续生产。

12.7 聚合反应器的选用

聚合反应器主要有釜式聚合反应器、管式聚合反应器、塔式聚合反应器、流化床聚合反应器以及其他特殊型式的或新型的聚合反应器等,根据聚合反应器的结构特点及操作特性,不同型式的聚合反应器可适用于不同类型聚合物的生产;同一类型聚合物,当生产工艺和对聚合物质量指标要求不同时,可采用不同型式的聚合反应器。无论从设备角度(如反应器设计、制造的难易、反应器费用、反应器有效利用率、传热效果及生产能力、反应器的稳定性等),还是从聚合物生产及聚合物质量的角度(如生产工艺控制难易、聚合过程及操作的稳定性、聚合物分子量及分子量分布等),正确选用聚合反应器都是十分必要和极为重要的。

选用适合的聚合反应器,可从以下四方面考虑。

1. 聚合反应器的操作特性

主要包括聚合反应器的稳定性和传热效能,反应器有效利用率及生产能力,物料在反应器中的停留时间及停留时间分布,物料在反应器中的混合状况,以及最终的反应结果(如聚合转化率、残余单体含量、聚合物分子量及分子量分布、聚合物组成、聚合物颗粒形态、颗粒直径及其分布)等。各种聚合反应器操作特性如下。

1) 连续搅拌带夹套的釜式聚合反应器

该聚合反应器操作稳定性好,传热能力强,物料返混程度高,混合均匀,物料在反应器中的停留时间分布较宽;达到一定转化率所需反应时间较长,反应器有效利用率较低,生产能力较小;聚合物的连续生产采用多釜串联,可改善物料返混程度,提高利用率,增大生产能力。

2) 间歇操作带夹套搅拌釜式聚合反应器

此聚合反应器传热好,但存在一放热高峰,所选用的这类反应器必须能满足放热高峰所需的传热面积,这就带来了放热高峰前后设备利用率降低的问题,如何将设备利用率与放热高峰协调统一,是选用这类反应器时必须解决的问题。间歇操作釜式聚合反应器中,不存在返混,各物料微元停留时间相同,物料混合均匀,物料浓度随时间改变,属于非稳态操作。由于加料、出料、清釜等非反应时间占用了设备,这类反应器的生产能力有所降低。间歇操作的釜式聚合反应器适用于悬浮聚合物(如氯乙烯悬浮聚合产物)及精细高分子(即用量少、产量小、附加值高的一类高聚物)的生产。

3) 管式聚合反应器

管式聚合反应器稳定性好,单位体积传热面大,适用作高温、高压的聚合反应器。物料在反应器中逐段向前移动,返混小,物料组成沿管程递变,但在时间的进程中,反应器某一截面上的物料组成是恒定的。体系黏度较高时,易发生物料粘壁现象,造成管子堵塞,且压力损失也较大。管式聚合反应器有效利用率高,生产能力大。管式聚合反应器一般用于聚烯烃及尼龙-66的生产。

4) 塔式聚合反应器

塔式聚合反应器可以认为是一种改型的管式聚合反应器,与管式反应器类似,物料在塔式反应器中的流动形态接近于平推流,返混小,可通过控制加料速度来控制物料在塔内的停留时间,并可按工艺要求分段控制温度。塔式聚合反应器生产能力较大,一般为连续操作,目前主要用于苯乙烯连续本体聚合,尼龙-6及尼龙-66的预缩聚以及乙酸乙烯的连续溶液聚合等。

5) 流化床聚合反应器

流化床聚合反应器主要用于气-固相反应,例如采用固体催化剂的烯烃配位聚合反应即可在流化床反应器中进行。

2. 聚合反应器聚合过程的特性

同一种聚合物可以用不同的聚合方法生产,而不同的聚合方法对聚合反应器的要求不同。如对于悬浮聚合、乳液聚合等低黏度体系,采用一般带夹套的搅拌釜式聚合反应器即可满足工艺要求;而对本体聚合和溶液聚合体系,由于黏度较高,常采用特殊型式的聚合反应器。例如氯乙烯的悬浮聚合和乳液聚合采用的是一般釜式聚合反应器,而氯乙烯的本体聚合却采用卧式聚合釜,有时甚至采用球形釜。考虑到聚合过程中的黏度变化,可将本体聚合过程分作几段,通过采用不同型式反应器的组合以适应不同的操作要求。

3. 聚合反应器操作特性对聚合物结构和性能的影响

平均分子量、分子量分布、支化度等是决定聚合物性能的重要因素,由于各聚合反应器操作特性不同,对于同一类聚合物,采用不同型式的聚合反应器时可获得不同的聚合物结构和性能。例如,高压聚乙烯的生产可分为管式法和釜式法两类。釜式法得到的产物支化度较管式法得到的产物支化度大,主要原因是釜式反应器中单体浓度较低,聚合物浓度较高,易发生活性链向聚合物链的链转移反应;管式反应器中单体浓度较高(与釜式反应器相比),聚合物浓度较低,产物的支化度也就较小。对于自由基聚合反应,连续操作的釜式聚合反应器所得产物的分子量分布较窄,而采用管式聚合反应器所得产物的分子量分布较宽。但对于缩聚反应,则是采用停留时间分布很窄的管式聚合反应器所得产物分子量分布较窄,而采用停留时间分布较宽的连续釜式聚合反应器所得产物的分子量分布较宽。

4. 生产成本

生产成本是聚合物生产工程化必须考虑的问题。主要包括操作方式、设备容积效率、操作弹性、生产能力、开停车难易程度、设备能否大型化及设备的操作维修费用和产品的分离回收费用等。

总之,聚合反应器的选择应满足高效、低耗的原则。在满足聚合物质量指标及传热要求的前提下,所选择的聚合反应器设备结构应尽量简单,操作容易,稳定性尽量好,容积效率尽量高,生产能力尽量大,操作维修及产品的分离回收费用应尽量低。

由于不同的聚合反应,其聚合反应的特性和反应过程控制的关键因素各不相同,可按下列原则选择聚合反应器。

(1) 反应浓度 反应浓度为控制反应的关键因素时,在原料配方一定的情况下,当反应物浓度高对目标聚合物生成有利时,可选用管式聚合反应器或间歇操作的釜式聚合反应器;当反应物浓度低对目标聚合物的生成有利时,可选用连续操作的釜式聚合反应器或多级串联釜式聚合反应器。

(2) 反应时间 反应时间为控制反应的关键因素时,选用塔式或管式聚合反应器,可控制聚合反应时间,确保反应按要求进行。

(3) 聚合热 及时移出聚合热为控制反应的关键因素时,可选用搅拌釜式反应器,或用几个搅拌釜式反应器串联使用。

(4) 体系黏度 当体系黏度过高难以使聚合反应正常进行时,应尽可能选用相应特殊型式的聚合反应器。

(5) 低分子物 去除低分子物为控制反应的关键因素时,可选用搅拌釜式聚合反应器、薄膜型聚合反应器或表面更新聚合反应器。

参考文献

[1] 潘祖仁. 高分子化学. 北京:化学工业出版社,1997.
[2] 李克友,张菊华,向福如. 高分子合成原理及工艺学. 北京:科学出版社,1999.
[3] 杨鸣波,唐志玉. 中国材料工程大典——高分子材料工程(第6和7卷). 北京:化学工业出版社,2006.
[4] 山西省化工研究所. 聚氨酯弹性体. 北京:化学工业出版社,1985.
[5] 傅明源,孙酣经. 聚氨酯弹性体及其应用. 2版. 北京:化学工业出版社,1999.
[6] 朱吕明. 聚氨酯合成材料. 南京:江苏科学技术出版社,2002.
[7] 方禹声,朱吕明. 聚氨酯泡沫塑料. 北京:化学工业出版社,1984.
[8] 李绍雄,朱吕明. 聚氨酯树脂. 南京:江苏科学技术出版社,1992.
[9] 汪多仁. 合成树脂与工程塑料生产技术. 北京:中国轻工业出版社,2001.
[10] 刑玉清. 简明塑料大全. 哈尔滨:哈尔滨工业大学出版社,2002.
[11] 林师沛. 聚氯乙烯塑料配方设计指南. 北京:化学工业出版社,2002.
[12] 张玉龙,李长德. 泡沫塑料入门. 杭州:浙江科学技术出版社,2000.
[13] 田雁晨,王文广. 塑料配方大全. 北京:化学工业出版社,2002.
[14] 孙绍灿. 塑料实用手册. 杭州:浙江科学技术出版社,1999.
[15] 石安富,龚云表. 工程塑料手册. 上海:上海科学技术出版社,2001.
[16] 董纪震,罗鸿烈,等. 合成纤维生产工艺学. 2版. 北京:纺织工业出版社,1991.
[17] 蓝清华,吴文莺. 合成纤维生产工艺原理. 北京:中国石化出版社,1991.
[18] 李青山,沈新元. 腈纶生产工学. 北京:中国纺织出版社,2000.
[19] 陈国康,沈新元,等. 腈纶生产工艺及应用. 北京:中国纺织出版社,2004.
[20] 郭大生,王文科. 聚酯纤维科学与工程. 北京:中国纺织出版社,2001.
[21] 阮桂海. 丁基橡胶应用工艺. 北京:化学工业出版社,1980.
[22] 梁星宇. 丁基橡胶应用技术. 北京:化学工业出版社,2004.
[23] 杨清芝. 实用橡胶工艺学. 北京:化学工业出版社,2005.
[24] 王艳秋. 橡胶材料基础. 北京:化学工业出版社,2006.
[25] 何道纲. 橡塑并用技术及原理. 成都:四川大学出版社,1991.
[26] 从树枫,余露如. 聚氨酯涂料. 北京:化学工业出版社,2003.
[27] 曹同玉,刘庆普,胡金生. 聚合物乳液合成原理性能及应用. 北京:化学工业出版社,1997.
[28] 肖卫东,何培新,胡高平. 聚氨酯胶黏剂——制备、配方与应用. 北京:化学工业出版社,2009.
[29] 杨建文,曾兆华,陈永烈. 光固化涂料及应用. 北京:化学工业出版社,2005.
[30] 汪长春,包启宇. 丙烯酸酯涂料. 北京:化学工业出版社,2005.
[31] 聂俊,肖鸣. 光聚合技术与应用. 北京:化学工业出版社,2009.
[32] 张玉龙,刘桂亮. 水性涂料配方精选. 北京:化学工业出版社,2009.
[33] [日]佐伯康治. 聚合物制造工艺. 杨大海,译. 北京:石油化学工业出版社,1977.

[34] 刘丹,王静刚,等. 聚氨酯弹性纤维发展概况. 化学推进剂与高分子材料,2007,5(1):20-26,32.
[35] 黄鹤,李建宗,廖水姣. 非水分散聚合. 中国胶粘剂,1996,6(2):46-50.
[36] 王国建. 高分子合成新技术. 北京:化学工业出版社,2004.
[37] 薛联宝,金关泰. 阴离子聚合的理论和应用. 北京:中国友谊出版公司,1990.
[38] 赵旭涛,刘大华. 合成橡胶工业手册. 2版. 北京:化学工业出版社,1991.
[39] 王善琦. 高分子化学原理. 北京:北京航空航天大学出版社,1993.
[40] 应圣康,郭少华,等. 离子型聚合. 北京:化学工业出版社,1988.
[41] 赵德仁,张慰盛. 高分子合成工艺学. 2版. 北京:化学工业出版社,1981.
[42] 林尚安,陆耘,梁兆熙. 高分子化学. 北京:科学出版社,1982.
[43] 金关泰,金日光,汤宗汤,等. 热塑性弹性体. 北京:化学工业出版社,1983.
[44] [美]莫顿M. 阴离子聚合的原理和实践. 于鼎声,等译. 北京:烃加工出版社,1988.
[45] 金关泰. 高分子化学的理论和应用进展. 北京:中国石化出版社,1995.
[46] [日]大津隆行. 高分子合成化学. 杨大海,译. 哈尔滨:黑龙江科学技术出版社,1982.
[47] 夏宇正,陈晓农. 精细高分子化工及应用. 北京:化学工业出版社,2000.
[48] 何天白,胡汉杰. 功能高分子与新技术. 北京:化学工业出版社,2001.
[49] 赵文元,王亦军. 功能高分子材料化学. 北京:化学工业出版社,2002.
[50] 高以恒,叶凌碧. 膜分离基础. 北京:科学出版社,1989.
[51] 王良御,廖松生. 液晶化学. 北京:科学出版社,1988.
[52] 孙酣经. 功能高分子材料及应用. 北京:化学工业出版社,1990.
[53] [日]雀部博之,白川英树,等. 导电高分子材料. 曹镛,叶成,朱道本,译. 北京:科学出版社,1989.
[54] 夏笃祎. 离子交换树脂. 北京:化学工业出版社,1983.
[55] 邵林. 水处理用离子交换树脂. 北京:水利电力出版社,1989.
[56] 周祥兴. 合成树脂新资料手册. 北京:中国物资出版社,2002.
[57] 钱保功,王洛礼,王筱瑜. 高分子科学发展简史. 北京:科学出版社,1994.
[58] 王远征. 工程塑料使用手册. 北京:中国物资出版社,1994.
[59] 何曼君. 高分子物理. 3版. 上海:复旦大学出版社,2006.
[60] 江体乾. 化工工艺手册. 上海:上海科学技术出版社,1992.
[61] 龚云表,石安富. 合成树脂与塑料手册. 上海:上海科学技术出版社,1993.
[62] 石安富,龚云表. 工程塑料. 上海:上海科学技术出版社,1986.
[63] 谢遂志. 橡胶工业手册. 修订版. 北京:化学工业出版社,1989.
[64] 张留成,瞿雄伟,丁会利. 高分子材料基础. 北京:化学工业出版社,2002.
[65] 董炎明,张海良. 高分子科学教程. 北京:科学出版社,2004.
[66] 高俊刚,李源勋. 高分子材料. 北京:化学工业出版社,2002.
[67] 邹军锋,马志,胡友良,等. 烯烃配位活性聚合研究的新进展. 高分子通报,2003,4:25-31.
[68] 李化毅,胡友良. 烯烃配位聚合二十年. 高分子通报,2008,7:56-64.
[69] 于涛,高榕,姚薇,等. 正辛醇改性负载钛催化体系催化异戊二烯聚合的研究. 弹性体,2005,15(4):38-42.
[70] 于涛,高榕,姚薇,等. 正辛醇改性负载钛催化体系聚合丁二烯. 合成橡胶工业,2006,29(3):189-193.
[71] 王新兰. 国内外乙丙橡胶生产现状及市场分析. 河南化工,2008,25(4):13-16.

[72] 王春江. 乙丙橡胶生产工艺及技术经济分析. 贵州化工, 2008, 33(3):38-40.
[73] 陈甘棠. 化学反应工程. 北京:化学工业出版社, 1981.
[74] 计达其. 聚合过程及设备. 北京:化学工业出版社, 1981.
[75] 史子瑾. 聚合反应工程基础. 北京:化学工业出版社, 1979.
[76] 张洋. 聚合物制备工程. 北京:中国轻工业出版社, 2001.
[77] 兰平, 徐旭凡. L-乳酸和乙醇酸共聚物的固相缩聚. 江南大学学报, 2005, 4(5):536-540.
[78] 代国亮, 陈昀, 陈昶. 聚 L-乳酸固相缩聚工艺研究. 聚酯工业, 2008, 21(1):9-12.
[79] 何翼云. 聚己内酰胺固相缩聚工艺. 化工进展, 2003, 22(11):1233-1235.
[80] 陈小锋, 张政朴. 聚乳酸直接合成的研究. 化学试剂, 2004, 26(3):143-147.
[81] 梁玮, 冯连芳, 顾雪萍, 等. 十四烷辅助下聚酯的固相缩聚. 化学反应工程与工艺, 2008, 24(3):240-245.
[82] 徐玲, 宋才生, 黄红, 等. 高摩尔质量双酚 A 型聚芳酯的合成工艺研究. 塑料工业, 2008, 36(4):13-16.
[83] 张萍, 吴林波, 卜志扬, 等. 界面缩聚法制备间苯二甲酰双酚酸酯聚芳酯. 高分子学报, 2008, 12:1135-1141.
[84] 金伟, 封亚培, 晏雄, 等. 低温溶液缩聚制备芳香族聚砜酰胺的研究. 合成纤维, 2007, 10:27-30, 36.
[85] 张昌辉, 赵霞, 张敏. 聚丁二酸丁二醇(PBS)合成工艺的研究. 塑料, 2008, 37(5):11-13, 43.
[86] 张毅, 王久芬, 韩亮. BHET-PHB 热致液晶聚合物的合成及表征. 塑料工业, 2003, 31(4):6-8.
[87] 戴一南, 张兆国. L-乳酸熔融缩聚的工艺研究. 东北农业大学学报, 2008, 39(10):99-102.
[88] 张爱军, 杨青芳, 叶佳佳, 等. 聚乳酸熔融缩聚的研究. 中国胶黏剂, 2007, 16(8):31-35.
[89] 李先红, 崔萍, 王高芳. 聚乙二醇-聚己二酸酐的合成. 化学世界, 2007, 1:23-25.
[90] 李志勇, 沈贤德, 肖㺅, 等. 熔融缩聚法直接合成聚 L-乳酸的研究. 化工新型材料, 2009, 37(5):82-84.
[91] 闫秀华, 张尊锋. 高效防粘釜涂布剂——多元酚黄. 聚氯乙烯, 2007, 4:26-30.
[92] 刘晓玲, 刘杰胜, 孙争光, 等. 乙烯基三乙氧基硅烷/D_4 共聚微乳液. 有机硅材料, 2008, 22(4):208-211.

内容提要

全书共分 12 章，以高分子合成的机理为主线，在简要回顾基础理论知识后，主要介绍了自由基聚合、本体法自由基聚合、悬浮法自由基聚合、溶液法自由基聚合、乳液法自由基聚合、缩合聚合、逐步加成聚合、离子聚合、配位聚合以及特种高分子合成工艺等合成高分子材料的方法，以工业生产上合成高分子材料的具体方法实例强化学生对基础理论的理解。重点阐述了重要品种的生产工艺技术，各种聚合方法的聚合体系、典型工业生产过程以及聚合反应的基本化工单元生产设备等，最后介绍了常见聚合反应设备及其选用原则。

本书适用范围较广，既可作为高等工科院校高分子材料专业本科高年级学生的教材，也可供相关科研及工程技术人员学习参考。